传感器与生化传感系统关键技术

CHUANGANQI
YU SHENGHUA CHUANGAN XITONG
GUANJIAN JISHU

曾宪武　包淑萍　著

化学工业出版社
·北京·

内容简介

传感器是感知系统中非常重要的感知设备之一，能够获取现实世界中物理、化学、生物等的信息，并将获取的信息传递给人或其他装置，是探知现实世界不可或缺的感知工具。生化传感系统是传感器应用的重要方面之一，涉及多个学科和多个领域。

本书结合大量应用，对传感器与生化传感系统关键技术进行了详细介绍。首先是传感器基础，主要介绍传感器基础结构、物理传导效应、常用传感器、有机传感器等；其次是生化传感器相关技术，主要介绍用于医疗健康的生物传感器、石墨烯与纳米材料生化传感器、微流体传感器、非酶生物传感器与基于DNA的无标记电化学生物传感器、场效应晶体管生物传感器、可穿戴传感器等；最后为生化传感系统的广义应用，主要介绍智慧医疗。

本书可作为从事传感器应用、医疗仪器研发及相关专业人员的参考书籍，也可作为普通高校仪器仪表、物联网、医疗仪器及其相关专业的研究生教材。

图书在版编目（CIP）数据

传感器与生化传感系统关键技术/曾宪武，包淑萍著.—北京：化学工业出版社，2023.3

ISBN 978-7-122-42344-3

Ⅰ.①传…　Ⅱ.①曾…②包…　Ⅲ.①生物传感器　Ⅳ.①TP212.3

中国版本图书馆CIP数据核字（2022）第190225号

责任编辑：金林茹　　文字编辑：徐　秀　师明远

责任校对：李　爽　　装帧设计：王晓宇

出版发行：化学工业出版社（北京市东城区青年湖南街13号　邮政编码100011）

印　　装：高教社（天津）印务有限公司

787mm×1092mm　1/16　印张19¼　字数499千字　2023年8月北京第1版第1次印刷

购书咨询：010-64518888　　售后服务：010-64518899

网　　址：http://www.cip.com.cn

凡购买本书，如有缺损质量问题，本社销售中心负责调换。

定　　价：128.00元

前言

感知是人们认识世界与理解世界的过程，是外界刺激作用于感官时，大脑对外界的整体看法和理解，是我们的感官对获取的外界信息所进行的组织和解释。但人的感官具有天然的局限性，无法扩展其感知范围和感知深度，因此需要借助感知设备或系统进行更深、更广的感知。以传感器为核心的感知设备及系统则是目前人们借助的主要感知工具。

传感器是感知系统中非常重要的感知设备之一，它能获取现实世界中物理、化学、生物等的信息，并将获取的信息传递给人或其他装置，是人们探知现实世界不可或缺的感知工具。

随着社会经济的快速发展，人们对自身的健康越来越重视，渴望有一个智慧的随身医生随时为健康保驾护航，此时就需要一个个人智慧医疗系统。智慧医疗系统包括非常关键的生化感知系统和具有全局决策性的智慧医疗决策系统。为此，本书将从一般的传感器入手，较为系统地介绍与论述生化感知系统关键技术、智慧医疗系统。

本书结合大量应用，对传感器与生化传感系统关键技术进行了详细介绍。全书共分三篇11章，第一篇（第1～4章）为传感器基础，主要介绍传感器基础结构、物理传导效应、常用传感器、有机传感器等；第二篇（第5～10章）为生化传感器，主要介绍用于医疗健康的生物传感器、石墨烯与纳米材料生化传感器、微流体传感器、非酶生物传感器与基于DNA的无标记电化学生物传感器、场效应晶体管生物传感器、可穿戴传感器等；第三篇（第11章）为生化传感系统的广义应用，主要介绍智慧医疗。

本书在写作过程中得到了北京科技大学王志良教授、青岛科技大学物联网工程教研室全体老师以及王通同学的大力协助，在此表示衷心的感谢！

由于传感器的理论与技术发展迅速，以及作者的水平有限，书中难免有不当之处，敬请读者批评指正。

曾宪武，包淑萍

目录

第一篇　传感器基础　001

第二篇 生化传感器 094

第三篇　生化传感系统的广义应用　282

第一篇

传感器基础

第1章 概述

感知是人们认识世界与理解世界的过程。感知一词来源于心理学，被认为是外界刺激作用于感官时，大脑对外界整体的看法和理解，为我们对外界信息所进行的组织和解释。在认知科学中，也可看作一组程序，包括获取信息、理解信息、筛选信息、组织信息。人的视觉、听觉、嗅觉、味觉和触觉是人感知外部世界而获得信息，并进行有意义活动的基础。但由于人的感官具有天然的局限性，无法扩展其感知范围和感知深度，因此需要借助感知设备或系统这样的工具更深、更广地去感知外部世界。以传感器为核心的感知设备及系统是目前人们借助的主要感知工具。

1.1 传感器基础

1.1.1 传感器的基本概念

(1) 传感器的定义

在工程科技领域，传感器被认为是人体“五官”的工程模拟物。国家标准 GB/T 7665—2005 对传感器给出了明确的定义：能感受被测量，并按照一定规律转换成可用输出信号的器件或装置，通常由敏感元件和转换元件❶组成。这里的“可用信号”是指便于处理和便于传输的信号。通常电信号易于处理和传输，当然还有其他信号比电信号更易于处理和传输。传感器的狭义定义和广义定义[1-2] 如下。

传感器狭义定义：能把外界非电信息转换成电信号输出的器件或装置。

传感器广义定义：凡是利用一定的（物理、化学、生物等的）法则、定理、定律、效应等进行能量转换与信息转换，且输出与输入严格一一对应的器件或装置。

在不同的技术领域，传感器又称作检测器、换能器、变换器等。目前传感器已与微处理器、通信装置密切地结合到一起，无线传感网络就是传感器、微处理器与无线通信相结合的产物。

---

❶ 有时候人们将转换元件称为换能器、传导器或传感器，其作用是将一种形式的激励信号转换为另一种形式的响应信号。因此本书中出现的感测、传感、换能、传导都是同一含义。

传感器技术，是以传感器为核心的，它是测量技术、功能材料、微电子技术、精密与微细加工技术、信息处理技术和计算机技术等相互结合而形成的密集型综合技术。

(2) 传感器的物理定律

传感器之所以具有能量信息转换的机能，在于它的工作机理是基于各种物理的、化学的和生物的效应，并受相应的定律和法则支配[3]。传感器工作的物理基础的基本定律和法则有以下四种类型：

① 守恒定律。主要有能量、动量、电荷量等的守恒定律。这些定律是探索、研制新型传感器时，或分析、综合现有传感器时，都必须严格遵守的基本法则。

② 场定律。包括运动场、电磁场的感应定律等。其作用与物体在空间的位置及分布状态有关。一般可由物理方程给出，这些方程可作为许多传感器工作的数学模型，如利用静电场定律研制的电容式传感器；利用电磁感应定律研制的自感、互感、电涡流式传感器。

③ 物质定律。它是表示各种物质本身内在性质的定律，如欧姆定律。通常以这种物质所固有的物理常数给予描述。因此，这些常数的大小决定着传感器的主要性能。例如，利用半导体物质法则中的压阻、热阻、磁阻、光阻、湿阻等效应，可分别做成压敏、热敏、磁敏、光敏、湿敏等传感器件。

④ 统计法则。它是把微观系统与宏观系统联系起来的物理法则。这些法则常与传感器的工作状态有关，是分析某些传感器的理论基础。

1.1.2 传感器的基本结构与分类及其要求

(1) 传感器的基本结构

传感器是一种能把非电输入信息转换成电信号输出的器件或装置。传感器一般由敏感元件和转换元件组成，其基本结构如图 1.1 所示。敏感元件构成传感器的核心，传感器主要敏感元件如表 1.1 所示。

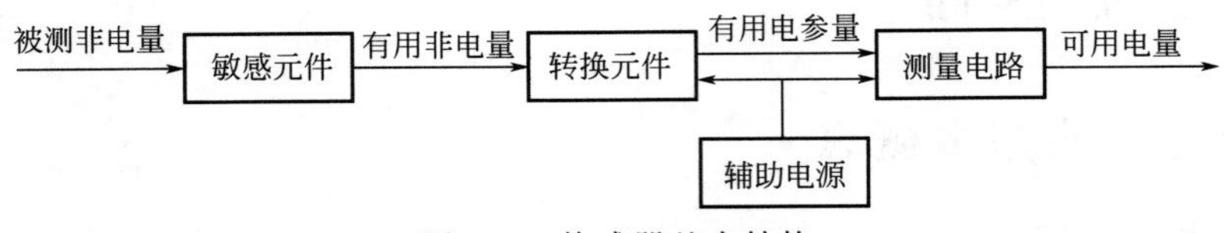

图 1.1 传感器基本结构

表 1.1 传感器的主要敏感元件

功能	主要敏感元件
力(压)-位移转换	弹性元件(环式元件、梁式元件、圆柱式元件、膜片、膜盒、波纹管、弹簧管等)
位移敏	电位器、电感、电容、差动变压器、电涡流线圈、容栅、磁栅、感应同步器、霍尔元件、光栅、码盘、应变片、光纤、陀螺等
力敏	半导体压阻元件、压电陶瓷、石英晶体、压电半导体、高分子聚合物压电体、压磁元件等
热敏	金属热电阻、半导体热敏电阻、PN 结、热释电器件、热线探针、强磁性体等
光敏	光电管、光电倍增管、光敏二极管、光敏三极管、光导纤维、CCD、热释电器件等
磁敏	霍尔元件、半导体磁阻元件、铁磁体金属薄膜磁阻元件(超导器件)等
声敏	压电振子等
射线敏	闪烁计数管、电离室、盖格计数器、PN 二极管、表面障壁二极管、PIN 二极管、MIS 二极管、通道型光电倍增管等

续表

功能	主要敏感元件
气敏	MOS[1] 气敏元件、热传导元件、半导体气敏电阻元件、浓差电池、红外吸收式气敏元件等
湿敏	MOS 湿敏元件、电解质湿敏元件、高分子电容式湿敏元件、高分子电阻式湿敏元件、CFT 湿敏元件等
物质敏	固相化酶膜、固相化微生物膜、动植物组织膜、离子敏场效应晶体管等

(2) 传感器分类和要求

传感器应用于不同领域，它的品类众多，可以按基本效应来分，也可以按传感机理来分，等等。表 1.2 为一些传感器的主要分类。

表 1.2 传感器分类

分类法	类型	说明
按基本效应	物理、化学、生物等	分别以转换中的物理效应、化学效应、生物效应等命名
按传感器机理	结构型(机械、感应、电参量式)	以敏感元件结构参数变化实现信号转换
	物性型(压电、热电、光电、生物、化学等)	以敏感元件物性效应实现信号转换
按能量关系	能量转换型	传感器输出能量直接由被测量能量转换获得
	能量控制型	传感器输出能量由外部提供,但受被测量输入控制
按作用原理	应变、电容、压电、热电	以传感器对信号转换的作用原理命名
按功能性质	力、热、磁、光、气敏等	以对被测量的敏感性命名
按功能材料	固体、光纤、膜、超导等	以敏感功能性材料命名
按输入量	位移、压力、温度等	以被测量命名(按用途分类)
按输出量	模拟式、数字式	输出量为模拟信号或数字信号

传感器，作为测量与控制系统的第一关，通常必须满足快速、准确、可靠并经济地实现信息转换的基本要求。即：

第一，足够的容量。传感器的工作范围或量程足够大，具有一定的过载能力。

第二，灵敏度高，精度适当。要求其输出信号与被测输入信号成确定关系（通常为线性），且比值要大，传感器的静态与动态响应的准确度能满足要求。

第三，响应速度快，工作稳定、可靠性好。

第四，适用性和适应性强。体积小，重量轻，动作能量小，对被测对象的状态影响小，内部噪声小而又不易受外界干扰的影响，其输出力求采用通用或标准形式，以便与系统对接。

第五，使用经济，成本低，寿命长，便于使用、维修和校准。

然而，能完全满足上述性能要求的传感器是很少的。应根据应用的目的、使用环境、被测对象状况、精度要求和信息处理等具体条件综合考虑。

1.1.3 传感器的特性

传感器的特性可以分为静态和动态两类。了解动态和静态特性对于正确理解传感器系统（被测量）的输出与输入之间的关系至关重要。

---

[1] MOS,是 MOSFET 的缩写,即金属-氧化物半导体场效应晶体管,简称金属半场效晶体管。

1.1.3.1 静态特性

静态特性是在所有瞬态效应稳定到其最终或稳态值后可以测量的特性。静态特性与诸如传感器的输出如何随输入变化而变化、传感器的选择性如何、外部或内部干扰如何影响其响应，以及传感器的运行有多么稳定等问题有关。

传感器重要的几个静态特性如下：

(1) 准确度

传感器的精度表示其输出与被测量的实际值相比的正确性。为评估准确度，可以将系统与标准被测量进行基准比较，也可以将输出与具有较高准确度的测量系统进行比较。

(2) 精度

精度表示传感器在相同条件下重复测量相同被测量时给出相同读数的能力。精度是一个统计参数，可以利用系统对类似输入的一组读数的标准偏差（或方差）来评估。

(3) 可重复性

当所有运行和环境条件保持恒定时，可重复性是传感器连续测量产生相同响应的能力。重复性与精度密切相关。长期和短期可重复性估计对于传感器都很重要。

(4) 再现性

再现性是传感器在测量条件改变后产生相同响应的能力。

(5) 稳定性

稳定性是传感器在一段时间内测量相同被测量产生相同输出值的能力。

(6) 误差

误差是被测量的实际值与传感器测量值之间的差值。误差可能由各种内部和外部因素引起，并且与准确度密切相关。精度与绝对误差或相对误差相关，即：

$$\text{绝对误差}=\text{输出}-\text{真实值}$$

$$\text{相对误差}=\frac{\text{输出}-\text{真实值}}{\text{真实值}} \tag{1.1}$$

误差是由输出信号的波动产生的，可能是系统性的（如来自其他系统的漂移或干扰），也可能是随机性的（如随机噪声）。

(7) 噪声

当被测量没有变化时，传感器输出信号中不需要的波动被称为噪声。噪声强度的标准差是测量中的一个重要因素。信号均值除以该值给出了一个很好的基准，即信息提取的容易程度。因此，信噪比（S/N）是传感应用中常用的值，被定义为：

$$\frac{S}{N}=\frac{\text{信号均值}}{\text{噪声标准差}} \tag{1.2}$$

噪声可能由内部或外部因素引起。发送/接收电路和电源产生的电磁信号、机械振动和环境温度变化等都是外部噪声，均会导致系统误差。然而，内部噪声的性质却大不相同，可分为以下几类：

① 电子噪声：热能导致电荷载流子随机运动，从而导致电流和/或电压的随机变化，这是不可避免的，且存在于所有在高于0K的温度下运行的传感器中。电子仪器中常见的一种电子噪声是由载流子的热搅动引起的，称为热噪声。它会造成电荷不均匀性，进而使输出信号中电压波动。即使在没有电流的情况下也存在热噪声。大小为$R(\Omega)$的电阻中的热噪声大小是从热力学计算中获得的：

$$\overline{v}_{\mathrm{rms}}=\sqrt{4kTR\Delta f} \tag{1.3}$$

式中，$\overline{v}_{\mathrm{rms}}$为噪声电压的均方根，由频率分量产生，其带宽为$\Delta f$；$k$为玻尔兹曼常数，

等于 $1.38\times10^{-23}\mathrm{J\cdot K^{-1}}$；$T$ 为温度。

② 散射噪声：由载流子随机到达时间引起的随机波动会产生散射噪声。这些信号载流子可以是电子、空穴、光子和声子。散射噪声是一种随机与量化的事件，它取决于单个电子穿过结的转移。使用统计计算，可以得到散射噪声产生的电流波动的均方根为：

$$\bar{i}_{\mathrm{rms}}=\sqrt{2Ie\Delta f} \tag{1.4}$$

式中，I 是通过结的平均电流；Δf 是带宽；e 是电子的电荷，等于 $1.60\times10^{-19}\mathrm{C}$。

③ 代-重组噪声（或 g-r 噪声）：这种类型的噪声是由半导体中电子和空穴的产生和复合产生的。它们在结电子器件中被观察到。

④ 粉红噪声（或 1/f 噪声）：在这种类型的噪声中，干扰信号的频谱分量与频率成反比。粉红噪声在较低频率下更强，并且每个倍频程都带有等量的噪声功率。粉红色信号的起源尚不完全清楚。

⑤ 白噪声：白噪声具有平坦的功率谱密度，即对于任何频率分量都有相同的功率。无限带宽的白噪声信号在所有频率上都有功率，总功率是无限的。

（8）漂移

当传感器的输出逐渐变化时，就会观察到漂移，但此时被测量实际上保持不变。漂移是与被测量无关的不良变化。它被认为是一种系统误差，可归因于干扰参数，例如机械不稳定和温度不稳定、污染和传感器的材料退化。

（9）分辨率

分辨率是被测量的最小变化，它可以在输出信号中产生可检测的增量。分辨率与信号中噪声密切相关。

（10）最小可检测信号

在传感器中，最小可检测信号（minimum detectable signal，MDS）是在考虑所有干扰因素时可以观察到的最小信号增量。当增量从零开始时，该值通常称为阈值或检测限。如果干扰相对于输入较大，则很难提取清晰的信号，无法获得较小的 MDS。

（11）校准曲线

传感器必须根据已知的被测量进行校准，以确保产生正确的输出。被测变量（x）与系统产生的信号变量（y）之间的关系称为校准曲线，如图 1.2 所示。

（12）灵敏度

灵敏度是传感器输出的增量变化（Δy）与输入被测量的增量变化（Δx）之比。校准曲线 $y=f(x)$的斜率可用于计算灵敏度。从图 1.2 可以看出，灵敏度随校准曲线变化。在图 1.2 中，被测量的较低值的灵敏度大于曲线其他部分的灵敏度。理想的传感器在其工作范围内具有较大且最好的灵敏度，是恒定的灵敏度。还可以看出，传感器最终会达到饱和状态，在这种状态下，它无法再响应任何变化。

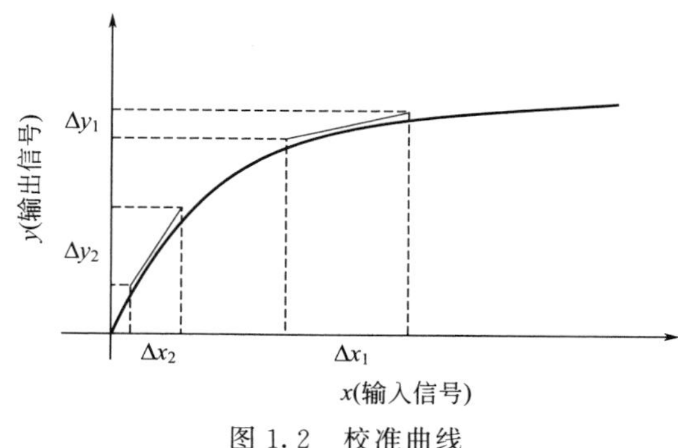

图 1.2 校准曲线

（13）线性

线性是表征传感器输出-输入校准曲线与所选定的拟合直线之间的吻合（或偏离）程度的指标，一般拟合直线是传感器的工作直线。通常用相对误差来表示线性度或非线性误差，即

$$e_{\mathrm{L}}=\pm\frac{\Delta L_{\max}}{y_{\mathrm{ES}}}\times 100\%$$

其中，$\Delta L_{\max}$ 为输出平均值与拟合直线间的最大偏差；y_{ES} 为理论满量程输出值。选定的拟合直线不同，计算所得的线性度数值也就不同。选择拟合直线应保证获得尽量小的非线性误差，并考虑使用与计算方便。目前常用的拟合方法有：理论直线法、端点直线法、最佳直线法和最小二乘法等。

(14) 选择性

选择性是传感器在受到其他干扰的情况下测量目标被测量的能力。例如，对其他气体种类（例如二氧化碳或氮氧化物）不显示任何响应的氧气传感器被认为是非常有选择性的传感器。

(15) 回差（滞后）

回差是反映传感器在正（输入量增大）、反（输入量减小）行程过程中输出-输入曲线的不重合度的指标。通常用正反行程输出的最大差值 $\Delta H_{\max}$ 计算，并用相对值表示，如图 1.3 所示。

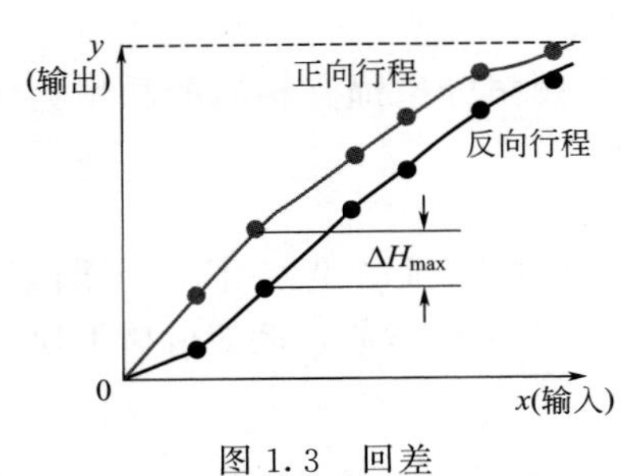

图 1.3　回差

$$e_{\mathrm{H}}=\pm\frac{\Delta H_{\max}}{y_{\mathrm{ES}}}\times 100\%$$

(16) 测量范围

用传感器可以测量的被测量的最大值和最小值称为测量范围，也称为动态范围或跨度。该范围内，传感器产生有意义且准确的输出。设计的所有传感器都应在指定范围内运行。超出此范围的信号将无法解释，导致无法接受的误差，甚至对传感器造成不可逆转的损坏。

(17) 响应和恢复时间

当传感器作用于被测量时，其达到稳定值所需的时间称为响应时间。它通常表示为响应输入的阶跃变化，输出达到其最终值的某个百分比（例如 95%）的时间。恢复时间的定义与响应时间相反。

1.1.3.2　动态特性

当存在时变的被测量时，将采用动态特性来描述传感器的瞬态特性。动态特性可用输出信号来描述时变被测量的准确程度。

存在动态特性的原因是传感器中存在储能元件。它们可以由电感和电容等电子元件、振动的机械元件，以及具有热容的热元件产生。

评估动态特性最常用的方法是定义系统的数学模型并得出输入和输出信号之间的关系。因此，该模型可用于分析对可变输入信号的响应。

在系统建模中，最简单和应用最多的传感器是线性时不变（linear time invariant，LTI）系统，其性质不随时间变化，因此是时不变的，并且应该满足 LTI 的叠加和缩放性质。

LTI 传感器的输入和输出之间的关系都可以描述为：

$$a_n\frac{\mathrm{d}^n y(t)}{\mathrm{d}t^n}+a_{n-1}\frac{\mathrm{d}^{n-1} y(t)}{\mathrm{d}t^{n-1}}+\cdots+a_1\frac{\mathrm{d}y(t)}{\mathrm{d}t}+a_0 y(t)$$
$$=b_m\frac{\mathrm{d}^{m-1} x(t)}{\mathrm{d}t^{m-1}}+b_{m-1}\frac{\mathrm{d}^{m-2} x(t)}{\mathrm{d}t^{m-2}}+\cdots+b_2\frac{\mathrm{d}x(t)}{\mathrm{d}t}+b_1 x(t)+b_0 \quad (1.5)$$

式中，$x(t)$ 是被测量（输入信号）；$y(t)$ 是输出信号；$a_0,\cdots,a_n,b_0,\cdots,b_m$ 是常数，由系统参数定义。

$x(t)$ 可以有不同的形式，例如脉冲、阶跃、正弦和指数函数。当输入信号是阶跃信号时，$x(t)$ 对时间 t 的所有导数为零，因此式(1.5) 简化为：

$$a_n \frac{d^n y(t)}{dt^n}+a_{n-1} \frac{d^{n-1} y(t)}{dt^{n-1}}+\cdots+a_1 \frac{dy(t)}{dt}+a_0 y(t)=b_1, t \geqslant 0 \tag{1.6}$$

一般情况下，b_0 被认为是零，如果不为零，则将其添加到系统响应中。式（1.6）是一个微分方程，用于模拟传感系统对阶跃函数的响应。

（1）零阶系统

如果输出对输入信号的响应无延迟，则将其看作一个完美的零阶系统。在这种情况下，除 a_0 之外的所有 a_i 都为零。式(1.5) 可简化为：

$$a_0 y(t)=b_1 \text{ 或 } y(t)=K \tag{1.7}$$

式中，$K=b_1/a_0$，被定义为线性系统的静态灵敏度。

（2）一阶系统

一阶系统描述为：

$$a_1 \frac{dy(t)}{dt}+a_0 y(t)=b_1 \tag{1.8}$$

或

$$\frac{a_1}{a_0} \times \frac{dy(t)}{dt}+y(t)=\frac{b_1}{a_0} \tag{1.9}$$

如果将 $\tau=a_1/a_0$ 定义为时间常数，将其代入一阶微分方程，则有

$$\tau \frac{dy(t)}{dt}+y(t)=K \tag{1.10}$$

该方程可以通过齐次解和特解来求解。

解式(1.10) 表明，对于响应阶跃函数 $x(t)$，$y(t)$ 以指数速率达到 K。τ 是输出值达到其最终值 K 的大约 63%($1-1/e^{-1}=0.6321$)所需的时间。

（3）二阶系统

二阶系统的响应更复杂。对阶跃函数的响应，它将在达到最终值之前振荡。响应可以是过阻尼或欠阻尼的。这种响应可以用二阶系统逼近来更好地描述。二阶系统对阶跃变化的响应表示为：

$$a_2 \frac{d^2 y(t)}{dt^2}+a_1 \frac{dy(t)}{dt}+a_0 y(t)=b_1 \tag{1.11}$$

通过定义无阻尼固有频率 $\omega^2=a_0/a_2$，阻尼比 $\xi=a_1/[2(a_0 a_2)^{\frac{1}{2}}]$，式(1.11) 简化为：

$$\frac{1}{\omega^2} \times \frac{d^2 y(t)}{dt^2}+\frac{2\xi}{\omega} \times \frac{dy(t)}{dt}+y(t)=K \tag{1.12}$$

这是一个响应阶跃函数的标准二阶系统，其中 $K=b_1/a_0$。

阻尼比和固有频率在响应中起着关键作用。如果 $\xi=0$，则没有阻尼，输出为频率等于固有频率的恒定正弦振荡。如果 ξ 相当小，则阻尼较轻，振荡需要很长时间才能消失，即阻尼不足。当 $\xi=0.707$ 时，系统处于临界阻尼状态，此时系统比没有任何振荡的或任何其他条件的系统更快地收敛到零。当 ξ 很大时，响应会过阻尼。

大多数传感器都可以用一阶或二阶方程很好地描述。然而，当描述具有异常行为的此类

系统的动态响应时，将会增加更多的复杂性。

动态特性反映传感器对随时间变化的输入量的响应特性。用传感器测量动态量时，希望它的输出量随时间的变化与输入量随时间的变化尽可能保持一致。一个动态特性好的传感器，它的输出将呈现输入量的变化规律，也就是具有相同的时间函数。实际上，除了具有理想的比例特性外，输出信号将不会与输入信号具有相同的时间函数，这种输出与输入间的差异就是动态误差。

1.2 传感器应用与发展趋势

1.2.1 常用传感器的应用潜力

传感器的应用与发展具有巨大的潜力，预计从2020年到2041年，传感器的单一市场规模将达到2500亿美元。引人关注的是包括5G/6G在内的无线通信技术将与传感器技术进行融合，以此推动智能传感器的发展。传感器的应用也将向生物医学与即时医疗倾斜，而可穿戴传感器（设备）、柔性传感器与印刷传感器也将是发展与应用的重点。其中，包括生物医学与即时医疗在内的可穿戴技术预计2031年的市场规模将达到650亿美元。常用的传感器包括：生物传感器、图形图像传感器、电容式传感器、电荷耦合器件传感器、电阻传感器、电化学传感器、光电传感器、静电传感器、陀螺仪、电感式传感器、激光雷达传感器、磁力计传感器、金属氧化物半导体式传感器、光学传感器、光电传感器、光子或光伏传感器、压电传感器等。

1.2.2 传感器应用

传感器作为感知外部世界的重要设备，广泛应用在科研、工程中，主要应用领域如下。

（1）工业自动化

在工业自动化生产过程中，需要传感器来实时监控工业生产过程各环节的参数，因此传感器广泛应用于工业的自动监测与控制系统中。典型的应用领域有石油、电力、冶金、机械制造、化工和生物工程等。

（2）航空航天

在航空航天领域，传感器具有非常重要的作用，如检测飞行姿态，飞行的高度、方向、速度、加速度等参数均需要传感器。

（3）资源探测与环境保护

传感器常用来探测陆地、海洋和空间环境等的参数，以便探测资源和保护环境，如采用磁感应传感器可以探测是否有铁矿，采用化学和生物传感器可监测海洋及大气环境是否良好。

（4）医学

在物联网时代，可穿戴设备是目前的一个发展热点，它可以实时采集人体的体温、血压、呼吸等生理参数，而这些参数的获取需要用到相应的传感器。另外，我们熟知的CT、B超、X光设备等分别是电磁、超声、射线大型传感器，只不过进行了进一步的信息处理。

（5）家电

传感器在家用电器方面也有广泛的应用，如空调、洗衣机、微波炉等均采用了温度等传感器。

(6) 军事

传感器在军事方面的应用非常早，也非常广泛，如各种观察、瞄准装置、红外探测装置等。

1.2.3 传感器的发展趋势

(1) 发现新效应、新材料、新功能

传感器的工作原理是基于各种物理的、化学的、生物的效应和现象的，具有这种功能的材料称为功能材料或敏感材料。因此，新效应和现象的发现，是新的敏感材料开发的重要途径。

新的感知技术融合了材料科学、微纳电子技术、生物技术等，是人工智能、精准医疗、新能源等战略前沿的先导和基础，也是包括智慧医疗、智慧工农业、智慧城市等在内的物联网应用的关键技术。智能化、微型化、多功能化、低功耗、低成本、高灵敏度、高可靠性是新型传感器件的发展趋势。新型传感器件的传感性能很大程度上取决于传感材料的化学成分、表面修饰、传感层微观结构和完整性等因素[4-5]。

(2) 多功能、集成化与微型化

多功能就是在同一芯片上将众多同类型的单个传感器件集成为一维、二维或二维阵列型传感器。集成化就是将传感器件与调理、补偿等处理电路集成一体化。高度集成化的传感器，将是多功能与集成化两者有机地融合，以实现多信息与多功能集成一体化的传感器系统。

微型传感器的特征是体积微小、重量很轻，体积、重量仅为传统传感器的几十分之一甚至几百分之一，其敏感元件的尺寸一般为微米级，选用纳米材料作为敏感元件的传感器就是典型代表。

选用硅材料，以微机械加工技术为基础，以仿真软件为工具进行微结构设计，研制的集成各种敏感机理智能化硅微传感器，称为专用集成微型传感器（application specific integrated micro-tansducer，ASIM），ASIM 在航空航天、遥感遥测、环境保护、生物医学、工业自动化领域有着极大的应用价值。

(3) 数字化、智能化与网络化

传感器的数字化，是提高传感器本身多种性能的需要，也是传感器向智能化、网络化更高层次发展的前提。

近年来，智能传感器的研究、开发正在世界各个国家积极开展。凡是具有一种或多种敏感功能，能实现信息的探测、处理、逻辑判断和双向通信，并具有自检测、自校正、自补偿、自诊断等多功能的器件或装置，可称为智能传感器。

目前国内外已将传统的传感器与其配套的转换电路、微处理器、输出接口与显示电路等模块封装在了一起，减小了体积、优化了结构、提供了可靠性和抗干扰性能。今后传统传感器小型化和智能化将是发展方向。

无线传感器网络是传感器网络化的一个实现，它的广泛应用奠定了物联网的技术基础，将在社会、经济等多个方面发挥重要的作用。

(4) 研究生物感官，开发仿生传感器

人类凭借发达的智力，无须依靠强大的感官能力就能生存，而动物则拥有特殊的感觉能力，即功能奇特、性能高超的生物传感器，凭借这些非凡的感知能力，它们能够逃避诸如火山爆发、地震、海啸之类的灭顶之灾。模仿动物的感知能力，是当今传感器技术发展的目标之一，利用仿生学、生物遗传工程和生物电子学技术来研究它们的机理，研发仿生传感器，也是非常引人关注的发展方向。

参考文献

[1] 董永贵．传感技术与系统［M］．北京：清华大学出版社，2006.

[2] 曾宪武，包淑萍．物联网导论［M］．北京：电子工业出版社，2016.

[3] 刘靳，刘笃仁，等．传感器原理及应用技术［M］．西安：西安电子科技大学出版社，2013.

[4] Harrop P，Collins R，Gear L. Sensors 2021-2041［OL］. https：//www.idtechex.com/en/research-report/sensors-2021-2041/761.

[5] 屠海令，赵鸿滨，魏峰，等．新型传感材料与器件研究进展［J］．稀有金属，2019，43（1）：1-24.

第2章　传感器中的物理传导效应

传感器通常是将非电激励信号转换为电信号的转换器，在产生电输出信号之前，通常需要一个或几个转换过程，这些过程涉及不同能量类型的变换，而最后一个转换则必须产生所需形式的电信号。传感器一般可分为两种类型：直接型和复杂型。直接型传感器是可以将非电激励信号直接转换为电信号的传感器。但许多激励信号不能直接转换为电信号，需要多步转换，相应的传感器为复杂型传感器。

本节我们将讨论将激励信号直接转换为电信号的各种物理效应。由于这些效应都是基于物理基本原理的，因此从传感器技术的角度简要回顾这些原理。

2.1　电磁效应与介电及磁导效应

电磁能以电荷和电磁波的形式储存和辐射能量。当包含电荷的物质被放置在另一个带电体附近时，它会受到力的影响。单个基本电荷用 e 表示，约为 1.602×10^{-19}C。电场是由电荷产生的，而磁场则是电流即运动的电荷产生的，将这两种场有机联系在一起的是麦克斯韦方程。

由麦克斯韦方程可知，电磁辐射是一种复合的电磁波，其频率 f、波长 λ 和粒子的能量 E 之间的关系为：

$$c=\lambda f \tag{2.1}$$

$$E=hf \tag{2.2}$$

式中，h 是普朗克常数（6.626×10^{-34}J·s）；c 是光速，在自由空间中，c 的值为 2.998×10^{8}m/s，而在其他介质中，其值为 c/n，n 为介质的折射率。

2.1.1　麦克斯韦方程组及其应用

麦克斯韦方程组是一组描述电磁学的偏微分方程。这些方程为：

$$\nabla\cdot\boldsymbol{D}=\rho_{\mathrm{V}} \tag{2.3}$$

$$\nabla\times\boldsymbol{E}=-\frac{\partial\boldsymbol{B}}{\partial t} \tag{2.4}$$

$$\nabla\cdot\boldsymbol{B}=0 \tag{2.5}$$

$$\nabla\times\boldsymbol{H}=J-\frac{\partial\boldsymbol{D}}{\partial t} \tag{2.6}$$

其中，$\boldsymbol{D}$ 是电通量密度；$\boldsymbol{E}$ 是电场强度，其关系为 $\boldsymbol{D}=\varepsilon\boldsymbol{E}$，其中 ε 是介质的介电常数；$\boldsymbol{B}$ 和 $\boldsymbol{H}$ 分别是磁通量密度和磁场强度，它们与磁导率 μ 相关，即 $\boldsymbol{B}=\mu\boldsymbol{H}$；$\boldsymbol{E}$、$\boldsymbol{D}$、$\boldsymbol{B}$ 和 $\boldsymbol{H}$ 是矢量场；ρ_{V} 是单位体积的电荷密度；J 是单位面积的电流密度。在上述方程中：

矢量场 $\boldsymbol{A}$ 的散度（Divergence）为

$$\nabla \cdot \boldsymbol{A} = \frac{\partial A_x}{\partial x} + \frac{\partial A_y}{\partial y} + \frac{\partial A_z}{\partial z} \tag{2.7}$$

矢量场 **A** 的旋度（Curl）为

$$\nabla \times \boldsymbol{A} = \hat{\boldsymbol{x}}\left(\frac{\partial A_z}{\partial y} - \frac{\partial A_y}{\partial z}\right) + \hat{\boldsymbol{y}}\left(\frac{\partial A_x}{\partial z} - \frac{\partial A_z}{\partial x}\right) + \hat{\boldsymbol{z}}\left(\frac{\partial A_y}{\partial x} - \frac{\partial A_x}{\partial y}\right) \tag{2.8}$$

式中，$\hat{\boldsymbol{x}}$、$\hat{\boldsymbol{y}}$ 和 $\hat{\boldsymbol{z}}$ 是直角坐标系中的单位矢量。用散度和斯托斯克定理以积分形式表示麦克斯韦方程，即有：

高斯电场定律：

$$\oint \boldsymbol{E} \cdot \mathrm{d}\boldsymbol{A} = \frac{Q}{\varepsilon_{\mathrm{V}}} \tag{2.9}$$

法拉第-亨利定律：

$$\oint \boldsymbol{E} \cdot \mathrm{d}\boldsymbol{S} = -\frac{\partial \phi_{\mathrm{B}}}{\partial t} \tag{2.10}$$

高斯磁场定律：

$$\oint \boldsymbol{B} \cdot \mathrm{d}\boldsymbol{A} = 0 \tag{2.11}$$

安培-麦克斯韦定律：

$$\oint \boldsymbol{H} \cdot \mathrm{d}\boldsymbol{S} = i - \varepsilon \frac{\partial \phi_{\mathrm{E}}}{\partial t} \tag{2.12}$$

其中，d**S** 为闭合积分曲线的积分线元（长度积分元）；d**A** 为闭合积分曲线所构成区域的面积分元（面积积分元）。

麦克斯韦方程组描述了电荷［式(2.9)］和电流［式(2.12)］如何分别作为电场和磁场的源，以及如何产生电场和磁场。式(2.10）和式(2.12）描述了穿过平面的电荷和磁通量的瞬时变化如何分别改变它们周围回路中的磁场和电场。式(2.11）表明不存在单一磁场，磁总是以偶极子出现（与电荷相反)。最后，式(2.10）和式(2.12）描述了磁场和电场共存性。

在测量电磁波时，常见的两个相关参数是电流和电压。因此，除了描述电流密度、电势（或电压）的式(2.12）之外，作为标量参数的 V 被描述为：

$$\boldsymbol{E} = -\nabla V \tag{2.13}$$

其中，V 的梯度定义为

$$\nabla V = \frac{\partial V}{\partial x}\hat{\boldsymbol{x}} + \frac{\partial V}{\partial y}\hat{\boldsymbol{y}} + \frac{\partial V}{\partial z}\hat{\boldsymbol{z}} \tag{2.14}$$

麦克斯韦方程与式(2.13）为我们提供了一个有趣的视角，即电磁波如何用于感测。根据式(2.9)，任何电荷的存在都可以产生电场。显然，任何能够将该电场转换为可读信号的换能器都可以用作传感器。许多情况下，电场被转换成电压信号，诸如电容器和场效应晶体管之类的换能器。如果电场或磁场随时间变化，则根据式(2.10）和式(2.12)，它们可以产生相应的通量变化和相关电流，反之亦然。这是许多传感器的基础，用于检测电流与场强成正比的电场或磁场（如电感传感器）。

法拉第-亨利定律是电磁学的基本定律之一，它指明变化的磁场导致变化的电场。早期的声学传感器和设备（如磁性麦克风）、模拟电流/电压表和簧片继电器开关都基于这种效果。该定律是天线、电动机和无数电气设备（包括电信电路中的继电器和电感器）的基础。目前所应用的几乎所有射频识别（RFID）标签和传感系统都基于法拉第-亨利效应。

许多亲和力传感器都是基于麦克斯韦方程所展现的原理的，来自磁场或电源的通量穿过导线并在其中产生电流。显然，麦克斯韦方程组中介质的介电常数和磁导率的存在也表明电磁波和电荷可用于测量材料的介电常数和磁导率这两个基本参数。

2.1.2　电磁波谱

电磁波与材料的相互作用可用于感测材料的许多基本特性。当电磁波与材料相互作用时，获得的信息在很大程度上取决于这些材料的电磁辐射范围。从表 2.1 可以看出，不同范围的入射辐射将产生不同的现象。例如，微波刺激分子旋转；红外辐射刺激分子振动模式；可见光和紫外线辐射促使电子进入更高能量的轨道；X 射线和短波会破坏化学键并使分子电离。

当利用电磁光谱的近紫外、可见光和近/中红外区域时，电磁光谱技术称为分光光度法。在这些技术中，通常在一定范围内扫描入射电磁波的波长以产生吸收或发射光谱。类似的现象发生在 X 射线、微波、无线电和其他电磁频谱区域。

表 2.1　不同频率的电磁辐射与物质的相互作用的类型

范围	频率/Hz	波长	效应示例	能量 $E/(\mathrm{kJ\cdot mol^{-1}})$
无线电波	$<3\times10^{8}$	大于 1m	核和电子自旋跃迁	$E<0.001$
微波	$3\times10^{8}\sim3\times10^{11}$	$1\sim10^{-3}$m	分子旋转	$0.001<E<0.12$
红外	$3\times10^{11}\sim0.37\times10^{15}$	10^{-3}m～800nm	分子振动	$0.12<E<150$
可见光	$0.37\times10^{15}\sim0.75\times10^{15}$	800～400nm	电子激发	$150<E<310$
紫外线	$0.75\times10^{15}\sim3\times10^{16}$	400nm～10^{-8}m	电子激发	$310<E<12000$
X 射线	$3\times10^{16}\sim3\times10^{19}$	$10^{-8}\sim10^{-11}$m	键断裂和电离	$12000<E<1.2\times10^{7}$
γ 射线	$3\times10^{16}\sim3\times10^{20}$	$10^{-11}\sim10^{-12}$m	核反应	$1.2\times10^{7}<E<1.2\times10^{8}$
宇宙射线	$>3\times10^{20}$	$<10^{-12}$m		$1.2\times10^{8}<E$

2.1.3　介电效应

材料具有独特的介电特性，这本质上反映了物质中正电荷和负电荷的排列与结构。当它们被置于电场中时，电场可以改变这些电荷的相对位置。这会产生微观偶极子。将 ε_0 视为自由空间的介电常数，在存在这些偶极子的情况下，电通量密度 $\boldsymbol{D}$ 与电场强度 $\boldsymbol{E}$ 之间的关系可以写为：

$$\boldsymbol{D}=\varepsilon_0\boldsymbol{E}+\boldsymbol{P} \tag{2.15}$$

其中，$\boldsymbol{P}$ 是极化电场，它说明了材料的极化特性（图 2.1）。如果感应极化的大小与 $\boldsymbol{E}$ 成正比，则电介质是线性的，如果 $\boldsymbol{E}$ 和 $\boldsymbol{P}$ 具有相同的方向，则电介质是各向同性的。对于各向同性的介质，$\boldsymbol{P}$ 与 $\boldsymbol{E}$ 成正比：

$$\boldsymbol{P}=\varepsilon_0\chi_e\boldsymbol{E} \tag{2.16}$$

其中，χ_e 为电极化率。结合式(2.15) 和式(2.16) 材料的介电常数定义为：

$$\varepsilon=\varepsilon_0(1+\chi_e) \tag{2.17}$$

$\boldsymbol{E}$ 和 $\boldsymbol{D}$ 间的关系一般为 $\boldsymbol{D}=\varepsilon\boldsymbol{E}$。因此，将相对介电常数定义为 $\varepsilon_r=\varepsilon/\varepsilon_0$。一些材料的

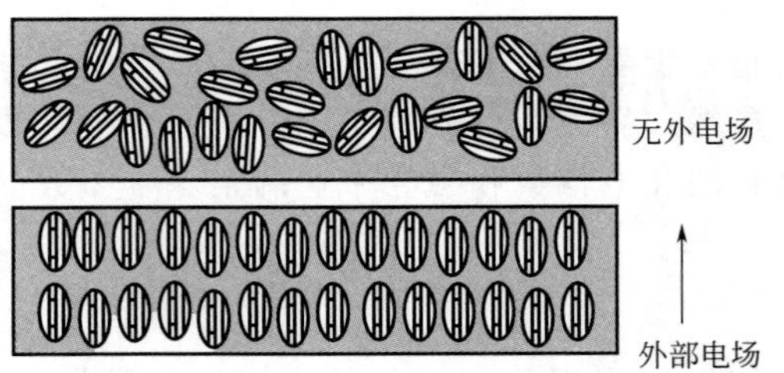

图 2.1　外电场极化的电介质

相对介电常数如表 2.2 所示。许多传感器基于介电效应工作，如电容式和场效应晶体管型传感器。对于被测量，相对介电常数的变化是此类传感器工作的基础。

表 2.2　部分材料的相对介电常数

材料	相对介电常数ε_r
空气	1.0006
聚苯乙烯(polystyrene)	约等于 2.6
玻璃(glass)	4.5～10
石英(quartz)	3.8～5
云母(mica)	5.4～6
锆钛酸铅(PZT)	＞300

2.1.4　磁导效应

磁导率是材料适应磁场的能力的量度。自由空间的磁导率用 μ_0 表示，等于 $4\pi\times10^{-6}\mathrm{H\cdot m^{-1}}$。介质的相对磁导率用 μ_r 表示，定义为 $\mu_r=\mu/\mu_0$，μ 为该介质的磁导率。与相对介电常数类似，相对磁导率也是与材料相关的参数，并且磁化率定义为 $\chi_m=\mu_r-1$。

材料不同，在磁性测量过程中可以观察到不同的特性。传感传导中最常用的是抗磁性和顺磁性。如果材料产生的磁场与外部施加的磁场相反，则它是抗磁性材料。这种材料会被磁场排斥。抗磁性材料的相对磁导率小于 1。相反，顺磁性材料被磁场吸引，它们的相对磁导率大于 1。一些材料的相对磁导率如表 2.3 所示。显然，这种磁导率差异可以用于开发磁传感器和执行器。

表 2.3　部分材料的相对磁导率

材料	相对磁导率μ_r
坡莫合金	8000
铁氧体(锰锌)	＞650
铁	100
铝	1.000025
木头	1.00000045
空气	1
铜	0.999995
水	0.999992

2.2　光电效应、光电导效应与光伏效应

2.2.1　光电效应

当某种材料受到光子的照射时，电子可能会从其中射出，射出的电子称为光电子，它们的动能 E_K 等于入射光子的能量 hf 减去某一阈值能量，该阈值能量称为材料的工作函数 φ，入射光子的能量需要超过该函数才能释放电子。光电效应如图 2.2 所示，满足下式：

$$E_K = hf - \varphi \tag{2.18}$$

其中，h 为普朗克常数；f 是光子的频率。

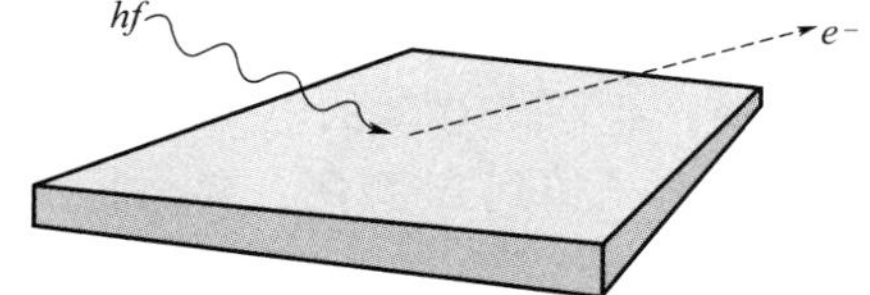

图 2.2　光电效应：光子的入射和电子的释放

过去，光电效应一直用于真空管放大器。这种效应也可用于开发特殊类型的电磁传感器。因为工作函数取决于材料，所以可以设计传感器以调谐到特定波长，这种传感器广泛用于光电子显微镜。在此设备中，材料的工作函数是通过用单色 X 射线或紫外线源轰击并测量发射电子的动能来获得的。

2.2.2　光电导效应

当一束光子撞击半导体材料时，将导致其导电性发生变化，即会发生光电导效应。入射光子将电子从导带激发到价带，如果撞击半导体的光具有足够的能量（hf 是频率为 f 的入射光子的能量），就会发生这种情况。光响应取决于材料的带隙。图 2.3 显示了具有不同带隙的两种半导体的电子能带的简单结构。显然，对于更宽的带隙材料，将电子从价带激发到导带需要更大的能量。

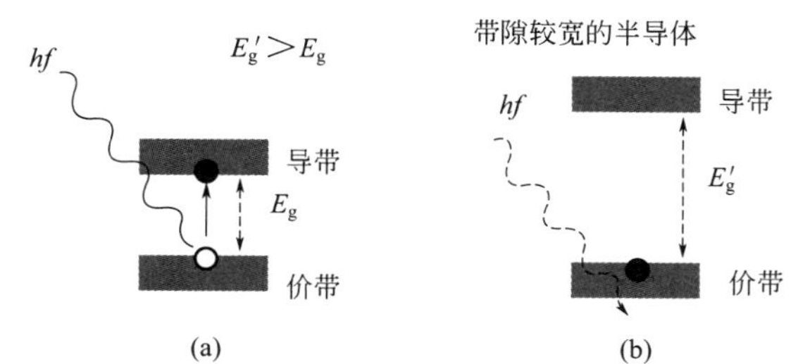

图 2.3　两种不同带隙半导体的电子结构

（a）入射光子能量大于带隙（$hf > E_g$），所以它激发电子从价带到导带；

（b）入射光子能量小于带隙（$hf < E_g'$），因此不影响半导体

光电导效应广泛用于电磁辐射传感器，此类器件称为光电导体、光电阻（light-dependent resistor，LDR）或光敏电阻。硫化镉（CdS，带隙约为 2.42eV，在紫色区域波长约为 512nm）和硒化镉（CdSe，带隙约为 1.73eV，在黄色区域波长约为 716nm）是目前制造光电导器件和传感器的首选材料。制作光敏电阻时，通常将这些材料的薄膜沉积在平行电极上。

基于诸如 CdS 之类的半导体器件具有很大范围的电阻值，从光强度高时的几欧姆到黑暗中的几兆欧姆。它们能够广泛响应光子，包括红外线、可见光和紫外线。这种半导体薄膜

的响应时间在几毫秒到几十秒之间，这取决于薄膜的孔隙率、厚度和其他物理特性。

2.2.3 光伏效应

在光伏效应中，两种不同材料的结（也称为异质结）处吸收的光子会感应出电压，所吸收的光子产生自由电荷载流子（电子和空穴）。然而，异质结中的感应电压会导致电荷载流子分开，从而导致电流在外部电路中流动。用于制造这种异质结的材料通常是半导体，它们对各种波长的光都有响应。

典型的光伏器件通常由大面积半导体 PN 结或二极管组成。如果光子的能量大于或等于半导体的带隙，则撞击结的光子会被吸收。这会导致价带电子被激发到导带，留下一个空穴，从而产生一个移动的电子-空穴对。如果电子-空穴对位于 PN 结的耗尽区内，现有的电场要么将电子扫到 N 型侧，要么将空穴扫到 P 型侧。结果产生如下电流：

$$I = I_S(e^{\frac{qV}{kT}} - 1) \tag{2.19}$$

其中，q 是电子电荷（1.602×10^{-19}C）；k 是玻尔兹曼常数（1.38×10^{-23}J/K）；T 是 PN 结的开尔文温度。

光伏电池和传感器通常由吸收红外线、可见光和紫外线范围内的光子的材料制成，常用的材料为：硅（波长在 190～1100nm）、锗（800～1700nm）、砷化铟镓（800～2600nm）和硫化铅（1000～3500nm）。

最常见的基于光伏的传感器是光电晶体管和光电二极管。光伏器件可广泛用于感测应用，如分光光度计、辐射监测器、建筑物中的自动光调节系统、光通信系统中的光传感器、车辆和电梯中的检测器、工业监控系统等。光伏器件也是光伏电池的基础。

2.3 光电介效应与光致发光效应

介电特性在电磁辐射下发生变化的材料称为光介电材料，其效应称为光电介效应。在此类材料中，由于原子或分子跃迁到激发态，其极化率与基态不同，介电常数在暴露于辐射时会发生变化。

光介电效应已广泛用于光化学以及研究照相材料和半导体的动力学中。具有光电介电效应的半导体化合物通常用于检测低强度电磁辐射。

在光致发光效应中，原子或分子在吸收光子后将发出光。吸收的光子将其能量提供给材料，使其变为激发能态。一段时间后，材料以光子的形式辐射出多余的能量，并返回到较低的能量状态。发射光子的能量与激发态和平衡态的能级差有关。荧光和磷光是光致发光的例子。

2.3.1 荧光和磷光

光致发光可以通过量子力学来理解，它取决于原子和分子的电子结构。分子具有电子态，并且在每个态中都有不同的振动水平（图 2.4）。在以光子的形式接收能量后，电子被提升到激发电子态。对于大多数分子，根据电子自旋的不同，电子态可分为单重态（S）和三重态（T）。分子被激发到较高的电子态后，会通过多种途径迅速失去能量（图 2.4）。

在荧光中，振动弛豫将分子带到其最低振动能级 $V'=1$，处于第一个激发单线态 S_1。因此，电子从 S_1 的最低振动能级弛豫到 S_0 的任何振动能级。对于磷光，S_1 中的电子经系

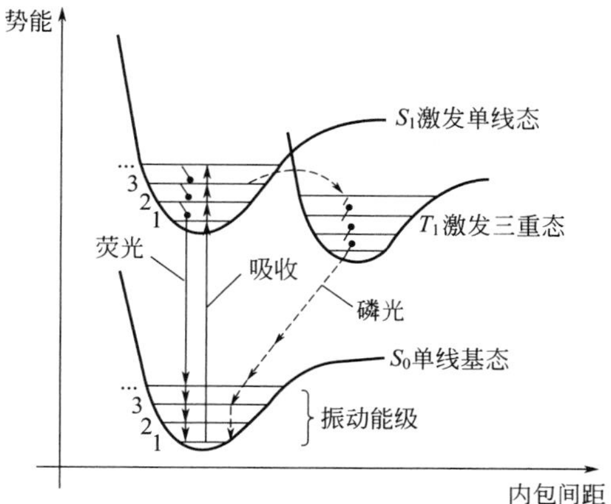

图 2.4　荧光和磷光发光过程

统间穿越到 T_1，然后弛豫到 S_0。由于该过程中的多次重排，磷光的寿命比荧光长得多。对于荧光，吸收和发射间的时间段通常在 $10^{-8}\sim10^{-4}$s 之间。然而对于磷光，这个时间通常较长（$10^{-4}\sim10^{2}$s）。

如今，许多分析测量都使用荧光材料，理想的感测荧光材料通常具有单线激发波长和单线检测波长。然后使用显微镜或光谱仪检测所需波长信号是否存在。该方法的灵敏度可以相当高，甚至可以检测单个荧光分子浓度。

表现出荧光效应的有机分子在感测方面有着多种应用，例如，荧光探针在生物技术中用作监测单个细胞中生物事件的工具。组织、细胞或亚细胞结构的荧光显微镜检查可以通过用荧光团标记抗体来进行，用不同的荧光团标记多个抗体使得在单个图像中可视化多个目标。许多分子用于离子探针，因为在与离子（例如 Ca^{2+}、Na^{+} 等）反应后会发出荧光。这种离子探针在神经观察中很重要，在神经观察过程中，它们的光致发光特性（如吸收波长、发射波长或发射强度）可能会发生变化。这种离子探针的另一个重要应用是检测重金属离子。图 2.5 给出了一种对镉离子（Cd^{2+}）具有选择性的荧光探针的响应[1]。Cd^{2+} 对骨骼、肾脏、神经系统和组织具有毒性，可能导致肾功能障碍、代谢紊乱并增加癌症发病率。由于 Cd^{2+} 可以在生物体中积累，因此非常需要能够监测其在活细胞或组织中的水平的传感器。

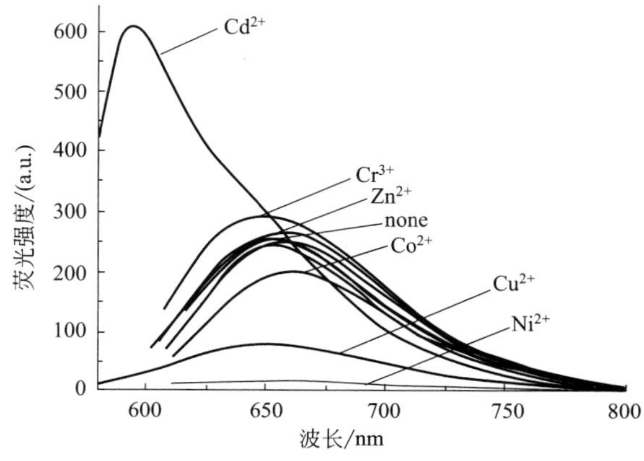

图 2.5　在 HCl(0.01mol/L) 溶液中存在不同金属离子（150mmol/L）时，含有硼二氮杂茚（5mmol/L）的荧光团传感器的荧光光谱[1]

硫化锌（ZnS）和铝酸锶（$SrAl_2O_4$）是两种常见的磷光材料，此类材料已广泛用于安全相关的产品和传感器。然而，由于 $SrAl_2O_4$ 的亮度约比 ZnS 高一个数量级，因此它现在用于大多数与磷光相关的应用。$SrAl_2O_4$ 常用于路径标记和其他安全相关标志等应用中。

2.3.2 电致发光

当材料因电流流过或受到电势作用而发光时，就是电致发光现象。它将电能转化为辐射能。产生电致发光的主要方式有两种：电流通过异质结或电流通过磷光材料。

当电流通过异质结（如 PN 掺杂半导体材料的结）时，会发生电致发光。电子可以与空穴复合，使它们落入较低的能级并以光子的形式释放能量。这种装置通常称为发光二极管(light-emitting diode，LED)。

发光波长由形成结的材料的带隙决定。然而，电流的流动并不总是发生电致发光。在由间接带隙材料（如硅）制成的二极管中，电子和空穴的复合是无辐射的，也没有发光。LED 中使用的材料必须具有直接带隙。由元素周期表Ⅲ和Ⅴ族元素化合物组成的材料，常用于 LED 制造。这些包括Ⅲ-Ⅴ族半导体，例如 GaAs 和 GaP。值得一提的是，可以通过添加杂质来调整这些材料的带隙，从而调整发射波长。例如，仅由 GaP 制成的 LED 发出的光为 55nm 波长的绿光。然而，氮掺杂的 GaP 则发出黄绿光（565nm），而 ZnO 掺杂的 GaP 发出的是红光（700nm）。

发生电致发光的另一种方式是通过使用在磷光材料上施加电场激发电子。

电致发光器件集成在光谱传感设备中，此外，许多一次性传感器使用电致发光效应，此传感器基于对照射光强度的评估来作为被测量的量度。例如，许多妊娠测试系统都配备这种 LED，当检测到阳性结果时，这些 LED 就会亮起。电致发光效应也是许多电化学传感系统的一个组成部分。

当电子在电化学反应中产生时，可以以电致发光效应产生光子。因此，可以用光电二极管或光电晶体管检测这种照射。该效应所具有的特点是，光学测量降低了电子噪声并且它还与多个标准的光学传感系统兼容。

电致发光器件应用在许多化学传感器中。TiO_2 与 ZnO 等金属氧化物的电致发光强度的变化可用于测量过氧化氢等氧化性物质的浓度。在该系统中，分析物分子在金属氧化物表面失去氧（即将电子释放到薄膜中），这将使得电致发光强度的变化与被测物的浓度成正比。

2.4 霍尔效应、热电效应及热阻效应

2.4.1 霍尔效应

Edwin Hall 于 19 世纪 80 年代发现，当所施加的磁场垂直于在导体或半导体中流过的电流方向时，将会产生垂直于电流和磁场方向的电场。如图 2.6 所示，磁场垂直施加到承载电流的薄片材料上。磁场对移动的电荷施加横向力 F_B 并将其推向一侧。这导致电荷积聚在一侧，并形成正电荷和负电荷区域。这种电荷的分离会产生一个电场，从而产生静电力 F_E。最终，这种静电力通过对电荷施加相反的力来平衡磁力。作为电荷分离的结果，材料两侧之间出现了一个可测量的电压，称为霍尔电压 V_{Hall}：

$$V_{Hall}=\frac{IB}{ned} \tag{2.20}$$

其中，I 是流过材料的电流；B 是磁场的磁感应强度；n 是材料的电荷载流子密度；e 是等于 1.602×10^{-19}C 的电子电荷量；d 是材料的厚度。

霍尔效应是传感器技术中应用最广泛的效应之一，特别是用于监测磁场。商用霍尔效应传感器用于感测流体流量、电流、功率和压力，以及测量磁场。

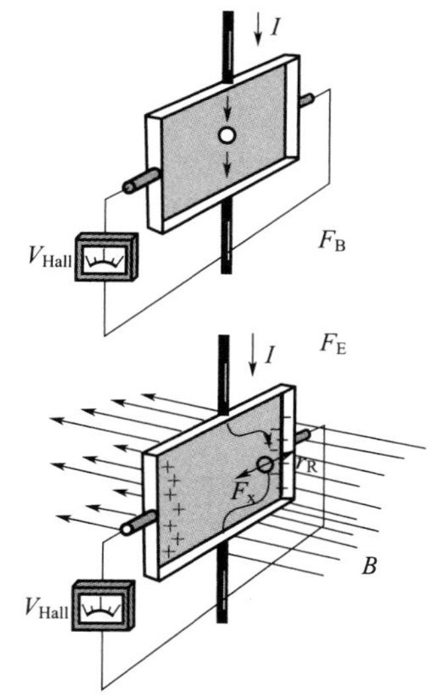

图 2.6　霍尔效应器件示意图
（施加磁场 B 前后）
F_B—磁场对移动电荷载流子施加的横向力；
F_E—分离的电荷所产生的电场

2.4.2　热电效应

热电效应是利用温差与电压的直接转换，反之亦然。该效应于 19 世纪初由 Thomas Johann Seebeck 和 Jean Charles Athanase Peltier 分别观察到，因此也称为塞贝克-珀尔帖效应。

如图 2.7 所示，对于两种不同的材料 A 和 B，当两个结保持在不同温度时会产生电压差 ΔV。电压差与温差 $\Delta T=T_2-T_1$ 成正比，其关系为：

$$\Delta V=(S_A-S_B)\Delta T \tag{2.21}$$

其中，S_A 和 S_B 分别是材料 A 与 B 的塞贝克系数。这种现象为热电偶提供了物理基础，热电偶是测量温度的标准设备之一。

当两种不同金属的接合处出现温差，同时电流通过它们时，就会发生完全相反的观察结果（图 2.7）。较低温度结点吸收的单位时间热量 Q 等于：

$$Q=(\Pi_A-\Pi_B)I \tag{2.22}$$

其中，Π_A 和Π_B 是材料 A 和 B 的珀尔帖系数；I 是电流。根据电流大小，热量离开或积聚在结中。

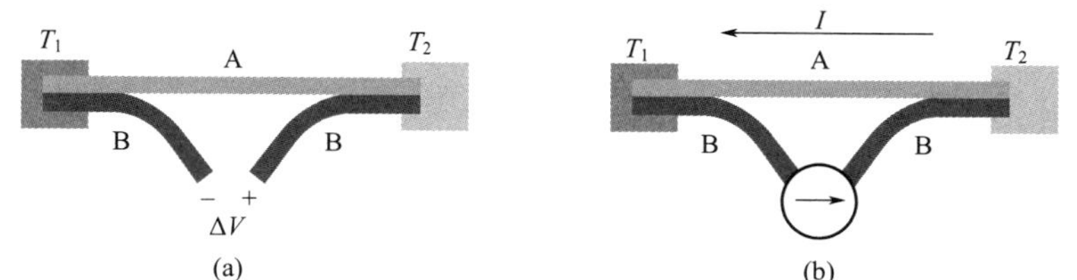

图 2.7　两种不同的材料 A 和 B 紧密接触，两端保持在不同温度（T_1 和T_2）
(a) 塞贝克效应（Seebeck effect）；(b) 珀尔帖效应（Peltier effect）

19 世纪中期，威廉·汤姆森（William Thomson）发现，沿着材料流动的电流，并在其长度方向产生的温度梯度，会导致材料在单位体积上吸收或释放热量。Thomson 效应由下式描述：

$$Q=\rho J^2-\mu J\frac{\mathrm{d}T}{\mathrm{d}x} \tag{2.23}$$

其中，J 是通过材料的电流密度；ρ 是材料的电阻率；$\mathrm{d}T/\mathrm{d}x$ 是沿材料的温度梯度；μ 是 Thomson 系数。上式右侧有两项：第一项是焦耳热；第二项是 Thomson 热。

Thomson 系数、Seebeck 系数和 Peltier 系数是相关的。如果在较宽的温度范围内对

Thomson 系数进行积分，则可以用式(2.23) 获得 Seebeck 和 Peltier 系数的绝对值。当然，如果标准材料的 Seebeck 系数值已知，则其他材料的 Seebeck 系数可以根据该参考材料测量。最常用的参考材料是 Thomson 系数为零的材料。

许多感测系统都包含基于热电效应的温度传感器，可用于医学和科学研究，以及工业过程控制和食品储存系统。此类型设备称为热电偶，其中最常用如表 2.4 所示。

表 2.4　一些常见的热电偶类型

类型	材料	温度范围/℃
K	Ni-Al 合金	−200～+1200
E	铬/康铜	−110～+1000
J	铁/康铜	−40～+750
N	Nicrosil(Ni-Cr-Si 合金)/Nisil(Ni-Si 合金)	

热电偶中采用不同金属和合金将会产生不同的特性和性能。一些常用的合金是铬镍合金（约 90%的镍和 10%的铬）和康铜（约 40%的镍和 60%的铜）。K 型是使用较广泛的热电偶，可在−200～1200℃的宽温度范围内工作。这种类型的热电偶的灵敏度约为 41mV/℃。某些 E 型热电偶的工作范围可能比 K 型窄，但它们的灵敏度要高得多（约 68mV/℃）。N 型［Nicrosil(Ni-Cr-Si 合金)/Nisil(Ni-Si 合金)］热电偶具有高稳定性和耐高温氧化性，使其成为许多高温测量的理想选择。其他热电偶类型：B、R 和 S 均由贵金属制成，在高温下最稳定，但灵敏度较低（约 10mV/℃）。

它们还用于制造热泵，包括电荷耦合器件（CCD）相机、激光二极管、微处理器和血液分析仪在内的许多产品都采用热电偶。

热电器件将热能转换为电能（反之亦然）取决于所用材料的品质因数（ZT），由下式给出：

$$ZT=(S^2T)/(\rho K_{\mathrm{T}}) \tag{2.24}$$

其中，S、T、ρ 和 K_{T} 分别是塞贝克系数、开尔文温度、电阻率和总热导率。

2.4.3　热阻效应

热阻效应是材料的电阻随温度变化而变化，广泛用于温度感测中。该效应是电阻温度计和热敏电阻等温度传感器件的基础。热阻材料的电阻 R 为：

$$R=R_{\mathrm{ref}}(1+\alpha_1\Delta T+\alpha_2\Delta T^2+\cdots+\alpha_n\Delta T^n) \tag{2.25}$$

其中，R_{ref} 是参考温度下的电阻；α_i 是材料的电阻温度系数；$\Delta T(=T-T_{\mathrm{ref}})$ 是当前温度 T 与参考温度 T_{ref} 间的差。电阻会随着温度的变化增加或减小。如果材料具有正温度系数（positive temperature coefficient，PTC)，则其电阻会随温度升高而增加，而如果材料具有负温度系数（negative temperature coefficient，NTC)，则其电阻会降低。如果热阻材料在温度与电阻间表现出近线性的关系，则可以忽略式(2.25) 中的高阶项。然而，线性通常只对有限的温度范围有效。

热敏电阻通常由陶瓷或聚合物制成。此类热敏电阻通常在−50～150℃的有限温度范围内工作。热阻效应也在金属中可以观察到。此类元件通常称为电阻温度检测器（resistance temperature detector，RTD)，可在更大的温度范围内工作。

2.5　压阻效应、压电效应及热电效应

2.5.1　压阻效应

压阻效应指的是当机械外力施加在材料上时材料的电阻率所产生的变化。它是由开尔文于 1856 年首次发现的，他发现某些金属的电阻率在施加机械负载时会发生变化。硅和锗等半导体通常表现出很大的压阻效应。有两种现象可归因于半导体的电阻率变化：其几何形状的应力相关变化和其电阻率的应力相关性。对于这些半导体，一阶压阻可以用下式描述：

$$\frac{\Delta R}{R} \approx \boldsymbol{\pi\sigma} \tag{2.26}$$

其中，$\boldsymbol{\pi}$ 是压阻系数的一阶张量；$\boldsymbol{\sigma}$ 是机械应力张量；R 和 ΔR 分别是电阻和电阻的变化。

半导体和金属合金中的压阻效应可应用于传感器。大多数材料均表现出某些压阻效应。然而，由于硅是集成电路的首选材料，因此采用压阻式硅器件进行机械应力测量，例如压力传感器和加速度传感器，都利用硅的压阻效应。

压阻效应也经常用于悬臂式传感器，此传感器与原子力显微设备一起在微尺度传感系统中，或者在液体和气体介质中进行微尺度感测。

2.5.2　压电效应

压电效应是缺乏对称中心的晶体响应施加的机械力产生电压的能力，反之亦然（图 2.8）。该效应的性质与电偶极矩的出现有关。在压电材料中，当施加应力时，极化的变化是由偶极诱导下的重新配置或分子偶极矩的重新定向引起的。压电效应取决于：极化方向、晶体对称性，以及施加的机械应力。

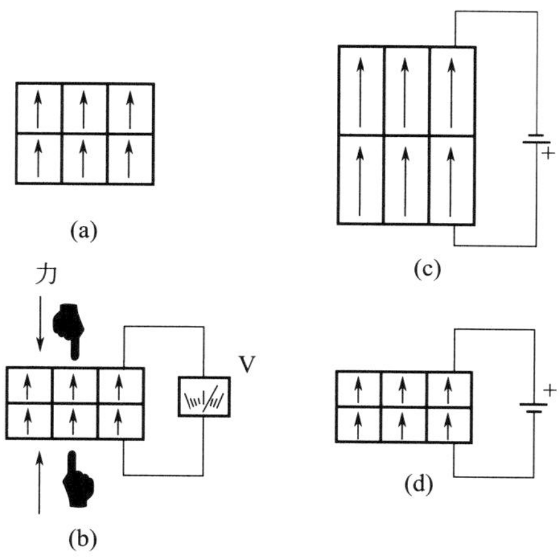

图 2.8　压电材料（a）；电压响应可以用来测量压缩或膨胀（b）；外加电压膨胀（c）及压缩压电材料取决于其极性（d）

在 32 类晶体中，21 类没有对称中心（非中心对称），其中 20 类直接表现出压电性。最常用的压电材料是石英、铌酸锂、钽酸锂、锆钛酸铅（PZT）、钛酸钡（$BaTiO_3$）、钛酸铅

($PbTiO_3$)、ZnO 和硅酸镧镓。许多压电材料是陶瓷，当其受到强的恒电场极化时就会变成压电材料（图 2.9)。极化过程通常在高温下进行。压电微晶体在极化前为中心对称立方体(各向同性)，极化后呈现四方对称（各向异性结构）。极化后，压电材料仅在居里温度以下显示此特性。高于此温度，它们将失去压电特性。有趣的是，许多聚合物，例如聚偏二氟乙烯（PVDF)，在极化点时会变成铁电体，并且还表现出比石英大数倍的压电性。

压电材料非常适于各种感测应用，包括压力、加速度、声学和高压。它们在生物传感和气体传感应用中也很普遍。

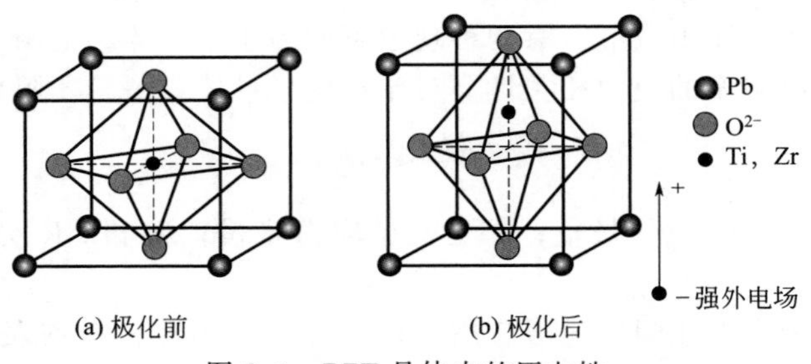

图 2.9　PZT 晶体中的压电性

2.5.3　热电效应

当加热或冷却时，某些晶体会建立暂时的电极化，从而产生暂时的电位。在某些材料中，温度变化会导致正负电荷转移到晶体极轴的两端。如果温度在新值上保持恒定，热电电压会因漏电流而逐渐消失。最常见的热电材料包括钽酸锂、氮化镓（GaN)、硝酸铯（$CsNO_3$)、聚氟乙烯和 PZT。

热电材料通常用于辐射传感器，入射到其表面的辐射被转换为热量。与这种入射辐射相关的温度升高会导致材料极化强度的变化，将产生可测量的电量，在电路中，可测量电流由下式给出：

$$I = pA\ \frac{\mathrm{d}T}{\mathrm{d}t} \tag{2.27}$$

其中，p 是热电系数；A 是电极的面积；$\mathrm{d}T/\mathrm{d}t$ 是温度变化率。

热电材料通常用作红外和毫米波元件。基于热电效应的辐照传感器现已商用化。

热电传感器用于各种应用，例如运动感测、光控制、温度测量和火焰探测。大多数辐射测量的标准都是基于热电探测器。这些设备采用某种形式的吸热涂层，例如碳基涂料或扩散金属（例如金）。

2.6　磁效应与多普勒效应

与磁场相关的常见物理效应包括磁致伸缩效应、磁阻效应、巴克豪森效应、能斯特-爱廷豪森效应、法拉第旋转效应与福格特效应。

2.6.1　磁致伸缩效应

磁致伸缩效应，也称为磁机械效应，是施加磁场时材料尺寸所发生的变化，或者是材料在应力和应变的影响下磁性能的变化。

从宏观上看，磁致伸缩存在两种不同的机制，如图 2.10 所示。它们是：磁域的旋转（箭头都指向同一方向）和材料内壁的迁移（即首尾相连）。

图 2.10　磁致伸缩：未对齐的磁域（顶部）将对齐导致结构在外加磁场的影响下膨胀（底部）

磁致伸缩材料将磁能转换为动能，反之亦然。因此，它们经常在暴露于磁场时进行感测与驱动。这种效应是在变压器中听到熟悉的嗡嗡声的原因。

磁致伸缩由磁致伸缩系数 Λ 定义。它被定义为当材料的磁化强度从零增加到饱和时长度的变化比。该系数通常在 10^{-5}（或 10 个微应变）的量级，可为正也可为负。对于钴，该值为 60 微应变，这是纯元素的最大室温磁致伸缩。这种效应的逆效应称为维拉里（Villari）效应，当材料受到机械应力时，其磁化率会发生变化。

最先进的磁致伸缩材料，称为巨磁致伸缩（giant magnetostrictive，GM）材料，是由铁（Fe）、镝（Dy）和铽（Tb）组成的合金。其中许多是在 20 世纪 60 年代中期在海军军械实验室和艾姆斯实验室发现的[2]。它们的 Λ 值将比纯元素大一到两个数量级。GM 效应通常用于开发磁场、电流、接近度和应力传感器。

2.6.2　磁阻效应

材料的电阻与外部所施加磁场密切相关，由开尔文于 1850 年首次观察到。所施加的磁场将导致洛伦兹力作用在移动的电荷载流子上，并且根据磁场的方向，它将对电流流动产生阻力。对于电荷，在电场强度为 E 的情况下，其速度为 $v=\mu E$。如果存在磁通密度 B，则速度满足：

$$v=\mu(E-vB) \tag{2.28}$$

其中，μ 是载流子的移动率。那么速度可表示为

$$v=\mu\left[\frac{E+\mu EB}{1+(\mu B)^2}\right] \tag{2.29}$$

如果 E 和 B 同相（$EB=0$），则速度方程简化为：

$$v=\mu E\left[\frac{1}{1+(\mu B)^2}\right] \tag{2.30}$$

在没有磁场的情况下，v 较小。较小的 v 意味着电荷移动速度较慢，因此电流较小。显然，如果电荷速度（以及电流）与磁场成 90°，电流速度则会增加。因此，磁阻与磁场的方向有关。根据此效应，可以用来开发基于磁阻的监测磁场方向的传感器。在这些传感器中，当磁阻器的电阻随着磁场极性的变化而变化时，电阻将发生变化。

天然材料的磁阻并不高，并且不会超过检测高密度磁盘驱动器中非常小的磁性像素所需的值。在发现各向异性磁阻（AMR）和巨磁阻（GMR）后，这种效应变得更加突出。

AMR 是一种仅在铁磁材料（具有较大 μ 的材料）中发现的效应，当电流方向与施加的磁场平行时，电阻将增加。材料电阻率的变化取决于电流方向与铁磁材料磁化强度之间的夹角。

GMR中电阻的变化远大于AMR，因此GMR在传感中发挥着重要作用。它们主要用于计算机信息存储磁盘的读取磁头、感测磁场，以及其他感测应用。近年来，随着GMR传感器的发展，可以为越来越小的磁珠制造磁传感器，这使得硬盘容量得到了增加。

2.6.3 巴克豪森效应

1919年，海因里希·巴克豪森（Heinrich Barkhausen）发现对铁磁材料施加缓慢增加的连续磁场会使其磁化，但不是连续的，而是小步的（图2.11）。这些突然和不连续的磁化变化是在连续磁化或退磁过程中发生的铁磁畴（或排列的原子磁体的微观簇）大小和方向离散变化的结果。这种影响应在磁传感器的运行中给予降低，因为它在测量中表现为阶跃噪声。

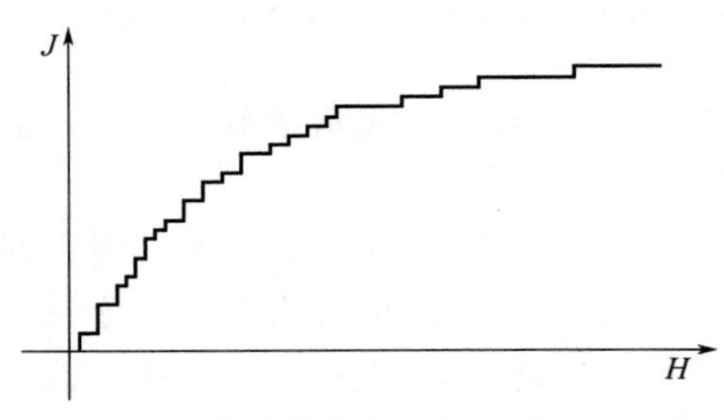

图2.11 铁磁材料中磁场强度（H）的巴克豪森磁化（J）曲线跳跃的放大示例

2.6.4 能斯特-爱廷豪森效应

W. H. Nernst与A. von Ettingshausen发现，当导体或半导体受到温度梯度和磁场的影响时，会在导体或半导体上产生电场。该电场的方向与磁场和温度梯度相互垂直。该效应可以通过能斯特系数$|N|$来量化：

$$|N|=\frac{E_y/B_z}{\mathrm{d}T/\mathrm{d}x} \tag{2.31}$$

这个方程描述了，如果在z方向上的磁场分量为B_z，那么当受到$\mathrm{d}T/\mathrm{d}x$的温度梯度影响时，产生的电场分量将在y方向上，即E_y。

由于热电效应，电子和空穴沿温度梯度移动。当将磁场施加在该温度梯度的横向时，电子和空穴会受到垂直于其运动方向的力，因此会产生垂直电场。在许多半导体中都可以看到能斯特效应。

2.6.5 法拉第旋转效应与福格特效应

法拉第旋转效应是法拉第于1845年发现的，它是一种磁光效应，即通过材料传播的电磁波的偏振面在受到平行于传播方向的磁场作用时发生旋转。偏振面的这种旋转与施加的磁场强度成正比。法拉第旋转效应是由于磁化导致材料中介电张量发生改变引起的。

这种效应是第一个证明光是电磁波的实验证据，也是詹姆斯·克拉克·麦克斯韦（James Clerk Maxwell）发展其电磁学理论的基础之一。旋转角度由下式定义（图2.12）：

$$\theta=VBl \tag{2.32}$$

其中，B是磁通密度；V是Verdet常数；l是光穿过的材料的长度。

法拉第旋转效应已广泛应用于高频测量和传感系统，它通常用于磁场的遥感，也越来越多地用于测量电子自旋的极化。此外，法拉第旋转器经常在电信系统中用于光波的幅度调制和光循环器。

Verdet常数是不同材料中法拉第旋转效应强度的品质因数。一种用于场感测的常见磁光材料是铽镓石榴

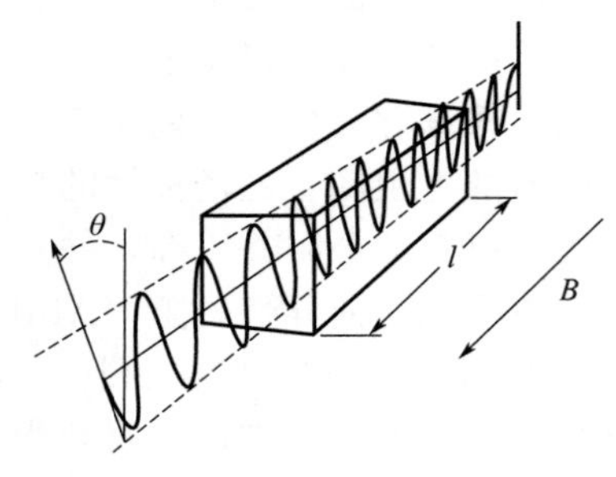

图2.12 法拉第效应引起的偏振面旋转

石（terbium gallium garnet，TGG）。结合这些材料，可以实现超过 45°的法拉第旋转角，这允许构建法拉第旋转器，即仅在一个方向上传输光的设备。

福格特（Voigt）效应类似于法拉第旋转效应。然而，法拉第旋转效应与外加磁场成线性关系，而福格特效应与外加磁场则成二次方关系。该效应是在 1902 年发现的，在许多固体和蒸汽形式的材料中都可观察到。

2.6.6　多普勒效应

多普勒效应涉及由观察者和波（信号）源彼此相对移动而导致的波（信号）频率的明显变化。如果观察者和波源正在朝着彼此移动，则波的频率将会增加，并且被称为是低色偏移（或蓝移）。相反，如果波源和观察者正在彼此远离，那么波的频率将会降低并变成红移。

多普勒频移为：

$$f_{\text{observed}}=\left(\frac{v}{v+v_{\text{source}}}\right)f_{\text{source}} \tag{2.33}$$

其中，v 是波在介质中的速度；v_{source} 是源相对于介质的速度；f_{source} 是源波的频率。如果波源接近观察者，则 v_{source} 为负，反之，如果波在后退，则它取正值。

多普勒效应的一个常见例子即救护车警报器在接近并驶过观察者时其音调在不断变化。感测中的多普勒效应的例子包括速度监测设备和超声波。

多普勒效应在雷达和声呐探测系统中也起着重要作用。此外，蓝移和红移常用于恒星、星系和气体云等大型和遥远天体的速度测量，因为它们的运动和光谱是相对于观察者的。

2.7　磁光效应

磁光效应主要包括磁光克尔效应（magneto-optic Kerr effect，MOKE）、克尔效应和普克尔斯效应（Pockels effect）。

2.7.1　磁光克尔效应

1877 年，John Kerr 发现入射到磁化表面上的光束的偏振面在从该表面反射后会发生少量旋转。这是因为入射电场 E 对电子施加力 F，使它们在入射波的偏振平面内发生了振动。如果材料具有一定的磁化强度 M，则反射波将获得一个小的电场分量（称为 Kerr 分量 $\boldsymbol{K}$），这是添加到反射电场波的矢量。结果，反射波相对于入射波旋转，如图 2.13 所示。磁光克尔效应可用于制造多种应用的传感器。

克尔显微镜利用 MOKE 对磁取向的差异进行成像，从而将它们映射到铁电材料上。可以开发基于 MOKE 的压力传感器。覆盖有磁性材料的隔膜两端的压力差会导致偏转，从而使层中产生应力，这会导致薄膜的磁性发生变化，可使用 MOKE 进行测量。此外，MOKE 还可用于读取存储在磁盘中的信息。

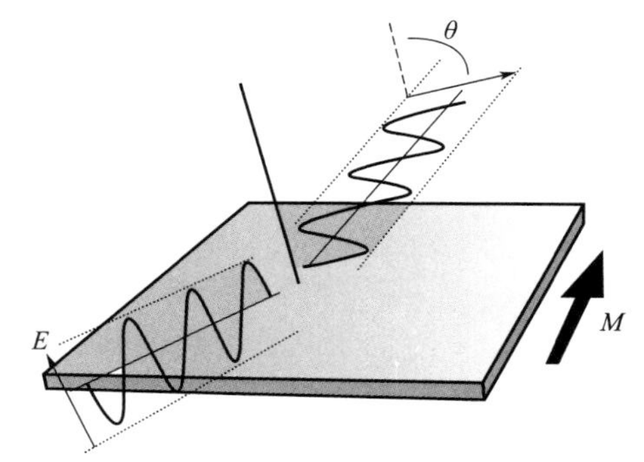

图 2.13　磁光克尔效应导致磁化表面极化平面的旋转

2.7.2　克尔效应

克尔效应是约翰·克尔（John Kerr）于 1875

年发现的，是一种电光效应。当暴露于电场时，一些材料变成双折射并且对于平行于和垂直于该施加场的偏振光显示不同的折射率。在这里，双折射在各向同性材料中出现。当对液体或气体施加电场时，它们的分子（具有电偶极子）将会部分地随场定向，使物质呈现各向异性，并在穿过它的光中引起双折射。然而，只有通过垂直于电场线的介质的光才会发生这种双折射，并且它与电场的平方成正比。因此，对于不同的极化，影响是不同的。克尔效应引起的双折射量与外加电场 E 的平方成正比，由下式给出：

$$\Delta n = n_0 - n_e = \lambda_0 K E^2 \tag{2.34}$$

其中，K 是克尔常数；λ_0 是光的波长。两个主要的折射率 n_0 和 n_e 分别是普通与非普通折射率。

该效应被用于许多光学设备中，例如快门、单色器和调制器。极化液体如硝基甲苯（$C_7H_7NO_2$）表现出非常大的克尔常数，它经常用于频率超过 10GHz 的光调制器。然而，克尔效应缺点是它相对较弱，需要高达 30kV 的电压才能完全调制。

2.7.3 普克尔斯效应

普克尔斯效应与克尔效应类似，不同之处在于双折射与电场成正比，而不是与其平方（如克尔效应）成正比。在一些缺乏对称中心的固体晶体（32 类中的 20 类）中可以发现这种效应。与克尔效应相反，普克尔斯效应可以在低得多的电压下产生折射率变化。

在铌酸锂（$LiNbO_3$）和砷化镓（GaAs）等许多晶体中都可以观察到普克尔斯效应，并且在光学和传感器中具有多种应用。结合偏振器，普克尔斯电池可用作光开关，以纳秒为单位在无旋转和 90°旋转之间交替。普克尔斯电池也经常用于电光探头。

参考文献

［1］ Peng X J，Du J J，Fan J L，et al. Selective fluorescent sensor for imaging Cd^{2+} in living cells［J］. J Am Chem Soc，2007，129：1500-1501.

［2］ Clark A E，Belson H S.（1972）Giant room temperature magnetostriction in $TbFe_2$ and $DyFe_2$［J］. Phys Rev B，1972，5：3642-3644.

第3章　常用传感器

3.1　电导和电容传感器

电导（或电阻）与电容传感器是传感应用中最常用的设备之一，其元件主要是电容与电感器。这主要是由于它们的制造成本低且操作简单，并可在导电电极之间填充某些材料，当传感器受到激励时，可以测量电导率或电容以产生与目标激励相关的输出信号。只有两个电极和一个敏感层的典型结构如图3.1所示。为了增加敏感层的效果，可以采用指叉式电极来增加电极之间的面积（后面将讨论指叉式电容传感器）。

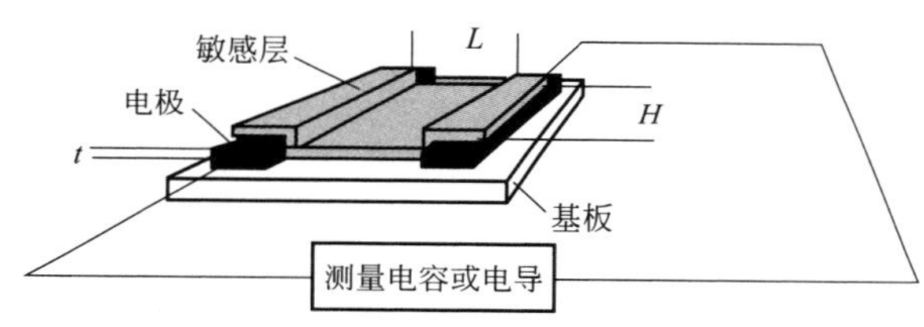

图3.1　电容或电导传感器的典型结构

3.1.1　电导传感器

在电导测量中，需要测量放置在电极之间的敏感材料的电导。电极上可以施加电压来产生电流，或施加电流来产生电压。所产生的电流或电压取决于敏感材料的电导率。

当电流通过时，电流密度 J、电场 E 和电导率 σ 的关系如下：

$$J=\sigma E \tag{3.1}$$

距离为 L 的平行双电极中电压和电场之间的关系为：

$$E=\frac{V}{L} \tag{3.2}$$

将其转化为常见的欧姆定律形式：

$$V=IR \tag{3.3}$$

其中，V 是电压；I 是电流 $[J=I/(Wt)]$；R 是电阻。因此，电阻和电导率之间的关系为：

$$R=\frac{1}{\sigma}\times\frac{L}{tW} \tag{3.4}$$

其中，W 和 t 分别是敏感层的宽度和厚度。薄层电阻定义为 $R_s=1/(t\sigma)$。

许多材料都表现出非线性电导率，因此在测量过程中必须仔细考虑偏置条件。通常选择所施加的电压和电流，使电导率保持在校准曲线的相对线性区域。

电导设备通常是最容易制造的传感器，可广泛应用于不同行业中。各种不同类型的传感器，例如热敏电阻、光电导体、电导生物传感器和半导体气体传感器，都是基于这些简单电极的。

3.1.2 电容传感器

对于电容而言，电极上所累积的电荷 Q 与电容 C 和电压 V 有关，即

$$Q=CV \tag{3.5}$$

电极之间填充的材料是介电材料。电极之间产生的电场在很大程度上取决于材料的介电特性。类似于电导传感器，在平行电极电容器中，电场被简化为电压除以电极之间的距离，即：

$$C=\varepsilon\frac{Wt}{L} \tag{3.6}$$

其中，Wt 是电极面积；L 是电极间的距离；ε 是介电常数。

电容广泛用作液位计、湿度传感器、压力传感器和非接触式传感器。液位计运行示意图如图 3.2(a) 所示。将两个金属电极置于液体中，形成一个电容器，其电容与流体的介电常数成正比。根据电极出现的深度（液位），电容将会发生变化。电容的增加与液位的增加有关。显然，为了正确测量，还应考虑流体的电导率。其他常见的电容设备是用于压力感测的设备。电容式压力传感器的一种配置如图 3.2(b) 所示。它由两个金属电极组成，形成一个电容器，以及一个膜片，膜片连接到其中一个电极上。连接到隔膜的金属电极可以灵活地与其一起移动。隔膜的另一侧应与测量其压力的流体（或气体）介质接触。压力的变化使隔膜弯曲，从而改变电容。另一类电容式传感器是非接触式传感器，其电极表面覆盖有绝缘材料，如图 3.2(c) 所示。当外部物体靠近电极时，介质的介电常数和电容会发生变化。非接触式电容传感器广泛用于指纹成像器中。此类系统由电容传感器阵列组成，由相邻的平板电容器组成，分辨率较高。

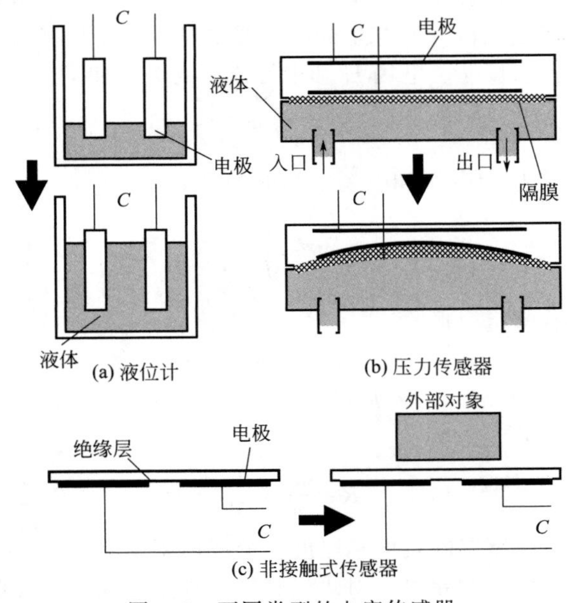

图 3.2 不同类型的电容传感器

电导和电容测量均可在直流或交流条件下进行。材料的电导率和介电特性通常表现出很强的频率相关性，因此工作频率会对测量产生重大影响。

3.2　光波导传感器

光波导传感器是感测系统中常用的传感器之一。这种传感器通常利用在可见光、红外线和紫外线区域内的光波与被测量的相互作用进行感测。这些相互作用导致波的属性（例如强度、相位、频率和极化）发生变化，然后将这些变化与目标被测量相关联。

本节将介绍一些典型的基于光波导的传感器，它们分为两大类：基于光波在波导中传播的传感器和基于表面等离子体波的传感器。在介绍它们之前，先介绍有关光传播和此类波导的灵敏度的知识。

3.2.1　光波导中的传播

许多传感器基于光波导现象。传播光波的强度通常随着光源距离的增加呈指数衰减。然而，如果波可以在失去大部分强度之前传播相对较长的一段距离，我们通常将其称为传播波。光波是横向的，因为它们垂直于传播方向进行振荡，如图 3.3 所示。光波导是一种介质，它将光波限制在一维或二维空间内。根据波导，只有某些传播波或导模是可以传播的。所有光模式均由同时存在的电场和磁场分量组成，但在准电场或磁场模式中，一个场分量的强度明显大于另一个。

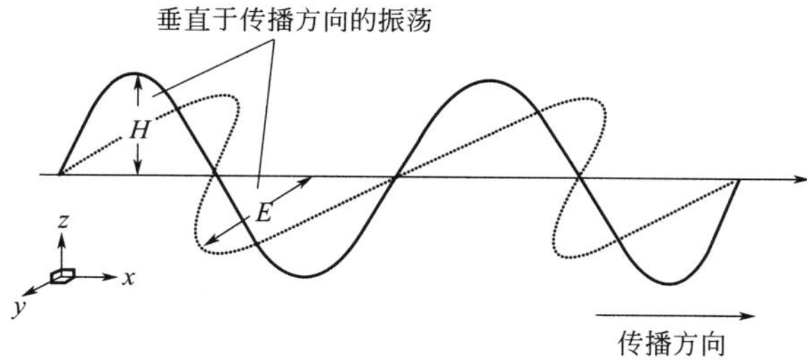

图 3.3　横光波的传播

平面光波导中的导波被限制在二维空间中，是 TM 或 TE。在任一时刻 t，x 方向上的归一化单频（单色）传播波可以由下式表示：

$$f(x,t)=e^{i(k_x x-\omega t)} \tag{3.7}$$

其中，$\omega=2\pi f$ 是角频率；k_x 是 x 方向上的传播常数（也称为波数）。类似地，在 y 和 z 方向上的传播可以分别由这些方向上的波数 k_y 和 k_z 来描述。

简单的二维平面波导示意图如图 3.4(a) 所示。图 3.4(b) 中也给出了平面光波导的截面图。波导由沉积在衬底上的沉积层制成。当光耦合到中间层时，如果该层的折射率（N_1）大于其顶部包层介质的折射率（N_c）和底部基板的折射

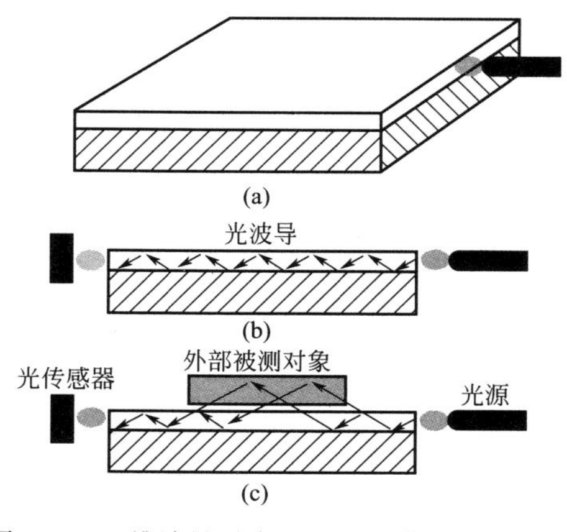

图 3.4　二维波导示意图 (a)，横截面图 (b)，当外部物体在波导附近时的截面图 (c)

率（N_s），则它只能被限制在该层中。在传感应用中，顶部介质通常是放置目标材料的地方[图 3.4(c)，外部物体]。传感器参数的设计应使传播波模式分布变形以穿透目标，感测介质的尾部。穿透尾（渐逝尾）的变化改变了传播波的强度、速度和/或相位。波导另一端的输出信号分布的变化对应于目标被测量的存在。

波在 x 方向传播，为了简单起见，可以认为波导在 y 方向具有无限或有限维度。波导的厚度 d_F 是有限的（图 3.5）。在该图中还可以看到模分量在 z 方向（虚线）上的场分布。设计此分布应对感测应用进行优化。TE_m 模（m 是模数）由其电场的 y 分量表征，由式(3.8) 给出：

$$E_y(t)=u_m(z)e^{i(k_x x-\omega t)} \tag{3.8}$$

其中，$u_m(z)$ 是第 m 个模的横向电场分布。类似地，TM_n 模的特征在于其磁场的 y 分量，并由下式给出：

$$H_y(t)=v_n(z)e^{i(k_x x-\omega t)} \tag{3.9}$$

其中，$v_n(z)$ 是第 n 个模的横向磁场分布。

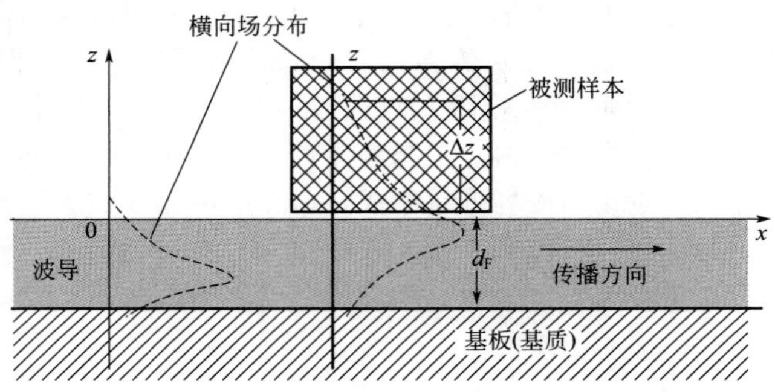

图 3.5　渐逝波在 z 方向的分布

Δz 是场对被测样本的穿透厚度

通过选择具有适当特性的材料，可以设计波导传感器，使得当目标分析物放置在波导表面时，在波导表面或附近分布的场最大（图 3.5）。这些波的分布决定了与被测量相互作用的程度，从而决定了设备的灵敏度。光学感测中的一个重要参数是 x 方向的有效折射率 N_{eff}（简称为有效折射率）。它被定义为 $N_{eff}=k/k_x$，其中 $k=\omega/c=2\pi/\lambda$，其中 c 是光速，λ 是波在真空中传播时的波长。k 即总波数，用以下方法获得：

$$|k|=\sqrt{|k_x|^2+|k_z|^2} \tag{3.10}$$

有效折射率是传播波偏振、模数、波导厚度 d_F 和介质折射率的函数。

正如所描述的那样，传播波在 z 方向上是渐逝的。这意味着当进入样品介质或基板（基质）时，传播波的 z 分量分布呈指数衰减。衰减由进入样品介质的穿透深度 Δz 描述（图 3.5）。根据穿透深度，z 方向的场分布可以近似为：

$$u_m(z)=u_m(0)e^{-\frac{z}{\Delta z}} \tag{3.11}$$

$$v_m(z)=v_m(0)e^{-\frac{z}{\Delta z}} \tag{3.12}$$

这里 $1/\Delta z$ 等于样本介质中 z 方向上的波数的实部 k_z。通过将 Δz 乘以 k，z 方向的有效折射率为 $2\pi\Delta z/\lambda$。考虑到 x 方向的传播波数 k_z 对于所有介质（波前在 x 方向以一个速度传播）应该相等，Δz 可由式(3.13) 计算[1]：

$$|\Delta z| = \frac{\lambda}{2\pi}(N_{\mathrm{eff}}^2 - N_{\mathrm{c}}^2)^{-\frac{1}{2}} \tag{3.13}$$

其中，N_c 是样品介质的折射率。样品介质中的有效折射率为：

$$\frac{2\pi}{\lambda}N_{\mathrm{eff}} = k \tag{3.14}$$

如果样品介质的折射率发生变化，则穿透深度也将根据式(3.13)发生变化。这反过来会导致场分布的可测量变化，这是采用光波导进行感测的基础。

在制造基于光波导的传感器时，应根据系统的穿透深度在存在目标物体的情况下如何使其受到影响来选择材料。穿透深度的控制很重要，因为它可以用于调整系统以优化检测分析物分子，其大小具有不同的数量级。例如，分析物材料，如蛋白质与 DNA 链，可以使用光波导平台通过创建数十到数百纳米的穿透长度进行检测。

3.2.2 光波导的灵敏度

基于光波导的传感器的灵敏度很大程度上取决于被测量与样品体表面与导模间的相互作用。分析物分子可能会扩散进或扩散出渐逝区，也可能会固定在边界上，甚至可能会在流动力的作用下沿表面移动。这些相互作用中的每一种都可以改变有效折射率，从而产生光学响应。可以应用微扰理论计算有效折射率的变化[2]。

$$\Delta(N_{\mathrm{eff}}^2) = \frac{\dfrac{\displaystyle\int_{-\infty}^{+\infty}\Delta\varepsilon(z)\left[\frac{\mathrm{d}v(z)/\mathrm{d}z}{\varepsilon(z)}\right]^2\mathrm{d}z}{k^2} - N_{\mathrm{eff}}^2\displaystyle\int_{-\infty}^{+\infty}\Delta\left[\frac{1}{\varepsilon(z)}\right]|v(z)|^2\varepsilon(z)\mathrm{d}z}{\displaystyle\int_{-\infty}^{+\infty}\frac{|v(z)|^2}{\varepsilon(z)}\mathrm{d}z} \tag{3.15}$$

对于 TE 模，则为：

$$\Delta(N_{\mathrm{eff}}^2) = \frac{\displaystyle\int_{-\infty}^{+\infty}\Delta\varepsilon(z)|u(z)|^2\mathrm{d}z}{\displaystyle\int_{-\infty}^{+\infty}|u(z)|^2\mathrm{d}z} \tag{3.16}$$

$v(z)$ 和 $u(z)$ 分别是 TM 模和 TE 模的场分布。

由式(3.15)和式(3.16)可以通过测量有效折射率相对于波导厚度的变化（$\partial N_{\mathrm{eff}}/\partial d_{\mathrm{F}}$）来获得基于光波导和表面等离子体（surface plasmon，SP）关于样品中折射率变化（$\partial N_{\mathrm{eff}}/\partial d_{\mathrm{c}}$）的传感器的灵敏度。这两个是重要的传感参数：前者描述了有多少材料附着在光波导表面，后者描述了目标介质的折射率如何变化。由光波导开发生化和化学传感器的常用方法是，在波导顶部沉积对目标被测量具有化学敏感性的层。

通常，可以通过减小波导的厚度来提高灵敏度，因为它允许更大的渐逝尾。产生单一传播模式是另一种选择。具有单一运行模式，能量分布被限制在选定模内，任何扰动都会影响单一模式而不是导致模式之间的能量交换。较小厚度的波导和单模条件更有可能保证能量限制在波导表面附近。

3.2.3 基于光纤的传感器

光波可以被限制在准一维波导空间中：诸如光纤之类的结构而不是平面结构。一些常见的此类结构是肋条、倒肋条和线波导，见图 3.6。在这些波导中，除了限制在 z 方向之外，

光波也限制在 y 方向。光波沿着肋条、倒肋条和线状结构传播，前提是纤芯的折射率大于包层（周围）的折射率。显然，将目标被测对象放置在光波导附近，与最初传播的光相比，与该介质的相互作用会改变光波的特性，例如相位、速度和幅度。波进入该介质的次数越多，就越能观察到这种感测效果。对于化学和生化感测，暴露的核心也可以覆盖敏感层，以进一步提供对目标分析物的选择性。

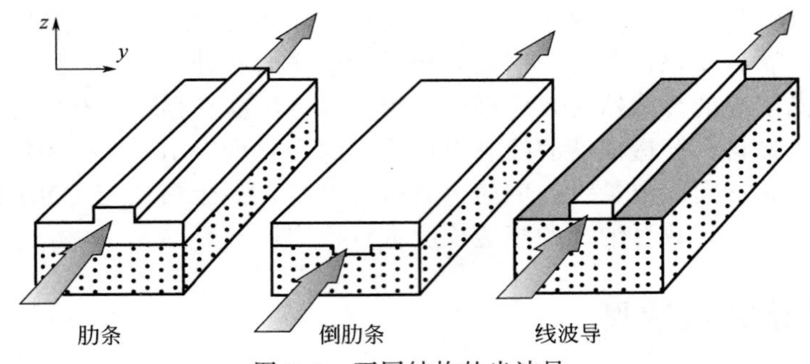

图 3.6 不同结构的光波导

光纤是这种波导的另一种类型，其中光被限制在二维范围内。它们由被包层覆盖的纤芯组成。基于光纤的传感器有多种结构：图 3.7 显示了两种常见的配置。第一种结构，光纤的部分包层被移除，将纤芯直接暴露在样品介质中。在第二种结构中，光纤的末端暴露在样品介质中，对反射或穿过的光波进行分析。另外，可以通过在光纤末端沉积敏感层来获得对目标的选择性。

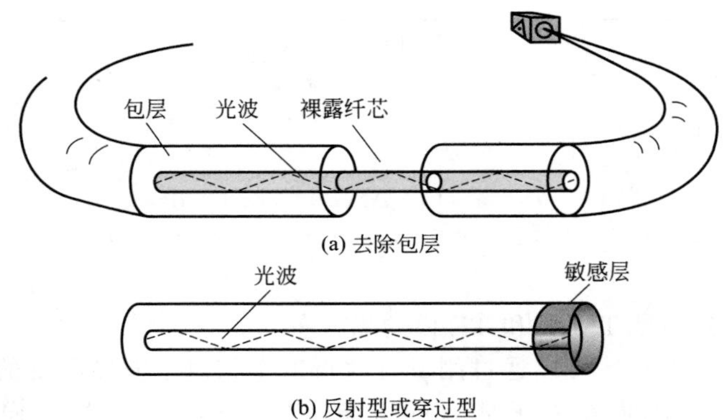

图 3.7 光纤传感器示意图

3.2.4 光干涉传感器

干涉式光学换能器（或称光干涉传感器）是基于光波干涉的。通常，波导传播的光波被分成两个或多个强度相等的光束。分开后，其中一束光不受干扰地穿过波导，而另一束光将穿过处于样品介质的波导。根据第二束光如何受介质影响，光束将破坏性地或建设性地重组，并且该重组光束的光学特性（例如强度、波长、相位等）将被重新排。

光干涉传感器是实现片上光学传感器的理想选择，可用传统的微加工技术制造。它们具有用于光束耦合的标准输入和输出，具有分片上差分参考能力，且非常稳定。然而，它们的主要缺点是尺寸较大与制造成本过高。常见的光干涉传感器是基于 Mach-Zehnder 配置的。

用于感测的典型 Mach-Zehnder 干涉仪示意图如图 3.8 所示。

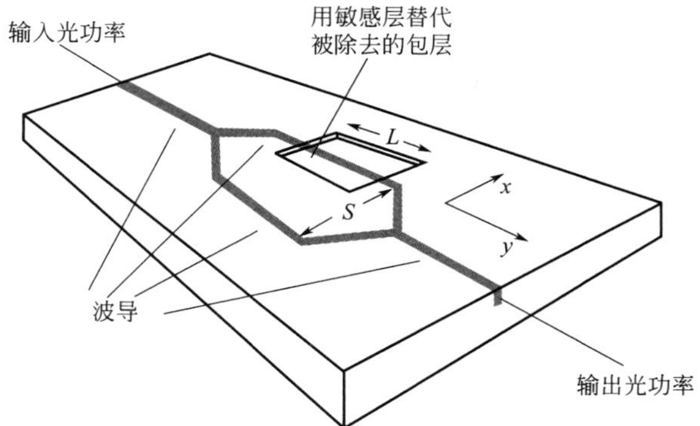

图 3.8　Mach-Zehnder 传感器示意图

在 Mach-Zehnder 干涉仪中，光源被耦合到输入端。在 Y 形结处，光被分为两路。如果是对称干涉仪，则：

$$F_{\text{total}}(x,y)=\frac{1}{2}F\left(x+\frac{1}{2}S,y\right)+\frac{1}{2}F\left(x-\frac{1}{2}S,y\right) \tag{3.17}$$

其中，S 是两支路间的距离；$F(x,y)$ 表示 (x,y) 处的光强度的函数。可以去除一支波导上的部分包层，这样光波可以直接处于样品介质中。另外，为了增加灵敏度，可以放置一个除去包层的敏感层。光束与分析物相互作用后，通过两支路传播的光波间将会发生相移。如果每支中的传播光是单模的，则输出场由式(3.18) 给出：

$$F_{\text{total}}(x,y)=\frac{1}{2}F\left(x+\frac{1}{2}S,y\right)\mathrm{e}^{\mathrm{i}\Delta\varphi}+\frac{1}{2}F\left(x-\frac{1}{2}S,y\right) \tag{3.18}$$

其中，两支路间的相位差计算如下：

$$\Delta\varphi=\left(\frac{2}{\lambda}\right)\Delta N_{\text{eff}}L \tag{3.19}$$

其中，ΔN_{eff} 是有效折射率的变化；λ 是光的波长；L 是敏感层的长度。

最终，两光束在第二个 Y 形结处重新组合。作为一阶近似，我们假设两光束的振幅仍然相等。在此情况下，两光束相差 $\Delta\varphi$，所得光束的强度与相位差的关系为：

$$I=\frac{1+\cos\Delta\varphi}{2} \tag{3.20}$$

显然，该系统的输出信号可以在两个信号相差为 0°～180°间变化，即在零和最大值间变化。光束强度 ΔI 的变化表明了灵敏度的变化，灵敏度将定义为：

$$\frac{\partial I}{\partial d_{\text{F}}}+\frac{\partial I}{\partial N_{\text{c}}}=\frac{\partial I}{\partial\varphi}\times\frac{\partial\varphi}{\partial N_{\text{eff}}}\left(\frac{\partial N_{\text{eff}}}{\partial d_{\text{F}}}+\frac{\partial N_{\text{eff}}}{\partial N_{\text{c}}}\right) \tag{3.21}$$

其中，d_{F} 和 N_{c} 分别是放置目标样品的波导厚度和上包层折射率。已经证明，Mach-Zehnder 传感器可以检测到小至 10^{-6} 的折射率变化。

尽管 Mach-Zehnder 传感器目前的制造成本相当高，但随着聚合物光波导和器件的出现，此类系统的制造成本有望显著降低。此外，由于聚合物的折射率差异很大，因此可以制造出更小尺寸的器件。

3.2.5　表面等离子体共振传感器

如果波导的厚度 d_{f} 减小为厚度无限小的薄片，则波导逐渐变为两种介质（基板与样品）间的边界薄膜（图 3.9）。此外，如果波导是金属的，则 TM 模的波将在该表面附近并被其周围捕获且沿边界传播，如果发生这种情况，则这些波称为表面等离子波；若由光所激发，则称为表面等离子体共振（surface plasmon resonance，SPR）。由于 SPR 波可存在于金属和目标介质的边界上，它在 z 方向的分布对这个边界的任何变化都非常敏感。因此，SPR 系统可以有效地用作亲和传感器，用于识别吸附到金属表面的目标分子。

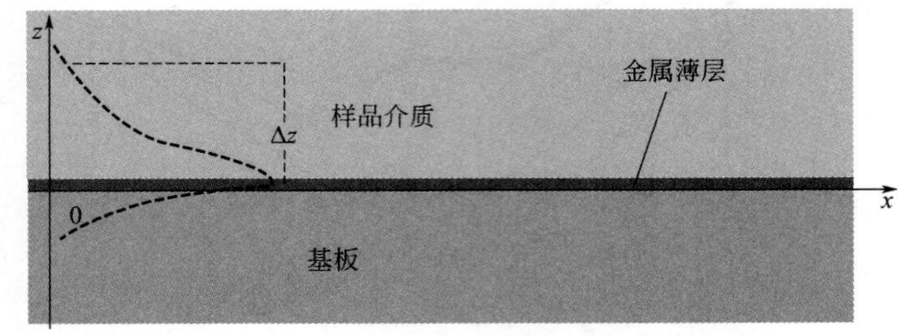

图 3.9　由样品介质和基板间的金属薄膜组成的表面等离子波导

为了使 SPR 发生，需要一个薄的金属表面，其相对介电常数的实部为负，即：

$$\varepsilon_M=\varepsilon'_M+i\varepsilon''_M,\text{其中}\varepsilon'_M<0 \tag{3.22}$$

金属层具有与金属折射率 ε_M 相关的波数 k_M。折射率等于相对介电常数的平方根（$n^2=\varepsilon$）。忽略式(3.22）的虚部，则金属的有效折射率主要受 ε'_M 影响，ε'_M 是实值。表面等离子波（SP 波）是一种 TM 模波，由波导的通用方程式(3.9）与式(3.12）定义。因此，所得到的有效折射率为[2]：

$$\Delta N_{eff}=({\varepsilon'_M}^{-1}+{N_c}^{-2})^{-\frac{1}{2}} \tag{3.23}$$

对于 SP 波，需要两个条件：①ε'_M 必须为负值；②金属介电常数实部必须大于样品介质折射率的平方：

$$|\varepsilon'_M|>N_c^2 \tag{3.24}$$

因为具有了这两个条件，使得式(3.23）变成虚有效折射率，因此为虚传播波数，它与 x 方向上的有损波相关联。

分布在 z 方向上的 SP 波在样品介质中是渐逝的。结合式(3.13）和式(3.23）［将式(3.23)变化为 ${N_{eff}}^{-2}-{N_c}^{-2}={\varepsilon'_M}^{-1}$］可得到穿透深度，其结果为：

$$\Delta z=\left(\frac{\lambda}{2\pi N_c N_{eff}}\right)(-\varepsilon'_M)^{-\frac{1}{2}} \tag{3.25}$$

由于金属中光的吸附特性，SP 波在可见光谱中衰减很快。衰减归因于金属介电常数相对较大的虚部。波强度沿 x 传播方向按 $e^{-\alpha x}$ 指数衰减，其中衰减常数 α 为[2]：

$$\alpha=\left(\frac{2\pi}{\lambda}\right)N_{eff}^3\left(\frac{\varepsilon''_M}{{\varepsilon'_M}^2}\right) \tag{3.26}$$

因此，传播长度定义为：

$$L_\alpha=\frac{1}{\alpha} \tag{3.27}$$

传播长度将是几微米的数量级。与 SP 波相反，光波导则具有更长的传播长度。当 SP 波高衰减传播时，在其产生的区域周围显现出显著的电磁场定位特性。因此，可用于感测相互作用的区域，该区域是金属表面上激发 SP 波的区域。

通常，SP 波是通过光来照射薄金属层的表面或将导波耦合到金属层与样品介质的边界上来产生的。

SPR 传感器常采用的是：基于棱镜耦合器的 SPR 系统［基于衰减全反射（attenuated total reflection，ATR）方法］、基于光栅耦合器的 SPR 系统和基于光波导的 SPR 系统[3]。

光波导与金属层耦合所产生的 SP 波具有多个感测特性。这些包括低成本、鲁棒性、尺寸相对较小，及其控制光波路径简单。采用平面光波导耦合的光 SP 感测系统横截面示意图如图 3.10 所示。光波进入具有薄金属覆盖层的区域，并在该区域内建立 SP 波。包含被测量的样品介质放置在金属层上。SP 波和导模必须具有良好的相位匹配才能在金属的外部界面激发 SP 波。

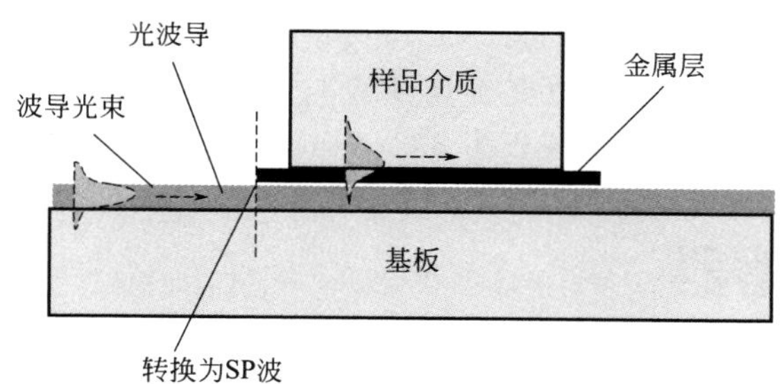

图 3.10 SP 波通过平面光波导耦合的系统横截面示意图

ATR 方法由 Kretschmann[4] 开发，广泛用于许多 SPR 感测系统（图 3.11）。当光穿过光透明介质（具有相当大的折射率 N_S）到达该介质和较低光学折射率（N_c）的介质间的界面时，就会发生 ATR。当 $N_S > N_c$ 时，如果入射角大于临界角，就会发生全反射。反射光由光电二极管阵列或电荷耦合检测器（charged coupled detector，CCD）检测。

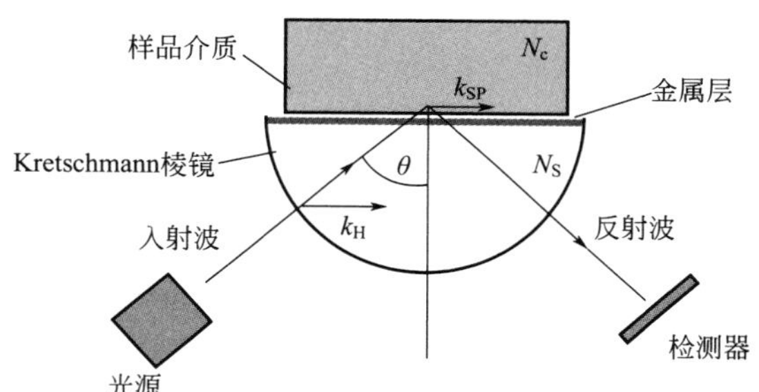

图 3.11 衰减全反射系统结构

棱镜中的光与金属/样品介质界面处的 SP（耦合到 SP）的共振条件取决于介质参数的临界入射角。共振时，来自入射光的能量产生渐逝的 SP 波，从而减少反射光的能量。

SP 的波数 k_{SP} 可由式(3.28) 得到：

$$k_{SP}=\frac{2\pi}{\lambda c}\times\frac{1}{\sqrt{N_c^{-2}+\varepsilon_M'^{-1}}} \tag{3.28}$$

如果此波数等于入射波数的水平分量（k_H），则发生 SP 共振，k_H 由下式给出：

$$k_H=\frac{2\pi}{\lambda c}N_S\sin\theta \tag{3.29}$$

其中，N_S 是棱镜的折射率；θ 是发生共振的入射角。入射光能够以对应于 $k_H=k_{SP}$ 的特殊入射角与金属进行 SP 耦合，从而激发表面等离子体。这将会导致来自入射光的能量以

SP 波的有损传播方式衰减到金属层内，从而导致反射光的强度降低。

也可以计算 SP 谐振传感器对附加层厚度变化的灵敏度，这类似于光波导的传感器。对于金和银等金属（$-\varepsilon'_M \gg N_F^2$），其灵敏度可以近似为[2]：

$$\frac{\partial N}{\partial d_{F'}} \approx \frac{2\pi}{\lambda}\left(\frac{1}{N_c^2}-\frac{1}{N_F^2}\right)N^4 \frac{N_c}{(-\varepsilon'_M)^{\frac{1}{2}}} \tag{3.30}$$

其中，λ 是光波长。可以看出，灵敏度与波长和（$-\varepsilon'_M$）$^{1/2}$ 成反比。

式(3.30）描述了添加在传感器表面的层的参考灵敏度。此外，有效折射率的变化也是样品介质折射率变化的函数。应用式(3.30）可以证明，SPR 传感器的灵敏度通常比光波导的灵敏度大 5～10 倍。此外，通过改变金属薄膜与 SPR 波长，也可以提高灵敏度。例如，基于 SPR 的传感器采用金表面，光波长为 632.8nm，其灵敏度是银层器件的 1.4 倍。

3.3 光谱传感器

电磁谱技术应用于许多传感系统。不同波长的电磁波对其所入射的材料将产生不同的影响，因此可利用电磁波对特定材料进行识别和量化。本节将解释光谱如何在换能器中实现转换并用于感测。

3.3.1 紫外-可见和红外光谱

紫外-可见和红外光谱被广泛用于有机和无机材料的定量测定。

所有光谱技术均是利用光束照射到目标材料上，然后对反射或透射光进行分析。透射率 T 定义为：

$$T=\frac{P_{out}}{P_0} \tag{3.31}$$

其中，P_0 是入射到样品上的光强度；P_{out} 是从样品中发出的光强度。吸光度 A 通常定义为：

$$A=\lg\frac{P_0}{P_{out}} \tag{3.32}$$

在感测应用中，分子吸收光的形式与目标材料的浓度相关，可以用 Beer-Lambert 定律进行计算。吸光度与吸光物质的浓度 c（以 mol/L 为单位）成正比，根据 Beer-Lambert 定律，吸光度可通过式(3.33）计算：

$$A=\varepsilon bc \tag{3.33}$$

其中，b 是材料吸光路径长度，cm；ε 是摩尔吸收率或摩尔消光系数，L/(mol・cm)。

摩尔吸收率是物质的一种特性，表示对特定波长所吸收的光量。Beer-Lambert 定律适用于单色（单频）辐射，适合大多数物质的稀释溶液，在高浓度下不适用，因为溶质分子由于它们的接近而相互影响。

吸收率是了解光谱换能器重要的一步。从光谱中减去这种影响，观察到的剩余特征将是由于样品材料与入射光的相互作用。

基本光谱仪（又称分光光度计）的示意图如图 3.12 所示。在该系统中，光源可以是宽带光源（例如，对于可见光谱，波长范围为 400～800nm）。波长选择器过滤穿过样品的单频光束。光检测器产生与该单色光强度成比例的信号。

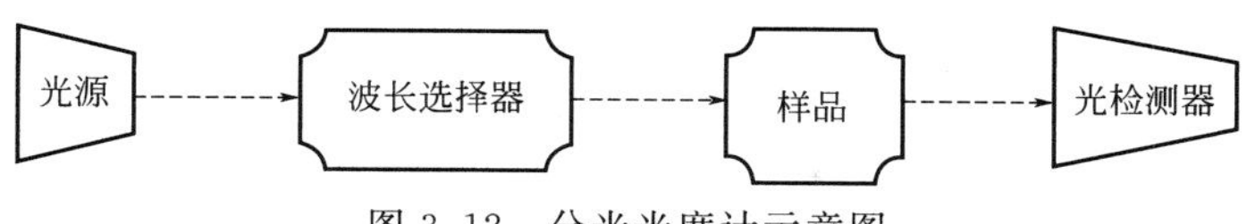

图 3.12　分光光度计示意图

在分光光度法中，材料吸收能量后会发生变化，即电子能量、振动和旋转弛豫、系统间交叉以及内部转换的变化。由于分子的量子性质，它们在任何给定时刻的能量分布可以定义为贡献能量项的总和：

$$E_{\text{total}}=E_{\text{electronic}}+E_{\text{vibrational-rotational}}+E_{\text{translational}} \tag{3.34}$$

电子能量分量对应于整个分子中的所有电子能量跃迁。对于许多半导体而言，当材料吸收具有足够电子跃迁能量的可见光和紫外电磁辐射时，就会发生电子跃迁。振动和旋转能导致分子的偶极矩发生净变化。振动能通常高于旋转能并且处于中红外区域，此类振动的性质将在“红外光谱”部分进行解释。旋转能级所需的能量非常小（它对应于远红外区域，波长大于 100μm）。平移能与置换分子的能量有关（与旋转或振动相反）。

在讨论了有关电磁光谱的一些背景知识后，将介绍该领域中使用的主要技术，即紫外-可见光谱、光致发光光谱、红外光谱、拉曼光谱和核磁共振光谱技术。

3.3.2　紫外-可见光谱

紫外-可见（UV-Vis）光谱被广泛用于定量化表征有机和无机材料。用 200～800nm 紫外和可见（测量有时也包括近红外）范围内的电磁波照射样品，然后通过产生的光谱分析所吸收的光。它可以用来识别材料的成分、电子特性，确定它们的浓度以及识别分子中的一些官能（功能）团。因此，紫外-可见光谱不仅用于表征，还用于传感应用。样品可以是气体、液体或固体形式。液体样品通常放在由紫外线和可见光透明材料（如熔融石英）制成的比色皿中。

不同大小的材料可被表征，从过渡金属离子与小分子量的有机分子到聚合物、超分子组装体、纳米颗粒和块状材料。在紫外-可见光谱中可以观察到与物质的大小相关的特性，特别是在纳米和原子尺度上。这包括峰带宽和吸收波长的变化。许多电子特性，例如材料的带隙，也可以通过这种技术来确定。与紫外-可见范围相关的能量足以将分子的电子激发到更高能量的轨道上。可见光范围内的光子波长在 800～400nm 之间，对应的能量在 36～72kcal・mol^{-1}（1cal≈4.1859J）之间。近紫外范围包括小至 200nm 的波长，其能量高达 143kcal・mol^{-1}。出于安全原因，较低波长的紫外线辐射难以处理，且很少应用。

图 3.13(a) 所示是典型的 UV-Vis 吸收配置。在双光束配置中，一束单色光被分成两束，其中一束穿过样品，另一束穿过参考样品。穿过样品与参考样品后，两束光被引导到检测器，并在那里比较输出信号。信号之间的差异是测量的基础。在单光束配置中，参考光谱被存储，然后与样品的光谱进行比较。也可以使用单光束配置 [图 3.13(b)]。在这种情况下，应首先扫描参考样品并记录其光谱，然后将其替换为目标样品。将两个光谱相减便得到了没有任何干扰的目标样品的光谱。

应用于环境空气中 H_2 的 UV-Vis（加上近红外-NIR）感测装置的示例如图 3.14(a) 所示[5]。该装置采用了金属氧化物敏感层 [WO_3 与铂（Pt）作为催化剂以增强感测相互作用]。在室温下暴露于 1% H_2 的 Pt/WO_3 薄膜的吸光度与光学波长的关系，如图 3.14(b) 所示。

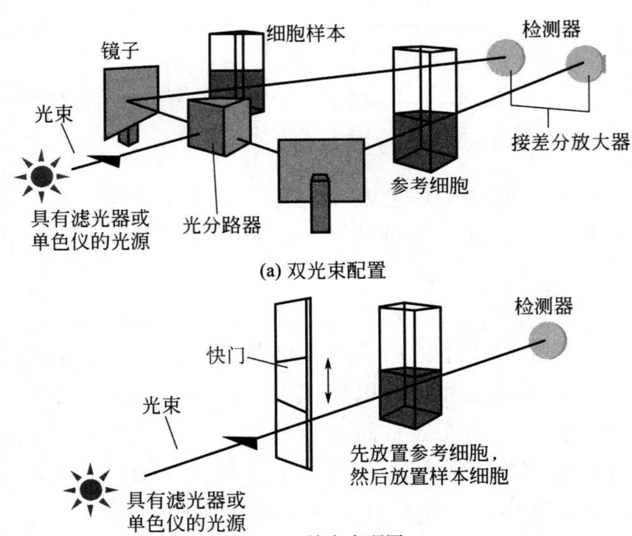

图 3.13 紫外-可见光分光光度计的典型配置（本例描述的是液体样品，细胞可以用固相或气相样品代替）

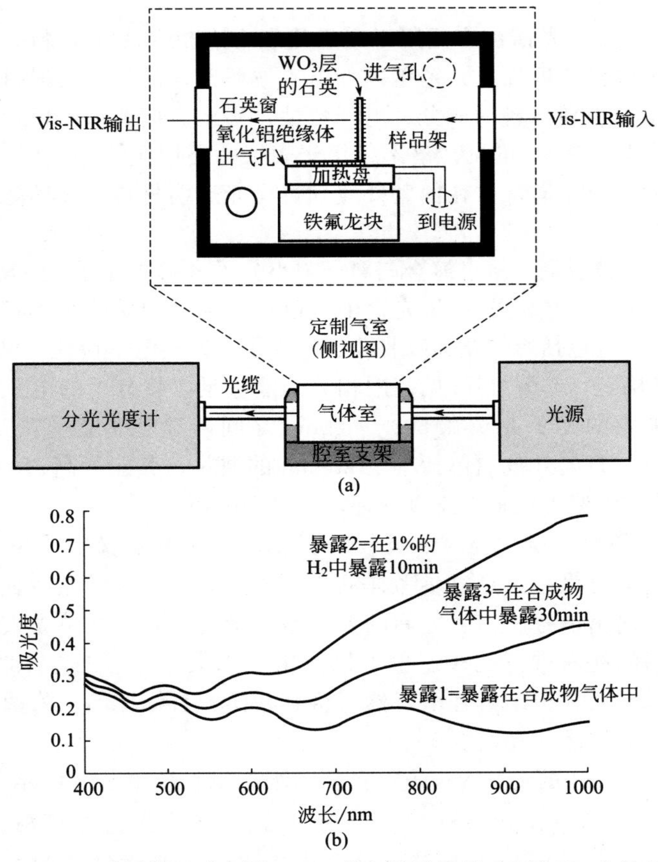

图 3.14 (a) 感测装置示意图；(b) 在室温下暴露于 1% H_2 中的 Pt/WO_3 薄膜的吸光度与光波长的关系[5]

3.3.3　光致发光光谱

光致发光（photoluminescence，PL）光谱的基本原理已在第 2 章中介绍，它涉及监测原子或分子吸收光子后发出的光。如果这些光子将电子从价带激发到导带，则电子返回到较低能带将产生波长大于入射光子的光子。产生的光子对应于 PL 效应。PL 光谱可用于表征有机和无机材料，其样品可以是固体、液体或气体。

紫外和可见光范围内的电磁辐射可用于 PL 光谱。样品的 PL 发射特性由四个参数表征：强度、发射波长、发射峰带宽和发射稳定性。材料的 PL 特性会在不同的周围环境或其他分子的存在下发生变化，许多传感器都基于监测此类变化。由于释放的光子对应于状态间的能量差，因此，PL 光谱可用于研究材料特性，例如带隙、复合机制和杂质水平。

如第 2 章所述，PL 有多种类型，我们只介绍了荧光和磷光。荧光是传感应用中较为常用的。荧光激发的光，其波长通常大于 250nm，因为能量较高的波长的光会导致有机键断裂。因此，荧光发射的光通常局限于能量较低的跃迁级，即 $\pi^* \rightarrow \pi$（π 和 π^* 是分子轨道，π^* 称为 π 的反键轨道）。在化学中，分子轨道是描述分子中电子波状行为的数学函数。具有 π 对称性的分子轨道是原子 p_x 轨道或 p_y 轨道相互作用的结果。π^* 轨道在绕核间进行轴旋转时会产生相变。在表现为低能量的 $\pi^* \rightarrow \pi$ 跃迁的芳香族化合物中发现了强烈的荧光。荧光可用于许多感测应用，因为它会随着温度、溶剂类型、环境 pH 值和目标分析物的浓度而变化。

典型的 PL 光谱系统如图 3.15 所示。这种系统也称为用于测试荧光材料的荧光计。光源被分成两束：第一束通过波长选择器滤光片或单色器，然后通过样品，样品产生的 PL 进入检测器。PL 发射的光是全向的，只有一小部分发射光通过可选的发射滤光片或单色器后到达检测器。通常，第二个参考光束被衰减并与来自样品的光束进行比较。所发射的光谱是被记录下来的，其中样品被单一波长的光照射，并且发光强度被认为是波长的函数。在荧光被激发后，样品的荧光将作为时间的函数进行监测。这种技术称为时间分辨荧光光谱。

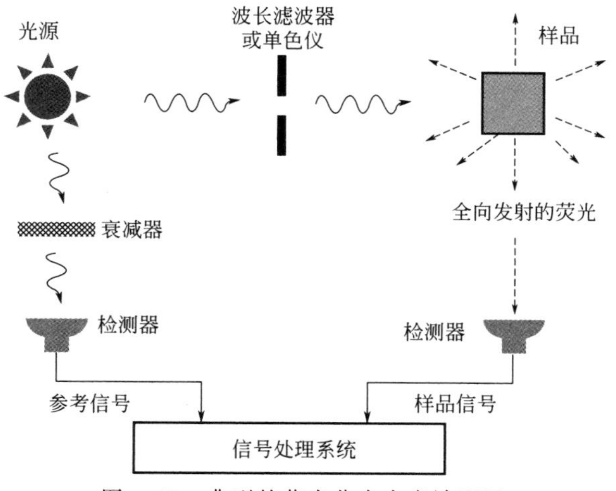

图 3.15　典型的荧光分光光度计配置

PL 光谱的变化可用于感测应用。例如，图 3.16 显示了用于监测镁离子（Mg^{2+}）浓度的有机染料分子的 PL 发射光谱[6]。当存在金属阳离子时，溶液中染料分子的 PL 特性将会发生改变。由于不存在镁离子，分子在 540nm 处表现出相对较弱的 PL 发光带。然而，镁的添加会导致发光强度的增加，这取决于添加离子的浓度（如图 3.16 中的插图所示），可以进行高灵敏度的定量检测。

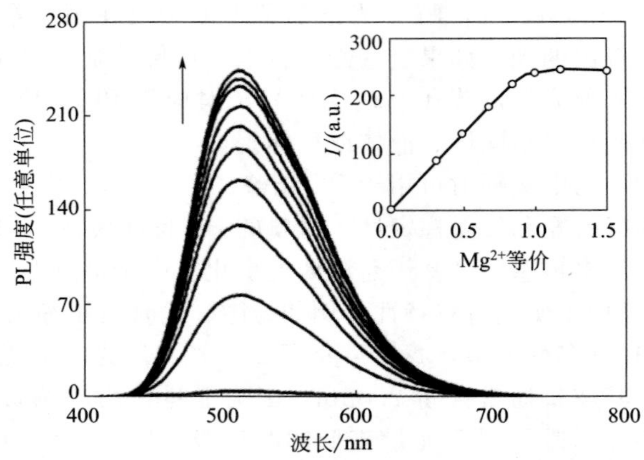

图 3.16　染料分子（浓度为 5×10^{-5} mol/L）在甲醇-水环境中的 PL 发射光谱，其中，向染料中添加 Mg^{2+} 的浓度是从零增加到与染料相同的浓度

插图：荧光强度（$\lambda_{ex}=360nm, \lambda_{em}=520nm$）与 Mg^{2+} 浓度的关系[2]

3.3.4　红外光谱

红外（infrared，IR）光谱是一种常用的特征技术，将样品放置在 IR 辐射源的路径中，并测量其对不同 IR 频率的吸收。固体、液体和气体样品都可以使用这种技术进行表征。

近红外（near IR，NIR）区域与 0.8～2.5μm 范围内的光波长相关。该区域最重要的应用是对工农业材料进行感测。

大多数使用的红外光谱的波长范围为 2.5～25μm（通常表示为 4000～400cm^{-1}）。这些波长不足以将电子激发到更高的电子能态，但足以产生振动能态的跃迁。这些振动状态与分子振动有关，因此每个分子都有自己独有的特征。这些状态与分子键的构型有关。因此，红外光谱可用于识别两个或多个原子间的键型，从而识别官能（功能）团。由于红外光谱是定量的，所以可以测定系统中某种键的个数。

几乎所有的有机化合物都能吸收红外辐射，但无机材料却较少，因为重原子在远红外区域显现出振动跃迁，其中一些具有极宽的峰，这使得对官能团的识别变得困难。此外，某些无机化合物的离子峰强度可能太弱而无法测量。

将分子结合在一起的共价键既不是刚性的，也不是柔性的，而是以与其振动能级相对应的特定频率振动的。振动频率取决于若干因素，包括键强度和原子质量。打个比方，键的行为方式与连接质量的弹簧类似。化学键可以以六种不同的方式扭曲：拉伸（对称和非对称）、剪断、摇摆、摇动和扭曲。对 IR 辐射的吸收导致键从最低振动状态变到下一个最高振动状态，这与所吸收的 IR 辐射的相关能量转化为此类运动有关。

远红外的范围为 25～1000μm，其能量较低，可用于旋转光谱。可以轻松地分析简单分子（如 CO_2 气体分子）的 IR 峰。CO_2 分子是线性的，因此具有四种基本振动方式［图 3.17(a)］。CO_2 的不对称伸展在约 2350cm^{-1} 处产生了一个强带［图 3.17(b)］。两个剪切或弯曲振动是等效的，因此具有相同的频率，被称为退化。这些振动模式的 IR 特征出现在约 650cm^{-1} 处。

复杂分子包含数十种甚至数百种不同的键拉伸和弯曲运动，这意味着光谱可能包含数十

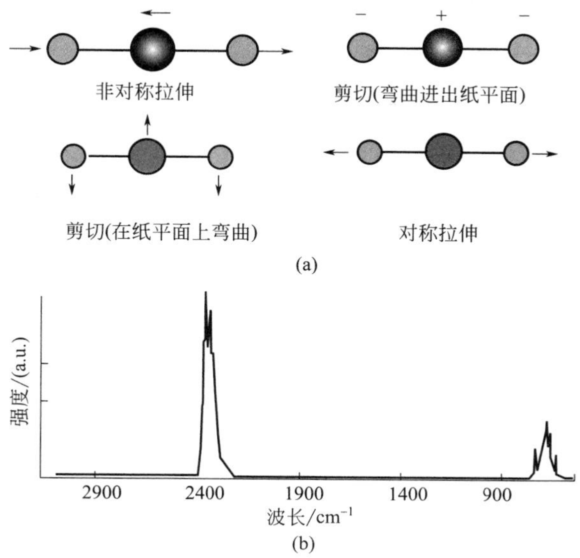

图 3.17　(a) CO_2 的拉伸和弯曲振动模式；(b) CO_2 气体的 FTIR 光谱

条或数百条吸收线。红外吸收光谱可以作为识别分子的唯一“指纹”。只有一个键的双原子分子只能在一个方向上振动。对于具有 n 个原子的线性分子（例如碳氢化合物），有 $(3n-5)$ 种振动模式。如果分子是非线性的（如甲烷、芳烃等），那么就会有 $(3n-6)$ 种模式。

可以通过多种方式制备用于 IR 测量的样品。对于粉末，将少量样品添加到溴化钾（KBr）中，然后将该混合物研磨成细粉，再压缩成小的、薄的、准透明的圆盘（图 3.18）。对于液体，可以将一滴样品夹在两个盐板之间，例如 NaCl。选择 KBr 和 NaCl 是因为这两种化合物都没有在有机分子和一些无机分子通常观察到的区域中显示出红外活性拉伸。另外，我们可以从背景光谱中减去获得的 IR 光谱以去除不需要的信号，特别是环境中存在的水。

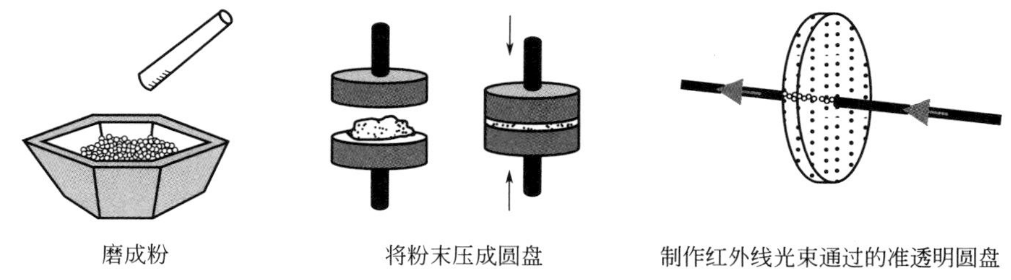

图 3.18　用于红外光谱的 KBr 盘的制备

如今，小型化的 IR 系统已广泛用于商业应用。其中的一种感测系统称为非色散红外（non-dispersive IR，NDIR）系统，通常用于气体感测（图 3.19）。此类系统的主要组件是红外源、样品室、波长过滤器和红外检测器。目标气体被送入样品室，由检测器观察红外区域特定波长的吸收。除了目标气体分子和理想情况下环境中的其他气体分子不应吸收该波长的光之外，滤光器消除所有

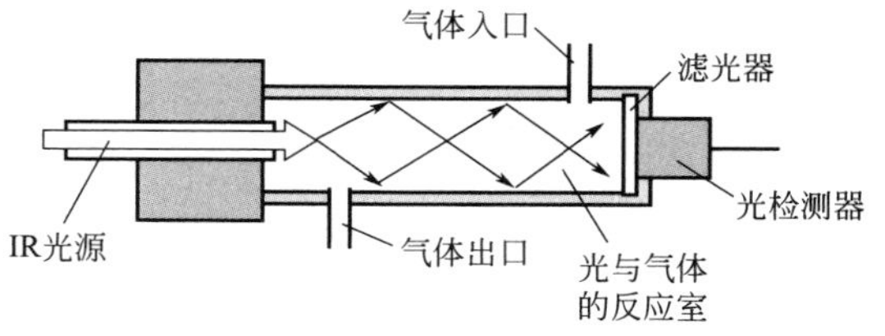

图 3.19　NDIR 气体传感器示意图

光。通常，还有另一个带有参考气体（通常是氮气）的腔室。

NDIR 系统需要解决交叉灵敏度问题，因为许多气体具有共同的 IR 特征。例如，H_2O 始终以水蒸气形式存在于环境气体中，在 3500～2700cm^{-1} 区域有一个宽峰。

3.3.5 拉曼光谱

拉曼光谱是基于监测来自样品的非弹性散射光的强度和波长的，这意味着散射光使波长发生变化。它适用于表征有机和无机样品，通常被认为是红外光谱的补充技术。

在拉曼光谱中，用已知偏振和波长（通常在可见光或红外范围内）的光照射样品。发生非弹性（或拉曼）散射，散射光相对于入射光发生波长偏移（图 3.20）。然后分析散射光的光谱以确定其波长的变化。拉曼光谱是一种强大的分析工具，可用于定性和定量研究材料的成分。拉曼光谱研究也是检测和表征液体环境中目标分析物的理想选择。与水信号干扰可以阻挡整个光谱区域不同，拉曼光谱对水的存在不太敏感。拉曼显微镜系统的典型配置如图 3.21 所示。

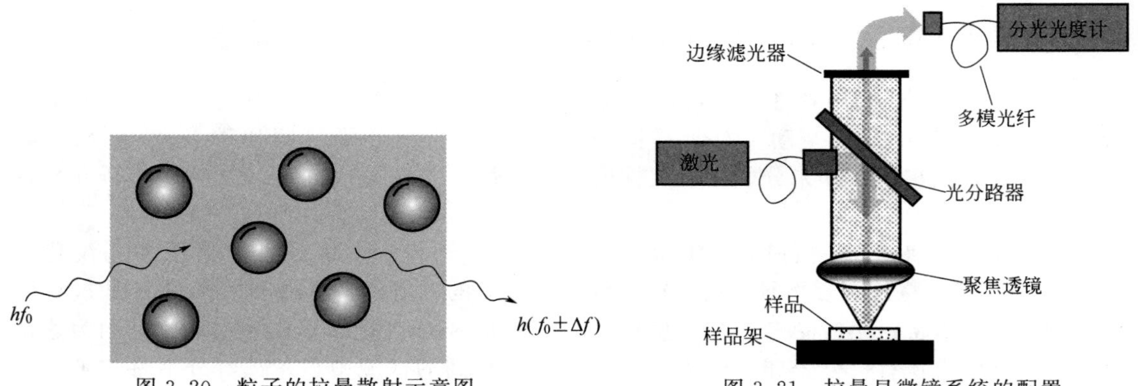

图 3.20　粒子的拉曼散射示意图

图 3.21　拉曼显微镜系统的配置

在拉曼光谱中，拉曼变化的波数根据各自的强度给出，这些强度源自光子。当激光源的辐射与样品中的声子相互作用时，它们之间会发生能量交换。声子可能获得或失去能量。光子模是与化学键合相关的内在特性，因此，拉曼光谱中包含的信息可以提供识别分子的“指纹”。拉曼光谱也可用于感测应用，监测峰值强度和位置可以提供有关参与相互作用的分析物分子数量的定量信息。

如果拉曼散射光子的能量低于入射光，则其频率向下偏移，称为斯托克斯辐射（Stokes emission）。如果散射光子具有比入射光更高的能量，则频率上移，称为反斯托克斯辐射（anti-Stokes emission）。散射光子的能量 E 与入射光子的能量 $E_0(=hf_0)$ 的关系为：

$$E=E_0 \pm \Delta E_v \tag{3.35}$$

对于斯托克斯辐射（Stokes emission）：

$$f=f_0-\Delta f \tag{3.36}$$

对于反斯托克斯辐射（anti-Stokes emission）：

$$f=f_0+\Delta f \tag{3.37}$$

其中，ΔE_v 是能量的变化；Δf 是频率的变化。

拉曼系统的设计和实施应谨慎和准确。拉曼散射仅包括了散射光的一小部分，10^6～10^8 个光子只能激发 1 个拉曼散射光子。因此，拉曼散射的主要局限是从强瑞利散射光中检测出微弱的非弹性散射光。现有的仪器普遍采用陷波或边缘滤波器来阻挡来自激发激光器的信号。此外，根据入射光能，可能会发生光致发光，这会掩盖拉曼光谱。

拉曼散射强度与发射波长的四次方成反比，因此，降低光源的波长会导致拉曼信号强度增加。然而，减小波长会增加光致发光的可能性。斯托克斯频移易受光致发光干扰影响，但不受反斯托克斯影响。

如果分子吸附在粗糙的金属（通常是金或银）表面上，拉曼信号将增强，这称为面增强拉曼光谱（surface enhanced Raman spectroscopy，SERS）。它利用了垂直于表面的分析物极化率的变化，将散射增强了一百万倍以上。金属表面必须在接近激发激光的频率范围内存在一个等离子体。要产生强面等离子体，通常需要粗糙的表面或曲面。为了使 SERS 发生，与入射光的波长相比，颗粒或特征必须很小。SERS 激活系统应通常具有 5～100nm 间的结构。SERS 是传感器的理想技术，用于监测极微量的分析物。

图 3.22 给出了用于化学感测的一个 SERS 示例[7]。用直径约 50nm 和长度为 2～3μm 的银纳米线组装成敏感层。荧光分子罗丹明 6G(R6G) 在被波长为 532nm 的光激发时将产生独特的拉曼光谱，该分子被吸附到薄膜上。图 3.22(c) 中的插图表明，R6G 浓度与 $1650cm^{-1}$ 处的拉曼峰强度间存在线性关系。该系统能够检测 0.7pg 的分析物，这是一个非常好的检测限。

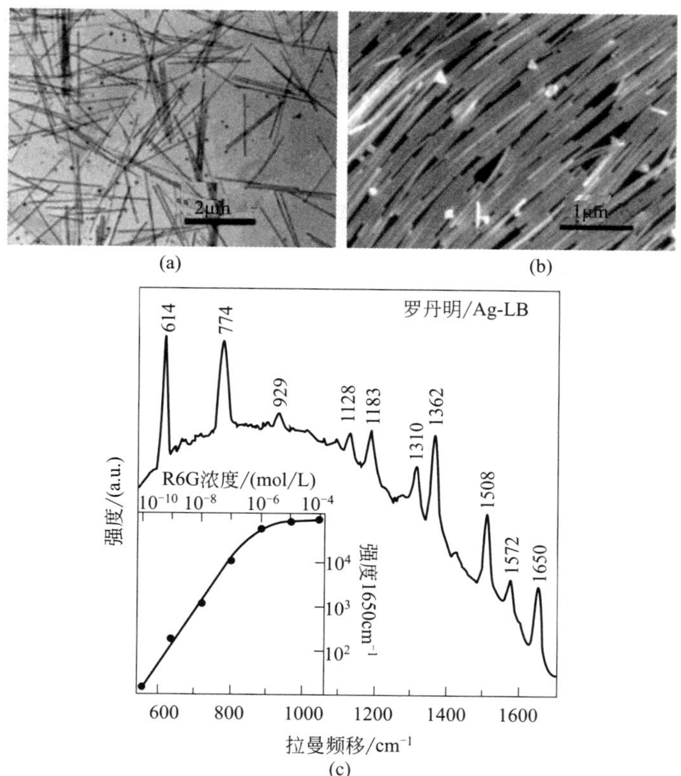

图 3.22　(a) 银纳米线的透射电镜显微照片；(b) 银纳米线在基板上有序排列时的扫描电子显微镜显微照片；(c) 在 10^{-9}mol/L R6G 溶液中孵育 10min 后，膜上的 R6G 的 SERS 光谱（入射光：532nm，25mW）

插图为校准曲线，它是 $1650cm^{-1}$ 处的拉曼强度与 R6G 浓度之间的关系[7]

3.3.6 核磁共振光谱

核磁共振（nuclear magnetic resonance，NMR）光谱是一种复杂的技术，主要用于研究液体或固体形式的有机和无机化合物的化学结构。包含奇数个质子或中子的原子核由于其自旋而具有固有磁矩。这些旋转的电荷产生磁矩，由于暴露在强磁场中，磁矩可以与磁场顺对齐，也可以与磁场反对齐，这发生在磁铁顺时针或逆时针旋转时。

两种状态间的能量差异取决于外部磁场的强度，甚至在几个特斯拉的强度下也很小（约等于 0.1cal/mol，1cal=4.1868J），这相当于 MHz 到 GHz 间的磁场频率能量。因此，可以使用射频（RF）电磁场扰乱自旋对齐。扰动场产生的响应被应用于核磁共振光谱中。

核磁共振光谱在感测方面变得越来越重要，特别是在检测化合物和确定聚合物与生物分子的化学结构方面。

核磁共振过程的经典描述如下：假设具有磁场的粒子沿其轴旋转，如图 3.23 所示。如果施加磁场 B_0，由于陀螺效应，旋转粒子的轴开始围绕磁场矢量运动。该运动的角速度为：

$$\omega_0=\gamma B_0 \tag{3.38}$$

其中，γ 是磁旋比，用 $\mu=\gamma p$ 计算，p 是角动量，μ 是带电粒子的磁矩。

运动带电粒子的势能为：

$$E=-\mu B_0\cos\theta \tag{3.39}$$

其中，θ 是外加场矢量与粒子磁矩之间的夹角。当施加射频时，其能量会被粒子吸收，并使其运动角发生变化（扰动）。我们假设吸收涉及沿相反方向翻转的磁偶极子，如图 3.23 所示。实际上，由于该过程发生在量子级，因此只发生在某些磁偶极子上。为了发生翻转，必须有一个与 B_0 成直角的磁力。这种磁力必须与粒子的运动同时振荡。如果此条件得到满足，则会发生翻转。

当射频场关闭时，系统失去能量并转换回初始状态。这个过程可以通过自旋-晶格或自旋-自旋弛豫实现。通常，信号衰减具有 0.1s 量级的一阶趋势。

如果电磁辐射具有恰当的频率，材料的原子核就会共振或翻转，从一种磁性排列变到另一种磁性排列，此为共振条件。由于共振频率不仅取决于原子核的性质，还取决于与原子核和化学环境相结合的原子，因此可以识别官能（功能）团和化学键。

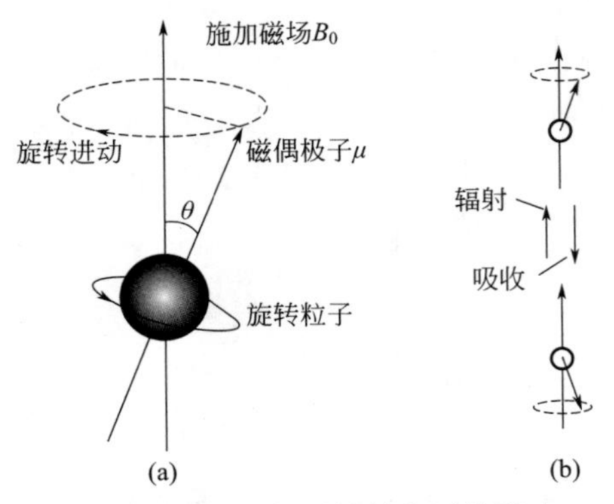

图 3.23 （a）磁场对旋转粒子的影响；（b）运动粒子的吸收和发射模型

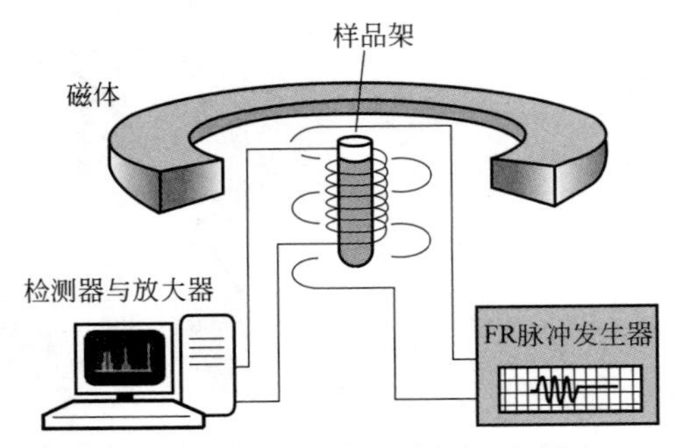

图 3.24 核磁共振光谱装置示意图

图 3.24 给出了用于液体样品检测的典型 NMR 光谱配置示例。溶解在溶液中的样品被放置在一个大磁铁的两极之间。该溶液含有少量材料，例如四甲基硅烷［TMS-Si(CH_3)$_4$］，

它将在所采集的光谱中产生标准的吸收线。射频辐射脉冲（大约几百 MHz，持续 1～10μs）将导致磁场中的原子核翻转到较高的能量级。然后原子核以各自的共振频率重新发射射频辐射（这个过程需要大约 0.1～1s 的时间），这将在接收到的信号中产生干扰模。所发射的射频辐射由感应线圈收集。发射的射频频率是通过傅里叶变换提取的。

NMR 光谱揭示了化学频移与吸收强度的关系。由于频移和基本谐振频率都与磁场强度成正比，因此该频移被转换为与磁场无关的无量纲值，称为化学位移。化学位移为参考共振频率的相对量度（对于核^{1}H 和^{13}C，TMS 通常用作参考）。化学位移定义为信号频率与参考频率之差除以参考信号频率：

$$\delta=\frac{\text{从参考峰(例如 TMS)观察到的化学频移}}{\text{光谱仪频率}} \tag{3.40}$$

δ 是相对位移，通常缩小到 NMR 工作频率的百万分之一。与基本 NMR 频率相比，频移的绝对值非常小。典型的频移可能在几十赫兹的数量级。NMR 图表使用称为 δ 标度的任意标度进行校准。为了说明这一点，图 3.25 给出了针对氢原子的核共振的氯仿（$CHCl_3$）NMR 谱，工作频率为 60MHz。针对氢核共振的 NMR 测量称为质子或^{1}H NMR。图 3.25 所示的 $CHCl_3$ 峰是相对于 TMS 峰测量的。如果 NMR 上的 RF 频率设置为 60MHz，则 $CHCl_3$ 将产生 437Hz/60MHz 的化学位移，等于 7.28。对于具有更复杂结构的分子（或根本不含氢的分子），^{1}H NMR 将无法提供足够的信息。在这种情况下，可以利用^{13}C、^{15}N、^{19}F、^{29}Si 和^{31}P 等同位素的核来调整 NMR 仪器。

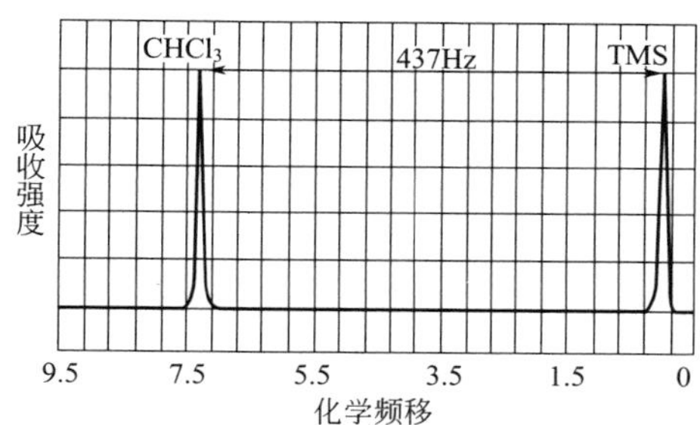

图 3.25　$CHCl_3$ 的质子核磁共振谱

核磁共振波谱系统的主要应用之一是对复杂有机生物分子的结构进行研究，它将提供有关其 3D 结构的详细信息。大型复杂分子，如蛋白质、DNA/RNA，通常表现出数千次共振，其中有许多不可避免的重叠。因此，需要将复杂的数学计算用于多维核磁共振实验中，并使用先进的计算方法进行峰的分配。

3.4　电化学传感器

电化学传感器由于化学物质的存在和相互作用（即反应）而产生信号。可利用各种化学效应来监测这些物质的浓度，同时我们将利用这些效应研究和量化目标分析物的浓度并监测化学反应。

3.4.1　化学反应

目标化学物品 X 与传感器的化学成分 S 间的相互作用（反应）可以通过传感器内的化学反应方程式来描述：

$$X+S \underset{k_r}{\overset{k_f}{\rightleftharpoons}} S_X+R \tag{3.41}$$

其中，S_X 代表传感器内形成的化学物质，R 是化学反应的副产品。如箭头所示，该反应是可逆的。每个方向的反应速率都不同，由正向反应中的速率常数 k_f 和逆向反应中的速率常数 k_r 描述，其单位均为 s^{-1}。大多数化学反应最终达到平衡状态，即化学反应在两个方向上以相同的速率进行。当满足这个条件时，所涉及的各种化合物的浓度将不发生变化。这个过程称为动态平衡。如果没有任何能量输入，化学反应总是朝着平衡进行。对于以下类型的反应：

$$a\mathrm{A}+b\mathrm{B}\rightleftharpoons c\mathrm{C}+d\mathrm{D} \tag{3.42}$$

反应熵 Q_{P} 是反映反应向右移动还是向左移动的指标，常近似为：

$$Q_{\mathrm{P}}=\frac{[\mathrm{C}_i]^c\ [\mathrm{D}_i]^d}{[\mathrm{A}_i]^a\ [\mathrm{B}_i]^b} \tag{3.43}$$

其中，i 表示某一时刻；a、b、c 和 d 表示参与反应的 A、B、C 和 D 的物质的量。摩尔是化学中用于表示化学物质数量的计量单位，定义为该物质的 6.02×10^{23} 个基本实体(例如，离子、分子、原子）的值。

如果用 $a_X=\gamma_X\,[\mathrm{X}]$ 定义的物质的活性来代替物质的量浓度，其中 γ_X 是活性系数，则描述得更为准确。对于不是很活跃的物质（当它们的离子强度最小时）并且当溶液不浓缩时，离子彼此之间有足够的距离，它们不会影响彼此的行为。因此，物种仅影响平衡而与其类型无关，仅基于其物质的量浓度。在这种情况下，γ_X 是 1，且不会出现在式(3.43）中，而 Q_{P} 仅取决于物质的物质的量浓度。

当反应式(3.42）处于平衡状态时，反应物和产物的浓度与平衡常数 K 相关：

$$K=\frac{[\mathrm{C}]^c\ [\mathrm{D}]^d}{[\mathrm{A}]^a\ [\mathrm{B}]^b} \tag{3.44}$$

要注意：非相反应的液体、溶剂和固体不包括在这些方程中，因为它们的浓度保持不变。

3.4.2 化学热力学

化学传感器的性能很大程度上取决于化学反应过程中释放或吸收的能量。许多化学反应倾向于朝着它们在能量上有利或自发的方向进行。因此，通过了解反应的自发性，将获得反应发生可能性的指标。这在基于电化学的感测中很重要，因为它提供了敏感材料对分析物种类的响应动力学的指标。

在自发性化学反应中，能量从系统中释放出来，使其在热力学上变得更为稳定。自发性可用确定的用于做功的自由能的变化来推断，这称为吉布斯自由能：

$$\Delta G=\Delta H-T\Delta S \tag{3.45}$$

其中，ΔH 是系统焓（Enthalpy）的变化，在恒定压力下，它与对系统加热或冷却的热量相同；T 是温度；ΔS 是系统熵的变化。

焓是热力学系统总能量的量度。它包括内部能量和置换内部能量所需的能量（产生系统体积变化而施加的压力）。它被描述为 $H=U+pV$，其中，U 是内部能、p 是压力、V 是系统的体积。焓是热力学势能，单位为 J。

用统计学计算，熵是作为 Ω 的对数度量获得的，Ω 是系统中微观状态的度量：

$$\Delta S=k_{\mathrm{B}}\ln\Omega \tag{3.46}$$

其中，k_{B} 是波尔兹曼常数，为 $1.38\times10^{-23}\mathrm{J/K}$。

自发性的自由能条件为：

$$\begin{aligned}&\Delta G<0,\text{自发的(有利的)反应；}\\&\Delta G=0,\text{系统处于平衡状态；}\\&\Delta G>0,\text{非自发(不利)反应。}\end{aligned} \tag{3.47}$$

根据热力学第二定律，处于不平衡状态的化学反应的熵趋于增加。这种增加降低了初始系统的序，因为熵是无序或随机性的表现。在热力学系统中，压力、密度和温度随着时间的推移趋于均匀，因为这种平衡状态的概率（微观状态的可能组合更多）比任何其他状态都高。例如，当冰块在装满水的玻璃杯中融化时，较温暖的房间（周围环境）与冰冷的冰水玻璃杯（系统而非房间的一部分）之间的温差开始平衡，来自温暖环境的热能传播到较冷的冰水系统，最终，玻璃及其内容物的温度与房间的温度变得相等。在这种情况下，房间的熵减少了，因为它的一些能量已经转移到玻璃、水和冰上。相反，冰水的熵却增加了。这种增加大于周围房间熵的减少。

为了确保反应是自发的，则 $\Delta G<0$，于是可以看到焓的变化，即 ΔH 必须足够负。如果在恒定温度和压力下，在所发生的化学反应中，反应物的自由能高于产物的自由能，即 $G_{\text{reactants}}>G_{\text{products}}$，则反应会自发发生。

吉布斯自由能，在反应的任何阶段，都可以通过它与式(3.43) 中反应熵的关系得到，按式(3.48) 计算[8]：

$$\Delta G=\Delta G^{0}+RT\ln Q_{\text{P}} \tag{3.48}$$

其中，ΔG^{0} 是反应的标准态自由能；R 是气体常数[8.314472J/(K · mol)]。式(3.48) 是从式(3.46) 中获得的，其中 Q_{P} 是微状态 Ω 的直接描述，$N_{\text{A}}R=k_{z}$，其中 N_{A} 是阿伏伽德罗常数。当反应达到平衡时，$\Delta G=0$ 且反应熵取式(3.44) 中平衡常数的值，平衡时自由能的变化变为：

$$\Delta G^{0}=-RT\ln K \tag{3.49}$$

可证明，式(3.48) 和式(3.49) 对电化学传感器的性能至关重要。平衡常数 K 是分析物浓度的函数。可以看出，ΔG^{0} 是电化学反应产生的电压的函数。因此，可以通过电压或电流测量获得目标分析物的浓度。

3.4.3　能斯特方程

本节将介绍电化学传感器的基本原理。在此类传感器中，电化学测量用于分析评估。事实上，最大和最古老的化学传感器簇是电化学装置。

电化学涉及电荷从电极到周围环境的转移。在电化学过程中，化学变化发生在电极上，并且电荷通过大部分样品转移。电化学是基于氧化还原反应的。氧化还原反应涉及电子从一种物质转移到另一种物质。当物质失去电子时，它被氧化；而当它获得电子时，它被还原。氧化剂是从另一种物质接收电子并在此过程中被还原的物质。还原剂是将电子提供给另一种物质并氧化的物质。

为了理解电化学传感器的性能，我们首先需要熟悉电化学中的一些基本概念，包括：原电池、参比电极、盐桥和标准还原电位。

原电池（或伏打），采用自发化学反应来发电的电池。在此电池中，一种试剂氧化而另一种试剂还原，且由于此反应而产生电压差。如果将电极置于电解质溶液中（电解质是一种在溶解时会分解成自由离子以产生导电介质的物质），它将产生电位。

重要的是要考虑到，对于许多反应，净反应是自发的，但没有电流流过外部电路。这将不会产生流过要测量的外部电路以评估反应的电流。例如：

$$\text{Cd(s)}+2\text{Ag}^{+}\text{(aq)}\rightleftharpoons\text{Cd}^{2+}\text{(aq)}+2\text{Ag(s)} \tag{3.50}$$

Ag^{+} 溶液可以直接在 Cd(s) 表面上发生反应，它不产生净电荷，因此没有电流。s 表示固体、aq 表示水性。这意味着无法在感测中监测此类反应。为了避免这个问题，我们可以将反应物分成两个半电池，并使用盐桥或膜连接这两个半电池。每个电极-电解质系统称为半电池。总是需要两个电极-电解质系统组合起来以产生电压。当不同的半电池相互连接时，可用标准还原电位（用 E^0 表示）来预测产生的电压。标准一词意味着所有物种的活性是一致的。氢电极通常用作标准参考。这种参比电极由与 $A_{H^+}=1mol/L$ 的酸性溶液接触的 Pt 组成。H_2 气流［1bar(1bar＝10^5Pa）压力，25℃］通过电极，使电极中的 H_2 水溶液饱和。反应是：

$$H^+(aq)+e^- \rightleftharpoons \frac{1}{2}H_2 \tag{3.51}$$

标准氢电极的电位为零。

在原电池中，产生的电压是两个半电池的电极电位之差。电位的大小取决于电极的性质、溶液的性质和浓度，以及膜（或盐桥）与溶液接触处的电位。图 3.26 给出了具有锌和铜电极的传统原电池结构示例。如果电解质的浓度均为 1mol/L，则测得的电位等于＋1.1V，所发生的反应如下所示：

$$Zn^{2+}+2e^- \longrightarrow Zn(s)+0.763V \tag{3.52}$$

$$Cu^{2+}+2e^- \longrightarrow Cu(s)-0.337V \tag{3.53}$$

$$Zn(s)+Cu^{2+} \longrightarrow Zn^{2+}+Cu(s)+1.100V \tag{3.54}$$

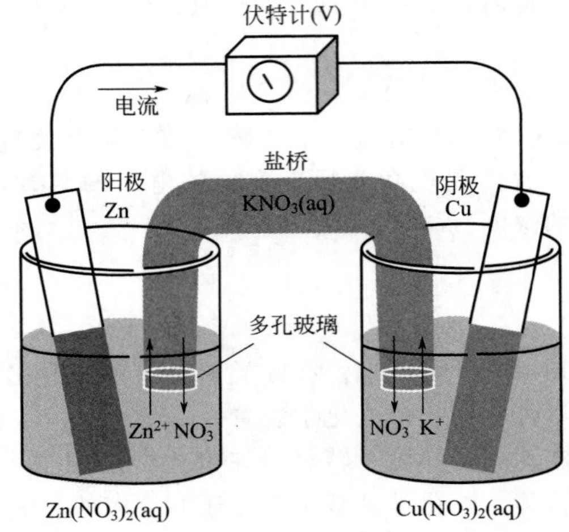

图 3.26 由于电荷流动而在电化学电池中产生的电动势

该反应的吉布斯自由能为负值，表明该反应在室温下自发进行。这种电池实际上可以用作实用电池。表 3.1 列出了一些标准电极电位。

表 3.1 标准电极电位

反应	$E^\ominus$/V,25℃
$Pb^{4+}+2e^- \rightleftharpoons Pb^{2+}$	＋1.695
$O_2(g)+4H^++4e^- \rightleftharpoons 2H_2O$	＋1.229
$Ag^++e^- \rightleftharpoons Ag(s)$	＋0.799
$Fe^{3+}+e^- \rightleftharpoons Fe^{2+}$	＋0.771
$AgCl(s)+e^- \rightleftharpoons Ag(s)+Cl^-$	0.222
$2H^++2e^- \rightleftharpoons H_2$	0

续表

反应	$E^{\ominus}$/V,25℃
$Cd^{2+}+2e^{-}\rightleftharpoons Cd(s)$	−0.403
$Zn^{2+}+2e^{-}\rightleftharpoons Zn(s)$	−0.763
$Ti^{2+}+2e^{-}\rightleftharpoons Ti(s)$	−1.634
$Li^{+}+e^{-}\rightleftharpoons Li(s)$	−3.096

在图 3.26 中，盐桥由充满高浓度 KNO_3（或 KCl）的管组成，它提供了两个电池之间的电接触，同时避免了隔室中两种电解质混合。桥的末端被多孔玻璃盘所覆盖，这允许离子扩散，但最大限度地减少了桥内外溶液的混合。在这种情况下，K^+ 从桥迁移到阴极室，少量的 NO_3^- 从阴极迁移到桥。类似地，Zn^{2+} 迁移到阳极室，而 NO_3^- 则相反。离子迁移抵消了电桥中的电荷积累，因此电桥产生的电压最小。

电极只能从与其表面直接接触的介质中释放或获取电子。有趣的是，这种介质的成分可能与大部分电解质的成分截然不同。该区域通常被认为具有双层结构，称为双电层（图 3.27）。电极表面的第一层分子被范德华力吸附。当电解质中的离子被电极电荷吸引时，就建立了下一层。电极电荷是由施加到电极上的电压或其附近电解质的电荷引起的。该区域的成分与本体溶液不同，称为双层的扩散部分，其厚度可以从几纳米到几微米不等，具体取决于离子浓度与所施加或形成的电压。任何给定的溶液都有一个零电荷电位（potential of zero charge，POZC），此时电极上没有多余的电荷。当观察电流-电压（I-V）曲线时，POZC 可以通过向电极施加外部电压并改变它来获得。电化学电池产生的功等于流过电荷与两端电势差的乘积。如果我们在恒压恒温下操作电化学液体电池，那么在电池中产生的功为：

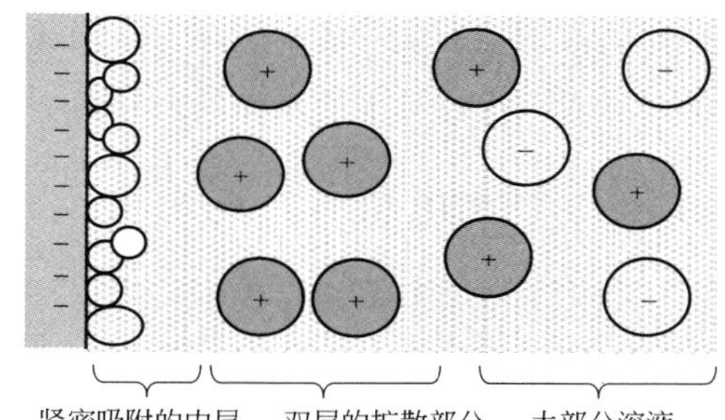

图 3.27 电极表面形成的双电层

$$W=-Eq \tag{3.55}$$

其中，E 是以伏特为单位的电池电动势；q 是流过电池的电荷，按式(3.56) 计算：

$$q=nN_{A}e \tag{3.56}$$

其中，n 是每摩尔反应转移的电子摩尔数；N_A 是阿伏伽德罗常数，为 6.02×10^{23}；e 是电子的电荷量，为 -1.6×10^{-19}C。F 通常定义为 $N_A\times e=F$（F 是法拉第常数，为 96487C·mol^{-1}），因此：

$$W=-nFE \tag{3.57}$$

在恒定温度和压力下，可逆的化学反应的自由能变化等于反应可以对周围环境所做的功：

$$W=\Delta G \tag{3.58}$$

因此，吉布斯自由能与电池电压相关：

$$\Delta G=-nFE \tag{3.59}$$

由式(3.48)，考虑到 $\ln K=2.303\lg K$，并定义 $\Delta G^{\ominus}=-nFE^{\ominus}$，我们得到：

$$E=E^{\ominus}-2.303\left(\frac{RT}{nF}\right)\lg K \tag{3.60}$$

或

$$E=\frac{E^{\ominus}-[0.05916(\mathrm{V})]}{n\lg K} \tag{3.61}$$

这称为能斯特方程，它描述了电池的电位。能斯特方程是所有电化学传感器测量的基础。

在感测应用中，金属电极被广泛使用。它们的选择取决于目标分析物离子的成本和活性。金属电极通常分为第一类、第二类和第三类以及惰性氧化还原电极。第一类电极是纯金属，它们的阳离子在电解质中处于平衡状态。例如，铜：

$$\mathrm{Cu^{2+}(aq)+2e^{-} \rightleftharpoons Cu(s)} \tag{3.62}$$

这种电极没有选择性，且对许多其他阳离子有反应，例如，银阳离子也与铜电极反应。许多这样的电极可以很容易地溶解在酸中，此外，它们很容易被氧化。第二类电极也由金属制成，它可以对阴离子产生反应，与之形成稳定的配位化合物。银-氯化银参比电极属于这种类型，将在下一节中讨论。第三类电极由在特殊情况下对其他阳离子作出反应的金属组成，汞电极就是这种类型。

金属氧化还原电极是由惰性金属（如金、铂和钯）制成的电极。在这种情况下，电极既可以作为电子的来源，也可以作为电子的归宿，但不参与反应。这种电极上的电子转移可能是不可逆的，因此对于慢速反应，它们不能产生可重复和可预测的结果。

3.4.4 参比电极

在电化学电池的感测过程中，使用参比电极是很常见的。该电极不参与反应，由于其特性是已知的，因此可以很容易地从测量信号中消除其影响。在实际感测应用中，参比电极易于设置，不被极化，且提供可重复的电极电位，随温度变化的系数较低。此类电极有很多种，但常见的两种是银-氯化银电极和饱和甘汞电极。

氯化银不溶于水，因此，它可用于许多水性感测应用中，而不会影响目标分析物。在双电池配置中，银-氯化银参比电极的半电池反应如下：

$$\mathrm{AgCl(s)+e^{-} \longrightarrow Ag(s)+Cl^{-}} \quad E^{\ominus}=+0.22\mathrm{V} \tag{3.63}$$

考虑图 3.28 所示的电池示例。本示例中，系统用于测量 Fe^{2+} 和 Fe^{3+} 的相对浓度。Pt 用作工作电极，因为它不与含水的铁离子反应。两个半电池反应如下：

$$\mathrm{Fe^{3+}+e^{-} \rightleftharpoons Fe^{2+}} \quad E^{\ominus}=+0.77\mathrm{V} \tag{3.64}$$

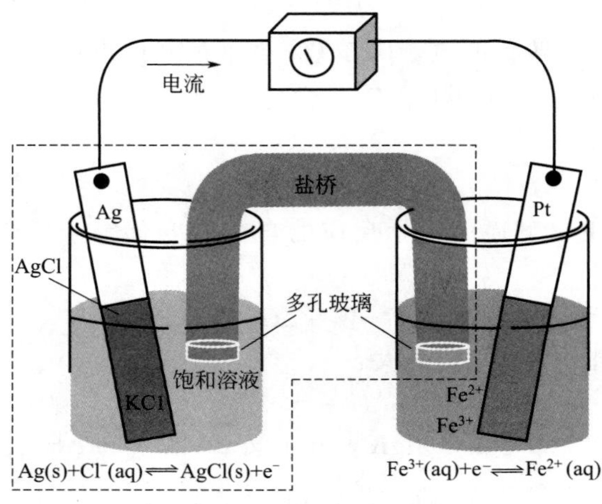

图 3.28 虚线内的半电池为银-氯化银参比电极

$$AgCl(s)+e^- \rightleftharpoons Ag(s)+Cl^-(aq) \quad E^{\ominus}=+0.22V \tag{3.65}$$

因此，所获得电极电位（对于两种反应，$n=1$）：

$$E_+=+0.77-[0.0591(V)]\times \lg\left(\frac{[Fe^{2+}]}{[Fe^{3+}]}\right) \tag{3.66}$$

$$E_-=+0.22-[0.0591(V)]\times \lg([Cl^-]) \tag{3.67}$$

Cl^- 的浓度是恒定的，是由高度饱和的 KCl 所维持的。因此，测得的差分电压 $E=E_- - E_+$ 仅在 $[Fe^{2+}]/[Fe^{3+}]$ 之比发生变化时才会发生变化。因此，该系统可以可靠地用作铁离子传感器。

商用的银-氯化银参比电极通常由银线或银基材组成，该银基材涂有氯化银，并浸入（饱和的或 3.5mol/L 的）氯化钾等盐溶液中。氯化银层的沉积是商用化的一种可行的技术。例如，将银板作为电化学电池的阳极，将铂作为阴极以及将氯化钾作为电极便可以得到氯化银沉积层。在正电位（最低为 0.5V）的情况下进行几分钟的电解，则可将银表面氧化成银离子。在此过程中，银离子吸引氯离子形成氯化银膜。具有饱和的 KCl 的参比电极上的电压约为 +0.197V。图 3.29 给出了银-氯化银参比电极结构。

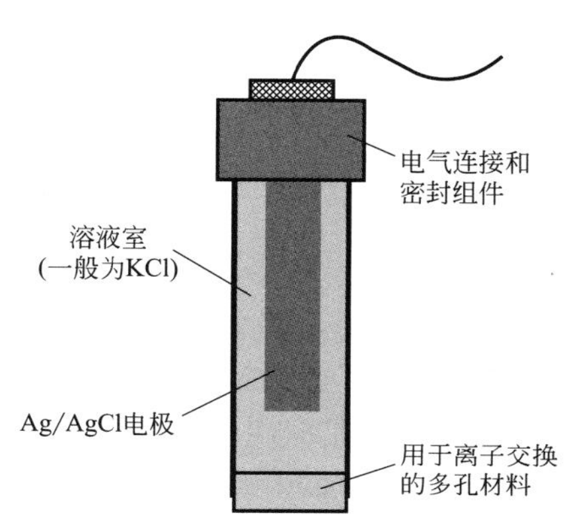

图 3.29　商用的银-氯化银参比电极的示意图

饱和甘汞电极（氯化汞）是电化学传感器中另一种常见的参比电极。半电池反应为：

$$Hg_2Cl_2+2e^- \longrightarrow 2Hg+2Cl^- \quad E^{\ominus}=+0.268V \tag{3.68}$$

实际上，饱和 KCl 溶液中的电极电压略有下降，约为 +0.241V。

3.4.5　膜电极

膜电极或离子选择性电极（ion selective electrode，ISE）是通过在其结构中加入膜，在许多其他离子存在的情况下可以选择性响应目标离子的电极。它们用于测量溶液或气相中的特定离子。这些传感器通常由基于膜的电化学装置制成。膜通常是使电极对特定离子具有选择性的器件。膜在某种程度上是盐桥的替代品。这些离子选择性膜与金属电极有着根本的不同——它们本身不参与氧化还原过程。当将其置于溶液中时，跨膜间将会产生电压差（由于结电位的产生）。为了测量该电压，该离子选择性膜与内部或外部参比电极结合使用（图 3.30）。测得的电位 E 与样品中的离子活度之间的关系也可以用 Nernst 方程进行描述，因为该电压是在结处产生的。

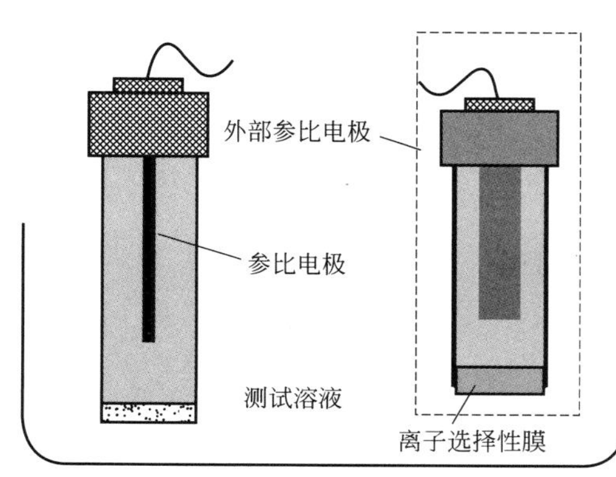

图 3.30　带有外部参比电极的离子选择性膜

膜应具有以下品质：在感测环境中的溶解度最小；对离子有导电性，以及对目标离子有选择性。电化学测试和过程现在医院中得到了非常广泛的应用，而 ISE 在其中发挥着重要作用。例如，血液化学测试通常在是手术或医疗之前进行，以评估患者的总体健康状况。这种血液测试，通常称为 Chem7 测试，检查血液并发现其中的七种不同物质。Chem7 测试中的大多数组件都使用 ISE 进行分析。很少有电极只对一种离子有选择性地响应。例如，玻璃 pH 电极是对氢离子最具选择性的电极之一。然而，这些膜在某种程度上也对作为干扰物质的钠离子和钾离子有响应。

根据膜材料，ISE 可分为不同类型：

① 玻璃膜　用于测量离子（如 Na^+）或测量 pH 值。玻璃膜电极是通过在二氧化硅玻璃基材中掺杂各种化学物质而形成的。最常见的玻璃膜电极是 pH 电极。康宁 015（Corning 015）是广泛应用的玻璃膜（其中含有约 22%的 Na_2O、6%的 CaO 和 72%的 SiO_2），用于检测 H^+（pH 值测量）。通常称为硫属化物玻璃的是另一类型的玻璃膜，它们对双电荷金属离子（如 Pb^{2+} 和 Cd^{2+}）具有选择性。

② 结晶膜　结晶膜由离子化合物的单晶或多晶制成。在这些膜中，只有能够被引入晶体结构中的离子才会影响电极响应。因此，它们通常对此类离子具有良好的选择性。如，基于 LaF_3 晶体的氟化物选择性电极，对氟离子（F^-）具有出色的选择性。

③ 聚合物膜　聚合物膜电极由各种离子交换材料组成，这些材料与惰性聚合物基质相结合，例如聚乙烯（polyethylene，PE）、聚氯乙烯（polyvinyl chloride，PVC）、聚氨酯（polyurethane，PU）和聚二甲基硅氧烷（polydimethylsiloxane，PDMS，通常称为硅树脂）。聚合物膜是应用广泛的电极，对钾离子和钙离子等分析物具有离子选择性。它们还被用于测量离子，包括氟硼酸盐、硝酸盐和高氯酸盐。然而，这种电极通常具有较低的化学和物理耐久性。

④ 液膜电极　由选择性地结合某些离子的非混溶液形成。它们多用于检测多价阳离子。

⑤ 透气膜　感测电极可用于测量氨、二氧化碳、溶解氧、氮氧化物、二氧化硫和氯气等气体种类。这些电极具有透气膜。许多金属氧化物如氧化锆都属于这种类型。

3.4.6　电化学 pH 传感器

在许多工业、化学和医疗过程中，pH 值是一个需要测量和控制的重要参数。溶液的 pH 值表明其酸碱性。如上一节所述，玻璃基材料是 pH 传感器中最常用的膜。在测量 pH 值时，我们测量氢活性度的负对数，即：

$$\mathrm{pH}=-\lg[\mathrm{H}^+_{\mathrm{activity}}] \tag{3.69}$$

$$[\mathrm{H}^+_{\mathrm{activity}}]=10^{-\mathrm{pH}} \tag{3.70}$$

常规的 pH 值读数范围是 0～14。当传感器系统与溶液接触时，用电化学 pH 传感器测量穿过膜的电位。能斯特方程可用于计算 pH 值，根据式(3.60)，有：

$$E=E^{\ominus}-[0.05916(\mathrm{V})]\times\lg\frac{1}{[\mathrm{H}^+]}=E^{\ominus}+[0.05916(\mathrm{V})]\times\lg[\mathrm{H}^+] \tag{3.71}$$

或

$$E=E^{\ominus}-0.05916\mathrm{pH} \tag{3.72}$$

可以看出，输出电压随环境的 pH 值呈线性变化。一个 pH 单位对应 25℃时 59.16mV 的电压，这是所有校准参考的标准电压和温度。大多数电化学 pH 传感器也对温度敏感，因此在测量中应考虑其影响。除了工业应用外，pH 传感器还可用于生物感测应用。在许多这样的传感器中，酶被用于电极结构中。若干种类型的酶在与特定目标生物分子反应时将产生 H^+ 或 OH^-，然后可以用 pH 传感器来估算它们的浓度。

3.4.7　基于电化学的气体传感器

氧化锆氧传感器是最常见的气体传感器之一。在这种传感器中，电解质通常由氧化锆制成（图 3.31）。传感器电极可以由铂制成，铂也可以作为催化剂用于分解目标气体并产生可以穿过材料的离子。基于氧化锆的气体传感器可在高于 400℃的高温下工作，高于该温度时，氧化锆会变成离子导电材料。由于氧化锆两侧的氧气压差，发生氧离子从较高浓度向较低浓度侧迁移。氧离子的扩散在器件两端产生电压，该电压与两侧的气压差成正比。

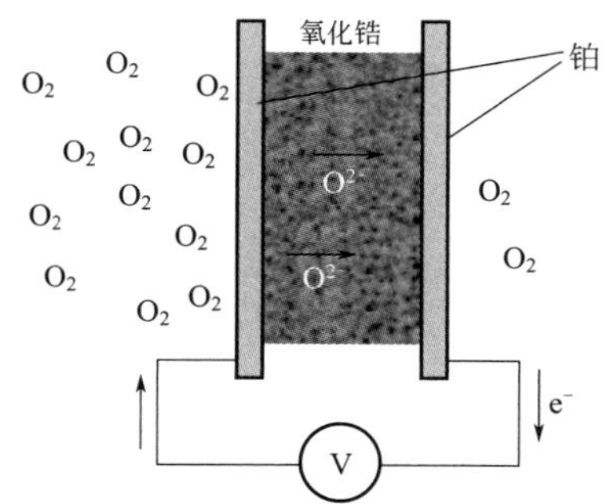

图 3.31　氧化锆氧传感器示意图

3.4.8　伏安法

伏安法广泛用于评估电极表面的吸附过程和电子转移机制。它最初是在 20 世纪 20 年代开发的，化学家广泛用它来检测无机离子。在 20 世纪 60 年代中期，经典伏安法得到进一步改进，电子电路的应用提高了该方法的灵敏度和选择性。低成本和高增益运算放大器的出现是一个重要因素。如今，伏安法技术已广泛应用于制药、环境和生物行业中的物种检测和测定。伏安传感器越来越多地用于分析极低浓度的药物及其代谢物，以及检测环境污染物等。通常，电分析传感系统应用简单且便宜。

在伏安法中，当将可变电位施加到工作电极上时，可观察到电化学过程中电流和电压之间的关系，也称 *I-V* 特性。因此，可以从这些电流-电压特性中得出感测信息。伏安法系统可以提供有关电化学氧化还原过程和化学反应的信息。由于可以通过伏安法获得瞬态响应，因此该类响应可用于研究非常快速的反应机制。此外，电极可用作在其表面周围的薄层中产生反应性物质的工具，来监测涉及目标物质的化学反应。

线性扫描伏安法（linear sweep voltammetry，LSV，也称为极谱法）、循环伏安法（cyclic voltammetry，CV）和方波伏安法（square wave voltammetry，SWV），在伏安法技术中使用广泛的（每种类型应用的输入电压信号如图 3.32 所示）。

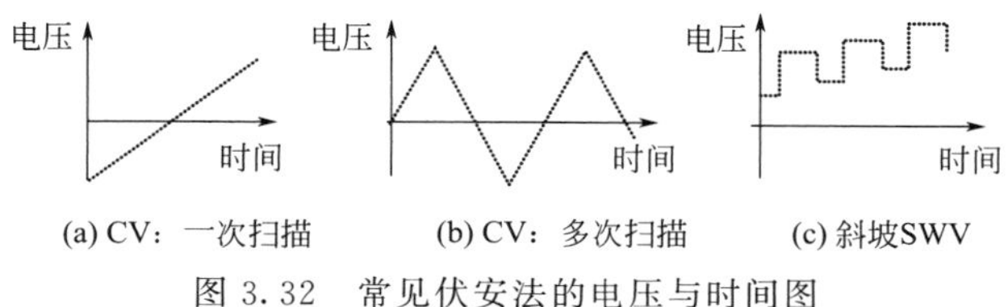

图 3.32　常见伏安法的电压与时间图

伏安装置示意图如图 3.33 所示。它由发生氧化还原反应的工作电极与为电流流动提供闭环的参比电极组成。非常常见的是，由铂等材料制成的第三电极也在系统中用作对电极。在这种情况下，在对电极和参比电极之间施加电压，并在工作电极和参比电极间对电流和电压进行测量。电池中的电解质溶液通常包含中性电解质（或支持电解质）以及可氧化或可还原物质（电活性物质）。中性电解质不参与反应，仅使溶液导电。

当电源迫使电子进出系统时，工作电极的带电表面会吸引带相反电荷的离子。带电电极和它旁边的带相反电荷的离子形成一个双电层，如图 3.27 所示。

通常在伏安法中，来自源的信号被送入对电极。参比电极电压是采用一个非常大的不损耗电流的输入阻抗电路来测量的。因此，电流主要是来自对电极到工作电极的电流。用于测

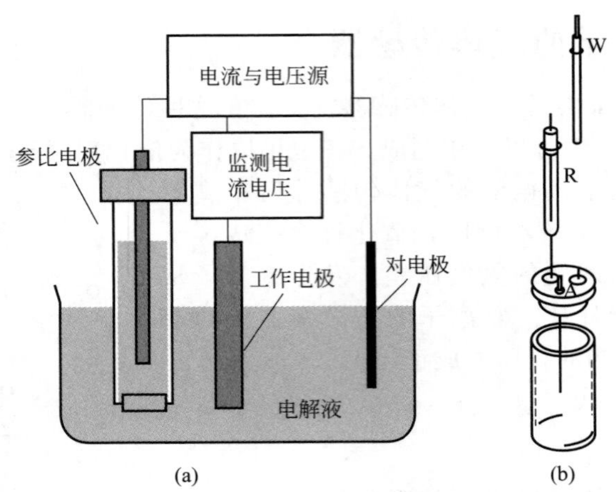

图 3.33 (a) 伏安感测系统；(b) 电极：W、R 和 A 分别代表工作电极、参比电极和对电极

量的独立电压是工作电极和参比电极之间的电压差。

工作电极可以采用不同的形状和形式。最常见的是沉积在惰性基材上的导体。最常见的导体是贵金属（如金和铂），石墨、碳纳米管等碳材料，涂有汞的金属和导电透明材料（如氧化铟锡）。除了金属电极之外，还在传感应用中对其他类型的电极进行了研究并予以实现，以达到传感器所需的要求。对此，应选择包括满足灵敏度和选择性需求在内的电极材料。还可以对电极进行修饰以为其他应用提供机会，例如智能窗户中的电致变色效应。在伏安法中，可以采用各种范围的电位，这取决于电极材料和电解质的组成。限制之一是水在大电流和大正电压下氧化产生氧气。当产生氢气时，在负电压下也会发生类似的影响。

3.5 扩散电流与容性电流

3.5.1 扩散电流

扩散电流可由菲克第一扩散定律计算：

$$J=-D\frac{\partial c}{\partial x} \tag{3.73}$$

其中，J 是单位时间内每单位面积的扩散通量，$mol \cdot m^{-2} \cdot s$；D 是扩散系数，$m^2 \cdot s^{-1}$；c 是化学物质的局部体积浓度，$mol \cdot m^{-3}$。扩散电流的行为取决于环境条件。以下是在扩散电流观察中的最常见的条件：

(1) 双层厚度保持不变的情况

这可以通过诸如不断混合电解质且系统处于稳定状态等来实现的。在这种情况下，系统是一个动态稳定系统，其扩散电流取决于电极表面和大部分溶液中目标分析物浓度的差异以及扩散层的厚度 δ。根据菲克第一扩散定律：

$$\frac{\mathrm{d}N/\mathrm{d}t}{A}=-D\left(\frac{c_a-c_s}{\delta}\right) \tag{3.74}$$

其中，N 是目标分析物的物质的量；A 为电极表面积；c_a 和 c_s 分别是表面附近和分析物主体中分析物的浓度。因此，可以用通用法拉第关系计算扩散电流：

$$i(t)=\left(\frac{\mathrm{d}N}{\mathrm{d}t}\right)nF \tag{3.75}$$

其中，n 是参与氧化还原反应的电子数；F 是法拉第数。

式(3.74) 只对恒定电压（电位）有效。通过改变所施加的电压，在达到零电荷电位(potential of zero charge，POZC) 之前，两种浓度之间的差异将会增加。由于溶液不断地混合，大部分分析物浓度保持恒定。然而，电极表面的离子浓度 c_s 却发生变化。当表面电压大到所有离子都交换电子时，则将出现扩散极限电流，从而产生一个无离子的表面，即 $c_s=0$。如果将式(3.74) 和式(3.75) 相结合，扩散极限电流将等于：

$$i_d=\frac{nFADc_a}{\delta} \tag{3.76}$$

显然，该电流与 c_a 的值成正比。因此，它将成为检测目标分析物浓度的关键参数。在增加外加电压的过程中，i_d 为被测电流的最大值。当电流为极限电流值的二分之一时，即 $i=i_d/2$ 时，其电压称为半波电位，即 $E_{1/2}$。恒定混合系统的典型 I-V 特性如图 3.34 所示。可以看出，区域 2 中的 I-V 特性类似于二极管的 I-V 特性。然而，它逐渐变小并最终在区域 3 中达到饱和。

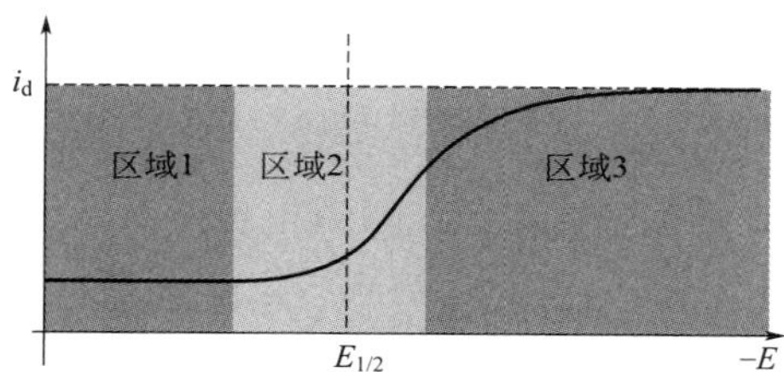

图 3.34　系统充分混合时的电化学电池的 I-V 特性

(2) 分析物浓度低且混合不充分

在这种情况下，大部分分析物的浓度 c_a、介质的变化、扩散层的厚度随着电压的变化而变化。因此，应用菲克第二扩散定律（可以从菲克第一定律和质量守恒定律一起得到 $\frac{\partial c}{\partial t}=-\frac{\partial J}{\partial x}$）：

$$\frac{\partial c}{\partial t}=D\left(\frac{\partial^2 c}{\partial x^2}\right) \tag{3.77}$$

分析物浓度梯度$\frac{\partial c}{\partial t}$以及$\frac{\partial^2 c}{\partial x^2}$受以下组合的影响：扩散层厚度变化，浓度变化。它们将以不同的速率向不同的方向变化，并且一种影响将会支配另一种变化。

一个常见的例子是在电极表面放置电荷（如施加的脉冲），那么，系统将会立即变得稳定。当系统最终变得均匀时，这通常称为均质化。这意味着离子物（电荷）的总浓度为常数 $\int_0^{\infty} c\,\mathrm{d}x=B$ 。在这种情况下，可以得到浓度为：

$$c(x,t)=\frac{B}{\sqrt{4\pi Dt}}\mathrm{e}^{-\frac{x^2}{4Dt}} \tag{3.78}$$

此函数具有随时间逐渐地钟形分布。

另一个常见的例子是当表面 c_s 的浓度保持恒定并且大部分浓度可以改变时，式(3.77) 的解将变为：

$$c(x,t)=1-\frac{2}{\sqrt{\pi}}\int_{0}^{x/(2\sqrt{Dt})}e^{-z^2}dz \tag{3.79}$$

这个称为互补误差函数。$2\sqrt{Dt}$ 通常称为扩散长度，它提供了浓度在 x 方向上的扩散程度的度量。

3.5.2 容性电流

除了扩散电流，电化学过程中也存在电容电流。双层形成的大部分分析物区域与电极表面间形成电容性介电区域。这种电容称为双层电容，其值与极板的表面积成正比。在大多数感测应用中，电容电流本质上是不需要的，因为感测信息通常是从扩散电流曲线中提取的。

除了容性电流外，还有分子在电极上吸附/解吸引起的吸附电流等干扰。最常见的干扰分子是表面活性剂。

3.5.3 计时电流法（或电位阶跃伏安法）

在计时电流法中，假设电极上的电荷在短时间内保持恒定并可预测电流行为，这将产生 Cortel 方程：

$$i(t)=\frac{nFAc_a\sqrt{D}}{\sqrt{\pi t}} \tag{3.80}$$

当施加恒定电压时，该方程在计时电流法（或电位阶跃伏安法）中尤为重要。这意味着电流以与$\frac{\sqrt{D}}{\sqrt{\pi t}}$成正比的速率下降。因此，知道物质的扩散常数，就可以获得目标分析物的浓度。

3.6 线性扫描伏安法和循环伏安法

3.6.1 线性扫描伏安法

线性扫描伏安法（linear sweep voltammetry，LSV）是一种常见的电化学伏安感测技术。尽管开发了许多复杂的伏安技术来替代 LSV，以解决其缺陷，但它的相对简单性仍然使其成为电化学传感系统的一个有吸引力的选择。

在对电极缓慢充电的条件下（电压以低或中等速率变化），电流幅度最终将在 E_p 处达到最大值，其相应电流为 i_p。在典型的 LSV 中，电流随电压的变化如图 3.35 所示。由于分析物浓度和表面浓度之差的增加，电流最初增加。然而，在峰值之后，当电压进一步增加时，由于扩散层厚度的增加，电流则在减小。峰的数量可以多于一个，这取决于电极表面反应的类型。

在 LSV 中，所施加的电压是线性扫描的。电压变化率将在 0.01～100mV/s 间。但这取决于目标分析物的浓度以及电极的材料和尺寸。LSV 的特性取决于三个主要因素：①电子转移速率；②物质的化学反应性；③电压扫描速率。

在伏安实验中，电流响应通常被视为电压的函数。考虑 Fe^{3+}/Fe^{2+} 氧化还原系统：

$$Fe^{3+}+e^{-}\rightleftharpoons Fe^{2+} \tag{3.81}$$

该系统的单电压扫描伏安图如图 3.36 所示。此类系统对于我们体内铁蛋白中铁离子的释放非常重要，它可调节人体的铁储存。类似的电化学过程用于测量我们身体的 Fe 离子浓度。在 Fe^{3+}/Fe^{2+} 氧化还原系统中，对于小于−0.2V 的电压，观察不到电流。随着电压增加，电流增加并达到峰值 E_p。而随着扩散层厚度的增加，电压的进一步增加会使电流降低。

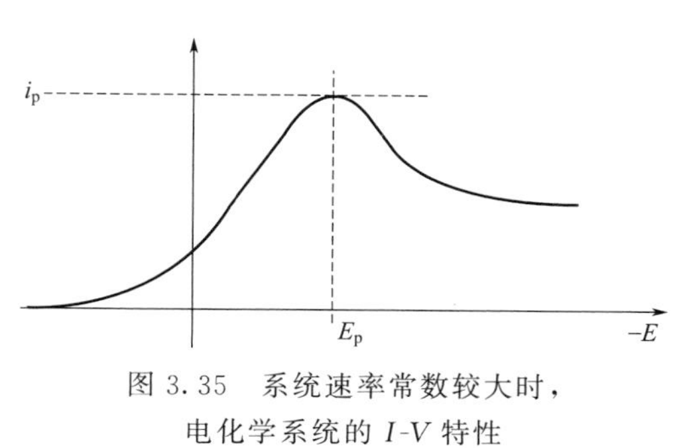

图 3.35　系统速率常数较大时，电化学系统的 I-V 特性

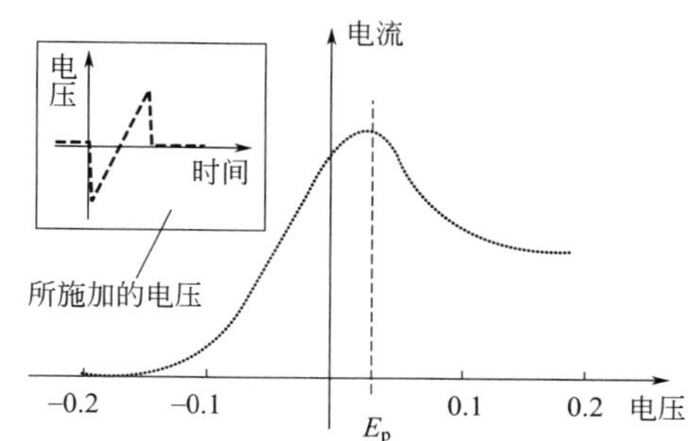

图 3.36　Fe^{3+}/Fe^{2+} 氧化还原系统的 I-V 特性
插图是施加的电压时间曲线

扫描速率是 I-V 曲线行为的一个重要因素。它决定了电子扩散到双层中并在电极表面与离子进行反应的速度。该过程的可逆性也由扫描速率决定。图 3.37 显示了随着扫描速率增加，线性扫描伏安图的变化。可以看出，曲线在比例上保持相似。然而，电流随着扫描速率的增加而增加。这种电流增加实际上归因于扩散层厚度的变化。

峰值电流与扫描速率的平方根成正比（$i_p \propto \sqrt{u_t}$）。在慢电压扫描中，与快速扫描相比，扩散层的增长将进一步远离电极表面。因此，流向电极表面的离子通量变小，从而降低了电流幅度。

可以在比扫描速率短得多的时间内交换离子和电子的快速系统通常是可逆电子转移系统。相反，对于慢速电子转移系统，I-V 特性描述了准可逆或不可逆电子转移系统。在可逆系统中，重复循环会产生相同的响应，且反转电压扫描也会产生镜像的 I-V 曲线。可逆反应中的电极可以重复使用，因为它们的表面不会改变。

图 3.38 所示为 Fe^{3+}/Fe^{2+} 氧化还原系统所施加的电压变化时，在还原率（k_{red}）变化时的伏安图。

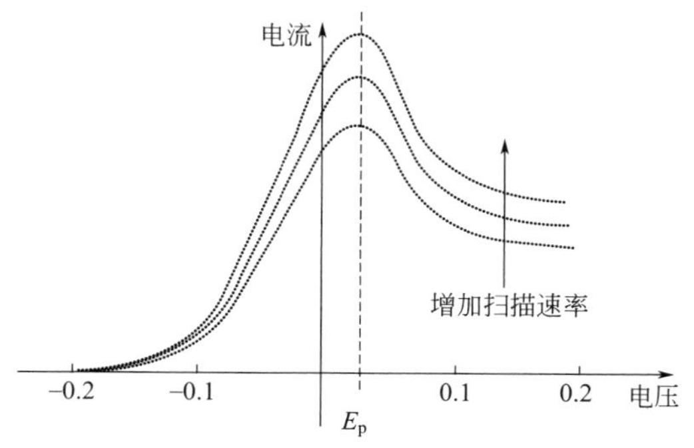

图 3.37　Fe^{3+}/Fe^{2+} 氧化还原系统中的扫描速率变化

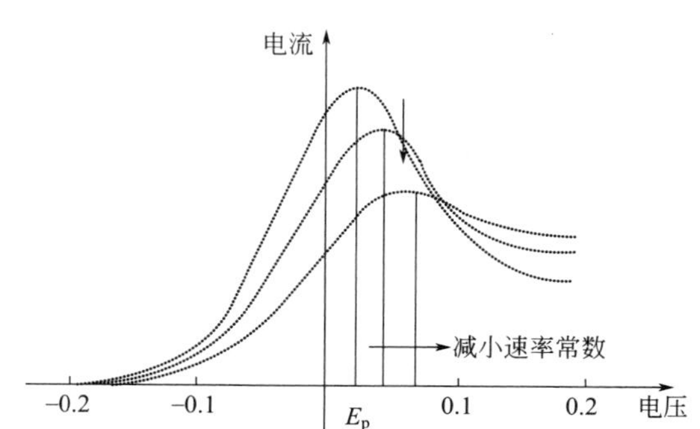

图 3.38　所施加的电压变化时，在还原率变化时的 Fe^{3+}/Fe^{2+} 氧化还原系统伏安图[9]

降低速率常数会降低电极表面的离子浓度并减慢反应动力。在这种情况下，平衡不会迅速建立。结果，电流峰值的位置随着速率常数的减小而移动到更高的电压处。然而，降低速

率常数会使系统不可逆。通常，如果 $k > 0.1 \sim 1 cm \cdot s^{-1}$，电荷转移反应是可逆的，而对于 $k < 10^{-5} \sim 10^{-4} cm \cdot s^{-1}$，则电荷转移反应是不可逆的。对于介于可逆和不可逆之间的值，称为准可逆。

如果目标分析物浓度在感测期间或电极表面发生变化，则会导致不可逆的电化学反应。

许多医疗应用的一次性电化学传感器都基于不可逆的反应。有大量基于酶的伏安商用传感器得到应用。如葡萄糖传感器，它广泛用于医学测试。

3.6.2 循环伏安法

循环伏安法与 LSV 相似，不同之处在于施加到工作电极的电位随时间变化（三角形波形，如图 3.32 所示）。对于面积约为 $1mm^2$ 的电极，电压变化率通常在 $0.1 \sim 10000 mV \cdot s^{-1}$ 范围内。该电压反复氧化和还原位于电极表面附近扩散层内的物质。

强大的数据采集系统、测量设备和相关微电极的出现使得提高电压变化率和测量极小电流成为可能。因此，现在可以识别仅存在几微克和纳克的物质，甚至可以测量单个电子转移反应。I-V 特性还提供了一种研究氧化还原反应能量的有力手段，以研究电子转移的动力和可逆性，以及耦合化学反应的速率。这些优势确保伏安法系统已被广泛用于生化/化学反应研究、环境传感和工业化学成分的监测。

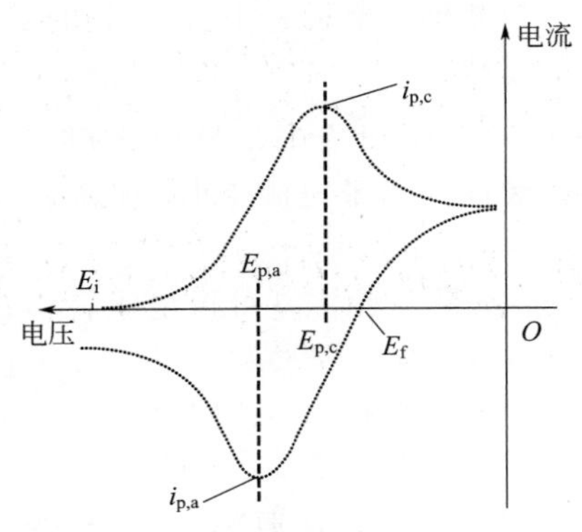

图 3.39　可逆单电子（只有一个阴极峰和一个阳极峰）氧化还原反应的循环伏安图

图 3.39 显示了一个典型的循环高度可逆的伏安图。当电压改变时，在 E_i 电压（克服离子结势垒的电压）开始之前，没有观察到可测量的电流。此时，工作电极的电压达到阈值，导致目标物减少。这将会产生与还原过程相关的电流。此后，随着电极表面附近自由离子浓度的降低，电流迅速增加，其中扩散电流在 $E_{p,c}$（阴极峰）处达到峰值。随着电位进一步降低，扩散层的厚度增加，这导致电流衰减。在此示例中，最终电压以 0V 为中心。

在本例中，当电压达到 0V 时，其极性交替并再次增加。然而，由于电流值保持恒定，电极表面则发生还原反应，这是由扩散层内的残留电荷引起的。而阴极电流继续减小。在 E_f 处，氧化反应的总数将等于电极表面附近的还原反应总数，使电流变为零。增加电压将会进一步消耗电极表面的还原材料。它达到对应于电压峰值 $E_{p,a}$（阳极峰值）的最小电流。随着电位返回到 E_i，电流随扩散层厚度的增加而减小。

在接近理想的可逆电极反应中，峰值电位差：

$$\Delta E_p \approx |E_{p,a} - E_{p,c}| = \frac{0.05916}{n} \tag{3.82}$$

其中，n 是所涉及的电子数。如果系统是不可逆的，则 ΔE_p 超过由式(3.82) 计算的值。幸运的是，对于大多数慢速反应，电子转移几乎是可逆的。通常，增加扫描速率，ΔE_p 会增加。因此，不可逆性的一组测量可用于评估速率常数。循环伏安法也可用于解释电化学反应的复杂行为。如果在每个循环中发生了若干个氧化还原反应，则双层的性质将会改变。

图 3.40 示例显示了通过将胆固醇氧化酶（它是一种酶，酶及其功能将在第 5 章中介绍）固定在一层二氧化硅基质上所制造的胆固醇生物传感器的响应[6]。该系统能检测 $1 \times 10^{-6} \sim 7 \times 10^{-6} mol \cdot L^{-1}$ 浓度范围内的胆固醇。正如预期的那样，物质离子的增加将会增加阴极峰值。

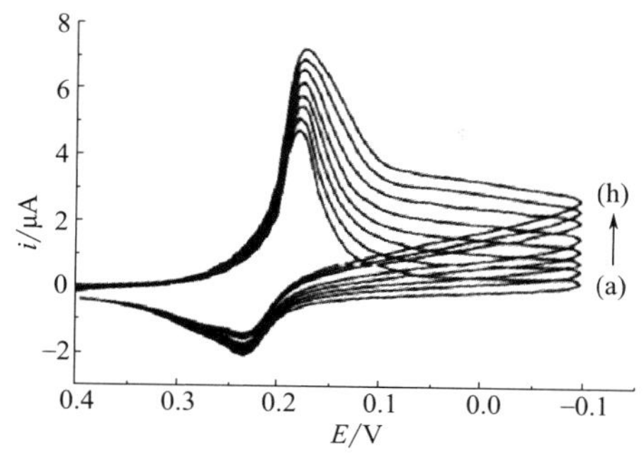

图 3.40 工作电极在磷酸盐缓冲液（pH 6.8）中的循环伏安图[6]

(a) 不含任何胆固醇；胆固醇浓度为 (b) 1×10^{-6}mol・L^{-1}，(c) 2×10^{-6}mol・L^{-1}，(d) 3×10^{-6}mol・L^{-1}，(e) 4×10^{-6}mol・L^{-1}，(f) 5×10^{-6}mol・L^{-1}，(g) 6×10^{-6}mol・L^{-1}，(h) 7×10^{-6}mol・L^{-1}；扫描速率 50mV・s^{-1}

在溶出分析中，稀释溶液中的分析物在电化学反应中被吸附到 Hg（汞，一种液态金属）薄膜中。然后通过反向电压扫描从电极上剥离电活性物质。在氧化去除过程中所测得的电流与分析物的浓度成正比。剥离是检测重金属离子最灵敏的方法之一。

3.7 固态传感器

固态传感器由金属-半导体和/或半导体-半导体结制成，通过监测被测量的电场分布的变化来工作。可以直接测量的参数包括电压、电流、电容和阻抗，从它们可以导出许多电气特性（例如电导率、势垒和载流子浓度）。固态传感器是建立在硅微电子制造基础上的。二极管和晶体管等基于半导体的器件对环境变化敏感。在其性能中，传感器结构中的自由电子和空穴的数量发生变化，电场分布等均响应外部激励而发生变化。

在本节中，将介绍一些常用的固态传感器，并将介绍它们在感测中的应用。

3.7.1 PN 结二极管和基于双极结的传感器

PN 结二极管或双极结（bipolar junction，BJ）器件是基于半导体-半导体结的。在感测应用中，势垒高度和载流子浓度等电气特性将会因被测量的存在而改变。这些变化将导致电流、电压和累积电荷间的关系发生变化。

PN 结器件基于掺杂的半导体，因此材料具有大量的自由电子（N 型）或自由空穴（P 型）。当 P 型和 N 型半导体彼此相邻形成 PN 结时，P 型材料中的大多数载流子（空穴）扩散到 N 型材料中，类似地在 N 型材料中，多数载流子（电子）扩散到 P 型材料中。一旦扩散平衡，就会形成耗尽区［图 3.41(a)］。然后在 P 与 N 掺杂材料间建立势垒，当超过该势垒时，PN 结才能传导电流。例如，如果此电压为 0.7V，则需要施加大于此幅度的电压来观察通过该结的电流。

具有一个 PN 结的器件称为二极管，而包含两个 PNP 或 NPN 结形式［图 3.41(a)］的器件称为双极结晶体管（bipolar junction transistors，BJT）。BJT 具有内部电流放大的额外优势。

根据肖克利（Shockley）方程，流过 PN 结的电流是器件两端电压 V 的函数，由式(3.83) 给出[10]：

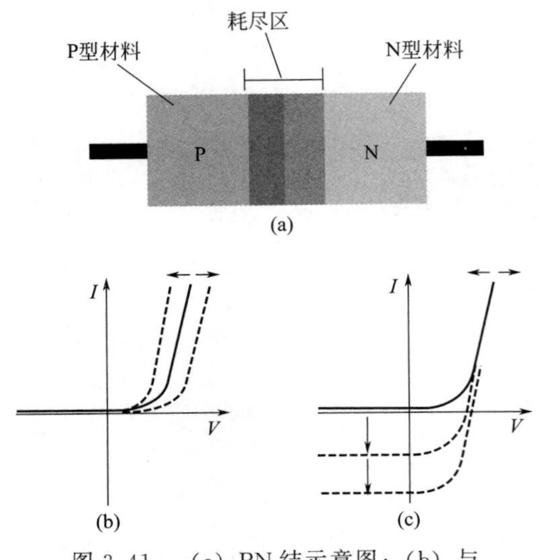

图 3.41　(a) PN 结示意图；(b) 与 (c) 基于 PN 结的传感器的典型 I-V 曲线

$$I(V)=I_{\text{saturation}}\left[e^{qV/(nkT)}-1\right] \quad (3.83)$$

其中，q 是电子电荷；n 是理想因子；k 是玻尔兹曼常数；T 是开尔文温度；$I_{\text{saturation}}$ 是器件的饱和电流。饱和电流为：

$$I_{\text{saturation}}=SA^{**}T^{2}e^{-q\phi_{b}/(kT)} \quad (3.84)$$

其中，S 是金属接触面积，cm^2；A^{**} 是有效理查森（Richardson）常数（$A\cdot cm^{-2}\cdot K^{-2}$）；$\phi_b$ 是势垒高度。图 3.41(b) 和 (c) 展示了典型 PN 结传感器的 I-V 曲线以及它们为被测量时如何变化。如果被测量影响结点的属性，则曲线可以显示横向偏移。势垒高度和温度的变化对 I-V 曲线的影响如图 3.41(b) 所示。

二极管和 BJT 等器件也常用于监测电荷和温度。它们也可用于化学和压力感测应用，尽管不太常见。然而，这种换能器广泛用在光感和辐照光谱中。当一个足够能量的光子撞击耗尽区时，会产生一个自由电子-空穴对，可以像前面描述的那样通过内置场从结通过。因此产生了光电流并将 I-V 曲线下移。

在许多光谱测量中，要监测的光量可能非常低。将光电二极管与放大器结合可以突破此类局限。然而，如果要避免电噪声，低辐照强度则会产生小电流，这些电流本身就很难在外部放大。在这种情况下，光电晶体管可用作外部信号放大的替代方案。

BJT 具有三个端子：基极、发射极和集电极 [图 3.42(a)]。当它在其线性区域工作时，BJT 通过内部电流增益放大基极电流，以产生更大的集电极电流：

$$I_{\text{collector}}=\beta I_{\text{base}} \quad (3.85)$$

其中，β 是电流增益。

在光电晶体管中，辐射直接影响 PN 结。其中一个结被反向偏置，它从正向偏置的 PN 结电流的变化中产生大电流。光电晶体管的结构针对光电应用进行了优化，光电晶体管的基极和集电极面积通常比普通晶体管大得多。然而，由于存在过多的内部电荷，光电晶体管的响应时间比光电二极管长得多（几乎是 β 倍）。

硅基或镓基光电晶体管的旧技术具有同质结结构，如图 3.42(b) 所示。然而，近年来，为了确保更高的光-电转换并获得更大的灵敏度，发射极触点通常在光电晶体管结构内偏移，如图 3.42(c) 所示。这确保了最大量的光到达光电晶体管内的有源区域。

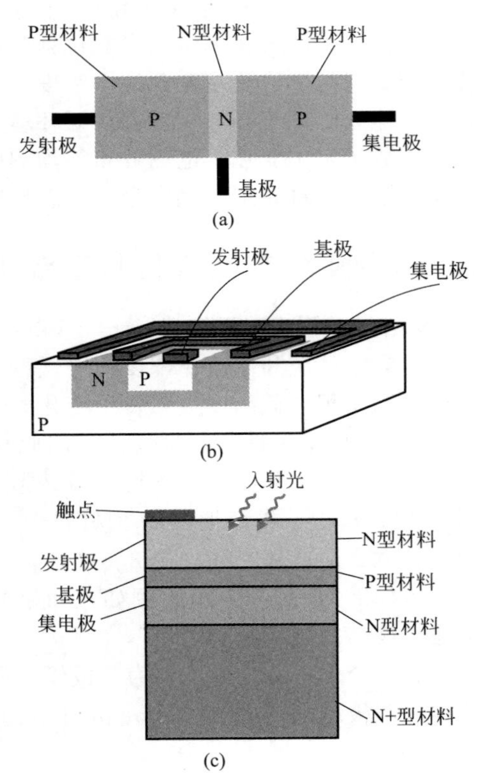

图 3.42　(a) BJT 的示意图；(b) 同质结 BJT 横截面图；(c) 异质结光电晶体管的示意图

3.7.2 基于肖特基二极管的传感器

由金属-半导体结构组成的二极管称为肖特基二极管。这种金属-半导体结形成整流势垒，只允许电流沿一个方向流动。

二极管制造中所选用的材料、压力、环境温度或不同气体的存在（这会改变耗尽区配置）会导致肖特基二极管的 *I-V* 特性发生变化。当器件在恒定电流下工作并由此测量电压偏移或在恒定电压下工作并测量电流变化时，可以获得响应曲线。此外，将测得的 *I-V* 特性与式(3.84) 关联，可以通过实验推导出在存在被测量时势垒高度的变化。

肖特基二极管常用的半导体材料包括硅、砷化镓和碳化硅，而用作肖特基接触的金属包括 Pd、Pt 和 Ni，它们都具有大功函数以建立大势垒高度。

在化学感测应用中，通常会在金属-半导体结之间添加一个非常薄的层，通常为几纳米到几十纳米，以提高器件的灵敏度和选择性。半导体金属氧化物层，如 SnO_2、TiO_2、WO_3，是建立此类层的常用材料，因为它们对 CO、CH_4、H_2 和 O_2 等气体表现出高灵敏度。

3.7.3 基于场效应晶体管的传感器

场效应晶体管（field effect transistor，FET）是一种换能器，电流在其两个端子之间流动并由在第三个端子处施加的电压控制。作为换能器，它可将化学、物理和电磁信号转换为可测量的电流。

最著名的 FET 是金属氧化物场效应晶体管（metal oxide field effect transistor，MOSFET）如图 3.43(a) 所示。在漏极和源极间的电流由位于它们之间的第三个电极（栅极）产生的电场控制，栅极通过氧化层与漏极和源极绝缘。图 3.43(a) 所示的器件是一个 N 沟道增强型 MOSFET。如果栅极相对于源极足够正（大于晶体管的阈值电压 $V_{threshold}$），则电子被吸引到栅极下方的区域，并创建 N 型材料的通道［图 3.43(b)］，这可由施加电压、外部电场、栅极表面的离子吸附等触发。

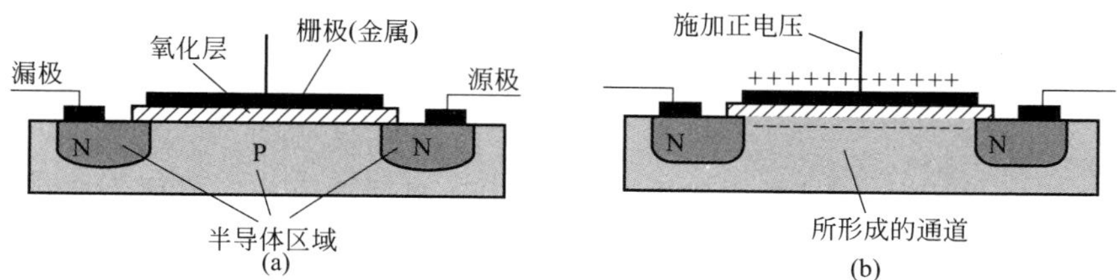

图 3.43　(a) N 沟道增强型 MOSFET 的示意图；(b) 在向栅极施加电压后，在漏极和源极之间形成导电层通道，使电流通过

对于不同的栅-源电压（V_{gs}）和漏-源电压（V_{ds}），N 沟道增强型 MOSFET 的漏-源电流 I_{ds}（通过下沟道的额外掺杂增强电流）如图 3.44 所示。该电流对两个主要工作区域采用不同的表达方式，定义为：

$$I_{ds}=\frac{1}{2}C_{ox}\mu\frac{W}{L}(V_{gs}-V_t)^2\text{（饱和区）}\tag{3.86}$$

$$I_{ds}=\frac{1}{2}C_{ox}\mu\frac{W}{L}\left[(V_{gs}-V_t)V_{ds}-\frac{1}{2}V_{ds}^2\right]\text{（三极管区）}\tag{3.87}$$

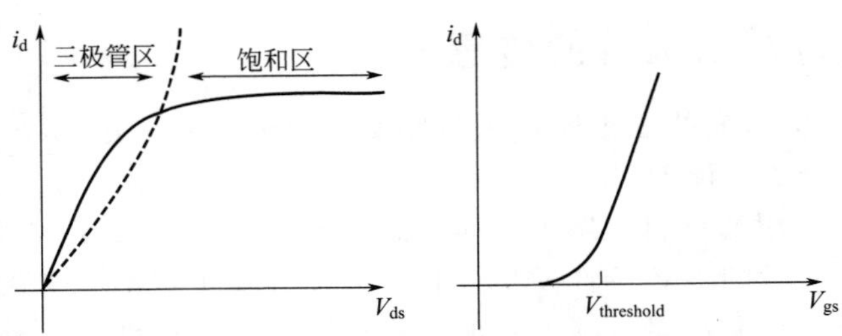

图 3.44　N 沟道增强型 MOSFET 的输入与输出特性

其中，C_{ox} 是单位面积氧化层的电容；W 和 L 分别是沟道的宽度和长度；μ 是沟道中的电子迁移率；V_{gs} 和 V_{ds} 分别是施加在栅极和源极之间以及漏极和源极之间的电压。通过式(3.88)[11-12] 可获得阈值电压 V_t：

$$V_t=\frac{\phi_m-\phi_s}{q}-\frac{Q_{ox}+Q_{ss}+Q_b}{C_{ox}}+2\phi_f \tag{3.88}$$

其中，ϕ_m、ϕ_s 和 q 分别是金属、半导体功函数和电子亲和力；Q_{ox}、Q_{ss} 和 Q_b 分别是氧化物、氧化物/半导体界面中的累积电荷和半导体中的耗尽电荷；ϕ_f 取决于半导体材料的掺杂水平。因 V_t 依赖于晶体管内的电荷和电容，FET 的 I-V 特性将会受到器件所处环境变化的强烈影响。环境中湿度、离子、化学物质和介电材料的变化都会改变器件的特性，因此 FET 可用于测量这些参数。

FET 可用于液体介质中的感测应用，如图 3.45 所示，其中金属栅极被替换为接触栅极金属氧化物层液体中的参考电极。添加绝缘体以保护漏极和源极的连接不受液体影响。敏感层沉积在氧化层上形成敏感栅极。由于该表面上发生化学反应，漏极和源极之间的沟道尺寸发生变化，从而导致 I_d 发生变化。电流的变化与液体中的目标分析物成正比。

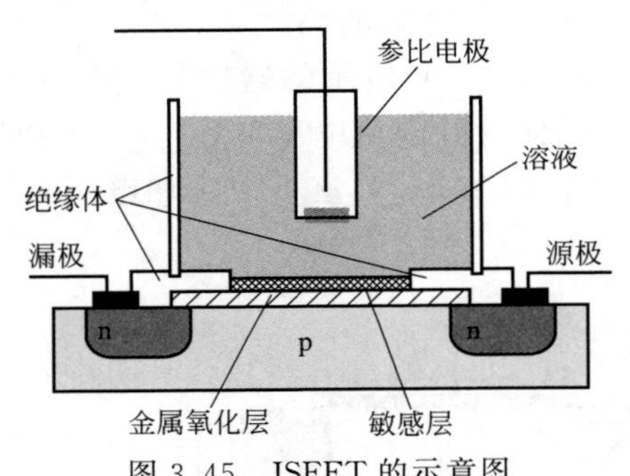

图 3.45　ISFET 的示意图

第一个 FET 传感器是在 1970 年初由斯坦福大学开发的[12]。他们用该设备测量 pH 值。为了测量敏感层上的氧化还原反应，需要一个参考电极。以漏极电压为基准的施加电压保证了在栅极表面形成离子双层，这将会影响漏极-源极电流。包含参考电极的 MOSFET 用于测量离子浓度，称为离子敏感场效应晶体管（ion-sensitive field effect transistor，ISFET）。

对于 ISFET，阈值电压方程变为[11-13]：

$$V_t=E_{ref}-\psi+\chi^{sol}+\frac{\phi_s}{q}-\frac{Q_{ox}+Q_{ss}+Q_b}{C_{ox}}+2\phi_f \tag{3.89}$$

与式(3.88) 相比，上述方程有两个额外的参数：界面电位 E_{ref} 和溶液/氧化物界面处的电位 $\psi+\chi^{sol}$。$\psi+\chi^{sol}$ 项由 ψ 和 χ^{sol} 组成，ψ 是分析物 pH 值的函数，χ^{sol} 是表面偶极电位。ϕ_m 是栅极金属的功函数，不再出现在方程中，它的影响包含在 E_{ref} 中。

图 3.46 显示了作为溶液 pH 值函数的 ISFET 的 I_d-V_{ds} 曲线示例[12]。传感器响应是 pH 关于 ψ 的函数，pH 值是 ψ(pH) 的化学输入参数。

ψ(pH) 的经验方程可以由位点解离模型和双层模型推导出来。该方程可以描述为亚能斯脱公式（sub-Nernstian formula），是电解质 pH 值的函数。简化后，方程可以表示为：

$$\psi(\mathrm{pH}) \approx (-5916\mathrm{mV}) \times (\mathrm{pH_s}) \tag{3.90}$$

其中，pH_s 是敏感层表面附近的 pH 值。当表面 $[H^+]$ 发生变化时，扩散电流的影响的讨论同样可以在这种情况下进行。为了扩展 ISFET 的动态范围和/或增加选择性，可以在栅极表面添加膜。

许多基于 ISFET 表面化学反应的生物传感器是基于酶的，称为酶场效应晶体管（enzyme field effect transistors，ENFET）。自从引入用于感测青霉素的 ENFET[14] 以来，已经做出了相当大的努力来开发不同类型的 ENFET。ENFET 生物传感器的性能受酶与 ISFET 的整合机制影响很大。在 ISFET 的栅极表面固定酶是建立敏感层的常规方法。

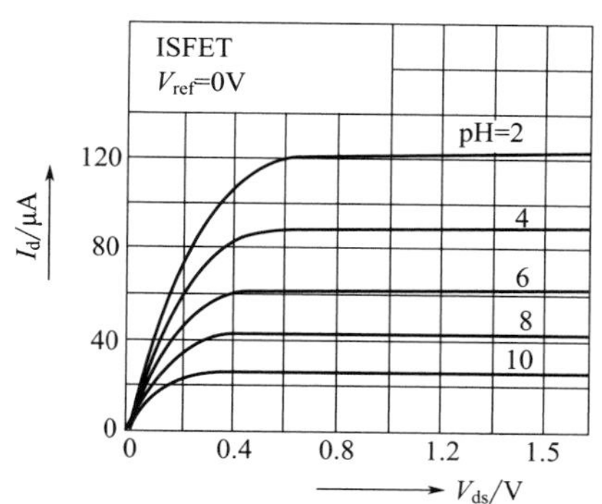

图 3.46　ISFET 的 $I_d(\mu A)$-$V_{ds}(V)$ 曲线与 pH 的变化[12]

3.8　声波传感器

声波传感器是基于压电材料构建的，波在压电材料中发射。如第 2 章所述，压电现象发生在没有对称中心的晶体中。对这样的晶体施加应力会使其晶格变形并产生电场，反之亦然。

声波在固体中传播，一般可分为两类：体声波（bulk acoustic wave，BAW），在固体中传播；表面声波（surface acoustic wave，SAW），它们的传播被限制在固体表面附近的区域内。

当声波通过材料的整体或表面传播时，传播路径特性的任何变化都会影响波的速度（相位）和振幅。这些变化（扰动）可以通过测量频率或相位特性来监测。当用于感测时，测量这些扰动。因此，它们将与被测量的相应物理或化学量相关联。

3.8.1　石英晶体微量天平

石英晶体微量天平（quartz crystal microbalance，QCM）是最常见的基于石英晶体的体声波谐振器，石英晶体是最早被发现并集成到设备中的压电材料之一。典型 QCM 的示意图如图 3.47 所示。通常，将石英基板切割成两面沉积有金属垫的薄盘，并在其上施加电信号。

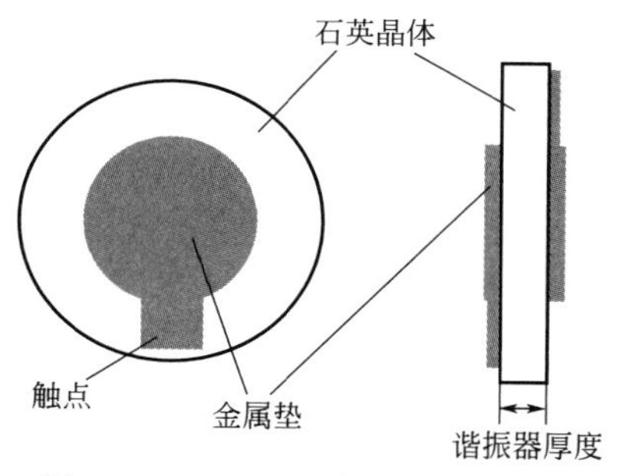

图 3.47　QCM 的俯视图和侧视图

压电晶体将施加在金属垫上的电信号转换为声波。这些声波在顶部和底部边界内反弹，在石英晶体的主体中来回反射，从而导致共振。石英晶体表面质量的增加将增加其厚度。因此，谐振器具有更长波长的驻波，可容纳更小的谐振频率（图 3.48）。

QCM 的振荡频率变化 Δf 与添加到晶体表面的质量变化 Δm 间的关系由 Sauerbrey 方程给出，该方程由 G. Sauerbrey 于 1959 年首次提出：

$$\Delta f = \frac{-2\Delta m f_0^2}{A\sqrt{\rho\mu}} \tag{3.91}$$

其中，f_0 是晶体的谐振频率；A 是晶体的面积；ρ、μ 分别是基板的密度和剪切模量。可以看出，Δm 增加都会导致工作频率降低 Δf。

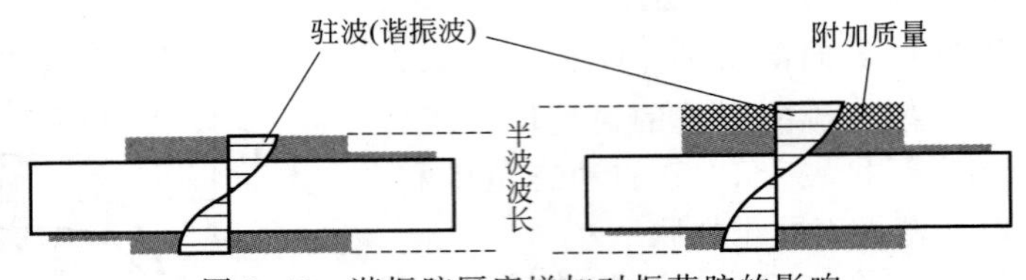

图 3.48 谐振腔厚度增加对振荡腔的影响

显然，振荡频率与质量变化的相关性使 QCM 非常适合感测应用。质量灵敏度可以定义为器件单位面积上质量每次变化的频率变化。QCM 质量灵敏度可以通过在其表面添加敏感层来提高。如式(3.91) 中所观察到的，增加工作频率（或减少晶体厚度）将增加 QCM 的灵敏度。

例如，考虑工作频率为 5MHz 的 QCM。如果剪切模量为 $3\times10^{11}\text{g}\cdot\text{cm}^{-1}\cdot\text{s}^{2}$，石英的密度为 $2.6\text{g}\cdot\text{cm}^{-3}$，添加 1ng 质量时频率变化是多少？设备的表面积为 0.25cm^2。

根据 Sauerbrey 方程：

$$\Delta f=\frac{-2\times10^{-9}\times(5\times10^{6})^{2}}{0.25\times\sqrt{2.6\times3\times10^{11}}}=0.225(\text{Hz})$$

QCM 的 Q 因数，即频率和带宽的比值，可以高达 10^6。如此大的 Q 导致高稳定振荡，为此可以准确地确定谐振频率。通常，对于在大约 5MHz 的基本谐振频率下工作的晶体，可以获得小至 0.1Hz 的分辨率。考虑到这种频率稳定性，对于在空气中运行、表面积为 0.25cm^2 的 5MHz 器件，QCM 的质量检测限小于 $2.2\text{ng}\cdot\text{cm}^{-2}$。

除了感知质量变化之外，电气边界条件扰动也会改变器件的压电特性，从而改变其谐振频率。因此，这种器件可用于监测电荷和电导率变化以及质量变化。

QCM 已被用于测量来自气相物质所结合的质量，用于检测水分和挥发性有机化合物以及环境污染物。它们还被用于监测气体浓度、发生在金属氧化物上的氧化还原反应或沉积在它们上面的聚合物敏感层。在液体介质中运行的 QCM 于 1980 年进行了改造，以测量与其接触的液体的黏度和密度。它们也已成功实现了商用化，可用于生物传感应用。

压电材料将机械波转换为电磁波（反之亦然）的效率由其压电耦合系数 k^2 给予评估。在过去的几十年里，出现了几种 k^2 比石英的大的晶体，这包括：铌酸锂（$LiNbO_3$）、钽酸锂（$LiTaO_3$）和最近出现的菱镁矿（LNG）。$LiNbO_3$ 与 $LiTaO_3$ 的 k^2 几乎比石英的大一个数量级。然而，这些材料确实有缺点，例如其脆弱的结构和低 Q 值使其不适合制造体型大的器件。

3.8.2 薄膜体声波谐振器

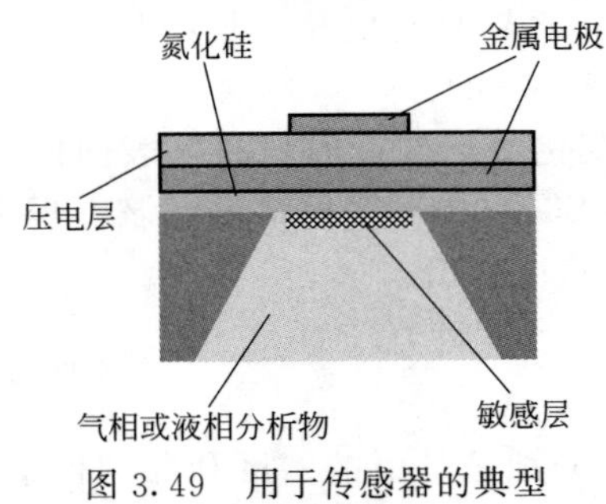

图 3.49 用于传感器的典型 FBAR 的横截面示意图

薄膜体声波谐振器（film bulk acoustic wave resonator，FBAR）代表了 QCM 之后的下一代体声波谐振器。它们由薄膜组成，尺寸比 QCM 小得多。它们具有相对较高的工作频率，这是其灵敏度较高的主要原因。此外，它们的制造与当前标准的微机电系统（microelectromechanical system，MEMS）技术兼容。典型的 FBAR 建立在低应力和惰性膜（如氮化硅）与压电膜上，压电膜夹在两个金属层之间（图 3.49）。氮化硅通常用于制造 FBAR，因为它有助于蚀刻工艺。虽然在强碱性蚀刻剂［例如氢氧化钾（KOH）] 中蚀刻硅衬底，但它不会蚀刻氮化硅。

FBAR 在 1GHz 工作频率下通常具有 20～1000 范围内的谐振品质因数 Q。这个 Q 值远低于其 QCM 对应值。不幸的是，这种低 Q 值会转化为更大的噪声且不稳定的振荡。这降低了系统的整体检测限。

如果膜的厚度相对于声波波长较小，则可根据 Lostis 近似从中找到由增加的目标分析物质量 Δm 所引起的频率变化 Δf：

$$\frac{\Delta f}{f_0}=-\frac{\Delta m}{m_0} \tag{3.92}$$

其中，$m_0=\rho Sd$ 是谐振器的质量，ρ 是密度，S 是表面积，d 是膜的厚度；$f_0=v_p/2d$，v_p 是声波相速度。

由每单位表面积吸附的分析物质量（$\Delta m/S$）产生的频率变化比 $\Delta f/f_0$ 等于：

$$\frac{\Delta f}{f_0}=-\frac{1}{\rho d}\left(\frac{\Delta m}{S}\right) \tag{3.93}$$

因此，频率变化为

$$\Delta f=-\frac{v_p}{2\rho d^2}\left(\frac{\Delta m}{S}\right) \tag{3.94}$$

从式(3.94) 可知，对于给定的 $\Delta m/S$，频移大小随压电谐振器介质中声波速度的增加和其密度的降低而增加。此外，随着膜厚度的减小，频移幅度呈二次方增加。

表 3.2 三种不同压电材料的声波速度和密度（对于厚度 d，计算 $1ng \cdot cm^{-2}$ 吸附分析物产生的频移）

材料	$v_p/(m \cdot s^{-1})$	$\rho/(kg \cdot m^{-3})$	频移/Hz
石英($d=100\mu m$)	3750	2648	0.708
AlN($d=1\mu m$)	11345	3260	34800
ZnO($d=1\mu m$)	6370	5665	11244

表 3.2 表明了使用 FBAR 作为转换平台的优势，对于相同的附加质量，其频移更大。但是，应该考虑到，由于 FBAR 的稳定性远不如 QCM，因此 FBAR 的质量检测限仍然不比 QCM 好多少。

3.8.3 基于悬臂的传感器

由微悬臂梁组成的传感器旨在以特定频率共振或处于不同目标激励时产生可测量的偏转（图 3.50）。这些共振频率和偏转的行为受其结构和尺寸中包含的材料的约束。共振频率与偏转的变化可能是由环境激励所引起的，例如颗粒在悬臂表面的黏附和环境物理特性的变化（即温度、应力、电场和黏度变化）。悬梁的谐振频率通常在 100MHz～5GHz 范围内。

基于悬臂的传感器是用于微量质量感测的出色传感器。在振荡模式下，它们可以在某些共振模式下运行，附着在其表面上的质量可以通过改变共振模式来改变共振频率。

采用传统的谐振子公式，悬臂梁的谐振频率 f 与其弹簧常数 K 相关，即：

$$\omega=2\pi f=\sqrt{\frac{K}{m}} \tag{3.95}$$

其中，m 是其质量。悬臂的 K 与它的尺寸有关：

$$K=\frac{EWt^3}{4L^3} \tag{3.96}$$

其中，W 是悬臂的宽度；E 是弹性模量（弹性模量是弹性材料刚度的量度）；L 是悬臂的长度；t 是其厚度。

将式(3.95) 作为附加质量的函数的共振频率偏移，可计算为：

$$\Delta m=\frac{K}{4\pi^2}\left(\frac{1}{f_1^2}-\frac{1}{f_0^2}\right) \tag{3.97}$$

其中，f_0 和 f_1 分别是添加质量前后的工作频率。

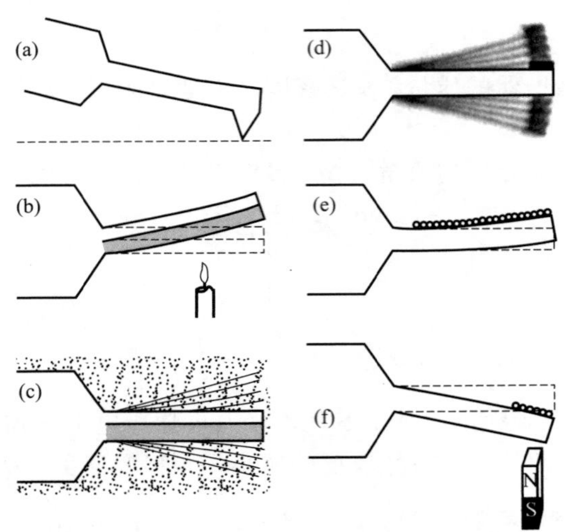

图 3.50 悬臂式传感器（侧视图）可用于测量：(a) 力；(b) 温度、热量；(c) 中等黏弹性；(d) 质量（端部载荷）；(e) 外加应力，以及 (f) 表面磁珠磁性测量[15]

许多悬臂梁基于弯曲模式运行。在这种情况下，细棒用于测量其对侧不同表面应力的变化。如今，这种悬臂通常用于原子力显微镜测量。当所施加的应力变化为 $\Delta\sigma$ 时，用 Stoney 公式来计算悬臂一端的挠度 Δz：

$$\Delta z=\frac{3(1-\nu)L^2}{Et^2}\Delta\sigma \tag{3.98}$$

其中，ν 是泊松比（泊松比是泊松效应的量度。该效应描述了当一种材料在一个方向上被压缩时，它如何在其他方向上膨胀）。

悬臂梁的最小可检测质量可低至约 10^{-15}g，与其他声波设备相比，这是非常出色的。但是，当在液体介质中工作时，由于液体引起的阻尼，悬臂梁的共振频率向较低值移动，品质因数 Q 急剧下降。这意味着悬臂在液体介质中运行时检测限显著降低。

3.8.4 叉指式声表面波器件

SAW 和 BAW 都可以通过叉指传感器（inter-digital transducer，IDT）发射，IDT 是美国伯克利大学的 White 与 Voltmer 于 1960 年初首次用于此研究的。在此器件中，金属薄膜化的 IDT 被图案化在一个特殊切割的压电晶体基板的表面上，使得 SAW 或 BAW 均可传播。如图 3.51 所示，当对 IDT 的输入端施加振荡电压时，它们将会发射声波。声波沿着表面或在体内部传播（在这种情况下，它们必须从衬底的底表面反弹回来）到 IDT 输出端，声波被转换回电信号。敏感层可沉积在器件的有源区域上以提供对目标分析物的敏感性。

所切割的晶体与 IDT 几何形状不同，将有不同的传播模式。波可以通过横向或纵向模式，或两者模式的组合传播。例如，对于瑞利波，靠近表面的粒子沿传播方向以椭圆方式移动，并垂直于表面；对于水平剪切（shear horizontal，SH）波，靠近表面的粒子平行于表面移动。

在不同压电晶体的开发和利用，以及对不同晶体取向的内波传播的研究中发现了各种声波传播模式。这些包括：泄漏 SAW(leaky SAW，LSAW）和表面掠射体波（surface-skimming bulk wave，SSBW)，它们都是剪切水平 SAW。可以使用 IDT 发射与接收。其他主要声学传播模式包括：声板模式（acoustic plate mode，APM）和兰姆（Lamb）波，它们都是 BAW。

除了不同的晶体类型和取向，传播模式可以通过在压电基板上沉积层来改变。例如，如果沉积层中剪切水平（SH）波的传播速度小于基板的传播速度，则基板中的 SH 波可以转换为近表面受限波（图 3.52)。这种水平极化的剪切工作模式通常称为洛夫（Love）模式［以奥古斯都洛夫（Augustus Love）的名字命名，1911 年，他在理论上提出了它们的存在］。

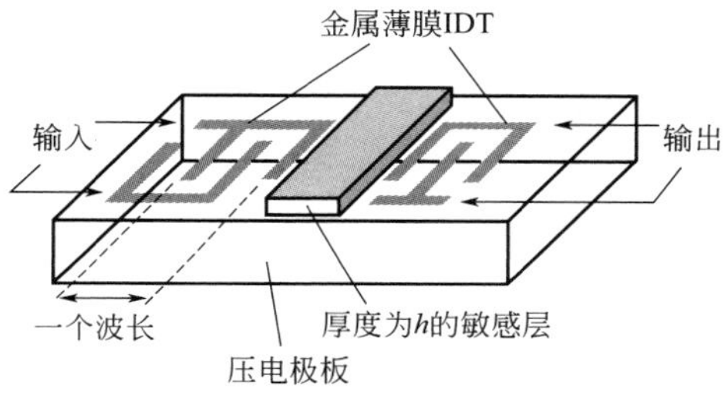

图 3.51 SAW 器件的基本结构

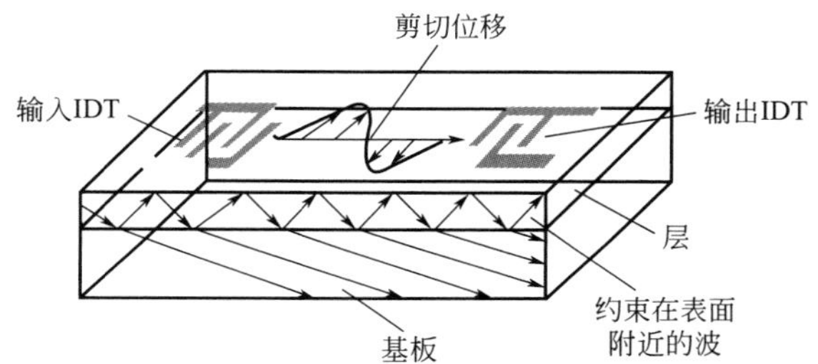

图 3.52 Love 模式的 SAW 器件的基本结构

Love 模式的 SAW 传感器是声波系列中灵敏的设备。Love 模式的 SAW 传感器的灵敏度基于 90°旋转的 ST 切割石英晶体（工作频率为 100MHz)，比在 10MHz 下工作的 QCM 高两个数量级，这是近表面所约束的声波传播的结果。

SAW 器件可用于感测各种物理和化学参数，包括温度、加速度、力、压力、电场、磁场、离子种类、气流、蒸汽浓度、黏度，也可用于生物感测。

通过在其活性表面区域添加质量敏感层，SAW 器件可用作亲和传感器。

下式描述了频移 Δf，它是器件有源区域上附加了质量的函数（图 3.51)，是应用微扰理论计算得出的[16-17]：

$$\Delta f \approx S f_0^2 h \rho \tag{3.99}$$

其中，f_0 是工作频率；S 是从基板材料常数中提取的参数；ρ 是添加涂层的密度；h 是添加层的厚度。从上式可以看出，附加层的厚度和密度与频移之间存在线性关系，这是器件作为质量传感器工作的基础。显然，频移也与 f_0^2 成正比，这意味着在较高频率下工作的器件会有更好的灵敏度。

SAW 器件还可用于监测感测层的电导率和电荷的变化。许多金属氧化物和导电聚合物会响应不同的氧化或还原物质而改变其导电性。将此类材料沉积在 SAW 器件的有源区域上可以将其转变为对此类更为敏感的器件。这种特性源于压电现象，它将声波与电场的变化联系起来。再次应用微扰理论，在添加导电层后，工作频率 f 的偏移由式(3.100）给出：

$$f = f_0 \frac{k^2}{2} \times \frac{1}{1+(\sigma_{SH}/\sigma_{OR})^2} \tag{3.100}$$

其中，f_0 是工作频率；k^2 是机电耦合系数；σ_{SH} 是敏感层的薄片电导率；σ_{OR} 是 SAW 模速度和基板介电常数的乘积（其单位与薄片电导率相似）。显然，具有较高机电耦合系数的 SAW 器件响应目标分析物将会产生较大的频移，因此更灵敏。

通过式(3.100) 中 f 与 σ_{SH} 间的关系可计算出最大频移工作点。从该曲线的切线可以看出，当 σ_{SH} 与 σ_{OR} 相等时，可以得到最大灵敏度（图 3.53）。

对于液体介质中的感测，首选 SH-SAW 模，因为当液体与传播介质接触时，它们的衰减要小得多。由于粒子位移是水平剪切，而不是垂直于传感表面，接触液体不能抑制运动，除非液体具有高黏度。这使其非常适合生物感测应用，在此器件中，生物选择性层沉积在装置的表面上。

IDT 还可被设计用于发射和接收兰姆波，即 BAW。兰姆波在板（膜片）中传播，自然地，它由在板两侧进行传播的两个瑞利波组成。两组兰姆波可以独立地通过板传播，包括对称波和非对称波（图 3.54）。

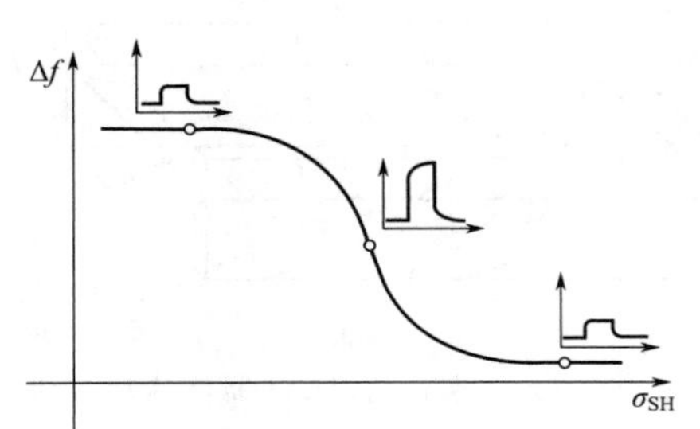

图 3.53　当薄片电导率与 SAW 模速度和基板介电常数的乘积匹配时出现的最大响应

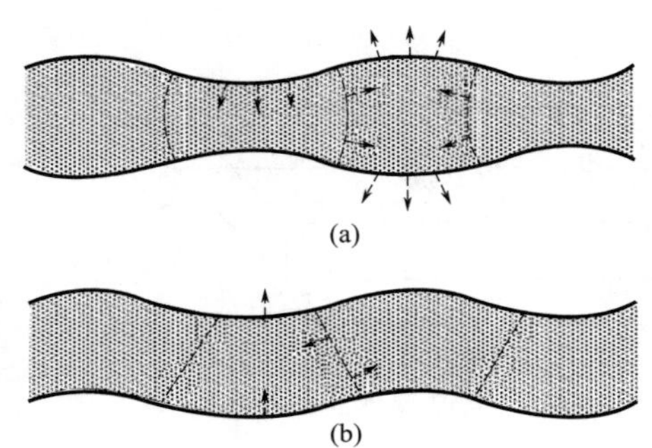

图 3.54　对称兰姆波（a）和非对称兰姆波（b）箭头描述了波传播过程中粒子位移的方向

由于实现低损耗波传播所需的是低相速度，兰姆波的工作频率通常落在 5～20MHz 的范围内。兰姆波传感器的质量灵敏度由式(3.101) 给出：

$$S=-\frac{1}{2\rho d} \tag{3.101}$$

其中，d 是板厚；ρ 是隔膜的密度。厚度为 2μm 的 10MHz 器件的质量检测限可低至 $200\text{pg}\cdot\text{cm}^{-2}$。

3.9 陀螺仪

陀螺仪是可以测量角速度的设备，在导航和消费电子产品中发挥重要作用。早在 18 世纪初，这样的设备就被用于海上航行。后来，陀螺仪被改装用于飞机导航。此后，1960 年发明了光学陀螺仪。然而，在过去的 20 年中，MEMS 陀螺仪被引入并成功批量生产，用于全球定位系统（GPS）、交互式游戏机和智能手机等产品的传感应用。

陀螺仪的功能取决于它的类型。旋转陀螺仪基于旋转物体运行，旋转物体相对于旋转方向倾斜。这样的物体在重力等次级力下显示出进动。这个旋转的物体没有下落，而是无视重力，轴的自由端在水平面上缓慢地描绘出一个圆。进动保持设备定向并且可以测量相对于参考表面的角度。要了解陀螺仪的工作原理，读者首先应了解扭矩和角动量的含义。

扭矩 $\boldsymbol{\tau}$ 是由力 $\boldsymbol{F}$（引起旋转）和位移 $\boldsymbol{r}$ 的叉积获得的（图 3.55）：

$$\boldsymbol{\tau}=\boldsymbol{r}\times\boldsymbol{F}, \text{即} |\boldsymbol{\tau}|=|\boldsymbol{r}||\boldsymbol{F}|\sin\theta \tag{3.102}$$

其中，$\boldsymbol{r}$ 是位移矢量（从测量扭矩的点到施加力的点的矢量），θ 是位置矢量和力矢量之间的角度。角动量 $\boldsymbol{L}$ 定义为：

$$\boldsymbol{L}=\boldsymbol{r}\times\boldsymbol{p} \tag{3.103}$$

其中，$\boldsymbol{p}$ 是物体的动量，对于质量为 m 的粒子，$F=m\mathrm{d}v/\mathrm{d}t$。因此，粒子在距中心恒定距离处盘旋，扭矩是角动量随时间的变化，即：

$$\boldsymbol{\tau}=\frac{\mathrm{d}\boldsymbol{L}}{\mathrm{d}t} \tag{3.104}$$

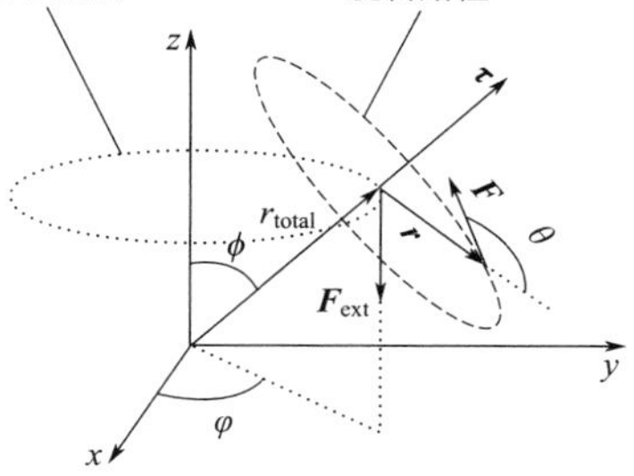

图 3.55 扭矩矢量定义示意图

因此，$\boldsymbol{L}$ 与 $\boldsymbol{\tau}$ 矢量具有相同的方向。$\boldsymbol{L}$ 被定义为 $\boldsymbol{L}=I\boldsymbol{\omega}$，其中，$I$ 是转动惯量，$\boldsymbol{\omega}$ 是角速度。这意味着扭矩是 $\boldsymbol{\omega}$ 的函数，即：

$$\tau=I\frac{\mathrm{d}\boldsymbol{\omega}}{\mathrm{d}t} \tag{3.105}$$

设想，粒子以扭矩 $\boldsymbol{\tau}$ 绕着中心旋转。如果由外力 $\boldsymbol{F}_{\mathrm{ext}}$（如图 3.55 所示）而产生的第二个扭矩 $\boldsymbol{\tau}_{\mathrm{ext}}$ 出现，则会发生绕着与 $\boldsymbol{\tau}_{\mathrm{ext}}$ 和 $\boldsymbol{L}$ 垂直的轴的旋转，从而产生进动。在旋转陀螺仪中，重力向下作用在设备的质心上，向上作用的相等的力支撑设备的一端，它接触地面。由该扭矩产生的旋转导致设备围绕支撑点缓慢旋转。由此产生的进动角频率 Ω_{p} 为：

$$\tau_{\mathrm{ext}}=\Omega_{\mathrm{p}}\times L \tag{3.106}$$

式(3.105) 仅在以下情况下满足：

$$|\Omega_{\mathrm{p}}|=\frac{r_{\mathrm{total}}F_{\mathrm{ext}}}{I\omega} \tag{3.107}$$

显然，F_{ext} 的变化会导致进动角速度发生变化。这意味着通过测量进动的角速度，施加的外力或由此产生的陀螺仪所在系统的加速度，均可估计出来。

旋转陀螺仪可以用作倾斜传感器，因为它可以抵抗任何对其方向的改变。最初，方向传感器由笼子中的旋转陀螺仪制成，可以允许其自由旋转。如果主体倾斜，陀螺仪仍将保持其位置，并且可以使用参考传感器测量倾斜度。

光学陀螺仪基于两个初始相干激光束的干涉。沿相反方向，向圆形路径发送两光束。如果路径旋转，则可以检测到相移，因为光速始终保持恒定。该种陀螺仪通常用于飞机。

MEMS 陀螺仪是当今常用的陀螺仪，是使用 MEMS 技术制造的廉价振动结构。它们的封装类似于其他集成电路，可以提供模拟或数字输出。MEMS 陀螺仪使用光刻构造的配置，例如音叉。

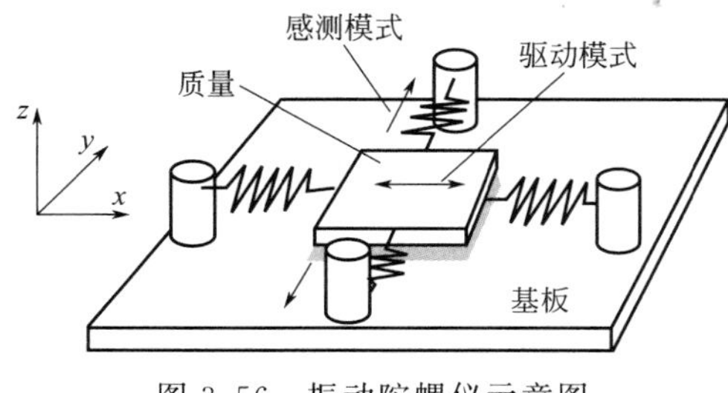

图 3.56 振动陀螺仪示意图

由于在微尺寸中制造低摩擦轴承是不切实际的，因此不可能减小包含旋转轮的经典陀螺仪的尺寸。在 MEMS 中，安装在弹簧悬架上的质量块用于制造微型陀螺仪。在这种结构中，质量块在平移运动中来回振动，如图 3.56 所示。

图 3.56 给出的基本的配置中，首先使质量块在 x 轴（称为驱动轴）上振荡。一旦运动，质量块对绕 z 轴的角旋转很敏感。因此，角旋转的存在会导致 y 轴上有科里奥利 (Coriolis) 加速度。应力传感器（例如压阻材料）可以测量该力。

所有振动陀螺仪都是基于科里奥利（Coriolis）加速度进行工作的。质量块承受该加速度，该质量块在参考系中进行线性运动，该参考系围绕垂直于质量块运动的轴旋转。因此，一个与转弯率成正比的加速度可被锚定在轴上的观察者看到。

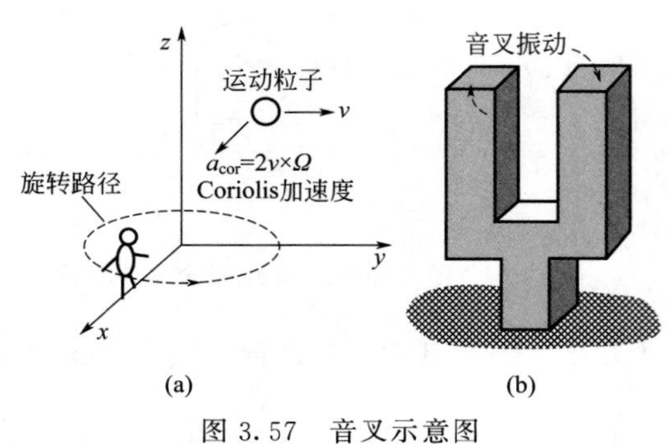

图 3.57　音叉示意图

为了理解科里奥利效应，想象一个质量块以恒定速度 v 运动，如图 3.57(a) 所示。连接到坐标系 xyz 轴的观察者正在观察这个物体。如果坐标系开始以 Ω 的角速度围绕 z 轴旋转，对于观察者来说，物体正朝着 z 轴改变其轨迹。虽然没有真正的力施加在身体上，但对于观察者来说，产生了与旋转速率成正比的表观。这种效应是振动结构的陀螺仪的基本工作原理。

被广泛应用的 MEMS 陀螺仪之一是 1990 年由马萨诸塞州剑桥市 Charles Stark Draper 实验室所设计的音叉［示意图见图 3.57(b)］。该设计由连接到连接杆的尖头组成（此处仅展示了两个尖头），它们以一定的振幅共振。当叉头旋转时，科里奥利力会产生一个垂直于叉子叉头的力。然后检测使音叉弯曲的力。这些力与施加的角速率成正比，由此可以测量位移。

第一个 MEMS 型陀螺仪是为汽车工业开发的。这些器件被用作角速度传感器，用于汽车防抱死制动中的防滑控制。如今，它们被用于各种不同的家用电器和智能手机。

参考文献

［1］ Lukosz W. Principles and sensitivities of integrated optical and surface-plasmon sensors for direct affinity sensing and immunosensing［J］. Biosensors Bioelectronics，1991，6：215-225.

［2］ Prodi L，Bolletta F，Montalti M，et al. A fluorescent sensor for magnesium ions［J］. Tetrahedron Lett，1998，39：5451-5454.

［3］ Homola J，Yee SS，Gauglitz G. Surface plasmon resonance sensors：review［J］. Sensors Actuator B Chem，1999，54：3-15.

［4］ Kretschmann E. Die bestimmung optischer Konstanten von Metallen durch Anregung von Oberfldchenplasmaschwingungen［J］. Physik Z，1971，241：313-324.

［5］ Yaacob M H，Breedon M，Kalantar-zadeh K，et al. Absorption spectral response of nanotextured WO_3 thin films with Pt catalyst towards H_2［J］. Sensors Actuators B Chem，2009，137：115-120.

［6］ Li J，Peng T，Peng Y. A cholesterol biosensor based on entrapment of cholesterol oxidase in a silicic sol-gel matrix at a prussian blue modified electrode［J］. Electroanalysis，2003，15：1031-1037.

［7］ Tao A，Kim F，Hess C，et al. Langmuir-Blodgett silver nanowire monolayers for molecular sensing using surface-enhanced Raman spectroscopy［J］. Nano Lett，2003，3：1229-1233.

［8］ Skoog D A，Holler F J，Crouch S R. Principles of instrumental analysis［M］. Brooks Cole，Belmont，2006.

［9］ Wang J，Bhada R K，Lu J，et al. Remote electrochemical sensor for monitoring TNT in natural waters［J］. Analytica Chimica Acta，1998，361：85-91.

［10］ Sze S M，Ng K K. Physics of semiconductor devices（3rd ed）［M］. New York，Wiley-Interscience，2006.

［11］ Wise K D，Angell J B，Starr A. An integrated-circuit approach to extracellular microelectrodes［J］. IEEE Trans Biomed Eng，1970，17：238-247.

［12］ Bergveld P. Thirty years of ISFETOLOGY：What happened in the past 30 years and what may happen in the next 30 years［J］. Sensors Actuators B Chem，2003，88：1-20.

［13］ Bergveld P. Development of an Ion-sensitive solid-state device for neuro-physiological Measurements［J］. IEEE Trans Biomed Eng，1970，17：70-71.

[14] Caras S, Janata J. Field-effect transistor sensitive to penicillin [J]. Anal Chem, 1980, 52: 1935-1937.

[15] Raiteri R, Grattarola M, Butt H J, et al. Micromechanical cantilever-based biosensors [J]. Sensors Actuators B Chem, 2001, 79: 115-126.

[16] Ballntine D S, Wohltjen H. Surface acoustic wave devices for chemical analysis [J]. Anal Chem, 1989, 61: A704-A706.

[17] Ricco A J, Martin S J, Zipperian T E. Surface acoustic wave gas sensors based on film conductivity changes [J]. Sensors Actuators B Chem, 1988, 8: 978-984.

第4章 有机传感器

在生物成分感测中常用到有机传感器。有机传感器利用有机材料[1]，特别是生物材料，作为换能器和/或其敏感层的组成部分。制造此类传感器的有机分子由生物分子组成，例如核酸（DNA、RNA等）、蛋白质（抗体、酶等）、其他生物分子（碳水化合物、脂质、肽等），以及不同大小和长度的各种天然和合成有机材料。

本章重点介绍有机传感器。简要介绍有机传感器应用中使用的不同表面的特性以及有机材料与此类表面的分子反应。解释最常用的表面特性。另外介绍一些常用的有机大分子，及使用有机和有机/无机材料作为有机传感器的基础。

4.1 表面反应

如果传感器是表面型器件，则通过在表面加入敏感和选择性层来制备活性区域。体类型有机传感器也是类似的，要么体类型传感器具有有机成分，要么目标分析物是有机的。有趣的是，体类型传感器还处理传感器或介质体表面中的颗粒或分子以进行检测。因此，分子和晶粒表面的知识在体类型传感器的设计和实现中同样重要。

本节，我们将研究创建适合有机分子（尤其是生物分子）反应表面的常见工艺。

4.1.1 靶向与锚定有机分子

靶向或目标有机分子，特别是生物分子并将它们锚定在表面上是研制有机传感器的重要过程。在此过程中，应解决与维护活性、优化可访问性和材料相关的许多问题[2]。不同的方法可用于敏感表面的开发与控制，这些方法取决于传感器的类型、有机成分的性质、传感器的表面化学特性、设备的使用方式以及目标分子的性质。将有机分子定标并锚定到传感器表面的过程可以采用许多不同的技术，包括：

(1) 吸附

化学成分可以通过强引力和弱引力吸附到不同的表面上；强引力，例如离子力（不同极性电荷产生的静电力）；弱引力，例如范德华力（图4.1）。大多数蛋白质可以直接吸附在碳或金表面。许多其他有机分子也表现出类似的趋势。对于许多传感器而言，吸附是一种廉价且易于实施的工艺。然而，它可能相对不稳定，没有选择性，可能导致蛋白质变性（当蛋白质失去其基本结构时），其形成取决于所用分析物的类型。

(2) 物理截留

在该方法中，通常采用半透膜来截留化学成分。小成分可以自由扩散进出膜的主体，而分子量较大的成分被截留（图4.2）。截留材料可用于物质生产，在有机成分的分离和过滤方面有很大的应用。然而，设计高选择性膜通常很复杂，并且粒子扩散到膜的主体中可能很慢，这将会对包含它们的传感器的响应产生严重的影响。

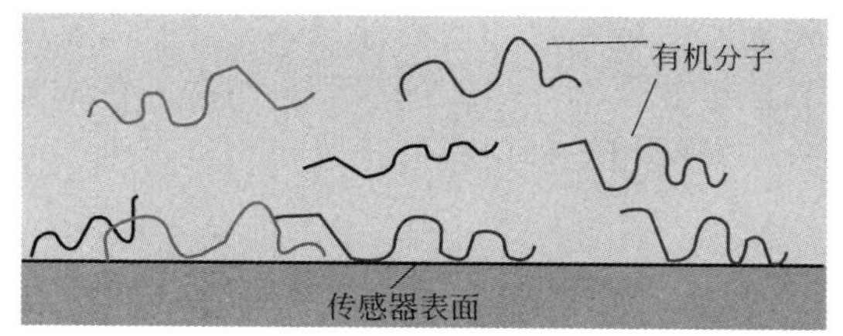

图 4.1　有机分子直接吸附在表面上的示意图

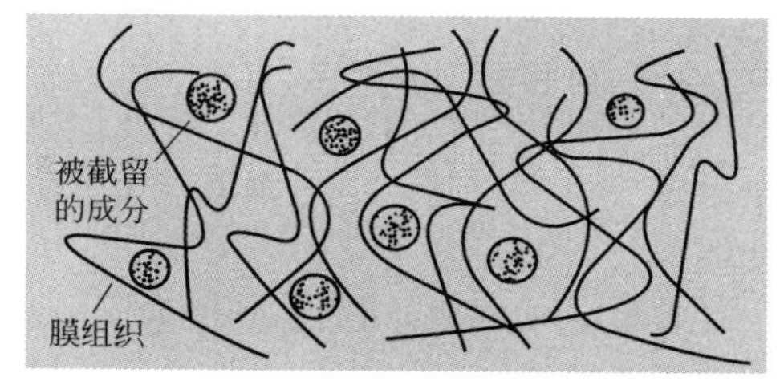

图 4.2　化学成分在膜基质中的物理截留示意图

(3) 共价偶联

在该方法中，附着在表面的功能团与来自目标的有机分子的功能团进行共价反应（图 4.3）。共价键可以在一步或多步过程中形成。有许多将一个功能团以共价的方式结合到另一个的方法。

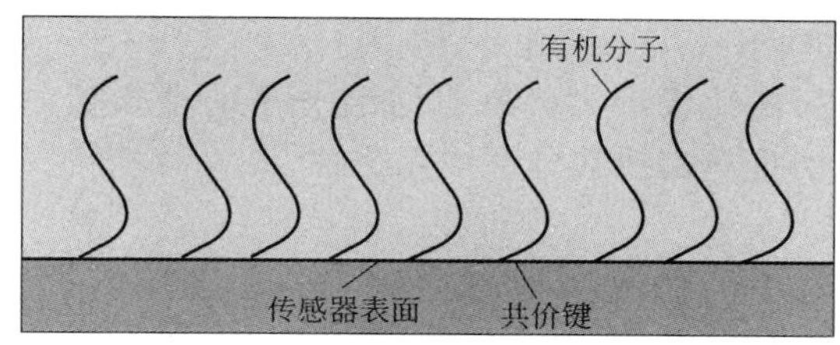

图 4.3　表面共价耦合

(4) 交联

通常是将一个有机分子连接到另一个有机分子的共价键（图 4.4）。当施加某种形式的能量（如辐射、热和压力）时，通过引发的化学反应形成交联。

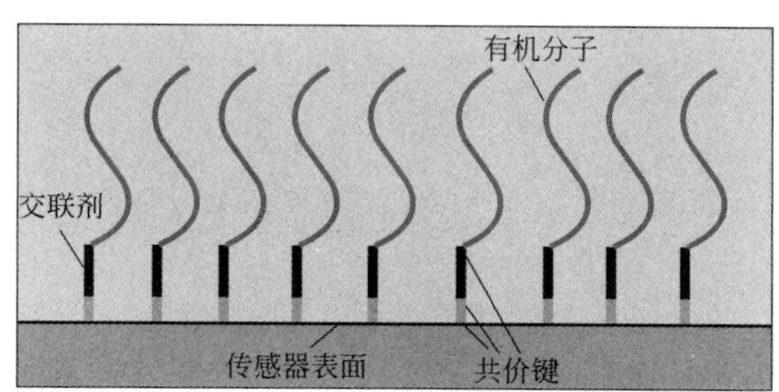

图 4.4　用交联剂将两个有机分子进行交联

共价键最重要的特征是它们的强度和选择性。它们的反应相对较快，而且控制得很好。然而，它们通常很复杂，可能需要额外的处理步骤，这可能既昂贵又耗时。共价键很强，但会改变分子，这可能会降低材料的生物相容性。交联与共价键有相似的优点和缺点。但是，它在建立反应方面提供了更大的灵活性。

4.1.2 自组装

自组装是化学成分（如原子、分子和其他构建块）自组装到功能系统中选定区域的过程。自组装通常是由此类系统的能量自行驱动的[3]。在自组装过程中，初始系统通常由无序成分组成，最终通过非共价反应形成较有组织的模式。在自然界中，许多生物系统用这个过程来形成比它们的基本单位更复杂的生物结构。

尽管自组装的概念适用于任何材料，但目前最有希望的自组装途径是与有机化合物有关的。这种自组装材料用于控制有机材料的生长，例如制造敏感层和选择性层，开发具有精确厚度的有机化合物的超晶格，以及创建传感器的其他组件，例如绝缘涂层。自组装在形成复杂系统（如蛋白质）中的作用至关重要。它通过分子间的相互作用使分子进行智能排列，并能够执行与其亚基不同的所需功能。

自组装单层（self-assembled monolayer，SAM）是用于形成功能层或绝缘层的一类常用的自组装系统。它们是由单个分子层组成的表面。SAM 被不同的技术所采纳，尤其是在传感器和精确的微/纳米器件制造中。这是因为它们允许在小至 0.1nm 的尺度上精确控制薄膜厚度和成分。许多 SAM 由两亲分子组成，这些分子既包含亲水基团又包含疏水基团。由于两亲分子的疏水-亲水性质，一侧可以显示出对表面的亲和力，而另一侧可以显示出对环境成分的亲和力。因此，它们可以在许多不同的表面上以高阶方式自行排列。

很多时候，在传感器中，两亲分子被用来形成适合于将分子固定在传感器的表面。在这种情况下，分子的一侧粘在传感器表面，另一侧与生物分子发生反应。因此，它们将在目标生物分子和传感器表面之间形成牢固的联系。

为了建立 SAM，通常将基板浸入具有自组装分子的稀溶液中，然后逐渐形成单层膜（图 4.5）。单层膜的形成可能只需要几分钟或几小时。

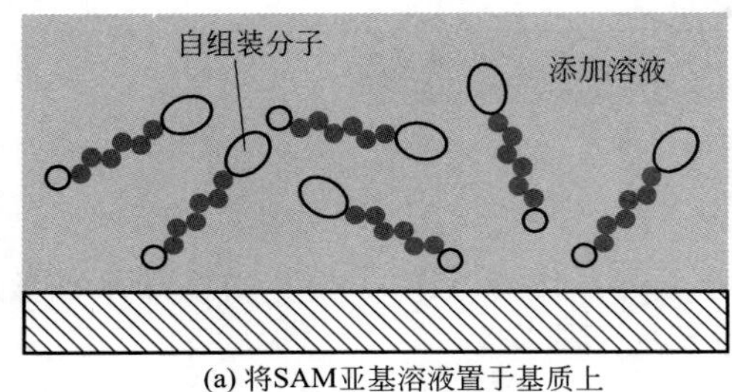

(a) 将SAM亚基溶液置于基质上

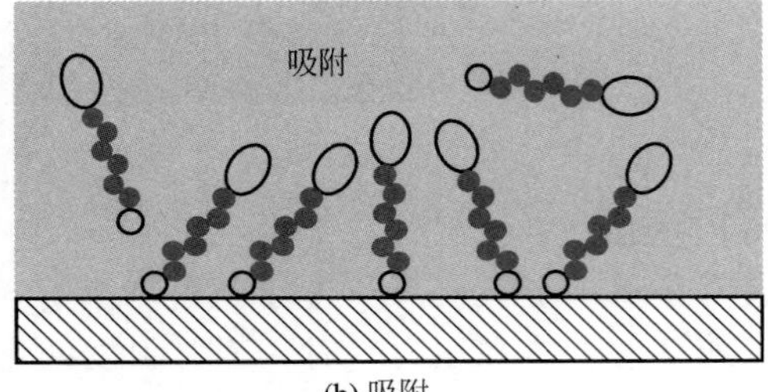

(b) 吸附

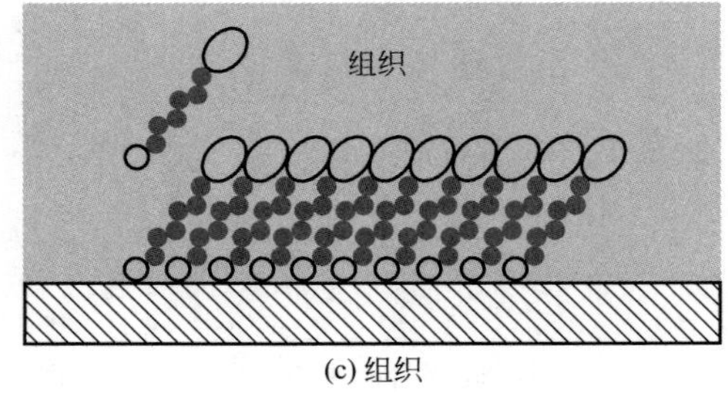

(c) 组织

图 4.5　SAM 形成过程示意图

在传感应用中，可以直接使用 SAM 效应。在声波传感器的表面上，SAM 的形成将会产生应力，从而影响传播波的相速度和振幅。SAM 也可以被荧光标记并用于光学感测。在电导传感器中，它们可以改变活性表面的电导率，它们的表面折射特性可以实现表面等离子体的感测。此外，它们能够改变电化学传感器中双层的特性。

通过在初始制备溶液中混合不同端基的自组装分子，我们可以生产混合 SAM，为敏感层提供特定的感测特性，即一个端基对一种目标分析物敏感，另一个端基对完全不同的目标分析物敏感。这会产生可用于检测不同目标的敏感层。此外，没有活性端基或不同链长的 SAM 可用作间隔基（图 4.6）。当打算检测大尺度分子并要确保表面上没有留下空位，以避免非特异性结合时，这些间隔基是必要的。

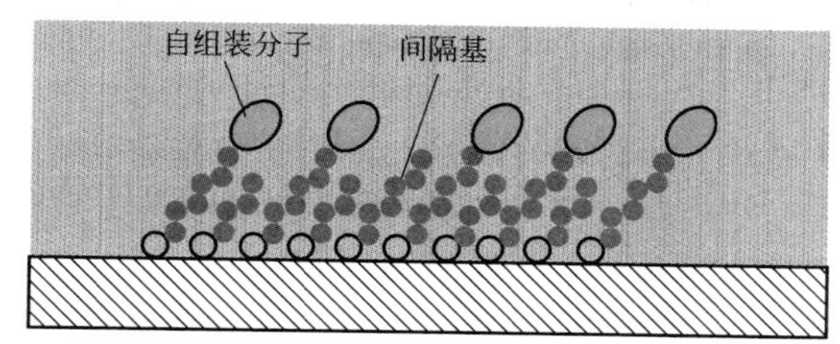

图 4.6　具有两种不同自组装分子的混合物 SAM：一种用于产生敏感位点，另一种作为间隔基以覆盖空白空间

4.2　生物感测的表面修饰

许多材料可以制成生物传感器的表面。这些材料可以是无机的，例如金和 SiO_2，也可以是有机的，例如聚合物。表面的功能最终将取决于这些涂层材料。本节介绍一些常见的涂层，它们被广泛用于形成生物传感器的表面。

4.2.1　金和其他金属表面

金与微加工行业标准具有很好的兼容性。金薄膜的沉积和金表面的利用是成熟的工艺，广泛应用于电子行业。金是一种贵金属，广泛应用于传感器。它不易氧化，因此可以可靠地用于制造持久耐用的电极以及形成在水溶液中不会改变特性的敏感表面。它可以通过蒸发、溅射、化学工艺和电沉积等方法沉积在传感器的活性区域上。金本身不会与玻璃和硅等表面形成牢固的结合，因此需要铬或钛中间层，以在这些表面上产生与金牢固附着的黏附力。新沉积的金非常亲水。然而，它会迅速吸附有机分子并因此变得疏水。

金适合形成 SAM 的基材。Nuzzo 与 Allara 于 1980 年初期首次介绍了金上的自组装现象[4]。一个常见的例子是在金上形成硫醇（thiol）SAM。硫醇是由硫和氢原子组成的功能团（—SH）的化合物。烷烃硫醇（Alkane-thiol）是传感应用中最常用的硫醇之一。烷烃-硫醇（$HS—C_nH_{2n+1}$）是烷烃（具有通式$—C_nH_{2n+2}$的烃）和硫醇的功能团。

通常，要在由金制成的换能器表面形成硫醇型 SAM，只需将其浸入溶液中一段时间，然后清洗以去除松散和未结合的成分。硫醇吸附到金表面后去质子化为：

$$R-SH+Au\longrightarrow R-S-Au+e^{-}+H^{+} \tag{4.1}$$

硫对金具有特殊的亲和力，其结合能为 2～35kcal・mol^{-1}。硫醇基团分裂到金表面。这种相互作用与表面形成强硫醇盐键。硫醇以二维顺序排列成密集的单层的形式进行组装。随着时间的推移，SAM 会经历成熟和重组，从而产生更完美和定向良好的层。烷烃尾部呈一条斜线，该斜线与垂直于基材表面的法线成约 30°的夹角，并向基材内延伸。分子由于范德华力而堆积［如图 4.5(c) 所示］。硫醇（R—SH）、硫化物（R—S—R）和二硫化物（R—S—S—R）都可以自组装到金上。

其他金属，如银、铂和铜也可用于形成 SAM。然而，金是最常用的选择，因为 Ag 和 Cu 会迅速氧化，而 Pt 不是微加工中最常见的材料。由于对 SAM 技术的广泛采用，许多具有不同链长和端基功能团的不同类型的硫醇都实现了商业化。

4.2.2 硅、二氧化硅和金属氧化物表面

硅、二氧化硅和许多其他金属氧化物构成了半导体和传感器行业的主要支柱。它们是经过充分研究的材料，它们的特性是已知的，并且有用于制造基于它们的各种配置的设备的标准工具。电子工业几乎都建立在硅上。其是本征带隙为 1.1eV，电子迁移率范围为 1000～1500$cm^2 \cdot V \cdot s^{-1}$ 的半导体，适用于制造电子元件，如晶体管、太阳能电池、温度传感器、机械（悬臂式）传感器、霍尔效应传感器、光电二极管和光电晶体管。硅还广泛用于制造电化学传感器，如 ISFETS。硅由于带隙低，对可见光不透明，但是，它在红外光谱的扩展区域是透明的。

半导体行业首选的绝缘材料是 SiO_2［尽管氧化铪（HfO_2）等高介电材料正在迅速取代］。根据合成工艺的不同，SiO_2 可以是无定形的（如玻璃）或高度结晶的（如石英）。不同形式的二氧化硅（如石英和玻璃）对可见光（玻璃）或可见光和紫外光（石英）都是透明的，且都被广泛用于光学测量。许多传感器依赖于光吸收，该传感器被用于视觉显微镜工具，也被用于荧光测量。在这些情况下，重要的是基材是透明的，可免于测量干扰。石英的压电特性使其非常适合制作基于声波的传感器。此外，与其他金属和金属氧化物混合或掺杂的 SiO_2 是离子选择性膜中的常用材料。

可以在 SiO_2 表面上生成氧桥金属原子和羟基（—OH）基团（图 4.7）。这可以通过将表面暴露在弱酸中轻松完成。羟基使表面非常亲水。这个过程也适用于硅表面，因为它遇到空气中的氧气时会很快形成一层薄薄的氧化物。

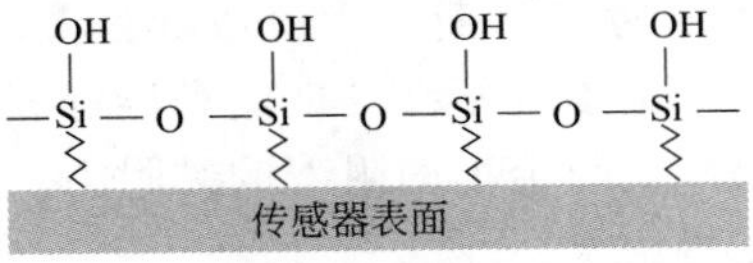

图 4.7　在 SiO_2 或 Si 表面以羟基端的氧桥连接到硅上

羟基的形成也提供了采用诸如硅烷偶联剂（Si-烃基衍生物）的化合物修饰表面的机会。在有水的情况下，会产生高反应性的硅烷醇，它们开始缩合，形成低聚结构（图 4.8）。偶联剂与表面之间的进一步缩合和脱水会在表面产生多个牢固的、稳定的共价键。商用化的硅烷偶联剂具有许多不同的末端功能团，例如胺（—NH_2）、硫醇（—SH）和氯化物（—Cl）。这些末端基团可用于偶联有机分子，如蛋白质和 DNA。这些属性使它们对于与硅行业兼容的基于硅或 SiO_2 的传感器表面的修饰非常有吸引力。

还有许多金属氧化物，它们通常用于传感行业，可以提供多种功能。ZnO、TiO_2、SnO_2、WO_3 和 MoO_3 等金属氧化物具有较大的带隙（＞2.5eV），因此它们主要在可见光和紫外光范围内透明。某些金属氧化物，例如 WO_3 和 MoO_3，可以在离子嵌入时改变颜色。例如，在暴露于 H^+ 后，WO_3 将会形成 HWO_3，其带隙减小且不再透明。这是许多电致变色或气致变色传感器的应用基础。

许多金属氧化物在暴露于氧化或还原气体或蒸汽时会改变其导电性。SnO_2 通常用作气体选择性材料，例如 H_2、O_3 以及不同的挥发性有机化合物（volatile organic compound，VOC）。这种金属氧化物通常在升高的温度下与选定的气体反应。因此，基于金属氧化物的气体传感器通常在其结构中带有微型加热器。

4.2.3 碳表面

碳是一种有趣的材料。碳原子能够形成复杂的网络，是有机化学和生物材料的基础。碳元素可以形成许多不同的结构。这包括众所周知的结构，从自古以来就已知的金刚石和石

$$H_3CO-\underset{OCH_3}{\overset{R}{Si}}-OCH_3 \xrightarrow{\text{水中的}3H_2O} HO-\underset{OH}{\overset{R}{Si}}-OH$$

$$2\left[HO-\underset{OH}{\overset{R}{Si}}-OH\right] \xrightarrow[2H_2O]{\text{缩合}} HO-\underset{OH}{\overset{R}{Si}}-O-\underset{OH}{\overset{R}{Si}}-OH$$

$$HO-\underset{OH}{\overset{R}{Si}}-O-\underset{OH}{\overset{R}{Si}}-OH + \text{传感器表面} \xrightarrow{2H_2O} HO-\underset{O}{\overset{R}{Si}}-O-\underset{O}{\overset{R}{Si}}-OH \;(\text{传感器表面})$$

图 4.8　应用硅烷偶联剂在 SiO_2 上进行表面修饰

墨，到富勒烯和纳米管以及最近的石墨烯（图 4.9）。碳的物理性质取决于其同素异形体的形式：金刚石是一种非常坚硬的材料，具有很大的带隙（5.5eV），是一种很好的绝缘体。金刚石的折射率也比较大（$n\approx2.42$）。相反，石墨呈不透明的黑色。石墨是一种由平面构成的层状材料，这些平面通过范德华力松散地结合在一起，并且可以很容易地相互分离。石墨沿平面方向也是高导电的。

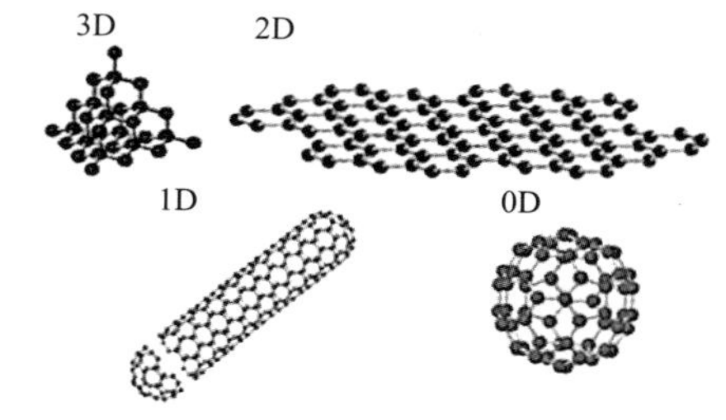

图 4.9　碳的不同同素异形体的晶体结构[5]
三维金刚石和石墨（3D）；二维石墨烯（2D）；一维纳米管（1D）；零维球（0D）

在碳纳米管和石墨烯出现之后，碳基材料越来越多地集成到传感器中。石墨烯和碳纳米管分别沿平面和管的方向具有高导电性和导热性，使得电荷和热量以最小的阻力沿着它们移动。这些特性对于开发高灵敏度传感器极为有益，其中电荷或热量应在传感器体内自由传导，最大限度地减少读数损失。石墨烯和碳纳米管沿管和平面的机械强度也很高，使它们成为开发不易碎且同时轻质结构的最强材料之一。这种特性对于悬臂式传感器的开发和原子力显微镜中使用的尖型结构至关重要，这些尖型将获得更好的成像分辨率。

石墨烯和碳纳米管都可以提供大的表面积，这对于增加传感器敏感层的表面积与体积比从而产生更大的响应至关重要。它们还能够用作点源，显著增加局部电场（与离子目标所在的双层反应），从而提高此类设备的灵敏度。

碳广泛用作电化学传感器的电极。碳表面非常疏水，可以吸附许多有机物。这增加了非特异性结合，降低了感测系统的选择性和灵敏度，但同时提供了通过不同方法对其表面进行功能化的巨大机会。由于对碳基材料的极大兴趣，已经设计了大量用于对此类表面进行功能化的工艺，并且现在可以在公共领域使用。

4.2.4 导电和非导电聚合物表面

聚合物是由重复单元组成的大有机分子，称为单体，以共价键连接的。它们是开发传感器的重要材料，因为它们的化学和物理特性可以在很宽的范围内进行定制。其主要优点包括：制造成本低、能够制成不同形式、有较好的生物相容性以及在不同温度下的化学和生物感测能力。

本征导电聚合物（ICP）和非导电聚合物（NCP）均可用于开发传感器。它们可用于传感器结构，直接参与敏感层的感测，也可用作固定生物材料的介质。

（1）非导电聚合物

NCP 在换能器与传感器的制造中变得越来越有吸引力。它们价格低廉，制备简单，易于制成其他形状。通常采用丝网印刷、成型和冲压来制成。有了大量可用的光固化和热固化的 NCP，它们将可以融入传感器的制造和设计中。NCP 还可以用作生物和离子选择性感测中的选择性层，其灵敏度可以使用不同的填料和表面化学物质进行控制。

NCP 在生物传感中有很多应用。它们可用于捕获生物分子，也可用作形成生物选择性层的膜，用于功能化表面以固定蛋白质和 DNA 等生物分子。

聚合物的表面非常多样化，从极疏水到极亲水。例如，由于羟基（—OH）基团起主要作用，因此纤维素和琼脂糖等多糖具有很强的亲水性。它们非常适合蛋白质吸附，因为蛋白质不会在这些表面上变性（变性过程将在后面的部分中解释）。

作为另一个例子，聚合物，如羧甲基葡聚糖（护发和护肤产品的成分），可以有效地增加靠近表面的离子交换基团的浓度。这种表面现在应用广泛。

在许多情况下，生物材料不会直接吸附在不同类型的聚合物表面。因此，蛋白质等生物材料需要共价固定。然而，羟基很难直接以共价键形式结合到各种类型的聚合物上。因此，我们需要使用活化剂使表面更具反应性，从而为直接偶联做好准备[6]。

（2）本征导电聚合物

ICP（或合成金属）是一种聚合物，可以显现出与金属和半导体类似的电、磁和光学特性。

如今，聚苯胺、聚噻吩、聚吡咯和聚乙炔等 ICP 在传感器的开发中发挥着越来越重要的作用。当它们暴露于不同的目标分析物以及物理被测对象时，它们的电气、机械和光学特性将会发生变化，因此它们是用于传感器开发的有吸引力的材料。

对于导电聚合物，它必须沿聚合物骨架进行交替单键和双键结合（称为共轭），所得聚合物被描述为共轭（图 4.10）。

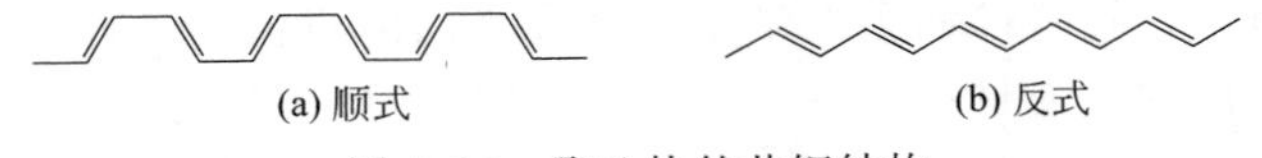

图 4.10 聚乙炔的共轭结构

表 4.1 给出了不同形式的聚苯胺与传统导电和非导电材料的电导率。

表 4.1 聚苯胺与一些常见材料的电导率对比

材料	电导率/(S/m)	导电聚合物
Ag	10^6	
In	10^3	掺杂聚苯胺 10^5(S/m)
Ge	1	

续表

材料	电导率/(S/m)	导电聚合物
Si	10^{-6}	
玻璃	10^{-9}	本征聚苯胺 10^{-10}(S/m)
钻石	10^{-12}	
石英	10^{-15}	

在处理用于传感应用的 ICP 时，掺杂是一个重要的工艺，因为用户可以定制聚合物的电导率以满足他们的需求。ICP 的电导率可以通过用某些原子或分子掺杂来控制。

4.3　蛋白质与传感器集成

蛋白质是具有生物学功能的生化化合物。它们在活组织中执行许多任务，因此可以借用这些功能并将其整合到生物传感器中。它们用作敏感材料、触发孔、开关、自组装阵列。

蛋白质可以执行许多对生物来说必不可少的功能。例如，由蛋白质构成的细胞膜中的离子通道可以让单离子通过来保持细胞内的离子平衡。作为纳米马达运行的蛋白质可以利用来自小分子的能量使自己向前移动，以便在细胞内的表面上行走。酶可以催化许多化学反应，对于维持生物的运作至关重要，等等。

4.3.1　蛋白质的结构

每个生物体都有一定数量的蛋白质类型。不同生物体的蛋白质类型的总数是不同的。例如，酵母有大约 6000 种蛋白质，但人类的蛋白质种类超过 32000 种[7]。氨基酸是蛋白质的基本亚基。一个简单的丙氨酸分子如图 4.11 所示。

所有氨基酸都具有一个羧酸基团和一个氨基基团，两者都连接到相同的碳上，称为 α-碳。氨基酸的化学多样性来自侧链（—R），它也连接到 α-碳。在丙氨酸中，侧链是—CH_3。

图 4.11　丙氨酸分子的结构

两个相邻氨基酸之间的共价键称为肽键（图 4.12）。氨基酸链称为多肽。羧基中胺的组合赋予多肽方向性。蛋白质中有 20 种不同类型的氨基酸，每种氨基酸都有不同的侧链（图 4.12 中的—R）连接到 α-碳。进化的奥秘之一是只有 20 种不同的氨基酸在所有蛋白质中反复出现，无论它们来自人类还是来自细菌。这 20 种标准氨基酸为蛋白质提供了非凡的化学多功能性。这些氨基酸中的五个可以在水溶液中电离，其他保持不变。有些氨基酸是有极性和亲水性的，有些是非极性的和疏水性的。

蛋白质由长链氨基酸构成，因此，蛋白质是多肽。每种类型的蛋白质都有独特的氨基酸序列。长多肽非常灵活。许多连接氨基酸延伸链中原子的共价键允许它们连接的原子自由旋转。因此，蛋白质可以以多种方式折叠。一旦折叠，每条链都受到非共价键的约束。这些保持蛋白质形状的非共价键包括氢键、离子键等（图 4.13）。

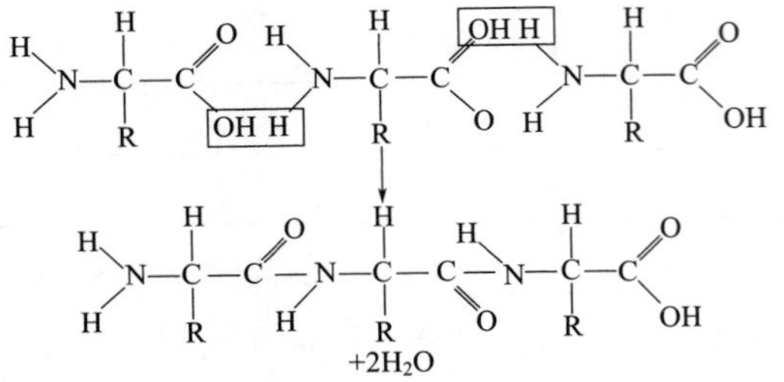

图 4.12　三个氨基酸通过肽键连接形成多肽链

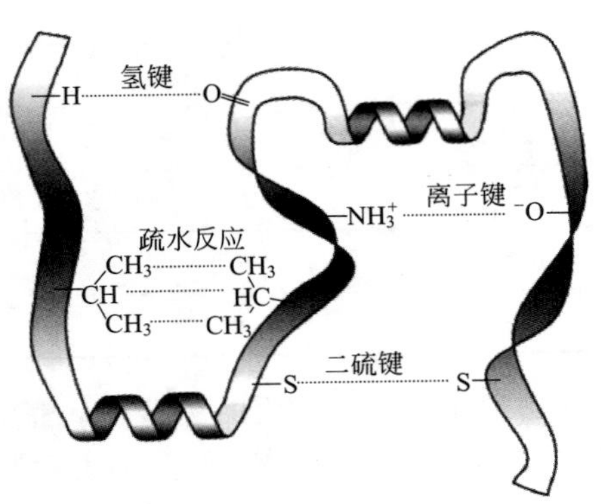

图 4.13　蛋白质结构中非共价键的示意图

蛋白质折叠成能量最低的构象来最小化其自由能。这些构象是蛋白质存在的最稳定状态。然而，当蛋白质与细胞中的其他分子发生反应时，这种稳定状态将会发生变化。当蛋白质折叠不当时，它将形成聚集体，从而损害细胞甚至整个组织。在生物体中，蛋白质折叠过程通常由称为分子伴侣的特殊蛋白质辅助。蛋白质也可以被某些可能破坏其非共价相反应的溶剂解折叠或变性（图 4.14）。

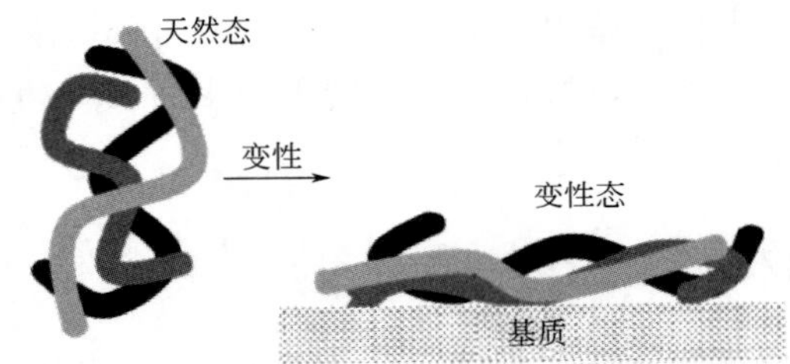

图 4.14　吸附到基质上后的蛋白质从天然状态转变为变性状态

蛋白质可以直接吸附到传感器表面，然而，在这个过程中它们可能会变性（失去它们的初始结构，见图 4.14）。变性后，蛋白质可能会失去其功能，这可能是传感应用中的一个主要问题。例如，抗体（将在后面解释）必须保持其形状来保持其敏感特性。

蛋白质是细胞中最多样化的大分子。包含 30～10000 个氨基酸分子不等，它们可以是球状或纤维状，也可以形成细丝、片、环或球体。

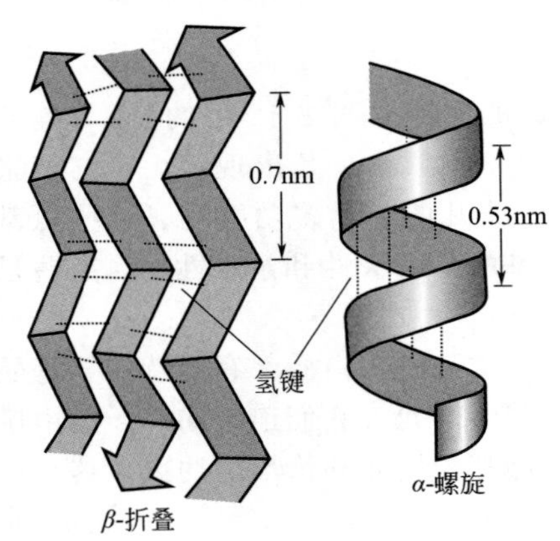

图 4.15　α-螺旋和 β-折叠模式的示意图

揭示氨基酸序列是分析蛋白质及其功能的重要部分。第一个测序的蛋白质是牛胰岛素，由剑桥大学诺贝尔奖获得者 Fred Sanger 完成。通常，蛋白质的分析从确定其氨基酸序列开始。将细胞破碎、打开，蛋白质被分离和纯化，才能对其进行化学成分分析。另外，可以对编码蛋白质的基因进行测序。一旦知道编码蛋白质的 DNA 中核苷酸的序，就可以将此信息转换为相应的氨基酸序列。通常，这些直接和间接方法的组合被用于对蛋白质进行综合分析。

α-螺旋和 β-折叠是蛋白质的常见折叠模式（图 4.15），它们存在于大多数蛋白质的结构中。α-螺旋最初是在一种称为 α-角蛋白的蛋白质中发现的，这种蛋白质在皮肤中含量丰富。α-螺旋类似于螺旋楼梯，因为在其结构内，单个多肽链自转形成刚性圆柱体结构。

β-折叠是第二个折叠结构，它首先在作为丝的主要成分的蛋白丝素中发现。β-折叠在许多蛋白质的核心形成刚性结构，并执行诸如赋予丝纤维抗张强度和防止昆虫在寒冷中冻结等功能。

蛋白质有许多更高层次的组织，而不仅仅是 α-螺旋和 β-折叠。氨基酸连接的序决定了蛋白质的一级结构。下一级是二级，它与局部区域中蛋白质的形状有关，并被认为是在多肽链的某些部分内形成的 α-螺旋和 β-折叠。完整的三维蛋白质结构是三级结构，它由蛋白质中的所有 α-螺旋和 β-折叠、螺旋、环和折叠组成。蛋白质的四级结构是蛋白质包含更多多肽链的情况下的整体结构例如血红蛋白，其四级结构中有四个多肽链。

4.3.2　蛋白质的功能

蛋白质具有许多理想特性，例如在极低（纳米级）维度下的复杂结构，具有丰富的化学成分等。通过利用生化工程的知识，利用蛋白质为智能系统和设备创造新的组件。还可以合成所需序列的基本人工蛋白质，这些蛋白质可以用作传感元件、药物和小型智能复合物，如纳米机器人。

蛋白质可以执行许多不同的任务：

① 通过运动蛋白在细胞和组织中产生运动。例如，驱动蛋白可以附着在微管和表面上并沿着它们移动，以运输细胞载货器（例如囊泡）。它以三磷酸腺苷（adenosine triphosphate，ATP）为能量来源，产生行走所需的力，而二磷酸腺苷（adenosine diphosphate，ADP）则是其副产品（图 4.16）。

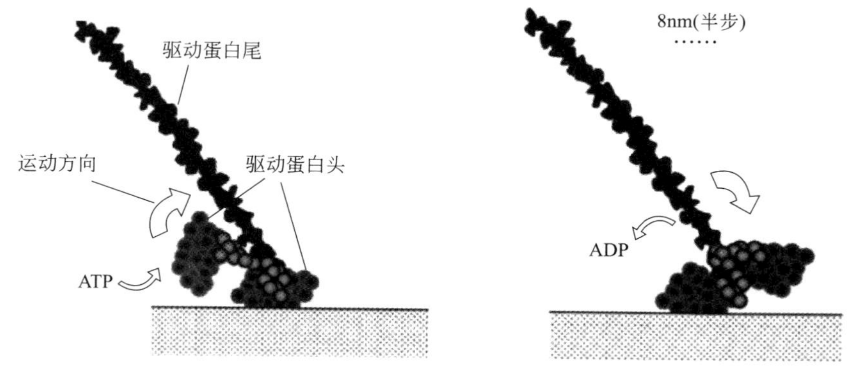

图 4.16　驱动蛋白作为运动蛋白发挥作用

② 传输小分子和离子等物质。例如，在血液循环中，血清白蛋白携带脂质，血红蛋白携带氧气，转铁蛋白携带铁。

③ 信号接收器。一些蛋白质可以检测信号并将它们发送给细胞的反应机制。例如，视网膜中的视紫红质可以检测光。

④ 储存小分子或离子。例如，铁储存在肝脏的铁蛋白中。

⑤ 促进分子间化学反应。酶通常催化共价键的断裂和形成，如用于复制 DNA 的 DNA 聚合酶。

⑥ 用作选择阀。例如，嵌入质膜中的蛋白质形成控制营养物质和其他小分子进出细胞的通道和泵。

⑦ 将消息从一个细胞传送到另一个细胞。
⑧ 用作抗体。
⑨ 作为防冻分子。
⑩ 形成弹性纤维。
⑪ 通过发光反应产生光。

4.3.3 传感应用中的蛋白质

通常，蛋白质的构象赋予它们独特的功能，以及决定它们如何与环境中的化学和生化成分相互作用。蛋白质与其他化学物质的结合并不总是很强。在许多情况下，它实际上很弱。然而，这种结合总是表现出特异性，这意味着每个蛋白质只能与它遇到的一种或最多几种选定的化学成分结合。这种性质可以有效地用于制造敏感表面。

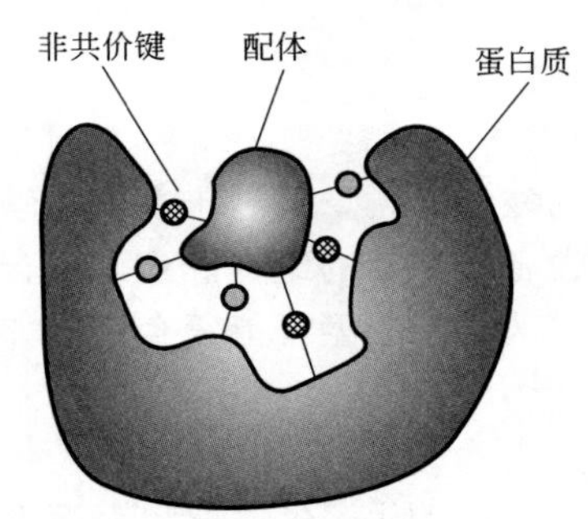

图 4.17 蛋白质-配体反应所产生的多个独立非共价键示意图

与蛋白质结合的物质称为该蛋白质的配体。该配体可以是离子、小分子或大分子。配体-蛋白质结合在传感器技术中非常重要。非共价键如氢键、离子键，以及疏水反应是蛋白质与配体选择性结合的原因。每个键的作用可能很弱，但在蛋白质和配体之间同时形成许多弱键会形成相当强的选择性结合。即使蛋白质和配体的表面轮廓匹配也可能是选择性结合的原因（图 4.17），因为形状错误的分子无法接近活性位点以进行结合。与配体结合的蛋白质区域称为结合位点。这些位点通常由蛋白质表面的空腔组成，该空腔由多肽链折叠排列而形成。

4.3.4 抗体在感测中的应用

属于免疫球蛋白族的抗体是免疫系统响应外来物质而产生的蛋白质。这些外来分子中最常见的是入侵微生物，如病毒和细菌。抗体既可以使病毒或细菌失去活性，也可以破坏其生存环境。抗体族的蛋白质高度发达，具有与特定配体结合的能力。抗体族由五部分组成：IgG、IgM、IgA、IgE 和 IgD。抗体所识别的目标通常称为抗原，具有很高的特异性。抗体是 Y 形分子（图 4.18）。已经确定抗体具有两个相同的结合位点。这些结合位点能符合抗原的某小部分。抗体所结合的位点由几个多肽链环形成，这些环连接到蛋白质结构域的末端。这些蛋白质结构域由四条多肽链组成，其中两条是相同的重链，另外两条是相同的轻链。这些链都通过二硫键结合在一起。

结合位点的氨基酸可以通过突变而改变，但不会改变抗体的结构域结构。通过改变环的长度和氨基酸序列，可以形成大量的抗体结合位点。

抗原的反应性仅限于分子的特定部分，称为表位。这些表位与抗体结合位点进行特异性结合，也称为互补位。抗原表位表面的区域包含 15～22 个氨基酸，与抗体互补位上相同数量的氨基酸进行反应。许多分子间氢键、离子键和盐桥参与这些反应，显然水分子也参与这些反应。当悬浮在水中时，抗体和抗原蛋白分子由于其亲水性最初相互排斥。将表位和互补位聚集在一起之前，必须克服这种力。吸引的主要原因可能是静电相互作用与抗体和抗原上仍有几个可用的疏水位点。

为了开发对特定抗体或抗原敏感的生物传感器，它们相应的抗体或抗原应固定（锚定在表面）在亲和型传感器的活性区域上，或嵌入在块状传感器的主体中。

为了成功进行抗体或抗原固定，应识别蛋白质的功能位点。因此，应该开发一种工艺来实现蛋白质在表面的结合，并同时保持它们的活性。在固定抗体时，表位和互补位应保持活性和可用，而其他位点（茎）应优先执行固定任务。

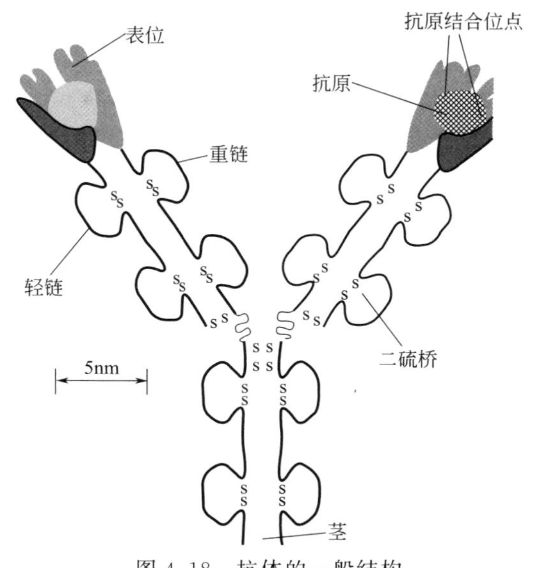

图4.18　抗体的一般结构

蛋白质固定可以用氢键、共价键，通过范德华力、离子键或所有这些键和力联合进行。如果蛋白质吸附发生在疏水表面上，那么通常伴随着蛋白质结构的小范围解折叠(例如，从四级分子开始，这会导致疏水性多肽链的数量增加)。在许多情况下，这种现象是不受欢迎的，因为它会导致蛋白质变性和失活。不过，许多抗体在吸附过程中非常抗折叠，因为它们具有较强的刚性三级结构。疏水表面的另一个问题是溶液中的任何其他蛋白质也倾向于与表面结合，这称为非特异性结合。对于开发传感器来说，这可能会有问题，因为它会导致大量额外的背景信号。总而言之，疏水吸附法非常适用于成熟的基于抗体的免疫测定，例如放射免疫测定和酶联免疫吸附测定。

除了疏水结合之外，蛋白质还可因离子反应而与带电表面结合，因为一些蛋白质具有电离的表面基团。这种反应发生在许多不同类型的表面上，即使是那些带弱电的表面。

如前所述，半透聚合物膜和非聚合物膜可用于捕获蛋白质，例如酶和抗体。一般以这种方式捕获的蛋白质是小蛋白质，分子量小于10kDa［千道尔顿（kilo Dalton），道尔顿是原子质量单位，值为1.66×10^{-27}kg］。几种经过充分研究的膜包括聚碳酸酯和尼龙。蛋白质也可能被物理地包裹在水凝胶内。水凝胶可由聚合物制成，该聚合物可溶于温水，冷却时为凝胶，凝胶是由氢键产生的。广泛使用的水凝胶聚合物是琼脂糖，它在大约40℃下凝胶化。它是多孔的，这使得它比单一蛋白质更适合微生物和细胞。

有许多涉及抗体-抗原反应的生物测定法用于感测过程。这些检测中最常见的是直接测定和竞争测定。在直接测定中，抗体或其他受体分子被固定在传感器表面。目标分子可以选择性地与这些分子结合（图4.19）。直接分析在亲和传感器中得到了应用，例如在压电、基于光波导和表面等离子体传感器中，渐逝波穿透到附加层中，从而产生了响应。这些传感器不需要光学标记，因为它们能够感知附加层的质量（实际上，由厚度引起的扰动）。

在竞争性测定中，首先将抗体固定在基材表面，然后加入已知数量的与目标分子反应的标记分析物，它们与未标记的分子竞争基质上可用的抗体结合位点（图4.20）。可以使用以下关系对结果进行光学研究和解释：光束（例如，来自激光源）在表面上相互作用越高，检测到的目标分析物越多。

在将抗体或抗原作为选择层时，与环境中其他成分的交叉敏感性是一个重要问题。在实际传感器应用中，特异性非常重要，因为它可以评估传感器在其他物质中识别特定分析物的水平。具有更高特异性的抗体对其互补抗原也具有更高的亲和力。

除了压电和光学器件外，基于抗体的免疫传感器也可以基于电化学和电流换能器。在这种情况下，抗体-抗原反应会改变层的表面电荷或电导率。使用抗体和抗原修饰的表面还用于杀虫剂、细菌和病毒传感，以及药物识别等医学感测应用。

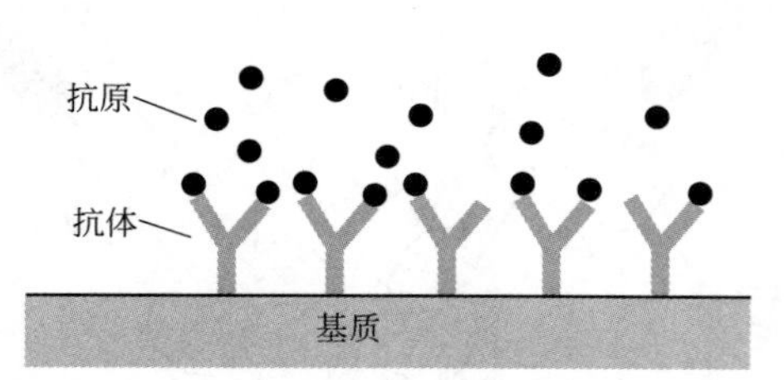

图 4.19　直接测定的简单示意图

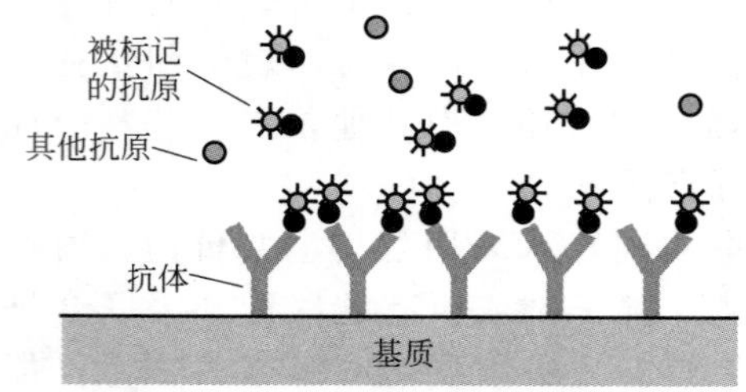

图 4.20　竞争性测定的简单示意图

例如，典型的抗体-抗原传感器的输出响应如图 4.21 所示[8]。在本例中，SPR 生物传感器用于检测农药（在本例中为莠去津，又称阿特拉津）。将含有莠去津抗体混合物的样品暴露于涂有莠去津衍生物的 SPR 生物传感器。可以看出，可以很容易地检测到低至 100pg · mL^{-1} 的阿特拉津农药浓度。

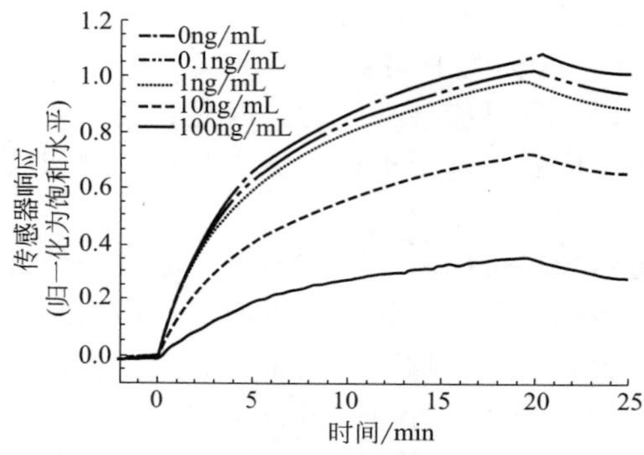

图 4.21　使用抑制试验在不同阿特拉津抗体浓度下对阿特拉津的测定[8]

4.3.5　酶在感测中的应用

还有许多其他蛋白质与抗体不同，它们与配体的连接只是其工作的第一步，这一大类蛋白质被称为酶。酶与一种或多种配体（称为底物）结合，并将它们转化为化学或物理修饰物的有机物（图 4.22）。

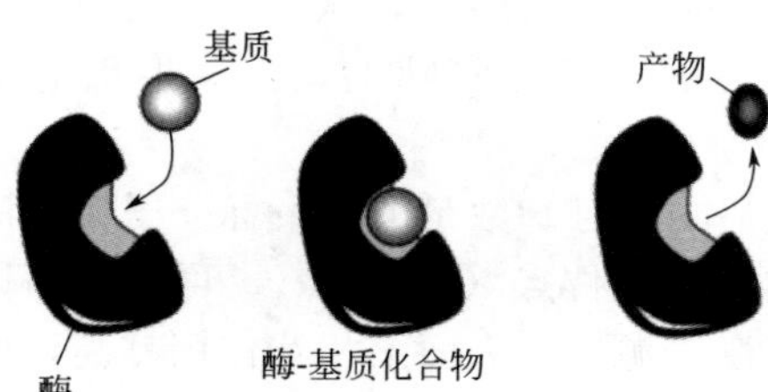

图 4.22　酶-基质反应的示意图

酶不参与化学反应，而是加速化学反应。因此，它们被归类为催化剂，这些材料可以加速化学反应而不发生净变化。

每种类型的酶都具有高特异性，仅催化一种类型反应。例如，凝血酶在特定位置而不是其他任何地方切割特定类型的血液蛋白质。酶通常在团队中工作，其中一种酶-基质反应所产生的产物可以成为另一种酶的基质。

许多基于酶的生物测定，用于检测抗原的存在。ELISA 等测定通常与光学传感系统一起使用。ELISA 通常使用两种抗体：一种抗体对抗原具有特异性，另一种抗体与酶偶联的抗原-抗体复合物反应。这种通常用荧光或彩色分子标记的第二抗体用于产生可检测的信号。

图 4.23 给出了夹心 ELISA 工艺。

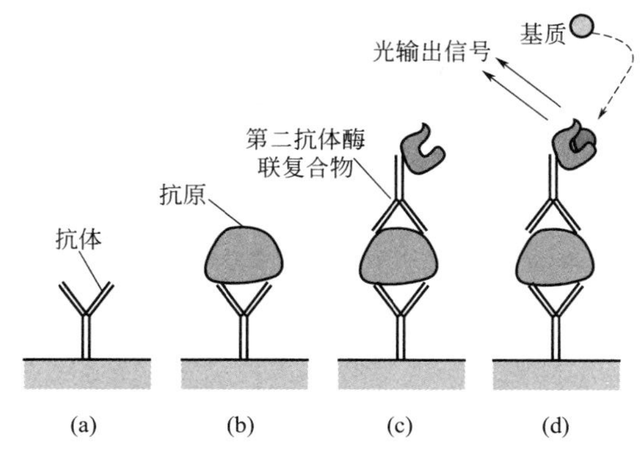

图 4.23　ELISA 的示意图

(a) 将第一个抗体固定在基质上；(b) 目标抗原与抗体反应；(c) 加入与抗原另一侧结合的检测抗体（第二个抗体），第二个抗体是一种酶联复合物；(d) 添加基质。它是基质-酶反应，产生可检测的光信号

感测应用中最重要的酶类之一是氧化还原酶簇。在生物体内的氧化还原反应中，基质被氧化或还原。氧化还原酶加速氧化还原反应，使其在生物中有效。氧化还原酶也控制高反应性介体。结果，在此类酶中通常仅使用单一基质并产生单一特定产物。

氧化还原酶在许多感测中得到应用，例如葡萄糖传感器。然而，这些氧化还原酶通常缺乏与电极的直接联系。因此，它们必须与介导电子一起扩散到电极的材料中使用。

最常用的商用化电化学传感器之一是血糖监测仪。糖尿病患者需要定期监测血液中的葡萄糖水平。有时，该过程必须每天进行数次，以便通过注射胰岛素来控制疾病。

早期型的家用葡萄糖传感器由三层工作电极（图 4.24）和 Ag/AgCl 参比电极组成。在感测过程中，将一滴患者的血液滴在工作电极和参比电极的表面上。在工作电极中，外层可由聚碳酸酯［含有碳酸酯基团（—O—(C ═O)—O—）的聚合物］制成。聚碳酸酯表面是亲水的，更重要的是，它可以渗透葡萄糖，但不能渗透血液的大多数其他成分。电极的中间层由葡萄糖氧化酶组成，它与葡萄糖反应后形成葡萄糖酸内酯（葡萄糖酸）和过氧化氢（H_2O_2）。底层由醋酸纤维素制成，可渗透 H_2O_2。过氧化氢在工作电极处被氧化，工作电极与 Ag/AgCl 参比电极保持正电压（约＋0.6V）。这将根据氧化还原半方程产生电流：

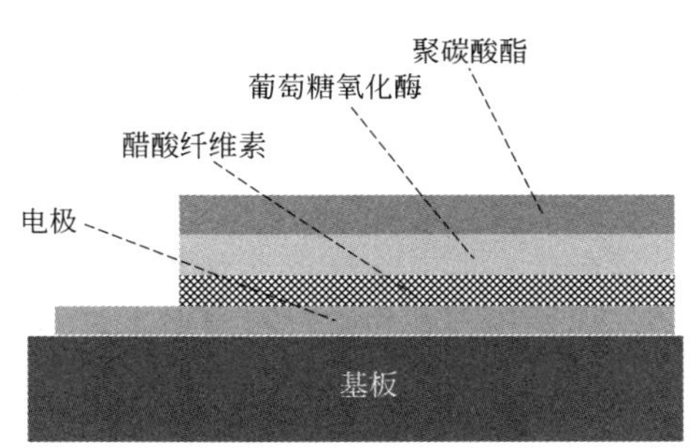

图 4.24　早期葡萄糖电化学传感器工作电极示意图

$$H_2O_2 \longrightarrow O_2 + 2H^+ + 2e^- \tag{4.2}$$

产生的电流与样品的葡萄糖浓度成正比，从而可以监测血糖水平。

4.3.6　跨膜传感器

细胞膜包含许多掺入的膜蛋白（跨膜蛋白）。这些蛋白质可以整合到膜内、置于膜的外侧或整个膜（图 4.25）。

跨膜蛋白簇由多肽链组成，它们穿过脂双层（膜结构的结构层），通常具有 α-螺旋形式

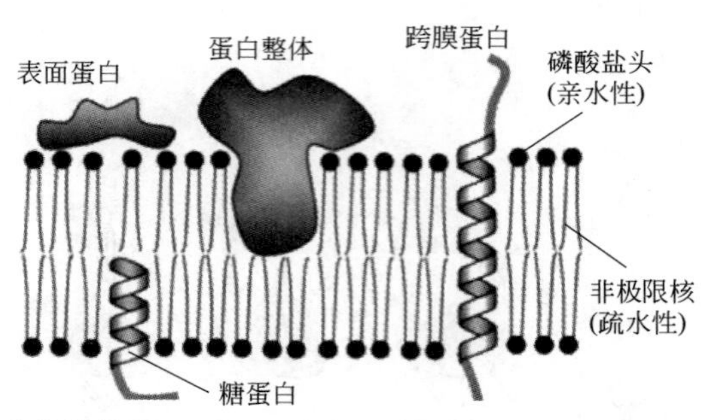

图 4.25 膜的横截图（显示了磷脂双分子层和一些与膜相关的蛋白质）

（图 4.26）。在许多跨膜蛋白中，多肽链仅穿过膜一次。许多这些类型的蛋白质形成细胞外信号的受体。

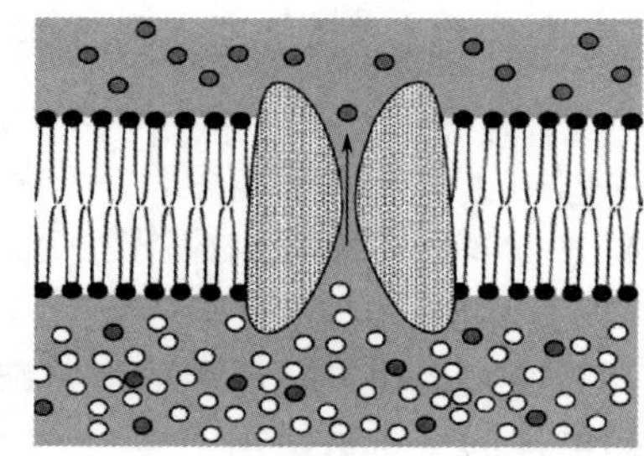

图 4.26 选择性地允许粒子通过的跨膜转运蛋白的示意图

还有另一种类型的蛋白质，它充当跨膜转运蛋白。这些蛋白质允许营养物质、代谢物和离子穿过脂质双层（图 4.26）。这些蛋白质是必需的，因为脂质双层对所有离子和带电分子以及许多营养物质和废物（如糖、氨基酸、核苷酸和许多细胞代谢物）都具有高度不可渗透性。

每个转运蛋白为一类特殊的分子提供了一条跨膜的私有通道。这些膜蛋白延伸穿过双层。它们具有疏水和亲水区域。疏水区位于双层的内部，它与脂质双层的疏水尾部结合。这些蛋白质的亲水区域处于膜两侧的水性环境中。

分子的运输可以是被动的，也可以是主动的。当蛋白质在没有任何控制的情况下自动允许分子通过时，通常是当蛋白质门一侧的目标分子浓度高于另一侧时，那么，蛋白质是被动的。然而，如果运输逆浓度梯度，则必须向系统提供能量将这些分子移动到更高浓度的位点，这称为主动运输。

被动运输的一个例子是葡萄糖在哺乳动物肝细胞质膜中的运输。这种转运蛋白可以采用两种不同的构象：在一种构象中，葡萄糖与细胞外部结合，而在另一种构象中，它处于细胞内部。由于葡萄糖是一种不带电的粒子，因此必须测量质量浓度，然后必须将信号发送到阀门蛋白。

被动运输的另一个例子是离子跨膜运动。许多细胞膜上都有嵌入电压，称为膜电位。这种电位差会对带电荷的分子施加电力，形成膜的电化学梯度。根据此梯度的方向，离子从一侧移动到另一侧，反之亦然。

特殊类型的离子通道是主动运输门的有趣例子。这些离子通道涉及 Na^+、K^+、Cl^- 和 Ca^{2+} 等离子的专有传输。因此，这些通道应该是有选择性的，只让一种类型的离子通过，并且只让单向通过。例如，对于许多这样的孔，当离子通过时，会发生离子与孔壁的瞬时接触。这种接触允许蛋白质识别它们并且只让所需的离子通过。此触点还可用作计数器进行计数。这些离子通道不是持续打开而是被门控制的。特定的刺激通过它们的构象变化触发它们在打开和关闭状态之间切换。

膜转运蛋白可用于开发有选择性的传感器。它们具有极高的选择性，甚至可以响应单个分子或离子。上述离子通道也称为纳米孔。在文献中可以找到许多其作为选择性膜的应用例子，并且有许多使用转运蛋白的实用方法。在离子通道的情况下，可以测量由单个离子通过这些通道产生的电流。进行此类测量的方法之一是膜片钳记录。

在膜片钳记录中，采用了具有开放尖端的玻璃管，直径仅为几微米［图 4.27(a)］。玻璃电极填充有导电水溶液。然后，这个玻璃尖被压在细胞膜的壁上，通过轻柔地抽吸，可以去除该膜的小部分。金属线插入管的另一端，最后，这种微管电极可以与其他金属电极一起用于离子溶液中，连同精确的电路，以测量产生的电流［图 4.27(b)］。

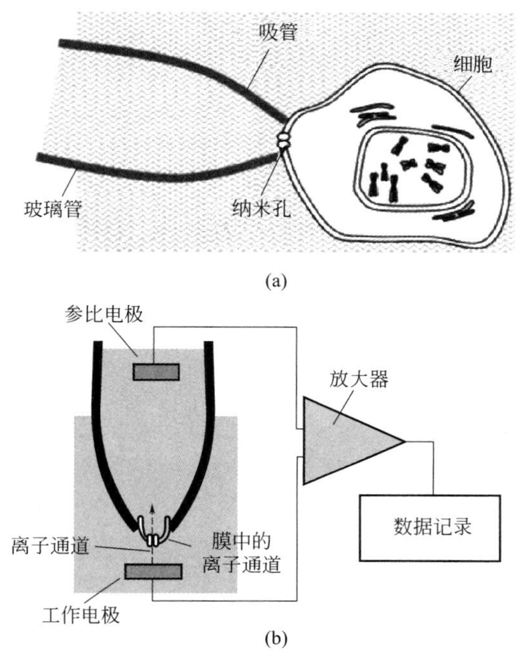

图 4.27　膜片钳工艺和膜片钳离子传感器的配置

测得的电流将在皮安范围内，这几乎代表了单个离子的通过。即使测量条件保持不变，也总是会记录随机方波信号。这表明离子通道在关闭和打开状态之间随机切换（图 4.28）。

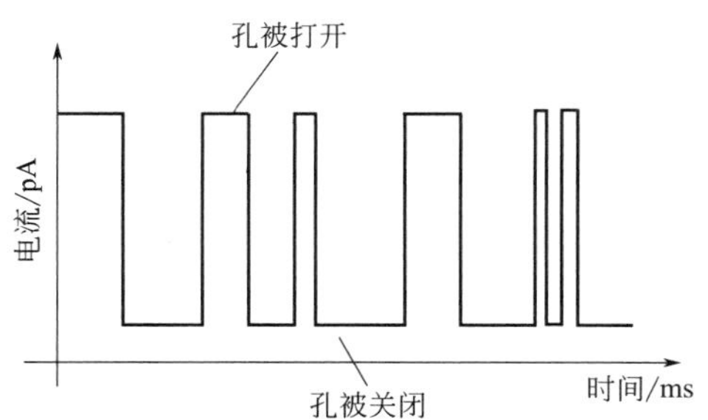

图 4.28　膜片钳装置中孔的开闭使得电流发生变化

4.4　基于核苷酸和 DNA 的传感器

发现脱氧核糖核酸（deoxyribonucleic acids，DNA）（染色体的组成部分）是细胞中的遗传物质（图 4.29），这是生物科学的一个根本性飞跃。DNA 结构在传感器的开发中有许多应用，并且被认为可以作为DNA芯片构建块。本节将介绍这些引人入胜的结构及其在传感器领域的一些应用。

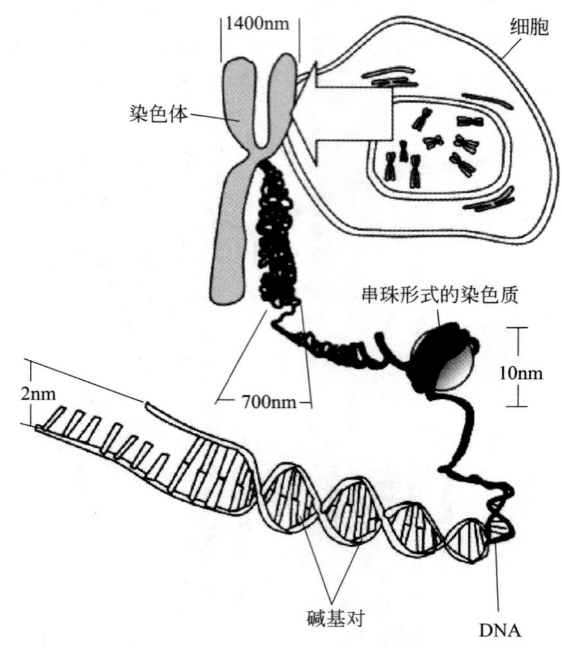

图 4.29 染色体与DNA关系示意图

DNA片段通常用于微阵列传感器的解码基因表达。它们可用作电导传感器的选择性层。DNA片段是生物学中用于构建生物材料的现成工具。DNA具有出色的二元结构，其中包含了用于选择性检测蛋白质结构的数据。

细胞存储、检索和翻译遗传信息的能力是我们所依赖的。这些活动相结合维持了一个活的有机体，并将其与其他材料区分开来。在细胞分裂时，这种遗传信息从一个细胞传递到它的子细胞。信息存储在细胞内的基因中（图 4.29），这些基因是合成特定蛋白质所包含信息的元素。因此，它们决定了物种的特征。人类的基因数量约为30000个（等于蛋白质的数量）。在多细胞生物的生命过程中，基因中的信息一次又一次地从细胞复制并传递到子细胞，这一过程极其准确。这个过程在生物体的生命过程中使遗传密码从根本上保持不变。

4.4.1 DNA的结构

DNA的主要组成部分是核苷酸，由以下部分组成：磷酸盐、糖和碱基[6]。核苷酸以共价键连接在一起形成多核苷酸链。糖-磷酸链是延伸碱基的主链。四种碱基是腺嘌呤（A）、胞嘧啶（C）、鸟嘌呤（G）和胸腺嘧啶（T）（图 4.30）。

1950年初，用X射线衍射对DNA所进行的检查表明，它由两条螺旋链绞合组成（图 4.31）。Crick和Watson提出的模型描述了用这种螺旋进行蛋白质编码和复制的可能性。一个DNA分子由两条长链组成，称为DNA链。这些链由四种类型的核苷酸亚基组成，它们通过氢键结合在一起。

核苷酸亚基以定向方式连接在一起（图 4.31），因此DNA链具有极性。链的末端是3′羟基和5′磷酸基团，它们称为3′末端和5′末端。

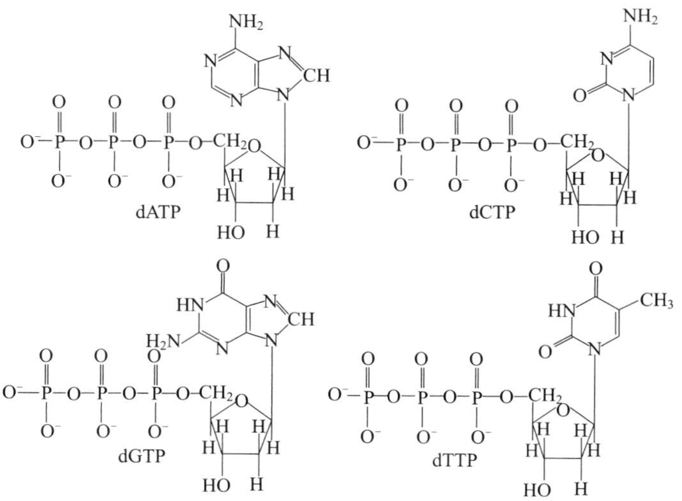

图 4.30　四种 DNA 核苷酸

碱基通过氢键配对："A"选择性地与"T"配对，"C"选择性地与"G"配对。两个糖磷酸骨架相互缠绕形成一个双螺旋，每个螺旋圈包含 10 个碱基。DNA 分子的每条链都含有与其配对链的核苷酸序列完全互补的核苷酸序列。

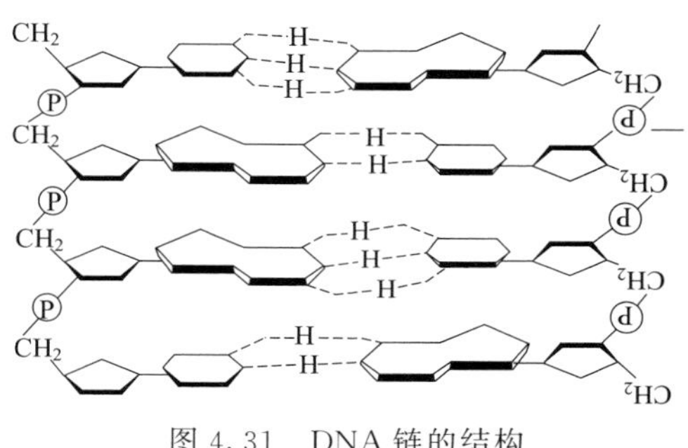

图 4.31　DNA 链的结构

可对 DNA 链中核苷酸进行解码，以便在生物体中合成蛋白质。核苷酸的二元性与用于合成蛋白质的 20 个氨基酸之间存在对应关系。这种对应被描述为基因表达，当细胞将基因的核苷酸序列转化为蛋白质的氨基酸序列时使用。

基因组是生物体 DNA 中的完整信息集。每个人的体细胞含有约 2m 长的 DNA 链，这些 DNA 链被塞进一个直径为 5～8μm 的细胞核中（图 4.29）。细胞通过产生一系列线圈和环，将这些链包装成染色体。人类基因组由分布在 24 条染色体上的大约 3.2×10^9 个核苷酸组成。

染色质是 DNA 与蛋白质的复合物。除了生殖细胞（精子和卵子）和高特异化的真核细胞（如红细胞）外，所有其他人体细胞都含有这种复合体的两个副本。一种是从母亲遗传的，一种是从父亲遗传的，它们称为染色体。

染色体将所携带的基因作为嵌入不同位点的编码。一般来说，生物体越复杂，其基因组就越大。人类基因组比酵母的基因组大约 200 倍。然而，也并不总是这样，如变形虫的基因组大约是人类基因组的 200 倍。除了基因之外，还有大量散布的可用的 DNA，它们似乎没有携带任何有用的信息。这些过多的部分将出现在不同物种的长期进化过程中。然而，散布 DNA 的真正应用仍然存在争议。

DNA 复制是 DNA 的复制过程，发生在细胞分裂成两个遗传相同的子细胞之前。复制过程是细胞内细胞器和蛋白质功能的复杂结果。此外，当细胞成分在复制过程中受损时，需要来自细胞的特化酶来进行修复。尽管细胞采取了一定的措施，但在复制过程中仍可能发生永久性损坏。这种偏离常态的变化称为突变。这些突变通常是有害的，将引起遗传疾病。然而，突变也可能是有利的。例如，细菌可以使其下一代对抗生素产生抗药性。

碱基配对是 DNA 复制过程的基础。对于新互补 DNA 链合成，初始链起到模板的作用。为了产生这些单链，双螺旋必须展开。氢键使 DNA 双螺旋结构稳定，因此需要足够的能量来分离这些键，可施加机械能、热能和电磁波辐射使其分离。

DNA 复制过程由细胞中的起始蛋白启动。它们首先与 DNA 结合，然后将两条链分开。首先，这些蛋白质在室温下在称为复制起点的片段处分离一小段链。启动该过程后，起始蛋白吸引其他蛋白质，其职责是继续复制过程。

复制是一个双向过程，复制速率约为每秒 100 个核苷酸对。DNA 聚合酶是合成 DNA 的主要蛋白质，将催化的核苷酸添加到 3′端。它在该端与传入核苷酸的 5′磷酸基团间形成磷酸二酯键。富含能量的三磷酸核苷酸为聚合提供能量，聚合将核苷酸单体连接到链上并释放焦磷酸（PPi）。焦磷酸盐进一步水解为无机磷酸盐（Pi），使聚合反应不可逆。

4.4.2 RNA 的结构

为了制造新的 DNA 链，使用 10 个核糖核酸（ribonucleic acid，RNA）作为引物。引物是一种酶，它合成一条 DNA 链。RNA 链与 DNA 链相似，只是它由核糖核苷酸亚基组成。在 RNA 中，糖是核糖，而不是 DNA 中的脱氧核糖。RNA 也有不同：碱基胸腺嘧啶（thymine，T）被碱基尿嘧啶（uracil，U）取代。

从 RNA 和 DNA 片段中产生连续的新 DNA 链还需要三种酶。它们是去除 RNA 引物的核酸酶、用 DNA 替换它的修复聚合酶以及将 DNA 片段连接在一起的 DNA 连接酶。最终在复制过程中，端粒酶进入真核染色体的末端。

细胞还有一种额外的蛋白质来减少 DNA 复制中错误的发生，这称为 DNA 错配修复。DNA 不断地与其他分子发生热碰撞，这会导致 DNA 发生变化并因此受损。此外，氨基可能会从胞嘧啶中丢失。紫外线也是另一个损害源，因为它可能通过共价键连接两个相邻的嘧啶碱基产生胸腺嘧啶二聚体。

4.4.3 DNA 解码器和微阵列

如今，分析和操作 DNA、RNA 和蛋白质的新方法正在推动信息爆炸。通过了解生物结构中核苷酸的序列，我们可以获得生物的遗传信息。

1970 年，分离染色体中的 DNA 片段成为可能。现在可以产生新的 DNA 分子并将它们引入生物体。这个过程称为重组 DNA、基因剪接和基因工程等。应用该过程，我们可以创建基因组合染色体，而这些基因在自然界中并不存在。

在传感应用中，重组 DNA 技术可用于揭示细胞现象之间的关系，检测导致遗传疾病的 DNA 突变，以及识别可能的嫌疑人。

重组 DNA 技术用于将大片段 DNA 分解成较小片段来解锁基因组。基因组中的代码嵌入在这些片段中，因此通过研究这些片段，我们可以了解 DNA 是哪些蛋白质编码。

一类称为限制性核酸酶的细菌酶用于在特定位点切割 DNA。这些位点由核苷酸对短序列识别。限制性核酸酶现在常用于 DNA 技术，数百种已商用化。每一种都能在特定位点切割 DNA，为研究人员提供了强大的工具来研究 DNA 相关区域。

凝胶电泳是最早用于分离裂解的 DNA 片段的技术之一。最常见的凝胶由琼脂糖制成。在电泳过程中，基因被剪接后，将 DNA 片段混合物加载在凝胶板的一侧并施加电压（图 4.32）。DNA 片段的移动速度与其质量成正比，因此也与它们的大小成正比。结果，片段根据其大小而分开。这产生了一种可以被解码并用作基因表达的模式。

两条DNA链通过氢键结合在一起，氢键将在高于90℃的温度或极端pH值下断裂。如果该过程可逆，则互补链将在称为杂交的过程中重新形成双螺旋。

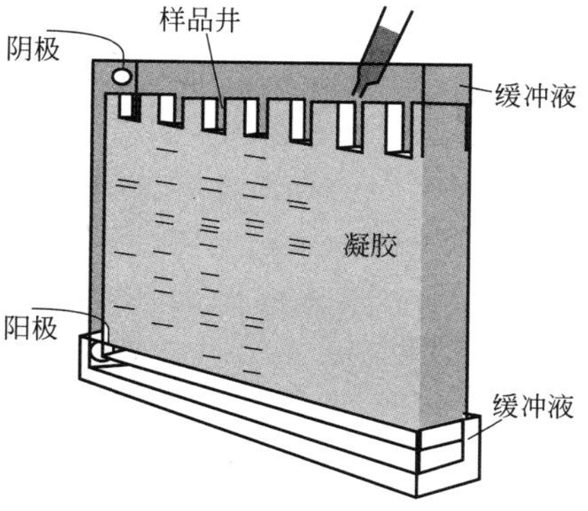

DNA杂交应用于诊断。为此，采用DNA探针。DNA探针是单链DNA分子，通常为10～1000个核苷酸。这些探针用于检测含有互补序列的核酸分子。

DNA探针在诊断中重要的应用之一是识别遗传疾病的携带者。例如，对于镰状细胞贫血症，突变体中的确切核苷酸变化已被确定，可用于传感过程。如果序列G-A-G在DNA链的某些位置变为G-T-G，则该人被诊断患有遗传疾病。

用于杂交和电泳以解码DNA片段的常用实验室技术称为Southern印迹法（图4.33）。在Southern印迹中，未标记的DNA片段（使用电泳分离）被转化到硝酸纤维素纸上，然后用已知的基因或片段进行探测以进行解码。

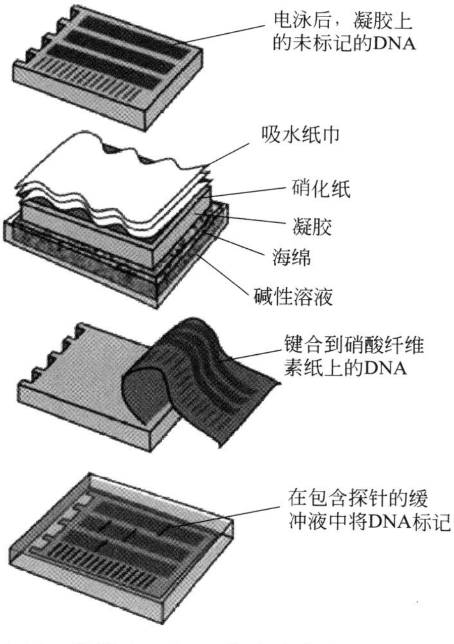

图 4.32 凝胶电泳示意图

电泳后，为了显示DNA片段，将凝胶浸泡在染料中，使染料与DNA结合，这种特殊的染料可以在紫外光下发荧光

图 4.33 使用Southern印迹法来检测DNA片段

DNA片段通过电泳分离。将一片（通常是硝酸纤维素和/或尼龙）放在凝胶上，并进行印迹处理来转移DNA片段。通过凝胶和纸将碱性溶液吸入一叠纸巾中。取出含有结合的单链DNA片段的薄片，并将其置于含有标记DNA探针的缓冲液中。杂交后，与标记探针杂交的DNA显示编码

过去30年发展起来的DNA微阵列通过允许同时研究数千个基因的DNA片段和RNA产物，彻底改变了我们分析基因的方式。

应用微阵列，可以对基因表达方面的细胞生理学进行模式化。控制基因表达的机制既可以控制细胞中的基因表达，也可以控制体积，在必要时增加或减少特定基因的表达水平。

DNA微阵列是包含大量DNA片段的基质（基板）。其中，每个段都包含一个核苷酸序

列，用作特定基因的探针。某些类型的微阵列携带与整个基因相对应的 DNA 片段。其他的则包含在表面合成的短寡核苷酸。寡核苷酸，或俗称的 oligo，是单链 DNA 的短片段，长度通常为 5～50 个核苷酸。

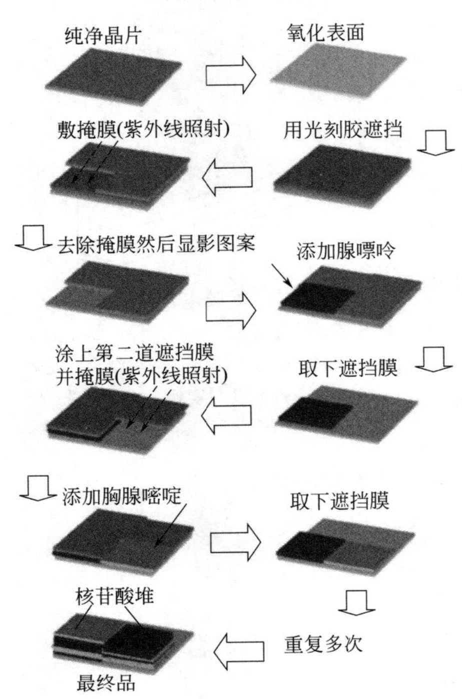

图 4.34 通过使用光刻和组合化学特异性探针进行 DNA 微阵列制造

在寡核苷酸微阵列中，探针被设计为匹配 RNA 序列的已知或预测部分。GE Healthcare、Affymetrix 或 Agilent 等公司提供了涵盖完整基因组的商业化微阵列。这些微阵列给出了基因表达的估计（图 4.34）。

为了制造 DNA 微阵列芯片，晶片（通常是石英或玻璃）用光刻胶图案化，并配置适当的掩膜。掩膜设计有 1～25μm^2 窗口，允许光线穿过所需的特定核苷酸区域。

为了用 DNA 微阵列监测细胞中基因的表达，从细胞中提取信使 RNA(mRNA)，它是在转录到蛋白质合成位点的过程中编码和携带来自 DNA 的信息的 RNA。由于 mRNA 是不稳定的，很容易被 RNases 降解，因此使用一种称为逆转录酶的酶，它可以产生每个 mRNA 链的 DNA 拷贝（互补 DNA 或 cDNA）。cDNA 也比原始 RNA 更容易操作。可以用荧光探针标记 cDNA。

微阵列与被标记的 cDNA 样品一起孵育，发生杂交。然后清洗阵列以去除未键合的分子，并且可以使用扫描激光显微镜来寻找荧光点。一个典型的基于基因微阵列的实验如图 4.35 所示。光学扫描该阵列，然后解释扫描图像。最终的图像是强度不同的标记点（由荧光标记亮度显示），这些点与探针和目标 DNA 间的杂交程度有关[9]。

然后将阵列位置与已知的表达特定基因进行比较。与转录的 mRNA 反向的 cDNA 可以在库组中找到。cDNA 库是指包含在细胞或生物体中的几乎所有 mRNA 集。这样的库有多种用途，对于生物信息学分析很重要；此外，cDNA 序列通过其 cDNA 的相似性给出了生物之间的遗传关系。通过使用这些数据，可以设计新的 DNA 分子。

图 4.35 给出的例子是一个比较基因表达实验。两组细胞，例如患病细胞和健康细胞，

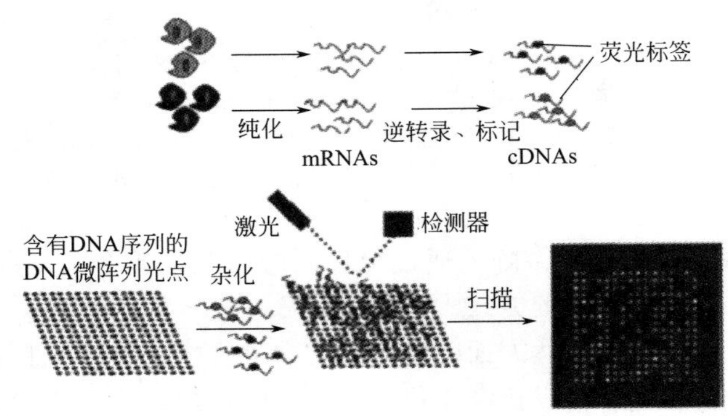

图 4.35 典型基因微阵列实验（在本例中，显示了比较基因表达实验[8]）

为所提供的初始样本。在实验的第一阶段，从细胞中提取 mRNA 并逆转录为更稳定的 cDNA。其次标记来自每个细胞群的 cDNA，通常使用不同颜色的荧光染料来进行。然后将 cDNA 与 DNA 微阵列杂交，洗涤并扫描杂交阵列。所见光点的位置和强度提供了有关由细胞表达的基因的信息。

通常，对于 DNA 测试，有必要将 DNA 链的数量放大到足够多的量。为此目的，聚合酶链反应（polymerase chain reaction，PCR）是一种强大的 DNA 扩增形式。PCR 过程通常由一系列（最多 35 个）循环组成，每个循环由三个步骤组成：

① 双链 DNA 被加热到 94～96℃以分离链，这一步称为变性。它打破了连接两条 DNA 链的氢键。

② 分离 DNA 链后，降低温度，使人工引物（一般不超过 50 个，通常只有 18～25 个碱基对长的核苷酸，与待扩增的 DNA 片段的头和结尾互补）可以将自身（人工引物）附着到单个 DNA 链上，这一步称为退火。此阶段的温度取决于所使用的引物（45～60℃）。

③ DNA 聚合酶蛋白必须复制 DNA 链。它从退火引物开始，并在称为延伸的步骤中沿着 DNA 链工作。这从单链 DNA 来产生双链。

DNA 芯片形式的核酸检测是生物传感器行业的最新发展之一。在一平方厘米的芯片上同时进行一百万次杂交分析与高密度传感器阵列的最终目标有很多共同之处。

除了 DNA 微阵列之外，文献中还描述了大量其他基于 DNA 的生物传感器，其具有电化学、光学和压电换能元件。这种生物传感器通常利用 DNA 链的“锁”和“钥匙”的特性来实现高选择性。

DNA 结构可用于开发电子传感设备。电荷载流子可以沿着 DNA 跳跃至少几纳米的距离，这样 DNA 就可以充当分子线。因此，DNA 系统代表了传感器模板的新型基础材料。

参考文献

[1] Kourosh Kalantar-zadeh. Sensors：an introductory course [M]. Springer，New York，2013（ISBN 978-1-4614-5051-1，DOI 10.1007/978-1-4614-5052-8）.

[2] Gizeli E，Lowe C R. Biomolecular sensors [M]. Taylor & Francis，London，2002.

[3] Zhang J，Wang Z L，Liu J，et al. Self-assembled nanostructures [M]. Kluwer，New York，2003.

[4] Nuzzo R G，Allara D L. Adsorption of bifunctional disulfides on gold surfaces [J]. J Am Chem Soc，1983，105：4481-4483.

[5] Katsnelson M I. Graphene：carbon in two dimensions [J]. Mater Today，2007，10：20-27.

[6] Scouten W H. Affinity chromatography：bioselective adsorption on inert matrices [M]. Wiley，New York，1981.

[7] Alberts B，Bary D，Hopkins K，et al. Essential cell biology [M]. Garland Science，Oxford，2004.

[8] Homola J. Present and future of surface plasmon resonance biosensors [J]. Anal Bioanal Chem，2003，377：528-539.

[9] Sanders G H W，Manz A. Chip-based microsystems for genomic and proteomic analysis [J]. Trends Anal Chem，2000，19：364-378.

第二篇
生化传感器

第5章 用于医疗健康的生物传感器的最新进展

生物传感器在临床医学和食品工业等中有着非常广泛的应用，因而它的发展在这些领域中广受关注。生物传感器不但用于疾病的检测、诊断、治疗、患者健康监测和人类健康管理，而且用于识别诸如细菌、真菌和病毒等微生物。本章，我们将对用于医疗健康的生物传感器的最新发展进行介绍与讨论，同时介绍用于制造生物传感器的材料的最新进展。

5.1 生物传感器的发展及其材料

目前，各种数字型商用生物医学设备已用于诊断与监测人们的健康状况、日常生活与行为。随着物联网的快速发展，以及3G/4G/5G移动通信的发展与普及，全球互联的可穿戴设备飞速增长。信息技术的飞速发展正在推动远程医疗、电子医疗和电子医院的发展，电子医疗保健监控在治疗和诊断方面都越来越受到关注。无线泛在监控已成为近年来在医疗保健和生物医学应用领域的关键技术。

5.1.1 生物传感器的发展

Updike和Hicks于1967年开发了第一个生物传感器[1]。生物传感器主要由两部分构成，即分子识别元件（molecular recognition element，MRE）和换能器。动植物细胞、受体、细胞器、抗体、组织，微生物和酶均可作为分子识别元件。诸如MIP（molecularly imprinted polymer，分子印迹聚合物）和PNA（peptide nucleic acid，肽核酸）之类的人工材料也已被用作分子识别元件。

分子识别元件可分为两类，即亲和碱类和催化碱类。催化碱分子识别元件包括植物或动物细胞、微生物、细胞器和酶；亲和碱分子识别元件包括MIP、核酸受体和抗体。

通过对酶与微生物进行纯化处理，可以提高生物传感器的寿命、热稳定性与化学稳定性。

MIP分为两类，即共价键型和非共价键型。MIP可用于开发生物医学传感器，例如β-

雌二醇传感器、除草剂传感器和氯霉素传感器。

微加工技术，已经用于生物传感器装置的集成、小型化与批量化生产。利用免疫反应原理，1984 年 Karube 等开发了一种酶免疫生物传感器[2]。

电化学生物传感器通常由导电聚合物制成。等离子体聚合膜（plasma polymerized film，PPF）也可用于开发生物传感器。2002 年，一种可穿戴柔性 O_2 传感器被报道，该传感器使用不透气膜（Pt/Ag/AgCl）与透气膜来监测 O_2。1999 年，S. Cosnier 等成功地使用导电聚合物制造了电极型生物传感器。

石英晶体微天平（quartz crystal microbalance，QCM）生物传感器也得到了广泛研究。1983 年，Liedberg 等报道了第一个基于表面等离子谐振的光学生物传感器[3]。

微流体芯片已被用于蛋白质和 DNA 分子的测定。第一个毛细管电泳（capillary electrophoresis，CE）芯片是由 Manz 等于 1992 年成功研制[4]。这种 CE 芯片可用于分离蛋白质、藻蓝蛋白、血红蛋白和细胞色素 C。1995 年，Schena 等报道了第一个用于监测基因表达模式的 DNA 芯片。

5.1.2 生物传感器材料

生物传感元件与有机或无机或杂化纳米材料的混合物可用于检测化学或生物分子，从而推动新型纳米生物传感器的发展。纳米技术的飞速发展推动了新型纳米材料和纳米设备的发展，这些材料和设备将被用于未来的医疗保健和生物医学中。

纳米材料是近年来发展起来的新型材料，可广泛用于传感器的研制与开发。其中，场效应晶体管、金属纳米颗粒、半导体、导电聚合物和具有不同形状、尺寸的纳米管材料可以用于制造纳米生物传感器。

根据 IUPAC(International Union of Pure and Applied Chemistry，国际纯粹与应用化学联合会)，生物传感器可以定义为一种由分离的酶、免疫系统、组织、细胞器或整个细胞，通过特定的介导生化反应，然后通过电、热或光信号来检测化合物的设备[5]。

生物感测元件可以是整个细胞、抗体、酶、蛋白质、PNA、适体和 DNA。灵敏度和选择性是生物传感器的两个关键参数，其中灵敏度是生物传感器的感测能力，选择性随生物受体的类型而变化。感测机制涉及从生物分子分析物界面到纳米材料的电荷转移。纳米材料通常沉积在支撑晶片的表面，并与生物感测元件直接接触。硅纳米线、导电聚合物纳米管、石墨烯和碳纳米管（carbon nanotube，CNT）是用于开发纳米生物传感器的广泛使用的纳米材料。引入集成电路技术将可以提高生物医学传感器的性能。

基于薄绝缘膜的材料，例如聚硅氧烷、聚氯乙烯和聚四氟乙烯，被广泛用作修复装置和不同植入包装的封装。这些绝缘薄膜可以保护植入的设备免受体液的腐蚀，并且还可以用作电绝缘。这些绝缘薄膜要求有黏附性和连续性。绝缘薄膜也应满足化学要求，例如对生物体液呈惰性，以及随时间推移的稳定性，以及电气要求，如从生物传感器到周围组织或体液的最小漏电流。

超声弹性导波可用于评估骨植入物的骨整合。钛植入物被认为是与骨细胞骨整合的最有吸引力的装置，因为它可以保持无感染性。

近年来，基于生物材料的 pH 传感器已经出现，用于在骨整合的组织的假体界面进行感染感测。非侵入性和非接触式层析成像系统也可用于有效监测骨整合组织-假体界面的应变。

碳材料，如碳纳米纤维、石墨烯、碳纳米管和炭黑，可用于制造高度可扩展且低成本的柔性生物传感器。2016 年，Long Wang 等介绍了压阻碳纳米管薄膜和柔性织物，可用于开发测量分布压力的生物传感器[6]。碳纳米管压阻薄膜可用于基于断层扫描的生物传感应用。

柔性聚合物材料，例如橡胶、聚酰亚胺、聚对苯二甲酸乙二酯（polyethylene terephthalate，PET）、聚氨酯、聚二甲基硅氧烷（poly dimethyl siloxane，PDMS），是开发柔性生物传感器最常用的基材。柔性、化学稳定性和热稳定性是可用于制造柔性生物传感器的柔性基板的关键要求。液晶材料也正在引起人们对生物传感器开发的关注。

聚苯乙烯、聚氯乙烯、PDMS、环烯烃共聚物和聚甲基丙烯酸甲酯（polymethyl methacrylate，PMMA）是可用于制造生物传感器的有机材料。2016 年，Sivakumar Mani 等[7]报告了可用于开发高性能葡萄糖生物传感器的 $NiWO_4$ 纳米晶体的合成物。通常，常规的葡萄糖生物传感器是基于诸如葡萄糖氧化的酶来制造的。基于酶的葡萄糖生物传感器显示出良好的灵敏度，但具有差的热稳定性和化学稳定性且固定方法复杂。$NiWO_4$ 纳米晶体的成功合成有助于以良好的灵敏度和选择性制造非酶的热性能和化学性能都稳定的葡萄糖生物传感器。

诸如金、铂及其合金之类的金属也可以用于开发非酶的葡萄糖生物传感器。但是这些基于金属的非酶葡萄糖生物传感器显示出较差的操作稳定性、选择性和抗毒能力。

诸如 Co_3O_4、TiO_2、CuO 和 NiO 之类的过渡金属氧化物已广泛用于开发具有良好稳定性和灵敏度的电化学葡萄糖生物传感器。2018 年，Felismina T. C. Moreira 等[8] 首次报道了将染料敏化太阳能电池技术集成到生物传感器和仿生材料中，以对癌症生物标志物进行检测。

仿生材料也称为塑料抗体。基于铝的叉指电极在用于未来生物医学应用的生物传感器的开发中受到关注。纳米结构多孔硅已被认为是开发高性能无标记亲和力生物传感器的引人关注的材料，如 MoS_2 这样的 2D 材料正在成为制造可吸收生物传感器的潜在材料。

5.2 可吸收的与可穿戴的生物传感器

可吸收生物传感器是近年来发展起来的新型传感器技术，在临床医疗中具有非常重要的作用。通过在患者体内一次性植入可生物吸收的传感器及时监测患者相关生理参数，获得实时健康状况，提高了医疗康复水平，减少了患者痛苦与二次取样及手术的痛苦和成本。

可穿戴生物传感器是近年来随着移动通信技术与物联网的发展而发展起来的新的感知技术。随身、随地、随时地监测，使得人们可以及时了解自身的健康状况和生理机能，这对于提高人类整体的健康水平以及即时医疗的发展具有非常重要的价值。

5.2.1 可吸收的生物传感器

为了评估患者的健康状况，并评估诸如高血压、青光眼、脑积水和脑外伤等疾病的状况，测量大脑、血管、膀胱和眼睛等器官的压力非常重要。因此，连续而精确地测量压力对于评估最大程度地降低发病率并提高康复速度的治疗方案至关重要。

常规的方法是将所设计的用于测量大脑、血管、膀胱和眼睛等器官压力的常规传感器植入到患者体内，以进行压力测量，并在临床后期通过手术的方式将传感器移除。这种方法不但成本高昂，增加了患者的痛苦，而且还会使患者面临更大的并发症风险。

可吸收的电子传感器设备则有免于二次手术所带来成本增加，减少患者痛苦与消除并发症风险的优势。可吸收的传感器经过一段时间使用后，会溶解在生物体中。

可吸收的传感器可用于测量温度、压力、运动、流速和不同类型的生物标志物。2018 年，Jiho Shin 等[9] 报告了所开发的一种生物可吸收压力传感器，用于评估愈合过程和慢性疾病，该生物可吸收压力传感器受热生长的 SiO_2 材料保护。SiO_2 和 Si 是可吸收电子应用中常用的材料，其溶解速度缓慢，从几周到几个月不等，具体取决于厚度、pH 和温度。

丝蛋白生物材料的降解速率取决于用于支撑装置的薄膜的结晶度和分子量。2014 年，Hu 等[10] 报道了可以使用基于蚕丝的可吸收生物材料进行远程控制治疗同时能减轻体内感染的应用案例。在室温下，生长在丝质晶片上的 Mg 和 MgO 表现出快速的溶解速度。

Mg、Zn、Fe、W、Mo、MgO、SiO_2、SiN_x、丝绸、聚乳酸-乙醇酸共聚物、聚己内酯和聚乳酸已用作生物可吸收传感器的可吸收材料。硅纳米膜、沉积在可生物降解的弹性体上的硅纳米带也可用作生物传感器中的可吸收材料。2014 年，Mengdi Luo 等[11] 报告了一种可用于急性医疗植入应用的无线射频生物可吸收 MEMS 压力传感器。该射频 MEMS 压力传感器由可生物降解的聚合物和 Zn/Fe 双层导体构成。该可吸收的无线射频 MEMS 压力传感器的电容随施加压力的变化而变化，且呈现近似线性的关系，其压力灵敏度为 39kHz/kPa，可以测量 0～20kPa 范围的压力。

PHB［聚(3-羟基丁酸)］、PCL（聚己内酯）、PGA（聚乙交酯），PDLLA［无定形聚(DL-丙交酯)］、PLA（聚乳酸）和 PLLA（聚乳酸 L）是广泛使用的可生物降解的聚合物材料。

2016 年，Seung Kyun Kang 等[12] 报道了一种可生物吸收的硅生物传感器，用于治疗颅脑外伤。生物可吸收生物传感器中使用的硅纳米膜起着压阻式传感元件的作用，其电阻随压力的增加而线性增加。

5.2.2 柔性可穿戴的生物传感器

智能可穿戴传感器可用于远程监测人们的健康状况。可穿戴传感器提供有关慢性和急性疾病的必要信息，可帮助医生借助现代医疗保健系统精确地治疗疾病。

可穿戴传感设备能够测量变量，并将测到的数据发送到远方在线数据库中，又可以发送到个人设备中。可穿戴传感器的可靠性是决定现代医疗系统成功与否的关键因素。可穿戴传感器可以用作检测与治疗各种疾病的有效诊断工具。可穿戴传感器的多功能性为患者提供了舒适性和灵活性。因此，近年来，可穿戴传感器的市场呈指数增长。大多数可穿戴传感器可以放在衣服上，也可以戴在胸部、手腕、手臂、脚踝、腿和腰等身体部位。

借助可穿戴传感器，可以连续监控诸如体温、心率、血压、皮肤电反应，心电图(electrocardiogram，ECG)、燃烧的卡路里、步伐、距离和速度等参数。一些可穿戴传感器也可以固定在手套、皮带扣、项链、耳环、戒指和胸针上。穿戴传感器可用于临床应用，例如血管和心肺监测、葡萄糖监测和神经功能监测。表 5.1 列出了最新的可穿戴传感器。

表 5.1 一些最新的可穿戴传感器

穿戴式传感器的类型	生物标志物	目标位置	临床应用
加速度计	癫痫	手腕或脚踝	神经监测
惯性	步幅和行走速度	视觉反馈眼镜，听觉反馈耳机	监测神经功能
惯性和加速度计	楼梯行进步距，步数和步行距离	衣服	监测神经功能
加速度计和计步器	步行距离和步数	踝	康复与物理治疗
有线型应变计	呼吸与心率	汽车安全带	心肺血管监测

续表

穿戴式传感器的类型	生物标志物	目标位置	临床应用
单通道心电图	心律	手机适配器	心肺血管监测
ECG 电极，光吸收传感器	心率，血氧，疲劳和节律水平和运动压力	可以与其他类型的设备一起使用	心肺血管监测
微波反射式心肺传感器	心率变异评估	手臂或大腿	心肺血管监测
光学(心率)射频识别(脉冲和温度)传感器	温度和心率	手指(环形传感器)	心肺血管监测
光体积描记器和心电图仪	血压和心律	腕	心肺血管监测
多变量(AMON)传感器	心律，体温，血氧饱和度，血压	腕	监测血管和心肺
超音波传感器	血压	腕	监测血管和心肺
多变量传感器	血糖值	臂	葡萄糖家庭监测
葡萄糖传感器	组织葡萄糖	皮下	葡萄糖家庭监测
葡萄糖传感器	眼葡萄糖	眼	葡萄糖家庭监测

柔性可穿戴的传感器在医疗保健和生物医学应用领域中获得了极大的关注。柔性可穿戴生物传感器需要具有出色电导率的高度可拉伸生物材料。银或金纳米颗粒对于开发柔性和可穿戴生物传感器具有高度吸引力。

2015 年，Lei Sheng 等[13] 报告了一种可用于监测压力可穿戴的柔性生物传感器。该传感器所获得的生理信号对疾病诊断和健康评估非常有效。

锡、锌、镍和铂等材料因其出色的可拉伸性、高电导率和高熔点，也可被用于制造柔性可穿戴生物传感器。柔韧且可穿戴的生物传感器还可以用来测量湿度、温度、应变、扭转和剪切力。

聚碳酸酯、聚对苯二甲酸乙二酯（polyethylene terephthalate，PET）和聚氨酯是挠性和可穿戴生物传感器制造中的三种常用基材，它们具有出色的可变形性和出色的光学透明度。

聚二甲基硅氧烷（polydimethyl siloxane，PDMS）、硅橡胶和软硅弹性体，由于具有出色的柔韧性和可拉伸性，也可用作柔性可穿戴人体传感器的基材。

柔性可穿戴生物传感器可以基于任一固态物理传感材料。石墨烯、碳纳米管、银和金纳米颗粒、纳米线和聚合物纳米纤维是用作固态传感元件的材料。离子液体和金属液体可用作有源液体感测元件。

2016 年，Stephanie Carreiro 等[14] 报告了一种可穿戴生物传感器，用于检测阿片类药物的使用。使用该传感器有助于减少因阿片类药物超剂量导致的意外死亡。

2018 年，Youngseok Kim 等[15] 报告了一种基于有机电化学晶体管（organic electrochemical transistor，OECT）的可穿戴汗液生物传感器。可穿戴的汗液生物传感器可以实时测量汗液中阳离子的浓度。物联网（IoT）设备、生物医学工程和无线通信的最新发展推动了对人类身心健康的实时监控。为此，需要高柔韧性、可拉伸性和生物相容性的电子皮肤材料。

2018 年，Javier Marín-Morales 等[16] 报道了可穿戴式身体传感器可用于心跳和大脑动力学的情绪识别。O. Young Kweon 等[17] 展示了一种使用 3D 电纺导电纳米纤维的高性能可穿戴压力传感器。这种可穿戴式压力传感器可用作无线血压监测带。同年，N. Hallfors 等[18] 报道了一种基于氧化石墨烯和尼龙的可穿戴式 ECG 生物传感器。柔性可穿戴的身体传感器还可用于检测人体运动、生命体征监测、体温监测、心率监测、呼吸率监测、血压和葡萄糖率监测和脉搏氧合监测。

可穿戴柔性生物传感器的新兴医疗保健和生物医学应用包括人造电子皮肤、治疗和药物输送平台以及生理监测和评估系统。高度的可拉伸性和类皮肤的顺应性是柔性生物传感器的关键要求。柔性生物传感器的传感平台可以是固态传感平台、液相传感平台和基于机械变形的传感平台。

根据要测量的物理量，柔性传感器可以分为温度传感器、湿度传感器、应变传感器和压力传感器。2015 年，Debashis Maji 等[19] 开发了一种用于共形集成应用的柔性传感器。2016 年，有学者报告了一种用于检测生物标志物的柔性 FET 生物传感器。弯曲半径对柔性 FET 生物传感器输出特性的影响较大。该 FET 生物传感器具有极好的柔韧性，其检出限为 100pg/mL。

2018 年，Jarkko Tolvanen 等[20] 报道了用于持续监测人体运动的柔性可清洗应变传感器。Chiao Yun Chang 等[21] 于 2018 年开发了一种灵活的局部 SPR 生物传感器，用于检测非平面表面上的癌细胞。最后，我们用表 5.2 来总结用于医疗保健应用的可穿戴式和柔性传感器。

表 5.2 用于医疗保健应用的可穿戴和柔性传感器

感应器类型	目标位置	材料	应用
压阻传感器	手腕，颈部，胸部	聚合物晶体管	心率
电阻传感器	关节，手腕，脊柱，脸，胸，脖子	单壁碳纳米管	身体动作
震颤传感器		硅纳米膜	
加速度传感器			
电容式传感器	手腕，脖子	石墨烯	血压
压电式传感器		PZT/MOSFET	
压阻式传感器		PEDOT:PSS/PUD/PDMS	
无创葡萄糖传感器	皮肤，眼睛	Ag/AgCl/普鲁士蓝	血糖值
有创葡萄糖传感器		Ti/Pd/Pt	
湿敏电阻传感器	伤口	WS2	湿度
湿敏电容传感器		氧化石墨烯	
热电温度传感器	全身	PDMS-CNT/P(VDFTrFE/石墨烯)	温度
湿度传感器	鼻子，嘴巴，胸部	WS2	呼吸
隧穿压阻传感器		CNT/PDMS	心率
音量传感器		PPy/PU	
光学检测传感器	手指，耳垂，额头，腕	OLEDs/OPD	脉搏，氧
电导率传感器	口	氧化石墨烯	气体
化学气体传感器		PANI/AgNWs/PET	

5.3 电化学与酶生物传感器

电化学与酶生物传感器均属于电化学感知技术，都是利用分析物与生物感测元件间发生电化学反应测量其电信号来测定分析物的。电化学传感器的生物感测元件可以是多种生物体或组织。而酶一般是用来修饰电化学传感器的电极的，通过酶的修饰，增强了对特定分析物的选择性，提高了感测的灵敏度。

5.3.1 电化学生物传感器

电化学生物传感器由对特定分析物响应的生物感测元件组成，同时由生物感测元件产生的响应在换能器的帮助下转换为电信号。电信号的大小取决于分析物的浓度。

电化学生物传感器可分为两大类，即亲和生物传感器和生物催化生物传感器。电化学生物传感器的生物感测元件可以是核酸、酶、蛋白质、细胞、组织或抗体。生物催化生物传感器使用与特定分析物反应并产生电信号的酶、组织或细胞。

亲和力生物传感器基于诸如核酸或膜受体或抗体的生物传感元件与分析物之间的选择性结合相互作用而进行工作。DNA 杂交生物传感器和免疫生物传感器是亲和生物传感器的例子。选择性、重现性、线性和动态范围、检测极限和灵敏度是用于测量生物传感器性能的关键参数。便携性、易用性、存储和运行稳定性以及响应时间是用于比较生物传感器性能的其他参数。

电流计、电位计和电导仪技术可用于电化学生物传感器中的转导机制中。在电流计技术中，电化学还原或氧化导致电化学生物传感器电极中电流的变化。在电位计技术中，生物识别元件和分析物之间的电化学反应导致在生物传感器的电极两端产生电势的变化。在电导技术中，目标分析物与生物成分之间的电化学反应导致样品溶液或任何其他介质（如纳米线、纳米膜等）的电导率发生变化，葡萄糖传感器、黄嘌呤传感器和乳酸传感器是生物催化电化学生物传感器示例。

糖尿病已被认为是由代谢紊乱、高血糖和胰岛素缺乏所引起的全球性健康问题。与正常范围 80～120mg/dL 相比，糖尿病患者的葡萄糖浓度在此范围之外。糖尿病将导致肾衰竭、心力衰竭或失明。因此，监测葡萄糖水平对于维持患者的健康至关重要。可以使用葡萄糖传感器监测血液中的葡萄糖水平，如今，葡萄糖生物传感器占生物传感器市场上可用生物传感器的 80%以上。第一代葡萄糖生物传感器取决于 H_2O_2 的产生和识别，该传感器采用天然的 O_2 共底物。第二代葡萄糖生物传感器用合成的电子受体材料代替 O_2。第三代无试剂葡萄糖生物传感器消除了对介体的需求。

碳纳米管被认为是电化学生物传感器发展所采用的活性材料。Britto 等[22] 于 1996 年报道了第一个基于碳纳米管的生物传感器。2003 年，M. D. Rubianes 和 G. A. Rivas 等[23] 通过将葡萄糖氧化酶、矿物油和多壁碳纳米管相结合，开发了一种电化学生物传感器，该传感器响应葡萄糖浓度的变化。2015 年，L. P. Ichkitidze 等[24] 开发了基于 CNT 的生物医学湿度和应变传感器。表 5.3 总结了采用碳纳米管开发的电化学生物传感器。

表 5.3 用碳纳米管开发的电化学生物传感器

材料	应用	外观
还原型谷胱甘肽，N-乙酰基-L-半胱氨酸，DL-高半胱氨酸，L-半胱氨酸，MWCNT 和石墨粉	快速分离和检测生物活性硫醇	碳纳米管微电极，稳定性和重现性好
碳纳米管浆料，铂丝电极和 Ag/AgCl 参考电极	同型半胱氨酸生物标志物检测	CNT 糊（CNTP）电极
碳纳米管和铜粉	碳水化合物检测	铜/MWCNT 复合电极
CNT/Teflon 工作电极，Ag/AgCl 参考电极，铂丝对电极	葡萄糖和乙醇的生物感测	CNT/Teflon 复合电极

续表

材料	应用	外观
CNT/Teflon 工作电极，Ag/AgCl 参考电极，铂丝对电极	乙醇安培生物感测	CNT/Teflon 复合电极
CNT 粉末，铂丝和 Ag/AgCl，3mol/L NaCl	检测酚、儿茶酚、乳酸和乙醇	CNT 糊状电极
CNT 糊剂工作电极，Ag/AgCl 参考电极，铂丝对电极	核酸痕量测量	CNT 糊状电极
玻璃碳，铂金，CNT 粉	半胱氨酸检测	CNT 粉末微电极
MWCNT	肾上腺素检测	平面热解石墨电极
四乙氧基原硅酸酯，葡萄糖氧化酶，过氧化氢和 CNT 粉	葡萄糖生物传感器	溶胶-凝胶和 CNT 修饰的平面热解石墨电极
玻璃碳，铂金，CNT 粉	亚硝酸盐检测	CNT 粉末微电极
Ag/AgCl 电极和铂丝，CNT 粉	血清样品中胆固醇检测	纳米铂/CNT 电极
MWCNT，玻璃碳	二羟基苯异构体检测	MWCNT 修饰的玻碳电极
Ag/AgCl 电极，金线电极和 MWCNT	肝细胞中谷胱甘肽二硫和谷胱甘肽的检测	液相色谱
MWCNT，玻璃碳	甲状腺素的检测	CNT/玻碳电极
铂丝和 Ag/AgCl，3mol/L NaCl，MWCNT 粉末	酶生物传感器	MWCNT/聚乙烯亚胺/玻碳电极
铂丝和 Ag/AgCl，3mol/L NaCl，MWCNT 粉末	在血清素和抗坏血酸存在下检测多巴胺	MWCNT/聚乙烯亚胺/玻碳电极
聚乙烯亚胺，$HAuCl_4 \cdot 4H_2O$，MWCNT，Au 纳米粒子	抗坏血酸的检测	MWCNTs/AuNPs/HS(CH_2)-6Fc(6-二茂铁基己硫醇纳米复合材料)
铂丝，玻璃碳，MWCNT	人尿中氧氟沙星的检测	水溶性碳纳米管薄膜电极
玻碳，MWCNT	肾上腺素的检测	磷酸二十六烷基酯和甲酚蓝分散多壁碳纳米管/玻璃碳电极

2013 年，Lang 等[25] 使用纳米多孔 Au/Co_3O_4 微电极开发了一种高性能的电化学生物传感器，可用作葡萄糖生物传感器。这种葡萄糖生物传感器的优点是纳米多孔 Au/Co_3O_4 微电极的使用改善了响应时间、灵敏度和可靠性。基于纳米多孔 Au/Co_3O_4 微电极的电化学葡萄糖生物传感器的响应时间小于 1s，检测极限为 5nmol/L，灵敏度为 12.5mA·$(mmol/L)^{-1}\cdot cm^{-2}$。

2019 年，Nagaraj P. Shetti 等[26] 介绍了一种用于医疗保健和生物医学应用的具有纳米结构的 TiO_2 的电化学生物传感器。在电化学生物传感器中使用 TiO_2 纳米颗粒的优点是它们具有无毒、生物相容性和高耐光腐蚀性。表 5.4 汇总了一些基于 TiO_2 纳米结构开发的电化学生物传感器。

表 5.4　基于 TiO_2 纳米结构开发的电化学生物传感器

生物感测元件	纳米材料	感测技术	检测应用	检测极限
HRP	宏介孔	伏安法	H_2O_2	1.65μmol/L
GOD	多孔 TiO_2	安培法	葡萄糖	
GOD	Au/TiO_2 纳米管	伏安法	葡萄糖	

续表

生物感测元件	纳米材料	感测技术	检测应用	检测极限
HRP	$(AuNPs)_x/GR\text{-}TiO_2$	光电化学	凝血酶	0.02pmol/L
尿素酶	CP/MWCNT-菊粉-TiO_2	伏安法	尿素	0.9μmol/L
DNA	MoS_2-TiO_2@Au	伏安法	四环素	5×10^{-11}mol/L
GOD	TiO_2 纳米管阵列	安培	葡萄糖	5μmol/L
GOD	Pt/TiO_2 胶体	安培	葡萄糖	0.25μmol/L
GOD	TiO_2 中空纳米纤维	.伏安法	葡萄糖	0.8μmol/L

石墨烯、TiO_2、V_2O_5、钌掺杂的 TiO_2、WO_3、CuO、NiO、多壁 CNT、银掺杂的 TiO_2 和这些材料的组合可用作电极材料，用于开发具有 TiO_2 纳米结构的电化学生物传感器。氯丙嗪、对乙酰氨基酚、普拉克索、卡马西平、氯氮平、赤藓碱、邻苯二酚、伊达比星、甲基对硫磷、苯肼、尼古丁、氯氮平、呋喃特利、甲芬那酸、氟芬那酸、凝血酶和基于萘丁宁的黄酮类化合物，都能作为基于 TiO_2 的电化学生物传感器的分析物。2019 年，Raluca Elena Munteanu 等[27] 报告了基于反射光显微镜的电化学生物传感器，它具有出色的空间分辨率，可以用于检测葡萄糖和 H_2O_2，他们的实验证明，与 FTO（掺氟锡氧化物）电极相比，具有 ITO（铟锡氧化物）电极的电化学生物传感器具有优异的 *C-V* 特性。

5.3.2 酶生物传感器

1962 年，Clark 与 Lyons 等[28] 首次提出了使用酶电极的酶生物传感器的概念。1969 年，Guilbault 与 Montalvo 等[29] 开发了第一个基于电位技术的酶电极。1974 年，Cooney 等[30] 引入了热酶探针的概念。1975 年，Mosbach 等展示了一种称为酶热敏电阻的新设备。由于酶电极的高成本，直到 1985 年，生产成本一直是酶生物传感器发展的关键问题。

多酚氧化酶、酪氨酸酶、乳酸氧化酶、脲酶、过氧化物酶、醇脱氢酶、细胞色素、葡萄糖氧化酶、谷氨酸脱氢酶是酶生物传感器开发中广泛使用的酶。复杂的酶的固定化是酶生物传感器发展的关键技术。

固定化酶的失活，严重影响了酶生物传感器的寿命。因此，通过抑制固定化酶的失活来提高酶生物传感器的稳定性和可靠性非常重要。由于 TiO_2 纳米颗粒具有生物相容性且对环境友好，因此可用于固定生物分子。酶生物传感器可用于检测黄嘌呤、尿素、乳糖和葡萄糖。出色的选择性和生物催化活性是酶生物传感器的主要优势。酶的催化活性可以通过添加抑制剂和活化剂来控制。酶生物传感器的寿命取决于酶的稳定性和保质期。

酶生物传感器可分为三代。第一代酶传感器基于氧，第二代酶传感器基于介体，第三代酶基于直接耦合的酶电极。

葡萄糖氧化酶被认为是用于构建酶葡萄糖生物传感器的稳定、廉价且容易获得的酶。在第二代酶生物传感器的结构中，有机导电盐、铁氰化物衍生物、二茂铁、染料、醌和钌络合物已用作酶化电极。导电氧化还原聚合物可用在第三代酶生物传感器，将电极与酶连接。

基于干扰酶的电极在电化学酶生物传感器的开发中正受到关注。2003 年，Koen Besteman 等[31] 介绍了一种使用酶包裹的 CNT 的多功能酶生物传感器。2016 年，A. J. Webb 等[32] 验证了使用基于蛋白酶的酶促生物传感器对血吸虫尾进行了检测。2017 年，Bishnu Kumar Shrestha 等[33] 介绍了一种新型的生物材料的制备，该材料称为球形聚吡咯（polypyrrole，PPY）掺杂的分散良好的功能化 MWCNT/Nafion（Nf）复合材料，用于酶葡萄糖生物传感器的开发。该酶葡萄糖生物传感器的响应时间为 4s，检测极限为 $5\mu mol/L$，线性范围为 4.1mmol/L，灵敏度为 $54.2\mu A/(mmol/L)\cdot cm^2$。使用 PPY 掺杂的分散良好的功能化 MWCNT/Nf 材料构建的酶葡萄糖生物传感器的优点是稳定性好、选择性高、响应时间短和灵敏度高。

5.4 FET 与石墨烯生物传感器

场效应管（FET）传感器是随着微加工技术而发展起来的新型感知技术，它与诸如石墨烯等新材料的结合，提高了感测能力与灵敏度，并为芯片实验室的发展奠定了技术基础。

5.4.1 FET 生物传感器

新型纳米材料和纳米加工工具（例如纳米压印光刻、聚焦离子束光刻和电子束光刻）的迅速发展，为场效应晶体管生物传感器的发展提供了发展基础。由于它们具有将 FET 界面和目标生物分子之间的反应直接转换为电信号的能力，因此在生物医学应用领域获得了极大的关注。

在 FET 生物传感器中，半导体通道用于与目标生物分子进行反应，因此该通道与环境直接接触。当目标生物分子与半导体通道接触时，会改变半导体通道的表面电势。在早期阶段，FET 生物传感器的灵敏度很低。2007 年，Hyungsoon Im 等[34] 展示了一种介电调制 FET 生物传感器，用于检测生物素。介电调制 FET 生物传感器能够检测生物分子，例如抗体、癌症标志物和 DNA，介电调制 FET 还可以作为芯片实验室系统的重要组成部分。

CNT 和石墨烯是两种最常用于 FET 生物传感器构造的纳米材料，这是因为生物分子可以改变这些材料的电子特性。石墨烯和基于 CNT 的 FET 生物传感器的主要优点是二维石墨烯和 CNT 的尺寸与生物分子的尺寸大致相同，因此，石墨烯和 CNT 的 FET 生物传感器可用于检测单个生物分子事件。N. Mohanty 等[35] 介绍了第一个石墨烯 FET 生物传感器。由于石墨烯通道的电导率提高，在石墨烯胺生物传感器表面引入单个细菌细胞会导致漏极电流增加。

2014 年，Seon Joo Park 等[36] 成功开发了一种用于检测（人体内）多巴胺的高性能 FET 生物传感器。检测多巴胺非常重要，因为它在心血管和激素系统、肾和中枢神经系统的工作中起着至关重要的作用。多巴胺浓度的变化会导致多种疾病，例如阿尔茨海默病和帕金森病。诸如硅纳米线 FET 生物传感器之类的 FET 生物传感器具有高灵敏度，但选择性差且响应时间慢。2015 年，Hongsuk Nam 等[37] 开发了不同类型的基于 MoS_2 的 FET 生物传感器，用于测量液体分析物的浓度以及受体-分析物对的动力学和亲和特性。基于 MoS_2 的 FET 生物传感器由在 P^+ 型 Si/SiO_2 晶片上的若干层 MoS_2、Ti/Au 漏极和源极，在 MoS_2 顶部的 HfO_2 层和 PDMS 液体容器组成。

FET 生物传感器的漏极电流可以表示为[38]

$$I_{DS}=g_m\left(V_{GS}-V_{TH}-\frac{V_{DS}}{2}\right) \tag{5.1}$$

其中，g_m、V_{GS}、V_{TH}、V_{DS} 分别为 FET 的跨导、栅极相对于源极的电压、阈值电压、漏极至源极电压。响应量 S 可以计算为[39]

$$S=-\frac{I_{DS}-I_{DS(anti)}}{g_m}=\Delta V_{TH}=\frac{qd_{SiO_2}\sigma_{TNF}}{K_{SiO_2}\varepsilon_0} \tag{5.2}$$

其中，$I_{DS(anti)}$、ΔV_{TH}、q、d_{SiO_2}、σ_{TNF}、K_{SiO_2} 和 ε_0 表示在生物传感器的抗体功能化阶段获得的漏极电流、FET 生物传感器的阈值电压变化、电子电荷量、SiO_2 的厚度、TNF 的面密度，SiO_2 的介电常数和自由空间的介电常数。FET 生物传感器的最大响应 S_{max} 可计算为[37]

$$S_{max}=S\left(\frac{n+K_D}{n}\right) \tag{5.3}$$

其中，K_D 和 n 分别表示亲和平衡常数和 TNF-α 浓度。

2017 年，Chia Ho Chu 等[39] 开发了一种 AlGaN/GaN FET 生物传感器，用于检测人血清中的蛋白质。V_{GS} 和 V_{DS} 的增加使 AlGaN/GaN HEMT 的漏极电流改善，具有较高栅电极开口面积的 AlGaN/GaN HEMT 具有优异的漏极电流性能，而具有低栅至通道间隙的 AlGaN HEMT 表现出的优异的漏极电流，与裸 AlGaN/GaN HEMT 相比，适体的引入将导致漏极电流的增加。

FET 生物传感器也可用于检测可能严重影响人类健康的病原性病毒。2019 年，Sho Hideshima 等[40] 成功开发了一种双通道的将葡萄糖固定在 FET 上的生物传感器，该传感器可以检测诸如埃博拉、H7N9、H5N1 和流感等病原性病毒。

5.4.2 石墨烯生物传感器

诸如石墨烯和碳纳米管等纳米材料在用于检测生物制剂以及疾病的生物传感器的开发中引起了极大的关注。碳纳米管的主要优点是出色的热稳定性和化学稳定性、良好的机械强度、高的长宽比和表面积，以及出色的电子和光学性能。石墨烯是一种二维材料，由通过共价键键合的 sp^2 杂化的单层碳原子组成。机械裂解、湿化学、热与化学合成是制造石墨烯的四种常用方法。石墨烯传感器可用于检测 NH_3、CO、H_2O 和 NO_2 等气体。高载流子迁移率、低固有噪声和高电荷密度是石墨烯材料的独特性能，这使其对开发生物传感器具有吸引力。

2004 年，K. S. Novoselov 等[41] 介绍了第一个用于检测气体的石墨烯传感器。石墨烯材料可用于检测生物分子，例如核苷酸、核碱基以及单链和双链 DNA。电化学石墨烯生物传感器已用于检测不同的蛋白质生物标志物。2008 年，P. K. Ang 等[42] 报告了一种用于溶液检测的石墨烯 pH 传感器。2009 年，Y. Wang 等[43] 报告了使用壳聚糖还原氧化石墨烯（chitosan-reduced graphene oxide，RGO）复合电极检测多巴胺的方法。石墨烯传感器也可以用于病理细胞检测。Y. Ohno 等[44] 在 2009 年报道了一种用于检测 BSA 的原始石墨烯传感器。2009 年，G. Lu 等[45] 报告了使用 RGO 制造的 NO_2 传感器。石墨烯传感器可以在 Si/SiO_2 或 6H-SiC 衬底上制造。2010 年，H. Y. Jeong 等[46] 成功地在 RGO 薄膜网络上使用 CNT 阵列开发了一种柔性 NO_2 传感器。后来，V. Dua 等[47] 改进了柔性 NO_2 传感器的检测范围极限。2010 年，M. Shafiei 等[48] 报告了使用 RGO 薄膜开发氢传感器的过程。J. L. Johnson 等[49] 在 2010 年也报告了一种石墨烯传感器，该传感器使用 Pd 涂层石墨烯纳米带来检测 H_2。同年，Y. Huang 等[50] 展示了一种用于检测谷氨酸和葡萄糖的石墨烯传感器。2011 年，E. Massera 等[51] 开发了一种石墨烯传感器，以使用 RGO 感测湿度。G. Lu 等[52] 于 2011 年还开发了一种石墨烯传感器，该传感器使用 RGO 来检测 NH_3。石墨烯生物传感器也可用于检测免疫球蛋白 G 和前列腺特异性抗原。2016 年，Jungkil Kim 等[53] 开发了一种基于石墨烯/硅纳米线二极管的生物传感器，用于检测 DNA-DNA 杂交。Hyunjae

Lee 等[54] 在 2016 年开发了一种用于持续监测糖尿病的电化学石墨烯生物传感器。2018 年，W. Zhang 等[55] 开发了一种复合石墨烯膜生物传感器，用于检测水中的藻毒素。2019 年，Razieh Salahandish 等[56] 开发了一种高性能的石墨烯生物传感器，可用于检测抗坏血酸生物分子。抗坏血酸的检测很重要，因为它是一种有效的还原剂和抗氧化剂，可诱发癌症和神经退行性疾病等。

5.5　聚合物有机生物传感器与微流体生物传感器

聚合物，尤其是满足新型特定需求的聚合物在电极的修饰方面具有重要的作用，以此所研发的传感器具有良好的生物医学相容性和耐化学特性，在临床医疗中具有巨大的发展潜力。随着微加工技术发展起来的微流体传感器由于所需的测定样品少、响应力强等特点，在生化测定，尤其在实现芯片实验室方面具有独特的优势。

5.5.1　聚合物有机生物传感器

导电聚合物被认为是用于压电、光学、电化学、电导、电位和安培生物传感器开发的有前途的生物材料。PEDOT［聚(3,4-乙撑二氧噻吩)］聚合物具有良好的电化学稳定性、低带隙以及良好的响应，是用于葡萄糖生物传感器研制的优秀材料。

常用的导电聚合物是 PANI［聚苯胺、聚噻吩、聚吡咯和 PEDOT］。2007 年，L. Zhang 等[57] 开发了一种使用 PANI 纳米管制造的基于导电聚合物的电化学寡核苷酸生物传感器。导电聚合物也可以用于开发光学生物传感器。F. Qu 等[58] 使用 CNT-PANI 多层膜开发了一种纳米结构的复合安培生物传感器。2015 年，Seiichi Takamatsu 等[59] 展示了在针织品上用有机导电聚合物进行直接构图以开发用于心电图的传感器。

PMEA［聚(丙烯酸 2-甲氧基乙基酯)］、POEGMA［聚(低聚(乙二醇)(甲基)丙烯酸酯)］、PPBMA［聚(磷酸甜菜碱酯甲基丙烯酸酯)］、PSBMA［聚(磺基甜菜碱甲基丙烯酸酯)］、PCBMA［聚(羧基甜菜碱甲基丙烯酸酯)］和 PSrMA［聚(甲基丙烯酸丝氨酸)］是用于开发具有生物相容性和可生物降解的生物传感器的一些导电聚合物。2014 年，Nicola Coppede 等[60] 介绍了一种基于有机电化学晶体管的生物传感器。2018 年，Matteo Ghittorelli 等[61] 开发了一种基于有机电化学晶体管的、用于检测离子的生物传感器。2019 年，Gaurav Pandey 等[62] 报道了一种新型生物材料（生物相容性荧光掺 Pt-卟啉掺杂的聚合物杂化颗粒)，被认为是开发未来葡萄糖和氧气生物传感器的有吸引力的生物材料。有机聚合物生物材料因其出色的生物相容性，可定制的光学、电学和电化学特性，被认为是构建用于医疗保健和生物医学应用的 pH 生物传感器最有前途的材料。

5.5.2　微流体生物传感器

由于芯片实验室应用的出现，以及由于其能够处理极少量液体的能力，微流体技术已在生物医学传感领域获得了极大的关注。由于降低了设备成本并且没有材料浪费，微流体技术得以快速发展。

2016 年，Wenjing Su 等报道喷墨打印可用于低成本、快速生产的 3D 微流体技术，用于医疗保健的生物传感应用。在喷墨打印的帮助下，通过最小化时间并利用最大的资源，可以显著降低制造成本。高性能生物传感器中的微流体技术使其具有高通量流体处理、小型化和小体积分析的优势。2016 年，Yu Shrike Zhang 等[63] 引入了直接监控微流体生物传感器的眼镜的概念。

微流体技术的快速发展推动了生物医学工程和医疗保健领域的技术革命，包括生物医学设备的微纳加工、生物传感器、单细胞研究、基于细胞的筛查、诊断和分析化学。最初，具有溶剂相容性、可调节的热导率和出色的热稳定性的基于无机材料的基材被用于构建微流体装置。用于制造微流体装置和系统常用的无机材料是硅。近年来，低成本且坚固的有机材料已被用于制造微流体装置。PDMS、环状烯烃共聚物、PMMA（聚甲基丙烯酸甲酯）、聚氯乙烯和聚苯乙烯是制造微流体装置广泛使用的有机材料。弹性体材料、热固性材料和塑料也可以用于制造微流体装置。2017 年，Kyung Jin Son 等[64] 报告了一种基于珠子的生物传感器，可用于检测微流体系统和设备中细胞分泌的生长因子。

5.6 金属氧化物与等离子体生物传感器

金属氧化物，尤其是近年来发展其纳米结构的金属氧化物，由于具有大体积表面积比、出色的生物活性、良好辨识性和出色的光电性能，已成为生物传感器设计与制造的新型材料，广受业内关注。

等离子体材料通常是金属结构，其离子体共振（SPR）对与金属表面接触的生物材料敏感，将成为下一代生物传感器的关键组件。SPR 场改善了与纳米金属结构接触的生物分子信号的散射和发射情况。

5.6.1 金属氧化物生物传感器

近年来，纳米结构的金属氧化物（nanostructured metaloxides，NMOs）成了开发生物传感器的重要纳米材料，因为它们具有独特的功能，例如能够为具有所需方向的生物分子的固定化提供大的表面积、出色的生物活性、出色的电学性能等。通过形态、电子转移特性、有效表面积、吸附能力、功能性和粒子尺度的工程设计，同时通过调整生物分子/金属氧化物界面的特征，增强基于 NMOs 的生物传感器的传感能力。在未来几年中，基于 NMOs 的生物传感器将在医疗保健和生物医学应用领域中发挥至关重要的作用。

镁、钛、锆、锡、铈、铁、镍与锌等金属纳米结构的氧化物因其出色的催化性能、无毒的生物相容性、功能性和纳米形态特性而成为构建智能生物传感器有吸引力的材料。采用各种方法可以实现 NMOs 的不同形态，例如可控形状纳米粒子的水热沉积，被用于粗糙纳米结构的射频（RF）溅射，也被用于 3D 纳米结构的溶胶-凝胶工艺以及用于纳米纤维和纳米棒的软模板。

NMOs 生物传感器可分为酶固定的 NMOs 生物传感器、核酸固定的 NMOs 生物传感器、抗体固定的 NMOs 生物传感器和细胞固定的 NMOs 生物传感器。

2009 年，S. Saha 等[65] 展示了利用脉冲激光沉积技术将纳米多孔 CeO_2 薄膜成功沉积到 Pt 涂层的玻璃板上，从而固定了氧化石墨烯，并开发了一种高性能的葡萄糖生物传感器。2009 年，A. A. Ansari 等[66] 报告了使用 SnO_2 纳米颗粒所开发的胆固醇生物传感器。2010 年，D. Wen 等[67] 展示了一种 TiO_2-Au/Pt 杂化纳米颗粒，它可以用于构建葡萄糖生物传感器。2010 年，J. Wang 等[68] 展示了使用 ZnO 纳米线对 DNA 进行检测。S. H. Zuo 等[69] 也开发了一种使用 ZrO_2 对 DNA 进行检测的生物传感器。V_2O_5 纳米带、ZrO_2、CeO_2、NbO_x、Cu_2O 和 ZnO 金属氧化物纳米颗粒可用于开发 DNA 生物传感器。

2009 年，I. Hafaid 等[70] 使用纳米结构的 Fe_3O_4 颗粒成功开发了固定抗体的免疫传感器。TiO_2、MnO_2、CeO_2 和 ZnO 纳米材料也可用于开发免疫生物传感器。2010 年，N. Gou 等[71] 报告了一种基于 TiO_2 的细胞固定型生物传感器，用于检测分析物。2015 年，W. Zhang 等[72] 报道了一种 Fe_3O_4 修饰的石墨烯/壳聚糖合成的复合葡萄糖生物传感器，其灵敏度为 5.658mA/cm^2/(mol·L)，检测极限为 16μmol/L，线性检测范围为 26mol/L。这种基于电化学生物传感的葡萄糖传感器具有出色性能的主要原因是，葡萄糖氧化酶通过共价键固定在 Fe_3O_4 修饰的壳聚糖掺杂石墨烯上。

2018 年，Nur Syafinaz Ridhuan 等[73] 制备了一种基于 ZnO 纳米棒的葡萄糖生物传感器，其灵敏度为 48.75μA/cm^2/(mmol·L)，线性葡萄糖检测范围为 0.05～1mmol/L。ZnO 纳米棒用作高灵敏度的安培酶电极，可通过典型的吸附作用帮助葡萄糖氧化酶的固定。2019 年，E. Danielson 等[74] 开发了基于氧化锌纳米线/金纳米颗粒的无标记生物传感器，该传感器可用于检测各种生物分子，例如 DNA、胆固醇和葡萄糖。

5.6.2　等离子体生物传感器

等离子体材料通常是金属结构，在其界面处提供称为面等离子体共振（surface plasmon resonance，SPR）的电磁振荡。人们发现 SPR 对与金属表面接触的生物材料敏感。近红外和可见光谱中的 SPR 之所以引起人们极大的兴趣，是因为在可见光/近红外波长处存在理想的光学约束，可应用在下一代生物传感器中。

在等离子体装置中，由于与传导装置进行电耦合，光波被衰减并被约束在金属表面从而形成了 SPR，这种 SPR 场改善了与纳米金属结构接触的生物分子信号的散射和发射情况。这些增加的信号分别称为表面增强的拉曼散射效应和表面增强的荧光效应，所发现的这两种效应均可用于生物感测，使得等离子体生物传感器得到了发展。2014 年，Peyman Jahanshahi 等[75] 报告了使用免疫球蛋白 M 检测登革热的 SPR 生物传感器。SPR 生物传感器可在 10min 内检测人血清样本中的登革热病毒抗体。

薄膜灵敏度、品质因数和体灵敏度是用于评估纳米等离子体生物传感器性能的关键参数。2018 年，Rinyarat Naraprawatphong 等[76] 报告了使用分子印迹水凝胶层制造的 SPR 生物传感器芯片，用于检测凝集素伴刀豆球蛋白 A（Con A）。2019 年，Hsien San Hou 等[77] 报告了使用铝纳米缝隙制造的等离子体生物传感芯片，可用于检测细胞行为和形态。等离子体生物传感器可用于检测多种生物分子，并在食品安全和药物开发应用中起着至关重要的作用。

5.7　其他生物传感器

应用基于共振镜、波导和表面等离振子共振的光学生物传感器可以分析生物分子。第一个光学生物传感器是 20 世纪 80 年代初期开发的，它在药物发现领域有巨大的发展潜力。2012 年，V. Korolyov 等[78] 综述了可用于肿瘤外科手术压力和温度监测的光学生物传感器的发展。2020 年，Milan Sztilkovics 等[79] 报道了使用光学生物传感器研究单细胞黏附动力学。

近年来，磁阻生物传感器在生物医学和医疗保健应用中获得了极大的关注。磁阻生物传感器的主要优点是转换效率高，在室温下运行以及有出色的低场灵敏度。大多数磁阻生物传感器基于量子力学效应（例如隧穿或自旋相关散射）工作。2017 年，Chih Cheng Huang

等[80] 报告了将磁阻生物传感器用于时域磁弛豫测量。磁阻生物传感器被认为是即时诊断的有前途的设备。2018 年，Kyunglok Kim 等[81] 开发了一种具有可扩展性的磁阻生物传感器阵列，该阵列具有片上磁场发生器，可用于检测生物磁性纳米粒子。

机械生物传感器可用来测量亚细胞和细胞的质量变化、位移和作用力，可用来研究生物分子之间的机械作用。机械生物传感器有四种不同类型，即：光谱测定类型、基于分离的测定类型、指纹测定类型和基于亲和力的测定类型。机械生物传感器的核心是一个小的悬臂，它可检测分析物和传感器之间的生物分子相互作用。机械生物传感器也可分为动态模式机械生物传感器和表面应力机械生物传感器。表面应力机械生物传感器可用于研究 mRNA、DNA、药物反应、蛋白质结合以及 DNA 和蛋白质的构象变化。而动态模式机械生物传感器可用于细菌菌落的实时监测以及在真空中的液相捕获和检测。2008 年，Hakho Lee 等[82] 报告了一种芯级核磁共振生物传感器，该传感器可用于组织中生物标志物的分析和检测。

未来生物医学传感器的关键技术是小型化和智能化、纳米复合材料、智能凝胶和液晶材料等新材料、无线传感器网络、便携性和可穿戴性。2011 年，Ming Chu 等[83] 开发了一种软性隐形眼镜（soft contact-lens，SCL）生物传感器，用于监测泪液。将 SCL 生物传感器戴在眼睛上，以此可对泪液含量进行生物监测。对于未来的医疗保健和生物医学应用，非常需要智能近场通信生物传感器。

2017 年，Qing Wang 等[84] 报道了所开发的便携式差压计的免疫生物传感器，该传感器用于检测甲胎蛋白。这种便携式免疫生物传感器被认为是未来及时护理及测试技术的有前途的设备。Richard Desplantes 等[85] 报告了一种基于重组天然膜蛋白的亲和力的用于临床应用的生物传感器。Rashmi Chaudhari 等[86] 报告了单与双荧光团和比例荧光生物传感器，该传感器可用于测量尿液中的尿素和 pH 值。这种比例荧光生物传感器可以在肾脏疾病的治疗中发挥重要作用。Mun Ki Choi 等[87] 于 2017 年报道了一种基于垂直氮化镓微柱的生物传感器，用于检测癌症生物标志物。2018 年，Yifan Dai 等[88] 报告了首个用于检测 Glypican-1 的生物传感器，Glypican-1 被视作胰腺癌的生物标记。

由子囊孢子引起的病原体感染会对植物造成伤害，可以借助生物传感器进行检测和监测。2018 年，Lian C. Shoute 等[89] 报告了一种测定生物免疫性的阻抗型传感器，可用于现场监测子囊孢子。Eleanor R. Gray 等[90] 报告了双通道表面波生物传感器，该传感器被认为是诊断 HIV 有前途的设备。

诸如细菌、病毒、微土壤线虫和真菌之类的寄生虫可以使植物根部组织停止生长，识别这些非常困难。Okhee Choi 等[91] 报道了基于低成本农杆菌阿片代谢所开发的生物传感器，该传感器可轻松检测植物虫瘿。2019 年，Shouukui Hu 等[92] 报告了一种可以轻松检测鲍曼不动杆菌的流量生物传感器。

Gaia Calamera 等[93] 成功开发了基于荧光共振能量转移的环状鸟苷 3′,5′-单磷酸盐（cGMP）生物传感器，可用于实时测量神经元和心肌细胞中 cGMP 的浓度。Tanuja Chitnis 等[94] 报告了使用可穿戴生物传感器对神经系统疾病（例如多发性硬化症）进行识别。2019 年，Seung Ho Lee 等[95] 开发了一种用于实时测量泪液中葡萄糖的自诊断无创生物传感器。Amyrul Azuan Mohd Bahar 等[96] 在 2019 年展示了使用基于圆形基板集成波导的微波生物传感器来检测电介质。这种微波生物传感器被认为是未来食品加工、生物传感和制药应用有前途的设备。2019 年，Chunfu Lin 等[97] 比较了基于 In_2TiO_5 与基于 In_2O_3 的电解质-绝缘体-半导体（EIS）生物传感器对尿素和葡萄糖的实时测量性能。表 5.5 给出了基于材料和应用的生物传感器的总体分类。

表 5.5　根据材料和应用对生物传感器进行总体分类

类型	所涉及材料	应用
可生物吸收	Si, SiO_2	压力感测
	Mg,Zn,Fe,Mo,MgO,SiN_x,丝绸,聚乳酸-羟乙酸,聚己内酯和聚乳酸	温度感测
柔性可穿戴	锡,锌,镍和铂	监测神经功能
	聚碳酸酯,聚对苯二甲酸乙二醇酯(PET)和聚氨酯	康复和物理治疗
	聚二甲基硅氧烷(PDMS),硅橡胶和柔软的硅弹性体	心脏、肺和血管监测
	聚(3,4-乙撑二氧基-硫代膦),聚(苯乙烯磺酸盐)(PEDOT:PSS)	葡萄糖监测
电化学	葡萄糖,氧化酶,纳米线和纳米膜	葡萄糖感测
		湿度感测
		快速分离和检测生物活性硫醇
	碳纳米管	同型半胱氨酸生物标志物的检测
		碳水化合物的检测
		检测酚,儿茶酚,乳酸和乙醇
酶催化	辣根多酚氧化酶,酪氨酸酶,乳酸氧化酶	黄嘌呤,尿素,乳糖和葡萄糖
	脲酶,过氧化物酶,醇脱氢酶,细胞色素	
	葡萄糖氧化酶,谷氨酸脱氢酶	
	有机导电盐,铁氰化物及其衍生物	
	二茂铁,染料,醌和钌	
场效应晶体管	Si, SiO_2	生物素检测
	半导体材料	检测单个分子事件
	碳纳米管	多巴胺检测
	MoS_2	肿瘤坏死因子——α 检测
石墨烯	石墨烯氧化还原物	核苷酸,核碱基以及单链和双链 DNA 的检测
有机聚合物	PEDOT,聚苯胺,聚噻吩,聚吡咯 PMEA,POEGMA,PPBMA,PSBMA,PCBMA,PSrMA	葡萄糖感测
微流控	PDMS,环状烯烃共聚物,PMMA,聚氯乙烯和聚苯乙烯	检测细胞分泌的生长因子
金属氧化物	纳米结构的金属氧化物	葡萄糖感测
		DNA 检测
		登革热的检测
等离子	金属结构	检测细胞行为和形态
		检测食品安全性和药物发现应用

参考文献

[1] Updike S, Hicks G. The enzyme electrode [J]. Nature, 1967, 214: 986-988.

[2] Karube I, Matsunaga T, Suzuki S, et al. Immobilized antibody-based flow type enzyme immunosensor for determination of human serum albumin [J]. J. Biotechnol., 1984, 1: 279-286.

[3] Liedberg B, et al. Surface plasmon resonance for gas detection and biosensing [J]. Sens Actuat, 1983, 4: 299-304.

[4] Manz A, Harrison D J, Verpoorte E M, et al. Planar chips technology for miniaturization and integration of separa-

tion techniques into monitoring systems: capillary electrophoresis on a chip [J]. J Chromatogr A, 1992, 593: 253-258.

[5] McNaught A D, Wilkinson A. Compendium of chemical terminology [D]. IUPAC recommendations, 1997.

[6] Wang L, Gupta S, Loh K J, et al. Distributed pressure sensing using carbon nanotube fabrics [J]. IEEE Sens J, 2016, 16: 4663-4664.

[7] Mani S, Vediyappan V, Chen S M, et al. Hydrothermal synthesis of $NiWO_4$ crystals for high performance non-enzymatic glucose biosensors [J]. Sci. Rep., 2016, 6: 24128.

[8] Moreira F T, Truta L A, Sales M G F. Biomimetic materials assembled on a photovoltaic cell as a novel biosensing approach to cancer biomarker detection [J]. Sci Rep, 2018, 8: 1-11.

[9] Shin J, Yan Y, Bai W, et al. Bioresorbable pressure sensors protected with thermally grown silicon dioxide for the monitoring of chronic diseases and healing processes [J]. Nat Biomed Eng, 2019, 3: 37-46.

[10] Tao H, Hwang S W, Marelli B, et al. Silk-based resorbable electronic devices for remotely controlled therapy and in vivo infection abatement [J]. Proc Natl Acad Sci, 2014, 111: 17385-17389.

[11] Luo M, Martinez A W, Song C, et al. A microfabricated wireless RF pressure sensor made completely of biodegradable materials [J]. J Microelectromech Syst, 2013, 23: 4-13.

[12] Kang S K, Murphy R K, Hwang S W, et al. Bioresorbable silicon electronic sensors for the brain [J]. Nature, 2016, 530: 71-76.

[13] Sheng L, Teo S, Liu J. Liquid-metal-painted stretchable capacitor sensors for wearable healthcare electronics [J]. J Med Biolog Eng, 2016, 36: 265-272.

[14] Carreiro S, Wittbold K, Indic P, et al. Wearable biosensors to detect physiologic change during opioid use [J]. J Med Toxicol, 2016, 12: 255-262.

[15] Kim Y, Lim T, Kim C H, et al. Organic electrochemical transistor-based channel dimension-independent single-strand wearable sweat sensors [J]. NPG Asia Mater, 2018, 10: 1086-1095.

[16] Marín-Morales J, Higuera-Trujillo J L, Greco A, et al. Affective computing in virtual reality: emotion recognition from brain and heartbeat dynamics using wearable sensors [J]. Sci Rep 8, 2018, 1-15.

[17] Kweon O Y, Lee S J, Oh J H. Wearable high-performance pressure sensors based on three-dimensional electrospun conductive nanofibers [J]. NPG Asia Mater, 2018, 10: 540-551.

[18] Hallfors N, Alhawari M, Jaoude M A, et al. Graphene oxide: Nylon ECG sensors for wearable IoT healthcare—nanomaterial and SoC interface [J]. Analog Integr Circ Sig Process, 2018, 96: 253-260.

[19] Maji D, Das D, Wala J, et al. Buckling assisted and lithographically micropatterned fully flexible sensors for conformal integration applications [J]. Sci Rep, 2015, 5: 17776.

[20] Tolvanen J, Hannu J, Jantunen H. Stretchable and washable strain sensor based on cracking structure for human motion monitoring [J]. Sci Rep, 2018, 8: 1-10.

[21] Chang C Y, Lin H T, Lai M S, et al. Flexible localized surface plasmon resonance sensor with metal-insulator-metal nanodisks on PDMS substrate [J]. Sci Rep, 2018, 8: 1-8.

[22] P. Britto, K. Santhanam, P. Ajayan. Carbon nanotube electrode for oxidation of dopamine [J]. Bioelectrochem. Bioenerg., 1996, 41: 121-125.

[23] M. D. Rubianes, G. A. Rivas. Carbon nanotubes paste electrode [J]. Electrochemistry Communications, 2003, 5: 689-694.

[24] Ichkitidze L P, Savelev M, Bubnova E, et al. Biomedical strain and humidity sensors based on carbon nanotubes [J]. Biomed. Eng, 2015, 49.

[25] Lang X Y, Fu H Y, C. Hou, et al. Nanoporous gold supported cobalt oxide microelectrodes as high-performance electrochemical biosensors [J]. Nat. Commun., 2013, 4: 1-8.

[26] Shetti N P, Bukkitgar S D, Reddy K R, et al. Nanostructured titanium oxide hybrids-based electrochemical biosensors for healthcare applications [J]. Biointerf Colloids Surf B, 2019.

[27] Munteanu R E, Ye R, Polonschii C, et al. High spatial resolution electrochemical biosensing using reflected light microscopy [J]. Sci Rep, 2019, 9: 1-10.

[28] Clark Jr L C, Lyons C. Electrode systems for continuous monitoring in cardiovascular surgery [J]. Ann N Y Acad Sci, 1962, 102: 29-45.

[29] Guilbault G G, Montalvo Jr J G. Urea-specific enzyme electrode [J]. J Am Chem Soc, 1969, 91: 2164-2165.

［30］ Cooney C，Weaver J，Tannenbaum S，et al. The thermal enzyme probe-a novel approach to chemical analysis Enzyme Engineering［M］. Plenum，New York，1974.

［31］ Besteman K，Lee J O，Wiertz F G，et al. Enzyme-coated carbon nanotubes as single-molecule biosensors［J］. Nano Lett，2003，3：727-730.

［32］ Webb A J，Kelwick R，Doenhoff M，et al. A protease-based biosensor for the detection of schistosome cercariae［J］. Sci Rep，2016，6：1-14.

［33］ Shrestha B K，Ahmad R，Shrestha S，et al. Globular shaped polypyrrole doped well-dispersed functionalized multi-wall carbon nanotubes/ nafion composite for enzymatic glucose biosensor application［J］. Sci Rep，2017，7：1-13.

［34］ Im H，Huang X J，Gu B，et al. A dielectric-modulated field-effect transistor for biosensing［J］. Nat Nanotechnol，2007，2：430.

［35］ Mohanty N，Berry V. Graphene-based single-bacterium resolution biodevice and DNA transistor：interfacing graphene derivatives with nanoscale and microscale biocomponents［J］. Nano Lett，2008，8：4469-4476.

［36］ Park S J，Song H S，Kwon O S，et al. Human dopamine receptor nanovesicles for gate-potential modulators in high-performance field-effect transistor biosensors［J］. Sci Rep，2014，4：1-8.

［37］ Nam H，Oh B R，Chen P，et al. Multiple MoS_2 transistors for sensing molecule interaction kinetics［J］. Sci Rep，2015，5：10546.

［38］ Nam H，Oh B R，Chen P，et al. Multiple MoS_2 transistors for sensing molecule interaction kinetics［J］. Sci Rep，2015，5：10546.

［39］ Chu C H，Sarangadharan I，Regmi A，et al. Beyond the Debye length in high ionic strength solution：direct protein detection with field-effect transistors（FETs）in human serum［J］. Sci Rep，2017，7：1-15.

［40］ Hideshima S，Hayashi H，Hinou H，et al. Glycan-immobilized dual-channel field effect transistor biosensor for the rapid identification of pandemic influenza viral particles［J］. Sci Rep，2019，9：1-10.

［41］ Novoselov K S，Geim A K，Morozov S V，et al. Electric field effect in atomically thin carbon films［J］. Science，2004，306：666-669.

［42］ Ang P K，Chen W，Wee A T S，et al. Solution-gated epitaxial graphene as pH sensor［J］. J Am Chem Soc，2008，130 ：14392-14393.

［43］ Wang Y，Li Y，Tang L，et al. Application of graphene-modified electrode for selective detection of dopamine［J］. Electrochem Commun，2009，11：889-892.

［44］ Ohno Y，Maehashi K，Yamashiro Y，et al. Electrolyte-gated graphene field-effect transistors for detecting pH and protein adsorption［J］. Nano Lett，2009，9：3318-3322.

［45］ Lu G，Ocola L E，Chen J. Reduced graphene oxide for room-temperature gas sensors［J］. Nanotechnology，2009，20：445-502.

［46］ Jeong H Y，Lee D S，Choi H K，et al. Flexible room-temperature NO_2 gas sensors based on carbon nanotubes/reduced graphene hybrid films［J］. Appl Phys Lett，2010，96：213105.

［47］ Dua V，Surwade S P，Ammu S，et al. All-organic vapor sensor using inkjet-printed reduced graphene oxide［J］. Angew Chem Int Ed，2010，49：2154-2157.

［48］ Shafiei M，Spizzirri P G，Arsat R，et al. Platinum/graphene nanosheet/SiC contacts and their application for hydrogen gas sensing［J］. J Phys Chem C，2010，114：13796-13801.

［49］ Johnson J L，Behnam A，Pearton S，et al. Hydrogen sensing using Pd-functionalized multi-layer graphene nanoribbon networks［J］. Adv Mater，2010，22：4877-4880.

［50］ Huang Y，Dong X，Shi Y，et al. Nanoelectronic biosensors based on CVD grown graphene［J］. Nanoscale，2010，2：1485-1488.

［51］ Massera E，La Ferrara V，Miglietta M，et al. Gas sensors based on graphene［J］. Chimica Oggi/Chemistry Today，2011，29.

［52］ Lu G，Yu K，Ocola L E，et al. Ultrafast room temperature NH_3 sensing with positively gated reduced graphene oxide field-effect transistors［J］. Chem Commun，2011，47：7761-7763.

［53］ Kim J，Park S Y，Kim S，et al. Precise and selective sensing of DNA-DNA hybridization by graphene/Si-nanowires diode-type biosensors［J］. Sci Rep，2016，6：1-9.

［54］ Lee H，Choi T K，Lee Y B，et al. A graphene-based electrochemical device with thermoresponsive microneedles for diabetes monitoring and therapy［J］. Nat Nanotechnol，2016，11：566.

[55] Zhang W, Jia B, Furumai H. Fabrication of graphene film composite electrochemical biosensor as a pre-screening algal toxin detection tool in the event of water contamination [J]. Sci Rep, 2018, 8: 1-10.

[56] Salahandish R, Ghaffarinejad A, Naghib S M, et al. Sandwich-structured nanoparticles-grafted functionalized graphene based 3D nanocomposites for high-performance biosensors to detect ascorbic acid biomolecule [J]. Sci Rep, 2019, 9: 1-11.

[57] Zhang L, Peng H, Kilmartin P A, et al. Polymeric acid doped polyaniline nanotubes for oligonucleotide sensors [J]. Electroanalysis: An International Journal Devoted to Fundamental and Practical Aspects of Electroanalysis, 2007, 19: 870-875.

[58] Qu F, Yang M, Jiang J, et al. Amperometric biosensor for choline based on layer-by-layer assembled functionalized carbon nanotube and polyaniline multilayer film [J]. Anal Biochem, 2005, 344: 108-114.

[59] Takamatsu S, Lonjaret T, Crisp D, et al. Direct patterning of organic conductors on knitted textiles for long-term electrocardiography [J]. Sci Rep, 2015, 5: 15003.

[60] Coppede N, Villani M, Gentile F. Diffusion driven selectivity in organic electrochemical transistors [J]. Sci Rep, 2014, 4: 4297.

[61] Ghittorelli M, Lingstedt L, Romele P, et al. High-sensitivity ion detection at low voltages with current-driven organic electrochemical transistors [J]. Nat Commun, 2018, 9: 1-10.

[62] Pandey G, Chaudhari R, Joshi B, et al. Fluorescent biocompatible platinum-porphyrin-Doped polymeric hybrid particles for oxygen and Glucose Biosensing [J]. Sci Rep, 2019, 9: 1-12.

[63] Zhang Y S, Busignani F, Ribas J, et al. Google glass-directed monitoring and control of microfluidic biosensors and actuators [J]. Sci Rep, 2016, 6: 1-11.

[64] Son K J, Gheibi P, Stybayeva G, et al. Detecting cell-secreted growth factors in microfluidic devices using bead-based biosensors [J]. Microsyst Nanoeng, 2017, 3: 1-9.

[65] Saha S, Arya S K, Singh S, et al. Nanoporous cerium oxide thin film for glucose biosensor [J]. Biosens Bioelectron, 2009, 24: 2040-2045.

[66] Ansari A A, Kaushik A, Solanki P R, et al. Electrochemical cholesterol sensor based on tin oxide-chitosan nanobiocomposite film [J]. Electroanalysis: An International Journal Devoted to Fundamental and Practical Aspects of Electroanalysis, 2009, 21: 965-972.

[67] Wen D, Guo S, Wang Y, et al. Bifunctional nanocatalyst of bimetallic nanoparticle/TiO_2 with enhanced performance in electrochemical and photoelectrochemical applications [J]. Langmuir, 2010, 26: 11401-11406.

[68] Wang J, Li S, Zhang Y. A sensitive DNA biosensor fabricated from gold nanoparticles, carbon nanotubes, and zinc oxide nanowires on a glassy carbon electrode, Electrochim [J]. Acta, 2010, 55: 4436-4440.

[69] Zuo S H, Zhang L F, Yuan H H, et al. Electrochemical detection of DNA hybridization by using a zirconia modified renewable carbon paste electrode [J]. Bioelectrochemistry, 2009, 74: 223-226.

[70] Hafaid I, Gallouz A, Mohamed Hassen W, et al. Sensitivity improvement of an impedimetric immunosensor using functionalized iron oxide nanoparticles [J]. J Sens, 2009.

[71] Gou N, Onnis Hayden A, Gu A Z. Mechanistic toxicity assessment of nanomaterials by whole-cell-array stress genes expression analysis [J]. Environ. Sci. Technol., 2010, 44: 5964-5970.

[72] Zhang W, Li X, Zou R, et al. Multifunctional glucose biosensors from Fe_3O_4 nanoparticles modified chitosan/graphene nanocomposites [J]. Sci Rep, 2015, 5: 11129.

[73] Ridhuan N S, Razak K A, Lockman Z. Fabrication and characterization of glucose biosensors by using hydrothermally grown Zno nanorods [J]. Sci Rep, 2018, 8: 1-12.

[74] Danielson E, Dhamodharan V, Porkovich A, et al. Gas-phase synthesis for label-free biosensors: zinc-oxide nanowires functionalized with gold nanoparticles [J]. Sci Rep, 2019, 9: 1-10.

[75] Jahanshahi P, Zalnezhad E, Sekaran S D, et al. Rapid immunoglobulin M-based dengue diagnostic test using surface plasmon resonance biosensor [J]. Sci Rep, 2014, 4: 3851.

[76] Naraprawatphong R, Kawamura A, Miyata T. Preparation of molecularly imprinted hydrogel layer spr sensor chips with lectin-recognition sites via si-atrp [J]. Polym J, 2018, 50: 261-269.

[77] Hou H S, Lee K L, Wang C H, et al. Simultaneous assessment of cell morphology and adhesion using aluminum nanoslit-based plasmonic biosensing chips [J]. Sci Rep, 2019, 9: 1-14.

[78] Korolyov V, Potapov V. Biomedical fiber-optic temperature and pressure sensors [J]. Biomed Eng, 2012, 46: 79.

[79] Sztilkovics M, Gerecsei T, Peter B, et al. Single-cell adhesion force kinetics of cell populations from combined label-free optical biosensor and robotic fluidic force microscopy [J]. Sci Rep, 2020, 10 : 1-13.

[80] Huang C C, Zhou X, Hall D A. Giant magnetoresistive biosensors for time-domain magnetorelaxometry: A theoretical investigation and progress toward an immunoassay [J]. Sci Rep, 2017, 7: 45493.

[81] Kim K, Hall D A, Yao C, et al. Magnetoresistive biosensors with on-chip pulsed excitation and magnetic correlated double sampling [J]. Sci Rep, 2018, 8: 1-10.

[82] Lee H, Sun E, Ham D, et al. Chip-NMR biosensor for detection and molecular analysis of cells [J]. Nat Med, 2008, 14: 869.

[83] Chu M, Shirai T, Takahashi D, et al. Biomedical soft contact-lens sensor for in situ ocular biomonitoring of tear contents [J]. Biomed Microdevices, 2011, 13: 603-611.

[84] Wang Q, Li R, Shao K, et al. A portable immunosensor with differential pressure gauges readout for alpha fetoprotein detection [J]. Sci Rep, 2017, 7: 45343.

[85] Desplantes R, et al. Affinity biosensors using recombinant native membrane proteins displayed on exosomes: Application to botulinum neurotoxin B receptor [J]. Sci Rep, 2017, 7: 1-11.

[86] Chaudhari R, Joshi A, Srivastava R. pH and urea estimation in urine samples using single fluorophore and ratiometric fluorescent biosensors [J]. Sci Rep, 2017, 7: 1-9.

[87] Choi M K, Kim G S, Jeong J T, et al. Functionalized vertical GaN micro pillar arrays with high signal-to-background ratio for detection and analysis of proteins secreted from breast tumor cells [J]. Sci Rep, 2017, 7: 1-12.

[88] Dai Y, Abbasi K, DePietro M, et al. Advanced fabrication of biosensor on detection of Glypican-1 using S-Acetylmercaptosuccinic anhydride (SAMSA) modification of antibody [J]. Sci Rep, 2018, 8: 1-7.

[89] Shoute L C, Anwar A, MacKay S, et al. Immuno-impedimetric Biosensor for Onsite Monitoring of Ascospores and Forecasting of Sclerotinia Stem Rot of Canola [J]. Sci Rep, 2018, 8: 1-9.

[90] Gray E R, Turb'e V, Lawson V E, et al. Ultra-rapid, sensitive and specific digital diagnosis of HIV with a dual-channel SAW biosensor in a pilot clinical study [J]. NPJ Digital Med, 2018, 1: 1-8.

[91] Choi O, Bae J, Kang B, et al. Simple and economical biosensors for distinguishing Agrobacterium-mediated plant galls from nematode-mediated root knots [J]. Sci Rep, 2019, 9: 1-9.

[92] Hu S, Niu L, Zhao F, et al. Identification of Acinetobacter baumannii and its carbapenem-resistant gene bla OXA-23-like by multiple cross displacement amplification combined with lateral flow biosensor [J]. Sci Rep, 2019, 9: 1-11.

[93] Calamera G, Li D, Ulsund A H, et al. FRET-based cyclic GMP biosensors measure low cGMP concentrations in cardiomyocytes and neurons [J]. Commun Biol, 2019, 2: 1-12.

[94] Chitnis T, Glanz B I, Gonzalez C, et al. Quantifying neurologic disease using biosensor measurements in-clinic and in free-living settings in multiple sclerosis [J]. npj Digital Medicine, 2019, 2: 1-8.

[95] Lee S H, Cho Y C, Choy Y B. Noninvasive self-diagnostic device for tear collection and glucose measurement [J]. Sci Rep, 2019, 9: 1-8.

[96] Bahar A A M, Zakaria Z, Arshad M M, et al. Real time microwave biochemical sensor based on circular SIW approach for aqueous dielectric detection [J]. Sci Rep, 2019, 9: 1-12.

[97] Lin C F, Kao C H, Lin C Y, et al. Comparison between performances of In_2O_3 and In_2TiO_5-based EIS biosensors using post plasma CF4 treatment applied in glucose and urea sensing [J]. Sci Rep, 2019, 9: 1-10.

第6章 石墨烯与纳米材料生化传感器

本章将讨论当前发展的一些新型生化传感器以及技术。首先对石墨烯电化学传感器进行介绍与讨论，包括石墨烯的结构特性与制备方法；然后介绍一些具体的石墨烯、纳米传感器及其在相关领域中的应用。

6.1 石墨烯电化学传感器概述

2004 年，Novoselov 等[1] 首次在二维碳膜中观察到电场效应，其后纳米技术获得了快速发展，并掀起了石墨烯“革命”。然而，这个 2D 纳米膜是通过简单的胶带剥离制造成的，其物理性质定义了人们现在所知的石墨烯。此后人们又发现了石墨烯的基本特性，例如高载流子迁移率、高热导率、高表面积和高柔韧性，这些为许多领域带来了新的发展机遇，尤其是消费电子领域。电化学领域是石墨烯诸多新发展领域中的一个，特别是石墨烯的高电导率使其成为电化学领域首选的材料，这是因为诸如高电导率和高表面积之类的特性可以被加以利用或控制，并可以实现例如医学诊断、环境污染控制或实验室检测在线过程监控。

6.1.1 石墨烯的结构特性与制备方法

(1) 石墨烯的结构

石墨烯是完全由 sp^2 杂化的原子碳组成的六边形结构。可以将石墨烯层视为无点缺陷、有晶界或掺杂的单独的单片石墨。石墨烯及其相关材料的结构如图 6.1 所示[2]。可以将石墨烯片卷成碳纳米管、堆叠成石墨，或折叠成球形。石墨碳的每个同素异形体均表现出不同的电化学性质，这可以通过其轨道的电子排列来解释。

石墨烯的电阻很小，电阻率约为 $1.00\times10^{-8}\Omega\cdot cm$，且相对于贵金属具有较好性价比。因此，石墨烯的这种特性使其成为新的碳基电极的理想材料。但是，石墨烯的电导率不是决定其电化学活性的唯一因素，这是因为在电化学反应中，电子是沿轨道提供给电极基质的，这样才能使水族物质被氧化。因此，轨道的对称性是石墨烯与电解质之间电子跃迁的关键。从逻辑上讲，假定不损失任何系统中的能量，则该系统必须施加电势才能使电荷转移来进行反应，而该电势应等于电子转移与氧化物分子轨道重组的能量之和。如果将石墨烯用作电极基材，则可以认为，与其他导电性较低的电极相比，高电导率可以使其电子在较低的活化能下，在电极和氧化还原探针之间实现跃迁。问题在于电导率不是决定固体电解质界面上电化学活性的唯一参数。金和铂的块状材料由紧密立方堆积的晶体结构组成，该晶体结构允许电子在多个方向上流动，从而提高了贵金属与电解质相互作用的能力。尽管石墨烯具有良好的导电性，但它具有固有的抑制电子转移并因此抑制 HOMO/LUMO 相互作用的能力。如果考虑石墨材料的结构（图 6.1），它与贵金属的结构明显不同。石墨烯是六边形排列的材料，电导率基本上仅在两个方向（x 和 y 方向）上实现。在 x 和 y 方向，碳原子通过 sigma 和 pi 键结合，从而使电子有效地流过材料。在垂直平面方向中，石墨烯中的电导率未得到相同程

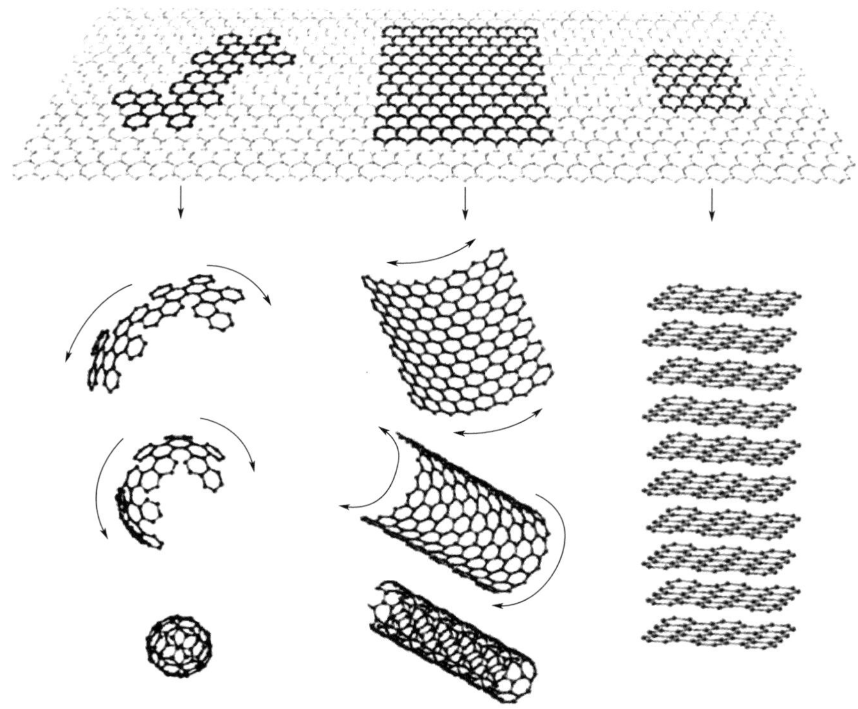

图 6.1 同素异形的碳类型的示意图

顶部：石墨烯——被形容为所有石墨碳材料的母体；左下：buckminsterfullerene（巴克敏斯特富勒烯）——本质上是球形石墨烯片，尽管这些结构具有五边形和六边形，但它以完美的结构实现了稳定性；底部中间：碳纳米管——卷起的石墨烯片；右下：石墨堆叠的石墨烯片[2]

度的识别，即分子内电导率高，但是分子间电导率低。然而，实际上，当将石墨烯用作电极时，该片材倾向于平放在支撑电极上，这意味着面对电解质的表面主要沿 z 方向。

由石墨烯的轨道结构可知，石墨烯中可用于电子转移的轨道在石墨烯结构的边缘，因此，本质上结构较大的石墨烯几乎没有轨道可用于电子转移。如果轨道的大小等于石墨烯片边缘的大小，并且在石墨烯的平面上没有其他电子转移位点，那么表明无反应（或导电性差）部分的石墨烯数量大大超过反应性（导电）部分。实际上，这反映在石墨大电极中：边缘平面电极通常比基质平面电极表现出更大的有效电子转移速率常数（k_{eff}^{0}），大约为两个数量级，如表 6.1 所示。因此，如果石墨烯被定向为使其边缘平面暴露于溶液中，则可以实现有效的电子转移。但是，如果石墨烯自身取向为使未反应的平面暴露于目标分析物，则电化学反应效率较低，并且需要更多的能量进行活化。因此，不仅需要考虑石墨烯的导电性，还需要考虑其电各向异性。

表 6.1 在不同的石墨环境中电子转移速率常数

电极	分析物	速率常数 k_{eff}^{0}/(cm・s^{-1})
EPPG(模拟)	$[Fe(CN)_6]^{3-/4-}$	0.022
BPPG(模拟)	$[Fe(CN)_6]^{3-/4-}$	$<10^{-9}$
EPPG	$[Ru(NH_3)_6]^{2+/3+}$	0.106
EPPG/100ng 原始石墨烯	$[Ru(NH_3)_6]^{2+/3+}$	8.86×10^{-3}

续表

电极	分析物	速率常数k^0_{eff}/(cm·s^{-1})
EPPG/400ng 原始石墨烯	$[Ru(NH_3)_6]^{2+/3+}$	1.33×10^{-3}
CVD 石墨烯	FeMeOH	0.042
BPPG	FeMeOH	7.0×10^{-3}
机械剥落的石墨烯(透明胶带)	FeMeOH	0.5
CVD 石墨烯(非 PMMA 转移)	FeMeOH	0.4
阳极氧化外延生长的石墨烯	$[Fe(CN)_6]^{3-/4-}$	0.01
CVD 石墨烯边缘电极	$[Fe(CN)_6]^{3-/4-}$	6.3×10^{-3}
Hummers 合成的热还原 GO	$[Fe(CN)_6]^{3-/4-}$	8.30×10^{-3}
Staudenmaier 合成的热还原 GO	$[Fe(CN)_6]^{3-/4-}$	2.35×10^{-3}
Brodie 合成的热还原 GO	$[Fe(CN)_6]^{3-/4-}$	1.83×10^{-3}

(2) 石墨烯的制备方法

最初，石墨烯是通过将一层胶带固定在一块有序的热解石墨（highly ordered pyrolytic graphite，HOPG）板上进行分离的。将剥落的石墨烯残留物反复沉积在氧化的硅片上，直到剩下单层石墨烯为止。该方法简单易行，可生产质量很好的石墨烯，因为它是从已知的最纯石墨形式衍生而来的，但是，这种方法不适用于单层无缺陷石墨烯的批量生产。因此，研究者将注意力集中在大量生产的石墨烯上，研究了多种生产石墨烯的方法，例如，激光划片、展开碳纳米管、还原二氧化碳以及使用表面活性剂进行剪切剥离。如今，更常见的方法是使用化学气相沉积（chemical vapour deposition，CVD）或通过基于溶液的合成（使用 Hummers 方法的一种变体）来生产氧化石墨。

石墨烯电化学的一个奇特之处是，不同的制备方法将会决定石墨烯的电化学性质。机械剥离的石墨烯具有产生长程、有序且无缺陷的单层或若干层石墨烯的优点。此方法所制备的石墨烯是进行基础研究的最佳材料，其目的是了解石墨烯作为电极材料的真实性质。

有时利用表面活性剂由石墨来制备石墨烯。由于表面活性剂的两亲性质，片材会被轻轻剥落，使石墨烯悬浮在水性环境中而不会发生团聚。另外，最初制备石墨烯采用另一种基于溶剂的方法，其中原始片材悬浮在乙醇中而不使用表面活性剂，与表面活性剂剥落石墨烯的情况不同，该方法会发生片状团聚。

利用 CVD 制备石墨烯是用于重复生产大表面积石墨烯电极的方法，电极的直径以厘米计。CVD 石墨烯通常是高纯度的，本质上是单层或几层的。CVD 石墨烯也会起伏，在电结构中产生畸变，因此在某些情况下会发生电化学反应，这使得 CVD 石墨烯成为一些基础研究和应用研究的有趣材料。

还原型氧化石墨烯（reduced graphene oxide，RGO）是使用强氧化剂和酸从石墨上化学剥离的石墨烯。RGO 方法可在短时间（约 48h）内产生大量石墨烯，使其在批量生产方面具有吸引力。RGO 需要重点权衡的是纯度，通常，金属（源自所用化学物质）可混入石墨烯片内，并且石墨烯薄片的尺寸难以控制。RGO 通常包含缺陷和含氧物质，可用于有效的电荷转移反应，因此经常用于电化学传感器设计。

从本质上讲，机械剥落技术可提供高品质、低产量的石墨烯，这种石墨烯是研究性能的最佳石墨烯，而外延生长、CVD 和溶剂化学方法则分别适合于晶体管、透明导电层和复合材料中的应用。这并不意味着从复合材料中排除了机械剥离的石墨烯，只是某些具有较高缺陷率的石墨烯类型可能更合适且成本更低。

6.1.2　石墨烯电化学传感器

石墨烯电化学传感器是采用石墨烯（或石墨烯的衍生物）作为电极，与恒电流（或恒电压）分析检测技术相结合的一种传感器，其中石墨烯是电极结构的一部分。

考虑石墨烯电化学的复杂性，将传感器分为以下几类：表面活性剂剥落的石墨烯、不含表面活性剂的石墨烯、化学气相沉积石墨烯和 RGO。

石墨烯的合成方法有很多种，每种类型的石墨烯的有效电子转移速率常数 k_{eff}^{0} 是在其环境中的电极表面电化学活性的量度。根据经验，k_{eff}^{0} 越高，系统的电化学可逆性越好。

(1) 表面活性剂剥落的石墨烯

表面活性剂剥落的石墨烯是采用表面活性剂从石墨原料中剥离制成的石墨烯，例如可采用 Knieke 等[3] 介绍的方法。在 Knieke 的方法中，所采用的表面活性剂使其疏水性尾部键合至石墨烯，从而使石墨烯片溶入水性环境中。最初，这是提高石墨烯产量的一种有前途的方法。但对石墨烯的电化学研究反而使得电化学工作者感到困惑。例如，新加坡南洋理工大学的 Pumera 研究小组报告了 2011 年末到 2012 年初石墨烯的电催化作用，描述了用于 TNT 电分析测定的基于石墨烯的传感器。在他们的工作中，将一系列 0.5μg 的石墨材料固定在玻璃碳电极上，以探测各种石墨烯产品的电化学行为。使用循环伏安法，观察到所有使用的石墨烯都具有相似的电化学响应，而使用石墨对 TNT 所进行的对照实验所得到的伏安电流略有降低（图 6.2）。

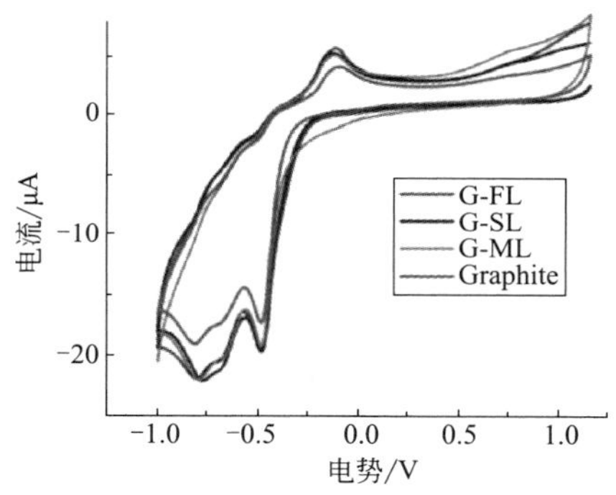

图 6.2　单层（G-SL）、几层（G-FL）和多层（G-ML）石墨烯纳米带与石墨微粒上的 $14\mu g \cdot mL^{-1}$ TNT 的循环伏安图

条件：背景电解质，0.5mol/L NaCl；扫描速率为 $100mV \cdot s^{-1}$

如果将所用的石墨修饰的电极与单层石墨修饰电极的灵敏度进行比较，则对 TNT 检测的灵敏度分别为 $-176nA \cdot mL \cdot \mu g^{-1}$ 和 $-122nA \cdot mL \cdot \mu g^{-1}$。从电分析角度而言，这就意味着，对于 TNT 检测，石墨烯的灵敏度比石墨的灵敏度要高，因为石墨的检测灵敏度约为石墨烯的三分之二。

由于较高的边缘平面覆盖率，增加的石墨烯层显著地改变响应。后来有研究表明，所测试的石墨烯都可与石墨媲美，这意味着单层石墨烯至少比石墨更能用作电极材料。

接着，Kampouris 等[4] 对这种表面活性剂剥落的石墨烯的电化学反应原理给予了解释。人们观察到若干种石墨烯对多种分析物均表现出催化作用，但 Kampouris 等假设，稳定石墨烯的常见表面活性剂，如胆酸钠水合物，可能对常见的电化学氧化还原探针产生静电排斥效应，因而导致所观察到的石墨烯电极的伏安响应存在差异。

对于热解石墨边缘平面（edge plane pyrolytic graphite，EPPG），用石墨烯修饰热解石墨（BPPG）和裸 BPPG 电极，所观察到的峰峰间距（$[Fe(CN)_6]^{3-/4-}$）分别为 67mV、122mV 和 238mV。实际上，后续工作表明，石墨烯生产所固有的表面活性剂在确定生物学相关分析物和重金属方面表现出抑制作用。

(2) 无表面活性剂的石墨烯

随着对表面活性剂剥落的石墨烯的电化学响应的了解越来越多，无表面活性剂的石墨烯的特性对于从根本上了解石墨烯真实电化学行为提出了新的挑战。尽管无表面活性剂的石墨烯易于生产，但无表面活性剂的基于溶液的石墨烯在文献中很少见。根据供应商的说法，无表面活性剂的石墨烯是通过在乙醇中超声处理石墨粉以获得石墨烯悬浮液而生产的。这种方法的主要困难在于了解材料进行声处理的时间、频率以及悬浮液的稳定性。经常使用不含表面活性剂的石墨烯（有时称为"原始"石墨烯）时一般在使用前先对悬浮液进行超声处理，以消除石墨烯片聚结的影响。

利用不含表面活性剂的石墨烯进行石墨烯电化学研究的第一个报告表明，与石墨相比，其向多个氧化还原探针转移电子的速率较慢。为了证明这一点，使用滴铸法将其电化学响应与 BPPG 和 EPPG 电极的电化学响应进行比较，得知高度有序的石墨具有两种电子的异向性效应。研究结果表明，当将 400ng 石墨烯分散在 EPPG 电极上时，电极表面积上的有效速率常数 k_{eff}^0 实际上降低了两个数量级，如表 6.1 所示。当仅添加了 400ng 石墨烯后，k_{eff}^0 从 $0.106cm \cdot s^{-1}$ 减小至 $1.33\times10^{-3}cm \cdot s^{-1}$，这表明电极有效速率常数发生了巨大变化。此外，还使用密度泛函理论（density functional theory，DFT）从理论上计算了石墨烯的 HOMO 和 LUMO 的构型，提供了边缘为反应性位点的证据，因此石墨烯片越大，电化学活性越低，这是因为石墨烯的结构实际上具有压倒性的高基极与边缘平面比，这意味着当与 EPPG 电极（没有缺陷和杂质）相比时，基于石墨烯电极的 k_{eff}^0 显著降低。

(3) 化学气相沉积石墨烯传感器

化学气相沉积是一种生产方法，可以生产纯度高的优质石墨烯，并且具有几乎无缺陷的单层石墨烯片。由于易于控制石墨烯的尺寸和厚度，可以利用 CVD 石墨烯进行更基础的石墨烯电化学研究，但具有在大块石墨的基面上未能观察到的片状波纹，这种波纹被认为是 CVD 石墨烯增强电子传输速率动力学的来源。CVD 石墨烯的积极应用表明，该生产方法在 CVD 石墨烯片上形成了石墨岛，从而有效地控制了电化学反应。这种 CVD 石墨烯对二茂铁甲醇（FeMeOH）所表现出的 k_{eff}^0 值为 $0.042cm \cdot s^{-1}$，与先前引用的模拟值处于相同的数量级，这表明 CVD 石墨烯可以与 EPPG 媲美。同时也发现，机械剥落的石墨烯对 FeMeOH 表现出了非常高的 k_{eff}^0 值，为 $0.5cm \cdot s^{-1}$，这表明工作电极类似于微电极。

对于 CVD 石墨烯，电极制备的常用方法是用 PMMA 作为转移聚合物将 CVD 石墨烯从生长基质转移到二氧化硅上。然而，一些研究表明，PMMA 将减小转移到 CVD 石墨烯的速率常数，这实际上可能是由于 PMMA 杂质影响石墨烯电极上的电荷平衡所导致的结果。Chen 等[5] 证明，当使用聚苯乙烯而不是 PMMA 转移 CVD 石墨烯时，在 CVD 石墨烯电极上 FeMeOH 系统的电子转移速率 k_{eff}^0 为 $0.4cm \cdot s^{-1}$。如表 6.1 所示，这比 PMMA 转移的 CVD 石墨烯快十倍。即使使用更高纯度的石墨烯也存在不确定性，因此必须通过一定的方法来规避 CVD 波纹和缺陷的问题，以控制 CVD 片材上的缺陷程度。

在 Keeley 等[6] 的工作中，当考察诸如$[Fe(CN)_6]^{4-/3-}$等球形氧化还原探针时，氧等离子体处理被证明对 CVD 石墨烯有效，并且对于硫酸铁铵也特别有效。Lim 等[7] 对外延生长的石墨烯进行阳极氧化的工作也展示了一种用于重现性的更简单的控制原理，从而可以就地对 CVD 石墨烯进行预处理，而不是引入氧等离子体。他们的工作使用了阳极氧化的外延生长石墨烯，与未阳极氧化的石墨烯相比，电子传输率提高了（$k_{eff}^{0}=0.01cm\cdot s^{-1}$）。此类含氧化合物的引入提高了材料的亲水性水平，从而提高了材料与水性介质之间的电化学相互作用，而没有含氧官能团的石墨烯则倾向于在其疏水性下弯曲到水性环境中。

在 Hadish 等[8] 的工作中，使用氧等离子体预处理 CVD 石墨烯片来产生氧化缺陷，以利于电化学感测，因为已证明含氧物质在某些物质的电子转移中起促进作用。Hadish 等利用 Raman（拉曼）光谱法证明了氧气处理是如何将 CVD 石墨烯转变为氧化石墨烯的，如图 6.3 所示，典型石墨烯拉曼峰的消失为这种变化提供了证据。氧化物质的出现充当了葡萄糖氧化酶的成核点。氧气的作用是促进性的，因为它使酶能够将自身锚定在 CVD 石墨烯片上，否则在平坦无缺陷的表面上是不可能的。对经等离子体处理的 CVD 石墨烯电极的伏安研究表明，其检测限为 52.6μmol/L，对葡萄糖的敏感性为 0.118μA·(mmol/L)$^{-1}$·cm^{-2}，两者均显著低于 RGO，尤其是与某种形式的金属纳米粒子结合使用时。

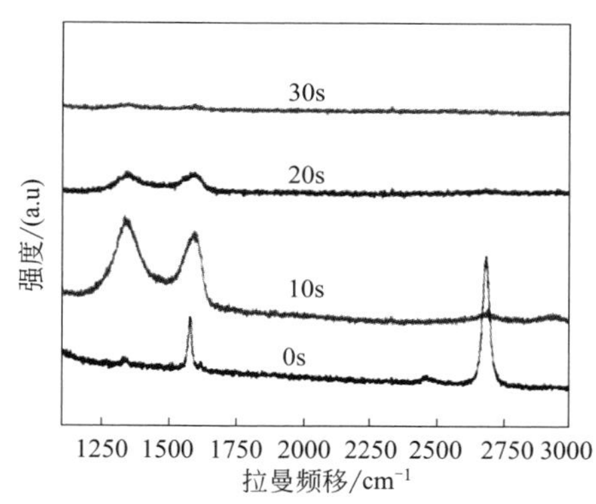

图 6.3　O_2 处理的 CVD 石墨烯在 10s、20s 和 30s 后的拉曼光谱[8]

Jiang 等[9] 对用于葡萄糖检测的石墨烯传感器进行研究，他们介绍了边缘 CVD 石墨烯纳米电极，该电极本质上是侧面翻折的 CVD 电极，因此只有石墨烯的边缘暴露给目标物。这种石墨烯对 $[Fe(CN)_6]^{3-/4-}$ 表现出 $6.3\times10^{-3}cm\cdot s^{-1}$ 的 k_{eff}^{0}，这显著小于 EPPG 电极的 k_{eff}^{0}（参见表 6.1）。在他们的工作中，通过在石墨烯结构上施加－0.4V 电压以将纳米颗粒沉积在石墨烯边缘上，从而将 Cu 纳米颗粒用作非酶感测材料。Cu 纳米粒子的添加提供了增强的伏安响应。在此，Cu 纳米颗粒以 Cu^{3+}（例如 Cu—OOH）的形式接枝到石墨烯材料上，可以与溶液中的葡萄糖进行有益的反应。这种反应提供了所观察到的伏安行为，因此可以将伏安波的幅度作为葡萄糖浓度的函数进行分析。该方法的检测极限为 0.12μmol/L，线性范围高达 1mmol/L，超过了其他非酶葡萄糖传感器。

在 Song 等[10] 的工作中，CVD 石墨烯也用于氨气的电化学感测。他们通过在各种氨浓度的影响下观察整个石墨烯片的电阻变化来研究 CVD 堆叠对检测氨气的影响。这项工作利用了石墨烯与氨之间的相互作用，其中前者充当 p 型半导体，而后者充当 n 型石墨烯掺杂剂。值得注意的是，CVD 石墨烯被转移到叉指电极并使用氧等离子体进行蚀刻，从而激活了先前提到的 CVD 石墨烯片。氨优先吸附在碳纳米材料（例如单壁碳纳米管）的终止功能结构上，其作用机理可能是通过氧化功能来实现的。然而，由于石墨烯片中的空穴被占据，因此在整个单层石墨烯上观察到的电阻变化比在多层石墨烯的情况下更高。还报告了 1ppm 的检测极限，这大大低于空气中的允许极限。

(4) 还原氧化石墨烯

采用化学溶剂途径合成的还原氧化石墨烯是最常用于传感器的石墨烯材料，因为方法相对简单，可在实验室中大规模合成。RGO 是用 Brodie、Staudenmaier 或 Hummers 方法批量合成的，后者是最常见的方法，因为它合成速度更快并且避免了有毒气体的产生。此方法产生石墨烯（或更可能是石墨）氧化物，然后以某种方式（化学、电化学或热）将其还原。当与原始石墨烯相比时，就最终每单位表面积而言，采用合成技术使 RGO 极具缺陷。由于结构性缺陷引起了可重复性问题，因此带来了不确定性。但 RGO 的结构将导致一系列终止功能组，例如羰基、羟基和环氧基。这就意味着，RGO 制备方法的不同将会导致每种材料的 k_{eff}^{0} 发生变化。

就感测应用而言，有缺陷的与被氧化的物质的增加将是有益的，因为这会为电荷转移反应或更多电响应性材料（如金属纳米粒子）的成核提供更多的电化学活性位。

RGO 的电化学反应取决于目标分析物、电极制备方法和石墨烯制备方法。使用滴铸法对 RGO 进行实验已证明，等分试样的材料被滴在工作电极上，有些物种受益于含氧物种，而另一些物种的伏安响应性较小。通常，这是通过将纳米颗粒接枝到 RGO 的反应区域（即边缘平面和含氧物质）来实现的。此方法已用于多个应用中，例如用于一氧化氮检测的 Pd-RGO，用于氢气检测的 Pd-RGO，用于过氧化氢和 TNT 检测的 Pt-RGO 和用于汞检测的金-RGO。

具有钨酸锆的 RGO[RGO-$Zr(WO_4)_2$]是已用于检测多巴胺的实例。本例采用 RGO 和 $Zr(WO_4)_2$ 检测多巴胺的基质。所用的酪氨酸酶通常用于多巴胺检测，但是诸如缺乏选择性和电化学敏感性之类的问题通常阻碍酪氨酸酶作为有用的检测策略的使用。因此，RGO/$Zr(WO_4)_2$ 复合物的作用是改善酪氨酸酶生物识别向电极表面的转导，可通过安培法在+0.70V 下测量放大信号并进行分析。这种方法的优点是传感器具有选择性，并且能够检测纳摩尔浓度的多巴胺。其缺点是复杂的电极设计将会由于零件数量过多而引入误差，并且仅能检测有限数量的干扰物。

Mazaheri 等[11] 使用 RGO 和镍纳米颗粒作为非酶葡萄糖传感器。在他们的工作中，ZnO 纳米线在 FTO 电极上水热生长，从而提供了具有大表面积的六角形管状结构。ZnO 表面施加−2.1V 电压，在 5min 内用镍纳米粒子进行电沉积，从而形成了具有接枝的镍纳米粒子的六边形结构。然后将 RGO 电泳沉积在电极上，该电极桥接 ZnO 纳米线的末端，并从本质上使电子转移过程在动力学上更加有利（峰值电势降低了 80mV）。这极大地改变了伏安法对葡萄糖检测的能力，其灵敏度为 $2.030\mu A\cdot(mmol/L)^{-1}\cdot cm^{-2}$。另外，他们还测量了复合材料的 k_{eff}^{0} 为 $0.16cm\cdot s^{-1}$，表明可以控制和调整石墨烯材料达到所需的响应。RGO/金属或金属氧化物纳米粒子传感器的种类繁多，表 6.2 总结了一些 RGO 新检测应用。

表 6.2 RGO 纳米复合材料的一些新应用

纳米粒子类型	目标物种	参考文献
氧化锡(Ⅳ)	Lysine(赖氨酸)	文献[12]
氧化钛(Ⅳ)	Cyanide(氰化物)	文献[13]
氧化钒	Dopamine(多巴胺)	文献[14]
氧化钴	L-cysteine(半胱氨酸)	文献[15]
氧化铁(Ⅱ/Ⅲ)	Glucose(葡萄糖)	文献[16]
氧化铜	Glucose(葡萄糖)	文献[17]

金属纳米粒子 RGO 结构不仅可用于协助扩散控制的电荷转移反应，还可以用于阳极溶出，这对于在水性环境中检测重金属特别有用。与真实样品中的剥离机理相关的是存在钝化电极表面的大分子。可以使用诸如 Nafion(R) 的膜避免这种情况，该膜仅允许小分子（例如特定的金属离子）通过并与电极表面接触。

Liu 等[18] 使用 Nafion 基质中的 RGO 和金纳米颗粒成功检测了海水中的铜离子。通过将 RGO、金纳米颗粒和 Nafion 顺序浇铸在电极表面上来制备电极。将电极在 0.5mol/L 氯化钠中循环十次，以确保电极完全还原，同时还为该方法提供一定程度的可重复性（即对滴铸元素的改进）。然后使用差分脉冲阳极溶出伏安法，使用−0.3V 的累积电势和 60s 的沉积时间确定铜离子的浓度。就电流输出而言，较短的沉积时间并非最佳，但出于实际目的，Liu 等认为 60s 足以进行现场研究以改善数据采集时间。

铋纳米颗粒是 Bindewald 等[19] 的工作中所选择的材料，用来检测铅和镉。通过在乙醇和乙二醇中将 $Bi(NO_3)_2$ 与抗坏血酸作为还原剂结合，形成了称为“BiNPs”的铋纳米粒子。用超声处理混合物以完成反应，并通过离心工艺从容器中提取 BiNP。已证明将 BiNP 与 RGO 混合可增强阳极溶出，使方波伏安法中产生电流，该阳极溶出方波伏安法可用于增强混合物中 CdⅡ 和 PbⅡ 离子的峰分辨率。

将 RGO 用于基于 DNA 的传感器是选择目标生物物种的常用方法。RGO 通常使用纳米粒子（例如金）终止。将 RGO 与多壁碳纳米管进行结合，以确保 RGO 的表面不平放在电极表面上，但可利用 RGO 表面积大的特性。纳米管的目的是确保这一点，从而为 DNA 链提供高表面积，以有效连接至 RGO 上的缺陷。在电极表面进行 DNA 杂交后，由于杂交 DNA 的电绝缘特性，电极变得更具电阻性。因此，其电流-电压曲线可以作为互补 DNA 浓度的函数进行监测。

基于溶液的石墨烯也可以与分子印迹聚合物（molecularly imprinted polymer，MIP）结合使用，分子印迹聚合物可以被认为是人造酶，其不具有酶所具有的四级蛋白质结构。但 MIP 中石墨烯的一个优势是，石墨烯可以产生一种廉价的导电聚合物，非常适合感测特定目标。Mao 等[20] 通过围绕多巴胺分子构建一个由甲基丙烯酸和乙二醇二甲基丙烯酸酯组成的聚合物骨架，利用多聚酰亚胺构建了一个多巴胺传感器，多巴胺分子吸附在用刚果红改性的氧化石墨烯片上。将该复合物蒸发掉溶剂，留下聚合物滴铸在玻璃碳电极上用于感测目的。

6.2 用于检测溶菌酶的功能化银纳米颗粒生化传感器

6.2.1 常用检测溶菌酶的方法

溶菌酶存在于哺乳动物的体液中，包括眼泪、唾液、血浆、尿液和牛奶。这种蛋白质在人体中的存在是为了发展免疫系统，并在外来微生物攻击免疫系统时破坏细菌的细胞壁，从而起到极好的杀菌作用。体液中溶菌酶的浓度水平与白血病以及细菌感染，如结核、肾病和炎性肠病密切相关。溶菌酶主要通过各种食物材料摄取，因此需要适当的分析方法来分析食物样品中的溶菌酶。

目前已有许多测定方法来测量溶菌酶，例如薄层色谱（thin layer chromatography，TLC）、高效液相色谱（high performance liquid chromatography，HPLC）、酶免疫测定（enzyme immunoassay，EIA）、毛细管电泳（capillary electrophoresis，CE）、基质-辅助激光解吸/电离质谱（matrix-assisted laser desorption/ionization mass spectrometry，MALD-IMS）、表面增强拉曼光谱（surface enhanced Raman spectroscopy，SERS）、电喷雾电离质谱（electrospray ionization mass spectrometry，ESI-MS）、循环伏安法（cyclic voltammetry，CV）和电化学法。色谱和质谱法需要昂贵的纯试剂和有机溶剂，具有相当高的检测极限。酶免疫测定法成本低廉，其中特定的酶标记抗体与抗原和蛋白质进行反应以定量样品中存在的分析物的量。EIA 的缺点是颜色变化的强度无法准确反映样品中存在的分析物的量。荧光法对生物样品中的溶菌酶的测定具有高度的选择性和敏感性，这需要特定的荧光团与分析物分子发生反应并在激发后重新发射光。比色法被认为是简单、低成本、快速的方法，可用于样品源的蛋白质测定。该方法的主要缺点是发色试剂与目标分析物发生选择性反应，有时还会与其他样品的基质发生反应。EIA、荧光法和比色法需要昂贵的标记试剂才能与目标分析物发生反应。因此，需要一种简单、低成本且无标记的方法来选择性地从样品溶液中检测溶菌酶蛋白。

铂、金、银和铜等贵金属纳米颗粒（noble metal nanoparticles，NPs）由于表面积大、出色的光学特性，例如局部表面等离子体激元共振（local surface plasmon resonance，LSPR）与消光系数，被广泛用于分析化学中以检测生物和环境样品中的各种化学物质。

贵金属具有特定的 LSPR 光谱，分别在 525nm（粉红色）、400nm（黄色）和 550nm（红色）处具有特定颜色，这是由于当电磁波的可见波长与贵金属表面相互作用时，在导带中的电子将自由振荡。

将分析物引入金属 NPs 溶液会导致颜色从酒红色变为蓝色（对于 AuNPs），从黄色变为红色（对于 AgNPs），由红色变为黄色（对于 CuNPs），于是 LSPR 吸收带会根据样品中分析物溶液的添加而移至更高的波段。

最近，将金属纳米颗粒的 LSPR 吸收带的颜色变化和红移用在化学传感器中，用于比色检测各种分析物，例如金属离子，药物、农药、环境、生物、食品样品中的维生素，阳离子表面活性剂。

下面介绍以谷氨酸功能化的银纳米颗粒（AgNPs/GA）作为生化传感探针，用比色法的选择性来检测牛奶样品中的溶菌酶蛋白的过程。

6.2.2 制备与实验

（1）试剂和溶液

所使用的试剂均为分析等级的，包括：蛋氨酸、咖啡因、尿素、烟酸、葡萄糖、溶菌酶、脯氨酸、牛血清白蛋白（bovine serum albumin，BSA）、硝酸银和硼氢化钠、L-谷氨酸、十六烷基三甲基溴化铵（cetyltrimethyl ammonium bromide，CTAB）和十二烷基苯磺酸钠（sodium dodecylbenzene sulfonate，SDBS）。将 1mg 的物质溶解在 10mL 的蒸馏水或甲醇中来制备生物分子储备标准液，具体取决于物质在特定溶剂中的溶解度。用蒸馏水（distilled water，DW）稀释储备标准溶液来制备生物分子的工作标准溶液。

（2）所用仪器

所用仪器包括：紫外可见分光光度计，用于测定溶菌酶在 200～800nm 范围内对 AgNPs/GA 的 LSPR 吸收；RP-HPLC（反相高效液相色谱）用于比较从本方法获得的数据；UV-Vis（紫外可见光）用于监测 10～50nm 范围内 AgNPs/GA 的合成；利用透射电子显微镜（transmission electron microscope，TEM），在 100kV 的加速电压下确认了添加和不添加溶菌酶的 NP 的形状和大小；Nano-Zetasizer 纳米粒度电位仪，用于动态光散射（dynamic light scattering，DLS）测量，以了解将蛋白质添加到水溶液中前后 AgNPs/GA 的流体动力学直径和百分比分布；傅里叶变换红外光谱（fourier transform-infra red，FTIR），用于确定谷氨酸修饰 AgNPs 的表面。

（3）AgNPs/GA、AgNPs/Cit 和 AgNPs/CTAB 的合成

湿化学法用于合成谷氨酸、柠檬酸盐和 CTAB 封端的 AgNP。总而言之，将 1mL 的 0.1mol/L 谷氨酸添加到装有 100mL 的 1mmol/L $AgNO_3$ 溶液的 250mL 锥形烧瓶中。溶液混合器搅拌 20min，然后在连续搅拌下逐滴加入 1mL 的 0.3mol/L 冷却的 $NaBH_4$ 溶液。$NaBH_4$ 溶液的添加导致溶液的颜色从无色变为黄色，表明形成了 AgNPs/GA。将溶液混合物进一步搅拌 30min，并将合成的 NP 存储在 4℃的琥珀色瓶中。类似地，制备 AgNPs/Cit 和 AgNPs/CTAB，用于合成 AgNPs/GA，其中将封端剂从谷氨酸替换为柠檬酸三钠/CTAB。

(4) 牛奶样品中溶菌酶检测样品的预处理

通过将 10mL 牛奶样品放入装有 pH 为 8.0 溶液的 100mL 锥形烧瓶中，从牛奶中分离溶菌酶。将溶液混合物在 40℃下搅拌 1h。将溶液冷却并用 42 号 Whatman 滤纸过滤，并使用 AgNPs/GA 作为生化感测探针，测定样品溶液中的溶菌酶。

(5) AgNPs/GA 作为生化传感探针进行溶菌酶检测的程序

将溶菌酶或预处理过的牛奶样品的标准溶液的等分试样放入装有 1mL AgNPs/GA 的 5mL 玻璃瓶中，同时维持样品溶液的 pH 值。将该溶液混合物在室温下保持 5min 的反应时间。取决于添加到 NPs 溶液中分析物的浓度，溶液混合物的颜色从黄色变为红黄色。用紫外可见分光光度法研究 NPs 的 LSPR 吸收带的颜色强度和红移。

6.2.3 AgNPs/GA 生化感测探针及其讨论

(1) AgNPs/GA 的特征

在添加 $NaBH_4$ 还原剂后，通过 AgNP 和谷氨酸的溶液混合物的颜色从无色到黄色的变化，观察 AgNP/GA 的合成。用紫外可见分光光度法通过监测 NPs 在 400nm 处的 LSPR 吸收峰初步确定所合成的 AgNP 大小在 10～50nm 范围内，如图 6.4(a) 所示。将溶菌酶添加到 AgNPs/GA 中会导致颜色从黄色变为红黄色，并且在 400nm 到 440nm 可见光域的吸收带发生了红移，如图 6.4(b) 所示。用 TEM 测量确定水溶液中 AgNPs/GA 的形状和大小，

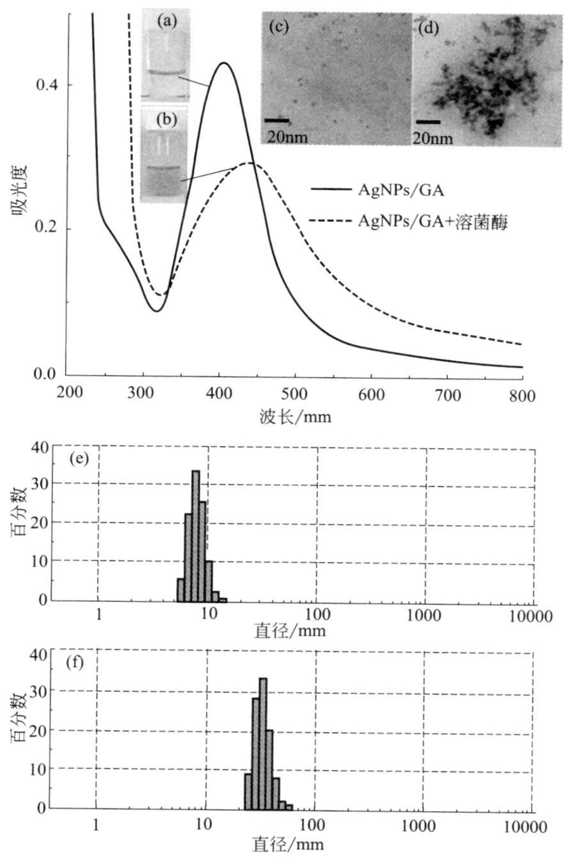

图 6.4　含有 (a) AgNPs/GA，(b) AgNPs/GA+溶菌酶以及它们各自的 UV-Vis 光谱；(c) AgNPs/GA，(d) AgNPs/GA+溶菌酶的 TEM 图像；(e) 没有 AgNPs/GA 和 (f) 添加溶菌酶的分布

其中可以观察到平均粒径为12nm±1.7nm的单分散颗粒，如图6.4(c)所示。相反，当将溶菌酶添加到NPs溶液中时，发现粒径变大，如图6.4(d)所示。最后，进行DLS测量，以了解在将溶菌酶添加到NPs水溶液之前和之后，AgNPs/GA的平均流体动力学尺寸及其在水溶液中的分布，结果如图6.4(e)和(f)所示。使用DLS测量获得的数据包括了UV-Vis和TEM分析的结果。图6.4(a)和(b)分别显示了纯谷氨酸和盖有谷氨酸的AgNP的FTIR光谱。在$3028cm^{-1}$和$2903cm^{-1}$处获得的IR峰对应于谷氨酸甲基的不对称和对称伸展。在$1351cm^{-1}$和$1512cm^{-1}$处观察到的谱带归因于N—H振动和C—N拉伸。$1639cm^{-1}$和$1056cm^{-1}$处的峰分别归因于C═O和C—O拉伸振动。与纯谷氨酸相比，用谷氨酸修饰的AgNPs观察到谱带移动和IR谱带信号强度降低，这证明了用谷氨酸对NPs进行表面修饰。

(2) 将AgNPs/GA作为生化传感探针进行溶菌酶检测的方法

AgNPs被广泛用作检测各种分析物的比色传感器或探针，因为这是一个发现水溶液中的银NPs合成物简单、快速且经济的方法。AgNPs的合成是在谷氨酸作为稳定剂的情况下，使用$NaBH_4$作为还原剂，将Ag^+还原为Ag来完成的。所制备的AgNPs/GA在400nm的LSPR吸收峰处呈黄色，可作为比色感测探针用于检测样品溶液中溶菌酶。

选择不同类型的生物分子，如蛋氨酸、咖啡因、尿素、烟酸、葡萄糖、溶菌酶、脯氨酸和BSA，以便使用AgNPs/GA作为生化感测探针从样品溶液中选择性地检测特定分子。为此，将等体积的各种生物分子（1mL）和AgNPs(1mL)放入单独的玻璃小瓶中，并将溶液混合物在室温下保持5min的反应时间，结果如图6.5所示。当NP中含有溶菌酶蛋白时，才能观察到AgNPs/GA的颜色从黄色变为红黄色[图6.5(g)]。具有其他生物分子的NP没有显示任何颜色变化[图6.5(b)～(f)、(h)和(i)]，并且保留了与AgNP/GA相同的颜色[图6.5(a)]。此外，在将其他生物分子添加到胶体NPs溶液中后，其各自的UV-Vis光谱在400nm处的LSPR带没有显著变化。颜色从黄色变为红黄色是由于水溶液中单分散颗粒的聚集造成的[图6.5(g)]。我们还观察到，随着NPs的强度逐渐降低，在440nm以上的波长处出现了新的吸收峰。当用AgNPs/GA作为生化传感探针，对样品溶液进行选择性检测溶菌酶蛋白时，颜色将发生变化，并且LSPR吸收带向更高波长偏移。

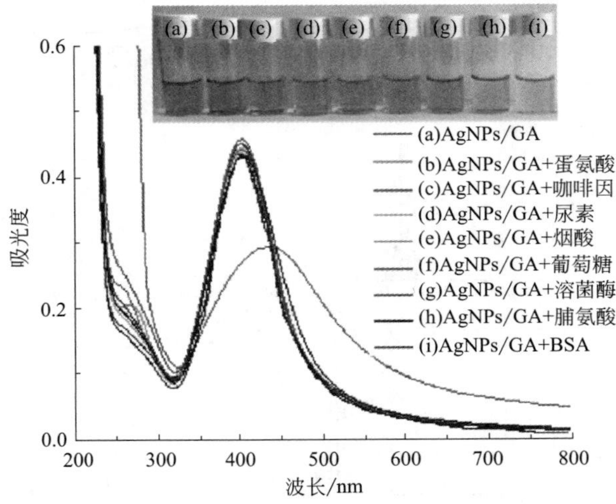

图6.5 含有NP与不同生物分子（50nmol/L）溶液混合物的玻璃小瓶，在室温下反应5min后，其各自的紫外-可见光谱

(3) 将 AgNPs/GA 作为生化感测探针进行选择性检测溶菌酶的机制

通过了解在酸性和碱性条件下 AgNPs 的表面稳定基团以及溶菌酶的结构变化，阐明对样品溶液中的溶菌酶蛋白进行选择性检测的机制。为此，在没有溶菌酶蛋白的情况下，将具有不同 pH 的等体积的 AgNPs/GA 溶液混合进行对照实验。结果见图 6.6(a)～(f)。装有谷氨酸的 AgNP 的玻璃瓶［图 6.6(a)］显示黄色，在可见光范围内约为 400nm 处发现 LSPR 吸收带。这是因为谷氨酸在 NP 的表面上含有羧酸根离子（COO^-），并且颗粒之间的排斥力大于吸引范德华力，从而阻止了它们的立即聚集。因此，由于其在水溶液中的单分散性，使其长期保持良好的分散性和稳定性，并被用作生化感测探针。然而，在 pH 为 3.0 时，由于 NP 表面上存在的羧酸根离子（COO^-）质子化，AgNPs/GA 呈现出粉红色，引起聚集，随后 NPs 的颜色从黄色变为红黄色，如图 6.6(b) 所示。谷氨酸的 pI（等电点）为 3.22，且低于 pH 值（3.0），存在于 NPs 表面的羧酸根离子（COO^-）被质子化。这导致颗粒之间的排斥力减小，随后发生聚集和颜色变化。如图 6.6(c)～(e) 所示，不同 pH 值（5.0～9.0）溶液的 AgNPs/GA 溶液呈黄色，这是因为羧酸根离子的相对浓度在此范围内最大，相互排斥并防止结块。此外，如图 6.6(f) 所示，pH 值（>9.0）的增加会引起 NP 的聚集，

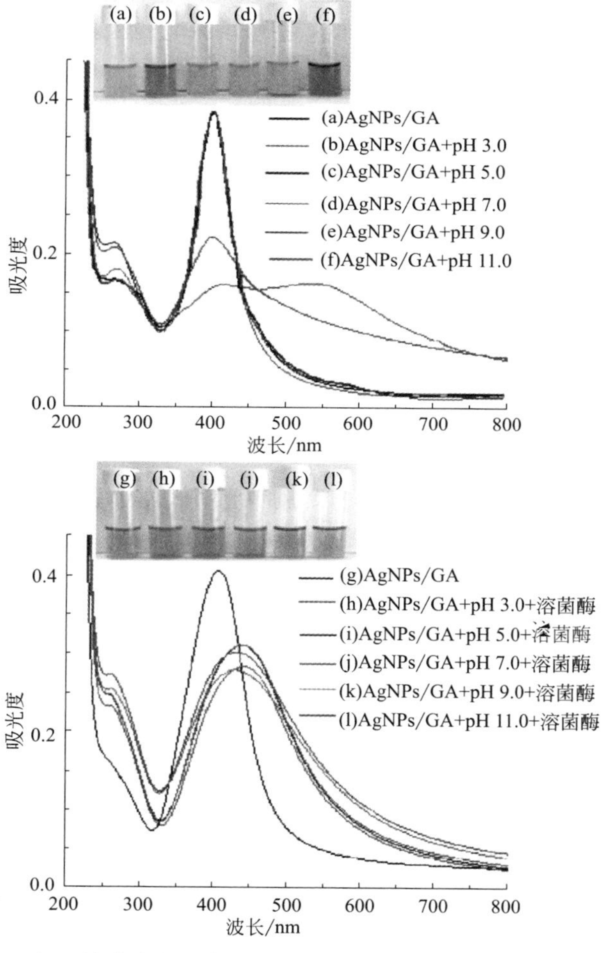

图 6.6 含有（a）AgNPs/GA 的玻璃瓶图像，具有（b）3.0、（c）5.0、（d）7.0、（e）9.0 和（f）11.0 的不同 pH 的 AgNPs/GA 溶液及其各自的 UV-Vis 光谱；AgNPs/GA 与溶菌酶蛋白（50nmol/L）的溶液混合物与（g）3.0、（h）5.0、（i）7.0、（j）9.0 和（k）11.0 的不同 pH 溶液及其各自的 UV-Vis 光谱

随后溶液的颜色从黄色变为深棕色，这是由于溶液中氨基酸的平均电荷减少所致。因此，pH 范围为 5.0～9.0，对于使用 AgNPs/GA 作为生化感测探针对样品溶液进行选择性检测溶菌酶是有利的。

接下来，通过将不同的 pH 溶液掺入含有 AgNPs/GA 的玻璃小瓶中，在溶菌酶蛋白存在下进行了实验。结果见图 6.6(g)～（l)。将 pH 值（3.0～11.0）溶液添加到 AgNPs/GA 与溶菌酶混合的溶液中后，确定 440nm 和 400nm 处的吸光度（ΔA）值之差。pH 值为 5.0～9.0 的溶液混合物显示出较高的 ΔA 值，如图 6.6(i)～(k) 所示。这是因为溶菌酶蛋白质的 pI 值为 11.1，并且当样品的 pH 值保持在蛋白质的 pI 值以下时，它在蛋白质表面上含有正电荷离子。NPs 的谷氨酸负电荷对带正电荷的蛋白质分子产生静电力。这增加了蛋白质的整体结构，并导致 NP 聚集，随后溶液颜色从黄色变为红黄色。此外，将 AgNPs/GA 作为生化感测探针，在 pH 7.0 下进行了溶菌酶的选择性测定实验。

另外，进行另一个对照实验以确定 NP 和溶菌酶蛋白之间相互作用的静电力。为此，具有 CTAB 与柠檬酸基团覆盖的 AgNP 被合成，并在优化条件下对检测溶菌酶的能力进行了测试。含有 AgNPs/CTAB 和溶菌酶蛋白的玻璃瓶［图 6.6(c)］显示为黄色（在 400nm 处有吸收带)，作为 AgNPs/GA 的空白溶液。这是由于三甲基胺的正电荷和 AgNPs/CTAB 疏水碳链的长链阻止了水溶液的聚集。接下来，对柠檬酸盐覆盖的 AgNP 也进行了检查，以检测溶菌酶，如图 6.6(d) 所示。LSPR 谱带从 400nm 到 440nm 的颜色变化和红移是由于 NPs 的羧酸根离子的负电荷与带正电的蛋白质之间相互作用的静电力导致 NPs 的聚集。因此，用 CTAB 和柠檬酸盐覆盖的 AgNPs 进行的对照实验支持 NPs 和溶菌酶蛋白之间的静电力导致颗粒聚集，随后 LSPR 带在可见区发生红移。

基于以上发现，提出了一种使用 AgNPs/GA 作为生化感测探针从样品溶液中选择性检测溶菌酶蛋白的机制，如图 6.7(a) 和 (b) 所示。盖有谷氨酸的 AgNPs 呈黄色，这是因为 NPs 的羧酸根离子（COO^-）阻止了它们在 pH 值为 3.0～9.0 范围内的排斥力而聚

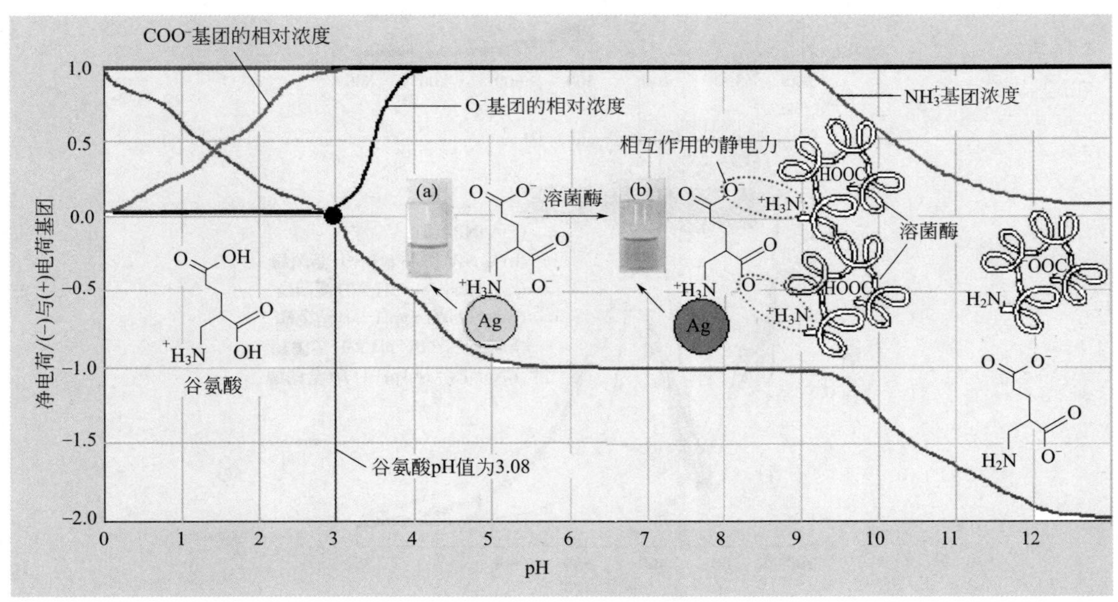

图 6.7　不同 pH 溶液中的 AgNPs 谷氨酸的电荷分布

(a) 由于颗粒在水溶液中的单分散性，AgNPs/GA 呈黄色；(b) 由于静电力的相互作用，使谷氨酸的负电荷和蛋白质的正电荷引起 NP 的聚集，因而 AgNPs/GA 和溶菌酶的混合溶液显示出红黄色

集，如图 6.7(a) 所示。然而，当溶菌酶蛋白引入 NPs 溶液中时，获得了可见区域中 LSPR 吸收带的颜色变化和红移。这是因为封端基团的羧酸根离子和溶菌酶蛋白的铵离子之间相互作用的静电力扰乱了 NP 的排斥力，随后聚集和 LSPR 带的颜色变化/红移，如图 6.7(b) 所示。

(4) AgNPs 生化传感探针测定溶菌酶的线性范围、相关系数和检出极限

确定线性范围、相关系数（R^2）、检测极限和精密度，以鉴定 AgNPs/GA 作为溶菌酶测定的生化传感探针的用途。通过将不同浓度的溶菌酶（3～150nmol/L）掺入到含有 NP 的 pH 值为 7.0 的溶液中，估算线性范围。摇动溶液混合物，并在室温下保持反应时间 5min，结果如图 6.8 所示。NPs 的颜色从黄色变为红黄色和 LSPR 吸收带红移，随着不同浓度的分析物的添加，信号强度也随之降低。记录不同浓度蛋白质溶液在 400nm 和 440nm 处的吸收，计算 ΔA(400nm 与 440nm 处的吸光度差）来绘制标准校准曲线。获得了用于确定真实样品中溶菌酶的线性方程（$y=0.019x+0.153$）。测定溶菌酶的线性范围为 3～150nmol/L，具有较好的相关系数（为 0.995）。还通过将最小量的蛋白质掺入 NP 中来计算测定样品溶液中溶菌酶的 LOD，该蛋白质在标准偏差（3σ）的三倍处可显示信号强度的变化。测定溶菌酶的 LOD 值为 1.5nmol/L。

通过对 5nmol/L pH 值为 7.0 的 50nmol/L 溶菌酶进行 6 次分析，确定相对标准偏差百分比（RSD,%）。RSD 值为 2.5%证明了从生物样品中测定溶菌酶的方法具有较好的精度。AgNPs/GA 的稳定性还通过在优化条件下，连续几天（$n=30$）进行溶菌酶分析确定 RSD 来研究。连续 30 天分析得出的 RSD 值为 3.0%，表明 AgNPs/GA 具有更好的稳定性，可使用感测探针从样品溶液中测定蛋白质。

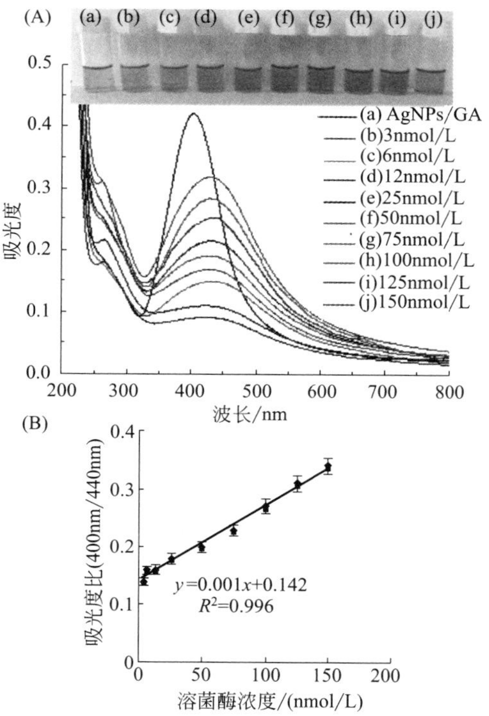

图 6.8　含有 AgNPs/GA 的溶液混合物和不同浓度的溶菌酶以 1∶1 的比例，在 pH 值为 7.0 的条件下进行 5min 反应而产生的玻璃小瓶的图像（A）和（B）不同溶菌酶浓度的校准曲线

(5) AgNPs/GA 生化感测探针在牛奶和蛋清中测定溶菌酶

在优化的条件下，使用 AgNPs/GA 测定牛奶样品中的溶菌酶。将稀释后的预处理牛奶样品放入含有 NPs 的 5mL 玻璃小瓶中，同时在室温下将样品溶液的 pH 值保持 5min 的反应时间。AgNPs/GA 的颜色从黄色变为红黄色表明样品中存在溶菌酶，LSPR 吸收峰向更高波长移动。发现从牛奶样品获得的 LSPR 谱带与从溶菌酶标准样品获得的峰相似，表明测量值和采集值之间具有良好的一致性。使用线性最小二乘方程将 400nm 和 440nm 处的吸光度值之差用于定量测定牛奶样品中的溶菌酶。因此，使用 AgNPs/GA 作为生化传感探针获得的结果表明了从复杂的生物基质中定量测定蛋白质的方法的潜力。

(6) 干扰物对作为生化传感探针的 AgNPs/GA 进行测定溶菌酶蛋白的影响

牛奶样品中可能存在不同类型的化学物质，例如葡萄糖、果糖、蔗糖、乳糖、棕榈酸、BSA、α-乳白蛋白、酪蛋白、Na^+、K^+、Ca^{2+}、Mg^{2+}、Fe^{3+}、Cu^{2+}、Ni^{2+}、Zn^{2+}、Cl^- 和 PO_4^{3-}。在优化的条件下，才能使用 AgNPs/GA 作为生化传感探针，在存在这些化学物种的情况下进行选择性检测溶菌酶的实验。结果以条形图的形式显示在图 6.9 中，在向 NP 中添加不同化学物质后，AgNPs/GA 在 400nm 处向 440nm 处产生了谱带移动的信号响应。加入不同种类的物质［例如葡萄糖、果糖和蔗糖（500μg·mL^{-1}）、乳糖、棕榈酸、BSA、α-乳清蛋白和酪蛋白（550μg·mL^{-1}）、Na^+、K^+、Ca^{2+} 和 Mg^{2+}（550μg·mL^{-1}）、Fe^{3+}、Cu^{2+} 和 Ni^{2+}（400μg·mL^{-1}）和 Zn^{2+}、Cl^- 和 PO_4^{3-}（300μg·mL^{-1}）］后 AgNPs/GA（空白溶液）的黄色条形图显示出相同的信号，并且公差极限表明这些外来物质不会干扰溶菌酶的检测。此外，AgNPs/GA＋溶菌酶溶液混合物的红黄色条形图显示出与 AgNPs/GA＋溶菌酶＋多种物质的浅粉红色条形图相似的响应，这说明使用 AgNPs 作为生化传感探针，在其他干扰物质存在下，能对溶菌酶进行选择性检测。

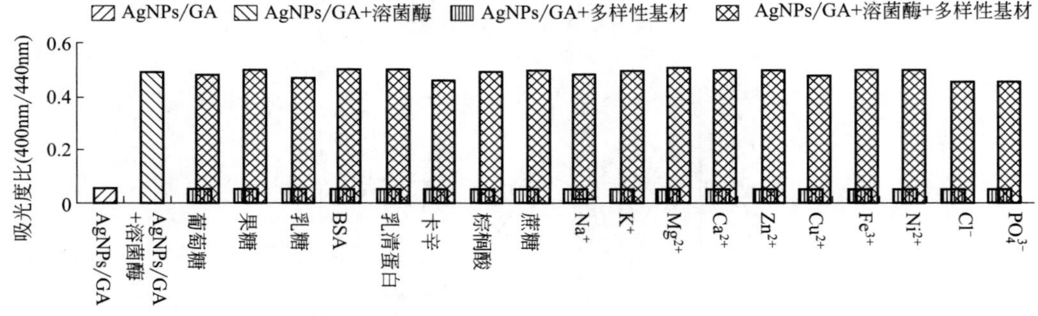

图 6.9　不同的条形图表示在牛奶样品中可能存在碳水化合物、脂质和蛋白质以及矿物质时，干扰对溶菌酶测定的影响

6.3　氧化钛纳米电化学生物传感器

TiO_2 是一种半导体材料，广泛应用于传感器、太阳能电池、水分解等领域。最近发展起来的 TiO_2 材料的新合成物得到了广泛应用，加速了生物传感器装置的发展和小型化，可对医疗中的各种重要的生物标记进行检测。

6.3.1　TiO_2 的特性

锐钛矿、板钛矿和金红石是三种天然的 TiO_2 相结构，带隙分别为 3.2eV、3.02eV 和

2.96eV。与板钛矿相比，锐钛矿和金红石的稳定性高，有助于更广泛的应用。在金红石和锐钛矿中的 TiO_2，单个晶胞由 6 个原子组成（图 6.10），与金红石相比，TiO_2 八面体在锐钛矿中的变形相对较大。TiO_2 材料对环境友好且具有生物相容性，具有理想的性能，是用于固定生物分子的潜在界面。

固定在 TiO_2 材料上的酶的生物催化活性是通过与酶中的胺和羧基形成配位键来保持的。TiO_2 材料的生物感测能力通常与结构特性、价带位置、空穴的产生以及外部自由电子所要收获的材料表面的可用性有关。分析物与生物分子之间的反应产生的电子由于其电子接受特性而容易被 TiO_2 收集。

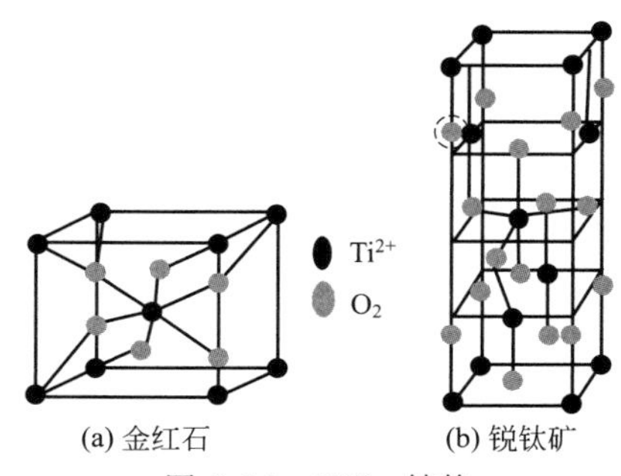

图 6.10 TiO_2 结构

通过所固定的生物识别元件对目标化合物的特异性结合的亲和力，可以在生物传感器中实现高选择性和灵敏度。由于 TiO_2 纳米材料具有上述优点，它们对于固定生物组分具有广阔的前景。

6.3.2 合成 TiO_2 纳米粒子的方法

合成 TiO_2 纳米颗粒的方法有多个，包括电沉积、水热、溶胶-凝胶、化学气相沉积、物理气相沉积、胶束/反胶束和直接氧化技术。采用上述方法，可以控制合成的 TiO_2 晶体结构以形成锐钛矿、金红石或非晶相。可以通过将温度和压力调节到特定值来精确控制 TiO_2 晶体相结构。此外，可以改变 TiO_2 纳米材料的几何形状以形成纳米球、一维和三维纳米结构。最近，研究人员已经开发出具有不同结构的 TiO_2 纳米材料。然而，目前的研究集中在 TiO_2 纳米材料的合成上，其对掺杂剂的使用和开发复合材料来改善 TiO_2 纳米材料的性能尤为重要。

为了控制外在性质并获得具有确定的结构和目标应用所需性质的材料，纳米颗粒的聚合是一种理想的方法。为了控制其固有性质，将金属离子掺杂到纳米材料是一种有前途的有效方法。

通常，纳米颗粒的合成方法可分为两类：物理方法和化学方法。与化学方法相比，物理方法更简单，但控制杂化纳米颗粒大小却很复杂。而杂化纳米粒子的化学合成方法提供了更好的性能以及受控的纳米结构，并且在纳米粒子之间获得了强大的杂交。此外，由于存在诸如聚合物壳、稳定剂之类的化学物种，用于合成杂化纳米颗粒的化学方法表现出了特别的性能。另外，在最终的纳米结构内，各个纳米颗粒有时保持分离，有时又保持联系。

杂化纳米颗粒可以通过还原金属前体或通过加工路线来合成。可以使用金属前体还原、化学还原和光还原的方法。此外，杂化纳米颗粒可以通过各种工艺路线来制造，例如热分解、水热、共沉淀、溶胶-凝胶、声化学、电沉积和种子生长。

(1) 化学还原（CR）和光还原（PR）法

通常该方法将贵金属纳米颗粒沉积在氧化金属纳米颗粒表面上，以形成贵金属修饰的氧化物金属纳米颗粒。合成过程涉及将贵金属离子吸附在氧化物金属纳米颗粒的表面，然后将化学还原剂或通过光辐照（在 PR 方法中）用于还原反应，有时还需要超声处理以进行合成。然而，诸如纯贵金属纳米颗粒和杂化纳米颗粒的混合物之类的缺点可以通过以下方法解决：

① 将化学还原剂局部固定在氧化金属（OM）纳米颗粒表面上；

② 使用金属氢氧化物和贵金属离子的氧化还原反应（不使用还原剂）；

③ 使用低重量比的纳米金属（NM）前体和 OM。

考虑到光还原法，形成氧化物的光电子在光辐射过程中起着至关重要的作用。来自过渡金属的自由电子与表面上的金属离子一起作用，从而在宿主纳米颗粒表面上形成纳米颗粒（图 6.11 和图 6.12）。

图 6.11　通过化学还原法合成杂化纳米粒子的步骤

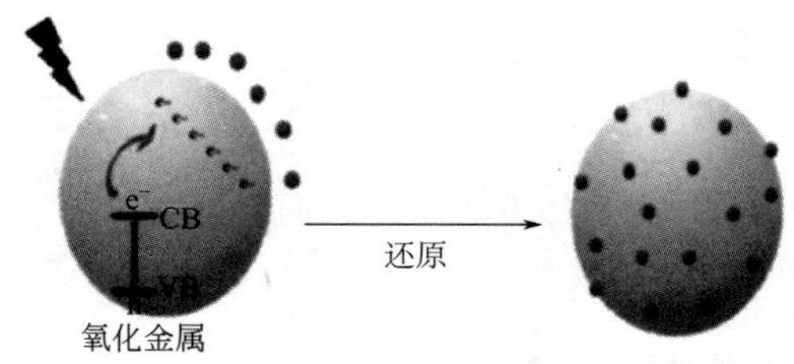

图 6.12　用光还原法合成杂化纳米粒子的步骤

（2）溶胶-凝胶法

溶胶-凝胶法是杂化纳米粒子合成的常用方法之一。根据合成过程中使用的配体/表面活性剂/稳定剂，可以获得不同的杂化纳米结构。杂化纳米颗粒的尺寸可精确控制，但杂化纳米颗粒之间的键合/杂化作用相对较弱。

通过简单的溶胶-凝胶法合成的 TiO_2 与石墨烯/TiO_2 杂化物，是一种多功能材料，具有催化和气体活性感测作用，借助紫外或可见光监测 NO_2。石墨烯/TiO_2 杂化物是通过两种方法合成的，一种方法是在开始溶胶-凝胶反应之前先将石墨烯添加到反应容器中，然后进行退火（$GTiO_2S$）；另一种方法是将石墨烯添加到已退火（$GTiO_2M$）的 TiO_2 纳米颗粒中。与 TiO_2 和 $GTiO_2M$ 相比，基于 $GTiO_2S$ 的电导率传感器对 NO_2 的响应较高。

另一种溶胶-凝胶法用于制备具有锐钛矿结构的纯的以及掺杂的 TiO_2。所合成的纳米粒子本质上是多晶的，其尺寸随 Er^{3+} 离子浓度的增加而减小，这表明由于晶界上存在掺杂离子而阻碍了微晶的生长。随着浓度的增加，由于将 Er^{3+} 离子置换为 Ti^{4+} 的位点而导致无序化，使得结晶度降低。这些结果对于理解生物成像装置、发光装置和太阳能电池掺杂的 TiO_2 纳米粒子的光学、结构和发光性质而言具有重要意义。

通过超声辅助的溶胶-凝胶法，可合成 Sn 掺杂的 TiO_2 纳米粒子。具有高表面积比的锐钛矿型结晶 TiO_2 纳米颗粒的合成对促进光催化活性和工业应用具有重要意义。然而，已经观察到未定形的 TiO_2 气凝胶必须在高温下煅烧才能改善 TiO_2 气凝胶的结晶性能。由于气凝胶框架的破坏会导致表面积比减小，因此，在不进行退火的情况下并且在超声辅助的溶胶-凝胶工艺中直接合成结晶相非常重要。结果证实，掺有 Sn 的 TiO_2 气凝胶具有高比表面积和微孔的共存相，并且微孔可以转化为中孔。

（3）水热和热分解工艺

这些方法的优点在于易于控制纳米颗粒的尺寸和形状。水热工艺通常需要高温和高压，而热分解涉及多个步骤。

水热法是大规模生产掺有 Sn 的 TiO_2 纳米颗粒的方法，所制备的纳米颗粒的尺寸和形状非常依赖于温度与 Sn 掺杂含量。依赖于合成温度，掺杂剂可促进 TiO_2 相和形态转变。

增加 Sn 掺杂剂添加量将使 TiO_2 纳米颗粒所构建单元的尺寸从 9.8nm 增加到 30.4nm，并在一定的 Sn 掺杂量阈值下降低其带隙能量。在低于 100℃的温度下，增加 Sn 掺杂会产生金红石相，而在高于 100℃的温度下，主相为锐钛矿且不受 Sn 掺杂剂含量的影响。在较高的温度下，Sn 掺杂导致形状从较小的球形变为六角形的板形。因此，Sn 的掺杂量对掺 Sn 的 TiO_2 的光学和结构性能有重要影响。

另一种方法是一步式水热工艺，由商用化的 SiO_2 和 TiO_2 合成 Si 掺杂的 TiO_2 纳米管。研究表明，Si 原子很好地嵌入了 TiO_2 纳米管的晶格中。所合成的纳米管均匀，纳米管的直径为 8nm±2nm，长度为 100～200nm。对掺杂 Si 的 TiO_2 纳米管的 X 射线衍射进行分析后表明，在 $2\theta=24°$、48°和 61°处出现三个峰，分别对应 TiO_2 和 TiO_2 锐钛矿相的（101）、（200）和（204）晶格面，在 $2\theta=27.25°$处对应 TiO_2 的金红石相的（110）面。

还有一种利用水热法对 TiO_2 纳米线进行碱处理工艺，将 TiO_2 纳米管固定在碳纤维上。从这些纳米材料的特征上所获得的结果表明，碳纤维的整个表面被内径和外径分别约为 4.6nm 和 8.7nm 的 TiO_2 纳米管覆盖。通过能量分散光谱仪（energy dispersive spectrometer，EDS）和 XPS（X 射线光电子能谱仪）分析表明，碳纤维/TiO_2 纳米管表面上存在的主要元素是 C、O 和 Ti。XRD 分析表明钛酸酯纳米管转变为锐钛矿型 TiO_2 纳米管。这表明，柔性非金属基材可有效用于 TiO_2 纳米管的固定化。

(4) 共沉淀法

该方法简单有效，但是在纳米颗粒形成后，它们会经历团簇形成，这些团簇结合形成团聚体，并且很快会进一步团聚。另外，取决于纳米粒子的性质和密度，发生整个沉淀物的沉淀。为了防止这种情况，使用原位稳定剂将纳米颗粒形式的颗粒保持为颗粒形，并立即覆盖其表面。

通过共沉淀法，给出了一种 Ag-Fe_3O_4 核-壳纳米线的生长机理。在水溶液中，使用银纳米线作为 Fe_3O_4 生长的成核位点，对反应条件进行简单调整，例如 $FeCl_3$/$FeCl_2$ 浓度、聚乙烯吡咯烷酮、反应温度和时间，可以轻松控制核-壳纳米线的尺寸和形态。

在可见光照射下具有活性且具有光生电子/空穴对的低重组的光催化剂的开发对于 TiO_2 纳米材料的广泛应用具有重要意义。通过溶胶-凝胶法合成了三氯氧化铋 TiO_2 复合材料。BiOCl 是由 Cl-Bi-O-Bi-Cl 薄片组成的四边形结构，其产生的电场由 $\{Bi_2O_2\}^+$ 的内层通过范德华力与 Cl^- 离子相互作用而产生，并导致电子产生较高的分离/孔对。

钒酸铋 $BiVO_4$ 在铁弹性和超弹性、声光特性、光催化剂和离子电导率方面的优异性能已被广泛研究。由 $BiVO_4$ 和 TiO_2 混合物可合成具有介电与结构特征的复合材料。研究表明，TiO_2 的添加改善了复合材料的热稳定性。

合成的各种 TiO_2 复合材料包括：聚多巴胺/TiO_2、硅灰石@TiO_2、NiO/TiO_2、聚酰胺 6（PA6)/尼龙 6/TiO_2、Ni-W-TiO_2，以及 TiO_2-SiO_2 复合材料上的 SiO_2。纳米材料可以合成各种结构，如纳米薄片、纳米花、纳米片、纳米棒和纳米管。

6.3.3　TiO_2 的感测过程

根据所需的应用，各种传感器的工作原理是完全不同的。基于应用的 TiO_2 传感器可分为 3 种常见类型：COD、气体和生物传感器。尽管应用完全不同，但是感测过程非常相似，可以总结为以下步骤（图 6.13）：

① 受体与分析物间的结合。

② 由于化学或生化反应，以及传感器接收信号而产生信号。

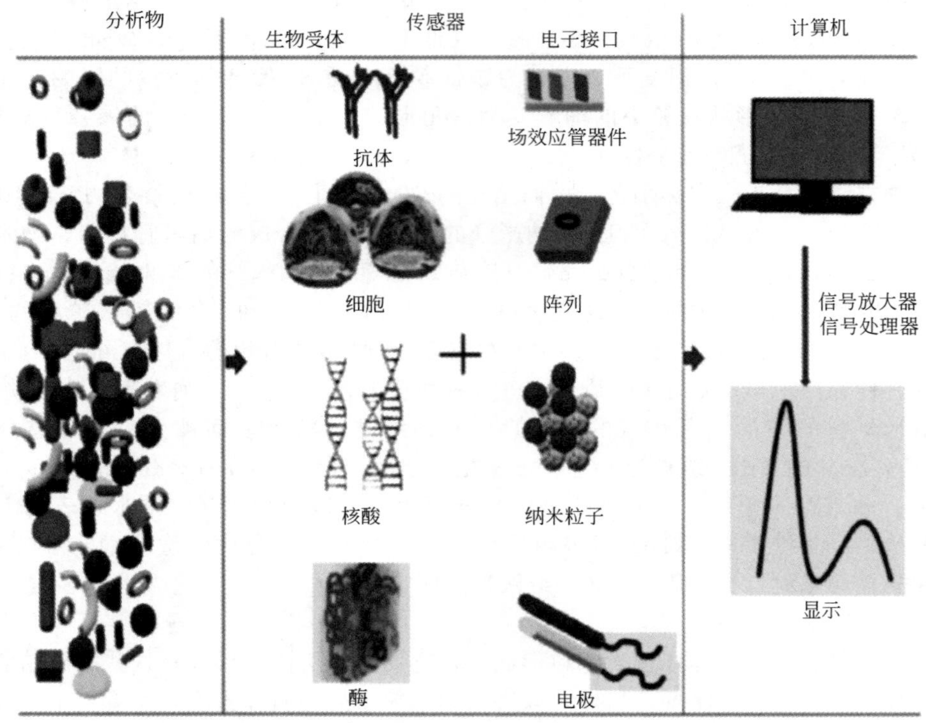

图 6.13　生物传感器系统工作原理示意图[21]

③ 通过适当的参考，检测器放大先前转换的电子信号。

④ 信号被发送到计算机进行数据处理，并由操作员检查结果。

根据感测机制，生物传感器的测量方法可分为电位法和安培法。

① 电位法：这些方法通常在电化学电池中采用，在电化学电池中，当没有相对于参比电极有效的电流流过工作电极时，从电荷电势的积累中记录电势信号。常用场效应晶体管（FET）器件来开发此类传感器，这些器件包括光寻址电位传感器（light-addressable potentiometric sensor，LAPS）、离子选择电极（ion-selective electrode，ISE）、金属氧化物敏感FET（MOSFET）和离子敏场效应管（ISFET）。在这些类型中，ISFET 和酶修饰的 ISFET 器件得到最广泛的使用和研究。FET 装置基于用于控制两个电极之间的半导体膜导电性的电场原理工作。由于 FET 装置可以检测基于高阻抗半导体的微弱信号，因此被广泛用于电化学生物传感器领域。

② 安培法：安培测量通常用三电极系统进行。TiO_2 工作电极与对电极和参比电极结合在一起。这些电极连接到电化学工作站，该工作站收集在给定电势下由电活性物质的氧化还原反应生成的电流信号。基于传感器电流收集模式，可根据给定的电位动力学使用安培法或伏安法。当在线性电势范围内测量时，两者都给出与分析物的总体浓度成正比的信号。

6.3.4　TiO_2 电化学生物传感器在医疗中的应用

对于开发即时医疗器械，电化学方法具有若干优点，包括设计简单、小型化、成本较低、检测限较低与较小的体积。TiO_2 纳米材料，包括纳米花、纳米管、纳米粒子、复合材料和纳米片，以及抗体、微生物、酶和 DNA 已被广泛用于生物传感器的开发制造。下面介绍几种 TiO_2 在电化学生物传感器中的应用。

（1）酶基 TiO_2 生物传感器

为了制造电化学酶生物传感器，TiO_2 纳米颗粒对于相关酶的固定和包封是极好的材料。研究表明，通过使用 TiO_2 修饰的电极可以改善长期稳定性和酶生物活性。各种酶可以很容易地固定在 TiO_2 纳米结构的表面或内部。多壁碳纳米管（MWCNT）和 TiO_2 纳米粒子的组合代表了一种新型的光化学测定乳酸脱氢酶的材料。电极再生了烟酰胺腺嘌呤二核苷酸，并能够将酶固定在其表面上。水热法被用于在 MWCNT 的表面上生长 TiO_2 纳米粒子。研究也表明，通过辐照 MWCNT 和 TiO_2 复合材料可以实现 NAD+孔的再生。复合材料中存在的 MWCNT 使电子远离 TiO_2 纳米粒子，并阻止电子-空穴的复合。电化学实验还表明，LDH 和 NAD+的生物活性保留在复合材料中。

使用聚苯胺（PANI）和 TiO_2 纳米管可以制造一种电化学干扰小、导电性好、生物相容性极好的电极。将葡萄糖氧化酶（glucose oxidase，GOD 或 GQx）固定在水热生成的 TiO_2 纳米管的表面上，并在该表面上用苯胺聚合。所固定的 GOD 由于在 GOD 中的黄素腺嘌呤二核苷酸与电极表面之间的电子交换而产生了伏安效应，如下式所示：

$$\mathrm{GOD(FAD)} + 2e^- + 2H^+ \rightleftharpoons \mathrm{GOD(FADH_2)}$$

在电极上加载胆固醇氧化酶，可以改善电化学发光（ECL）生物传感器对胆固醇的纳米管复合物的分析性能，该纳米复合物由预功能化 ITO 玻璃上的 Au 纳米粒子/离子液体/空心 TiO_2 纳米壳组成。作为纳米复合催化剂的一部分，酶产生的过氧化氢增强了鲁米诺的 ECL。与以前的开发方法相比，所制造的生物传感器还表现出了最低的检测限，这归因于金纳米颗粒和中空 TiO_2 纳米颗粒的引入。作为半导体的 TiO_2 纳米颗粒产生了电子/空穴对，从而促进附着在电极表面的分子的氧化还原反应。此外，由于金装饰导致带隙减小，从而导致产生更多的电子/空穴对。实验表明胆固醇氧化酶通过胆固醇氧化催化 H_2O_2 而产生有效的活性。

一种基于 Au/空心 TiO_2 纳米复合预功能化电极的电化学发光生物传感器用于胆固醇的测定，通过将戊二醛交联到功能化的 ITO 上，将胆固醇氧化酶固定在牛血清白蛋白上。

葡萄糖氧化酶的催化能力已被广泛用于制造电化学葡萄糖生物传感器。葡萄糖检测的主要目标是开发第三代生物传感器，该传感器在电极表面和葡萄糖氧化酶的 FAD 辅助因子之间直接进行电子转移（DET），而无需介体。然而，由于生物分子中的氧化还原中心位于酶腔的深处，因此难以在常规电极上实现酶的 DET。

N. P. Shetti 等[21] 开发了四方柱状 TiO_2（TCS-TiO_2）纳米棒以固定葡萄糖氧化酶，这是基于直接电化学的新型电化学葡萄糖生物传感器的一部分。TCS-TiO_2 纳米棒通过表面控制和准可逆过程将酶固定，以保持其生物活性和结构，并通过快速的电子转移来保持其活性。由于 TCS-TiO_2 纳米棒的表面积大，电极表面和酶之间的电子转移得到增强。使用改良的 GOx/TCS-TiO_2/壳聚糖/GCE，所记录的伏安图显示出了清晰的峰，表明 TCS-TiO_2 改善了电极表面与酶的氧化还原活性中心之间的电接触，促进了 GOx 的直接电化学反应。另外，与其他电极相比，较大表面积的电极增加了还原峰值电流。此外，氧化和还原的峰电位相隔 54mV，表明电极表面和氧化还原活性位之间的直接电子转移较快。

（2）掺杂的 TiO_2 纳米粒子

TiO_2 纳米粒子是具有可靠的化学性质、低毒性和低成本的光催化活性材料。然而，由于光生载流子易于重组及其带隙较宽，量子效率较低，因此在某些领域中，TiO_2 纳米粒子的广泛应用受到限制。为了解决这些问题，已经使用了诸如非金属和金属掺杂以及半导体耦合之类的方法。掺有金属（例如锡，锌，金和铂）的 TiO_2 纳米颗粒已用于光催化、气体感测和湿度测量中。由于其高化学稳定性和优异的光催化活性，掺杂的 TiO_2 纳米颗粒也已被用作生物传感器，掺杂的 TiO_2 纳米颗粒已被用于提高光电性能，因为掺杂可以增加透明度和导电性，并极大地影响 TiO_2 纳米膜的感测性能和晶体结构。

由采用共溅射系统制造的掺钌的 TiO_2 感测电极所组成的电化学传感器是用来检测葡萄糖浓度的。通过将酶复合物滴铸到 Ru/TiO_2 感测膜上来制备葡萄糖生物传感器。所制造的 Ru/TiO_2 感测膜是应用共溅射系统完成的，该共溅射系统由射频电源发生器和带有钛和钌靶的直流电源组成。在 3×10^{-2}torr（1torr＝1.33322×10^2Pa）的工作压力下，以 7.9nm/min 的生长速率沉积 1h。退火后，用环氧树脂包装基于 Ru/TiO_2 的 pH 感测膜。为了将酶固定在感测膜上，将葡萄糖氧化酶、5%（质量分数）的 Nafion 和 0.1mol/L 磷酸盐缓冲液的复合溶液滴在 Ru/TiO_2 感测膜的表面上，然后保存在 4℃下，观察到 Ru/TiO_2 感测膜形成纳米薄片状结构。采用电压时间测量系统，在 100～500mg/dL 葡萄糖的浓度范围内，对电位型葡萄糖生物传感器的感测特性进行分析，得到了满意的结果。

另一种安培生物传感器，它是基于金修饰的 TiO_2 纳米管阵列的，并在其上固定了辣根过氧化物酶、亚甲基蓝与壳聚糖。二氧化钛纳米管阵列通过阳极氧化在 Ti 基板上生长，并使用氩等离子体技术沉积金薄膜涂层。所开发的生物传感器被用作酚类生物感测，所开发的辣根过氧化物酶修饰的电极的原理是通过 H_2O_2 激活 HRP 循环以生成活性的羟基自由基。通过直接或间接方式将电子转移到苯酚、芳族胺、二茂铁和胺钌，同时将固定在电极表面的过氧化物酶还原为天然状态。

另外还有一种电化学传感器，用来测定阿托伐他汀。其复合电极是用 TiO_2 和黏土纳米颗粒制备的。采用诸如循环伏安法和方波伏安法之类的技术对其进行了测试，与裸碳糊电极相比，具有 TiO_2 纳米粒子和纳米黏土修饰的碳糊电极对阿托伐他汀的响应提高了 4～5 倍。该方法可用于测定药物剂型和人尿中阿托伐他汀的含量。

(3) 基于 TiO_2-石墨烯杂化体的生物传感器

近来，基于 TiO_2 石墨烯的应用有了很大的发展，这是因为，除了具有高电催化活性和生物相容性等优异性能外，TiO_2-石墨烯还为酶固定和直接电子转移提供了简便的支持，以增强酶的电化学活性（表 6.3 和表 6.4）。

所制备的二氧化钛纳米粒子修饰的还原氧化石墨烯（TiO_2NPs-rGO）纳米复合材料，具有将固定的血红蛋白作为无介体的生物传感器的特性。合成的 TiO_2NPs-rGO 的双层结构为固定血红蛋白提供了极好的基质，并促进了直接电子转移，提高了 H_2O_2 的检测性能。由于血红蛋白通常表现出对 H_2O_2、Cl_3CCOOH 和亚硝酸盐电催化活性，因此可以将具有生物活的血红蛋白固定在电极表面。使用过氧化氢作为探针对 Nafion/Hb/TiO_2NPs-rGO/GCE 的电催化活性（Nafion，血红蛋白 TiO_2 纳米粒子在玻璃碳电极上还原了氧化石墨烯）进行了测试，也对二氧化钛纳米片修饰的还原氧化石墨烯（TiO_2NS-rGO）纳米复合材料与固定的血红蛋白进行进一步研究，测试研究表明，所制备的材料可以制造无介体的生物传感器。相较于纳米颗粒和纳米片，在 0.1～145μmol/L 的线性范围内观察到传感器性能有所改善，传感器的检出限为 10nmol/L。

通过将葡萄糖氧化酶吸附在 TiO_2 石墨烯纳米复合电极的表面上，可开发出另一种葡萄糖生物传感器。TiO_2 纳米颗粒和氧化石墨烯纳米片的胶体混合物可通过气溶胶辅助自组装（aerosol assisted self-assembly，AASA）法来制备 TiO_2-石墨烯复合材料。该合成的复合材料、石墨烯纳米片可封装微米级的 TiO_2 颗粒，其封装程度与石墨烯对 TiO_2 的比例成正比。

一种基于泡沫镍、二氧化钛溶胶/石墨烯纳米复合材料和乳酸氧化酶（LOx）的电化学传感器也被成功开发。将 TiO_2/墨烯纳米复合材料涂抹在 3D 多孔镍泡沫电极上，来开发一种新型电极生物传感器。TiO_2 溶胶/石墨烯修饰的 Ni 泡沫与检测 H_2O_2 的未修饰的 Ni 泡沫电极相比，电流响应大大增加。由于石墨烯和 TiO_2 溶胶结合，灵敏度和稳定性得到了提高。

表 6.3　用于生物医学的杂化 TiO_2 纳米结构类型[21]

纳米材料类型	生物成分	采用的技术	LOD	应用
宏介孔	HRP	伏安法	1.65μmol/L	H_2O_2
MoS_2-TiO_2@Au	DNA	伏安法	5×10^{-11}mol/L	四环素
多孔二氧化钛	GOD	安培法	—	葡萄糖
TiO_2 纳米管阵列	GOD	安培法	5μmol/L	葡萄糖
Au/TiO_2 纳米管	GOD	伏安法	—	葡萄糖
Pt/TiO_2 胶体	GOD	安培法	0.25μmol/L	葡萄糖
$(AuNPs)_x$/GR-TiO_2	HRP	光电化学法	0.02pmol/L	凝血酶
TiO_2 中空纳米纤维	GOD	伏安法	0.8μmol/L	葡萄糖
CP/MWCNT-菊粉-TiO_2	尿素酶	伏安法	0.9μmol/L	尿素

表 6.4　使用 TiO_2 纳米杂化结构物测定分析物的电化学方法[21]

电极材料	分析物	线性范围	LOD
石墨烯/TiO_2/V_2O_5	氯丙嗪	3.30×10^{-8}～8.5×10^{-4}mol/L	5.3×10^{-9}mol/L
ZSM-5 纳米沸石-TiO_2 纳米粒子复合材料	对乙酰氨基酚(AC)，普拉克索(PRX)和卡马西平	2.5～110μmol/L，0.6～105μmol/L 与 6.0～97μmol/L	0.58μmol/L，0.38μmol/L 与 1.04μmol/L
钌掺杂的二氧化钛纳米粒子	氯氮平	9.0×10^{-7}～4.0×10^{-5}mol/L	0.43nmol/L
TiO_2 纳米粒子	赤藓红	0.1～10.0μmol/L	2.6nmol/L
TiO_2-AuNPs-丝网印刷碳电极	儿茶酚	—	—
TiO_2-NT/WO_3	内分泌干扰物对羟基苯甲酸丙酯	—	—
分子印迹膜修饰的分层支链的二氧化钛纳米棒	Chlorpyrifos	0.01～100ng/mL	7.4pg/mL
电纺碳纳米纤维和 TiO_2 纳米颗粒	依达比星	0.012～10.0μmol/L	3nmol/L
CuO-TiO_2 杂化纳米复合材料	甲基对硫磷	$0\sim2000\times10^{-9}$(ppb)	1.21×10^{-9}(ppb)
氢醌和 TiO_2 纳米粒子衍生物的碳糊电极	苯肼(PhH)和肼	2.0×10^{-6}～1.0×10^{-3}mol/L 7.5×10^{-5}～1.0×10^{-3}mol/L	7.5×10^{-7}mol/L 9.0×10^{-6}mol/L
带有碳糊电极的 TiO_2	尼古丁	2×10^{-6}mol/L 与 5.4×10^{-4}mol/L	1.34×10^{-8}mol/L
氧化镍纳米花(3D-NiO)和 TiO_2-纳米线阵列	柚皮苷黄酮	1.50×10^{-8}～2.35×10^{-4}mol/L	0.025nmol/L
二氧化钛纳米粒子，多壁碳纳米管(MWCNT)，壳聚糖和新型合成的席夫碱	凝血酶	0.00005～10nmol/L	1.0fmol/L

续表

电极材料	分析物	线性范围	LOD
钌掺杂的 TiO_2 纳米颗粒被装入多壁碳纳米管中	氟芬那酸	0.01～0.9μmol/L	0.68μmol/L
钌掺杂的 TiO_2 纳米颗粒被装入多壁碳纳米管中	甲芬那酸	0.01～0.9μmol/L	0.45nmol/L
掺银二氧化钛修饰碳电极	呋喃特利	1.0×10^{-6}～1.2×10^{-8}mol/L	1.98nmol/L
MWCNTs 和 Ru 掺杂的 TiO_2 纳米颗粒	氯氮平	0.01～0.07μmol/L	0.057nmol/L

注：ppb 为无量纲单位，表示十亿分比浓度。

(4) 光电化学生物传感器

一种 miRNA-396a MoS_2/g-C_3N_4/黑色 TiO_2 的异质结，并含有将 Histostar 抗体（Histostar @ AuNPs）的金纳米颗粒用作信号放大的材料，可用来制造用于检测光敏材料的电化学生物传感器。首先将 MoS_2/g-C_3N_4/黑色 TiO_2 沉积在铟锡氧化物电极表面，然后沉积金纳米颗粒，并将探针 DNA 组装在修饰的电极表面上。S9.6 抗体用于识别与 miRNA-396a 的杂交，从而产生了刚性的 DNA：RNA 杂交体。所捕获的抗体可以进一步与 Histostar @ AuNPs 的 IgG 二级抗体缀合，从而导致辣根过氧化物酶（horseradish peroxidase，HRP）的固定化。所开发的生物传感器可以在 0.5～5000fmol/L 的线性浓度范围内检测到 0.13fmol/L 的 miRNA-396a。

另一种光敏混合材料，也可用于制造光电化学生物传感器。该材料的制备过程如下：首先在纳米颗粒上涂覆了 MnO_2/g-C_3N_4，然后用金纳米颗粒修饰介孔 TiO_2，并将其涂覆在氧化铟锡衬底上。

此外，还可以将 β-半乳糖苷酶和葡萄糖氧化酶一同固定在用金纳米颗粒修饰介孔 TiO_2 上，以用于葡萄糖和乳糖的测定。线性测量范围为 0.004～1.75mmol/L，0V 时的葡萄糖灵敏度为 $1.54\mu A\cdot(mmol/L)^{-1}\cdot cm^{-2}$；对于乳糖，在 −0.4V 以下时，其灵敏度为 $1.66\mu A\cdot(mmol/L)^{-1}\cdot cm^{-2}$。

通过沉积和浸涂技术可以进行连续的离子层吸附与反应来制备 CdS/$CuInS_2$/Au/TiO_2 纳米管阵列（nanotube array，NTA）。通过使用金纳米颗粒，获得了界面电子传递的改进以及 CdS 和 $CuInS_2$ 量子点，从而与 TiO_2 形成理想的阶梯状带边缘结构。通过 Cd—S 键和 Cu—S 键将 HS 适体固定在 NTA 上，以制备用于检测细胞色素 c 的光电化学适体传感器。研究表明，其检测范围为 5pmol/L～100nmol/L。

一种基于石墨烯量子点敏感化的 TiO_2 纳米管阵列（GQDs/TiO_2NTs）光电化学适体传感器，可用于检测氯霉素。采用连接分子结合和电泳沉积的偶联技术制备了纳米杂化体。通过 GQD 与氯霉素适体的核碱基之间的 π-π 堆积反应，从而实现了氯霉素适体的固定化。用于 CAP 检测的线性范围为 0.5～100nmol/L，检测限低至 57.9pmol/L。

(5) 电化学发光生物传感器

电化学发光（electrochemiluminescence，ECL）的高灵敏度和选择性已证明它在分析应用中非常有用。与光致发光相比，它具有多功能性、简化的光学设置；与化学发光 ECL 相比，它具有时间和空间控制优势；与其他常见分析方法相比，也同样具有突出的优势。

ECL技术对于生物相关的检测已在临床中得到广泛应用。基于Luminol和三氯化三(4,4′-二羧酸-2,2′-联吡啶基)钌（Ⅱ）[$Ru(dcbpy)_3^{2+}$]的ECL生物传感器，被用于检测脱氧雪腐烯醇。

此外，表面活性剂辅助合成的TiO_2晶体除了可以用作$Ru(dcbpy)_3^{2+}$的基质外，还可以促进电子转移，从而促进$Ru(dcbpy)_3^{2+}$的ECL响应。其检测范围宽，在0.05pg/mL～5ng/mL间，检出限为1.67×10^{-2}pg/mL。

另一种ECL免疫传感器，被用于TiO_2-B与氟香豆素硅酞菁和鲁米诺相结合的生物探针中，用以分析脱氧雪茄烯醇。ECL信号的增强归因于较大的比表面积，有利于增加氟香豆素硅酞菁的负载量，从而促进溶解氧的分解，进而产生参与鲁米诺ECL反应的活性氧。所提出的具有高灵敏度和稳定性的免疫传感器在1.0×10^{-6}～10ng/mL的线性范围内具有优越的性能，检测极限为3.3×10^{-7}ng/mL。

(6) 安培生物传感器

与其他感测类型相比，安培感测仅利用电流测量，该电流测量可以简单地通过两个电极来获得，一个电极施加电压，另一个电极测量电流。

将GOx固定在氧化铟锡/TiO_2/聚(3-已基噻吩）纳米杂化膜上可制造一种基于GOx的葡萄糖传感器，可用于医疗点对点护理中的葡萄糖检测。

将TiO_2纳米颗粒和葡萄糖氧化酶一起封装在ZIF-8金属有机框架的空腔中，也是另一种制造葡萄糖生物传感器的技术。TiO_2的双层电容和高表面积提高了生物传感器的催化活性，可检测80nmol/L的低浓度样品。将合成的纳米材料滴铸在玻璃碳电极上，并使用安培法获得传感器响应。

(7) 电导生物传感器

电导式生物传感器具有许多优点，例如适用于小型化和大规模生产的薄膜电极、无参比电极，换能器的消耗较少，基于各种反应和机理，可以分析大范围的化合物。

通过将TiO_2纳米粒子与纤维素溶液共混可以制备TiO_2-纤维素杂化纳米复合材料，以将GOx固定其上，用于制造葡萄糖电导生物传感器。纤维素溶液是将棉浆溶解在氯化锂/N,N-二甲基乙酰胺溶剂中制得的。此外，也可通过物理吸附法将酶固定化，其线性响应范围为1～10mmol/L。

TiO_2具有独特的特性，例如大表面积、无毒、环保、稳定性和出色的生物相容性，在物理、光学、化学、光催化和电子生物传感器中表现出色。这些特性使TiO_2纳米材料可用于检测COD、气体和生物传感器中的各种物质。TiO_2出色的生物相容性使其成为生物传感器开发的绝佳候选者。基于TiO_2的生物传感器已经根据不同的传感特性被整合到各种电化学/光学系统中。

6.4 用于肺癌生物标志物分析的多维结构的纳米传感器

6.4.1 肺癌诊断与纳米材料

(1) 肺癌诊断

国际癌症研究机构的统计分析表明，2018年有近1810万例新增恶性肿瘤患者，其中近一半（960万）因癌症而死亡。在全部死亡病例中，18.4%是由于肺癌引起的。统计数据显示，过去十年来肺癌的突发率每年波动约2%，死亡率也遵循类似的趋势。确诊的肺癌患者

5年生存率仅占总发病率的10%左右，约有一半的确诊患者在确诊后的一年内死亡。人们已经研究了许多诊断策略，并且可用于临床以检测肺癌。临床上将对恶性肿瘤进行侵入性组织学检查，作为肺癌诊断的初步研究。

在过去的十年中，用于识别肺癌生物标志物的新技术出现，例如基因突变和DNA杂交，以识别肺癌的亚型，促使人们进行高精度的肺癌治疗。表皮生长因子受体（epidermal growth factor receptor，EGFR）突变和循环肿瘤生物标志物，例如miRNA和cytokeratin-19（细胞角蛋白19）片段，是诊断肺癌的活化剂。迄今为止，基于聚合酶链反应（polymerase chain reaction，PCR）的肺癌引物检测已在基因组突变的识别和肺癌生物标志物的筛选中实现。样品是通过各种活检技术获取的，以此获得详细的肿瘤标志信息或其载体。迄今为止，通过研究和临床已经提出了肺癌的病因演变，但是，尚未认识到针对不同亚型肺癌的有效诊断方法。造成这种情况的根本原因是早期无法识别肺癌的肿瘤标志物，因此未能在不损害健康的肺细胞的情况下将治疗药物充分输送到肿瘤上。

理想的肺癌诊断可以在生长的早期阶段快速、高度选择性地捕获肿瘤生物标志物。而新出现的纳米技术将对肺癌的早期诊断具有关键作用。

在过去的十年中，生物传感器被广泛应用于肺癌的检测中，因此在护理诊断和治疗方面受到广泛欢迎，但由于无法捕获低分析物浓度的肿瘤细胞并立即产生反应，因此其效果不理想。而解决该问题的方案是将纳米技术应用于生物传感器中。与大分子相比，具有高表面积与体积比的纳米材料对生物分子具有较高的稳定性，并在感测平台上充当纳米前体，可将电动势有效地转化为可测量的电流。尽管已经将多面纳米材料增强了生物传感器的前体，但尚未在临床应用中确立它。可重复性的能力以及由于其毒性而与纳米材料相关的危害已被列为临床应用的障碍。尽管如此，多维纳米材料可以用于诊断其他肿瘤细胞或生物载体以鉴定疾病，同时纳米技术也是广泛应用于制药和医学上的新型技术。

（2）纳米材料

生物传感器涉及将生物事件直接转换为电信号，该信号以多种形式被放大。在许多非传染性疾病中，癌症是针对性的肿瘤疾病之一，早期诊断是临床中的难点。

20世纪初，生物传感器与其他诊断技术的发展促进了肿瘤标志物检测技术的发展。随着生物传感器的发展，纳米技术已被公认为是一种具有潜力的技术，从而可以制造高性能的纳米生物传感器。纳米材料在其本身的物理化学性质方面具有很大的应用潜力，已广泛应用在药物和医学中，用于生物分子和生物标志物的检测，尤其在癌症诊断方面。

肺癌诊断的主要挑战是纳米生物传感器的捕获极低检测限以及加强肿瘤细胞的生物标志物与导电电极反应所产生的信号能力。为了克服采用纳米材料制造高性能纳米生物传感器带来的上述困难，亲和性、特异性及其敏感性至关重要。随着纳米技术发展，多维纳米材料在生物传感器的发展中受到了广泛关注。单个纳米级原子或微米级块状材料在与生物分子的结合中具有某些不便，并且由于其小表面积与体积比而无法满足肿瘤细胞识别中传感器的预期检测极限。特别是，多维纳米材料根据其物理性质以及DNA序列、miRNA、目标蛋白所标靶的生物标志物域来确定。而多维纳米材料作为生物传感的纳米前体，可用于当前对肺癌生物标志物的诊断。图6.14给出了多维纳米材料在各种生物传感器上进行功能化以检测肺癌的生物标志物的示意图。

不同维结构的纳米材料会对有效诊断肺癌的生物传感器产生影响。表6.5总结了一些使用多维纳米结构作为有效的前体来生产用于肺癌诊断的前瞻性传感器。

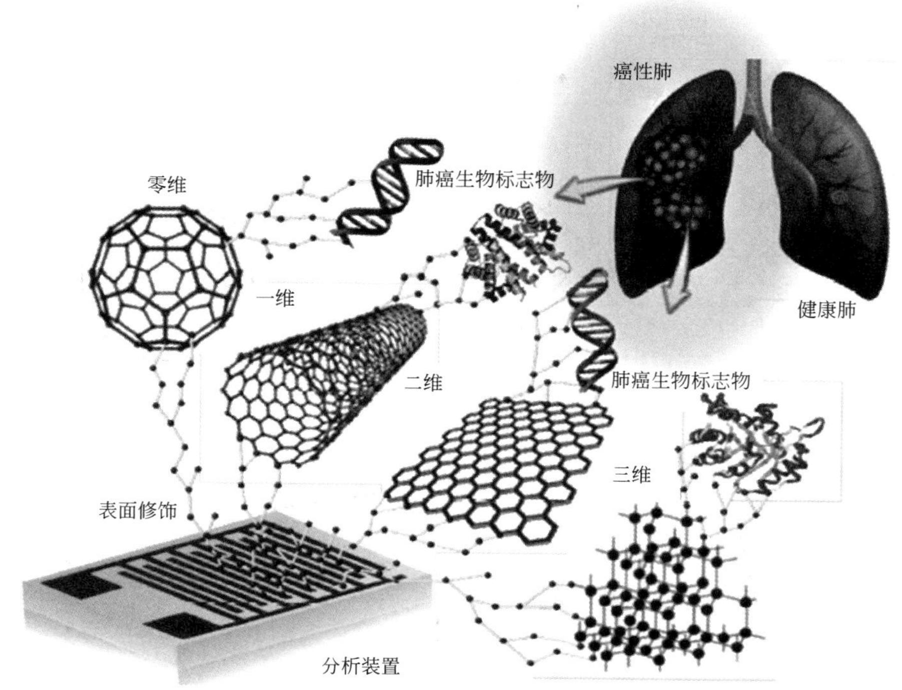

图 6.14　多维纳米材料在各种生物传感器上进行功能化以检测肺癌的生物标志物的示意图
生物传感器的感测电极表面被功能化，以固定各种尺寸的纳米材料和纳米复合材料，
这些材料由目标肺癌生物标志物的抗原、RNA/DNA 修饰[22]

表 6.5　用于肺癌诊断的基于纳米结构的生物传感器[22]

传感器	纳米材料	生物标志物	检测策略	检出限
荧光生物传感器	纳米球量子点	A549 肺癌细胞中的 EFGR2 型	荧光显微成像	评估 SPR 峰
荧光显微生物传感器	单量子点	Cy5-dGTP	荧光显微成像	5.3amol/L(32 份)
荧光免疫测定生物传感器	多色量子点	CYRFA21-1,CEA,NSE	通过 SPR 光谱在 525nm、585nm 和 625nm 发出荧光信号	1.0ng/mL
指叉电极	碳纳米管	CA-125	通过微流体 PDMS 通道的电化学信号	560g/mL
介电免疫传感器	多壁碳纳米管	精氨酸酶 1	介电泳信号	<30ng/mL
棉线免疫分析仪	多壁碳纳米管	铁蛋白抗原	色谱技术	50ng/mL
场效应晶体管	硅纳米线	肺癌患者的呼吸音	电信号	374 受试准确性>80%的
一次性呼吸传感器	银纳米线	2-PP 肺癌生物标志物	通过动态刺激产生的水分变化	2-PP 浓度超过 100ppb(无量纲单位，表示十亿分比浓度)
电化学生物传感器	金纳米棒	CEA	化学发光免疫分析	1.5pg/mL

续表

传感器	纳米材料	生物标志物	检测策略	检出限
呼吸传感器	氢空位二氧化硅纳米片	人呼出的生物标志物	吸收声子带	吸收能量在 0.778～1.274eV 间
呼吸气体传感器	氧化钛纳米片	1-壬醛气	电阻	0.055ppm
比色传感器	Ni/Fe 层状双氢氧化物纳米片	miRNA，let-7b	SPR 光谱	0.36fmol/L
红外吸光度传感器	金纳米板	肽 P75(EGFR 靶标)	光热红外转换	5.1 倍靶细胞表达
荧光传感器	氧化石墨烯纳米板	单个肺癌细胞的 miRNA	荧光反应和凝胶电泳	25μg/mL 培养细胞
微流体传感器	石墨烯纳米板	循环肿瘤细胞	电抗	外周血细胞富集率达 500 倍，检出率达 94%
等离子体生物传感器	金纳米方块	活肺癌 A549 细胞	SPR 吸收峰	5×10^{3} 细胞/mL
电化学生物传感器	分层的花状金纳米结构	miRNA-21	电化学信号放大	1.0×10^{-3}mol/L 目标 miRNA
等离子体生物传感器	准金纳米结构	活肺癌 A549 细胞	SPR 吸收峰	0.08 细胞/mm^{2}
免疫传感器	胺功能化石墨烯-金纳米复合材料	NSE	电化学信号	10pg/mL
免疫传感器	具有微米级氧化钛的金纳米复合材料	前胃泌素释放肽	电阻	0.98ng/mL
等离子体生物传感器	具体银壳的金纳米棒	CEA	SERS 散射	4.75fg/mL
等离子体生物传感器	三氧化二铁/金/银	肺癌患者尿中微量腺苷水平	SERS 信号转导	10^{-10}mol/L
电化学免疫传感器	碳纳米管-壳聚糖纳米复合材料	抗 MAGE A2 抗 MAGE A11	电化学信号	5fg/mL 50ng/mL
电化学免疫传感器	镀金单壁碳纳米管	miRNA-21	电化学信号	1.95fmol/L
电化学免疫传感器	石墨烯-碳纳米管复合材料	CEA	电化学信号	60pg/mL
电化学基因传感器	树枝状金石墨烯纳米复合材料	长非编码 RNA	电化学信号	0.25fmol/L
电化学基因传感器	氧化钛-石墨烯纳米板	ANXA2 抗原 ENO1 抗原 VEGF 抗体	电阻	100fg/mL
电化学基因传感器	还原氧化石墨烯-中孔碳纳米复合材料	EGFR 突变点	差分脉冲伏安法	120nmol/L
电化学免疫传感器	石墨烯金纳米复合材料	CYFRA 21-1	电化学信号	100pg/mL
电化学免疫传感器	氧化还原石墨烯/聚苯胺纳米复合材料	神经元特异烯醇化酶	电化学信号	0.1pg/mL
电化学生物传感器	银纳米复合材料功能化的 3D 石墨烯	CYFRA21-1	电抗	1.0×10^{-14}mol/L

续表

传感器	纳米材料	生物标志物	检测策略	检出限
基于 SERS 的免疫传感器	封装在 ARANP 壳纳米粒子中的金银	外泌体 miRNA	SERS 信号报告器	5.0μL
电化学免疫传感器	GNP/氧化还原石墨烯复合材料	NSE	电化学信号放大	0.05ng/mL
电化学细胞传感器	碳纳米球-金纳米复合材料	肺癌细胞系 A549	伏安信号	14 个细胞/mL

6.4.2　零维结构纳米材料

量子点（quantum dot，QD）纳米球已被公认为零维纳米材料。纳米球呈空心球状，因此具有大的表面积和较高的机械强度特性。QD 纳米球具有较宽的激发范围与窄且对称的发射光谱，这使 QD 能够以单一波长激发并以多色模式发挥功能以进行疾病成像与标定测量。由于具有超强的磁性荧光特性，零维 QD 纳米球是用于生物传感器和医学成像有前途的纳米材料。图 6.15A(ⅰ) 给出了电子感测设备表面上的 QD，图 6.15A(ⅱ) 显示了透射电子显微镜下 QDs 的形态图像，而图 6.15A(ⅲ) 显示了 QDs 的荧光光学图像。

尽管在肺癌的早期诊断中有许多技术，但零维 QD 纳米球在肺癌诊断中仍具有出色的光学性能和实时检测能力。在这种方法中，没有对 QD 进行其他修饰，从而使 QD 的生成更简单，且没有复杂的化学功能化功能。

基于 Cy5-DNA-QD 复合物的生物传感器可检测肺癌细胞中的基因组 DNA 突变目标。将 Cy5 所标记的生物素探针与 QDs 纳米球结合，并通过生物分子和 QD 之间产生的荧光共振能量转移（fluorescence resonance energy transfer，FRET）可进一步提高检测性能。该基于 QD 的生物传感器对肺癌细胞的基因组诊断具有很高的灵敏度，突变目标的检测限为 5.3amol/L。

此外，通过构建具有零维 QD 并用探针修饰的夹心结构磁珠来研究基于抗原的抗体之间的相互作用，从而开发了基于 QD 的芯片上多路免疫测定系统[23]［图 6.15B(ⅰ)］。所实现的微阵列系统中，单个微珠-QD 复合物被捕获在平面阵列中，从而进行基于微珠的片上免疫测定，以检测三种肺癌生物标志物［细胞角蛋白 19（CYFRA21-1）、癌胚抗原（CEA）和神经元、特异性烯醇化酶（NSE）］。单个微阵列中，QD 作为增强检测信号所激发的单个波长是很重要的，这消除了基于单个微珠的测定系统在信号放大中的复杂处理。图 6.15B(ⅱ) 显示了具有三种不同颜色的 QD 珠的芯片结构，它们类似于不同的肺癌生物标志物。用 10μL 血清证明了 QD 珠微阵列在多重免疫分析系统上的敏感性，并且该系统被证明是高度敏感的，具有较低的检出限（CYFRA21-1：0.97ng/mL；CEA：0.19ng/mL；NSE：0.37ng/mL；S/N=3），有望在肺癌细胞的早期筛查中实现。从拟合的对数曲线获得的回归值也证明了灵敏度，如图 6.15B(ⅲ) 所示。随后，将零方向 QDs 纳米粒子掺入聚苯乙烯以开发侧向流动测试条，以检测肺癌感染患者血清中的 CYFRA21-1 和 CEA。QDs 显示出优异的光性能，QD 基于使用荧光条读取器获得的荧光峰高度，从而可以进行有效的分析。图 6.15C 显示了在存在生物标志物的情况下测定和由 QD 扩增的荧光信号的示意图。使用 CEA 和 CYFRA21-1 诊断肺癌的检出限分别为 0.35ng/mL 和 0.16ng/mL。这意味着，利用零维 QDs 纳米球产生的先进诊断技术对肺癌早期筛查的研究的新颖性。尽管如此，由于零

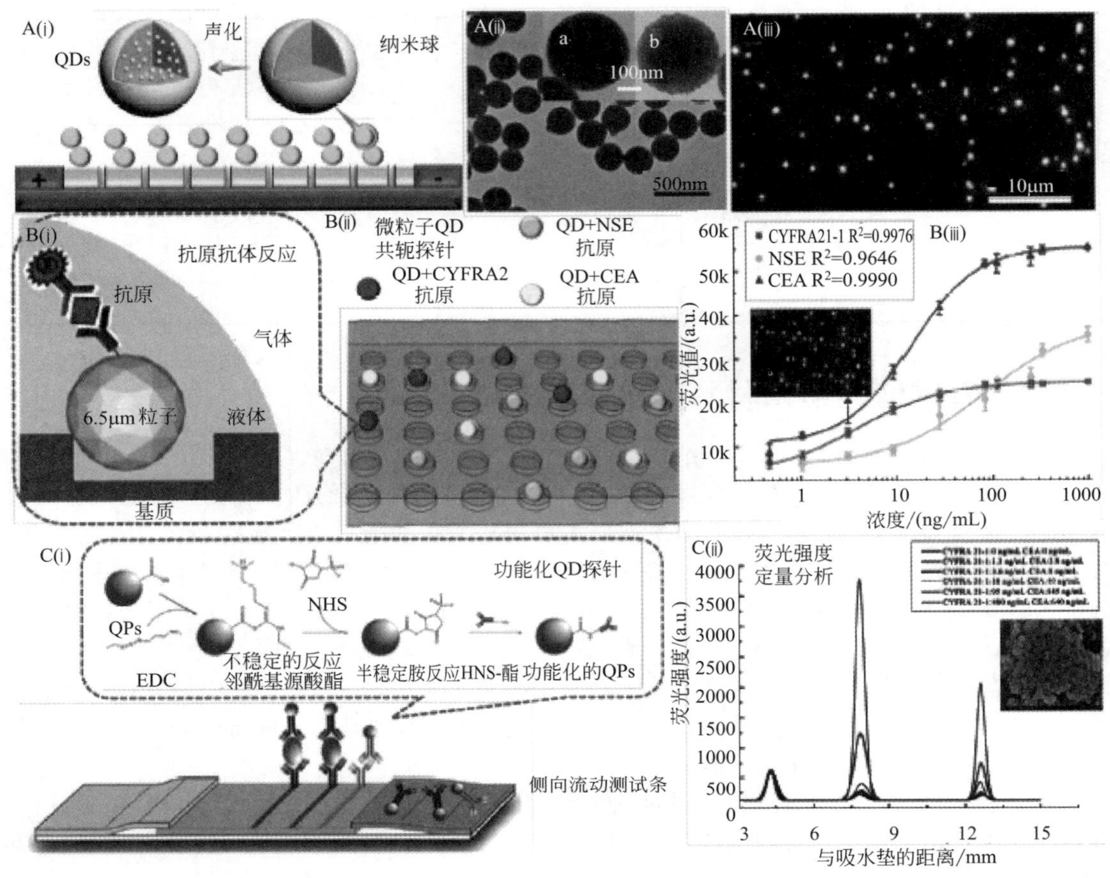

图 6.15　A(ⅰ) 导电感测表面上的零维量子点纳米球的示意图以及显示了微观荧光量子点的纳米球的横截面图；A(ⅱ) 透射电镜下的量子点的形态；A(ⅲ) QDs 纳米球的荧光光学图像；B(ⅰ) 使用基于 6.5μm 珠子的多重夹心测定法所进行的抗原-抗体反应图示；B(ⅱ) 与抗体结合的 QD 珠的三种不同颜色，用作标记，以标记特定目标的检测，以此作为检测的检测原理；B(ⅲ) 该图显示了基于 QD 反射荧光强度的拟合对数曲线，这些荧光强度是在基于珠子的多重测定中的不同浓度下所检测到的不同肺癌目标的标记；C(ⅰ) QD 所结合的探针与目标在侧向流动测试条上的反应示意图，用聚苯乙烯纳米颗粒对 QD 进行功能化，以提高测定的重复性和回收率；C(ⅱ) 曲线表示存在不同浓度的 CEA 和 CYFRA-21 目标下的 QD 所诱发的荧光强度，突出的峰反映了两个目标中浓度最高目标的存在[23]

维纳米结构压迫 QD 跨细胞膜扩散，这可能会造成限制并破坏递送过程，因此在生物学应用中要对 QD 的缺点进行研究。在许多情况下，研究人员热衷于合成纳米级 QD 的方法，以解决与大型 QD 相关的问题并确保在基于 QD 的生物应用中顺利传递。

6.4.3　一维纳米材料

一维纳米材料通常以细长的圆形结构出现，该结构由通过化学结构网络连接的单层或多层原子组成。由于一维纳米材料的结构相互连接，因此在电子设备以及生物传感器的制造中起着关键作用。一维纳米材料最常见的类型是纳米管、纳米线和纳米棒。

(1) 纳米管

碳纳米管（CNT）具有大的表面积与体积比以及高的机械和电化学强度。它对吸收在其表面上的任何分子都具有很高的电子感触性，使其能够充当生成电子传感器的起始材料。此外，可在 CNT 上进行表面功能化，使得它与生物分子有较好的交互反应。由 CNT 构成的生物传感器被认为是高度稳定的，它具有低污垢效应和较低的氧化还原电位。也由于其在电子转移反应中的高动力学性质，这样的传感器还具有了快速的响应特性。鉴于此，基于 CNT 的传感器被广泛应用于当前对肺癌生物标志物的识别。

使用棉线检测人铁蛋白抗原（一种基于蛋白质的肺癌生物标志物），成功研制了基于碳纳米管的新型免疫色谱分析仪。在棉线检测中，金纳米粒子（gold nanoparticle，GNP）作为共轭探针，GNP 能够起到双标记扩增作用。对这种棉线免疫色谱分析的 CNT 共轭探针所进行的深入研究表明，具有出色管状特征的 2D CNT 是棉线测定的理想纳米材料。由于 CNT 可以充当报告探针和有色试剂，用于观察和快速检测人铁蛋白抗原，因此被用于双标记扩增，并能够进行棉线测定。

CNT 作为一种有效的纳米材料在改善设备性能方面具有重要作用。用多壁 CNT 所研制的免疫传感器可以检测肺癌 ARG-1 蛋白生物标志物。其方法是用介电电泳（dielectrophoresis，DEP）技术将含有 CNT 的稀释溶液沉积在铂电极硅基板上，对电极进行修饰从而进一步制作免疫传感器。尽管化学气相沉积是生长 CNT 的常用方法，但 DEP 是为了开发高效免疫传感器而对 CNT 进行适当表面功能化的直接方法，并且有较高的性价比。图 6.16A(ⅰ)给出了基于 DEP 的检测的实验装置。此外，该免疫传感器上的多壁 CNT 具有较高的灵敏度、可重现性，可检测低浓度的 ARG-1 蛋白生物标志物（蛋白浓度在 30～100ng/mL 之间）。另外，采用 DEP 方法进行 CNT 修饰的免疫传感器，在用于检测与各种血液恶性肿瘤有关的生物标志物方面具有突出的可靠性。其所具有的低成本优点，在大规模用于即时医疗诊断肺癌方面具有突出的优势。图 6.16A(ⅱ)～(ⅳ) 给出了用于评估抗体与 ARG-1 抗原间相互反应的检测策略。

可将 CNT 表面修饰技术用于灵敏度很高的叉指电极上，并将 PDMS 产生的微流体通道中的信号进行高效转导来改进检测肺癌的诊断方法。在用羧基对 CNT 修饰之前，首先将自组装的单体涂层（self assembled monoloayer，SAM）涂在传感器的电极表面，然后将 1-乙基-3-(3-二甲基氨基丙基)碳二亚胺（EDC）和 N-羟基琥珀酰亚胺（NHS）添加到活性 CNT 中，使其固定在传感器表面时可以与抗体结合。通过 CNT 修饰的叉指电极在微体积液体样品中检测 CA-125 抗原的结果证实了其方法简单、适当和有效。

该传感器除流体样品外，还考察了呼吸气体，以检测被有机材料功能化的单壁碳纳米管在肺癌诊断中的有效性。碳纳米管对挥发性有机化合物（volatile organic compound，VOC）具有很高的敏感性。单壁碳纳米管对两种不同有机材料［三辛烷（$C_{23}H_{48}$）和十五烷（$C_{15}H_{32}$）以及极性邻苯二甲酸二辛酯（$C_{24}H_{38}O_4$）］具有选择性，可在生物传感器上进行有效的表面功能化，并可控制可溶胀性与 VOC 接触的碳纳米管上涂覆的有机涂层厚度。研究发现，$C_{23}H_{48}$ 功能化的 CNT 对极性 VOC 分子表现出明显的敏感性。

(2) 纳米线

一维纳米线（nanowire，NW）是在纳米管之后发展起来的，它使具有特定纳米结构的更简单的合成技术成为可能。NW 表现出与纳米管相似的结构，但是，由于纳米级的非空心结构，其纳米级尺寸有所变化，并且具有更高的柔韧性。NW 被归为具有大的表面体积比的半导体材料和对外部材料有高稳定性的材料。它具有简单的合成方法，电特性精度高。在各种半导体材料中，硅是用于合成 NW 广泛采用的材料之一。硅纳米线可以通过简单的方法合成并制造在传感器上，以对癌细胞进行高灵敏度检测。

NW 的硅生物传感器由于与酶和肿瘤标志物具有高生物相容性，因而被广泛应用于肺癌

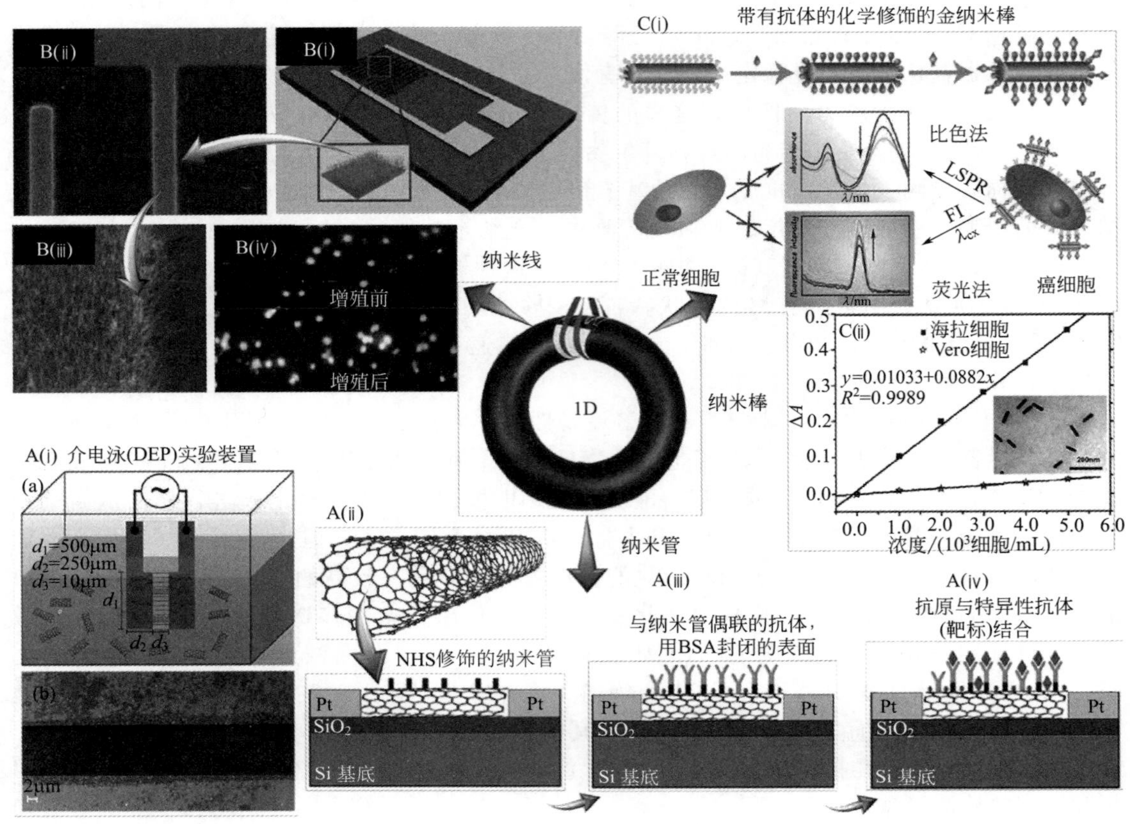

图 6.16 生物传感器上功能化的用于肺癌诊断的一维纳米结构图

（A）使用 DEP 技术，在硅基底上应用多壁 CNT，对肺肿瘤 AGR-1 蛋白进行检测。（ⅰ）a. DEP 的实验装置，将多壁 CNT 沉积在电极间。b. 扫描电镜下观察到的电极的光学图像。（ⅱ）用 NHS 修饰 2D CNT 以进行探针结合。（ⅲ）电极表面被 BSA 封闭，以避免非特异性结合。（ⅳ）抗原与抗体结合，放大的电信号揭示检测到了 ARG-1 蛋白。（B）（ⅰ）～（ⅲ）硅 NW 生长在电极间的空间上，在 SEM 下观察到的光学图像揭示了硅 NW 的形态。（ⅳ）在电极表面上播种的 QUDB 细胞增殖阶段之前和之后的硅 NW 的荧光图像，放大了用于检测肺癌的电阻抗。C（ⅰ）采用双重检测策略的探针制备和用于检测癌细胞的测定的示意图，采用荧光和比色法，将一维金纳米棒用抗体进行化学修饰，然后使其与癌细胞发生反应。（ⅱ）由于金纳米棒具有出色的等离子体特性，因此具有高灵敏度检测策略，可以观察到荧光信号与癌细胞浓度之间的线性关系，$R^2=0.9989$

生物标志物的检测。据此，Azimi 等[24] 开发了一种用于临床诊断的微型生物传感器，监测通过电动细胞底物阻抗传感器（electric cell-substrate impendence sensor，ECIS）放大的电流评估从正常细胞（MRC-5）向肺转移细胞（QUDB）扩散的阶段。由于纳米结构具有细长且柔性的电活性，与正常细胞相比，NW 硅可以通过化学气相沉积法在生物传感器上生长，以放大与癌细胞增殖和穿透所产生的癌细胞增殖有关的电相互作用。图 6.16B(ⅰ) 给出了阻抗传感器的电极的设计，给出了在电极之间生长了硅 NW 的图像，而图 6.16B(ⅱ) 和 (ⅲ) 示出了硅 NW 的放大图像。图 6.16B(ⅳ) 示出了增殖阶段之前和之后在电极空间中倍增的 QUDB 细胞的荧光图像。在掺杂的硅纳米线所覆盖的微电极的形态和结构上可观察到细胞与电极之间的接触面积增大，从而支持了来自拉伸细胞的准确信号记录。

将 NW 硅与场效应晶体管（FET）相结合，可以产生高灵敏与高选择性的复用传感器，以检测 microRNA(miRNA)-126、CEA 与肺癌患者血清中容易表达的肺癌生物标志物。为了增强传感器的快速响应，将聚二甲基硅氧烷（PDMS）集成在传感平台上，理想的肺癌检测传感器是能从临床样品中鉴定出肺癌生物标志物的传感器。

此外，通过无创呼吸样本，可用含硅 NW 的 FET 来检测肺癌。根据对样品中挥发有机化合物的敏感性和选择性检查，可以区分和检测肺癌。通过喷涂工艺将生成的 NW 沉积在基板上，从而形成排列良好的 NW 阵列，以用于传感器的电极表面修饰。

Wu 等[25] 在一次性呼吸感应管上开发了单氧化钛和银 NW，用于在呼出气中简单、无创、即时地检测肺癌生物标志物。他用动态实验和仿真方法，设计出了最佳的传感管，该管不但能检测肺癌生物标志物（呼出气中的 2-丙基-1-戊醇），而且不受流动气体的温度和湿度的影响。

(3) 纳米棒

纳米棒是一种性能优越的一维纳米材料，具有良好的棒状结构用以增强感测设备中的感测能力。在许多金属纳米棒中，由于纳米金与一维结构化纳米棒具有独特的物化特性，因此金纳米棒在纳米生物感测中被公认为是信号增强剂。金纳米棒被证明其在 SPR 中具有较好的相容性，这使其可以在所需的 SPR 带中精确合成，从而实现了有效的生物分子吸收。此外，金纳米棒由于其在生物分子吸收方面的纵向和横向的局部 SPR 而被认为是一种高灵敏的电介质平台。

不同浓度的癌细胞（局部正常），其局部 SPR 荧光具有特异性，与检测正常细胞（Vero 细胞）相比，金纳米棒的有效荧光和吸收特性在检测癌细胞（HeLa 细胞）中有着显著作用。

细胞和癌细胞与正常细胞的混合物，可以验证其荧光强度不同。金纳米棒与叶酸结合，通过多功能光学探针进一步功能化，并通过双重检测策略实现荧光与比色法对癌细胞的成像。金纳米棒是由金/鲸蜡基三甲基溴化铵（CTAB）溶液所制备的，但是金纳米棒上的 CTAB 涂层有毒性，因此对于体内和体外诊断都是不理想的。为此，共轭叶酸替代了金纳米棒上的 CTAB，并最终提高了检测恶性细胞的生物相容性［图 6.16C(ⅰ)］。传感器的荧光信号与癌细胞浓度之间呈线性关系，如图 6.16C(ⅱ) 所示。接着，用金纳米棒作为信号增强剂，来开发高选择性与高灵敏度的电化学生物传感器，该信号器通过发夹形寡核苷酸(HO) 以及亲和素-链霉亲和素相互作用进行功能化。适体在检测策略中用作识别元件，而用金纳米棒功能化的 HO 在增强生物素共轭适体填充链霉亲和素的环部分时产生电化学信号。传感器在低检测限 1.5pg/mL 从肺癌患者的人血清样品中检测（CEA）的能力证明了化学发光免疫测定的准确性。

6.4.4 二维纳米材料

二维（2D）纳米材料被认为是在纳米科学和纳米材料技术中的巨大成功，其中发现了具有非凡理化特性的层状原子片，这引起了各种应用和行业的极大兴趣。二维纳米材料的大双表面不仅增加了表面积，而且为生物分子整合创造了一个统一的平台。2D 纳米材料表现为层，称为纳米片、纳米板、纳米棱镜和纳米盘。图 6.17(a) 为用于癌细胞蛋白生物标志物检测的肺癌诊断生物传感器，其上涂覆着 GNP 的氧化石墨烯纳米片。2D 纳米结构材料的特性取决于其显示的形状以及纳米层开发中涉及的成分。在 2D 纳米材料的发展中，纳米层的厚度在微米至纳米间，这决定了纳米材料的结构特征。单层二维或多层纳米结构因与生物分子和有机物质具有非常好的相容性，在传感器、电子设备和催化剂方面得到了广泛应用。

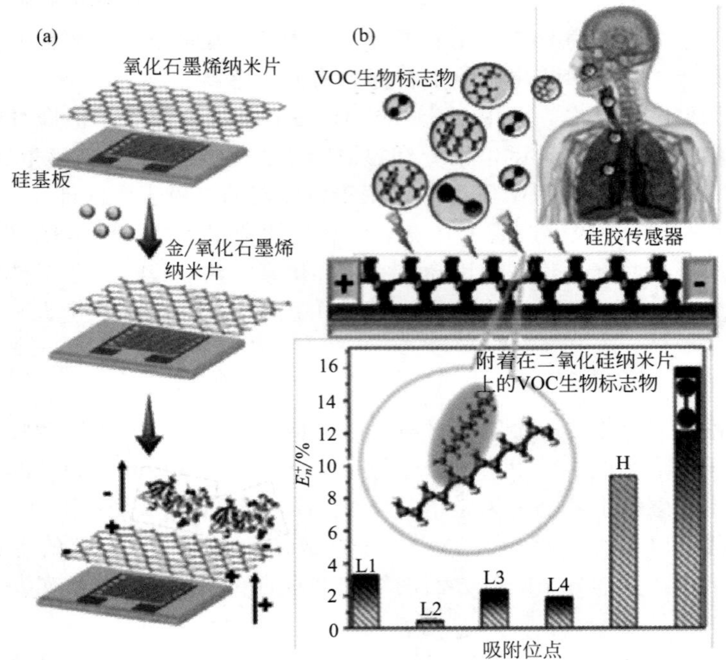

图 6.17　(a) 示意图显示了肺癌诊断生物传感器上常见的氧化石墨烯纳米片，用 GNP 包裹以用于癌细胞蛋白生物标志物；(b) 使用硅纳米片修饰过的硅传感器，从肺癌患者的呼吸样本中检测 VOC 生物标志物，使用在传感表面上的裸露的氢化硅酮和氢空位硅酮纳米片对研究进行了评估，以确定用于肺癌早期检测的出色的 VOC 吸收纳米片

(1) 纳米片

纳米片被大家认为是二维纳米材料，因为二维石墨烯纳米片的出现在传感器和电子设备中显示出巨大的成功。除石墨烯外，碳和金属纳米片还广泛用于感测平台的制造。二维纳米片在肺癌诊断中的应用已通过对肺癌生物标志物的大量研究得到证明。

二氧化钛（TiO_2）纳米片具有半导体和介电性能，因此可以轻松地在带负电荷的纳米片的表面进行化学功能化，并且可以在微型甚至大型胶体上进行功能化。癌症干细胞中的超氧阴离子被包裹在 TiO_2 纳米片上，基于电感应，纳米片把癌细胞与正常肺细胞区分开。TiO_2 纳米片是通过固相混合、质子交换和剥落等一系列反应合成的，这是一种既简单又方便的实验室规模的生产方法，也是一种大规模合成纳米粒子的方法。

为了控制疏水性和亲水性以及功能化分子的化学修饰，可把氧化锡纳米片制备在掺氟的氧化锡衬底上。通过光电转换效应和生物分子识别策略实现的系统可用来检测肺癌细胞。此外，使用氧化锡纳米颗粒和金属催化剂开发出的氧化锡（SnO_2）纳米片，可通过呼吸样品对肺进行无创检测。呼吸中存在的 1-壬醛气体的浓度由传感器测得的电阻来检测，该电阻通过晶体 SnO_2 纳米片得以增强，可加速 1-壬醛的氧化速率。它已被认为是一种有效且简单的肺癌早期诊断方法。

同样，呼出的气体样本也可被用于肺癌生物标志物的检测，可通过氢化硅酮和氢空硅酮纳米片来识别挥发性有机化合物（volatile organic compound，VOC）。该方法因其能隙、吸收能和 Bader 电荷转移等重要参数而在早期检测肺癌中备受赞誉。图 6.17(b) 显示了使用经硅纳米片修饰的有机硅传感器检测 VOC 生物标志物的示意图。由于 2D 纳米片可以通过表面钝化技术用氢和氟进行修饰，因此改善了肺癌生物标志物的吸收性能。最近，使用镍/铁氢氧化物开发了双层磁性纳米片，以检测肺癌细胞中存在的 miRNA。通过杂交链反应法产生 DNA 发夹，然后将其分离并固定在 Ni/Fe 纳米片的表面上，以通过 TMB 反应进行催化。通过该方法实现了 0.36fmol/L 的低检测限，证明了使用临床样品进行有效的肺癌诊断的简单而廉价的方法是合理的。

(2) 纳米板

纳米板在感测系统中也被认为是重要的信号增强器，其中胶态金属纳米颗粒排列成具有锐利边缘的床形二维纳米结构。具有出色 SPR 性能的金被用于二维金纳米板的开发中，纳米金赋予感测元件优异的介电特性，并且可以利用调整合成方法，通过建模来调整纳米板的形状和尺寸（主要基于 SPR 的能量）。尖头的纳米板对等离子体是不稳定的，因此首先要对纳米板进行重塑，并将纳米板与纳米结构金属结合以生成针对电和等离子体信号有高度稳定性。通常，纳米板会引起两种类型的吸收，即纵向 SPR 和横向 SPR。

在生物感测研究中，针对各种形状（例如六角形、三角形和扁平棒状）的纳米板的生物传感优化了两个吸收带，以诊断致命疾病。通过与 P-75 基因序列、EGFR 靶向肽生物标志物结合开发出了检测 NSCLC 的三角形金纳米板（triangular gold nanoplate，TGN）。除了金以外，基于氧化石墨烯纳米板的传感器在癌细胞诊断中也得到了广泛认可。利用三螺旋 DNA 探针的功能化的氧化石墨烯纳米板，可基于遗传信息的滚动循环扩增来识别目标 DNA。氧化石墨烯是通过 Hummers 和 Hoffman 方法制备的，该方法是已知的少量合成氧化石墨烯的方法，几乎没有修饰。据报道，其可通过单个肿瘤细胞中的荧光亮点检测并可视化目标细胞中存在的低浓度 miRNA。循环肿瘤肺细胞也可以通过使用石墨烯纳米板（未处于氧化态）产生的微流体装置进行检测。

除了 2D 纳米材料显示的所有优势外，基于 2D 纳米材料的生物标志物分析的生物传感器也具有很好的性能，但也存在不确定性，主要是在电极制造过程中，2D 纳米片/纳米板的聚集显著降低了其循环稳定性。克服它的一种有效方法是将 2D 纳米材料与另一种类型的纳米材料相结合，以形成分层的杂化和稳定的纳米结构。

6.4.5 三维纳米材料

与其他纳米材料相比，要生成具有极大的表面积与体积比和高性能的纳米系统，三维（3D）纳米材料发挥着重要作用。如前所述，形状、大小和表面粗糙度等可控形态在纳米材料的优异性能中起着关键作用。由于其形态结构增强了其物理化、磁性、电子和等离激元的性质，所以 3D 纳米材料在大量的应用中表现出了极大的优异性。此外，它还促进并加快了所附着的生物分子的运输，这说明其在药物输送及医学诊断方面也有着非常好的性能。同样，由于 3D 纳米材料具有广泛吸收性、固定化性，以及对生物分子和生物标志物进行反应的催化性，因而在非传染性癌症疾病的诊断中也得到重视。

3D 纳米材料通常显现为纳米团簇、纳米花、纳米柱、纳米锥和许多其他类型，只要它具有三个方向的结构即可。图 6.18A 是基于 DNA 的肺癌诊断、用 DNA 探针修饰的 3D 纳米花功能化的生物传感器的示意图。

(1) 3D 纳米金

在肺癌生物标志物的生物感测中，用于开发 3D 纳米结构最常见的纳米材料是中孔 GNP，因为它具有出色的光学和电学特性。在最近的一项研究中，通过纳米压印光刻技术开发了准 3D 金纳米结构，该技术分别在顶部和底部的金纳米方块和 SU-8 纳米柱之间开发。纳米压印技术可生成高度均匀的等离子 3D 金纳米结构，与 1D 和 2D 纳米金材料相

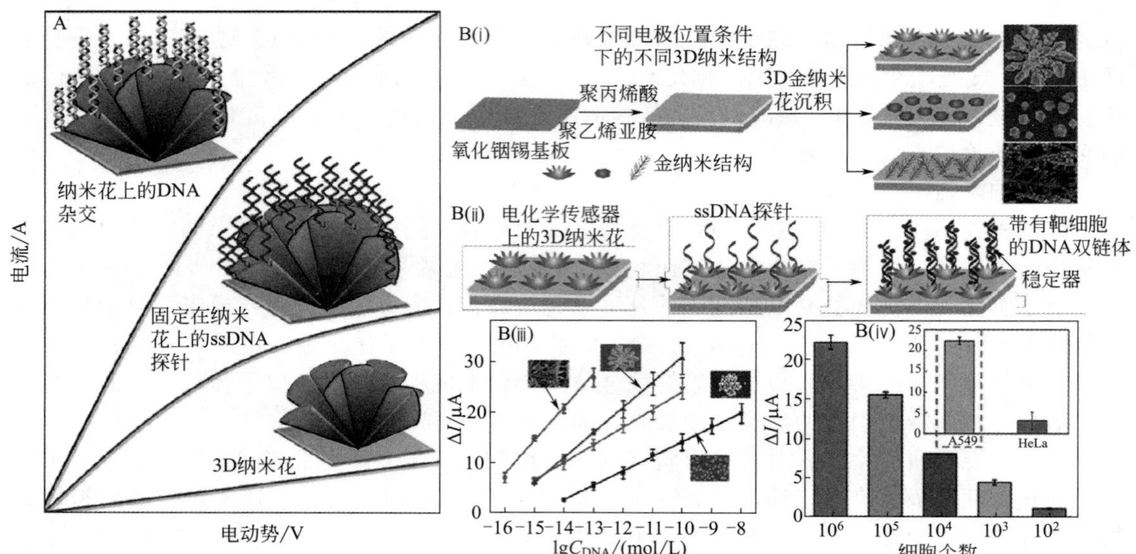

图 6.18 A. 用 DNA 探针修饰的 3D 纳米花功能化的生物传感器的电学特征，以用于基于 DNA 的肺癌诊断。由于磷酸盐封闭在单链 DNA 中而导致负电荷减少，这将产生明显的电子位移，电子位移将会通过高灵敏度的 3D 纳米花传递到导电电极。放大了的电化学信号表明检测到了目标基因，这赋予了高特异性癌基因组的诊断能力。B.（ⅰ）通过电沉积技术在铟锡氧化物基底上合成了纳米金结构，该基底上涂有聚丙烯酸和聚乙烯亚胺，其中沉积时间、沉积电势、电解质的浓度和组成都发生变化，从而在电化学生物传感器上生成不同的 3D 金结构。（ⅱ）通过 miRNA-21 检测 A549 肺癌细胞的策略。将 ssDNA 链固定在 3D 纳米金结构上来修饰电化学生物传感器，并将目标 DNA 链固定，以此利用电势识别 DNA 双链体形成的强度。（ⅲ）由四个具有不同形态的典型纳米金结构来放大电势。（ⅳ）用于检测从 A549 细胞以不同浓度提取的 miRNA-21 的 3D 纳米金结构电化学生物传感器的电化学信号[26]

比，它们能够揭示 SPR 可见光谱中的明显峰移，以便检测 A549 肺癌细胞的程度。研究证明，在进行高灵敏度的肺癌细胞检测时，在 51nm 处具有大的等离激元峰位移。此后，通过改变 3D 多层金纳米结构的偏移量的研究，借助多层等离激元微流体传感系统，建立了低浓度肺癌细胞检测方法，样品体积仅为 2μL。与先前的研究相关，用 3D 金修饰的 3D 等离子体生物传感器在 $10^{-14}\sim10^{-7}$mol/L 处检测到互补的 DNA 靶标，从而在 SPR 光谱中产生了显著的峰移，而无需信号放大。Su 等[26] 进化了分层的花状金纳米结构，称为金纳米花，用于检测人的 NSCLC 的生物标志物 miRNA-21。该系统通过开发无标记的电化学修饰物而成功建立，用 3D 金纳米花与 miRNA/DNA 链相结合进行化学修饰，跟踪和检测目标 miRNA-21 的检测限最低为 1fmol/L。图 6.18B 示出了使用电化学生物传感器在各种电沉积条件下产生的形状，以及使用 3D 金纳米结构检测肺癌靶标。该研究通过控制沉积时间、沉积电位、电解质的浓度和组成等不同参数，实现了以电化学沉积法制造分层的花状金纳米结构。

(2) 3D 石墨烯

3D 石墨烯由碳原子构成，在现有纳米材料中，其暴露表面最大。但是，二维石墨烯已受到所接触的不同低热力学稳定性材料的影响，使其电子能带结构中所携带的电荷受到影响。在那种情况下，石墨烯与各种纳米材料共轭以生成 3D 石墨烯，这在纳米生物传感器的工程设计中非常有用。因此，生物传感器上的石墨烯通常以纳米复合物的状态存在，以提高感测表面的灵敏度。

6.4.6 用于肺癌诊断的生物传感器上的多维纳米复合材料

具有非常特殊的物理化学性质的多维纳米材料被广泛用于生物传感器中，尤其是用于癌症诊断。然而，由于表面毒性以及理化性质的不同，独立的纳米材料间歇性地显示出较低的灵敏度和对某些中间体的选择性。因此，需要至少一种纳米级结构的复合材料来解决上述问题。在当前的肺癌诊断技术中，基于纳米复合材料的生物传感器在生物标志物的类型和生物相容性程度方面都取得了良好的效果，因此消除了非纳米复合材料内在的局限性。

（1）石墨烯-纳米金复合材料

通常，在离散状态下具有许多缺陷的石墨烯是提高生物传感器效率的障碍。石墨烯及其成分与其他金属/元素结合在一起以改善传感性能的研究已取得了重大进展。其中，具有优异性能的纳米多孔金颗粒一直是与石墨烯相关的、用来生成石墨烯-纳米金复合材料的金属，在用于诊断肺癌的生物传感器中已被广泛应用。

将 3D 石墨烯修饰的纳米金复合材料固定在碳电极上，可以增强免疫传感器的电化学性能，以检测诊断 CYFRA21-1，同时，使用壳聚糖和戊二醛可增强抗 CYFRA21-1 在纳米复合材料上的交联。为此，首先采用常规的 Hummer 方法制备氧化石墨烯，然后将其与氯金酸混合，再用超声处理混合物以生成凝胶形式的石墨烯金纳米复合材料，最后将其滴铸在碳电极上并进行处理来制成免疫传感器。

石墨烯金纳米复合修饰的免疫传感器避免了 CEA、牛血清白蛋白、抗坏血酸、多巴胺和尿酸的复杂混合物引起的干扰，其检测限低于 $100pg \cdot mL^{-1}$。

当人们对小细胞肺癌诊断关注时，便产生了带有多个分析仪的无线即时医疗系统，以检测 NSE 生物标志物。该分析仪是采用 3D 石墨烯-纳米金复合材料来修饰免疫传感器的电极的，同时添加硫氨酸以增强交联。选择石墨烯板是因为其良好的导电性和促进电子转移的能力，而选择 GNP 是由于其生物相容性，对生物环境的高耐受性以及放大电信号的能力；硫氨酸用作电活性活化剂，可增强纳米复合材料与底物之间的化学反应。该无线免疫传感设备达到了 $10pg \cdot mL^{-1}$ 的检测限，体现出了现场肺癌诊断的巨大潜力。此外，石墨烯二硫化物经树突状 GNP 修饰后增强了信号，这是通过使用电化学基因传感器对从长的非编码 RNA 推断出的两个不同基因组进行双重测定而得到的。通过使用真实样品检测不同序列的低限已经证明了基因传感器的选择性，这对基因传感器在肺癌的临床诊断中的应用具有非常重要的价值。

（2）石墨烯介导纳米复合材料

除了金以外，导电金属和聚合物也与石墨烯一起发挥着重要作用，从而可开发出用于肺癌诊断的高灵敏度生物传感器。通过在二氧化硅-金感测板上氧化还原石墨烯和聚苯胺（PANI）3D 大孔膜，可开发出用于 NSCLC NSE 检测的无标记生物传感器。

纯石墨烯氧化物在传感表面上自聚是要解决的主要问题之一。另一方面，作为半导电聚合物的 PANI 在 NSE 的传感中充当电活性探针，此外还增加了石墨烯-PANI 纳米复合材料的分布，以促进生物分子的固定化并放大电信号。通过氧化还原石墨烯，发现纳米复合材料可提高免疫传感器的选择性和稳定性。此外，聚合物和金属氧化物的石墨烯纳米复合材料具有控制形态和诱导对纳米材料调节作用的能力。就此而言，在最近的研究中，具有氧化钛和收缩聚合物的 3D 石墨烯纳米板可通过自组装技术进行制备，用以控制其成分和形态。在生物传感器上沉积纳米复合材料后，所实现的调节提高了传感器的效率，并促进了其在癌症疾病诊断中的应用。

图 6.19A 给出了对掺入氧化钛纳米颗粒的层状石墨烯进行显影的工艺，并对每种纳米

复合材料进行了修饰。此外，Chen 等[27-29] 开发了 3D 电化学 DNA 生物传感器，该传感器采样银纳米颗粒（AgNP）来修饰 3D 石墨烯以检测 CYFRA21-1。研究表明，二维石墨烯片由于其高结接触电阻和质量差而受到低电导率的困扰。使用 CVD 技术生成的 3D 石墨烯则没有或至少没有表现出增强其导电性的结电阻。

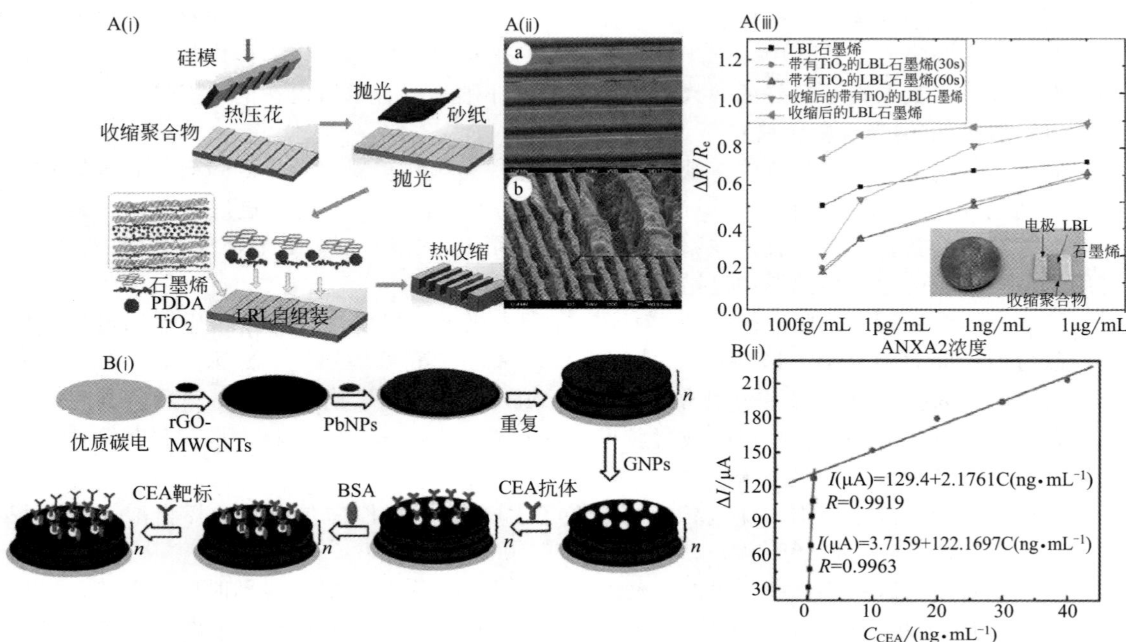

图 6.19 A(ⅰ)给出了开发层状收缩石墨烯生物传感器的工艺，其中，将与氧化钛纳米粒子组装在一起的层状石墨烯沉积在经聚合物修饰的硅基板上，然后使其通过热能收缩。(ⅱ)生物传感器上微通道阵列的 SEM 图像：a. 热收缩前与 b. 热收缩后。(ⅲ)显示了电阻（$\Delta R/R_0$）增加时生物传感器的灵敏度，二氧化钛纳米颗粒对用于不同浓度和可重复性实验的肺癌检测的生物传感器具有稳定作用。B(ⅰ)给出了电化学免疫传感器的发展以及 CEA 抗原与抗体之间相互作用的检测策略。氧化还原石墨烯多壁碳纳米管（rGO-MWCNT）组装到玻璃碳电极上的多层结构中，而 Pb 纳米颗粒则沉积在 rGO-MWCNT 层之间。将 GNP 缀合在纳米复合材料的表面上以固定抗 CEA。表面用 BSA 填充以防止非特异性结合，并进行 CEA 目标检测。(ⅱ)显示了通过差分伏安图电位测量的在不同抗原浓度下的峰值电流（ΔI）的校准图[31]

具有独特性能的 AgNP 与 3D 石墨烯集成在一起，可改善 DNA 杂交的生物相容性并促进电子转移。石墨烯-AgNP 纳米复合物证明了生物相容性和电子转移的改善是合理的，该复合物达到了目标 DNA 1.0×10^{-14} mol/L 的低检测限。

最近，Shoja 等[30] 开发了一种电聚合传感平台，该平台使用还原介孔碳并对 Ni(Ⅱ)-氧四环素进行了功能化，可检测 EGFR 外显子 21 点突变。通过一系列化学反应制备了由还原氧化石墨烯、碳和 Ni(Ⅱ)-氧四环素组成的纳米复合材料，并将其滴铸在电化学生物传感器的石墨电极上。由于聚合石墨烯纳米复合材料的存在，从检测策略中显示出优异的导热性和导电性。

(3) 金介导纳米复合材料

金纳米复合材料通常由金和金属纳米颗粒制成。表面增强的拉曼散射（surface-enhanced Raman scattering，SERS）是应用基于金纳米复合材料的生物传感器进行肺癌诊断的常用检测技术。Rong 等[32] 对 SERS 底物上的功能化的薄壳用 AgNPs 和金纳米棒进行修饰并给予了研究，以检测 CEA 肺癌生物标志物。金纳米棒同 AgNPs 进行整合，生成了 3D 纳米星结构的复合材料，从而增强了具有近红外等离激元的传感器的表面。然后，Ma 等[33] 证明了金-银纳米复合物具有检测外泌体 miRNA、NSCLC 生物标志物的能力。该研究获得的 5fmol/L 检测限，证明了该传感器的高灵敏度。

肺癌患者尿液样本中存在腺苷，这是一种用于肺癌诊断的生物标志物。可使用氧化铁/金/银纳米复合材料来开发并增强 SERS 传感阵列，以采样便携式拉曼光谱仪检测尿液样品中腺苷的痕量状态。使用化学共沉淀技术合成纳米复合材料并通过 IP6 进行稳定化，然后进行一系列化学混合，沉淀和纯化工艺可以获得用来制造该 SERS 传感阵列的晶体纳米复合材料。

(4) 碳介导纳米复合材料

碳纳米复合材料在改善用于肺癌诊断的生物传感器性能方面显示出了独特的优势。常见的碳纳米复合材料来自零维碳纳米球和具有单壁、多壁纳米结构并结合了多种金属/纳米元素的 2D CNT。可用具有普鲁士蓝（prussian blue，PB）的碳纳米管修饰玻璃碳电极的感测表面，石墨烯将出现在多层薄膜中。此外，GNP 可被吸收在固定有 CEA 抗体的纳米复合薄膜上。

PB 是一种出色的氧化还原介体，广泛用于电化学传感器，但是，它还存在一些不足，例如 PB 在电极表面的泄漏，会降低 PB 膜的稳定性，从而降低传感器的效率。Feng 等[34] 通过电沉积方法解决了使用还原石墨烯和 CNT 与 PB 纳米颗粒组装的局限性，可在适当的纳米复合材料框架下减少可能的泄漏，从而保持了传感器的稳定性。GNP 仅用于固定 CEA 抗体和增加 SPR 强度。图 6.19B 给出了电化学免疫传感器的发展和 CEA 抗原与抗体之间相互作用的检测策略。纳米复合材料修饰的生物传感器的 CEA 抗原检出限为 $60pg \cdot mL^{-1}$。用临床样品对电化学免疫传感器进行了测试，这些样品与分析的临床数据显示出很大的一致性。

继而，用壳聚糖修饰单壁碳纳米管，并将其沉积在石墨电极上，以检测抗 MAGE A2 和抗 MAGE A11 肺癌生物标记物。通过超声和搅拌工艺制备壳聚糖修饰碳纳米管，并通过滴铸法将其沉积在免疫电极上。在 EDC-NHS 化学活化剂的帮助下，通过胺-羧基相互作用对生物标志物进行化学修饰，以增强抗体在电极表面的固定。

差分脉冲伏安法（differential pulse voltammetry，DPV）可用于同时检测具有高特异性和敏感性的两种抗原[35]。Liu 等[36-37] 逐层生成经 GNP 修饰的氧化单壁 CNT，以检测肺癌细胞的 miRNA。然后，将探针固定在 GNP 上。产生的电化学信号通过 DPV 测量进行记录，研究表明，附着在 CNT 上的 GNP 发挥了重要作用，并被用来改善 DPV 数据的获取。

Zhang 等[38] 开发了一种电化学细胞传感器，用于检测 A549 细胞系 NSCLC 生物标志物。他合成了 3D 纳米结构的碳纳米球-金纳米复合材料，并将其置于壳聚糖薄膜上，然后在玻璃碳电极上进行了功能化。在这项工作中，使用微波水热法合成了单分散碳纳米球，然后将其与 GNPs 组装在一起，形成了纳米复合材料的 3D 结构。纳米复合材料的协同作用是通过从电极转导的伏安信号和识别靶细胞的显著敏感性来实现的。

从最近的纳米生物技术来看，肺癌的治疗方法有了很大的改善。首次诊断后，患者的生存期有了大幅度的延长。由于存在一些尚未解决的挑战，基于纳米材料的用于肺癌检测的生物传感器迄今尚未商用化。在最近的癌细胞诊断中，所开发的商用生物传感器要满足包括即时诊断、非侵入性临床采样、快速读出以及便携式和互连性等要求。而具有多维纳米结构的纳米材料和纳米复合材料在满足上述要求方面提供了极大的便利。如图 6.20 所示，所用的非侵入性临床肺癌诊断传感器源自芯片实验室，它收集了肺癌患者的呼气并使用连接到智能手机的适配器对其进行分析。为了在不受外部因素影响的情况下提高准确性，需要在不使用适配器的情况下连接到临床采样分析软件。该系统有望在连接到智能手机中安装的快速读取软件的实时应用程序中实现。

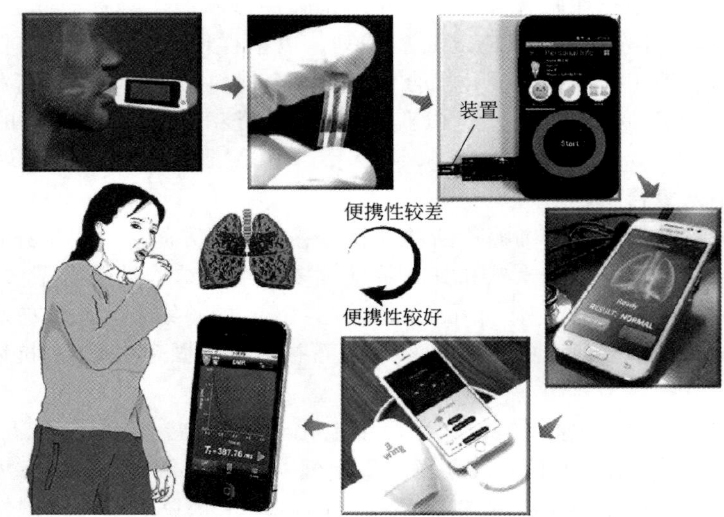

图 6.20　借助先进的设备和技术进行即时肺癌诊断

参考文献

[1] Novoselov K S, Geim A K, Morozov S V, et al. Electric field effect in atomically thin carbon films [J]. Science, 2004, 306: 666-669.

[2] Geim A K, Novoselov K S. The rise of graphene [J]. Nat Mater, 2007, 6: 183-191.

[3] Knieke C, Berger A, Voigt M, et al. Scalable production of graphene sheets by mechanical delamination [J]. Carbon, 2010, 48: 3196-3204.

[4] Kampouris D K, Banks C E. Exploring the physicoelectrochemical properties of graphene [J]. Chem Commun, 2010, 46: 8986-8988.

[5] Chen R, Nioradze N, Santhosh P, et al. Ultrafast electron transfer kinetics of graphene grown by chemical vapor deposition [J]. Angew Chem Int Ed, 2015, 54: 15134-15137.

[6] Keeley G P, Mcevoy N, Nolan H, et al. Electroanalytical sensing properties of pristine and functionalized multilayer graphene [J]. Chem Mater, 2014, 26: 1807-1812.

[7] Lim C X, Hoh H Y, Ang P K, et al. Direct voltammetric detection of DNA and pH sensing on epitaxial graphene: an insight into the role of oxygenated defects [J]. Anal Chem, 2010, 82: 7387-7393.

[8] Hadish F, Jou S, Huang B R, et al. Functionalization of CVD grown graphene with downstream oxygen plasma treatment for glucose sensors [J]. J Electrochem Soc, 2017, 164: B336-B341.

[9] Jiang J, Zhang P, Liu Y, Luo H. A novel non-enzymatic glucose sensor based on a Cu-nanoparticle-modified graphene edge nanoelectrode [J]. Anal Methods, 2017, 9: 2205-2210.

[10] Song H, Li X, Cui P, et al. Sensitivity investigation for the dependence of monolayer and stacking graphene NH_3 gas sensor [J]. Diam Relat Mater, 2017, 73: 56-61.

[11] Mazaheri M, Aashuri H, Simchi A. Three-dimensional hybrid graphene/nickel electrodes on zinc oxide nanorod arrays as non-enzymatic glucose biosensors [J]. Sensors Actuators B Chem, 2017, 251: 462-471.

[12] Kaçar C, Erden P E, Kiliç E. Amperometric l-lysine biosensor based on carboxylated multiwalled carbon nanotubes-

SnO_2 nanoparticles-graphene composite [J]. Appl Surf Sci, 2017, 419: 916-923.

[13] Hallaj R, Haghighi N. Photoelectrochemical amperometric sensing of cyanide using a glassy carbon electrode modified with graphene oxide and titanium dioxide nanoparticles [J]. Microchim Acta, 2017, 184: 3581-3590.

[14] Sreejesh M, Shenoy S, Sridharan K, et al. Melt quenched vanadium oxide embedded in graphene oxide sheets as composite electrodes for amperometric dopamine sensing and lithium ion battery applications [J]. Appl Surf Sci, 2017, 410: 336-343.

[15] Lee H, Hong J A. Enhancement of catalytic activity of reduced graphene oxide via transition metal doping strategy [J]. Nanoscale Res Lett, 2017, 12: 426.

[16] Pakapongpan S, Poo-Arporn R P. Self-assembly of glucose oxidase on reduced graphene oxide-magnetic nanoparticles nanocomposite-based direct electrochemistry for reagentless glucose biosensor [J]. Mater Sci Eng C, 2017, 76: 398-405.

[17] Zhao C, Wu X, Li P, et al. Hydrothermal deposition of CuO/rGO/Cu_2O nanocomposite on copper foil for sensitive nonenzymatic voltammetric determination of glucose and hydrogen peroxide [J]. Microchim Acta, 2017, 184: 2341-2348.

[18] Liu M, Pan D, Pan W, et al. In-situ synthesis of reduced graphene oxide/gold nanoparticles modified electrode for speciation analysis of copper in seawater [J]. Talanta, 2017, 174: 500-506.

[19] Bindewald E H, Schibelbain A F, Papi M A P, et al. Design of a new nanocomposite between bismuth nanoparticles and graphene oxide for development of electrochemical sensors [J]. Mater Sci Eng C, 2017, 79: 262-269.

[20] Mao Y, Bao Y, Gan S, et al. Electrochemical sensor for dopamine based on a novel graphene-molecular imprinted polymers composite recognition element [J]. Biosens Bioelectron, 2011, 28: 291-297.

[21] Shetti N P, Bukkitgar S D, Reddyb K R, et al. Nanostructured titanium oxide hybrids-based electrochemical biosensors for healthcare applications [J]. Colloids and Surfaces B: Biointerfaces, 2019, 178: 385-394.

[22] Ramanathan S, Gopinath S C B, Arshad M K Md, et al. Multidimensional (0D-3D) nanostructures for lung cancer biomarker analysis: Comprehensive assessment on current diagnostics [J]. Biosensors and Bioelectronics, 2019, 141: 111434.

[23] Liu L, Wu S, Jing F, et al. Bead-based microarray immunoassay for lung cancer biomarkers using quantum dots as labels [J]. Biosens Bioelectron, 2016, 80: 300-306.

[24] Azimi S, Gharooni M, Ali Hosseini S, et al. Monitoring the spreading stage of lung cells by silicon nanowire electrical cell impedance sensor for cancer detection purposes [J]. Biosens Bioelectron, 2015, 68: 577-585.

[25] Wu C H, Wang W H, Hong C C, et al. A disposable breath sensing tube with on-tube single-nanowire sensor array for on-site detection of exhaled breath biomarkers [J]. Lab Chip, 16: 4395-4405.

[26] Su S, Wu Y, Zhu D, et al. On-electrode synthesis of shape-controlled hierarchical flower-like gold nanostructures for efficient interfacial DNA assembly and sensitive electrochemical sensing of MicroRNA [J]. Small (Weinheim an der Bergstrasse, Germany), 2016, 12: 3794-3801.

[27] Chen Chengbo, Yang T, Xia D, et al. Magnetic Ni/Fe layered double hydroxide nanosheets as enhancer for DNA hairpin sensitive detection of miRNA [J]. Talanta, 2018, 187: 265-271.

[28] Chen Chao, Zhang M, Li, C, et al. Switched voltammetric determination of ractopamine by using a temperature-responsive sensing film [J]. Microchimica Acta, 2018, 2: 185.

[29] Chen M, Wang Y, Su H, et al. Three-dimensional electrochemical DNA biosensor based on 3D graphene-Ag nanoparticles for sensitive detection of CYFRA21-1 in non-small cell lung cancer [J]. Sensor Actuator B Chem, 2018, 255: 2910-2918.

[30] Shoja Y, Kermanpur A, Karimzadeh F. Diagnosis of EGFR exon21 L858R point mutation as lung cancer biomarker by electrochemical DNA biosensor based on reduced graphene oxide/functionalized ordered mesoporous carbon/Ni-oxytetracycline metallopolymer nanoparticles modified pencil graphite elec [J]. Biosens Bioelectron, 2018, 113: 108-115.

[31] Feng D, Lu X, Dong X, et al. Label-free electrochemical immunosensor for the carcinoembryonic antigen using a glassy carbon electrode modified with electrodeposited prussian blue, a graphene and carbon nanotube assembly and an antibody immobilized on gold nanoparticles [J]. Microchimica Acta, 2013, 180: 767-774.

[32] Rong Z, Wang C, Wang J, et al. Magnetic immunoassay for cancer biomarker detection based on surface-enhanced resonance Raman scattering from coupled plasmonic nanostructures [J]. Biosens Bioelectron, 2016, 84: 15-21

(https：//doi. org/10. 1016/j. bios. 2016. 04. 006）.
[33] Ma D，Huang C，Zheng J，et al. Quantitative detection of exosomal microRNA extracted from human blood based on surface-enhanced Raman scattering [J]. Biosens Bioelectron，2018，101：167-173.
[34] Feng D，Lu X，Dong X，et al. Label-free electrochemical immunosensor for the carcinoembryonic antigen using a glassy carbon electrode modified with electrodeposited prussian blue，a graphene and carbon nanotube assembly and an antibody immobilized on gold nanoparticles [J]. Microchimica Acta，2013，180：767-774.
[35] Choudhary M，Singh A，Kaur S，et al. Enhancing lung cancer diagnosis：electrochemical simultaneous bianalyte immunosensing using carbon nanotubes-chitosan nanocomposite [J]. Appl Biochem Biotechnol，2014，174：1188-1200.
[36] Liu L，Song C，Zhang Z，et al. Ultrasensitive electrochemical detection of microRNA-21 combining layered nanostructure of oxidized single-walled carbon nanotubes and nanodiamonds by hybridization chain reaction [J]. Biosens Bioelectron，2015，70：351-357.
[37] Liu Q，Yin S，Soo R A，et al. A rapid MZI-IDA sensor system for EGFR mutation testing in non-small cell lung cancer（NSCLC）[J]. Biosens Bioelectron，2015，74：865-871.
[38] Zhang H，Ke H，Wang Y，et al. 3D carbon nanosphere and gold nanoparticle-based voltammetric cytosensor for cell line A549 and for early diagnosis of non-small cell lung cancer cells [J]. Microchimica Acta，2019，186：2-8.

第7章 微流体传感器

近年来，作为生化传感研究的热点，微流体传感器广泛用于环境监测、疾病诊断、药物分析等领域。在微流体传感器中，微通道的横截面尺寸通常为数十到数百微米，这满足了对小体量流体的操作与控制，并且可以利用不同的微通道结构实现不同的功能。此外，微流体芯片将样品提取、分离、混合和检测集成到一个芯片中，从而取代了传统实验室的功能。由于其显著的优势，微流体芯片已广泛用于许多领域，例如化学、生物、物理、机械和材料等。此外，微流体芯片在生化测试、医疗健康、环境污染检测等方面也发挥了重要作用。

7.1 微流体与增材制造

20 世纪 90 年代初，微流体首先使用光刻技术在硅和玻璃中制造，光刻是一种传统的平面制造技术，通过使用光敏材料（光刻胶）和掩膜对特征进行图案化。光刻技术具有非常高的分辨率，但需要昂贵的设备和洁净室环境，因此对于许多应用而言成本太高。

20 世纪末，通过将热固性材料聚二甲基硅氧烷（polydimethylsiloxane，PDMS）倒入复制模具中成功浇注了微流体，从而发明了软光刻技术。与旧的光刻方法相比，软光刻具有更低的成本和更快的生产速度，而且它促进了高柔性和高透光率设计，因此确立软光刻是最常见的微流体制造工艺。但是，这种基于模具的方法通常需要光刻制造模具。因此，软光刻是半洁净室工艺，其仍然严重依赖昂贵的光刻技术。此外，所设计的特定的微流体所需的产量通常很小，甚至只有一个。在这种情况下，基于模具的方法成本很高，可能不是最佳选择。另一方面，随着分布式/即时医疗保健、复杂实验室测试以及其他芯片实验室应用的发展，快速生产低成本和一次性微流体设备的需求急剧增长。近年来，为解决这些问题，提出了越来越多的新颖且低成本的制造方法。

(1) 增材制造

增材制造（additive manufacturing，AM）是一种新兴的制造方法，近年来受到了广泛的关注，因为它可以以低成本快速制造所需的结构而不浪费材料。人们已经尝试在微流体技术中使用众多的三维（3D）打印技术，这是最著名的 AM 的一类。大多数基于 3D 打印的方法仅打印用于铸造的模具（例如软光刻），部分解决了软光刻的问题。其他无模具方法可以使用各种 3D 打印技术直接打印微流体，从而有效地实现了快速制作微流体原型。但是，当前大多数 3D 打印机通常具有较低的分辨率和较大的最小特征尺寸，这导致了 3D 打印微流体通道的典型大横截面，其面积至少在 $5\times10^4\mu m^2$ 的水平上。

最近，另一种增材制造技术（喷墨印刷）已用于微流体制造，包括纸张微流体、喷墨印刷黏合微流体和许多其他方法。喷墨打印是一种按需滴注（drop-on-demand，DOD）液相材料的沉积技术，并且是大多数办公室打印机使用的高度商业化的技术。通常以脉冲形式从喷嘴喷出固定量的墨水，并使液滴喷射到基材上。使用喷墨印刷，可以明显减少微流体制造的时间和资源成本。图 7.1 比较了不同微流控制造方法的成本和产量。与 3D 打印相比，对于相同的平面分辨率，喷墨打印的成本通常更低，且可打印层的厚度要小得多，从而导致更好的垂直分辨率。

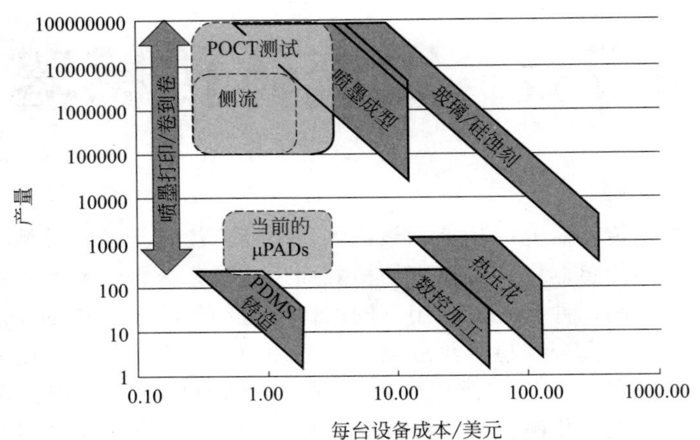

图 7.1 不同微流控制造方法的成本和产量的比较

纸微流体或纸基分析设备（μPADs）吸引了很多关注。通过在亲水性纸上喷墨打印通道疏水性边界（通常使用蜡或聚合物），已对大量纸微流体进行了原型设计，可满足各种化学和生物医学测定的需要。但是，大多数纸微流体几乎只能获得 2D 结构，并且只能通过堆叠纸和胶带（或其他黏合剂）进行垂直集成，这些纸存在许多缺陷，包括由于纸纤维而导致的对齐误差和层间干涉。一方面，纸微流体具有固有的优势，即通道中的纸纤维可以将试剂保持在内部；另一方面，由于不能将通道制造成完全空的，并且不能在四个方向上完全密封，所以到目前为止，纸微流体的应用受到了限制。

除了仅打印边界的纸微流体外，喷墨打印也已用于微流体制造过程的各个步骤中，包括密封通道，建立用于 PDMS 复制模具，对掩膜进行构图以进行沟道刻蚀，在两个基板之间印刷侧壁。易看到，这些方法仍然需要与其他制造技术结合，例如激光蚀刻、3D 打印、湿蚀刻或软光刻，这使制造工艺流程复杂化且成本明显增加。

(2) 光纤与微流体

在微流体传感器中，在光路与微流体间形成的光场增强了光与流体之间的相互作用，因此，微流体传感器和光学系统的组合被广泛应用。同时，可以通过控制微流体来控制光。在检测过程中，光的特性（如波长、幅值、相位、偏振、强度与频率等）会发生变化。因此，可以通过分析接收光的特性变化来实现对样品的测量。然而，传统的光学检测需要复杂的光学设备，例如显微镜和透镜，这不利于芯片小型化的发展。为了更好地将光与微流体芯片集成在一起并实现传感测量，光纤成为一种合适的光传输载体。光纤由包层和纤芯组成。由于包层和纤芯之间的折射率（RI）不同，光在纤芯中通过全反射传输。光纤因具有尺寸小、易于集成、光场约束力强、渐逝场比大、抗电磁干扰、耐腐蚀、玻璃纤维表面易于使用和远程控制等优点被广泛用于传感测量中，更重要的是，光纤具有表面积大、体积比大、易于表面修饰、生物相容性好等优点，被广泛用于生化检测中。

在微流体中，光纤和微通道的结合对于流体检测至关重要。通常，根据微流体中光纤的功能，可将其分为两种：一种是光纤仅用作微流体传感器中收发光信号的光学元件，通常用于激励和荧光信号的接收，以及流通池中对吸光度的检测。在许多情况下，光纤仅是传输光的无源元件，它们在传感器中的集成只是设计和制造的问题，不会在用于传感的工作原理中增加任何功能。另一种是集成在微流体传感器中的光纤，在传感过程中起着重要作用，其中光纤利用自己的传感结构发挥其独特的传感优势。可以将光纤制成具有不同传感原理的光纤传感器，如表面等离子共振光纤（surface plasmon resonance fiber，SPR）、光纤光栅、马赫曾德尔干涉仪（Mach-Zehnder interferometer，MZI）、锥形纤维等。

光纤传感器对外部变化的敏感性使其能够在微通道中感测样品的量值。另外，微流体不仅可以为一些脆弱而特殊的光纤传感结构提供稳定的传感环境，而且可以保护传感器不受外界环境因素的影响，从而大大提高了传感器的稳定性。光纤生化传感器和微流体的集成不仅实现了与普通光纤传感器相同或更好的检测性能，而且通过将功能元件集成在微流体芯片上，使以前不可能进行的分析成为可能。

7.2　完全喷墨打印的微流体

本节将介绍一种低成本的、快速制造三维微流体的工艺，该工艺完全依赖于基于喷墨打印机的单一平台，并且可以直接在几乎任何基板上实现。

7.2.1　制造工艺

通过逐级喷墨打印不同的材料可制造 3D 微流体设备。所用的材料是两种不同的聚合物油墨：一是构成微流体通道的 SU-8 油墨；二是在固化过程中支撑结构并随后被洗掉的聚甲基丙烯酸甲酯（poly methyl methacrylate，PMMA）。

采用 SU-8 是由于其具有非常高的耐化学性，可以在蚀刻过程中以及与通道内受测试的大多数有机和无机溶剂反应后保持几乎完好无损的状态；而聚甲基丙烯酸甲酯易于用蚀刻化学溶剂冲洗掉。由于 PMMA 油墨始终印刷在 SU-8 上，因此无论使用哪种基材以及结构具有多少层，都可以实现很好的一致性和对通道形状的出色控制。

不失一般性，在此，所采用的打印机为 Dimatix DMP-2831 打印机，这是一种经济高效且易于使用的典型工业喷墨打印机，像素尺寸/分辨率最小为 5μm，成本低于 30000 美元。该打印机的最大尺寸为 210mm×315mm×50mm，该尺寸应足够大以容纳任何微流控芯片，并且在大多数情况下可以同时制造多个芯片。

印刷可以通过图 7.2(a) 所示的流程来完成。

第一步，将薄薄的 SU-8 墨水印刷在基材上，以使基材与微流体通道中的流体隔离。对于电气感应等应用，这种隔离可以消除金属/导体（如果有）与被测流体的不必要接触。对于纸张和软木塞之类的多孔基材，此隔离打印可以填充较小的基材孔/空隙并提供防水通道。对于表面稍有不平整的基材，这种印刷方法可以使粗糙面光滑。在基材不是最佳的情况下，此隔离打印是准备步骤，否则可以绕过它。由于此步骤与喷墨打印是累加性的，此过程适于在几乎任何基板或设备上构建 3D 微流体结构，包括玻璃、纸、硅晶片、金属、塑料和其他现有的微流体芯片以及包装结构。

第二步，沉积图案化的 PMMA 迹线，是微流体通道拓扑的占位符。该印刷图案与设计的微流体通道图案相同，它将在以下步骤中支撑沉积在通道顶部的所有材料。

第三步，印刷 SU-8 厚层，该层将在该过程结束时构成微流体通道壁。微流体通道的开口（入口和出口）由 CAD 模式文件保留。由于 SU-8 墨水呈液相状态，如果沉积量足够，它将使包括所印刷的 PMMA 迹线的表面变得均匀，从而形成具有平坦表面的结构。

在打印 3D 结构的情况下，我们只需重复第二步和第三步，直到打印了必要数量的层。最后一步，在印刷完所有层之后，通过苯甲醚溶液浴去除 PMMA 载体材料，也可以使用其他几种有机溶剂。由于蚀刻依赖于蚀刻溶剂的扩散，蚀刻时间很大程度上取决于通道的狭窄程度和长度，可以通过使用超声波浴来显著减少蚀刻时间。去除通道中的支撑材料后，可以观察到嵌入在SU-8聚合物中的空心通道，其形状与印刷的PMMA图案和扫描电子显微镜（SEM）的横截面照片的形状相同，概念通道原型如图7.2(b)和(c)所示。SEM图像中显示的碎片颗粒可能是SU-8聚合物。固化的SU-8聚合物非常脆，在切割过程中很容易破裂。

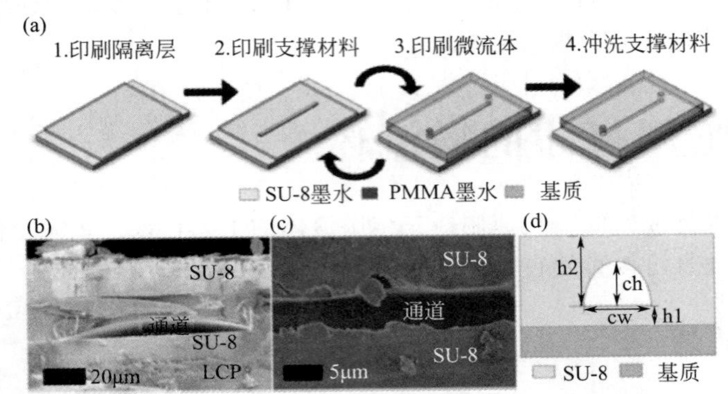

图7.2　喷墨印刷原型的制造工艺步骤和横截面图

(a) 喷墨印刷微流体制造的完整工艺流程；(b) 和 (c) 在不同放大倍数下具有低 (b) 和高 (c) 长宽比的微流通道原型的SEM截面概念验证图像；(d) 横截面视图中预制通道的草图以及尺寸标记

7.2.2 喷墨印刷PMMA

喷墨打印PMMA是此工艺中的关键步骤，因为它定义了水平（2D）图案以及微流体通道的高度。CAD文件用于定义2D模式，该模式与每层所需模式的顶视图相同。因此，除了通道高度之外，通道的每个参数，例如通道宽度［图7.2(d)中的cw］、长度和方向，都可以直接包含在CAD文件中。接着，由打印机将每层的2D图案分解为5μm×5μm像素的网格，并通过具有固定墨滴间距的墨滴矩阵实现，这确定了图案的最小分辨率。该墨滴间距可以大于5μm的任意大小生成墨滴矩阵，然而，如果墨滴间距太小，则由于每个区域沉积的材料过多，墨水可能会散开；如果墨滴间距太大，则图案打印量会较低，分辨率可能会引入不必要的不连续性，如图7.3(a)所示。实验发现20μm是最佳的墨滴间距值，可有效提供20μm的分辨率。

但是，较大的墨滴间距（>20μm）意味着每单位面积的沉积材料更少，因此可以制造更细的线条和较小的特征。为了进一步研究这一事实，以不同的墨滴间距打印了各种单墨滴线（在一个方向/一条线上连续的单个墨滴）原型，如图7.3(a)所示，其特征为实现如图7.3(b)所示的高度和宽度值。对于大于40μm的墨滴间距，会发生断线，因此应避免间距大于此值。因此，到目前为止，通过此过程获得的最小通道宽度为60μm［图7.2(d)中的cw］和0.8μm高［图7.2(d)中的ch］，液滴间距为40μm，据我们所知，这是使用非光刻AM方法制造的微流体通道中最小的横截面。

由于CAD图案定义了水平通道图案，因此印刷层数在通道高度的控制中起着主导作用［图7.2(d)中的ch］。在多层喷墨印刷中，可以通过简单地在同一位置多次印刷相同的图案来精确地控制沉积材料的量，每一次限定一个附加层。因此，我们可以实现各种高度值的通道，作为各个印刷层厚度的倍数，如图7.3(c)所示。为了校准和验证各层高度的精确控制，分别在1～15层上印刷了若干7mm×0.6mm的线，测量结果如图7.3(c)、(d)所示。

层高可靠地保持在 4.6μm 左右，变化小于 0.4μm，这显示出以很小的误差对沟道进行构图的出色能力。

由于墨水的液体性质，打印迹线的横截面呈半椭圆形，如图 7.2(b)～(d) 和图 7.3(d) 所示。与所有其他喷墨打印过程类似，打印图案的横截面形状取决于墨水固化条件和墨水在 SU-8 基材上的接触角。油墨成分、基材的表面性质（例如疏水性或亲水性）和印刷平台温度主要决定接触角。在此印刷环境中，制造的纵横比的下限为 10，并且主要由接触角控制。较高的接触角会导致横截面轮廓的曲率增加，并导致最小可实现纵横比降低。但是，仍然可以构造纵横比小于 10 的结构，以执行若干个连续印刷固化过程。

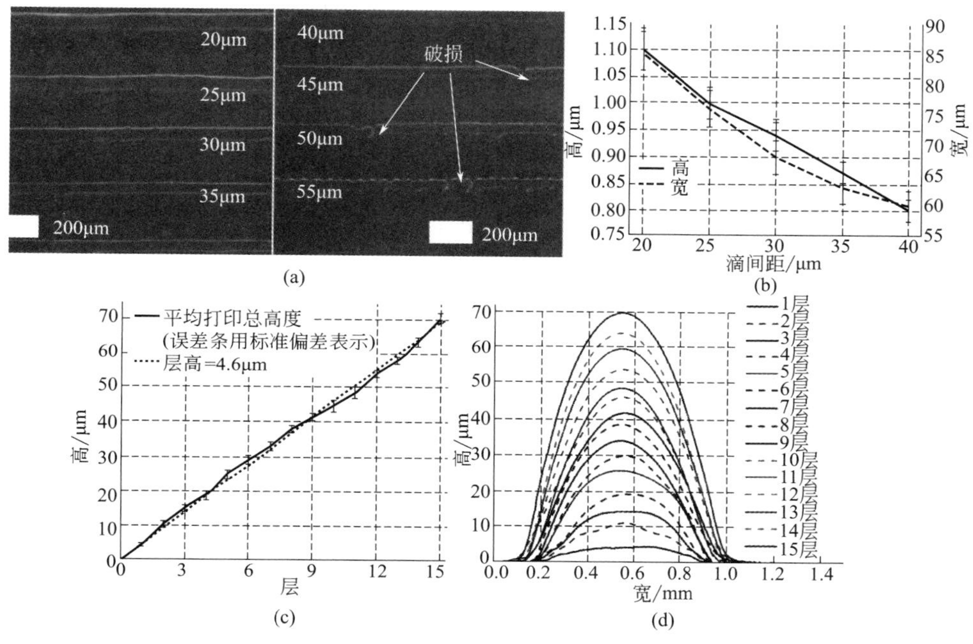

图 7.3　喷墨打印的 PMMA 的性能

(a) 不同墨滴间距值的“单墨滴”（可实现的最窄宽度）印刷的 PMMA 线的照片。这些线的原型是 5mm 长，照片中只显示了一小部分。(b) 图 (a) 中所测量到的 PMMA 印刷线原型的平均高度和宽度，它带有误差线。(c) 1～15 个印刷层的、单独印刷的、7mm×0.6mm 线的平均高度和误差线，单层厚度为 4.6μm。(d) 对于通过接触轮廓仪测量到的不同数量的印刷层及 (c) 中印刷的 PMMA 线的横截面轮廓

7.2.3　SU-8 喷墨印刷

与 PMMA 相似，CAD 文件用于定义 SU-8 所印刷的 2D 图案，在大多数情况下，它只是带有“通孔”的薄片，用作微流体通道的入口/出口。此步骤的目标是印刷厚且坚固的 SU-8 层以覆盖 PMMA 迹线并支撑通道结构，防止形成任何裂纹。因此，对 SU-8 厚度（尤其是 PMMA 线顶部的厚度）的出色控制以及 SU-8 的完全交联是成功实现微流体结构的关键。

在 1～12 层上印刷了若干个 7mm×7mm 矩形“垫片”原型（与高度/厚度相比，水平尺寸要大得多的印刷结构），以表征若干沉积层的 SU-8 厚度。与沿窄线所沉积的印刷 PMMA 线不同，所需的 SU-8 通常占据更大的面积，因此发生了“咖啡环”效应。其以沿咖啡溢出物的特征性环状沉积物命名，是喷墨打印中经常发生的现象。如图 7.4(a) 所示，

当干燥打印油墨图案时，由于较高的表面积与体积比，在图案边缘处的蒸发速度比在中心处的蒸发速度高得多，这导致从中心流向边缘，形成盆状拓扑结构。从图 7.4(b) 中的虚线可以看出，“山坡”高度与“山坡”顶部到边缘之间的宽度之间几乎呈线性关系，这主要由干燥速度以及 SU-8 墨水在下层基材上的接触角决定。对于所用的打印配置，该比例在打印的“垫片”边缘为 55μm（高度）：1mm（宽度）。图 7.4(c) 显示了 7mm×7mm 矩形“垫片”原型不同于 SU-8 层的制造厚度/高度。由于“山顶”厚度大于中心厚度，因此很容易观察到“咖啡环”效应。从 1 到 10 印刷层，每层的高度在中心处可靠地约为 5.6μm，在“山顶”处可靠地为 7.1μm，如图 7.4(c) 中的虚线所示。当打印更多层时，所得固化的 SU-8 表现得更接近“线”或“点”（水平尺寸可比或小于高度/厚度），具有最小的“咖啡环”效果，图 7.4(c) 表明，随着印刷层数量的增加（例如 11～12 层），在中心和“山顶”处测得的高度值越来越接近，从而形成了图 7.4(a) 中的半椭圆形横截面轮廓，图 7.4(b) 类似于先前部分讨论的喷墨印刷的 PMMA。因此，在打印十层以上的情况下，每个附加印刷层的高度增量实际上会沿图 7.4(c) 中的虚线停止。由于大多数微流控设备既大又薄，最好在通道上方具有平坦的顶部，因此需要具有牺牲性的“咖啡环”或“坡道”区域的“垫”状打印，这意味着要打印的图案的水平尺寸（可能包含多个通道）应足够大于所需高度的 36 倍。

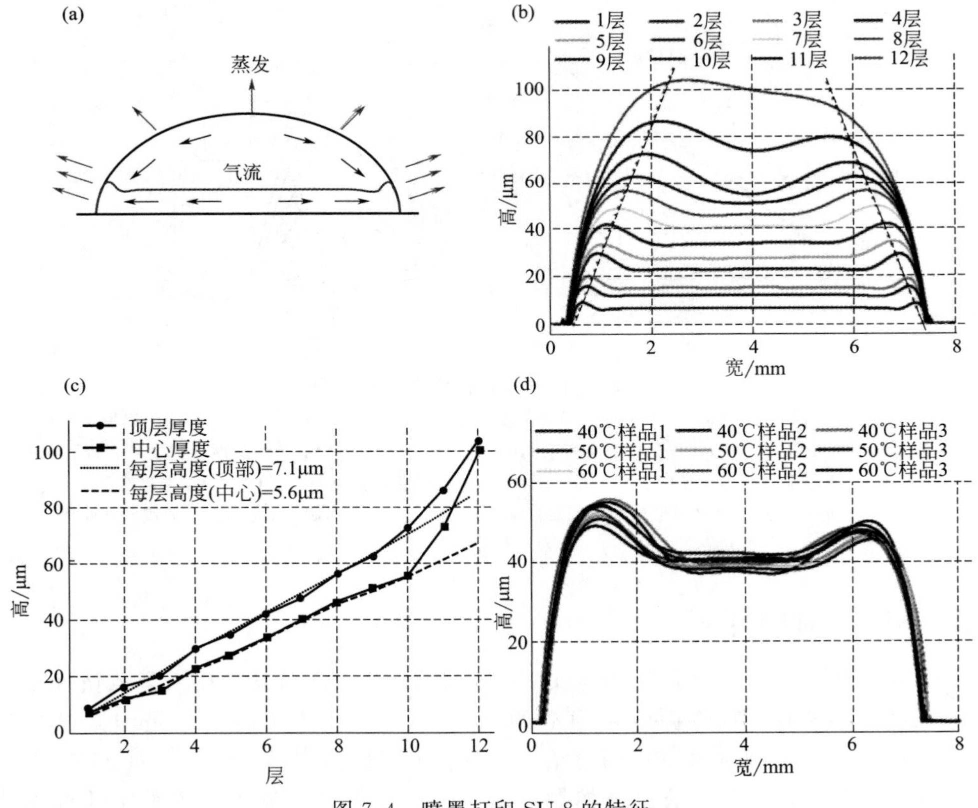

图 7.4　喷墨打印 SU-8 的特征

(a) 以横截面图来展示墨水固化过程中的“咖啡环”效应草图。黑色曲线代表所沉积的液相墨水，灰色曲线代表墨水固化后的最终形状。灰色箭头显示溶剂的蒸发，黑色箭头显示固化过程中液态油墨内的流动。(b) 不同层的喷墨打印矩形“垫片”（7mm×7mm）原型的轮廓。两条虚线标记了“咖啡环”山顶趋势，从而增加了厚度。(c) 在“垫片”的中心（“中心”）的 SU-8 厚度与“咖啡环”的山顶（“山顶”）印刷，用于不同数量的印刷层。(d) 在各种打印平台温度（40℃、50℃和 60℃，每个温度 3 个样品）下，喷墨打印的矩形“垫片”（7mm×7mm，共 7 层）的轮廓

印刷平台温度的影响，如图 7.4(d) 所示。从理论上讲，基材温度会改变墨水的接触角和“咖啡环”效应，而干燥后可能导致形状不同。但是，由于与固化过程中使用的热板温度相比，印刷平台的温度相对较低，并且在大多数情况下印刷时间较短，因此与固化过程中的蒸发相比，印刷过程中的蒸发要小得多。因此，打印平台温度的影响可以忽略不计。在40℃、50℃和60℃下分别打印 7mm×7mm 正方形的 7 层独立样品，并通过轮廓仪测量其轮廓，结果如图 7.4(d) 所示。在温度和印刷原型的最终形状间没有观察到相关性。

7.2.4　喷墨印刷导电材料与 3D 微流体

(1) 喷墨印刷导电材料

与其他微流体工艺（例如软光刻或 3D 打印）相反，通过喷墨印刷导电油墨，可以将完全喷墨印刷的微流体轻松集成到电子产品中，而通常的工艺则无法处理这样的导体。非常有效的是，通过简单地增加喷墨打印导电墨水的步骤，可以将任意的导电图案嵌入到 3D 微流体结构中的任何位置，如图 7.5(a) 所示。导电墨水可以是基于纳米粒子的墨水［例如银纳米粒子墨水，它具有优异的导电性（例如，低于 0.01Ω/m^2），但需要烧结（例如，在 150℃时）］，或者是反应性墨水（无需高温烧结就可以实现良好的导电性）。微流体无源电子传感器中的每个组件都可以在同一（单个）平台上进行喷墨打印，从而在医疗保健和生物测定中实现了多种应用。

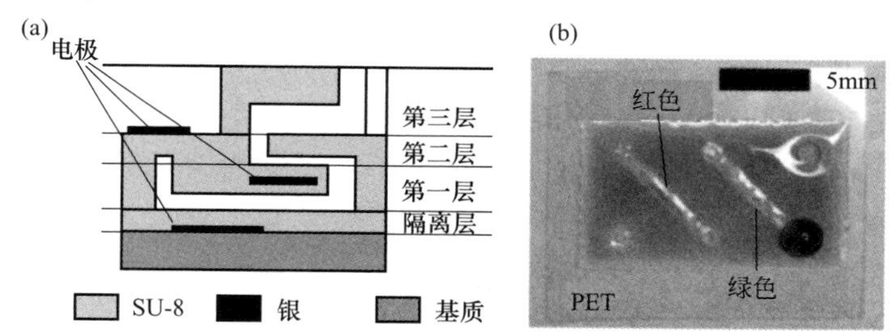

图 7.5　完全喷墨打印的 3D 微流体结构的草图和原型

(a) 具有集成导体的任意完全喷墨印刷的 3D 微流体结构的侧视图的草图；(b) 两条完全喷墨打印的扭曲 2 级 3D 微流体通道的照片，由于毛细作用，一个通道充满红色染色的水，另一个通道充满绿色染色的水，这两个通道彼此相对扭曲：绿色通道位于右半部分的红色通道的上方，而左半部分位于红色的通道下方

(2) 3D 微流体

制造工艺可用于制造类似图 7.5(a) 所示的类似于 3D 打印的、逐级构成的完全 3D 微流体结构。另一个通道顶部的每个通道都被定义为新层，因为在完成最底层之后需要打印该通道。每层在打印时都是非常独立的，这意味着不仅对打印什么图案没有限制，而且每层都可以使用不同的高度/厚度来制作［例如图 7.5(a) 中的第一、第二和第三层，具有三个不同的高度］。对于每层打印，制造工艺与上述步骤相同，不同之处在于，不是直接在隔离层上打印，而是将图案直接打印在底层上，从而导致有许多层的 3D 微流体。这样，整个微流体结构仍使用相同的材料 SU-8 构建。此功能将所提出的喷墨打印方法与其他逐级方法区分开来，例如通过插入黏合剂层进行堆叠。与基于 3D 打印机的方法相比，可实现类似的功能，以实现更好的垂直分辨率并实现更小的可打印层厚度。在图 7.5(b) 中可以找到两个完全喷墨打印的扭曲 2 级微流通道原型的示例，清楚地展示了制造复杂 3D 微流拓扑的出色能力。

7.2.5 应用

上面提出的制造工艺可以用于各种微流体应用中，包括但不限于可穿戴传感器、生物医学测定、化学分析和微制造，因为它适用于从简单的单级通道到复杂的多层拓扑结构的任何结构。本节，我们将介绍基本的微流控结构和集成电子设备中的微流控传感器的各种完全喷墨印刷的原型。

(1) 微流控结构

基于灵活的微流体结构，例如直通道［图 7.6(a)］、T 形结［图 7.6(b)］、Y 形结［图 7.6(c)］、曲折线［图 7.6(d)］和混合器［图 7.6(e)］都可以很容易地制成。用所提出的方法制造的微流体装置具有非常好的压力处理能力和耐久性。水以 0.1mL/min 的速度连续不断地泵入所制作的通道，并持续了 10h 以上，这显示出长期的输水能力。印刷的微流体通道可以以相对较高的通量运行，例如截面积为 $0.03mm^2$ 的通道的最大通量为 2mL/min，这证明了它具有良好的压力处理能力。由于制造通道的尺寸（横截面面积）通常在 $38\sim6\times10^4\mu m^2$ 的范围内，因此使用所示的制造设备可以观察到许多微流体物理现象，例如图 7.6(a)、(c) 中毛细作用和层流。

五种不同的基材，即 PET(polyethylene terephthalate，聚对苯二甲酸乙二醇酯)［图 7.5(b) 和图 7.6(a)、(e)］，Kapton (polyimide film，聚酰亚胺薄膜)［图 7.6(b)］，玻璃［图 7.6(c)］，LCP(liquid crystal polymer，液晶聚合物)［图 7.2(b)、(c)］和覆铜的 LCP 基板［图 7.6(d)、(g)］分别被使用，这表明该工艺实际上可以应用于所有基板。其中，PET、Kapton 和 LCP 是柔性聚合物片，在它们上面制造的微流体装置在两个弯曲方向上都显示出非常好的柔性，如图 7.6(d)、(e) 所示。作为概念验证的演示，使用 TestResources 四点弯曲测试仪测试了印在 184μm 厚的覆铜 LCP 基板上的微流体通道，如图 7.6

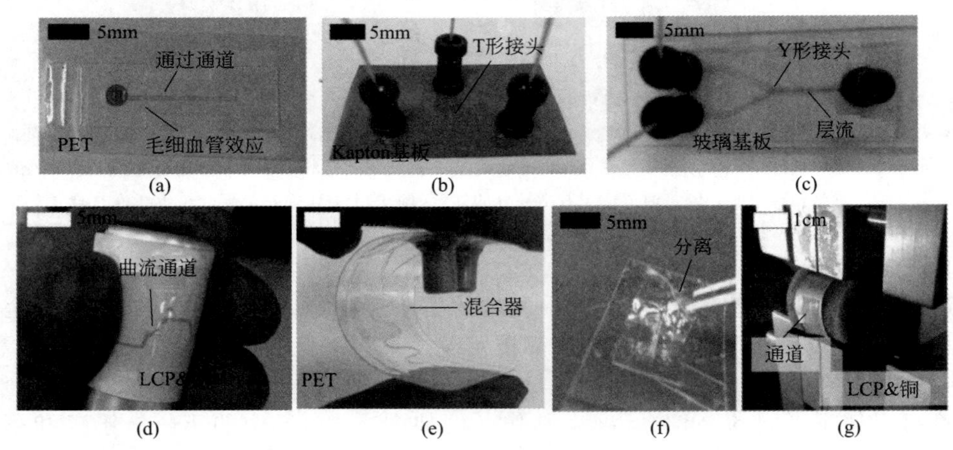

图 7.6 完全喷墨打印的微流体结构示例

(a) 在 PET 基材上的直微通道。在两个通道开口之一上滴一滴染绿色的水，毛细作用驱使水进入通道。(b) 在 Kapton 基板上的 T 形接头和三个微流体通道以及三个已安装的连接器。(c) Y 形接头和三个微流体通道，以及在玻璃上安装的三个连接器。向两个入口之一供以染绿色的水，向另一个入口供以染红色的水。当两种不同的色染流合并时，会出现层流。(d) LCP 基板上的曲折微通道（由铜覆盖）在直径 14mm 的杆上弯曲，并充满染红水。(e) 在 PET 基材上的完全喷墨印刷的微流体混合器，两个手指之间在压缩状态下弯曲。(f) 将微流体装置从基板上拆下，并用镊子将其半径弯曲至 0.5mm 以下。(g) 通过 TestResources 四点弯曲测试仪将微流体装置半径弯曲到 1cm

(g) 所示。将微流体装置弯曲至 1cm 的半径，使其拉伸力为 1000 倍，压缩力为 1000 倍（总计 2000 倍），没有任何损坏。必须强调的是，该工艺不限于基板，而柔韧性在很大程度上取决于基板的柔韧性和厚度。对于相同的微流体结构，可以通过使用柔性更大和更薄的基板来实现更好的弯曲能力。当从基板上分离时，所印刷的微流体装置可以向下弯曲至少 0.5mm，如图 7.6(f) 所示。然而，由于分离的微流体装置非常薄，因此它们可能难以操作并且非常脆弱。总之，完全喷墨打印的微流体在可穿戴传感器等应用中显示出出色的灵活性。

微流体装置是使用单一材料 SU-8 制成的，SU-8 是微流体的极佳材料。SU-8 具有出色的耐化学性和生物相容性，可实现多种化学和生物医学应用。SU-8 的高透光率也使透明的微流控设备更容易进行通道观察和光学应用。SU-8 薄膜在可见光范围内的透明度高于 90%。在 SU-8 交联的步骤中需要注意曝光量，因为过度曝光的 SU-8 通常为棕色，如图 7.5 (b) 所示，这可能会影响其透明度。由于 SU-8 的疏水性，流体（水基）的微流体性能与 PDMS 通道非常相似。

(2) 集成电路

如上所述，喷墨打印技术被广泛用于制造低成本柔性电子设备，其频率范围高达射频（RF）和毫米波（mmW）。因此，将喷墨打印的电子产品与通过所提出的方法制造的微流体直接集成在一起，可使具有集成电子产品的微流体传感器成为该制造工艺的出色应用。本节将介绍完全喷墨打印的基于微流体的可调电子器件和集成电子器件的传感器的各种示例。

实际上，流体在微波频率下具有很宽的介电常数（ε_r）分布，并且可以提取出许多有关流体的潜在信息，例如浓度和混合比，从而可以感应到介电常数的变化。微波结构通常对电介质的介电常数敏感，使其能够进行微波感测。微带线是微波系统中使用最广泛的传输线结构之一，它由信号线、介电基板和接地层组成。如图 7.7(b) 所示，通过将微流体通道嵌入基板，可以轻松设计可重构液体的微带线。这些微带线可以用图 7.7(a) 中的等效电路建模，电容值根据填充通道的液体的介电常数值而变化。由于线路的特性阻抗取决于可调电容器，因此其值会随着微通道内部流体的介电常数而变化。作为概念验证，制造了这种拓扑结构的两个喷墨印刷的微带线原型。图 7.7(c) 显示了所制作的微带线 2 的照片，相对于线 1，微带线 2 嵌入的微流通道的高度和信号线的宽度仅有很小的尺寸差异。微带线 1 最初设计（空通道）时具有 50Ω 的特性阻抗，这是微波设计中最常参考的阻抗值。对于相对介电常数最高为 5 的不同填充液，如图 7.7(d) 所示，可以将阻抗调低至 31Ω（偏移 38%）。类似地，可以使用液体将微带线 2（默认阻抗为 87Ω）调低至 67Ω（偏移 23%），如图 7.7 (d) 所示。由于其较大的通道高度和较宽的信号线宽度，与线 2 相比，微带线 1 对通道内的不同流体更敏感。这种液体可重新配置的微带拓扑结构可潜在地用于众多应用中，包括通信系统中的可重新配置的阻抗匹配以及无线生物感测和水质监测。

基于上面介绍的液体可重构阻抗可调微带线拓扑，基于高阻抗和低阻抗传输线部分，阶跃型阻抗低通滤波器得以构建。图 7.7(e)、(f) 是所制作的原型的照片，图 7.7(i) 列出了该结构的尺寸。这种低通滤波器将允许传播低频信号（低于 13GHz，通带）通过，且衰减更高频率的信号（阻带）。衰减量在很大程度上取决于传输线部分的特征阻抗，该阻抗随通道内部的不同流体而变化。因此，可以通过在较高频率下的信号衰减量来有效地感测流体介电常数，而可以将较低频率下的信号衰减（通带）用作校准。测得的信号衰减（或插入损耗，S21）[图 7.7(g)] 与电磁仿真结果相符，并显示出高达 $4dB/\varepsilon_r$ 的出色灵敏度。相对介电常数差仅为 2.2 的已醇填充通道时，传感器的信号衰减值可以通过大于 2dB 的差异给予区分，从而验证了该喷墨打印传感器拓扑结构在各种流体传感中的潜在适用性，例如实验室分析、无线液体质量监测和分布式医疗保健图 7.7(h) 是用探针台测量得到的传感器的照片。

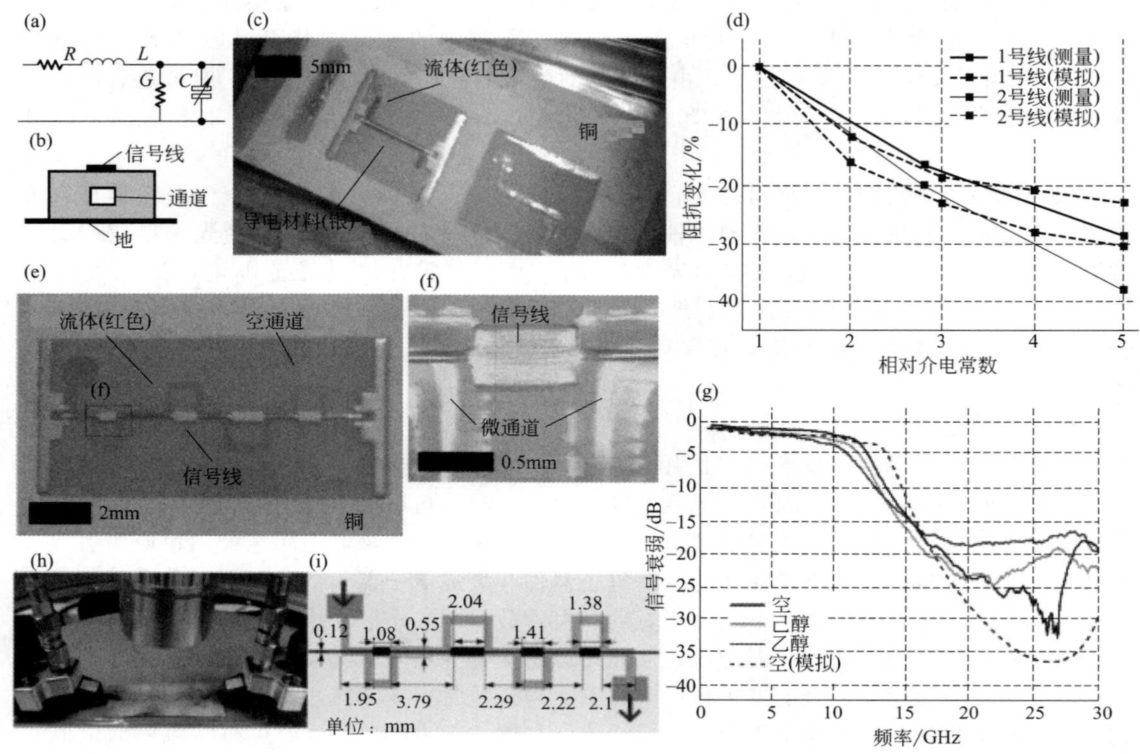

图 7.7　完全喷墨打印的微流体传感器

(a) 完全喷墨印刷的液体可重构微带线的等效电路。可变电容源自微流体通道内液体的介电常数的变化。(b) 液体可重构微带线的横截面示意图。(c) 完全喷墨印刷的液体可重构微带线原型的照片。(d) 两个完全喷墨印刷的液体可重构微带线原型的阻抗与液体介电常数的关系（模拟和测量），它有效地定义了传感器的灵敏度。(e) 完全喷墨打印的基于低通滤波器的微流体传感器原型的照片。(f) 图 (e) 中的矩形区域内的放大图。(g) 当将不同的流体送入通道以及空通道时测得的信号衰减，以及空通道的模拟衰减。(h) 用探针台测量的传感器的照片。染红的水滴沉积到通道的入口，以通过毛细作用填充通道。两个接地-信号-接地 (ground-signal-ground, GSG) 探头与传感器原型接触，并通过超小型 A 型 (SMA) 电缆连接到 VNA。(i) 基于低通滤波器的微流体传感器的拓扑及其尺寸示意图

为了使微流体技术广泛应用于芯片实验室和分布式医疗保健等，需要在短时间内以非常低的成本制造。此处所介绍的全喷墨打印的微流体技术为经济高效的快速的 3D 微流体原型通道提供了一种突破性的解决方案，从而使一次性传感器可用于分布式医疗保健和化学/生物分析。该工艺比软光刻更快，与普通 3D 打印机相比分辨率更高，并且几乎可以在每种材料（例如纸张）中实现完全 3D 微流体拓扑。制造过程依赖于单个平台，该平台是易于使用的工业级喷墨打印机。这种方法的成本极低，生产周期短，成百上千的原型仅需几个小时。由于所提出的工艺固有的加材性，因此可以在几乎任何基板/设备上直接实现，甚至可以在另一个微流体芯片上实现。该工艺可用于玻璃、铜和其他柔性聚合物。在通过制造各种微流体原型对过程进行评估的过程中，我们对该工艺进行了表征，并证明了其小于 0.4μm 的印刷量，印刷最小 5μm/最佳 20μm 的水平分辨率并在垂直方向上低至 4.6μm/层的能力，迄今为止，它比其他 AM 技术（例如 3D 打印）优越。喷墨打印的微流体通道的最小制造横截

面宽为 60μm、高为 0.8μm，小于最小的 3D 打印通道的截面区域千分之一。所使用的喷墨打印机的最大打印面积为 210mm×315mm，几乎可以容纳任何微流体设备，并且可以通过同时喷墨打印多个微流体原型来实现快速，可扩展性的制造。横截面纵横比大于 10 的任何通道都可以通过所提出的直接打印方法轻松实现。当使用 SU-8 印刷微流体结构时，必须特别注意“咖啡环”效应以及提供足够的紫外线照射，否则可能会发生裂纹，从而破坏所印刷微流体的质量。使用这种喷墨打印工艺，可以采用类似于 3D 打印的逐层方法轻松地制造单材料的全 3D 微流体拓扑，其中每个单独层的制造都独立于其他层。为了进一步展示潜在的应用，我们对典型的微流体结构以及集成电子器件的传感器的几个示例进行了原型设计和评估。印刷并烧结银纳米粒子墨水以实现高电导率（例如 $0.01\Omega/m^2$）电路。原型微流体结构具有非常好的压力处理能力和长期的承受能力。出色的柔韧性和透明度进一步将其适用性扩展到可穿戴和光学领域。所提出的完全喷墨打印工艺可以很好地处理微流体和电子器件制造，这使其成为制造集成电子器件的微流体传感器的理想选择。总之，所提出的工艺可以制造用于各种应用的完全喷墨印刷的微流体，包括但不限于可穿戴传感器、生物医学测定、化学分析和微制造。

7.3 微流体芯片中的光纤生化传感器

微流体传感器已被芯片化，形成了微流体传感器芯片，它可以实现多功能的集成，其中与光纤生化传感器的结合就使其具有了芯片实验室的功能。

7.3.1 光纤传感器的结构和传感机制

光纤可以有效地集成到微流体芯片中，以代替复杂的光学结构，具有体积小、结构紧凑的优点。光纤传感器具有许多微流体芯片中常用的传感结构，例如锥形光纤、法布里-珀罗干涉仪（FP）和光纤光栅。不同的感测结构具有不同的感测机制，可用于不同的检测应用需求。下面我们将介绍微流体芯片中常用的光纤传感器的结构和传感机制，并简要分析其优缺点。

(1) 锥形的光纤传感器

具有高检测灵敏度的锥形光纤传感器已广泛用于生化检测中。大多数锥形纤维是通过使用火焰刷涂方法沿轴向拉伸纤维制成的。在零点处，锥形光纤探头的锥形腰部直径可能只有几微米，接近光的波长。锥形传感器的传感机制主要取决于边界处形成的渐逝场与光纤附近的目标分析物之间的相互作用。渐逝场波垂直于光纤界面传播，渐逝场幅度呈指数衰减，其穿透深度（d）如下：

$$d=\frac{\lambda}{2\pi\sqrt{n_1^2\sin\theta_1^2-n_2^2}} \tag{7.1}$$

其中，n_1 是光纤界面的有效折射率；n_2 是外部环境折射率；λ 是入射光的波长。根据渐逝场波的穿透深度的理论分析，外部折射率的增加或入射角的减小会增加渐逝场波的穿透深度，并增加渐逝场波的电场强度。换句话说，渐逝场对环境变化具有很强的灵敏度，并且灵敏度随锥直径的减小而增加。通常，可以用锥形光纤传感器实现生化检测：将选择性生物层固定在光纤表面上；利用渐逝场波在渐逝场感测区域激发荧光化合物并接收荧光信号以检测标记的目标分析物；利用目标分析物对特定波长的光的吸收来实现特定检测。通过测量光信号的变化，我们可以获得要测量的外部物质的信息。因此，锥形光纤传感器可以利用其强大的渐逝场效应来实现荧光检测、折射率检测和吸光度检测。

锥形光纤虽然具有良好的感测性能，但其感测结构易碎且容易受到外界环境的干扰，因此需要稳定的检测环境。微流体芯片和锥形光纤的结合不仅显著提高了传感器的稳定性，而且保护传感器免受外界干扰。

(2) 光纤 FP 传感器

光纤 FP 传感器由于具有独特的感测结构，通常与微流体设备结合在一起进行感测。FP 腔由两个具有高反射率的平行镜组成。在微流体芯片中，在微通道的两侧对齐的具有高反射的端面的两条光纤可以形成简单的光纤 FP 结构，如图 7.8 所示。

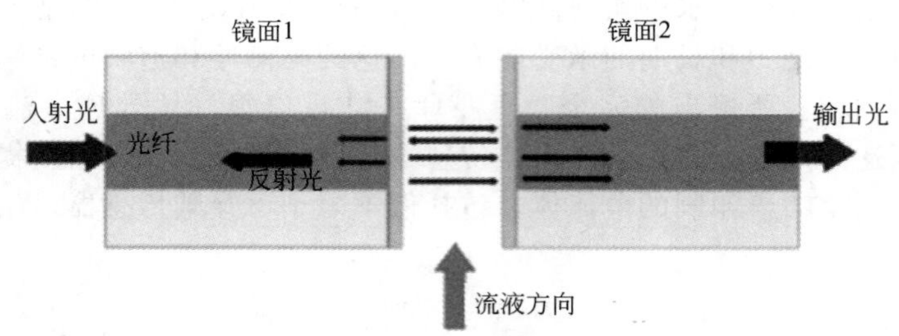

图 7.8 结合了微通道的 FP 的结构和光传播示意图

通常，根据接收信号的方式，光纤 FP 传感器可以分为反射型和传输型两种。

反射式光纤 FP 传感器的传感原理是，当光入射到微腔中时，由两个反射面反射回去的光会耦合到光纤中并发生干涉，从而形成干涉光谱。干涉光谱强度（I）可以表示为[1]：

$$I=I_1+I_2+2\sqrt{I_1 I_2 \cos\left(\frac{4\pi nL}{\lambda}+\phi_0\right)} \tag{7.2}$$

其中，I_1 和 I_2 分别是第一和第二反射表面的反射强度；n 是样品在腔体内的有效折射率；L 是腔体长度；λ 是入射光波长；ϕ_0 是两个反射光束之间的初始相位差。当相位满足条件时，反射光会发生干涉：

$$\frac{4\pi nL}{\lambda}+\phi_0=(2k-1)\pi \tag{7.3}$$

可以从式(7.3) 推导出：

$$\frac{\Delta\lambda(n)}{\Delta n}=\frac{4\pi L}{(2k-1)\pi-\phi_0} \tag{7.4}$$

因此，当腔中溶液的折射率变化时，光谱共振波长线性变化。

传输型光纤 FP 传感器的传感原理是，当光入射到微腔中时，光在微腔中被两个反射镜反射多次，并且两次反射的光束具有恒定的相位差。结果，增强的光强度会因 FP 微腔中所发生的相长干涉而产生激光。透射光（T）可以根据累积的发射光计算得出[2]，可以表示为：

$$T=\frac{(1-R_1^2)/(1-R_2^2)}{1+\dfrac{4R_1R_2}{(1-R_1R_2)^2\sin^2\left(\dfrac{2\pi nL}{\lambda}\right)}} \tag{7.5}$$

其中，R_1 和 R_2 是 FP 微腔的两个反射镜的反射率；n 是样品在微腔中的有效折射率；L 是微腔长度；λ 是入射光的波长。当腔中溶液的折射率改变时，光谱共振波长线性变化。光在微腔中多次反射以及光传输路径长度增加，所以该传输光纤适用于样品的吸光度检测，其灵敏度高。

在传感测量中，光纤 FP 传感器对反射面的平坦度和反射率有很高的要求，这决定了其传感精度。光纤 FP 传感器可以与微流体芯片中的微流体通道完美结合。它具有稳定的干扰光谱，可以实时监控样品溶液。

(3) 光纤光栅的传感器

光纤光栅具有传感结构稳定、分辨率高的优点，被广泛应用于生化传感的测量中。光纤光栅是在光纤芯中具有永久性的折射率周期变化的衍射光栅，可以通过相位掩膜或激光写入技术制成。根据折射率调制的周期，可将其分为调制周期小于 1μm 的短周期光纤光栅和调制周期为数十至数百微米的长周期光纤光栅（long period fiber grating，LPG）。

根据光纤的轴向折射率调制方向，短周期光栅可分为光纤布拉格光栅（fiber Bragg grating，FBG）和倾斜光纤布拉格光栅（tilted fiber Bragg grating，TFBG）。结构图如图 7.9 所示。

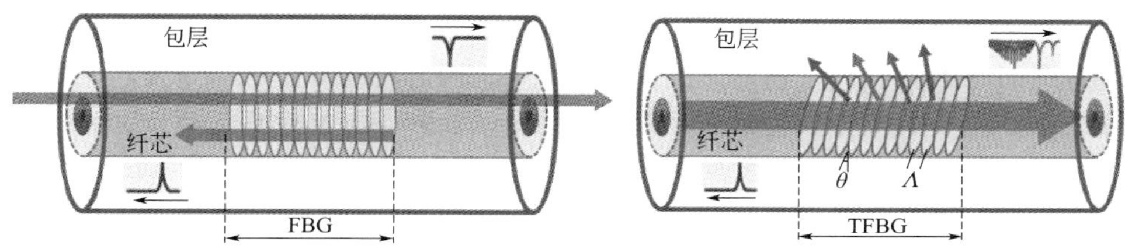

图 7.9　FBG 和 TFBG 的结构和光传播示意图

FBG 的模式耦合机制是，前向核心模式和反向核心模式之间存在耦合，该耦合仅反射一个波长并透射所有其他波长，因此在光纤中形成了一个窄带（透射或反射）滤光或芯中的镜像。根据耦合模式理论，FBG 的中心波长（λ_B）为：

$$\lambda_B = 2n_{eff}\Lambda \tag{7.6}$$

其中，n_{eff} 是 FBG 的芯的有效折射率；Λ 是 FBG 的周期。在感测中，由于对温度敏感，标准的 FBG 通常用于温度测量。在生化测量中，由于模式主要在纤芯中传输，外部折射率的变化对纤芯模式的影响很小。为了提高检测灵敏度，通常将 FBG 写在锥形光纤上或去除一部分 FBG 包层以提高其灵敏度。

TFBG 是一种特殊的光纤光栅。TFBG 与 FBG 的区别在于，TFBG 的光栅矢量方向与光纤轴向间存在一定角度。由于其特殊的结构，TFBG 不仅可以引起反向引导模态的耦合，而且可以将基本模式耦合为一系列反向引导包层的模式。光纤中仅传输核心模式，而包层模式的能量将在传播中迅速消失。最后，在光栅光谱中仅保留了包层模式的透射峰。根据耦合模式理论中的弱耦合理论，每个包层模式的耦合波长（λ^i_{clad}）可以表示为：

$$\lambda^i_{clad} = (n_{core} + n^i_{clad})\Lambda/\cos\theta \tag{7.7}$$

其中，n_{core} 是纤芯有效折射率；n^i_{clad} 是 i 阶包层模的有效折射率；θ 是光栅矢量方向和光纤轴向之间的夹角；Λ 是 TFBG 的周期。TFBG 的模式耦合受到外部环境的影响，在外部环境中，只有包层模式对外部折射率敏感。根据相位匹配条件，当相应的包层模式的有效折射率接近周围折射率时，将获得最大灵敏度。因此，利用由外部折射率变化引起 TFBG 透射光谱功率变化或波长偏移的特性，可以实现外部样品的折射率的测量。

LPG 的模式耦合机制是，在相同方向传输的纤芯基本模式和多个包层模式之间存在耦合，而没有向后反射，因此属于传输型带阻滤波器。结构图如图 7.10 所示。

根据耦合模式理论，可以在以下波长激发纤芯模式和包层模式之间的共振模式耦合：

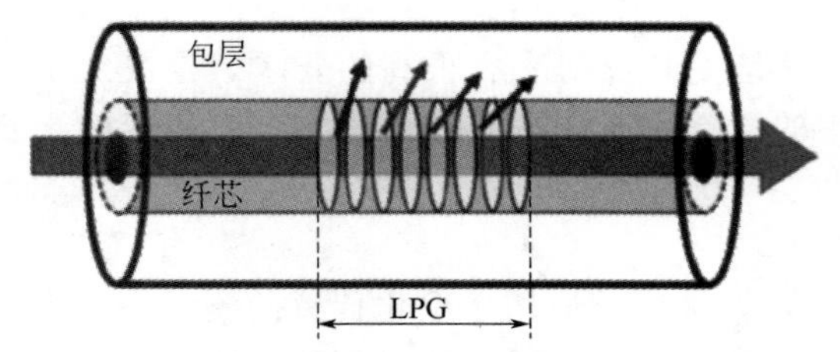

图 7.10 LPG的结构和光传播示意图

$$\lambda=(n_{\text{core}}-n_{\text{clad}}^{i})\Lambda \qquad (7.8)$$

其中，n_{core} 是 LPG 的纤芯模有效折射率；n_{clad}^{i} 是 i 阶包层模的有效折射率；Λ 是 LPG 的周期。根据上式，长周期光栅的谐振波长取决于纤芯模和包层模的有效折射率之差。根据上式，LPG 的谐振波长取决于纤芯的有效折射率和包层的有效折射率之差。包层模式容易受到折射率变化的影响，导致谐振波长的偏移，从而实现感测检测。基于光纤光栅的传感器具有稳定的传感结构和窄的共振带宽，适用于高精度的生化测量。

7.3.2 集成光纤芯片的测量方法

微流体技术已成为涉及化学、物理、测量与控制、传感、光学、微电子、新材料、生物与生物医学等许多学科领域。通常，微流体芯片中常用的检测方法可以分为电子检测方法和光学检测方法。电子检测主要包括电流检测、电导率检测、电位检测与动态阻抗检测等。光学检测主要包括荧光检测、吸光度检测、RI 检测与 SPR 等。与电子检测方法相比，光学检测方法具有非侵入性、无电磁干扰、无电击与爆炸危险等优点。光学检测方法有效地避免了电磁干扰对生物信息测量的影响，特别是对于易受电磁信号影响的生物医学材料的测量。

除了用于发送和接收光信号之外，光纤在微流体芯片中已逐渐显示出其独特的传感优势。光纤代替了光学显微镜来测量和传输微流体传感器芯片中的光信号，从而减少了实验系统的体积和实验成本。越来越多的由微流体芯片和光纤制成的光学传感器已经广泛用于感测中。

(1) 荧光检测

荧光检测的原理是用特定波长的光照射荧光化合物以发出荧光。通过测量发射的荧光的特征和强度，可以对标志物进行定性和定量分析。荧光检测是微流体芯片生化检测中常用的一种光学检测方法。高灵敏度、高选择性的荧光生化传感器在临床检测和环境监测中具有良好的应用前景。生命科学研究中的氨基酸、蛋白质、DNA 与金属离子等可以通过荧光法检测。

目前为止，微流体芯片中常用的荧光检测方法主要是激光诱导荧光（laser induced fluorescence，LIF）检测法。传统的激光诱导荧光检测系统具有典型的非聚焦与共焦荧光检测光学系统。通常，LIF 检测需要复杂的光学系统，将激发光聚焦在微通道的检测区域上，并通过灵敏的光电探测器收集激发荧光信号。其检测系统的尺寸过大，不利于芯片的小型化，荧光采集过程容易受到背景信号的影响。因此，这两种方法在微流体芯片中的应用受到限制。由于其尺寸小并且易于嵌入微流体芯片中，因此光纤在荧光检测系统中被广泛用作传输激发光和接收荧光信号的载体。为了克服传统检测方法的缺点，将结合了光纤的荧光检测系统应用于微流体芯片。

2009 年，Vazquez 等[3] 提出了一种将直径为 10μm 的光波导集成到微流体芯片中的荧光测量装置。波导与微通道相交，同时激发的光通过光纤耦合到波导中，从而将激发光更准确地传输到检测区域。然后，使用与激发波导具有 90°几何关系的光纤收集荧光信号，从而强烈抑制了激发光背景。此外，为了提高收集荧光的效率并减少杂散光的影响，通过计算选择了数值孔径 $NA=0.48$ 且芯径为 600μm 的光纤。激光诱导荧光实验装置的示意图如

图 7.11 所示。测量填充在微流体通道中的若丹明 6G（R6G）的荧光强度，实验结果显示出良好的线性，并表明该设备能够检测和测量低至 40pmol/L 的荧光标记物。但是，采集光信号的装置太大、太复杂，增加了测试系统的规模，不利于小型化的发展。

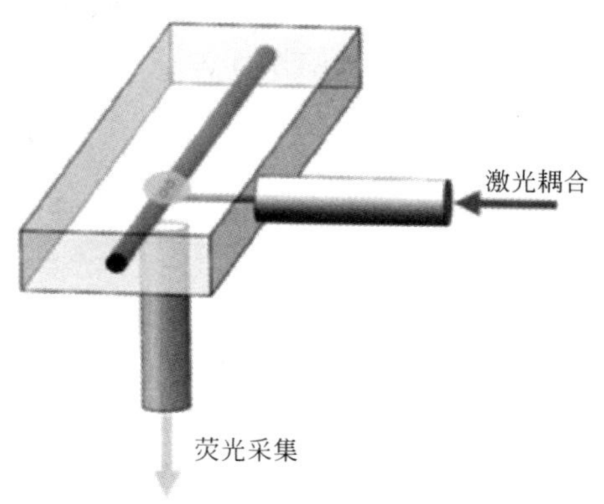

图 7.11　基于光波导的荧光检测系统示意图

除了以上结合了光波导的光纤应用之外，特殊的光纤传感器在荧光检测中还表现出良好的荧光激发和耦合效果。可以将光纤制造成特殊的传感结构，以激发渐逝场效应，以实现荧光团的激发，并实现荧光光子的有效耦合。Li 等[4] 在 2015 年提出了一种利用直径为 720nm 的锥形光纤的渐逝场波荧光传感器，该光纤完全嵌入 PDMS 微流体芯片的微通道中，如图 7.12 所示。未拉伸光纤部分完全嵌入 PDMS 中，并且锥形腰部感应区域浸入填充微通道的样品溶液中，测量 R6G 样品溶液并进行研究。由于在锥形腰部感应区域周围有很强的渐逝场（用于激发和有效收集荧光信号），因此该感应设备显示出高检测灵敏度，实现了 100pmol/L 的检测极限和良好的线性关系。

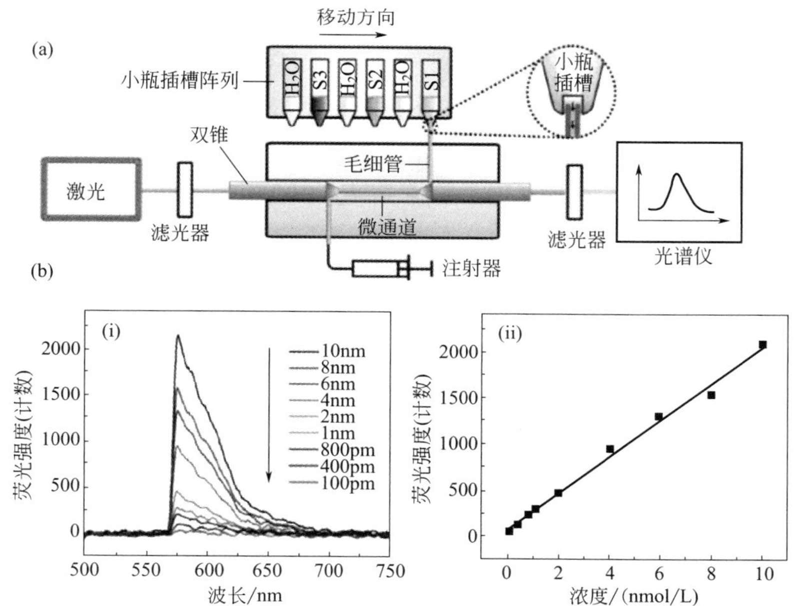

图 7.12　(a) 渐逝波荧光传感系统示意图；(b) 锥形光纤传感器的传感特性

同年，为了追求小体积样品的测量，Zhang 等[5] 提出了一种嵌入微流体芯片的纳米纤维渐逝波传感器，用于测量微小尺度样品检测。直径为 800nm 的纳米纤维作为锥形纤维的腰部垂直于宽度为 5μm 检测微通道。测量不同浓度的荧光素溶液，其检测极限为 1×10^{-7}mol/L，由于相互作用时间短，渐逝波强度弱，测量结果不稳定，但这种微流体检测装置为检测低至飞升的超低容量生化样品提供了可能性。

检测过程中的荧光强度容易受到环境条件的影响，因此测量结果并不总是准确的。与荧光检测方法相比，吸收检测方法简单、有效、准确、灵敏并可重复。微流体传感器芯片中与光纤相结合的吸光度检测方法为传统的吸光度测量实验系统提供了一种替代方法。FP、超细纤维等一些特殊的光纤传感器显示出良好的吸光度检测效果，解决了传统检测过程中吸收池短、检测精度低的问题。但是，吸光度检测容易受到自身背景光的影响，从而影响检测SNR。值得注意的是，入射光的吸收可能导致细胞破坏或诱导生物样品的化学改性。因此，在生化实验中调节入射光功率非常重要。

(2) RI 检测

RI 检测的基本原理是，透射光在传播过程中与外部溶液相互作用，这将导致光的偏振、强度、幅度、相位和其他特性发生变化，可以通过分析光信号的变化来检测样本。

与荧光检测相比，RI 检测具有通用性强、无标记的优点。因此，RI 检测也称为“无标记”检测方法，对于许多生化应用中的物质分析至关重要。为了应对 RI 传感器的小型化挑战，提出了一种基于微流体芯片的 RI 传感系统。微流体芯片中常用的 RI 检测方法主要包括光路折射和反射、渐逝场激发与干涉等。

在微流体传感器芯片中，传统的透射光方法通常是由光学透镜聚焦的，这大大增加了检测系统的尺寸，并使其便携性降低。然而，由于光纤有小尺寸和紧凑的优点，在微流体芯片中集成光纤的方案克服了上述困难。此外，许多光纤传感结构对环境变化敏感，因此它们也广泛应用于微流体传感器芯片的 RI 测量中。

为了进一步减少实验系统并节省成本，Lei 等[6] 提出了一种利用光衍射原理的新型微流折光仪。光学检测系统由一个微通道、一个标准的具有用于入射光的高分辨率端面光栅的多模光纤和三个标准的收集衍射光的多模光纤组成。引入光纤端光栅结构是微流体传感器芯片的关键，它提供了折射率相关的衍射效率。将收集光纤以预定的方向和距离放置在微通道的另一侧，以收集零阶和±1 阶衍射光。实验结果表明，传感器在零阶和±1 阶的灵敏度分别为 175308 计数/RIU 和 52355 计数/RIU，检测极限分别为 4×10^{-4}RIU 和 9.5×10^{-4}RIU。尽管该设备具有较高的折射率检测精度，但光学系统也容易受到流体干扰、振动等外部环境的影响，这会影响测量结果的稳定性。

一些具有高折射率检测精度的稳定的光纤传感结构，如环形谐振腔、光纤光栅等，也被广泛地用于 RI 测量系统中。2013 年，Errando-Herranz 等[7] 开发了一种 RI 传感器，该传感器在微流体芯片中利用了光栅耦合环形谐振器。RI 感测结构由表面光栅耦合器和绝缘体上硅衬底上的直径为 40μm 的谐振环通过透蚀刻法组成。在环形谐振器中，光束在谐振器中连续反射并聚焦，最终形成谐振器模式。在这种模式下，透射光谱的共振谷非常窄，可以用于高精度的 RI 测量。环形谐振器位于宽度为 100μm 的微通道下方。然后，通过 OSTE 聚合物光刻技术，打开了与光栅耦合器上方的光纤大小相同的通孔，便于光纤和光栅耦合器的对准，并确保了传感芯片上任何位置的光耦合。实验结果表明，RI 灵敏度为 50.5nm/RIU，Q 值为 17200～17300，所需的最小样品量在 1nL 以下，这大大减少了样品量，在小批量生化样品的测量中具有显著的潜力。

生化分析物的特异性和定量检测通常通过在光学设备上涂覆生化敏感膜或将生化大分子固定化来实现。在光纤传感器表面上所修饰的敏感物质是对其进行特异性检测的敏感元素，这是光纤生化传感器的关键。传感器的目的是将待测样品的化学或生物学信息转换为 RI 的变化。2016 年，Yin 等[8] 开发了集成在微流体芯片中的用于葡萄糖浓度实时测量的长周期光栅（long period grating，LPG）生物传感器，如图 7.13 所示。LPG 的谐振波长和谐振强度对外部环境的变化非常敏感。在直径为 80μm 的光纤中刻上长度为 2cm 的 LPG 以作为光学折射率传感器，该传感器嵌入到芯片的微通道中，而另一根相同的光纤也置于另一根微通道中，以消除温度对实验的影响。为了实现葡萄糖的特异性检测，将由多层聚乙烯亚胺

(PEI) 和聚丙烯酸 (PAA) 支撑膜，以及外层葡萄糖氧化酶 (GOD) 传感膜组成的生物膜通过逐层 (layer-by-layer，LbL) 自组装技术覆盖在 LPG 表面上。传感器的测量原理是氧化反应产生的葡萄糖酸改变了周围介质的 pH，从而引起生物膜膨胀并降低了光栅表面的 RI。可以通过测量光纤表面有效 RI 的变化来实现葡萄糖的选择性测量。

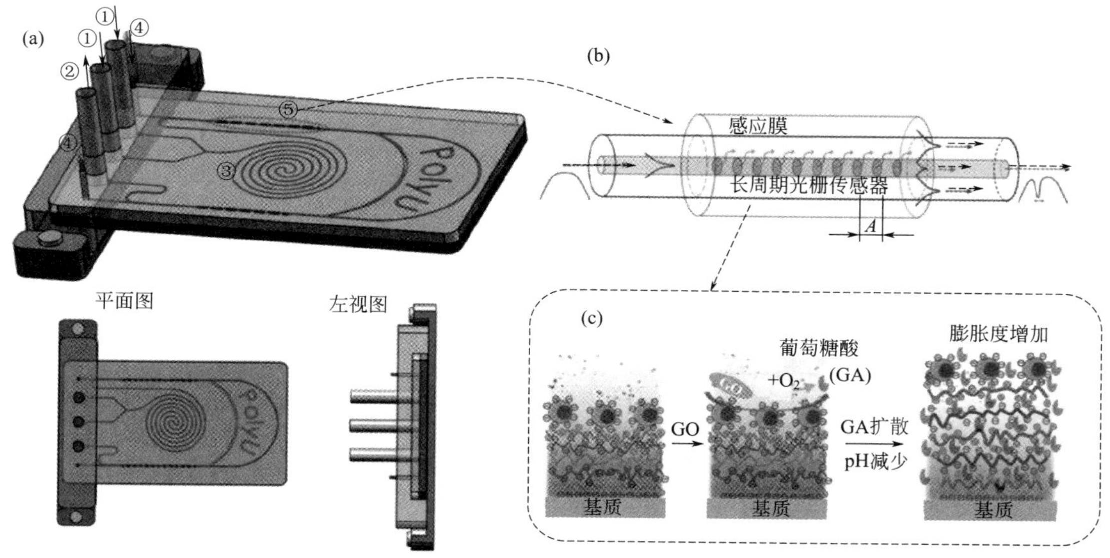

图 7.13　(a) 集成了光纤生物传感器的微流体芯片示意图；(b) 生物传感器结构演示；(c) 生物膜感测机制的演示[8]

荧光检测要求被检测物质具有荧光团或用其他荧光物质标记，吸收检测需要较长的检测路径，吸收的光可能会损坏待测样品。因此，这些问题在一定程度上限制了这些方法的应用。但是，RI 检测方法更为通用，不需要标记，也称为“无标记”和“非侵入性”检测方法。此外，在微流体芯片中引入光纤传感结构，进一步拓宽了 RI 检测的应用范围，如干涉仪、光学谐振器、FP 腔与光纤光栅等，在 RI 测量中显示出很高的灵敏度和准确性。由于具有易于修改的优点，光纤传感器的表面便于传感膜的附着，这实现了生化样品的特异性检测。但是，某些 RI 感应结构无法排除样品吸收或荧光的影响，甚至仅限于单色光检测，而且某些复杂样品溶液的吸收或发射也会影响测量结果。

(3) SPR 检测

SPR 是由表面等离激元极化子的激发而产生的，表面等离激元极化子是由自由电子密集振荡和介电媒质与金属膜之间的表面上的电磁波共同产生的。SPR 传感器的原理是：不同的电介质具有不同的表面等离子体共振角，并且同一电介质附着在金属膜表面的数量不同，因此 SPR 的响应强度不同。根据不同的 SPR 激发模型，可以将其分为棱镜耦合、光栅耦合、波导耦合和光纤耦合四种类型，其中棱镜、光波导和金属光栅限制了它们在微流体传感器芯片中的应用[9]。

光纤 SPR 传感器，简而言之，是将 SPR 器件的敏感部分减小到光纤直径的大小，并且光路限制在光纤中。FO SPR 传感器（表面等离子体共振的光纤生物传感器）结合了 SPR 的高灵敏度和光纤的优势，有利于将传感器阵列集成到微流体芯片中并进行远程实时测量。为了激发 SPR 效应，光纤传感区域需要满足在金属膜和覆层之间的界面处产生渐逝波的要求，以及金属膜要有适当的厚度 (30～50nm)。另外，光纤的 SPR 谐振角需要匹配。如

图 7.14 所示，已经设计了各种光纤 SPR 传感器结构，例如 D 型、FBG、TFBG、端面反射型和非包层/蚀刻传感结构。

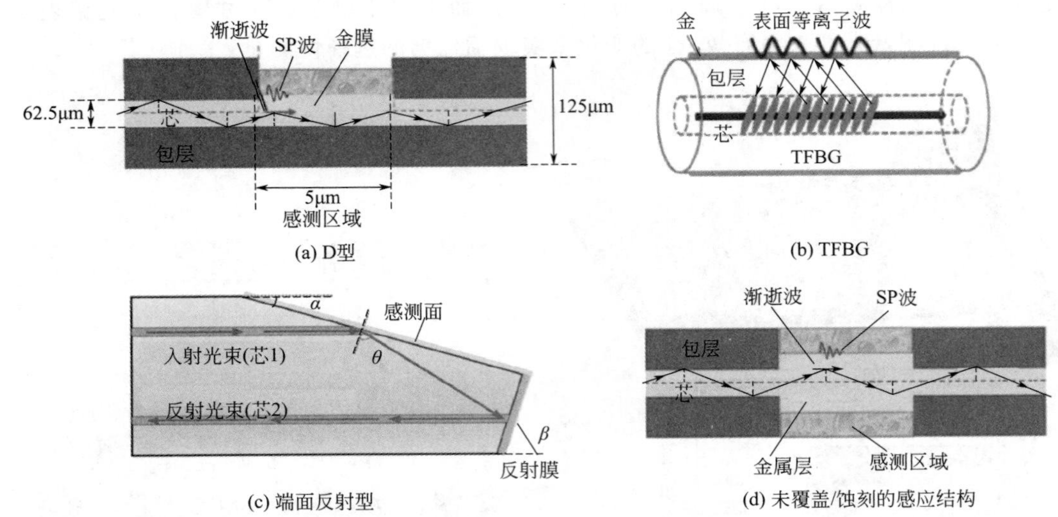

图 7.14　不同类型的感应结构

Sun 等[10] 所设计的集成在微流体芯片的弯曲 D 型光纤 SPR 传感器是对 D 型传感器的芯侧进行抛光而产生渐逝场的，而镀上一层金膜用以实现 SPR 现象，其灵敏度约为 10^{-5} RIU。Tomyshev 等[11] 提出了一种在微流体芯片中的 TFBG 表面上镀了金膜的 FO SPR 传感器，其倾斜角为 11°的 TFBG 被一层约 40nm 厚的金覆盖。实验结果表明，传感器的极限值高达 4.7×10^{-6} RIU。

Liu 等[12] 利用集成到微流体芯片中的基于双芯光纤的基模光束设计了一种反射式 SPR 传感器，双芯光纤的纤芯直径仅为 3.8μm，满足了传输中仅存在基本模式的条件。将双芯光纤研磨成具有 37.5°研磨角的平截头体楔形尖端结构，在端面上涂覆 50nm 传感金膜，并在侧面涂覆两个 500nm 反射膜。平均灵敏度在 1.3333～1.3706 范围内可达到 5213nm/RIU，高于大多数多模 SPR 系统。

同年，Liu 等[13] 基于双芯光纤设计了另一种具有两个不同研磨角度的非对称楔形 SPR 传感器，以在微流体芯片中实现分布式感测，如图 7.15 所示。感测金膜固定在光纤尖端的两个倾斜表面上，厚度为 50nm。根据理论和实验分析，该传感器可以通过改变纤维的研磨角度来调节和控制共振波长，纤维的研磨角度越大，共振波长越长，灵敏度越高，这有助于设计具有不同共振带的传感器并实现分布式传感。当研磨角（α 和 β）分别为 6°和 17°时，SPR 感应光谱形成了两个具有不同 RI 灵敏度的共振波谷。

另外，某些金属具有良好的生物相容性，广泛用于生化传感测量。金属膜及其表面修饰的敏感材料是其敏感元件，是 SPR 生化传感器的关键。传感器的目的是将待测样品的化学或生物学信息转换为 RI 的变化。

Aray 等[14] 提出了一种嵌入在微通道中的基于 SPR 的塑料光纤生物传感器，用于无标记的 C 反应蛋白（CRP）测量。蚀刻塑料光纤的感测部分去除包层以激发渐逝场，同时涂上了金膜以激发 SPR。化学处理后，通过表面修饰将抗 CRP 固定在金膜表面上，以捕获样品中的 CRP，这会引起传感区域的 RI 变化。该传感器可以通过监视共振波长偏移来实现特定检测。

FO SPR 传感器结合了 SPR 的高灵敏度和光纤传感器的优点，有利于微流体传感器芯

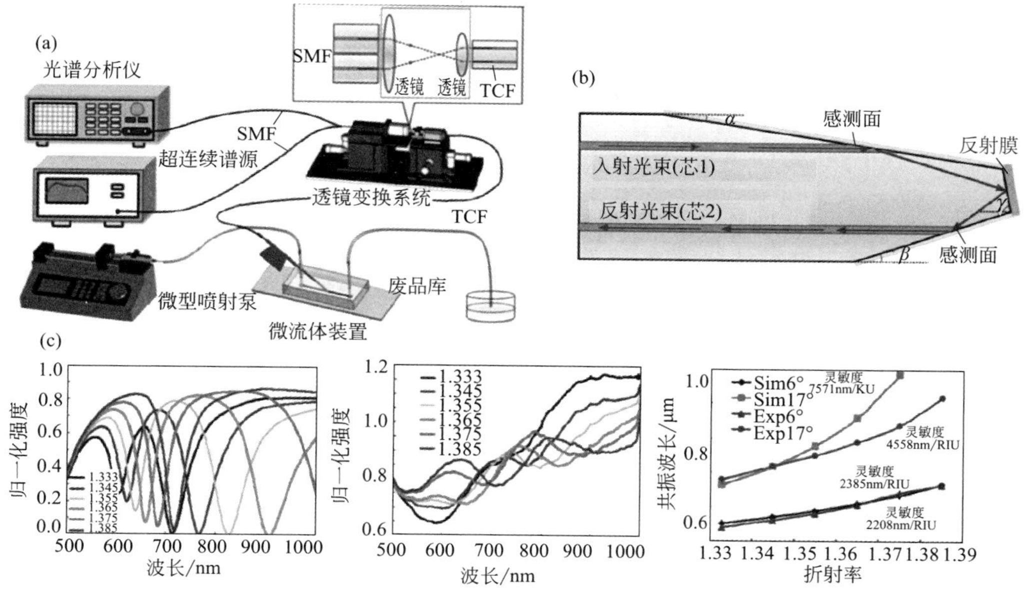

图 7.15 (a) 实验系统示意图；(b) 基于双芯光纤的反射分布 SPR 传感器；(c) 传感器的仿真和实验感测特性[13]

片的集成和应用。FO SPR 传感器具有许多传感优势，例如实时动态监测反应的动态过程、无标记检测，并且适用于浑浊、不透明或有色溶液的检测。不同光纤传感器的设计也提高了 SPR 的检测范围。然而，非特异性吸附一直是 SPR 传感器的问题。将来，可以通过控制微流体的流速来进一步优化光纤和微通道的集成结构，以减少非特异性吸附问题。

7.3.3 应用

引入几种常用于微流体芯片的光学检测技术，光纤集成微流体设备将在许多领域都发挥重要作用。与常规分析设备相比，微流体芯片提供了紧凑、小型化的分析平台，可快速分析和测量少量流体。此外，光纤的集成进一步结合了光纤在传感方面的优势，进一步扩展了微流体芯片的应用。此装置已被广泛用于检测各种生化物质，例如核酸、蛋白质、细胞、化学物质、液体浓度与微流体流速等。

(1) 片上核酸检测

核酸分析已成为诊断遗传病和病原体感染等的重要技术，核酸检测在基因工程、药物筛选和临床医学研究中也起着重要作用。常见的核酸检测方法可分为两种：核酸扩增和杂交检测。

微机电系统（MEMS）技术的发展使得在微规模上实现 PCR 技术成为可能，并且微通道或微反应器的表面积比加微规模的 PCR 变得更快，与传统分析仪器相比具有很大的优势。为了进一步简化集成设备并提高检测效率，Nguyen 等[15] 提出了一种微流体设备，该设备集成了 PCR 反应器和新型 FO SPR 传感器以生成并检测 DNA 扩增，如图 7.16 所示。芯片上的 S 形微通道直接固定在两个铜加热器上方，从而形成具有与温度相关的通道位置的 PCR 反应器。与常规的荧光或电化学检测不同，在多模光纤纤芯表面涂覆双金属（Ag/Al）涂层的 FO SPR 传感器，可以实时监控微通道末端扩增产物的反应。输出功率通过光功率计监视。FO SPR 传感器的 RI 检测极限极低，低至 10^{-6}RIU。与传统的 FO SPR 传感器相比，RI 的检测极限提高了一个数量级。根据实验结果，在此微流体传感器芯片的第 15 个循环中产生的最小可分辨 DNA 扩增要好于电泳荧光观察法（第 20 个循环）。微流体芯片为 PCR 提供了精确的操作平台，高灵敏度的光纤传感器为 PCR 扩增产物提供了精确的检测，同时避免了检测过程中产物的污染。

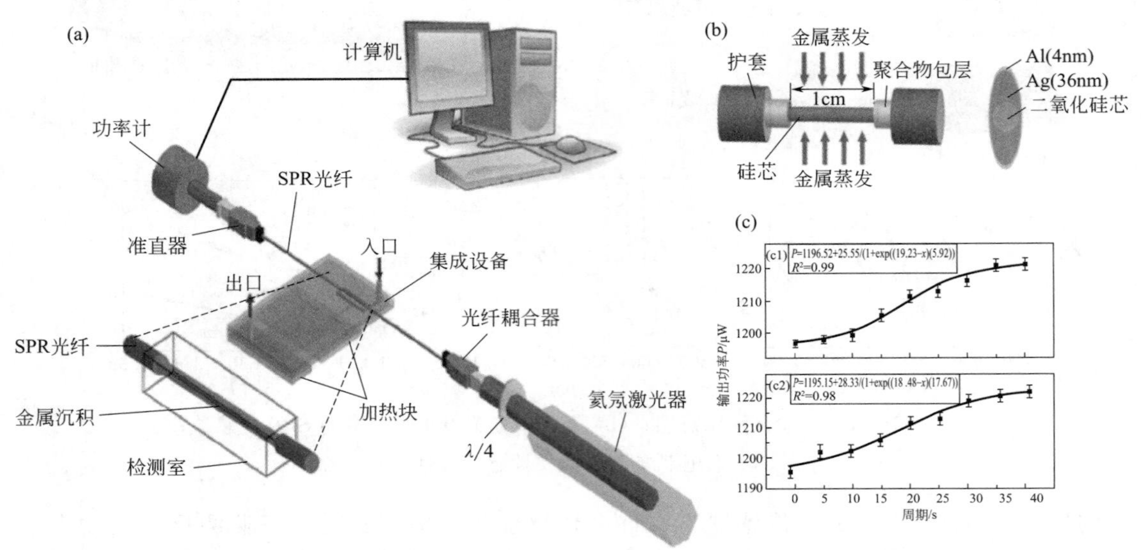

图 7.16 (a) DNA 扩增检测实验装置的示意图；(b) FO SPR 传感器的结构；(c) FO SPR 传感器对 DNA 扩增的测量与 PCR 循环的关系[15]

另外，核酸扩增后的特异性和高精度核酸检测也非常重要。在微流体芯片中，通过固定化单链 DNA 杂交对核酸进行光学检测已引起广泛关注，这有其独特的优势，例如特异性、无标记等。Sun 等[16] 提出了一种无标记的反射式超纤细的维布拉格光栅（microfiber Bragg grating，mFBG）生物传感器，用于在微流体芯片中进行 DNA 杂交检测，如图 7.17 所示。通过加热方法从市售的多模光纤中拉出并逐渐变细，然后使用相掩膜技术在该微纤维中刻入一个直的布拉格光栅，以制造 mFBG 结构。该传感器在反射中提供了两个共振（模式），显示出对外部 RI 的不同响应并具有相同的温度灵敏度。通过分析其组成模式的横向电场幅度分布以及对应于两个模式的 RI 的灵敏度，可以通过定义波长间隔 $\Delta\lambda$（$\Delta\lambda=\lambda_a-\lambda_b$）来消除温度对传感器的影响，在温度补偿的 RI 测量条件下，直径为 3.9μm 的 mFBG 的灵敏度可以达到 215nm/RIU。为了实现对 DNA 的特异性检测，微纤维表面上的 poly-L-赖氨酸（poly-L-lysine，PLL）单层的表面功能化被用于固定 DNA 的探针。检测原理基于 DNA 互补性原理，这将改变微纤维的表面 RI。通过测量不同浓度的 DNA 样品，该传感器可实现最低浓度为 0.5μmol/L 的检测。另外，该传感器还显示出对 DNA 检测的非互补靶标的高特异性。

接着，Sun 等又设计了相同的 mFBG 生物传感器来检测微流体芯片中的 DNA。不同之处在于，在传感器设计中，通过 LbL 自组装技术用多层膜 $(PEI/PAA)_4$ $(PEI/DNA)_1$ 将传感器表面固定，以结合目标 DNA。实验结果表明，该方法可以将更多的具有较高特异性的目标 DNA 链结合起来。在微流体芯片中，传感器成功实现了对浓度为 1μmol/L 的目标 ssDNA 杂交过程进行实时监控[17]。

为了实现较低浓度的检测，Gao 等[18] 设计了一种基于 PCF 迈克尔逊干涉仪的高灵敏

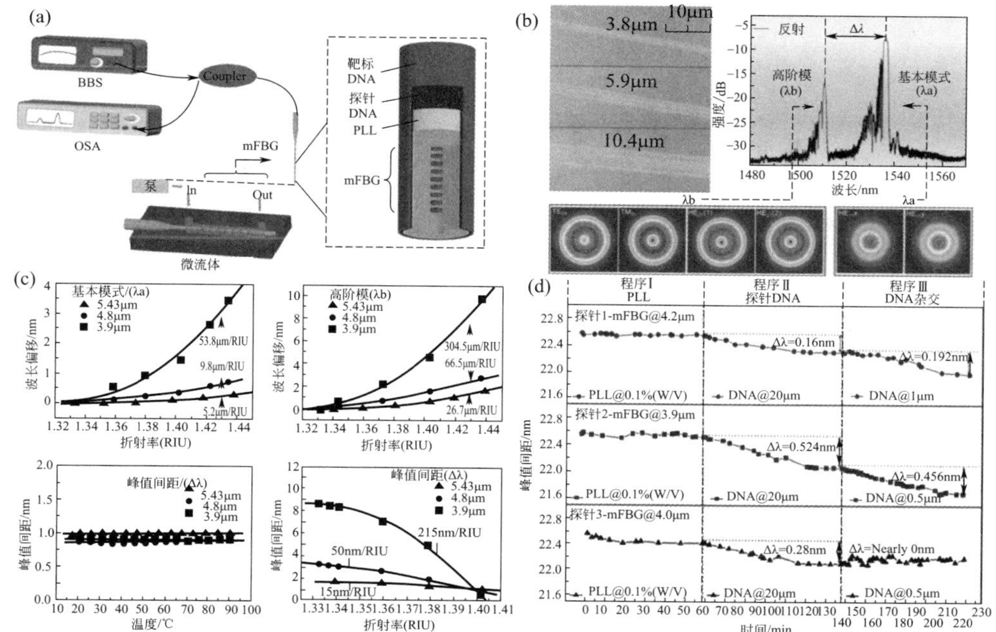

图 7.17　(a) 基于微流体芯片的 mFBG 生物传感器示意图；(b) mFBG 的反射光谱及其构成横向模的电场幅度分布；(c) 具有不同直径的 mFBG 的峰值波长漂移与 RI 的关系，以及 (d) DNA 杂交过程的实时响应[16]

度光纤光电生物传感器，用于检测 DNA 杂交。PCF 迈克尔逊干涉仪由反射性 PCF 组成，该反射性 PCF 镀有金膜，作为光纤末端的反射镜和塌陷区域。基于飞秒激光微加工在塌陷区将可调谐模式耦合器和光流体通道制造成一个微孔。通过理论分析和仿真可知，随着微孔中 RI 的增加，光的模长直径减小，同时条纹的可见度减小。因此，可以通过检测可见度来测量 RI。光学传感器显示出高达 7253dB/RIU 的高灵敏度。通过修饰微孔表面，该设备成功地实现了对 DNA 杂交过程的监控以及在微流体设备实现了浓度低至 5nmol/L 的 DNA 样品的检测。

与寡核苷酸标记的微球相结合，Bowden 等[19] 设计了一种高密度光学成像纤维微阵列传感器，用于在微流体平台检测不同 DNA 序列，如图 7.18 所示。纤维束形成 49777 个可单独寻址的光路的高密度微阵列，其直径为 1mm，单个纤芯直径为 3.1μm，单个芯的间距为 5.7μm。由于纤芯容易在酸性溶液中蚀刻，因此可以在光纤束的末端进行选择性地蚀刻，形成 3μm 深度的孔，以方便填充直径为 3.1μm 的微球。为了实现对两种不同目标 DNA 的检测，用两种不同浓度的编码染料对微球进行编码，并安装相应的 DNA 探针。然后，将微球体填充到纤维束，并对图像进行编码以定位和区分不同的微球体传感器。用荧光染料标记待测溶液的 DNA 样品，并通过检测发生 DNA 杂交的微球上的荧光信号来实现对不同 DNA 浓度的检测。该传感器成功实现了同时检测两个不同 DNA 序列的超低限检测（低至 10amol/L）。此外，与静态测量相比，使用微流体平台可以实现快速的 DNA 杂交测量并能降低样品消耗。

(2) 蛋白质的片上检测

蛋白质在调节细胞生命活动中起着重要作用，蛋白质控制着细胞分裂、内外部信号交换以及基因表达。蛋白质检测在蛋白质组研究中起着重要的作用，对阐明细胞功能、疾病状况

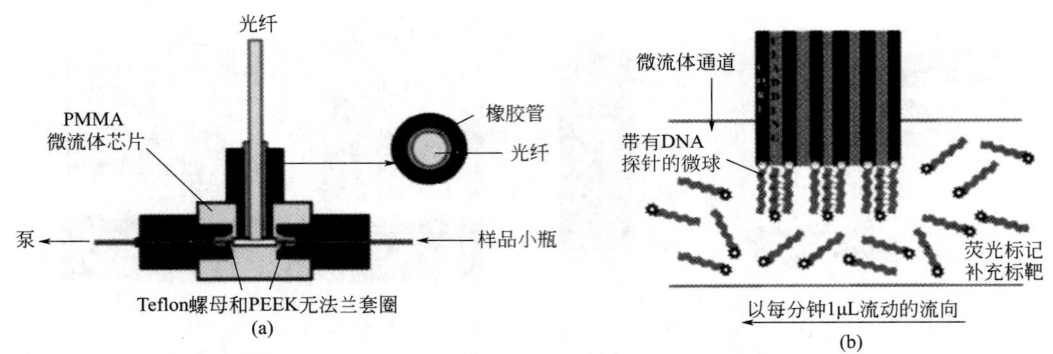

图 7.18 (a) 微流体传感系统示意图和 (b) 光学成像光纤微阵列传感器的结构[19]

和临床诊断具有重要的研究意义，所以，蛋白质检测和基因检测在生化分析中同等重要。在微流体平台上，蛋白质主要的光学检测方法是光学生物标记和基于表面的相互作用（反应）技术。

光学生物标记是指使用诸如荧光素、染料、量子点（quantum dot，QD）等光学记号来标记生物分子，从而达到检测和识别的目的。与传统有机荧光团相比，量子点具有独特的与光相关的特性，并且几乎不受光漂白的影响，这有利于其在生物医学诊断中的应用，其有效的表面修饰使其成为出色的光学标签用来进行感测[20]。

Li 等[21] 成功实现了对量子点所标记的链霉亲和素的检测，并通过活性酯偶联反应实现了链霉亲和素与量子点的连接，从而获得了具有优异特性的生物学活性缀合物。为了有效地实现荧光激发和高效耦合，集成在微流体芯片中的锥形光纤传感器在锥形腰部周围出现了很强的渐逝场，这可被用于荧光激发和有效收集。微流体传感器芯片实现了在 10～100pmol/L 范围内具有良好的线性度的量子点的检测和测量，并且检测极限约为 10pmol/L。由于量子点上有 3～5 个链霉素附着位点，链霉亲和素的检出极限为 30～50pmol/L。

由于染料吸收特定波长，因此染料标记方法通常依赖于吸收测量方法。Zhang 等[22] 设计了一种微光纤维超灵敏渐逝场吸收传感器，可通过芯片实验室平台上的比色蛋白质测定法来检测 BSA。BSA 被具有吸收波长为 595nm 的考马斯亮蓝（coomassie brilliant blue，CB）染料标记。通过测量 CB-BSA 样品，测试了渐逝场的吸收性能，传感器达到了 10fg/mL 的检测极限。

之后，Prabhakar 等[23] 介绍了一种基于渐逝波吸收的免疫生物传感器，用于检测 GaHIgG，该传感器被 FITC 染料标记，吸收波长范围为 490～495nm。根据渐逝场吸收理论，渐逝场是由光学传感结构中的聚合物半圆形波导激发的。将受体分子（HIgG）预固定在经过化学处理的光波导表面，实现与 GaHIgG-FITC 的特异性结合。GaHIgG-FITC 与 HIgG 的相互作用将导致渐逝吸收率和波导表面有效的 RI 的进一步增加，这将导致光吸收率的进一步增加。通过测量不同浓度的生物分析物 GaHIgG-FITC，该设备可以达到 7μg/mL 的检出极限。但是，在光传输过程中，光学装置的光功率损失非常大。

在微流体芯片表面相互作用的蛋白质检测方法中，SPR 已成为研究蛋白质与蛋白质相互作用的一种常用方法，该方法可以同时检测未修饰蛋白质之间的相互作用，并直接测量相互作用的动力学参数而无需标记[24]。因此，所设计的覆盖有纳米级银膜的倾斜光纤布拉格光栅（TFBG）被用于检测嵌入微通道中的尿蛋白变化[25]。通过减小膜厚度，不同模式的光谱对 TFBG 周围 RI 的变化具有很高但又反相的灵敏度。该设备通过监测光纤 SPR 和截止共振光谱的变化来区分健康、患病和已治疗小鼠尿液中的蛋白质变化，如

图 7.19 所示。通过测量不同的实验样品，蛋白质浓度灵敏度为 5.5dB/(mg·mL^{-1})，检出极限为 1.5×10^{-3}mg/mL。这证明了蛋白质流出与尿中 RI 变化之间存在联系，这有利于肾病治疗药物的开发和评估。

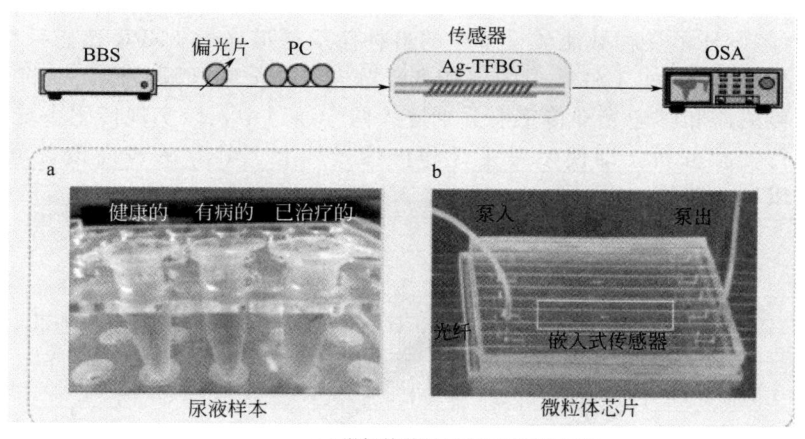

(a) 微粒体装置与光纤传感器结构

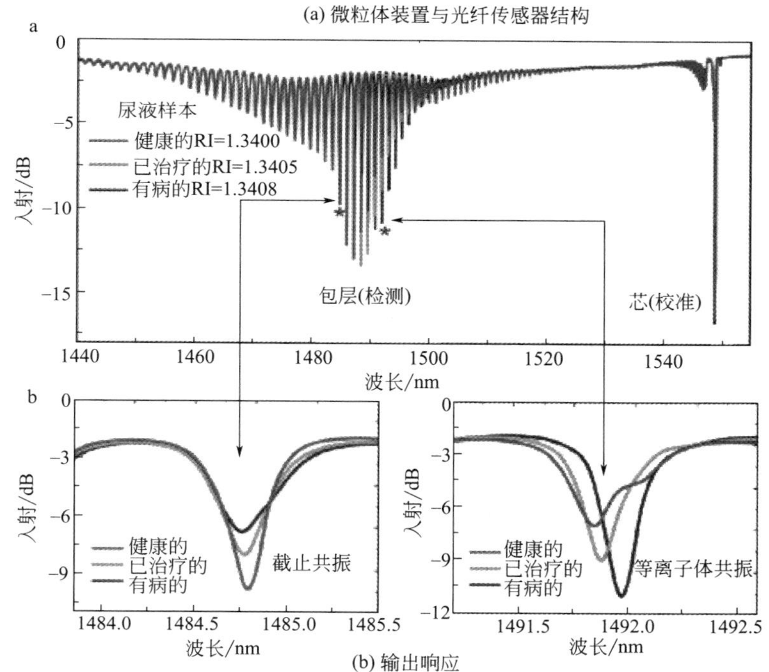

(b) 输出响应

图 7.19 感测的光纤和光谱响应示意图[25]

新一代光学生物传感器已经出现在纳米等离子体技术的新兴领域[26-27]，一些贵金属纳米粒子因在紫外可见光波段的强光谱吸收而受到越来越多的关注，这将激发局部表面等离子体共振（localized surface plasmon resonance，LSPR）。LSPR 具有独特的优势，例如灵敏度高、无标记且响应时间短，可以用作基于光信号的生化传感器。尽管基于吸光度的 LSPR 生物传感器具有许多优点，但是有必要解决金属纳米颗粒表面层吸光度低的问题，以此提高检测灵敏度。

2011 年，Hsu 等[28] 将功能化的 AuNP 固定在微流体通道中嵌入的功能化的未包覆部分上，从而实现了目标蛋白的特异性检测。该传感器在光纤中使用了连续全内反射的渐逝波，以提高吸收率。为了减少非特异性吸附，光学传感系统使用了优化的金纳米粒子表面混合单层。这些功能化的纳米颗粒可以与目标蛋白相互作用，从而使吸光度增加。该设备通过将不同的受体固定在纳米颗粒上，成功检测出 BSA、链霉亲和素和其他生物样品。

为了进一步减少系统误差，例如温度波动、非特异性吸附、RI 变化和颜色干扰，Wu 等[29] 在 2016 年设计了一种微流体设备中的自补偿双通道光学 LSPR 传感系统，如图 7.20 所示。与上述传感器类似，LSPR 由固定在光纤芯表面的金纳米颗粒激发。将受体分子功能化的分析光纤传感器和参考光纤传感器分别嵌入两个通道中，以实现传感系统补偿。在某些干扰情况下进行实验分析，即使参考光纤和传感光纤上 AuNP 的表面覆盖范围存在差异，补偿系统也可以有效工作。

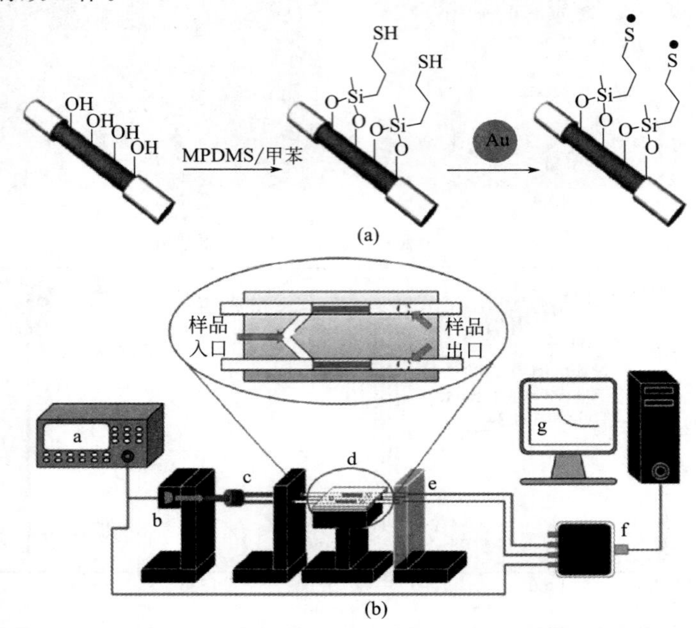

图 7.20 (a) 在未包层光纤的感测区域上固定 AuNPs 的过程示意图和 (b) 自补偿双通道光纤 LSPR 传感设备

2019 年，Kim 等[30] 提出了一种通过在微流体芯片中使用聚焦离子束（focused ion beam，FIB）铣削技术在多模光纤末端形成金纳米结构的新方法，如图 7.21 所示。通过开发和微调制造过程，在光纤的端面上形成了直径为 70nm、厚度为 30nm 的金纳米阵列。在微流体设备中，传感器的 RI 灵敏度为 5700RIU^{-1}，抗原 PSA 的检测极限低至 1.3pg/mL。通过重复制造和测量，该传感器具有很强的稳定性和可重复性。此外，通过优化金纳米阵列的面积、厚度和间距，可以进一步提高传感器性能。

(3) 片上细胞检测

细胞的特征参数，例如大小、形状、RI 以及细胞的粒度、细胞数与细胞活力等，都与正常的生命活动密切相关。因此，细胞特征参数的检测在血液系统疾病的临床诊断中变得尤为重要。在光学检测中，通常通过测量细胞的光学特性来完成细胞分析，这可以提供重要的生物学信息。对于开发用于测量细胞光信号的高通量和小型化设备，光学和微流体技术的集成展示了良好的发展前景。

除了由微流式细胞仪中的散射光信号提供的细胞信息外，光纤传感器在微流体芯片中的应用在细胞检测中也起着重要作用。Song 等[31] 提出了一种微流体感测设备，该设备将微

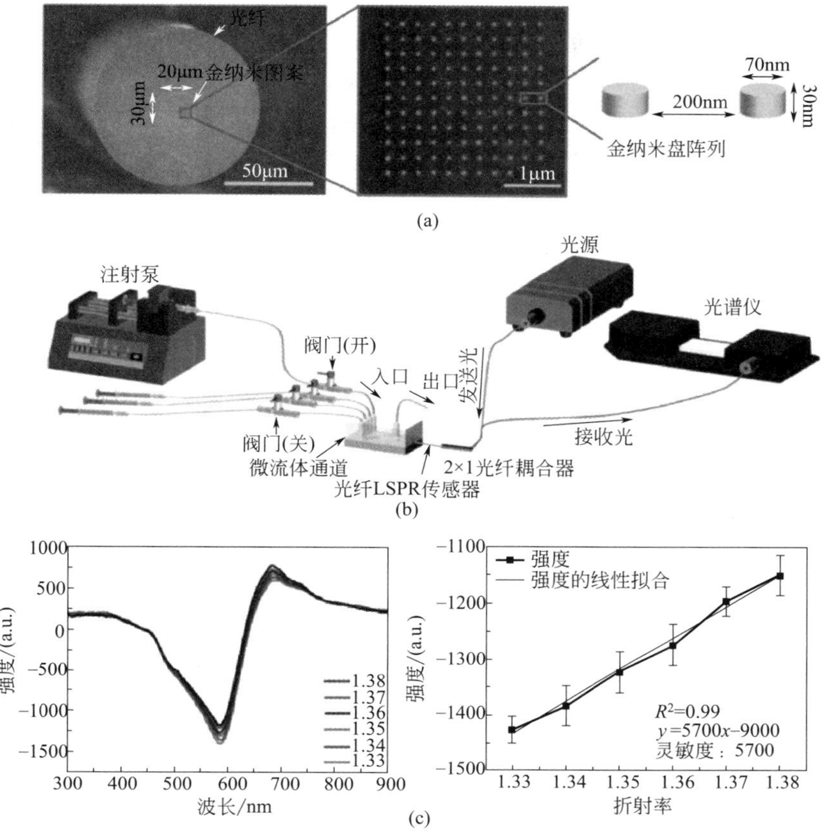

图 7.21 纳米图案结构和传感装置的示意图，以及光纤 LSPR 生物传感器的传感特性

通道与基于纤维的 FP 腔相结合，用于测量单个活细胞的大小和 RI，如图 7.22 所示。光学测量系统由两根对齐的光纤组成，在其端面上有一层 40nm 的高反射金膜，以形成一个间隙为 35.5μm 的 FP 腔，并将细胞支架浸入微通道溶液中以暂时固定测量期间的细胞。当光入射到 FP 腔中时，它将在反射结构之间来回反射。输出光具有多光束干涉从而形成干涉光谱。当液体的有效折射率改变时，干涉光谱将相应地改变。通过公式推导和频谱移位反馈分析，该设备可精确到 0.1%的水平来确定肾癌细胞的 RI 和大小。

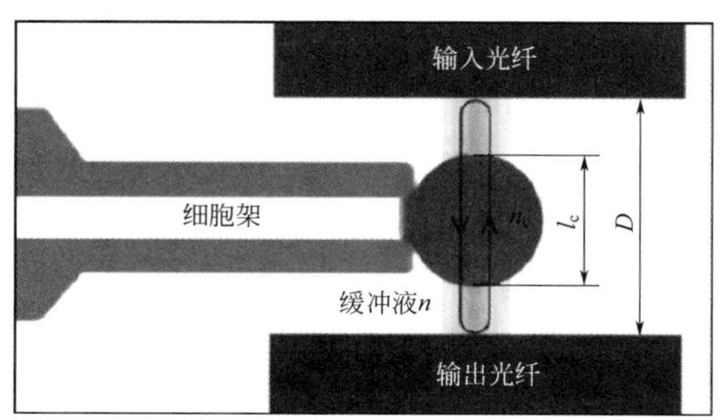

图 7.22 用于细胞检测的微流体 FP 腔的示意图[31]

与基于纤维的 FP 腔相比，FBG-FP 具有灵敏度高、反射率高和 Q 因子高的优势，在检

测颗粒/细胞方面更具优势[32]。Jiang 等[33] 介绍了一种新颖的、非接触式的、无标签的方法，该方法可通过在 PDMS 微流体芯片中使用 FBG-FP 流式细胞仪来测定不同大小的微粒，其中在微通道的两个 FP 腔由一对对齐的 FBG 组成，如图 7.23 所示。当不同大小（15μm、20μm 和 25μm）的颗粒穿过空腔时，观察到三个不同的共振波长。监测传感器的共振波长偏移，结果表明粒径与共振位移之间存在一定的相关性，并且模拟结果与实验结果吻合良好，灵敏度检测极限为 10^{-5}，这在细胞大小检测中具有很大的潜力。但是，如果没有流体动力聚焦，则检测区域中的粒子/细胞的位置可能不在中心轴上，这可能会影响测量结果。

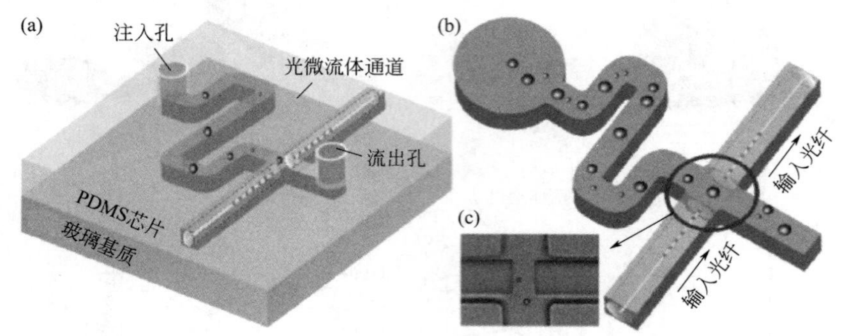

图 7.23　PDMS 微流体芯片中 FBG-FP 流式细胞仪，用于确定不同大小的微粒[33]

细胞数量的直接增加或减少与疾病密切相关。除了上述基于 FP 结构的传感器外，Guo 等[34] 还提出了一种集成在微流体设备中的简单 TFBG 生物传感器，用于检测非生理细胞的密度变化。光纤内的 TFBG 用于激发传感器表面上的强渐逝场以进行感测。在差分极化模式下，与泄漏模式之前的最后一个引导包层模式相对应的谐振显示出最敏感的模式谐振。通过在细胞生命的不同阶段测量具有不同细胞内密度的白血病细胞样品，该生物传感器成功地区分了波长灵敏度为 180nm/RIU，幅值灵敏度为 1.8×10^4dB/RIU 和检测极限为 2×10^{-5}RIU 的不同样品。

（4）化学物质的片上检测

化学品检测已广泛用于环境监测、食品安全、医疗卫生和其他方面，例如环境中重金属浓度的测量、水中营养物的测定、食品中物质含量的测定，以及药物成分分析与生理健康检查等。因此，化学物质的定量和定性分析在化学物质检测中尤为重要。

化学检测通常采用传感器。在传统的光纤化学传感器中，溶液的制备、混合和反应往往是分开的，这无疑给实验带来了不便。大体积测量会增加反应时间，不利于快速测量。为了快速实现化学物质测定和现场监测，许多集成在微流体芯片中的生物传感器因其结构紧凑、便携性好、样品消耗低以及分析通量高而受到广泛关注。

2017 年，Zhu 等[35] 介绍了一种光流体微型化分析芯片，通过使用 FP 谐振器并通过增强的吸收系统可实现磷酸盐的在线混合和实时检测。该装置采用磷钼蓝分光光度法实现对磷酸盐的选择性检测。将过滤后的磷酸盐溶液和生色试剂以设计的流速比注入混合微通道中，以实现完全混合与反应。然后可以通过测量反应产物（发射波长为 882nm 的磷钼蓝）的吸光度来测量磷酸盐样品的浓度。实验结果表明，磷酸盐溶液的检测范围为 0～100μmol/L，与常规仪器相比增加了数十倍[36]，检测时间也从 20min 大大缩短为 6s，试剂消耗量从 2mL 大大降低至 6μL。另外，该小型分析芯片显示出良好的感测性能，检出极限为 0.1μmol/L，具有集成度高、消耗低的优点，在实际应用中具有很大的潜力。

为了满足工业上对氯离子浓度的测定，Wang[37] 介绍了一种带有 LPFG 的微流体系统，该系统可以测量不同样品材料中的氯离子浓度。发现氯化物浓度与 LPFG 传输的光强度之间存在有用的相关性。当传感器暴露于浓度升高的氯化物样品溶液中时，传感器的响应也呈线性增加。该设备显示了测量海水中氯离子的可行性，其中大多数化学成分是氯化物，但是，该传感器不适用于低浓度水溶液（例如饮用水）中的氯离子测量。

2017 年，Xiong 等[38] 开发了一种渐逝波光纤传感器，用比色法检测水中的游离氯。微通道同时用作流通池和检测池，这是光纤和毛细管之间的间隙。在光学检测系统中，将未包层的光纤插入毛细管中，以通过全内反射在光纤表面周围产生渐逝波，并将 PMT 检测器放置在毛细管的侧面以收集用于吸收检测的光信号。为了检测残留的游离氯，对氯敏感的 DPD 试剂用于氯的特异性检测，可被氯氧化以使水溶液着色。然后，在纤芯表面周围产生的渐逝波可和氯与 DPD 试剂反应引起的有色溶液相互作用，导致吸收变化，从而实现氯的定量检测。在最佳条件下，实验结果表明该传感器表现出良好的感测性能，例如较宽的线性检测范围（5～400ppb），较低的检测限（1.5ppb），良好的重复性和较短的响应时间（4.3s）。与传统的检测设备相比，该设备具有更好的感测性能。此外，由于其便携性、低成本等优点，该装置具有巨大的应用潜力。

在自然界中，化学物质造成的环境污染严重影响人类健康，例如，酚类化合物通常存在于水环境中，其中苯酚是地下水和地表水中的重要污染物，对水环境的污染最大[39-40]。因此，在水环境中，苯酚的定性和定量分析尤为重要。Zhong 等[41] 在 2018 年提出了一种新型的微流体传感器芯片，该芯片集成了光催化的长周期的光纤光栅（photocatalytic long-period fiber grating ，PLPFG）、锥形 UV 光纤阵列，用于选择性检测和测量水溶液中的苯酚浓度，如图 7.24 所示。新型 PLPFG 由蚀刻的长周期光纤光栅（long-period fiber grating，LPFG）和紫外可见光驱动的 Er^{3+} ：$YAlO_3/SiO_2/TiO_2$（EYST）涂层组成，用于紫外可见光驱动的苯酚光催化降解。然后，将具有高酚选择性、渗透性的聚合物膜包裹在 EYST 表面上，以使酚选择性通过聚合物膜，在膜和 PLPFG 之间形成微通道，从而能够进样和流出标准分析物，同时避免了外部对测量解决方案的影响。对苯酚的选择性检测和浓度测量是通过检测由苯酚的光降解副产物引起的共振波长的偏移来实现的。通过优化光催化膜和聚合物膜的厚度，使光化学传感器的检测范围宽（7.5μg/L～100mg/L）、检测限低（7.5μg/L）、响应时间短（395s）。此外，为了实现温度补偿，也将 FBG 放置在 Z 形池中。利用传感器的消逝场强和光降解引起的 RI 增加，传感器的感测性能得到了显著改善，但是，由于需要苯酚通过聚合物膜和进行发光降解反应，因此检测时间可能会增加。

为了进一步提高葡萄糖传感的灵敏度，Yin 等[42] 提出了一种通过 LPL 技术将多层敏感膜功能化的小直径 LPFG 葡萄糖传感器。传感膜由多层 PEI 和 PAA 支撑膜和一层 GOD 膜组成。由 GOD 和葡萄糖反应产生的葡萄糖酸改变了多层之间的静电力，这导致了膜厚度和有效 RI 的改变。测量不同浓度的葡萄糖溶液，实验结果表明该生物传感器可以高灵敏度地测量低至 1nmol/L 的葡萄糖样品。此外，与未集成到微流体芯片中的传感器相比，生物传感器的检测范围从 2μmol/L 扩大到 10μmol/L，并且每次测定的响应时间从 6min 减少到 70s。由于多层膜之间静电力的相互作用，传感器对葡萄糖浓度的变化变得更加敏感，这适用于小体积和小浓度的葡萄糖测量。

从以上四类应用中，可以发现在生化传感器检测中使用了不同种类的光纤传感器。锥形光纤具有很强的渐逝场，因此在荧光检测和吸光度检测中具有很高的灵敏度，生化检测的传感精度可以达到 fg/mL 的程度。与微流体芯片的结合将进一步提高其感测的稳定性。FP 传感器可以与微通道完美结合，主要用于吸收率或折射率检测。尽管其检测精度不高，但是 FP 传感器易于制造，并且透射光谱相对稳定。光纤光栅传感器广泛应用于各种生化传感检

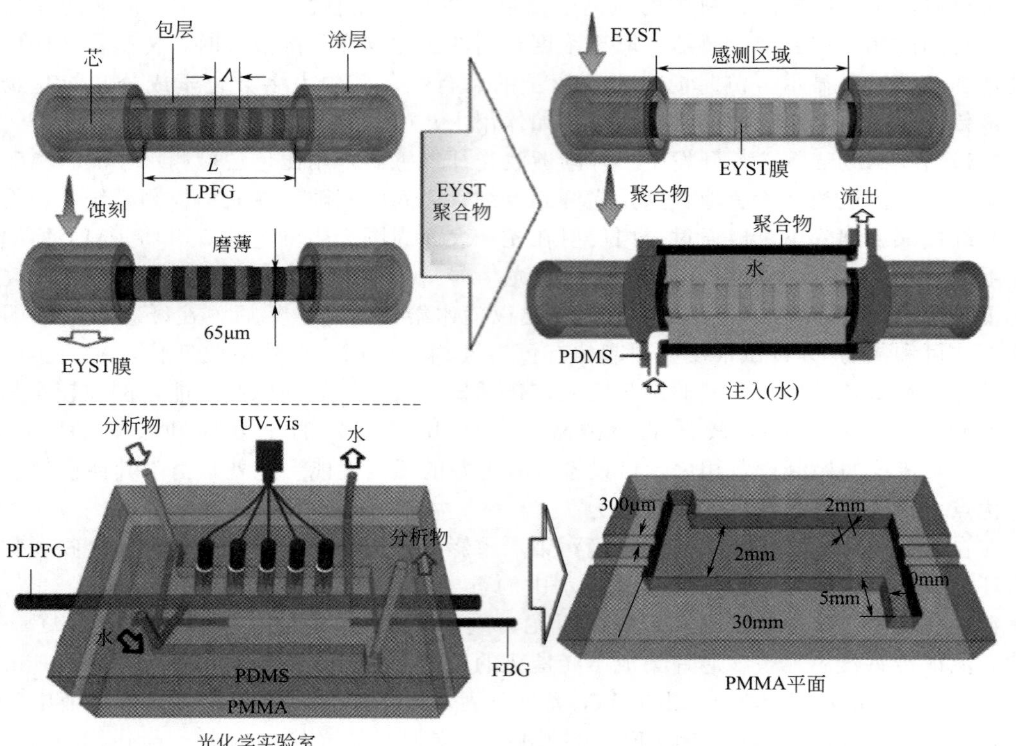

(a) PLPFG和光化学芯上实验室装置的制造

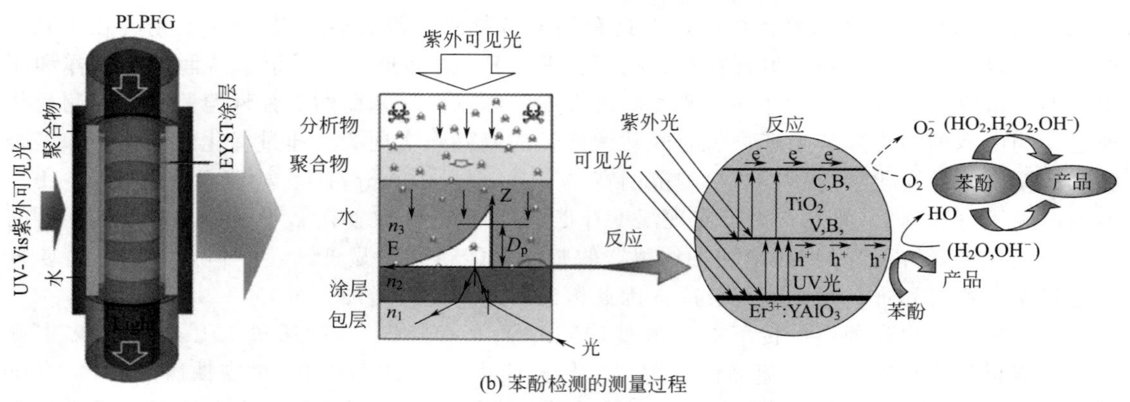

(b) 苯酚检测的测量过程

图 7.24 苯酚检测的传感系统和测量过程示意图[41]

测中，其窄的共振带宽使其具有较高的检测精度。与 FO SPR 传感器相比，LSPR 对外部变化更敏感，并具有较高的灵敏度，这是因为 LSPR 在紫外波段具有很强的吸收特性，并且金属颗粒的表面积比较大。通过优化金属纳米粒子的空间分布，其检出限可以达到 fg/mL 的水平，在生化领域具有较好的应用前景。

7.3.4 片上的流量测量

在许多应用中，例如 PCR、微流体细胞仪、液滴分析、生物结合、化学反应、溶液混合等，对微流体芯片上的微流体速度进行实时监控和精确控制尤为重要。光纤流量计在微流体芯片中的应用受到了广泛的关注，它具有抗电磁干扰、抗化学腐蚀、远程监控等诸多优点。此外，光纤可以利用其独特的传感特性与各种传感器结合来制造流量计。

2014 年，Cheri 等[43] 设计了一种基于悬臂的光流传感器，包括光纤 FPI 配置，以实现对微流芯片中流速的实时、精确检测。感测系统由一个微型 FP 腔和一个设置在 PDMS 基座上的切削了末端的光纤和一个 PDMS 微型悬臂组成。感测原理是：悬臂末端在流体拖曳力作用下偏转，该偏转改变了微腔的长度，因此导致了干涉条纹的移动。通过优化悬臂的几何结构，具有细小尖端的设备以最小的分辨率（1.3μL/min）实现了大尺度流量（1～60mL/h）的测量。通过优化几何结构可以进一步提高感测性能，因为总悬臂常数与有效的杨氏模量成正比。但是，该设备无法消除由于温度波动和液体 RI 变化引起的测量误差。

之后，该研究小组提出了一个新的基于悬臂的流量测量系统，该系统使用两个并行的 FPI 进行光学探测并同时测量微通道内的流量、RI 和温度，如图 7.25 所示[44]。顶部 FPI 用作超灵敏流量计，并包括用于温度感测的 FBG，而底部 FPI 包括用于高度灵敏 RI 测定的人造光聚合物微尖端。在 RI 设备中，随着悬臂装置的改进，该传感器可实现较大的流速测量范围（0～800μL/min）和较低的测量分辨率（5nL/min），并具有良好的线性度，且可以同时检测微流体中的温度。

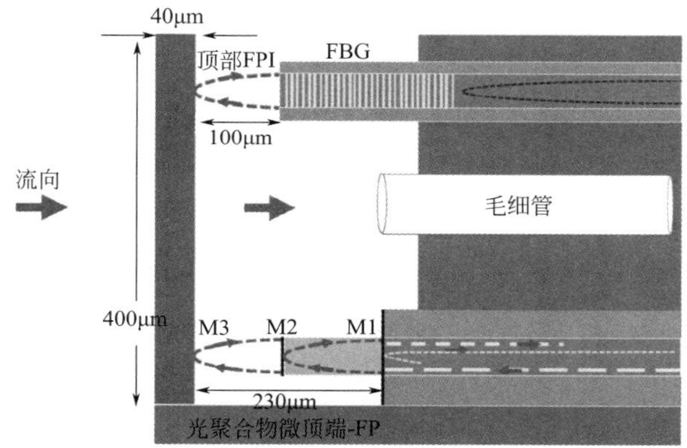

图 7.25　光学布置示意图和片上流量计的二维视图[44]

光学测量是一种通过光流体微粒运行来测量流量的新方法。流量检测的原理示意如图 7.26 所示，是基于轴向光学力 F_{ao} 和粒子的流力 F_{ν} 间的力平衡的。

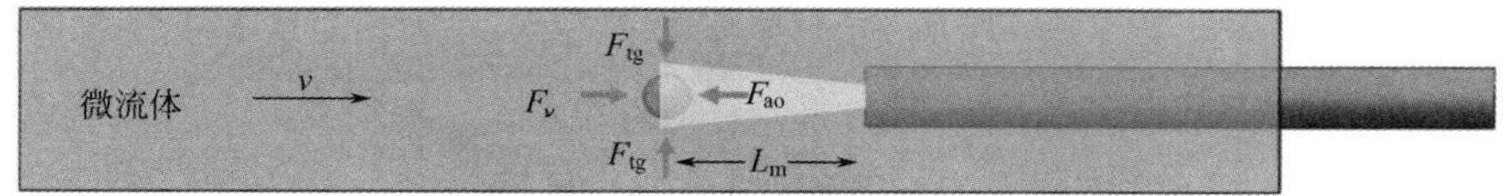

图 7.26　基于光学的流量检测原理

根据 Stokes（斯托克斯）定律，流力随流速的增加而增加：

$$F_{\nu}=k_1 v \tag{7.9}$$

其中，$k_1=6\pi\eta a$，η 为水的黏度系数；a 为微粒的半径；v 为流速。另一方面，随着操作长度 L_m 的减小，F_{ao} 增加，形成反作用力以将微粒推离纤维末端。控制长度 L_m 由粒子中心到光纤末端的距离定义。在一定的工作长度下，粒子的合力将是平衡的，这与唯一的流速相对应。因此，力平衡可以定义为

$$F_{\nu}(v)=F_{ao}(L_m) \tag{7.10}$$

因此，可以通过测量粒子的运行长度来确定微通道中的流体流速。

2015 年，Gong 等[45] 尝试使用光纤操作微通道中的微粒来设计一种简单的光流体流量计。该传感器具有反向灵敏度，也就是说，随着测量参数的减小，读出信号会增加，该方法特别适合于低流量测量。在 41mW 的激光功率下，该设备实现了大的动态范围测量（20～14000nL/min），检测极限低至 10nL/min。实验结果表明，该传感装置具有良好的流量重复性测定能力。由于 F_{ao} 与激光功率成正比，因此低（较高）激光功率可以检测到相对较低（较高）的流速。该装置具有很强的灵活性，可以应用于流速要求不同的微流体传感装置。

为了进一步扩大检测范围，Gong 等[46] 开发了一种具有更大动态测量范围的双模流量传感装置。传感器选择控制长度或激光功率作为传感器的感测输出，以实现开环模式和闭环模式之间的切换。在开环模式下，L_m 用作输出，并且该传感器在低流速下显示出高灵敏度。在闭环模式下，将激光功率用作感测输出，将粒子的操作长度设置为常数，并作为反馈信号来调整激光功率以实现力平衡。同时，闭环模式有助于扩大流量检测范围并提高高流量下的灵敏度。在双模操作下，该传感设备实现了高灵敏度，检测极限为 10nL/min，并显示出较大的测量范围（10～100000nL/min），具有良好的线性和可重复性。与以前的实验相比，速度测量的范围增加了一个数量级。

基于传热效应的光纤的流量计也已经应用于微流体芯片中。具有传热作用的流量计的原理是，随着流量的增加，传热速度加快，这将导致温度下降。2014 年，Liu 等[47] 设计了一种新型的微流体流量计，该流量计将掺有 Co^{2+} 的光纤与毛细管结合在一起以加热并检测随微通道流速变化的温度变化，如图 7.27 所示。流入 μFBG 的 Co^{2+} 掺杂光纤吸收激光并产生热量，导致 FBG 的中心波长发生了偏移。因此，当溶液通过微通道时，加热的 FBG 将被冷却，而中心波长的偏移与流体流速有关。该传感器显示出良好的感测性能，最小流量检测极限为 16nL/s，测量范围为 0～1.15μL/s。但是，传感器的准备步骤烦琐且复杂。

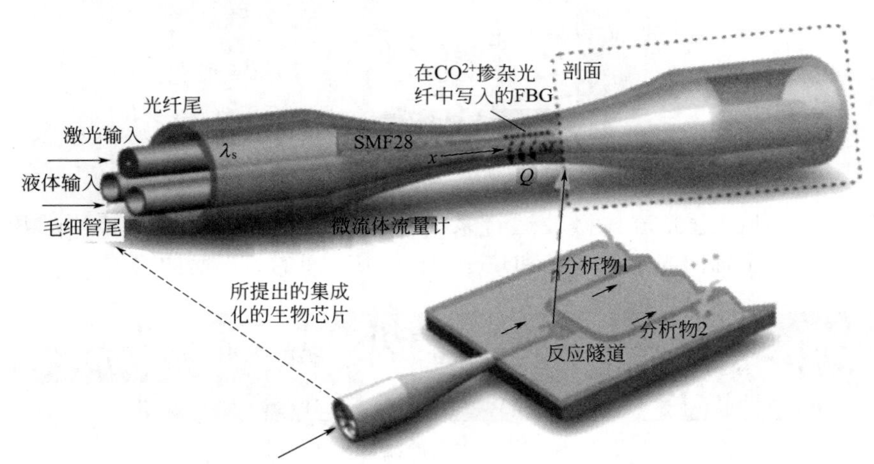

图 7.27　光纤微流体流量计的示意图以及与微流体芯片的集成[47]

同年，Li 等[48] 提出了一种基于 FPI 的紧凑型微流率装置，该装置由一对 FBG 和蚀刻后的微掺杂 Co^{2+} 的纤维腔组成，并将作为微通道的毛细管正交地放置在光纤下方。在对测试设备进行总体优化的条件下，传感器的检测范围为 0～1.1μL/s。然而，尽管传感器具有较大的测量范围，但是传感器的检测极限很差，这不利于小分辨率流速的应用。

随后，Gong 等[49] 设计了一种基于传热效应的光流量计，并在微通道中结合了谐振腔，以用于芯片实验室的应用。在光学检测系统中，光纤的锥形部分垂直于毛细管以形成光流体环形谐振器，插入毛细管中的微纤维用作加热部分，首先将热传递给内部液芯，然后传递给二氧化硅环形谐振器。此装置利用谐振腔来检测温度变化，从而实现对流速的检测。通过测量由传热作用引起的环形谐振器的回音壁模式的波长偏移来确定流速。2～100μL/min 的较大测量范围，最小检测极限为 30nL/min。回音壁模式的高 Q 系数使传感器具有高分辨率，这使传感器对流量的变化更加敏感。

除上述方法外，光纤干涉仪流量计也已被广泛使用。2017 年，Zhang 等[50] 提出了一种基于光学微气泡（μBoT）结构的光纤光流体干涉仪。在光纤的端面上沉积了一层碳纳米管薄膜，以增加激光吸收，从而实现 μBoT 的有效生成。μBoT 干涉仪直径的增加与激光加热时间、温度和流速成正比。随着直径的增加，自由光谱范围（free spectral range，FSR）减小。因此，可以通过测量 FSR 的变化来确定实时流量。流量检测的测量范围为 0～150nL/min，超低分辨率为 0.03nL/min。此外，μBoT 干涉仪显示出良好的可重构性和可重复性。尽管该传感器具有良好的感测性能，但是微气泡的稳定性容易受到外部振动和其他因素的干扰。

Shen 等[51] 将 TFBG 作为微通道中的传感元件，提出了一种简单的流量计。测量的原理是，当水沿光纤轴方向在 TFBG 周围流动时，TFBG 的光谱因与水接触而发生了变化。通过将溶液中 TFBG 的时间扫描光谱与流经 TFBG 的水的时间扫描光谱进行比较，可以形成光谱扫描梳，并且可以通过选择适当的扫描频率来确定流速。通过对测量结果分析可知，该传感器在低流量下具有超过 17000 的高 Q 因子，具有较大的测量范围，最小检测极限为 0.03nL/s。与其他流量计相比，该传感器是一种非常简单的流量测量设备，没有复杂的结构，更适合液滴分析。

与其他测量方法相比，基于悬臂的流速检测具有较大的速度测量范围，但检测精度相对较低，制备过程复杂，需要精确的光学对准，从而增加了集成的难度。基于传热效应的流速检测可以直接反映流速的变化，但检测分辨率一般不高，通常需要对专用光纤进行测量。基于光纤干涉仪的流量检测更适合在较低流速下进行高分辨率测量，但检测范围较小。基于光学操作的流量检测具有较低的检测极限和较宽的测量范围，但该方法需要附加的光学成像系统，从而增加了实验成本。

参考文献

[1] Gao S，et al. Microfiber-enabled in-line Fabry-Perot interferometer for high-sensitive force and refractive index sensing [J]. J Lightwave Technol，2014，32 (9)：1682-1688.

[2] Chin L K，et al. An optofluidic volume refractometer using Fabry-Perot resonator with tunable liquid microlenses [J]. Biomicrofluidics，2010，4 (2).

[3] Vazquez R M，et al. Integration of femtosecond laser written optical waveguides in a lab-on-chip [J]. Lab Chip，2009，9 (1)，91-96.

[4] Li Z，et al. Ultra-sensitive nanofiber fluorescence detection in a microfluidic chip [J]. Sensors，2015，15 (3)：4890-4898.

[5] Zhang L，Li Z，Mu J，et al. Femtoliter-scale optical nanofiber sensors [J]. Optic Express，2015，23 (22)：28408-28415.

[6] Lei L，Li H，Shi J，et al. Microfluidic refractometer with integrated optical fibers and end-facet transmission gratings [J]. Rev Sci Instrum，2010，81 (2)：023103.

[7] Errando-Herranz C，et al. Integration of microfluidics with grating coupled silicon photonic sensors by one-step combined photopatterning and molding of OSTE [J]. Optic Express，2013，21 (18)：21293-21298.

[8] Yin M J，et al. Optical fiber LPG biosensor integrated microfluidic chip for ultrasensitive glucose detection [J]. Biomed Optic Express，2016，7 (5)：2067-2077.

[9] Zhao Y，Tong R J，Xia F，et al. Current status of optical fiber biosensor based on surface plasmon resonance [J].

Biosens Bioelectron，2019，142：111505.

[10] Sun Y S ，Li C J，Hsu J C. Integration of curved D-type optical fiber sensor with microfluidic chip [J]. Sensors，2016，17 (1) .

[11] Tomyshev K A，et al. Ultrastable combined planar-fiber plasmon sensor [J]. physica status solidi (a)，2018，216 (3)：1800541.

[12] Liu Z，et al. Twin-core fiber SPR sensor [J]. Opt Lett，2015，40 (12)：2826-2829.

[13] Liu Z，et al. Reflective-distributed SPR sensor based on twin-core fiber [J]. Optic Commun，2016，366：107-111.

[14] Aray A，et al. SPR-based plastic optical fibre biosensor for the detection of C-reactive protein in serum [J]. J Biophot，2016，9 (10)：1077-1084.

[15] Nguyen T T，et al. Integration of a microfluidic polymerase chain reaction device and surface plasmon resonance fiber sensor into an inline all-in-one platform for pathogenic bacteria detection [J]. Sensor Actuator. B Chem ，2017，242：1-8.

[16] Sun D，Guo T，Ran Y，et al. In-situ DNA hybridization detection with a reflective microfiber grating biosensor [J]. Biosens Bioelectron，2014，61：541-546.

[17] Sun D，Guo T，Guan B O. Label-free detection of DNA hybridization using a reflective microfiber Bragg grating biosensor with self-assembly technique [J]. J Lightwave Technol，2017，35 (16)：3354-3359.

[18] Gao R，et al. Fiber optofluidic biosensor for the label-free detection of DNA hybridization and methylation based on an in-line tunable mode coupler [J]. Biosens Bioelectron，2016，86：321-329.

[19] Bowden M，Song L N，Walt D R. Development of a microfluidic platform with an optical imaging microarray capable of attomolar target DNA detection [J]. Anal Chem，2005，77 (17)：5583-5588.

[20] Medawar V，et al. Fluorescent immunosensor using AP-SNs and QDs for quantitation of IgG anti-Toxocara canis [J]. Microchem J，2017，130：436-441.

[21] Li Z，et al. Ultra-sensitive nanofiber fluorescence detection in a microfluidic chip [J]. Sensors，2015，15 (3)：4890-4898.

[22] Zhang L，Wang P，Xiao Y，et al. Ultra-sensitive microfibre absorption detection in a microfluidic chip [J]. Lab Chip，2011，11 (21)：3720-3724.

[23] Prabhakar A，Mukherji S. Investigation of the effect of curvature on sensitivity of bio/chemical sensors based on embedded polymer semicircular waveguides. Sensor [J]. Actuator B Chem，2012，171-172：1303-1311.

[24] Wang W，et al. A label-free fiber optic SPR biosensor for specific detection of C-reactive protein [J]. Sci Rep，2017，7 (1)：16904.

[25] Guo T，et al. Highly sensitive detection of urinary protein variations using tilted fiber grating sensors with plasmonic nanocoatings [J]. Biosens. Bioelectron. ，2016，78：221-228.

[26] Im H，et al. Nanohole-based surface plasmon resonance instruments with improved spectral resolution quantify a broad range of antibody-ligand binding kinetics [J]. Anal Chem，2012，84 (4)：1941-1947.

[27] Qing Z，Luo G，Xing S，et al. Pt-S bond-mediated nanoflares for high-fidelity intracellular applications by avoiding thiol cleavage [M]. Angew Chem. Int Ed Engl，2020 (https：//doi. org/ 10. 1002/anie. 202003964) .

[28] Hsu W T，et al. Integration of fiber optic-particle plasmon resonance biosensor with microfluidic chip [J]. Anal Chim Acta，2011，697 (1-2)：75-82.

[29] Wu C W，et al. Self-referencing fiber optic particle plasmon resonance sensing system for real-time biological monitoring [J]. Talanta，2016，146：291-298.

[30] Kim H M，et al. Localized surface plasmon resonance biosensor using nanopatterned gold particles on the surface of an optical fiber [J]. Sensor Actuator B Chem，2019，280：183-191.

[31] Song W Z Refractive index measurement of single living cells using on-chip Fabry-Perot cavity [J]. Appl Phys Lett，2006，89 (20) .

[32] Liao C，et al. Tunable phase-shifted fiber Bragg grating based on femtosecond laser fabricated in-grating bubble [J]. Opt Lett，2013，38 (21)：4473-4476.

[33] Jiang B，Dai H L. Continuous detection of micro-particles by fiber Bragg grating Fabry-Perot flow cytometer [J]. Optic Express，2018，26 (10)：12579-12584.

[34] Guo T，Liu F，Liu Y，et al. In-situ detection of density alteration in non-physiological cells with polarimetric tilted fiber grating sensors [J]. Biosens Bioelectron，2014，55：452-458.

[35] Zhu J M, et al. Optofluidic marine phosphate detection with enhanced absorption using a Fabry-Perot resonator [J]. Lab Chip, 2017, 17 (23): 4025-4030.

[36] Chen C H, Wu W T, Wang J N. All-fiber microfluidic multimode Mach-Zehnder interferometers as high sensitivity refractive index sensors [J]. Microsyst Technol, 2016, 23 (2): 429-440.

[37] Wang J N. A microfluidic long-period fiber grating sensor platform for chloride ion concentration measurement [J]. Sensors, 2011, 11 (9): 8550-8568.

[38] Xiong Y, et al. A miniaturized evanescent-wave free chlorine sensor based on colorimetric determination by integrating on optical fiber surface [J]. Sensor Actuator B Chem, 2017, 245: 674-682.

[39] Gupta V K, et al. Potential of activated carbon from waste rubber tire for the adsorption of phenolics: effect of pretreatment conditions [J]. J Colloid Interface Sci, 2014, 417: 420-430.

[40] Gupta V K, Karimi-Maleh H, Sadegh R. Simultaneous determination of hydroxylamine, phenol and sulfite in water and waste water samples using a voltammetric nanosensor [J]. Int. J. Electrochem Sci, 2015, 10 (1): 303-316.

[41] Zhong N, et al. Photochemical device for selective detection of phenol in aqueous solutions [J]. Lab Chip, 2018, 18 (11): 1621-1632.

[42] Yin M J, et al. Optical fiber LPG biosensor integrated microfluidic chip for ultrasensitive glucose detection [J]. Biomed. Opt Express, 2016, 7 (5): 2067-2077.

[43] Cheri M S, et al. Real-time measurement of flow rate in microfluidic devices using a cantilever-based optofluidic sensor [J]. Analyst, 2014, 139 (2): 431-438.

[44] Sadeghi J, Ghasemi A H, Latifi H. A label-free infrared opto-fluidic method for real-time determination of flow rate and concentration with temperature cross-sensitivity compensation [J]. Lab Chip, 2016, 16 (20): 3957-3968.

[45] Gong Y, et al. Microfluidic flow rate detection with a large dynamic range by optical manipulation [J]. IEEE Photon Technol Lett, 2015, 27 (23): 2508-2511.

[46] Gong Y, et al. Dual-mode fiber optofluidic flowmeter with a large dynamic range [J]. J Lightwave Technol, 2017, 35 (11): 2156-2160.

[47] Liu Z, Tse M L, Zhang A P, et al. Integrated microfluidic flowmeter based on a micro-FBG inscribed in Co^{2+}-doped optical fiber [J]. Opt Lett, 2014, 39 (20): 5877-5880.

[48] Li Y, Yan G, Zhang L, et al. Microfluidic flowmeter based on micro " hot-wire" sandwiched Fabry-Perot interferometer [J]. Optic Express, 2015, 23 (7): 9483-9493.

[49] Gong Y, et al. Sensitive optofluidic flow rate sensor based on laser heating and microring resonator [J]. Microfluid Nanofluidics, 2015, 19 (6): 1497-1505.

[50] Zhang C, Gong Y. Microbubble-based fiber optofluidic interferometer for sensing [J]. J Lightwave Technol, 2017, 35 (13): 2514-2519.

[51] Shen C, et al. Optical spectral sweep comb liquid flow rate sensor [J]. Opt Lett, 2018, 43 (4): 751-754.

第8章 非酶生物传感器与基于DNA的无标记电化学生物传感器

生化分析、环境监测、食品安全等领域非常需要高灵敏性与高选择性的方法进行检测和定量。传统的检测方法不能实现高灵敏度、高选择性和现场检测，限制了其应用。对生物（化学）进行测定的生物传感器是具有独特特性的工具，具有快速、灵敏、高效和便携的特性。其中，基于酶的与基于DNA的生物传感器得到了长足的发展，有些甚至已经商业化。然而，由于酶的性质，它们受到一些限制，例如不稳定性和低重现性。而非酶生物传感器克服了目前基于酶的检测方法的局限性，并为采用智能和小型化设备进行高效、高灵敏度和低成本的检测分析提供了巨大的潜力。

作为一种出色的生物材料，DNA已被用来通过与生物分子或化合物之间的相互作用来构建各种生物传感器。基于DNA的电化学生物传感器以其操作简便、反应迅速与成本低、具有高灵敏度和选择性被广泛用于生物化学分析中。但是，大多数基于DNA的电化学生物传感器都需要在DNA上标记电活性分子或纳米材料作为信号输出元件，因此不可避免地会遇到操作复杂和成本昂贵的问题。无标记策略是基于DNA的电化学生物传感器的替代方案，无需其他测定试剂和烦琐的过程。由于简单和低成本的优点，基于DNA的无标记电化学生物传感器作为一种有前途的分析测定技术已引起了业界的极大关注。

8.1 非酶生物传感器

8.1.1 食品安全与农药残留检测

农药在农业中被广泛用于预防、消灭和控制多种农业害虫。农药主要通过喷洒到植物或土壤中来施用。然而，只有1%的农药施加到了目标植物上，其余的由于溢出、废物倾倒、管道泄漏等而意外地到达其他环境中（例如，地表、大气和地下水），它们将会在环境中长期存在（半衰期长的农药超过60天），并被鱼类、鸟类和哺乳动物等吸收。

近年来，农药的使用增加以及土壤和食物的污染引起了关注。为了进一步监测销售食品供应的安全性，国际组织，如粮食及农业组织（FAO）和世界卫生组织（WHO），对食品和农产品的最大残留水平（maximum residue level，MRL）进行了规定，各种食品杀虫剂必须符合该规定。

MRL是“当按照良好农业规范正确使用农药并适用于粮农组织列出的303种农药时，食品或饲料中或表面合法允许的最高农药残留水平”。因此，对农药进行快速测定与可靠定量对于保证遵守法定限量是非常必要的。

各种分析方法已被用于监测食品和环境样品中的农药。它们中的大多数基于与质谱联用的气体（GC）和液相色谱（LC）。此外，毛细管电泳（capillary electrophoresis，CE）、表面等离子体共振、荧光测定法和紫外光谱法已被开发用于污染样品中的农药检测。这些技术显示出低检测限、可靠性以及高选择性和准确性。

然而，色谱法的主要缺点是复杂、耗时、需要昂贵的设备和专业人员、成本高、通量低以及原位和实时检测不兼容。CE 的一些挑战包括与基质组分的吸附和干扰相关的低浓度灵敏度与性能下降。荧光分析需要若干步骤，包括化学衍生化和荧光标记，这些过程应该由专业人员执行。紫外光谱法需要紫外分光光度计设备和样品制备。尽管提到了这些缺点，但其中一些基于色谱法的技术非常适合用于检测，但也亟须开发快速、灵敏的现场筛查方法与技术。

近年来，已成功开发出多种生物传感器，作为对包括农药在内的各种分析物进行简单、灵敏、具有较高性价比并进行现场监测的替代方法。生物传感器由两个主要组件组成，包括与目标分析物进行特别反应的生物识别元件（也称为生物受体）与将识别事件转换为可测量信号的换能器。不将生物受体固定在换能器上的其他类似检测方法被归类为生物测定。根据所使用的（生物）识别元件或换能系统，（生物）传感器可以分为不同的类型。

不同类型的生物受体，如全细胞、抗体、适体、DNA 序列、酶和合成分子印迹聚合物（molecularly imprinted polymer，MIP），可用于（生物）传感器和（生物）测定，实现复杂样品中目标农药的特异性检测。

考虑到许多杀虫剂旨在防止害虫中的关键酶化过程，已经开发了大量基于酶抑制的杀虫剂生物传感器和生物测定法。例如，基于采用不同策略抑制胆碱酯酶来检测有机磷农药（organophosphorous pesticide，OP）。用于农药检测的不同类型（生物）传感器分为酶和非酶两大类。农药检测的最新进展是开发了低成本、便携、易于使用、对环境条件有抵抗力、用于现场检测农药的传感器。在这方面，具有比色检测的生物传感器是一种理想的选择，目前可用于多种农药。然而，这些生物传感器主要是基于酶的，存在酶方面的一些局限性，包括酶变性和酶活性随时间降低及其所导致的不稳定、寿命短、重现性低，从而限制了生物传感器的实际应用。此外，酶会受到不利环境和样品条件的影响，例如 pH、离子强度、温度和化学品。生物样品中重金属的存在会影响酶的选择性并导致假阳性结果。

在各种类型的识别元件中，与酶相比，具有优异特性的抗体、适体和 MIP 可用于检测多种农药，且不受农药类型的限制。非酶生物传感器可以比基于酶的生物传感器更具选择性和灵敏度。例如，胆碱酯酶的抑制机制用于检测 OPs 组中的各种农药。这种机制无法区分一组不同的目标分子，而可以设计特异性抗体、适体和 MIP，对一类中的每种农药进行灵敏的、特异的检测。此外，通过使用几种特定的抗体、适体或 MIP，可以在一次测定中进行多重检测。非酶农药生物传感器的其他优点是性价比高、稳定性高，尤其是适体和 MIP 的寿命长，即使在环境温度下，它们在储存期间也非常稳定，这是生物传感器商用化的必要因素。

8.1.2 非酶受体

受体是生物传感器的主要组成部分。受体被设计为与特定目标分析物进行反应以产生可由换能器测量的效应。对化学或生物成分复杂的基质中的分析物的高选择性是对生物受体的核心要求。不同类型的生物受体，例如抗体、酶、核酸探针（包括适体）、细胞结构或仿生材料，可用于设计生物传感器。近年来，包括抗体、适体和 MIP 在内的非酶受体已广泛集成到不同类型的（生物）传感器中，用于环境与农药检测。下面重点介绍这些受体的主要特征及其在用于农药检测的光学和电化学生物传感器中的应用。

(1) 抗体

抗体是最常用的生物受体，用于设计各种类型的生物传感器。这些类型的生物传感器被称为免疫传感器。与目标分析物的高亲和力以及特异性结合是抗体的主要特征。免疫球蛋白G(immunoglobulin G，IgG）是广泛使用的抗体类之一。IgG由四条多肽链组成，包括两条相同的较短轻链（VL）和两条相同的较大重链（VH)。抗体根据选择性和合成方法分为多克隆抗体（pAb)、单克隆抗体（mAb）或重组抗体（rAb)。尽管抗体具有明显的优点，但由于它们的物理特性，例如溶解度差、热稳定性低、热诱导聚集和在高温下保持结合亲和力，其应用具有一定的局限性。所开发的包括重组抗体片段Fab、Fv（可变片段）、scFv（单链可变片段）和单域抗体（sdAb，也称为纳米抗体）在内的较小尺寸的衍生抗体分子被用于生物传感器制造。

杀虫剂是常见的半抗原，只有当它附着在蛋白质等大载体上时，才能刺激免疫系统产生抗体。目前，许多商用化抗体可用来检测各种农药组的某些单分子，包括有机磷、有机氯、拟除虫菊酯、氨基甲酸酯、三嗪类农药等。开发用于农药检测的抗体的一个新想法是能够在单次测定中检测多种分析物的单一抗体。这种抗体称为广谱特异性抗体。广谱特异性抗体是由多半抗原或基于一类分子的相似结构合成的通用半抗原产生的。因此，尽管与常规抗体具有相同的检测机制，但它们能够检测一组分子。

(2) 适体

适体是单链DNA(single-stranded DNA，ssDNA）或RNA，长度为10～50个核苷酸，由配体通过指数富集（systematic evolution of ligands by exponential enrichment，SELEX）系统进化产生。它们可以通过适配体的特异折叠三维结构以高亲和力与多种分析物结合。适体可以形成广泛的结构基序，包括发夹、茎、凸起、G-四链体和假结，通过不同的相互作用，如疏水作用、氢键、芳香堆积等识别它们的目标。适体是检测与大分子平行的小分子的恰当的生物受体。与基于抗体的测定相比，基于适体的测定具有同等甚至更好的效率。基于适体的检测已被广泛用于替代毒素检测的免疫化学技术。它们具有多种优势，例如具有高性价比和非动物生产、高温稳定性、易于化学修饰，即使在环境温度下也能长期稳定储存，亲和力和选择性高。可以将适体作为识别元件来设计基于光学和电化学策略的不同类型的生物传感器。选择用于农药检测的适体的最重要因素是与其目标结合的高亲和力和特异性。由于农药的分子量低，适体比抗体更适合设计农药生物传感器。

(3) 分子印迹聚合物（molecularly imprinted polymer，MIP）

MIP是合成聚合物材料，具有特定的结合腔，其形状和功能团与目标分子互补。它们通常被称为合成抗体，因为它们具有高选择性与模拟抗体天然识别特性的能力。MIP具有多种优势，包括合成快速简便、高化学和热稳定性、低制造成本和高特异性。然而，与抗体的结合亲和力相比，它们的特异性和亲和力通常被认为较低。MIP最近被用作选择性吸附剂，用于复杂样品中不同分析物的固相萃取（solid-phase extraction，SPE)。由于具有高选择性，它们也已经用于其他领域，例如生物传感器和生物测定。它们还被用作传感器或SPE中的识别元件或选择性吸附剂，用于检测或纯化农药。

除了生物受体之外，将一个信号转换为另一个信号的换能器或检测器元件是生物传感器的另一个主要组件。生物传感器可根据转导机制进一步分为光学生物传感器、基于质量、温度的生物传感器和电化学生物传感器。其中，光学和电化学生物传感器已被广泛研究用于农药检测。我们将介绍与讨论抗体、适体和MIP作为生物受体的光学和电化学方法。

8.1.3 光学感测方法

光学生物传感器和生物测定的特点是简单、快速和低成本的灵敏性检测方法。它们基于比色、荧光、化学发光、表面等离子体共振（surface plasmon resonance，SPR）或拉曼信号变化策略。在光学方法中，检测原理是目标与识别元件进行特异性结合时其光学特性发生了变化。在此，光被作为检测信号进行测量。下面，我们将主要介绍检测中最常用的光学生物测定，包括比色、荧光、化学发光、面增强拉曼散射（SERS）和免疫色谱测定（ICA）。

(1) 比色法

比色分析已被认为是一种强有力的检测技术。由于其易于读取和肉眼识别，以及便携性可进行快速视觉检测，它们可根据颜色的变化来检测目标分子。比色测定可以根据探针生成的颜色进行分类，包括染料、酶和纳米材料。其中，纳米材料已广泛用于农药残留的非酶法检测。因此，我们将重点介绍纳米材料作为产生比色信号的探针。

用于农药检测的光学生物测定法使用了三种类型的识别元件，包括适体、抗体和 MIP。其中，所开发的大多数比色农药分析是基于适体生物受体的。

为了获得比色信号，广泛应用了金属纳米粒子，例如金纳米粒子（AuNPs）和银纳米粒子（AgNPs）。AuNPs 是一种贵金属纳米粒子，具有独特的化学、电子、催化和光学特性。它们可以很容易地合成不同的尺寸，并且它们的表面可以用各种配体和识别元素进行功能化，从而产生稳定的胶体悬浮液。

对此，Lan 等[1] 设计了一种基于 AuNPs 增强策略的免疫测定法，用于同时测定七种农药，包括三唑磷、甲基对硫磷、甲氰菊酯、克百威、噻虫啉、百菌清和多菌灵。在该方法中，七种抗原被固定在硝酸纤维素膜上。AuNPs 用于抗体标记和信号放大。信号放大是通过在膜上涂覆的金纳米颗粒标记周围所聚集的新的 AuNP 来实现的。检测是基于 Ab-AuNPs 偶联物与固定抗原结合的，此后进行纳米金沉积来增强信号。对于三唑磷、甲基对硫磷、甲氰菊酯、克百威、噻虫啉、百菌清和多菌灵，获得的检测限（LOD）分别为 $6.38\times10^{-5}\mu mol/L$、$2.81\times10^{-3}\mu mol/L$、$3.72\times10^{-4}\mu mol/L$、$2.01\times10^{-2}\mu mol/L$、$62.55\times10^{-2}\mu mol/L$、$1.54\times10^{-3}\mu mol/L$ 和 $2.09\times10^{-4}\mu mol/L$，满足农药残留 MRL 的检测要求。

许多比色生物传感器的原理是将 AuNP 的状态从分散（红色）变为聚集状态（蓝色），反之亦然，这与颜色变化相关。AuNPs 的这一特性用于通过微调适体长度来检测啶虫脒。在该方法中，适体修饰的 AuNPs 被用作感测平台。在存在啶虫脒目标的情况下，适体从 AuNPs 解离并特异性结合到啶虫脒，导致 AuNPs 在加盐时对聚集的稳定性降低。

含有与目标结合的适体结合区外的碱基的长适体仍然可以黏附在 AuNPs 上，这阻止了盐诱导 AuNPs 聚集，而短适体在目标农药存在的情况下与 AuNPs 完全分离［图 8.1(a)］。测定的 LOD 为 $0.4\mu mol/L$。尽管较短的适体提高了检测的灵敏度，但其选择性却降低了，而且较短的适体不会妨碍该方法区分 2,4-二氯苯氧基乙酸和三氟氯苯的能力。

大多数比色分析都使用 AuNP 作为标记，这可能是因为与 AgNP 相比，它们易于合成。然而，AgNPs 具有特定的优势，因为它们的消光系数比 AuNPs 高一百倍，由于光学亮度的差异，导致灵敏度增加和可见度提高。由于这些特征以及与金相比，银的成本更低，因而 Bala 等[2] 开发了一种使用 AgNP 和阳离子六肽的比色适体传感器，用于检测水和食品样品中的马拉硫磷残留。在该测定中，AgNPs 能够与适体和肽相互作用，根据目标马拉硫磷的存在或不存在提供不同的光学响应［图 8.1(b)］。由于马拉硫磷适体和阳离子肽间的静电相互作用，AgNPs 的颜色在没有马拉硫磷的情况下保持黄色，而在存在马拉硫磷的情况下，由于适体与马拉硫磷的特异性结合并使阳离子肽自由聚集颗粒，AgNPs 的颜色变为橙色。结果由紫外-可见分光光度计进行定量测量。适体传感器显示出高灵敏度，LOD 为 $5.00\times10^{-7}\mu mol/L$。与 AuNPs 相比，AgNPs 提供了一个性价比高且简单的检测平台。另一方面，所开发的方法对其他农药以及可能存在于实际样品中的各种其他成分（如氨基酸、金属离子、有机酸和糖）具有高度选择性。

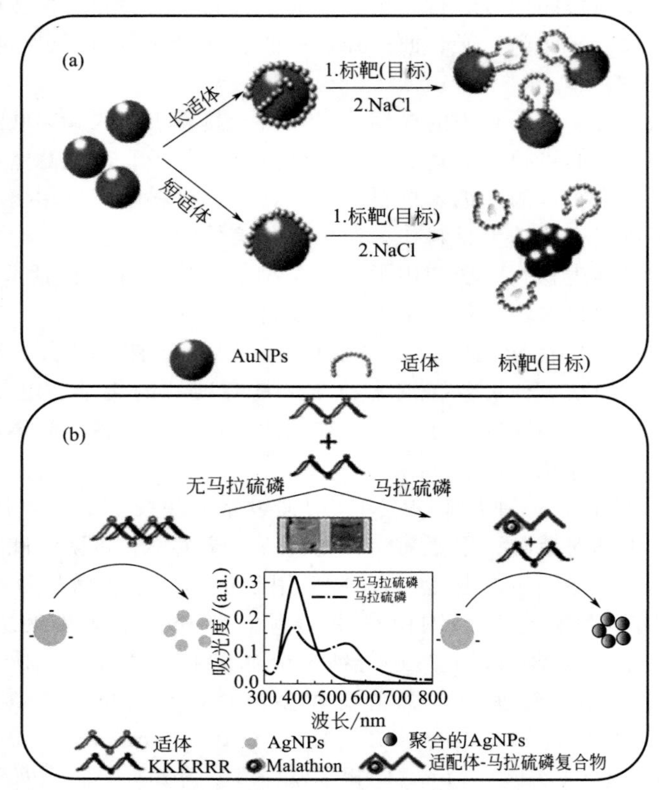

图 8.1 （a）基于适配体包裹的 AuNPs 的比色感测测定[1] 和（b）利用银纳米粒子和阳离子聚合物 KKKRRR 的光学特性来检测马拉硫磷的方法示意图[2]

Wang 等[3] 构建了一个类似的适体传感器，用于检测多菌灵。在该研究中，AuNPs 和阳离子聚合物聚二烯丙基二甲基氯化铵（polymer poly-diallyldimethylammonium chloride，PDDA）分别用于代替先前工作中的 AgNPs 和阳离子肽。测得的 LOD 为 $2.20\times10^{-3}\mu mol/L$，高于之前类似机制的研究。这种差异可能与使用的纳米颗粒类型和 AgNPs 所具有的更高灵敏度有关，因为它们与 AuNPs 相比具有更高的消光系数。该方法简单、快速、定量且价格低廉。而特定适体的使用使其更适合具有高选择性的测定。

MIP 很少用作农药比色检测的识别元件。Ye 等[4] 开发了一种基于 MIP 涂层二氧化硅纳米粒子的比色法，用于检测作为拟除虫菊酯类农药代谢物的 3-苯氧基苯甲醛（3-phenoxybenzaldehyde，3-PBD）。MIP 纳米粒子洗脱 3-PBD 后，3-PBD 通过高锰酸钾还原，导致显著褪色。通过测量高锰酸钾的吸收来获得定量结果。该测定的 LOD 为 $0.26\mu mol/L$，具有高特异性。该方法简单、成本低。然而，通过使用适当的具有氧化酶活性的纳米颗粒或其他氧化剂化合物作为比色试剂并将结果与高锰酸钾进行比较，可进一步提高灵敏度。该方法已成功用于水、饮料等实际样品中 3-PBD 的检测。

（2）荧光法

由于高灵敏度和简单性，荧光方法是广泛应用的感测方法之一。荧光测定主要基于目标分析物介导的荧光增强（“开启”）、荧光淬灭（“关闭”）或“比率”信号。检测信号的任何变化都可以通过荧光分光光度计进行检查并在现场用肉眼观察。不同种类的材料已被广泛用于构建荧光传感平台，包括荧光染料、金属纳米材料、碳纳米材料、半导体纳米材料和稀土材料。下面根据识别元件的类型，讨论三种荧光传感策略，包括抗体辅助方法、基于适体的方法和基于 MIP 的方法。

AuNPs 不仅用于比色方法，而且还是开发荧光检测的良好候选者。与传统染料猝灭剂系统相比，AuNPs 与有机染料间的反应因在猝灭效率和光稳定性方面的许多优势而备受关注。相关染料的荧光猝灭是由于 AuNP 的表面能量得以转移所导致的现象。关于 AuNPs 的猝灭特性，Zhang 等[5] 开发了一种用于检测三唑磷的荧光免疫分析法。AuNPs 被单克隆抗体和 6-羧基荧光素标记的单链 DNA(6-FAM-ssDNA) 修饰。6-FAM 的荧光被 AuNPs 猝灭。样品中固定了的卵清蛋白连接的半抗原与三唑磷发生竞争反应后，在微孔板底部形成半抗原-mAb-AuNPs 复合物。应用二硫苏糖醇（dithiothreitol，DTT）替换复合物上的 6-FAM-SH-ssDNA，并检测到了所释放的荧光信号。荧光强度与三唑磷浓度成反比［图 8.2(a)］。LOD 为 $1.92\times10^{-5}\mu mol/L$，结果与液相色谱-串联质谱（liquid chromatography-tandem mass spectrometry，LC-MS/MS）一样具有良好的相关性。该方法已成功用于检测水和食品样品中的三唑磷。尽管该方法具有高灵敏度和选择性，但它是一种改良的 ELISA，存在一些缺陷，例如洗涤步骤多、检测时间长（2.5h）以及需要专业人员。另一方面，AuNPs 的多重修饰是一个复杂且耗时的过程。

最近，半导体量子点因其独特的特性而被认为是有前途的荧光标记物，包括高量子产率、宽激发波长的窄发射、高发光效率和抗光漂白性。

使用 QD 作为荧光标记，与传统荧光染料相比，可以显著提高检测灵敏度。Liao 等[6] 开发了一种基于 CdSe/ZnS QD 的高灵敏度荧光免疫测定法，用于检测农药三唑磷。在该测定中，卵清蛋白-半抗原和目标三唑磷之间发生竞争反应以结合抗体-量子点。由于使用量子标记代替传统的荧光标记，该测定显示出非常高的灵敏度，LOD 为 $1.62\times10^{-6}\mu mol/L$，比上述方法的灵敏度高十倍。然而，与上述免疫测定法一样，该方法也有多步洗涤、检测时间长（约 3h）和需要专业人员等缺点。与 LC-MS/MS 方法比较表明，基于 QD 的荧光免疫测定是一种可靠的方法。

以适体作为识别元件，基于 CdTe/CdS QD 和聚［N-(3-guanidinopropyl) methacrylamide，N-(3-胍基丙基)甲基丙烯酰胺］阳离子均聚物（PPGMA）的适体传感器被制造用于检测马拉硫磷。由于聚合物的可用性，特定适体和马拉硫磷之间的相互作用导致 QD 的荧光信号关闭，而在不存在马拉硫磷的情况下，聚合物通过静电相互作用与阳离子适体结合，从而防止 QD 猝灭。适体传感器的 LOD 为 $4.00\times10^{-6}\mu mol/L$，用于检测土壤、水和橙子样品中的马拉硫磷。由于使用了适体，与抗体相比降低了生物传感器的成本，因此该测定具有高度灵敏性、选择性和低成本。由于不需要使用 QD 对适体修饰，因此该测定非常耗时。

除了金属纳米粒子，碳纳米材料，如单壁碳纳米管（SWCNTs）、多壁碳纳米管（MWCNTs）和各种修饰的氧化石墨烯（GO）也已被证明是荧光纳米猝灭剂。先前关于猝灭效率的研究表明，与多壁碳纳米管相比，单壁碳纳米管是更有效的荧光猝灭剂。然而，ssDNA 在单壁碳纳米管上的折叠和吸附比在多壁碳纳米管上的折叠和吸附要慢。因此，多壁碳纳米管是构建基于荧光的适体传感器的首选。例如，使用多壁碳纳米管和 G-四链体的无标记适体所开发的传感器可用来检测异卡波磷（isocarbophos）。在该测定中，分裂的异卡波磷适体在其各自的末端连接到 G-四链体基序。在异卡波磷存在下，分裂适体的构象变成了夹层状的三元复合物，这阻止了它们在 MWCNT 上的吸附。因此，G-四链体探针 N-甲基中卟啉 IX(N-methyl mesoporphyrin IX，NMM) 的荧光信号明显增加［图 8.2(b)］。无异卡波磷的情况下，由于 MWCNT 以 ssDNA 的形式吸附了分裂的适体，荧光信号被猝灭。

所开发的适体传感器的 LOD 为 $1.00\times10^{-2}\mu mol/L$。所提出的适体传感器用于测定水果和蔬菜中的异卡波磷。尽管该测定是无标记、灵敏且具有选择性的，但它需要复杂的样品制备步骤，因此难以应用。

迄今为止，已开发出将 QD、上转换纳米粒子（upconversion nanoparticles，UCNPs）或碳点（carbon dot，CD）与 MIP 相结合的荧光探针用于农药检测。尽管量子点有许多优点，但它们具有高毒性。为了克服这一限制，许多研究表明 UCNPs 很有前途，可能是一种有效的解决方案。与传统的荧光探针相比，UCNPs 具有化学稳定性高、透光深度大、寿命长、生物样品无自发荧光、对样品损伤小等诸多优点。UCNPs 是一组独特的掺杂镧系元素的光学纳米材料。它们可以将两个或多个低能光子上转换为一个高能光子。至于 UCNPs 的独特性，开发了一种基于 SiO_2 包覆的 $NaYF_4$：Yb、Er UCNPs 的荧光测定，用 MIP 封装，用于啶虫脒检测。在将 UCNPs@MIP 与啶虫脒结合后，UCNPs@MIP 的荧光由于光诱导电子转移而淬灭。稳定性是荧光探针性能的关键因素。UCNPs@MIP 对啶虫脒的最大吸附在 60min 后获得。在此，UCNPs@MIP 在 60min 内表现出稳定的荧光发射。然而，UCNPs@MIP 的荧光强度在仅 6 天的储存期间相对稳定。经过复杂的样品制备步骤后，具有了高选择性，其 LOD 为 $3.73\times10^{-2}\mu mol/L$，它成功地应用于检测苹果和草莓样品中的啶虫脒。

CD 或碳量子点是一种新型的碳纳米材料，具有吸收光谱广、光稳定性高、多激子产生、荧光强度高、毒性小，在水和一些有机溶剂中溶解度高等优良特性。此外，CD 的发射光谱随不同的激发波长而变化。使用嵌入二氧化硅 MIP 的 CD，开发了一种用于测定噻苯达唑的荧光传感器。MIP 与噻菌灵的混合增加了 CD@SiO_2@MIP 的荧光强度。其 LOD 为 $3.98\times10^{-2}\mu mol/L$，用于测定苹果、橙子和番茄汁中的噻菌灵。该测定的主要优点包括环境友好的 CD 合成、样品制备容易、选择性高、检测平台简单、响应时间短且价格低廉。此外，CD 表面被 MIP 装饰，克服了 CD 荧光探针的选择性差的缺点。这项研究的缺点之一是没有研究 CD@SiO_2@MIP 探针的荧光稳定性。

在另一项研究中，使用 MIP 和基于荧光共振能量转移（fluorescence resonance energy transfer，FRET）的荧光传感器被开发用于乐果检测。在乐果存在下，乐果与标记乐果的 CD 间发生竞争反应，用于将其与染料掺杂的 MIP 结合。在样品中用乐果分子替换 CD 标记的乐果分子后，荧光强度降低［图 8.2(c)］。用基于 FRET 的 CD 测定，使得对噻苯达唑检测灵敏度提高，LOD 低至 $1.83\times10^{-8}\mu mol/L$。非常低的 LOD 表明 FRET 机制对提高基于荧光的检测灵敏度的影响。所开发的传感器显示出了高选择性、短的检测时间和超过 1 周存储的良好稳定性，甚至可以在 1 个月后仍可使用。该方法用于在复杂的样品制备后检测甘蓝、西兰花和黄瓜中的乐果。

在用于农药检测的不同纳米材料中，基于量子点的（生物）传感器显示出更低的 LOD 和更好的性能。然而，基于 QD 的检测存在检测时间长的问题。虽然 CD 具有低毒性、高溶解度和绿色合成潜力等优点，但它们仍然需要针对 QD 存在的 LOD 进行优化，因此使用 CD 的基于 FRET 的检测表现出灵敏度高、检测时间短、存储时间长，稳定性好的特点。

(3) 化学发光法

化学发光法是一种成熟的方法，无需光激发，由于减少或消除了背景信号，信噪比有了显著提高。它是一种极具吸引力的方法，具有操作简单、试剂制备简单、成本效益高、稳定性好、响应快、灵敏度高等优点。

AuNPs 也是开发化学发光检测的一个很好的选择。AuNPs 的形貌对其化学发光催化性能有显著影响。与鲁米诺-H_2O_2 化学发光系统中分散的 AuNPs 相比，聚集性的 AuNPs 显示出更强的催化活性。关于这一特性，开发了一种适体传感器来测定啶虫脒。在存在啶虫脒

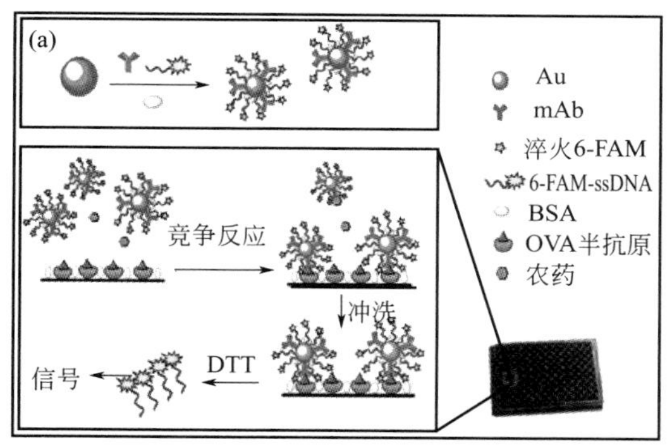

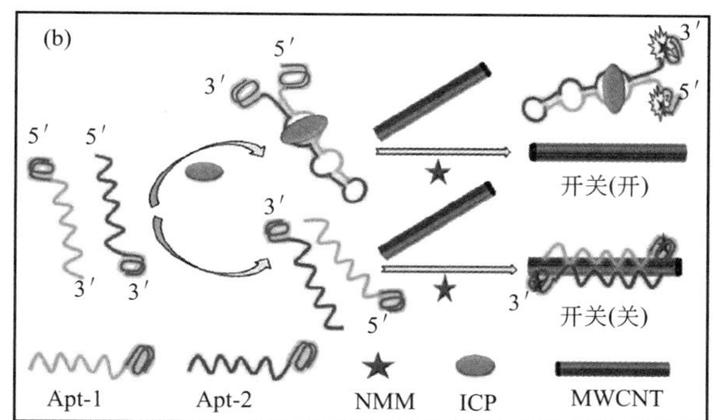

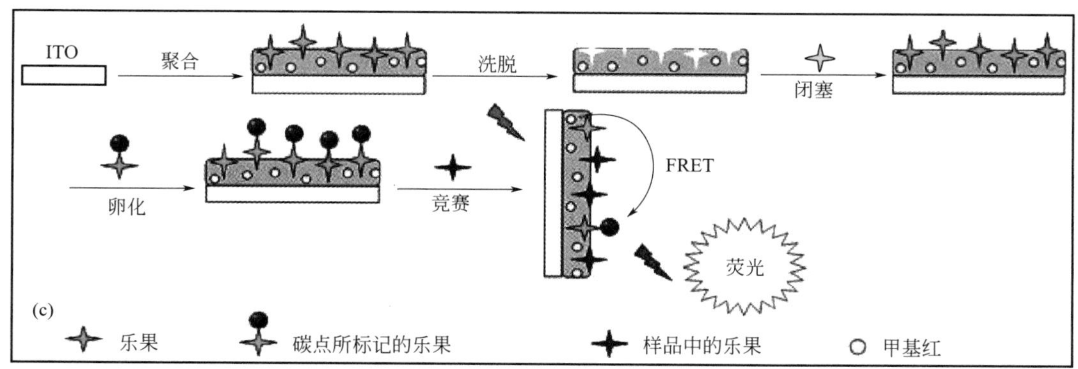

图 8.2　(a) 用于检测农药的基于 AuNPs 的竞争性荧光生物条码免疫分析法[5]；(b) 基于多壁碳纳米管和 G-四链体的荧光异碳磷适体传感器示意图；(c) 用于测定乐果的基于 MIP 的荧光传感器

的情况下，由于缺乏折叠适体的保护，适体与目标 AuNPs 结合并通过盐聚集。因此，在 H_2O_2 存在下，聚集的 AuNPs 将产生化学发光信号。获得的 LOD 为 $6.20\times10^{-5}\mu mol/L$。LOD 比基于适配体的比色法类似平台的低约 100 倍。该测定为啶虫脒的高灵敏度和选择性检测提供了一种无标记、快速和低成本的策略。然而，它由添加溶液和试剂的几个步骤组成，这对于生物传感器或生物测定是不利的。该方法用于在复杂的样品制备步骤后检测土壤、水和黄瓜中的啶虫脒。

近年来，由于结合了纸测定的简单性和传统纸实验室设备的复杂性，微流体纸基分析设备（μPADs）引起了更多的关注。使用纸面 MIP 吸附，开发了一种芯片实验室检测方法来检测敌敌畏。敌敌畏与 MIP 结合导致鲁米诺-H_2O_2 化学发光增强。该测定法用于测定黄瓜和番茄中敌敌畏的含量。所开发的纸基化学发光芯片具有灵敏度高（LOD：$3.62\times10^{-3}\mu mol/L$）、选择性强、成本低、操作简单、结果定量等优点，可用于敌敌畏的检测。这种基于 MIP 的芯片对于农药的现场监测特别有用。

MIP 接枝纸盘用于检测 2,4-二氯苯氧乙酸（2,4-D）。检测法是基于游离的 2,4-D 和标记的 2,4-D 的烟草过氧化物酶（TOP）之间的竞争，以及酶催化的鲁米诺-TOP-H_2O_2 系统的化学发光的 LOD 为 $1.00\times10^{-6}\mu mol/L$。该方法用于测定水样中的 2,4-D。所提出的测定方法简单、成本低、快速、便携且选择性高。

(4) 面增强拉曼散射法

面增强拉曼散射（surface enhanced Raman scattering，SERS）是一种通过吸附在粗糙金属表面上的分子或通过通常由金或银制成的纳米级粗糙金属表面来增强拉曼散射的技术。该技术可以通过收集分子振动来确定不同分子种类的化学含量。识别能力是基于分子振动指纹的。SERS 法是一种高灵敏度和无损分析，所需的样品制备最少。在过去的几十年中，SERS 法已被用于农药检测。

Zhang 等[7] 开发了一种基于自组装桥物质的 SERS 免疫测定方法，用于检测有机氯农药。吸收到金属纳米颗粒上的“桥”物质起着桥梁作用，它将分析物结合起来并显示出可识别的拉曼光谱。在此，桥物质像 AgNPs 一样被吸附在花的表面。有机氯农药分子与抗体偶联的 AgNPs 相结合以转移能量，并激发一定的拉曼效应。

为了减少复杂食物基质中干扰化合物的影响，开发了腈介导的适体传感器用于检测啶虫脒[8]。在此，含有 C≡N 键的 4-(巯基甲基)苄腈（MMBN）用作拉曼标签。与聚腺嘌呤(polyA）介导的适体和拉曼标签（MMBN-AuNPs-适体）结合的 AuNPs 用作拉曼探针，而与 AgNPs 修饰的硅晶片（AgNPs@Si）缀合互补的 DNA(cDNA）用作 SERS 基底［图 8.3(a)］。当啶虫脒与适体结合时，阻止了 MMBN-AuNPs-aptamer-cDNA-AgNPs@Si 杂化物形成，并且 MMBN 在 Au-AgNPs@Si 中的拉曼信号强度降低。LOD 为 $6.80\times10^{-3}\mu mol/L$ 的适体传感器用于测定苹果汁样品中的啶虫脒。尽管该测定具有足够的灵敏度和选择性，但该方法的主要缺点是在检测乙醚时操作复杂。此外，它在储存期间（1～2 周）稳定性低。

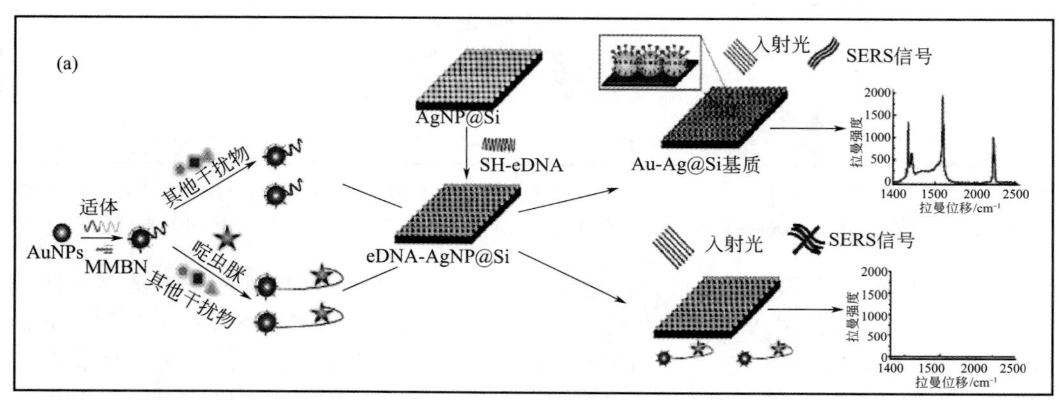

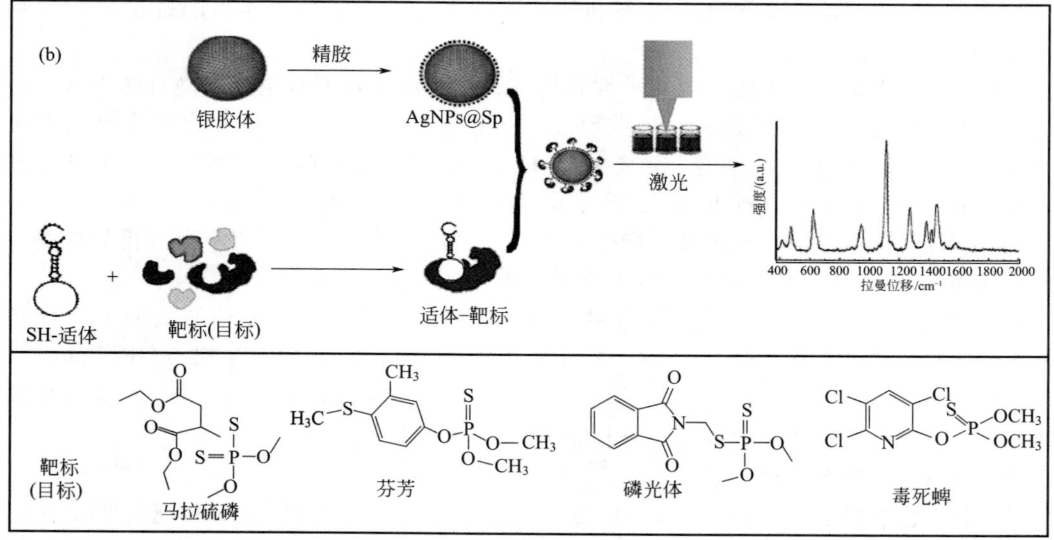

图 8.3 (a) 适体传感器的发展过程及啶虫脒检测机制示意图[8] 和
(b) 用于检测马拉硫磷的基于无标记适体的 SERS 生物传感器[9]

此外，Nie 等[9] 开发了一种基于 AgNPs 的无标记适体传感器，用于检测马拉硫磷。用带正电荷的精胺修饰 AgNPs，将其用作增强和捕获试剂，用于用带负电荷的适体进行功能化［图 8.3(b)］。记录精胺、适体和马拉硫磷的 SERS 背景光谱，并与适体捕获的马拉硫磷光谱进行区分。适体传感器用于测定水样中的马拉硫磷。无标记适体的使用提高了基于 SERS 测定的选择性。因此，所提出的方法显示出高的特异性。

（5）免疫层析测定法

免疫层析测定（immunochromatographic assay，ICA）或侧向流测定（lateral flow assay，LFA）是快速、简单、低成本和即时的检测，可检测诸如毒素、病原体、兽药、重金属和杀虫剂等各种分析物。

一个简单的 LFA 条由样品垫、结合垫、硝酸纤维素膜和吸收垫组成。测试（T）和控制 I 线喷在硝化纤维素膜上。LFA 中常用的两种主要格式包括夹心格式和竞争格式。夹心格式用于检测具有高分子量和多个表位（例如病原体）的分析物，而竞争格式适用于具有单一抗原表位的低分子量分子，例如霉菌毒素和杀虫剂。包括有色和荧光标记在内的不同种类的标记可用于检测信号。典型的有色纳米粒子包括 AuNP、AgNP、乳胶和碳纳米粒子。其中，AuNP 是使用最广泛的标记。

Li 等[10] 开发了一种 LFA 试纸，用于测定水中的百草枯。百草枯单克隆抗体用 AuNPs 标记。将半抗原-OVA 偶联物和山羊抗小鼠 IgG 分别喷洒在 T 线和 C 线上。该测定是定性的，可见的 LOD 为 $1.07\times10^{-3}\mu mol/L$。ICA 方法在水样中给予了评估。所开发的 ICA 为检测百草枯残留提供了一种可靠、快速、便携和高通量的方法。结果在 5～10min 内获得。此条带在 4℃下储存 4 个月，存储期间非常稳定。

为了提供 ICA 的定量检测性能，Zhang 等[11] 开发了一种时间分辨的荧光 ICA（time-resolved fluorescent ICA，TRFICA），使用铕微珠检测农产品中的呋喃丹残留。在该测定中，使用了两种免疫探针，包括用于 T 线信号的与铕微珠缀合的呋喃丹以及用于 C 线信号的与铕微珠缀合的小鼠 IgG［图 8.4(a)］。呋喃丹浓度和 T/C 之间的定量关系用于确定目标分子浓度。双标记 TRFICA 减少了来自样品基质的背景信号。新的 ICA 方法是一种快速（检测时间为 10min）、可靠、便携和定量的测定方法。此外，它所需样品的制备简单。

Li 等[12] 开发了一种基于 SERS 的 ICA，用于同时检测两种拟除虫菊酯农药氯氰菊酯和艾菊酯，在该测定中，抗体偶联的 AuNP 作为 SERS 底物，而 AuNP 上所标记的荧光标签用作对 SERS 的拉曼信号的输出。将拉曼输出信号标记的 AuNP 喷洒在 ICA 条中的 T 线上，并且设计了两条 T 线用于检测两种农药。ICA 与 SERS 方法的结合显著提高了检测限，对氯氰菊酯和艾菊酯检测，其 LOD 分别为 $5.52\times10^{-7}\mu mol/L$ 和 $6.19\times10^{-8}\mu mol/L$。该方法在双农药检测中显示出高灵敏度、可靠性、检测时间短（约 15min）和重现性的特性。然而，为了收集拉曼光谱并获得定量结果，SERS-ICA 方法需要并非随处可用的拉曼微型光谱仪系统。

提高 ICA 灵敏度的一种方法是改变信号标记。除了 AuNP 作为常见的标记外，其他类型的标记也被用于增加检测信号。Cheng 等[13] 使用二维 $Pt\text{-}Ni(OH)_2$ 纳米片（NSs）在双向 ICA 中同时检测乙草胺和甲氰菊酯。由于 $Pt\text{-}Ni(OH)_2$ NSs 具有高过氧化物酶样活性和良好的 LOD（乙草胺和甲氰菊酯分别为 $2.34\times10^{-3}\mu mol/L$ 和 $6.87\times10^{-4}\mu mol/L$），因此被用作增强的信号标记。使用智能手机进行便携式检测［图 8.4(b)］。该测定法用于检测农产品中的乙草胺和甲氰菊酯。该平台可用于农药的快速（检测时间为 13min）、现场、多重和灵敏检测，具有高特异性。使用不同溶剂进行复杂的样品制备是这种方法的一个缺点。另一方面，使用 TMB 底物放大检测信号的额外步骤降低了该方法的用户友好性。

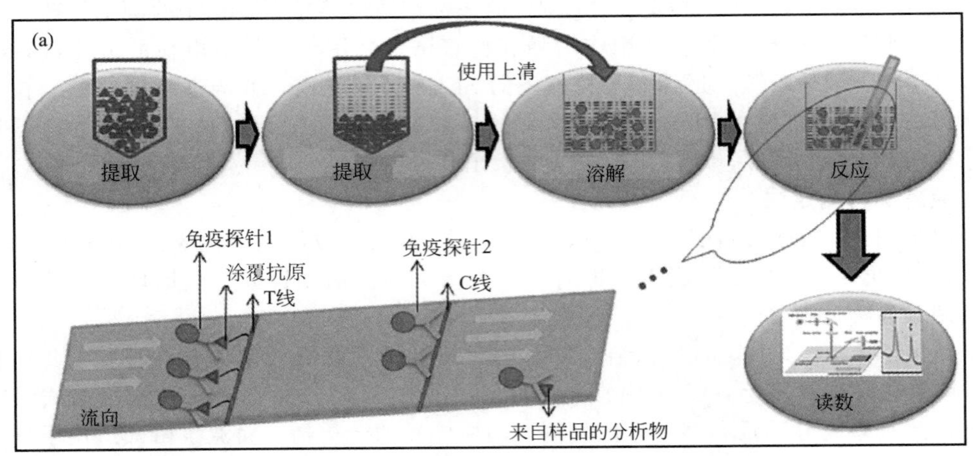

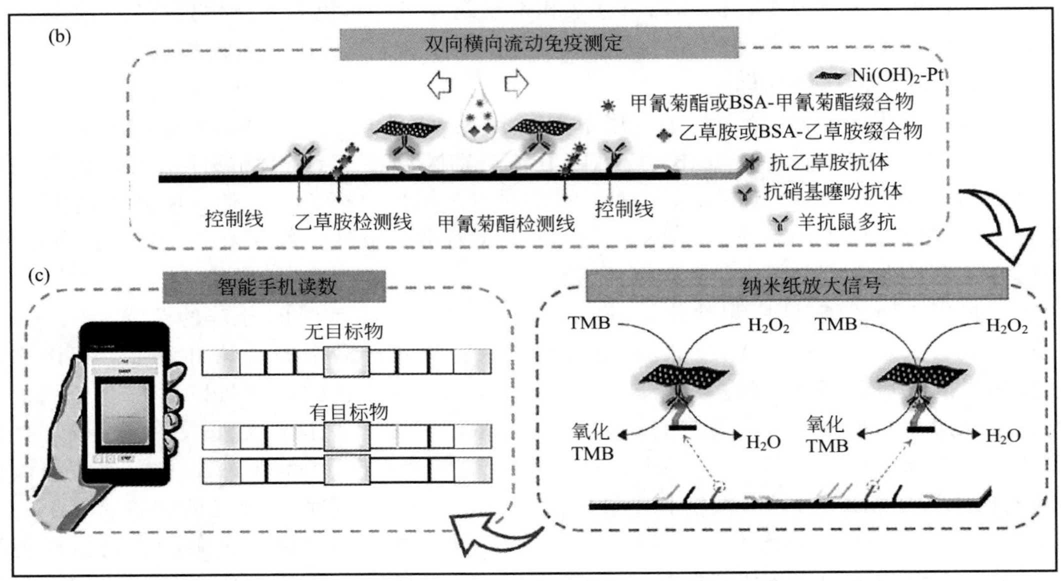

图 8.4 (a) 呋喃丹残留定量检测的双标记时间分辨荧光条示意图[11]；(b) 用于检测乙草胺和甲氰菊酯的双向 ICA[13]；(c) 基于荧光团-淬灭剂纳米对和智能手机光谱阅读器的适体传感器，用于现场测定多种农药[14]

抗体是开发 ICA 条带最常见的识别元件。然而，对于分析物的多重检测，适配体将是较为合适的选择。Cheng 等[14] 开发了一种基于荧光团-淬灭剂纳米对的适体传感器，用于同时检测三种农药毒死蜱、二嗪农和马拉硫磷［图 8.4(c)］。在此研究中，量子点纳米珠和金纳米星（AuNS）分别用作荧光团和淬灭剂。三个生物素化的互补序列与链霉亲和素连接，然后与 QDs-BSA 偶联物混合并固定在硝酸纤维素膜的三个 T 线上。三种特定的适体与 AuNS 偶联。在目标农药存在的情况下，适体-AuNS 探针与农药结合，没有游离适体与 T 系中的互补序列杂交。因此，量子点的荧光在 T 线上变得可见。在没有目标农药的情况下，游离适体-AuNS 探针被 T 线上的互补序列捕获，线上所积累的 AuNS 使荧光淬灭。毒死蜱、二嗪农和马拉硫磷的 LOD 分别为 $2.08\times10^{-3}\mu mol/L$、$2.20\times10^{-2}\mu mol/L$ 和 $2.24\times10^{-3}\mu mol/L$。该测定用于检测农产品中的农药。这种多路复用的便携式平台可用于农药的现场定量检测，具有高选择性和灵敏度。智能手机光谱阅读器用于分析试纸，使系统高度便携且易于访问。然而，这种使用适体作为识别元件的方法的主要缺点是在应用于条带之前，AuNSs-适体探针和目标溶液要孵育较长时间（40min）。

8.1.4　电化学感测

电化学生物传感器是应用广泛的生物传感器之一，也是农药残留检测最常用的设备，它能被设计为小型化和便携化。在电化学生物传感器中，通过电化学反应或免疫反应产生换能器的输出电位、电流、电导或阻抗等电信号。电化学生物传感器根据信号特性主要可分为三类：电流、电位和阻抗生物传感器。

通过对电化学免疫传感器的研究，已经实现了对农药的检测。通常，丝网印刷碳电极（screen printed carbon electrode，SPCE）是使用最广泛的小尺寸电化学平台，主要由参比电极、工作电极和对电极构成。碳工作电极可以很容易地通过金属、双金属纳米粒子（例如 Au、Ag、Ni 和 Cu）和碳纳米材料（例如 CNT、GO）等纳米结构进行修饰，以提供电活性表面并催化氧化还原反应。在不同种类的纳米结构中，AuNP 是应用最广泛的纳米材料，因为它提高了识别元素的固定效率，并加速了生物材料与电极之间的电子转移。

Mercader 等[15] 开发了一种基于 AuNP 修饰的 SPCE 的直接竞争性免疫传感器，用于测定吡虫啉［图 8.5(a)］。在此，特定的单克隆抗体被固定在 AuNP-SPCE 表面。样品中游离的吡虫啉与辣根过氧化物（horseradish peroxidase，HRP）酶标记的吡虫啉及固定抗体发生竞争反应。在与 HRP 标记的吡虫啉结合，并通过 HRP 酶氧化 3,3′,5,5′-四甲基联苯胺（tetramethylbenzidine，TMB）底物后，被氧化的 TMB 还原回 SPCE 表面。催化电流（分析信号）与吡虫啉浓度成反比。其 LOD 为 $2.20\times10^{-5}\mu mol/L$。该测定显示出了灵敏度高、选择性好、抗体修饰电极的稳定期长（长达一个月）、重复性好、检测时间短、精密度和准确度好。该免疫传感器用于检测自来水和西瓜中低基质效应的吡虫啉。然而，将番茄样品作为更复杂的基质进行分析需要标准添加测试来确定基质效应。因此，这种免疫传感器是一种理想的吡虫啉快速现场检测设备，如果它可以优化用于分析复杂的食品基质，则可以通过便携式电化学仪器进行电化学测量。

在另一种电化学免疫传感器中，由于石墨烯的独特特性，如高表面积体积比、超高电荷迁移率和优异的目标结合特性，SPCE 被石墨烯修饰，从而提高了灵敏度。所修饰的 SPCE 被 2-氨基苄胺（2-ABA）功能化，然后与反硫磷抗体进行生物交互。硫磷在 SPCE 表面与特定抗体结合改变了介电层的特性，从而限制了跨氧化还原探针与电极表面的电荷转移。因此，R_{ct} 与硫磷量的增加成正比。具有 $1.97\times10^{-7}\mu mol/L$ 的低 LOD 的免疫传感器检测番茄和胡萝卜样品中的对硫磷。该免疫传感器显示出高选择性、出色的重现性、抗体修饰电极的长期稳定性（在 4℃下储存 50 天）、相当好的再生效率（最多 5 个回收步骤）和检测时间短（10min）。与之前的其他传感器相比，该免疫传感器更简便，因为缺少过氧化物酶反应的额外步骤，可用于更复杂的食品基质。

Mehta 等[16] 采用石墨烯 QD(graphene QD，GQD）来修改 SPCE，以此开发了电化学阻抗谱（electrochemical impedance spectroscopy，EIS）免疫传感器，用于测定对硫磷。由于与石墨烯的结构相似，GQD 可以同时作为优秀的电子受体和供体。GQD 具有独特的性质，例如低毒性、高溶解性和稳定性，以及优异的导电性和导热性。GQD 修饰的 SPCE 被 2-ABA 功能化以固定抗硫磷抗体（anti-parathion antibody）［图 8.5(b)］。由于使用 GQD 代替石墨烯，与之前的对硫磷生物传感器相比，免疫传感器显示出更低的 LOD($1.58\times10^{-7}\mu mol/L$)，所开发的免疫传感器的其他优点包括高特异性、高重现性、检测时间短(15min)、长期稳定性（在 4℃下储存长达 60 天）和良好的再生效率（高达 5 个回收步骤)。

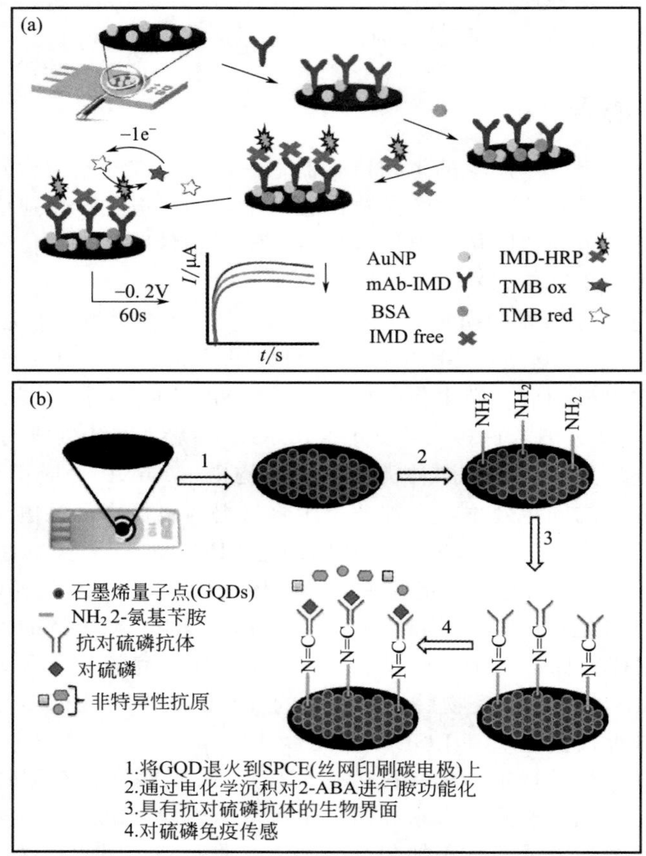

图 8.5　(a) AuNP-SPCE 上的吡虫啉直接竞争的免疫传感器检测示意图[15]；(b) 被 GQD 修饰的丝网印刷免疫传感器，用于检测对硫磷[16]

纳米复合材料可用于修饰电极并增强电化学（生物）传感器的感测性能。它们可以由两种或多种纳米材料组合制成。Xu 等[17] 使用由氧化铜纳米花（copper oxide nanoflower，CuO NFs）和羧基功能化的单壁碳纳米管（carboxyl-functionalized SWCNT，c-SWCNT）组成的纳米复合材料涂覆的玻璃碳电极（glassy carbon electrode，GCE）检测毒死蜱。由于其 3D 纳米结构，CuO NFs 扩大了电极的表面积［图 8.6(a)］。此外，它成本低且机械稳定。另一方面，碳纳米管显示出优异的力学性能、优异的生物相容性和电学特性，可增加电子转移和放大检测信号。c-SWCNT 能够固定胺化核酸探针，该探针可以与特定适体杂交。亚甲蓝（methylene blue，MB），作为 DNA 杂交的氧化还原指示剂，可与核酸链（适体和核酸）结合。在毒死蜱存在下，适体-毒死蜱复合物导致适体域中与鸟嘌呤碱基结合的 MB 数量减少。因此，适体与半双工分离，导致 MB 从传感界面逃逸并降低差分脉冲伏安（differential pulse voltammetry，DPV）峰值电流。该适体传感器的 LOD 为 $2.00\times10^{-4}\mu mol/L$，用于检测苹果、芹菜和卷心菜样品中的毒死蜱。该适体传感器表现出高选择性和优异的重复性。此外，所制造的电极可以通过尿素再生以继续应用。然而，在用尿素处理电极后，它应该再次用适体和随后的 MB 进行功能化，这需要至少 90min 和若干洗涤步骤。该适体传感器的另一个缺点是适体和毒死蜱的孵育时间长（2h），这延长了检测时间。

混合聚合物-碳纳米管复合材料的应用导致电极结构具有增强电活性表面积和导电性的性能。一种基于羧化多壁碳纳米管（carboxylated multi-walled carbon nanotube，c-MWCNT）的

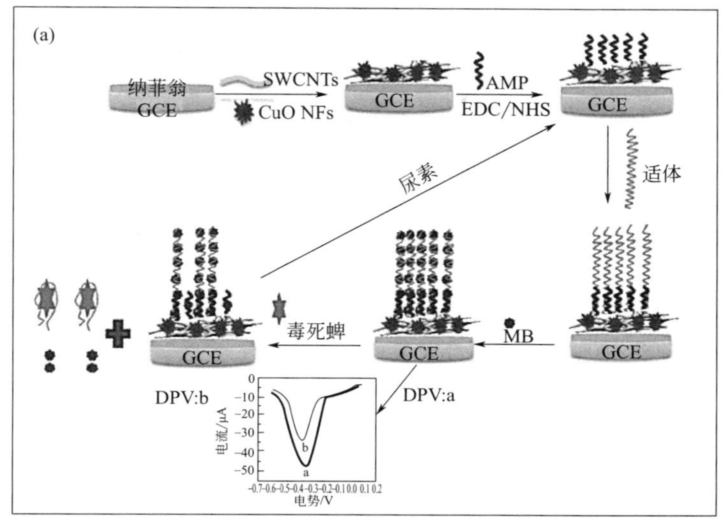

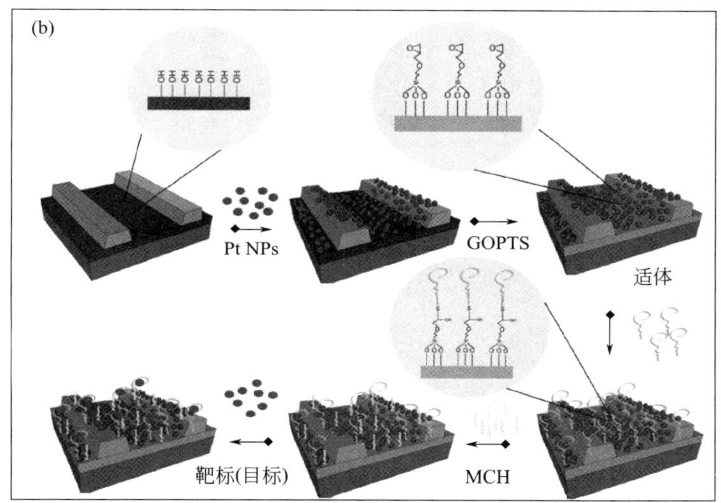

图 8.6 (a) 用于检测毒死蜱的电化学适体传感器示意图[17]；
(b) 基于 PtNPs 的阻抗法适体传感器，用于同时检测啶虫脒和莠去津[18]

嵌入导电聚合物聚 3,4 乙撑二氧噻吩（polymer poly-3,4 ethylenedioxythiophene，PEDOT）的适体传感器被开发，用于测定马拉硫磷，具有有序和明确化学结构的 PEDOT 显示出优异的导电性和稳定性。掺有 CNT 的 PEDOT 保持了两种组分的生物相容性并增加了长期稳定性。为了构建这种适体传感器，PEDOT/cMWCNTs 被电聚合在氟化锡氧化物（fluoride tin oxide，FTO）片上。然后，氨基化适体分子通过共价键连接到 PEDOT/cMWCNTs/FTO 表面。添加马拉硫磷后，马拉硫磷-适配体复合物的形成使其电极电流与马拉硫磷浓度成反比。由于 PEDOT/cMWCNTs 的优异导电性，可获得非常低的 LOD。该适体传感器显示出比 HPLC 法更高的灵敏度（LOD：$8.4\times10^{-6}\mu mol/L$），其他优点包括选择性高、修饰电极和分析物的孵育时间短（8min）、11min 内的再生能力、良好的重现性和修饰电极的长期稳定性（4℃下 30～40 天）。适体传感器用于检测生菜样品中的马拉硫磷。

使用铂纳米颗粒（platinum nanoparticle，PtNPs）2D 薄膜，Madianos 等[18] 开发了一

种用于同时检测啶虫脒和莠去津的阻抗法适配酶［图 8.6(b)］。在此工作中，PtNPs 薄膜沉积在 SiO_2 基板的顶部，该基板此前已进行了交叉电极图案化。两种对目标农药具有特异性的独特适体固定在修饰的电极表面上。适体-目标复合物的形成导致了适体传感器阻抗的变化，这归因于通过 PtNP 膜的电荷遇到了传输障碍。啶虫脒和莠去津的 LOD 分别为 $6.00\times10^{-6}\mu mol/L$ 和 $4.00\times10^{-5}\mu mol/L$。所开发的适体传感器无标记、灵敏度和选择性高，适用于多重分析。它在 4℃下储存，期间表现出高稳定性（7 周）。然而，适体传感器的性能并未在实际样品中进行评估。这种适体传感器的另一个缺点是孵育时间长（60min）。

钼基纳米材料，如二硫化钼、硼化物、二硒化物和碳化物（Mo_2C）等，由于其储量丰富、导电性好、催化能力好等优点，成为电极修饰剂的研究热点。Mo_2C 是电化学领域应用最广泛的过渡金属基材料之一。Feng 等[19] 开发了一种基于氮和硫掺杂的空心 Mo_2C/C 球体（N,S-Mo_2C）和 MIP 的电化学传感器，用于测定多菌灵。在玻璃碳电极（glassy carbon electrode，GCE）表面沉积 N,S-Mo_2C 后，通过电聚合在 N,S-Mo_2C 表面原位构建 MIP 膜，其 LOD 为 $6.70\times10^{-7}\mu mol/L$。该传感器具有高灵敏度和选择性、较短的孵育时间(6min)、出色的重复性、良好的重现性、相当好的稳定性（15 天）。MIP 的使用提供了一个低成本的检测平台。该传感器可用于检测水果和蔬菜样品中的多菌灵残留。

比率法可以通过引入内部参考信号来提供内置校准。这显著减少了由个人或环境因素引起的无法控制的内在影响，并提出了更有效和可靠的结果。Zhang 等[20] 开发了一种与 MIP 耦合的信号开关比率电化学传感器，用于检测吡虫啉。在此，AuNPs 首先被沉积在 GCE 上，然后将 6-(二茂铁基)己硫醇（ferrocenyl hexanethiol，FcHT）自组装作为内部参考，接着进行 MIP 沉积。吡虫啉与 MIP 的结合导致 FcHT 的电流值降低［图 8.7(a)］。其 LOD 为 $4.70\times10^{-2}\mu mol/L$。该传感器具有高选择性、令人满意的灵敏度、短孵育时间（10min）和良好的重现性，然而，它受到短期稳定性的影响（在 4℃下最多 12 天）。该方法用于水果样品中吡虫啉的测定。

Amatatongchai 等[21] 设计了一种基于 3D MIP 涂层碳纳米管（3D-CNTs@MIP）的新型电流传感器，用于测定洛非磷。使用 CNT 将纳米结构引入压印位点，这显示出几个优势，例如特定选择性表面积的显著增加，出现大量压印位点和改善选择性、灵敏度和电子传输，同时提供简单的合成和低成本。为了合成 3D-CNTs@MIP，羧化 CNTs 的表面被 SiO_2 和乙烯基端基包覆。然后，MIPs 接枝到 CNTs 上并作为外壳，所构建的 3D-CNTs@MIP 被用于涂覆 GCE［图 8.7(b)］。LOD 为 $2.00\times10^{-3}\mu mol/L$ 的传感器成功应用于蔬菜样品中丙溴磷的检测。

随着抗体、适配体、MIP 等高亲和力识别元件的出现，为开发多种能够克服酶基生物传感器局限性的高性能非酶生物传感器提供了可能。与基于酶的生物传感器相比，非酶生物传感器可以量化复杂环境和食品基质中的农药残留，且对环境条件具有高稳定性。根据前面的讨论，两种类型的光学和电化学生物传感器都显示出良好的农药测定的灵敏性。然而，由于简化和可视化设计，光学检测更适合现场应用。这种特性在基于 ICA 的光学方法的情况下尤其如此，这些方法易于使用并且无需特殊工具即可轻松观察检测信号。抗体是 ICA 方法中使用最广泛的农药检测识别元件，并且有可能使用其他识别元件，包括 MIP 和适体。另一方面，在其他光学检测中，适配体和 MIP 比抗体被更广泛地使用。在已开发的用于农药检测的光学分析中，荧光分析的 LOD 最低。与光学测定相比，电化学（生物）传感器显示出较低的农药检测 LOD。然而，电化学策略比光学方法更复杂，需要特殊的工具来读取结果，事实上，它们并不适合现场检测。与纸基光学方法（例如 ICA）一样，将电化学策略集成到纸基分析设备中可以简单化与小型化，并进一步促进设备的商业化。

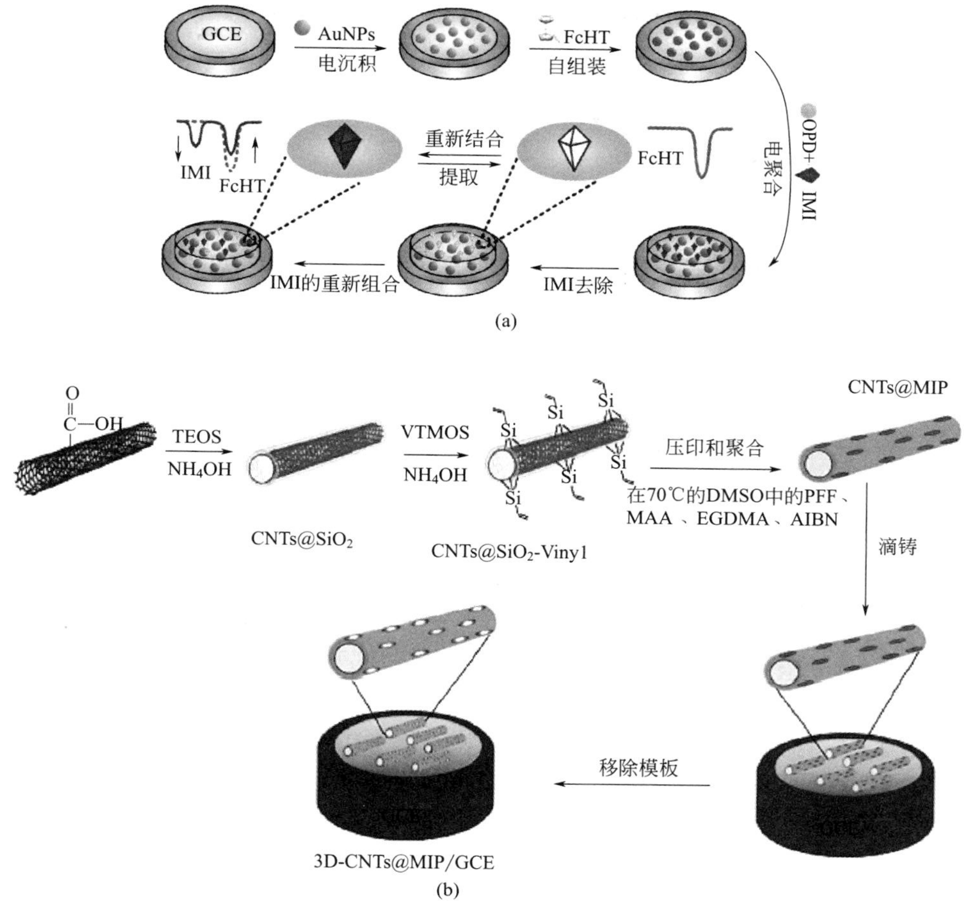

图 8.7　(a) 用于吡虫啉检测的与分子印迹聚合物耦合的信号开关比率电化学传感器[20]
和 (b) 用于电化学测定丙磺磷的三维 MIP 涂层碳纳米管的制备步骤[21]

光学和电化学传感器的稳定性、准确性、灵敏度和选择性可以通过多种策略来提高，包括：①利用对目标分子具有优异检测能力的识别元件，保证了检测的灵敏度、选择性甚至稳定性。例如，适体可以选择性地结合分析物，其亲和力常数和稳定性与抗体相当。用于农药检测的适体传感器最近获得了极大的关注，因为它们比抗体具有优势，例如低成本、批次间差异小和再生能力，从而允许制造可重复使用的传感器。它们是开发具有高灵敏度和选择性的（生物）传感器的理想选择。另外，具有高选择性、物理和热稳定性以及低制造成本的 MIPs 近年来在荧光（生物）传感器中受到了广泛关注。②新型纳米材料作为信号报告剂、电极修饰改性剂和催化剂的应用。如今，金属纳米颗粒和碳基纳米材料是比色法和电化学方法中最常用的纳米材料。另外，量子点是荧光分析中最常见的纳米粒子。为了进一步推动基于纳米材料（生物）传感器的发展，必须努力获得更可持续、经济和稳定的纳米材料。在这方面，具有独特孔隙率、可控架构设计、稳定性和多功能性的金属有机框架（MOF）等纳米材料在某些应用中可以很好地替代石墨烯和 GO。双金属纳米粒子现在受到广泛关注，因为它们通过在一个粒子中混合两种金属提供了改变粒子特性的新自由度。它们可以提高（生物）传感器的灵敏度和选择性。它们通常比相应的单金属颗粒表现出更有趣的催化、电子和光学特性。

8.2 基于DNA的无标记电化学生物传感器

作为生物遗传的基础材料，DNA是遗传信息的载体，在控制许多生物过程中起着重要作用。更重要的是，DNA已成为构建生物传感器的重要材料或模组。近年来，基于DNA的电化学生物传感器发展迅速。特定DNA碱基序列与其互补链的杂交是大多数DNA生物传感器的基础。此外，包括DNA适体和DNA酶的功能性DNA也可用于构建具有高选择性的DNA生物传感器。DNA适体是单链核酸或肽分子，由配体外系统通过指数富集（exponential enrichment，SELEX）选择进化。DNA适体以高选择性与亲和力和某目标（靶标）结合，这将被用作构建DNA生物传感器的生物识别元件。另一种功能性DNA是DNA酶，它们是由SELEX选择的基于DNA的酶分子，具有催化和生物反应的能力。与自然酶相比，DNA酶更稳定，可进行一次以上的变性和复性，而不失其对底物的催化活性。例如G-四链体/血红素DNA酶与依赖金属离子的DNA酶已被广泛用作信号放大器或催化单元，用于高灵敏度的无酶检测以检测生物分子。

8.2.1 基于DNA的无标记电化学生物传感器的概要

基于DNA的电化学生物传感器将电分析方法的灵敏性与DNA的生物成分所固有的生物选择性相结合，使其具有了简单、响应快、相对成本低、灵敏度高、小型化以及低功耗和体积适中的优点，已开发出了用于检测包括核酸（例如DNA和RNA）靶标和非核酸靶标在内的不同生物分子。核酸靶标的检测主要取决于基于Watson-Crick碱基配对的双螺旋结构的形成，而相应的适体通常用于识别具有高亲和力和特异性的非DNA靶标。

然而，传统的基于DNA的电化学生物传感器通常需要将电活性分子或纳米材料标记作为信号的读出元件，这增加了复杂性并将影响生物分子的活性。此外，贴标签过程费时费力，并且用电化学信号分子标记合成DNA的成本非常高。另外，一个氧化还原标记（例如二茂铁和亚甲基蓝）通常被标记到一个生物分子上，这导致了电化学信号变小并降低了生物的亲和力。如今，对高效且便携的即时护理（point-of-care，POC）测试的需求不断增加，这对传统的基于DNA的电化学生物传感器提出了新的挑战。因此，无标记策略代表了制造基于DNA的生物分子分析电化学传感器的新趋势。

基于DNA的无标记电化学生物传感器是基于目标核酸分子固有的电活性或与杂交反应相关的电化学信号变化的检测而开发的，其中，DNA探针或目标分析物上没有电活性分子标记。在基于DNA的电化学生物传感器的开发早期，无标记策略主要依赖于DNA碱基所固有的氧化还原活性，特别是使用鸟嘌呤电化学氧化信号。事实证明，鸟嘌呤（G）和腺嘌呤（A）可在比胸腺嘧啶（T）和胞嘧啶（C）浓度低得多的正电势下进行氧化。例如，使用汞滴电极上的鸟嘌呤直接氧化所实现的最早的DNA检测。以此为契机的一系列研究工作，为开发无标记DNA电化学生物传感器奠定了基础。此外，基于鸟嘌呤靶所固有氧化还原特性也开发了若干种无标记的电化学方法，用于检测DNA杂交。

近年来，应用电化学活性分子来构建基于DNA的无标记生物传感器的方法得到了快速发展。实际上，电化学活性分子在普通的无标记生物传感器中表现出三种状态，包括直接添加到溶液中，在电极表面进行修饰以及通过静电反应或嵌入来与DNA探针结合。为了获得高灵敏度，电极经常用高性能功能材料进行修饰，使电极具有了独特性，例如强吸附力、大表面积比、良好的生物相容性和高电导率。迄今，已经进行了一系列研究来制备用于无标记电化学检测的修饰电极。

Gooding 等[22] 提出了用于电极修饰的自组装单层（SAM）技术，以进行界面分子控制。在金电极上使用硫醇连接的 DNA 探针的 SAM，可以最大限度地减少非特异性 DNA 或指示剂分子的不良吸附。将 DNA 氧化还原嵌入剂与 DNA 上的 SAM 在金电极上结合，通过双链 DNA（dsDNA）实现了直接电荷传输，以此来检测碱基对错配。

Dharuman 和 Hahn[23-24] 揭示了在 HS-ssDNA/稀释剂的二元和三元混合单层中的短链烷烃稀释剂可以控制非特异性 DNA-Au 的反应，并控制在 dsDNA 特异性嵌入剂存在的情况下无标记电化学生物传感器的 DNA 杂交识别效率。另外，已经开发出的信号放大策略进一步提高无标记电化学生物传感的灵敏度，例如基于工具酶的等温扩增、基于 DNA 链置换反应的无酶放大，基于纳米材料的信号放大等。值得注意的是，除了单模信号放大之外，还设计了双信号甚至三重信号放大策略来提高灵敏度。

聚合酶链反应（polymerase chain reaction，PCR）是用于核酸的灵敏检测与定量的传统且基本的技术，对分子诊断具有至关重要的意义。PCR 技术已从凝胶电泳的终点分析逐渐发展为实时荧光定量 PCR（quantitative PCR，qPCR）和数字 PCR（digital PCR，dPCR），其结果已从最初的定性分析分别扩展到相对定量和绝对定量分析。随着基因工程的发展，新一代测序（next-generation sequencing，NGS）技术已经出现，可以为各种生命科学提供可靠、准确的基因组序列信息，包括 DNA/RNA 测序、表观遗传学与宏基因组学等。当前，许多 NGS 仪器已得到应用，例如离子洪流个人基因组机（personal genome machine，PGM）。基于采用释放氢离子（以及焦磷酸）来检测掺入到延伸 DNA 中的 dNTP，NGS 可以快速有效地表征大量的序列数据。尽管基于 PCR 和 NGS 的两种标准技术在核酸分析和测序方面做出了巨大贡献，但基于 DNA 的无标记电化学生物传感器仍具有可设计性、操作便捷和成本低廉的优点，因此它不仅被广泛用于核酸分析，而且被用于蛋白质、酶、小生物分子甚至细胞或组织检测。表 8.1 比较了这三种技术优点。

表 8.1　PCR、NGS、基于 DNA 的无标记电化学生物传感器技术的比较

策略	分析物	动态范围	检测限	选择性	结果时间	标记	文献
基于 DNA 的无标记电化学生物传感器技术							
AgDNCs@DNA/AgNCs 与 λ-Exo 辅助靶回收	EBV 相关的 DNA	1fmol/L～1nmol/L	0.38fmol/L	识别 4 种不同病毒 DNA	100min	无	[25]
用 DX 处理 DNA/CPRCP450/Ch/MWCNTs/GCE	DNA 损伤了 DX	0.1～150μmol/L	0.05μmol/L		20min	无	[26]
CNT-AuNP 作为信号放大器	靶定 DNA	0.1pmol/L～10nmol/L	5.2fmol/L	从完全匹配的靶定 DNA 中区分单错配 DNA	120min	无	[27]
采用凝血酶适体的 LIG 叉指电极	凝血酶	0.01～1000nmol/L	0.12pmol/L	识别凝血酶特异性		无	[28]
基于核酸-MOF 的均相电化学策略	let-7a	0.02～10pmol/L	3.6fmol/L	区分 let-7a 和 miRNA-21 以对抗其他 miRNA 干扰	120min	无	[29]
	miR-21	0.01～10pmol/L	8.2fmol/L				

续表

策略	分析物	动态范围	检测限	选择性	结果时间	标记	文献
聚合酶链反应(polymerase chain reaction,PCR)技术							
COLD-PCR	DNA 损伤	0.01%～100%	0.01%	高度区分包含病变的序列和正常序列		无	[30]
SUP-M-ddPCR	内源基因(adh1)	15～13580 份	15 份	高特异性	1275s	有	[31]
ddPCR	遗传性听力损失突变	10～105 份/μL	5 份	100% 特异性	1290s	无	[32]
RC-qPCR	微 RNA	1fmol/L～100pmol/L	500amol/L	区别 miR-200 族密切相关的序列	8400s	无	[33]
SERS-PCR	炭疽杆菌 DNA 标记(pagA)	0.1～1000pmol/L	960pmol/L	区分 DNA 物种、BA、PA 和 KSAH	195s	无	[34]
离子流测序,下一代测序(NGS)技术							
离子流 PGM™	基因突变		5%	100% 特异性	9h	无	[35]
离子流 PGM	KRAS、BRAF 和 EGFR 突变		2%	100% 特异性		无	[25]
Ion Torrent™ Oncomine™	癌症热点突变		4.3%	97.8% 特异性		无	[36]

总之，基于 DNA 的无标记电化学生物传感器技术不仅可以消除烦琐的标记过程，进一步缩短实验时间，而且对分子的理化特性没有任何影响，从而保持了分子间亲和力和分子活性。同时，无标记工艺可以避免第二次检测标记试剂引起的干扰，提高电化学分析的灵敏度。此外，基于无标记检测的电化学仪器的高便携性和可负担性使得它能在分散的环境（如 POC）中对生物分子进行测试。因此，基于 DNA 的无标记电化学生物传感器在生物学分析、POC 诊断和生物医学中引起了极大的关注。

8.2.2 异构的基于 DNA 的无标记电化学生物传感器

异构（固相）的基于 DNA 的无标记电化学生物传感器通常在固定有 DNA 探针（DNA 探针作为生物识别元件）的电极表面上进行，即当分析物与固定的 DNA 探针在异构界面上相互发生反应时，可以通过将 DNA 结构和电化学性质的变化转化为电信号来检测分析物。异构无标记的电化学生物传感器所固定的 DNA 具有许多突出的优势，例如可重复使用性，样品消耗量小和灵敏度高。下面将介绍典型异构的基于 DNA 的无标记电化学生物传感器。

(1) 电化学阻抗谱

电化学阻抗谱（electrochemical impedance spectroscopy，EIS）是一种典型的检测技术，可收集电极表面上的生物识别事件信息。基于氧化还原对电荷转移带来的电阻变化，EIS 是研究具有高灵敏度和无标记特性界面的常用技术，易应用于生化分析，如 DNA 杂交与 DNA 损伤的检测。作为常见的带负电的氧化还原信号分子，EIS 技术中通常使用亚铁氰化钾($[Fe(CN)_6]^{3-/4-}$)，由于静电反应，其无法接近 DNA 修饰的电极表面，因此可以检测到电荷转移电阻的增加。

目前，通过监测固定 DNA 探针与目标 DNA 或 microRNA（miRNA）之间杂交产生的 EIS 信号，已经开发出若干个基于 DNA 的无标记电化学生物传感器。

Dharuman 小组利用逐层自组装方法在电极表面上制备了一系列具有受控结构和布局的多层薄膜，这些薄膜进一步用作超灵敏的无标记电化学检测的阻抗传感平台来对 DNA 和 DNA 杂交产生的电抗或电抗的变化进行检测。

Luo 等[37] 制造了一种基于 1-氨基 py/石墨烯杂化物的电化学阻抗基因传感器，用于测定 DNA［图 8.8(A)］。氨基 py 吡啶基通过 π 堆积相互作用与石墨烯的基面强烈反应，从而提高了石墨烯的稳定性并保持其固有特性。可以通过交联剂戊二醛（glutaraldehyde，GA）将氨基修饰的 DNA 探针（probe DNA，PDNA）与 1-Ap 的氨基偶联。互补 DNA（complementary DNA，CDNA）与 PDNA 杂交后，GCE 表面的电子转移电阻（R_{et}）进一步增加，因为带负电荷的 DNA 链阻碍了$[Fe(CN)_6]^{3-/4-}$向电极表面的扩散。接着用 EIS 监测 DNA 杂交引起的 ΔR_{et}，该监测具有很高的选择性和灵敏度。

为了提高生物传感器的灵敏度，Gao 等[38] 开发了一种超灵敏的 miRNA 生物传感器，该传感器是通过 EIS 检测绝缘聚合物膜的杂交 miRNA 模板沉积而进行的［图 8.8(B)］。无须标记和使用次级放大器，所提出的生物传感器将绝缘聚合物膜沉积过程的累积性质用作信号放大策略，从而提供了对 miRNA 灵敏且简单的分析。此外，EIS 还用于研究聚合物结合探针与甲基化和非甲基化双链 DNA（dsDNA）杂交的动力，因为胞嘧啶碱基的甲基化会影响杂交效率。

此外，基于靶分子与适体结合的特异性构建的电化学适体传感器大大扩展了检测范围。只要通过 SELEX 选择合适的 DNA 适体，就可以通过无标记的电化学阻抗方法轻松检测各种分析物（例如小分子、蛋白质和癌细胞）。例如，使用石墨烯修饰的 GCE 作为电化学感测平台，利用石墨烯对 ssDNA/dsDNA 的特异性识别能力，结合电化学阻抗传感器，开发了一种无标记的电化学生物传感器，用于检测癌胚抗原（CEA）。接着，基于氟化氧化石墨烯和铁基金属有机凝胶（FGO @ Fe-MOG）修饰电极的复合物，开发了一种用于标记凝血酶选择性检测的无标记电化学适体传感器［图 8.8(C)］。凝血酶结合适体（thrombin-binding aptamer，TBA）通过强静电反应固定在了 FGO @ Fe-MOG 上，无需任何特殊修饰或标记，同时以 EIS 为分析工具，从而实现了高选择性和重现性检测凝血酶，甚至达到临床诊断的要求。另外，开发了基于适体的无标记 EIS 电化学生物传感器，用于通过在电极表面上制备适体/细胞/适体夹心结构来检测癌细胞。

(2) 电活性指示剂信号分子

基于固定在电极表面的 DNA 链与电活性指示剂之间的非共价反应，可设计另一种基于 DNA 的异构的无标记电化学生物传感器。这是通过分析所添加的目标分析物前后的电活性指示剂的电化学信号变化来实现检测的，通常通过电化学方法［包括 EIS、循环伏安法（CV）、差分脉冲伏安法（DPV）、方波伏安法（SWV）和溶出伏安法（SV）］来实现的。通常，电活性指示剂与 DNA 分子之间的反应机理可分为三种类型，包括静电结合、表面结合和嵌入。

静电结合是指指示剂分子与 DNA 分子的带负电荷的脱氧核糖磷酸骨架间通过静电的相互作用而产生的反应。表面结合是指示剂和 DNA 分子之间通过碱基的疏水反应而结合。嵌入是指指示剂分子通过氢键、范德华力或堆积的相互作用插入 DNA 双螺旋结构的碱基对之间的行为。常见的电活性指示剂是具有固有芳香结构的有机小分子，例如亚甲基蓝（MB）、

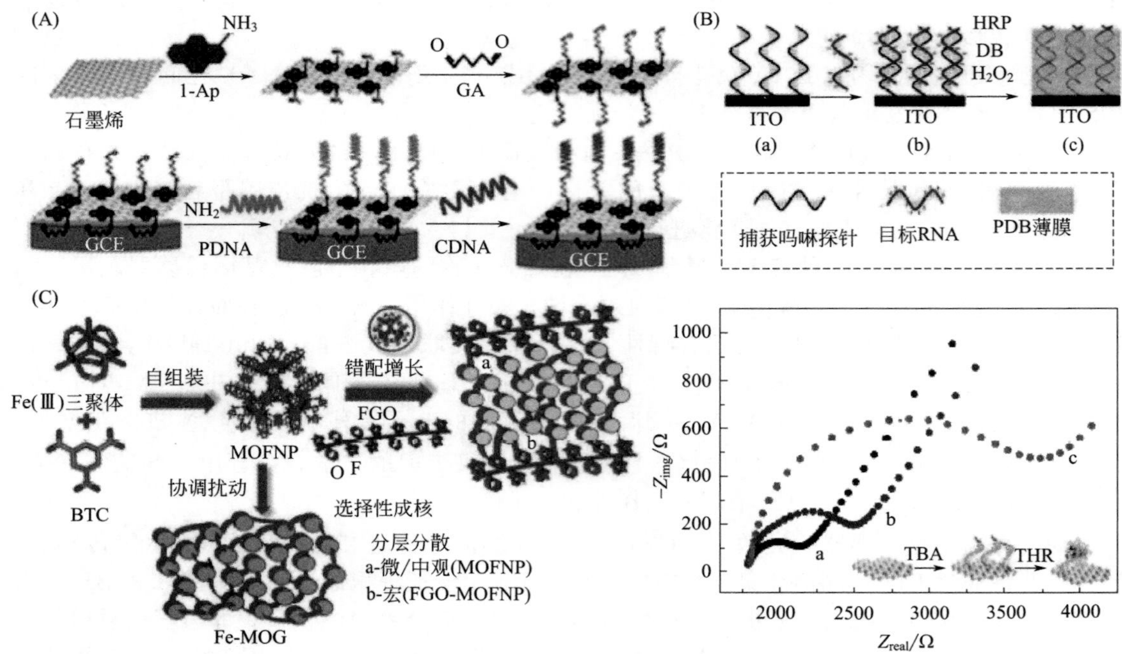

图 8.8 基于 DNA 的无标记的电化学电抗传感器，采用了：(A) 1-氨基 py/石墨烯杂化修饰的 GCE 电极以用于检测目标 DNA[37]；(B) 绝缘聚合物沉积膜以实现信号放大用来检测 miRNA[38]；(C) FGO @基于适体识别的 Fe-MOG 修饰的电极用于凝血酶检测[39]

阿霉素、中性红和亮甲酚蓝等。另一种电活性指示剂是金属络合物，例如$[Ru(NH_3)_6]^{3+}$和$[Os(bpy)_2]^{3+}$。在此，我们将以电活性指示剂为信号分子介绍基于 DNA 的无标记电化学生物传感器。

① 亚甲蓝电活性指示剂。因有机染料具有正电荷以及吩噻嗪具有芳香结构，亚甲基蓝不仅可以通过弱的静电结合与 ssDNA 进行反应，而且还可以与暴露的鸟嘌呤残基发生特异性反应。此外，由于更有利的 π 堆积反应，MB 能够插入 dsDNA 的双螺旋结构，尤其是 G-C 碱基对。因此，MB 是开发基于 DNA 的无标记电化学生物传感器的潜在电化学指示剂。此外，基于适体对靶标的特异性识别，已经开发了多种使用 MB 作为“信号开”和“信号关”模式的电活性指示剂的无标记电化学适体传感器。

为了提高检测限，已经开发了多种使用 MB 作为电活性指示剂的信号放大策略。据报道，核酸酶，如聚合酶、核酸外切酶和核酸内切酶，已与各种无标记技术整合在一起，例如 RCA、靶标循环扩增、聚合切口分子机等。核酸外切酶Ⅲ（Exo Ⅲ）是一种与序列无关的酶，不需要特定的识别位点，可以催化从双链 DNA 的平末端或凹入的 3′-羟基末端逐步去除单核苷酸，而对 ssDNA 则无活性。Exo Ⅲ辅助靶标回收策略易于应用于构建以 MB 为氧化还原指示剂的电化学生物传感器，以实现目标 DNA 的无标记检测，检测限为 20fmol/L。作为信号放大元件，金纳米粒子（AuNPs）具有大的表面体积比和出色的生物相容性，可以通过其表面上的大量 DNA 链进行修饰。基于 Exo Ⅲ和 AuNPs 的双信号扩增，开发了一种无标记的电化学生物传感器，用于 DNA 检测，它具有高灵敏度和选择性。如图 8.9(a) 所示，目标 DNA 触发了 Exo Ⅲ辅助的信号放大，导致释放目标 DNA 的回收并在电极上捕获到 DNA-AuNP。结果，由于 MB 与鸟嘌呤碱基之间的特异性结合，大量 MB 分子与捕获探针（CP）和 DNA-AuNP 结合，从而产生了很大的电化学信号。

最近，Wang 等[40] 采用了核糖核酸酶 HⅡ（RNase HⅡ）和末端脱氧核苷酸转移酶（TdT）制备了双酶辅助多重扩增促进剂。通过使用 MB 作为信号报告分子，该电化学生物传感器实现了无标记的循环肿瘤 DNA 检测。此外，基于对目标适体的特异性识别，Wang 等[41] 采用 MB 作为电化学指示剂开发了一种无标记的电化学适体传感器，结合超支化滚环扩增（HRCA），用于检测 MB 衍生的血小板源性生长因子 B 链（platelet-derived growth factor B-chain，PDGF-BB），如图 8.9(b) 所示，将捕获 DNA（capture DNA，cDNA）固定在 Au 电极上，该 Au 电极进一步与 PDGF-BB 结合适体进行部分杂交。在存在 PDGF-BB 的情况下，PDGF-BB/适体复合物形成，导致释放 cDNA，使其与挂锁探针杂交以触发 HRCA。最后，MBs 插入生成的 dsDNA 中以产生强电流，从而实现了对 PDGF-BB 的超高灵敏检测，检测限可达到 1.6fmol/L。

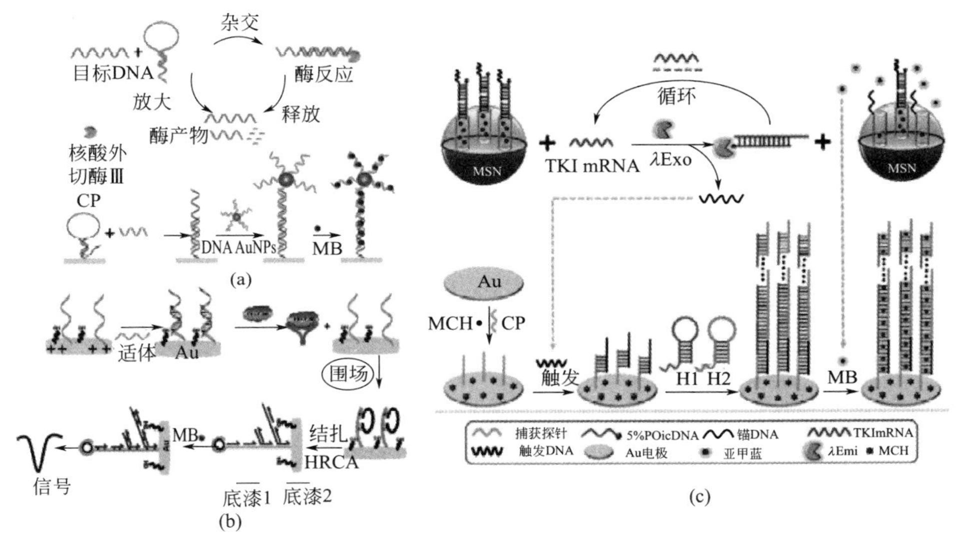

图 8.9 亚甲蓝（MB）作为构建无标记电化学生物传感器的电活性指示剂，它基于（a）Exo Ⅲ辅助的目标 DNA 回收和 AuNPs 为探针载体的双重信号放大，（b）通过适体识别来进行 PDGF-BB 检测的 HRCA，以及（c）使用中孔二氧化硅作为 MB 纳米容器进行 mRNA 检测的靶激活的 HCR

有人提出了一种低背景的级联信号放大电化学生物传感平台，用于介孔二氧化硅作为 MB 纳米容器的靶标活化杂交链反应（HCR）的无标记检测信使 RNA(mRNA)［图 8.9(c)］。简而言之，MB 被封装在 DNA 门控的 MSN 的孔中。在存在目标 mRNA 的情况下，它与 5′-磷酸末端目标 mRNA 识别探针（5′-PO_4 cDNA）杂交并打开 DNA 门，导致 MB 从孔中释放出来。同时，释放了的触发 DNA 启动 HCR，在电极上形成长 dsDNA 聚合物，同时释放的 MB 插入 HCR 产物中，从而增加电化学反应。此外，通过 λ 核酸外切酶（λExo）裂解反应辅助靶标回收，产生了更多的触发 DNA 来触发 HCR，大量 MB 被释放并插入 HCR 产物中。作为概念的证明，这个简单而强大的平台实现了对胸苷激酶 1（TK1）mRNA 的定量检测，检测限为 2.0amol/L。

② 氯化六胺钌（Ⅲ）电活性指示剂。另一种常用的电活性指示剂是带正电荷的氯化六胺钌($[Ru(NH_3)_6]^{3+}$，RuHex)，具有制备简单、操作方便和稳定的优点，可以通过静电相互作用与 DNA 磷酸骨架结合。迄今为止，RuHex 已被用作电信号读出器，以开发无标记的电化学生物传感器，用于检测各种分析物。

通过 DNA 纳米结构的自组装为带正电荷的 RuHex 提供更多的结合位点，可以显著放大检测信号。于是，Yang 等[42] 设计了两个辅助探针，它们可以形成一维 DNA 纳米结构，作为信号放大的载体。如图 8.10(a) 所示，目标 DNA 与电极上的捕获探针部分互补，而其余部分与一维 DNA 纳米结构杂交，为氧化还原指示剂 RuHex 提供大量静电结合位点，并导致显著电化学信号放大。在此，即使在复杂的生物样品中，也能敏感地检测出低至 5amol/L 的 HIV DNA。此外，也巧妙地设计了三种辅助 DNA 探针，以实现三维树状 DNA 辅酶的自组装。但是，即使没有靶标，上述中使用的线性辅助探针也可以自发地在溶液中组装。还有，DNA 发夹将被用作执行 HCR 的探针。在典型的 HCR 中，发夹结构处于亚稳定状态，可以稳定地共存于溶液中，直到引入目标分析物为止。例如，有人提出了一种超灵敏的无标记电化学基因传感器，用于使用发夹结构探针并基于 HCR 特异性检测乳腺癌易感基因（BRCA-1 基因）片段。

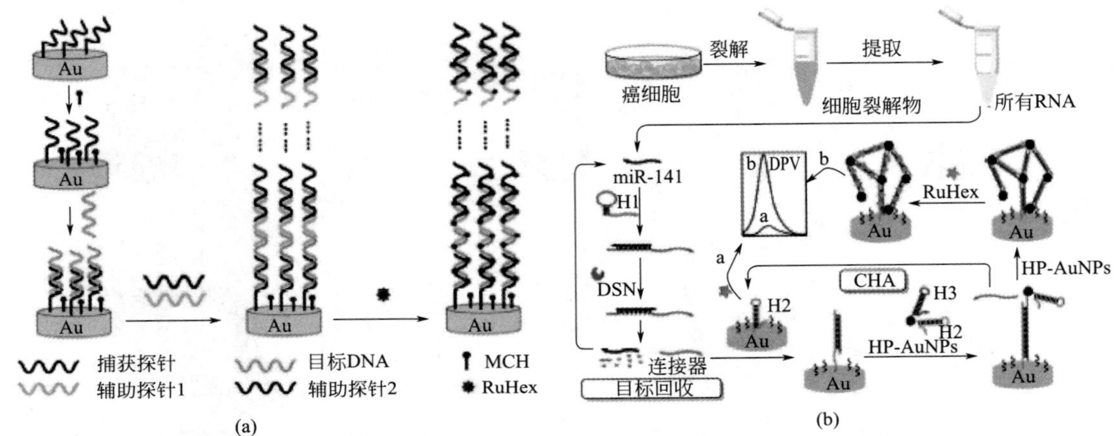

图 8.10　基于（a）使用两个线性 DNA 探针的自组装一维 DNA 纳米结构的[42]；（b）将 DSN 辅助靶标回收与 CHA 集成在电极上的双链 AuNP 网络的原位自组装，六胺六氯化钌（Ⅲ）作为电活性指示剂，用于构建无标记的电化学生物传感器

DNA 纳米结构的自组装与其他放大策略（例如工具酶介导的信号放大策略和纳米材料）的结合，可以进一步提高检测灵敏度。如图 8.10(b) 所示，将双链特异性核酸酶（DSN）辅助靶标回收与催化发夹装配（CHA）反应整合到电极上的自组装双工-AuNPs 系统中，从而制造出了级联信号放大电化学生物传感器，这将进一步与 RuHex 结合，以信号开的模式对 miRNA 进行无标记定量测定。另外，还出了将切口内切核酸酶辅助的链置换 DNA 聚合和 RCA 结合在一起的双重放大策略，以及基于球形核酸 AuNPs 对 HCR 的触发，并将 RuHex 作为电活性指示剂，进行的腺苷和端粒酶活性检测。

除了信号放大之外，减少背景噪声也是提高检测灵敏度的另一个挑战。为了提高信噪比并提高检测灵敏度，Xu 等[43] 开发了一种无标记的电化学生物传感器，使用 Exo Ⅰ催化逐步去除 ssDNA 中的核苷酸，并使用生物条形码纳米颗粒提供更多的 RuHex 结合位点以进行信号放大，从而实现对致病性 DNA 的高灵敏度检测。

③ 二茂铁（ferrocene）电活性指示剂。二茂铁是一类富电子化合物，具有可逆的氧化还原活性、良好的稳定性和低毒性，可实现电化学生物传感器中氧化还原反应系统和电极之间的电子转移。此外，二茂铁中可自由旋转的环戊二烯环使其可以与 DNA 碱基相互作用，从而通过疏水和堆积反应形成沟渠表面结。因此，二茂铁可以用作基于 DNA 的电化学生物传感器的指示剂。

He 等[44] 通过将 CGG 三核苷酸重复序列的识别部分（萘啶氨基甲酸酯二聚体，NCD）与二茂铁基作为电化学活性部分结合，合成了双功能探针（FecNCD2），此方式显示出了对 CGG 三核苷酸重复序列的选择性结合性能，同时也具有良好的氧化还原反应，这将进一步应用于制造无标记的电化学生物传感器［图 8.11(A)］。

比率测定法具有消除固有系统误差的特性，在电化学检测中成为一种可靠和有效的方法，从而显著地提高了测量精度、重现性和灵敏度。DNA 比例电化学生物传感器通常使用两个电活性分子分别作为信号分子和内部参考信号分子。最近，基于介孔二氧化硅和石墨烯杂化纳米材料设计了一种无标记比例电化学 DNA 纳米传感器，用于检测与阿尔茨海默氏病相关的突变载脂蛋白 E 基因[45]［图 8.11(B)］。二茂铁羧酸（ferrocenecarboxylic acid，Fc）与杂化纳米材料共价偶联，可作为内置对照的指示剂；而 MB 被用作目标 DNA 的信号指示剂，它具有与 Fc 明显不同的氧化电位。最初，MB 分子被双链 DNA 结构笼罩。当引入目标 DNA 与更长的探针 DNA 杂交时，笼中的信号指示器 MB 被释放，导致 DPV 电流衰减。随着目标 DNA 浓度的增加，MB 的峰值电流减小，而内部对照 Fc 的峰值电流却没有明显的波动。这种新颖的比例电化学方法对靶标 DNA 的检测具有极好的特异性，可作为临床应用的理想选择。

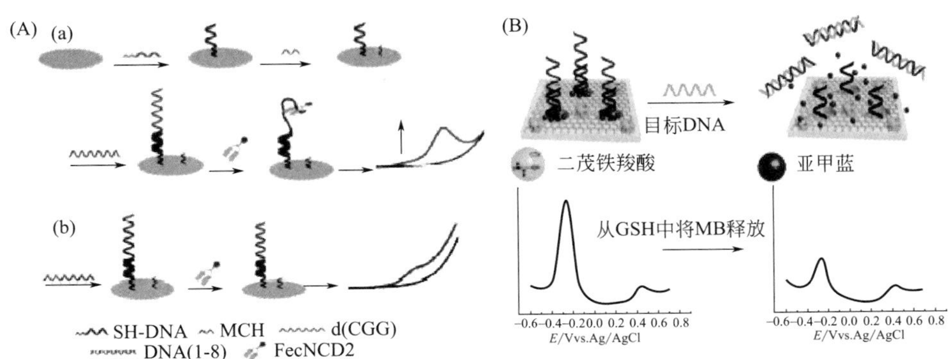

图 8.11　(A) 使用 FecNCD2 作为电活性指示剂的无标记电化学生物传感器，用于检测 (a) CGG 三核苷酸重复序列和 (b) 其他三核苷酸重复序列[44]；(B) 使用 MB 作为信号分子和 Fc 作为内部参考分子的无标记比率电化学 DNA 传感器[45]

④ 硫氨酸电活性指示剂。硫氨酸是一种带正电荷的阳离子染料，由于其独特的优势，例如高水溶性、可逆的电化学响应和适度的氧化还原电位，已被广泛用作电分析化学领域的电活性探针。作为具有平面芳族结构的吩噻嗪类杂环分子，硫氨酸可以有效地插入 dsDNA 沟中作为信号报告基因，不仅增强了电化学信号，而且极大地降低了背景信号。除了直接与 dsDNA 插入外，由于其平面的芳族结构，硫氨酸分子还可以通过强大的 π-π 堆积和协同的非共价电荷转移而被吸附到石墨烯的表面上。因此，人们设计了一种无标记的电化学适体传感器，以石墨烯作为信号分子载体和以亚硫氨酸作为信号探针来检测 Pb^{2+}。最近，Cui 等[46] 介绍了修饰在电极上的铁嵌入的富氮碳纳米管，可以催化硫氨酸生成增强的电化学信号，同时开发了一种无标记的电催化辅助生物传感器，用于对 miRNA 进行灵敏检测。

(3) 模拟酶

天然蛋白质辅助酶通常用于提高检测灵敏度，而它难以存储与标记处理阻碍了它们的应用。与传统的天然酶相比，模拟酶具有独特的优势，包括结构简单、性能稳定和易于合成。迄今为止，已经报道了各种模拟酶，例如基于卟啉的酶（插入带负电荷的 dsDNA 的凹槽）

和 DNA 酶（由 G-quadruplex 形成），可构建基于 DNA 的无标记电化学 DNA 生物传感器，其中，模拟酶辅助信号放大作用可实现良好的稳定性和高灵敏度。

① 将 DNA 酶作为模拟酶。具有重复序列的鸟嘌呤富结构的 G-四链体序列可以在 K^+ 的帮助下与血红素反应而形成 G-四链体/血红素复合物，其中 K^+ 是具有过氧化物酶活性的典型 DNA 酶，如辣根过氧化物酶（HRP）。它具有许多独特功能，例如生产成本低、高稳定性、抗水解和热处理。由于氧化还原活性，G-四链体 DNA 酶可避免在电化学生物传感器的构造中引入其他电活性物质，从而简化了制备过程。有趣的是，在电极上形成 G-四链体/血红素络合物可以明显放大电化学信号。

例如，人们开发了一种基于缺陷 G-四链体的简单且无标记的电化学生物传感器，用于检测鸟嘌呤及其衍生物，它具有良好的灵敏度和选择性，检测限低至 0.36nmol/L。基于 Exo Ⅲ 辅助的靶标循环放大策略及在电极上催化形成的 G-四链体/血红素，提出了一种超灵敏的无标记电化学 DNA 生物传感器，用于 LOD 低至 10fmol/L 的靶标 DNA 检测［图 8.12(a)］。值得注意的是，这种电化学 DNA 生物传感器可以将错配的 DNA 与完全匹配的靶标 DNA 进行区分，这在基因相关疾病的早期诊断中具有巨大的潜力。此外，Yu 等[47] 在等温指数放大反应（exponential amplification reaction，EXPAR）的基础上开发了用于 miRNA 检测的无标记电化学生物传感器。除了将 G-四链体 DNA 酶与级联酶辅助回收相结合以进行信号放大外，RCA 作为强大的等温放大策略也已被用来生成 G-四链体寡聚体，在存在血红素的情况下形成类似于 HRP 的 DNA 酶，从而实现对病原菌的无标记电化学检测。

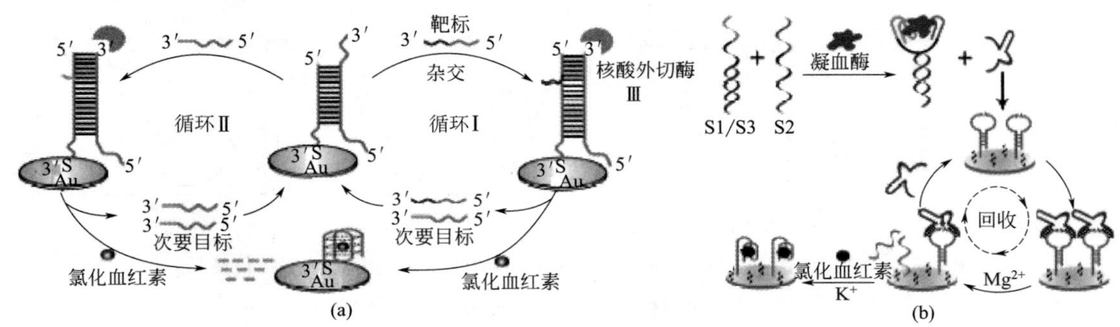

图 8.12　将 DNA 酶作为模拟酶的基于 DNA 的无标记电化学生物传感器

(a) Exo Ⅲ辅助靶标回收，用于 DNA 检测；(b) 用于凝血酶检测的邻近结合和基于金属离子的基于 DNA 核酶的再循环放大

然而，以上方法使用天然酶来辅助循环或序列放大，其中工具酶的严格反应条件可能会限制其应用。因此，迫切需要开发不涉及酶分子的电化学生物传感器。金属离子相关的 DNA 酶不仅表现出高催化活性和对底物序列的优异切割特异性，而且还具有显著的抗水解的稳定性，并经历多次翻转而不失结合能力或活性。Mg^{2+} 依赖 DNA 酶循环放大，与邻近结合诱导链置换结合在一起，用于灵敏地电化学检测人血清中的凝血酶。如图 8.12(b) 所示，包含不同凝血酶适体的两条链（S1 和 S2）的邻近结合触发了酶促序列（S3）的置换，然后与电极上的发夹结构底物杂交形成 Mg^{2+} 依赖性 DNA 酶。结果，底物被切割以释放笼状的 G-四链体序列，并在 hemin/K^+ 的帮助下催化电化学信号，同时也释放了酶促序列以进行另一个切割循环，这样便实现了对凝血酶的放大检测。此外，基于在电极上固定 G-四链体序列（PW17）制备了一系列简单且可逆的逻辑门，在 Pb^{2+} 存在下将其转化为 Pb^{2+} 稳定的 G-四链体 DNA 酶，同时也直接还原 Pb^{2+}，这将通过 DPV 在 G-四链体中观测到。各个逻辑门的可逆性是通过工作单元和读出状态之间 DNA 的可逆转换来实现的。

② 锰卟啉模拟酶。锰卟啉（MnPP）是一种由锰组成的卟啉衍生物，具有类似于过氧化物酶的活性，并具有很高的催化活性。更重要的是，可以将 MnPP 插入带负电荷的 dsDNA 支架的凹槽中，而无需任何标记步骤，从而有助于构建具有信号放大作用的电化学生物传感器。

Yuan 等[48] 基于 MnPP 催化的 L-半胱氨酸有氧氧化作用为二硫键构建了一种无标记的电化学适体传感器，用于凝血酶的检测。作为电子介体，将硫氨酸与 MnPP 混合并固定在带纳菲涂层的碳电极上，以制造适体传感器。然后将 AuNPs 组装在蛋氨酸上以固定 TBA，TBA 可以捕获凝血酶并形成 TBA-凝血酶复合物。这样，阻碍了电子转移，导致用于凝血酶定量检测的电流减少。此外，他们还开发了一种无标记的电化学生物传感器，用 DNA 纳米梯作为 MnPP 的载体可以灵敏地检测基质金属蛋白酶 7（matrix metalloproteinase-7，MMP-7）[49]。具有多个 DNA 纳米线的 DNA 纳米梯可以增加 MnPP 的负载量，该 MnPP 催化 4-氯-1-萘酚（4-CN）产生惰性沉淀，并导致 DPV 信号减少，以此定量测定 MMP-7。

(4) 纳米材料

纳米材料具有独特的优点，它们还可以用作电极修饰材料和信号元素载体。更有趣的是，由于氧化还原特性、模拟酶活性和特殊的电特性，某些材料（例如贵金属纳米材料）可以直接用作信号分子。因此，纳米材料已经成为构建用于检测多种生物分子的无标记电化学生物传感器的潜在候选者。

① 金属纳米材料。某些金属纳米材料可以通过催化特定化学反应将生物识别事件转化为放大明显的信号。此外，其表面上的活性位点可以促进电催化信号的生成，这有助于提高检测灵敏度。带负电荷的 DNA 与金属阳离子间的高亲和力为选择性地形成具有 DNA 模板的金属纳米粒子提供了一条途径。如图 8.13(a) 所示，Qian 等[50] 提出了一种由目标催化的发夹装配与 HCR 的两步信号放大的方案，以通过静电相互作用增加 DNA 双链上的大量银离子。用氢醌化学还原后，在电极上形成了银纳米颗粒（AgNP），通过线性扫描溶出伏安法测得电化学信号有了显著增强，这样实现了凝血酶的无标记电化学检测。此外，Liu 等[51] 提出了另一种方法，该方法利用 4-巯基苯基硼酸（MPBA）诱导柠檬酸盐对 AgNPs 聚集体进行封装来形成原位，以此作为标记来放大电化学信号。由于 DNA 的金属化可显著破坏其识别特性来控制 DNA 链的杂交，因此利用 HCR 介导的 DNA 金属化所构建的无标记比例式电化学生物传感器，将用于通过记录比例信号来检测谷胱甘肽（GSH）[图 8.13(b)]。电极上的共轭辅助 DNA（hDNA）被用作沉积 AgNPs 的有效模板，从而干扰了 DNA 碱基配对并进一步阻碍了 DNA 杂交。在存在 GSH 的情况下，由于 GSH 与 AgNP 间的较强反应，AgNP 从 hDNA 中释放出来，从而导致 Ag 到 AgCl 的峰值电流（I_{Ag}）大大降低。释放了的 hDNA 进一步触发原位 HCR 来自组装长的 DNA 片段，为 MB 嵌入提供了足够的结合位点，从而产生了信号电流（I_{MB}）的增加。结果，可以通过记录比例信号（I_{MB}/I_{Ag}）来监视 GSH。

具有 2～30 个 Ag 原子的银纳米团簇由于其固有的氧化还原特性，可以用作电化学标签。已经发现，富含胞嘧啶的寡核苷酸最适合与 Ag^+ 反应以合成 DNA 模板化的 AgNC。通过整合目标辅助聚合切口反应放大和 HCR，Yang 等[52] 提出了一种无标记方法，用于基于原位 DNA 模板合成的 AgNCs 的 miRNA 电化学检测。此外，通过与 HCR 巧妙地偶联链置换放大以原位合成 AgNCs，并将其作为电化学标签，可灵敏地检测到低至 0.16fmol/L 的目标 DNA，具有良好的选择性。此外，DNA/AgNCs 已显示出卓越的金属模拟过氧化物酶特性对 H_2O_2 的催化作用，因此可以很容易地用作电催化标签来构建用于检测溶菌酶和 miRNA 的无标记电化学生物传感器。

除银金属化外，金纳米结构也已就地合成并用于电化学检测。如图 8.13(c) 所示，对电极进行修饰，以通过特定的 T-Hg^{2+}-T 配位捕获 Hg^{2+}，这加速了 $HAuCl_4/NH_2OH$ 的反应并导致在 DNA 双链体上形成 AuNPs 结构体，AuNPs 的固有电化学性质可以通过 SV 直接定量。此外，AuNPs 可以用作还原 H_2O_2 的电催化剂，因此已被用作无标记电化学分析的信号标签。还有，以 DNA 为模板的铜纳米颗粒（CuNPs）也可以作为出色的电化学信号来实现无标记的检测。如图 8.13(d) 所示，通过将 DNA 模板的 CuNP 与 T7 核酸外切酶辅助的级联放大相结合，开发了一种无标记的电化学生物传感器，用于 miRNA 检测。加入 miRNA 靶标后，会触发 T7 核酸外切酶辅助的级联反应，从而破坏电极上用于 CuNPs 合成的模板。从 CuNPs 溶解 Cu^{2+} 的潜力将用于分析初始 miRNA 水平。

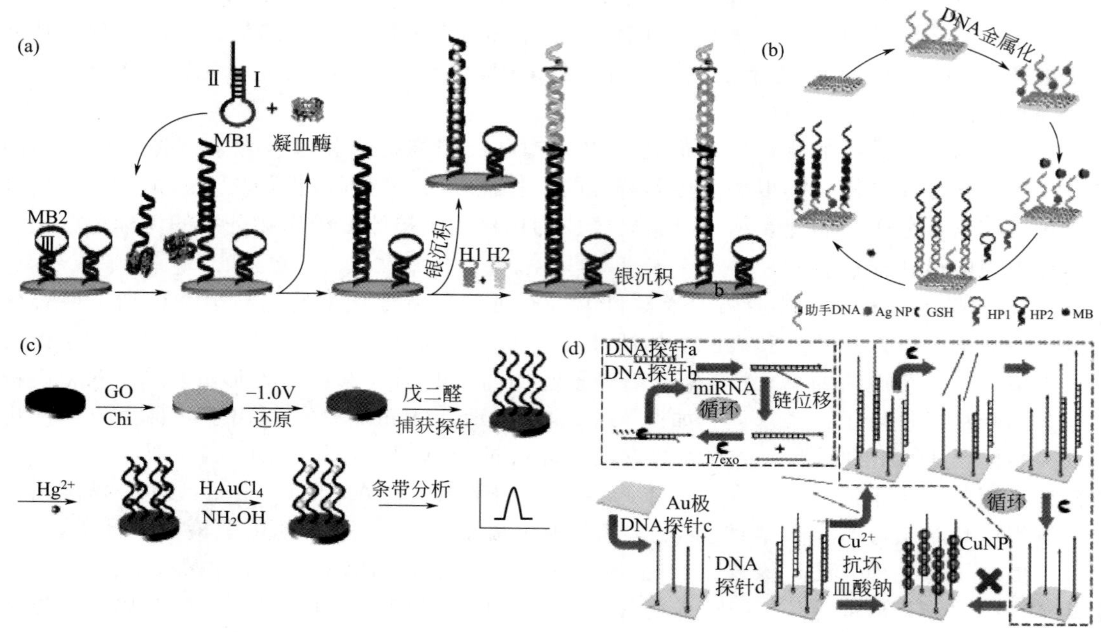

图 8.13　基于原位金属化的无标记电化学生物传感器

（a）HCR 介导的原位金属化银用于凝血酶检测；（b）HCR 介导的 AgNP 的金属化 DNA，用于 GSH 的比例电化学检测；（c）AuNPs 的原位合成，用于检测 Hg^{2+}；（d）结合 T7 核酸外切酶辅助级联信号放大的，用于 miRNA 检测的 DNA 模板 CuNP

金属氧化物纳米材料也已被用来开发无标记的电化学生物感测平台。例如，由于具有表面积比高和电子通信特性的优势，氧化锌（ZnO）纳米结构作为生物传感器中的受体获得了广泛的应用。Cao 等[53] 开发了一种使用压电辅助方法的肖特基接触式 ZnO 纳米线装置，并用于高灵敏度和高选择性的 HIV-1 基因的原位无标记检测。

② 碳纳米材料。在基于 DNA 的电化学生物传感器中，碳纳米材料，尤其是碳纳米管（CNT）和石墨烯，在电极修饰中起着至关重要的作用，因为它们不仅可以加速界面处的电子传输速率，而且还可以作为将电极与生物分子连接的导体。另外，碳纳米材料由于其独特的物理、化学和电化学特性而可以用作信号分子载体。

作为一种典型的一维纳米材料，碳纳米管具有独特的电子和化学特性，例如体积小、表面积大、电子转移能力强，易于固定在生物分子上，已被广泛应用于电化学生物传感器。基于单壁碳纳米管（SWCNT）而不是 dsDNA 的高 π 堆积相互作用和 SWCNT 的放大，Wang

等[54] 开发了一种灵敏的无标记“Signal-on”电化学方法来检测甲基转移酶的活性。基于碳纳米管对鸟嘌呤氧化的出色电化学性能，使用 GCE 对多壁碳纳米管（MWCNT）进行修饰，可提高鸟嘌呤的吸附性，改善鸟嘌呤的氧化信号，可制造无标记电化学生物传感器以用于 miRNA 检测。

石墨烯是典型的二维碳材料，具有单层或几层由 sp^2 键合的碳原子所形成的薄层，它们紧密堆积在蜂窝晶格结构中。由于具有大的面体比、优异的生物相容性和非凡的电子传输特性，石墨烯可以用作电极修饰材料，电化学感测系统中的信号载体和催化剂。此外，石墨烯片可以通过石墨烯的六边形单元与核碱基中的环结构间的 π-π 堆积反应与 ssDNA 结合而不是 dsDNA，这已被用于构建基于 DNA 的无标记电化学生物传感器，用于检测核酸。另外，基于对适体的特异性识别，通过将适体吸附在石墨烯或氧化石墨烯（graphene oxide，GO）修饰的电极上，已经开发了各种无标记的电化学适体传感器。此外，石墨烯对电化学氧化和抗坏血酸等小分子的还原表现出优异的电催化性能。

③ 过渡金属硫化物。作为具有石墨烯状的层状结构的新型二维纳米材料，二硫化钼（MoS_2）是一种过渡金属硫化物，它具有超大的面体比，优异的物理、光电和化学性能，已成为一种理想的构建材料，与纳米材料或有机分子反应形成新的纳米复合材料。MoS_2，尤其是薄层 MoS_2 纳米片，由于其高的电化学活性和与生物分子相互作用的特异性亲和力，在无标记的电化学 DNA 传感器中具有广阔的应用前景。

Su 等[55] 制造出了一种基于 MoS_2 的无标记电化学免疫传感器，以三叶草样 AuNPs 修饰的硫氨酸-MoS_2 纳米复合材料为感测平台，能够以优异的选择性检测癌胚抗原。此外，他们使用硫氨酸和 AuNPs 功能化的 MoS_2 纳米片制造了一种高效的电化学生物传感器，用于 miRNA-21 的无标记检测，其中使用硫氨酸作为还原剂来还原 $HAuCl_4$ 和电化学信号指示剂。因此，可以将 MoS_2 纳米片视为制造简单、无标记和超灵敏的电化学生物传感器的候选材料。

表 8.2 比较了异构的基于 DNA 的无标记电化学生物感测系统。以异构模式制造的大多数基于 DNA 的无标记电化学生物传感器已经实现了对各种目标物的高灵敏度和选择性检测的良好性能。但是，由于生物分子的修饰和探针在电极上的固定化，异构反应通常很复杂且耗时，这可能会降低生物传感器的重现性并影响生物分子的活性。此外，与均匀溶液相比，有限的反应区域和局部空间位阻可能导致靶标与电极上的识别探针之间的结合效率相对较低。因此，迫切需要开发简单、快速、低成本和耐用的无固定化电化学方法。

表 8.2　异构的基于 DNA 的无标记电化学生物传感器的比较

固相表面	策略	检测方法	分析物	检出极限	重现性
1-氨基 py/墨烯对 GCE 修饰	DNA 杂交	EIS	DNA	0.45pmol/L	
涂有 ITO 的玻璃片	绝缘聚合物膜上沉积杂交的 miRNA 模板	EIS	miRNA	2.0fmol/L	
聚（Py-co-PAA）修饰的 GCE	DNA 杂交	EIS	甲基化的 DNA	65nmol/L	
金丝网印刷电极	固定适体的构象变化	EIS	炭疽芽孢杆菌孢子	3×10^3 CFU/mL	
金电极	固定适体的构象变化	EIS	多菌灵	8.2pg/mL	RSD=3%～4%

续表

固相表面	策略	检测方法	分析物	检出极限	重现性
金电极	EpCAM 与 EpCAM 适体间的表面识别	EIS	循环肿瘤细胞	10 细胞/mL	RSD=1.08%（100 细胞/mL）；RSD=2.09%（1000 细胞/mL）
用对氨基苯甲酸，对氨基苯硫酚和 AuNPs 对 GCE 修饰	DNA 适体用作检测探针，来捕获生物传感器表面的目标蛋白	EIS	白介素 6	1.6pg/mL	RSD=5.1%（2ng/mL）
用石墨烯修饰 GCE	ssDNA 和 dsDNA 对石墨烯有不同亲和力	EIS	CEA	0.1fg/mL	
通过 FGO @ Fe-MOG 复合材料对 GCE 进行了修饰	通过静电反应将凝血酶与适体结合并固定在 FGO @ Fe-MOG 上	EIS	凝血酶	58pmol/L	RSD=5.8%（10nmol/L）
金电极	适体-细胞-适体三明治结构	EIS	肝癌细胞	2 细胞/mL	RSD=2.8%（5.0×10^5 细胞/mL）
GCE 修饰的 MWCNT-OOH	以 MB 为指标剂，它对 ssDNA 和 dsDNA 具有的不同亲和力	DPV	miRNA	84.3fmol/L	RSD<7.7%
用 AuNPs 对基于石墨基 SPE 进行修饰	以 MB 为指标将特异性与鸟嘌呤碱基结合	SWV	人的 IgE	0.16pmol/L	RSD=10.4%（1pmol/L）
用 BSA-金纳米团簇/离子液体对 GCE 修饰	以 MB 为指标，与 ssDNA 鸟嘌呤碱基的特异性相互作用	DPV	血管内皮生长因子	0.32pmol/L	RSD=4.8%（1pmol/L）
金电极	使用 MB 作为电化学指示剂并使用 Exo Ⅲ 作为信号放大器	DPV	DNA	20fmol/L	
金电极	以 MB 为指示剂，基于 AuNPs 的信号放大的功能化 DNA 与酶进行循环反应	DPV	DNA	0.6pmol/L	
金电极	以 MB 为指示剂的双酶辅助多重放大策略	DPV	DNA	2.4amol/L	RSD=5.49%（0.01fmol/L）RSD=7.43%（0.1pmol/L）
金电极	用 MB 作为指标的 HRCA	DPV	PDGF-BB	1.6fmol/L	RSD=4.5%（5pmol/L）
金电极	MB 作为指示剂，靶标激活的 HCR 与 λExo 裂解反应辅助的靶标回收	SWV	mRNA	2.0amol/L	RSD=6.62%（1pmol/L）
用形状控制的金纳米结构进行修饰的 ITO	以 RuHex 为指示剂进行 DNA 杂交	SWV	miRNA	1fmol/L	RSD=8.5%（0.1pmol/L）

续表

固相表面	策略	检测方法	分析物	检出极限	重现性
金电极	以 RuHex 为指示剂，靶触发的环状双链体特异性核酸酶消化和桥接的 DNA-AuNPs	计时库仑法	miRNA	6.8amol/L	
金电极	RuHex 为指示剂，适体识别诱导的多 DNA 释放和循环的酶的放大	DPV	肿瘤外泌体	70 粒/μL	RSD=3.97%(20000 颗/L)
SPCE	以 RuHex 为指示剂，适体与砷之间的静电反应比 PDDA 强	DPV	亚砷酸盐	0.15nmol/L	RSD=3.6%(20nmol/L)
胆碱单层支持的 AuNPs 膜对 GCE 进行修饰	RuHex 作为指示剂的多肽核酸杂交	DPV	甲基化的 DNA	18pmol/L	
金电极	使用 RuHex 作为指标的 HCR	DPV	HIV	5amol/L	
金电极	以 RuHex 为指示剂的 HCR 诱导的树突状 DNA 辅酶	DPV	DNA ATP	5amol/L 20fmol/L	
金电极	以 RuHex 为指示剂进行原位 HCR 反应	DPV	BRCA-1 基因	1amol/L	RSD=6.8%(20pmol/L)
金电极	以 RuHex 为指标，DSN 辅助靶标回收与 CHA 进行反应	DPV	miRNA	25.1amol/L	RSD=4.25%(1.648nmol/L)
金电极	RCA 触发的长 ssDNA 串联体的形成，来加载作为指示剂的 RuHex	计时库仑法	腺苷	0.032nmol/L	RSD=5.9%(1nmol/L)
金电极	以 RuHex 为指示剂，球形核酸 AuNPs 触发模拟 HCR	DPV	端粒酶活性	2 个海拉细胞	
沉积 GCE 的 AuNP	以 RuHex 作为指示剂，通过 Exo Ⅰ 和生物条形码纳米颗粒进行放大	DPV	致病性 DNA	1fmol/L	RSD=5.8%(1nmol/L)
金电极	双功能探针 Fc-NCD_2 作为指示器	SWV	CGG 三核苷酸重复链		RSD=1.2%～4.2%
用石墨烯@介孔二氧化硅杂化体修饰的 GCE	使用 Fc 作为内部参考分子并使用 MB 作为信号指示剂进行比例电化学检测	DPV	载脂蛋白 E 基因突变	10fmol/L	

续表

固相表面	策略	检测方法	分析物	检出极限	重现性
金电极	石墨烯作为信号增强平台，硫氨酸作为指示剂	DPV	Pb^{2+}	0.32fmol/L	RSD=7.9%
用 FeCN 和 AuNPs 修饰的 GCE	FeCN 为催化元素，硫氨酸为指示剂	DPV	miRNA	0.853fmol/L	
金电极	G-四链体-血红素 DNA 酶	DPV	鸟嘌呤及其衍生物	0.36nmol/L	RSD=3.3%～4.2%
金电极	用 G-四链体/血红素 DNA 酶进行自动催化与 Exo Ⅲ 辅助靶标回收进行放大	DPV	DNA	10fmol/L	
金电极	等温 EXPAR	DPV	miRNA	5.36fmol/L	
金电极	串联聚合与裂解介导的级联靶标回收和 DNAzy 酶放大	CV	DNA	5fmol/L	
金电极	Exo Ⅲ 辅助级联信号放大	DPV	DNA	4.86fmol/L	RSD=4.7%（1pmol/L）
金电极	RCA 偶联过氧化物酶模拟 DNA 酶的放大	DPV	大肠杆菌	8CFU/mL	RSD=3.89%（9.4CFU/mL）
金电极	邻近结合诱导的链置换与金属离子依赖性 DNA 核酶循环放大	DPV	凝血酶	5.6pmol/L	RSD=4.3%（10nmol/L）
纳米金 Thi-MnPP 和 Nafion 对 GCE 修饰	MnPP 催化 L-半胱氨酸，将其氧化为二硫化物	DPV	凝血酶	0.02nmol/L	
AuNP 修饰的 GCE	MnTMPyP 分子嵌入 HCR 辅助 ds-DNA 中以催化 DAB 进行氧化	EIS	CEA	0.030pg/mL	RSD=4.7%
AuNP 修饰的 GCE	具有过氧化物酶样活性的 MnPP 促进 4-CN 氧化	DPV	MMP-7	0.05pg/mL	RSD=5.68%
金电极	级联自催化链置换与 HCR 放大，用于作为电化学标签的 AgNCs 原位合成	DPV	DNA	0.16fmol/L	RSD=7.6%（0.5fmol/L）
金电极	HCR 放大与 DNA/AgNCs 的电催化特性	CV	溶菌酶	42pmol/L	RSD=4.28%（42pmol/L）
金电极	靶标催化的发夹装配和具有原位银金属化的 HCR	LSV	凝血酶	37amol/L	RSD=4.4%（10fmol/L）

续表

固相表面	策略	检测方法	分析物	检出极限	重现性
用 AuNP 修饰的 GCE	用于信号放大的 AgNPs 聚集体的原位形成	LSV	miRNA	20amol/L	RSD=7.4% (0.5pmol/L)
用 TCPP/CCG 修饰的 GCE	DNA 金属化介导的 HCR 放大	DPV	谷胱甘肽	103pmol/L	
金电极	用于 AgNC 原位合成的 TAPNR 放大和 HCR 产生	DPV	miRNA	0.64fmol/L	RSD=3.8% (10fmol/L)
金电极	使用寡核苷酸封装的 AgNC 的电化学探针	DPV	miRNA	67fmol/L	
用氧化石墨和壳聚糖修改的 GCE	特定的 T-Hg^{2+}-T 配合和 $HAuCl_4$/NH_2OH 反应	SV	Hg^{2+}	0.06nmol/L	RSD=3.1% (5nmol/L)
金电极	RCA 触发聚腺嘌呤的产生以吸附 AuNPs	DPV	凝血酶	35fmol/L	RSD=5.1% (0.1pmol/L)
金电极	T7 核酸外切酶辅助级联信号放大和以 DNA 为模板的 CuNP	DPV	miRNA	45amol/L	RSD=4.52% (0.1fmol/L)
用 GO 修饰 GCE	NH_2-官能化的 AFP 特异性适体在羧基化 GO 上的共价固定	CV	甲胎蛋白	3pg/mL	RSD=6.5% (10ng/mL)
金电极	SWCNT 对 ssDNA 的高 π 堆积相互作用	DPV	甲基转移酶活性	0.04U/mL	
羧化多壁碳纳米管修饰的 GCE	DNA 杂交	DPV	miRNA	1pmol/L	RSD=6.5% (10nmol/L)
用氧化石墨和壳聚糖修饰的 GCE	通过 π-π 堆积相互作用将石墨烯片与 ssDNA 结合	SWV	DNA 凝血酶	0.2pmol/L 5.8pmol/L	
GO 修饰的石墨笔电极	ssDNA 对 GO 的优先吸附	DPV	凝血酶	0.07nmol/L	RSD=1.68% (2nmol/L)
金电极	由石墨烯对抗坏血酸的电催化氧化	DPV	DNA 甲基转移酶	0.025U/mL	RSD=4.7% (100U/mL)
纳米 MoS_2 修饰的 CPE	MoS_2 纳米薄膜对 ssDNA 和 dsDNA 的不同亲和力	DPV	DNA	19amol/L	
MoS_2 纳米片修饰的 GCE 与蛋氨酸和 AuNPs 功能化	DNA-RNA 杂交阻碍了电子转移	SWV	miRNA	0.26pmol/L	RSD=6.57% (1pmol/L)

8.2.3 同构的基于 DNA 的无标记电化学生物传感器

无固定化技术促进了简单有效的基于 DNA 的同构无标记电化学生物传感器的发展，与固相相比，该传感器具有更高的靶标与识别探针相结合的效率，并且在溶液中的反应速度也更快。类似于异构分析，通过将 DNA 与电活性分子偶联并使电活性探针从溶液扩散到电极表面，可以获得同构电化学分析中的信号，而且同构反应避免了分离和洗涤步骤，具有有效成本低与放大效率高的特性。

(1) 电活性指示剂信号分子

由于 MB/dsDNA 复合物的表观扩散速率低于游离 MB 扩散速率，因此与 ssDNA 相比，MB 与 dsDNA 的结合表现出更高的亲和力，从而大大降低了 MB 在均相溶液中的扩散电流。通过利用这种独特的性能，MB 可以很容易地用作制造均质无标记电化学生物传感器的电化学指示剂。

Hsieh 等[56] 通过监控使用一组集成电极将结合 DNA 的 MB 分子插入新形成的扩增子中所导致的氧化还原电流的降低，从而实现对病原体 DNA 的实时定量分析。

如前所述，在有血红素存在的情况下，重复的富含鸟嘌呤的结构序列可以折叠成 G-四链体/血红素复合物。有趣的是，相对于血红素，MB 表现出良好的竞争结合能力，以稳固人工 G-四链体序列，同时在均相溶液相互作用后，MB 的扩散电流显著降低，这使得 dsDNA 的结合机制与通过插入的 MB 有所不同。基于此，Li 等[57] 研发了一种无标记和无酶的均相电化学生物传感策略，可通过将 MB 插入长双链 DNA 链和 G-四链体中，并基于 HCR 放大，来实现对 miRNA 的灵敏测定。如图 8.14(a) 所示，HP1 和 HP2 在溶液中保持其发夹结构，直到引入靶标 miRNA。然后，自由的 MB 分子被锁定到掺入 G-四链体的双链 DNA 链的 HCR 产物中，导致带负电荷的 ITO 电极表面上的 MB 显著减少。这有效地避免了复杂的标记、电极修饰和探针固定步骤，从而提高了灵敏度和可重复性。此外，使用 MB 作为 G-四链体结合探针和 ITO 作为工作电极，将制造出一种简单的无标记电化学生物传感器以用来检测端粒酶活性。(TTAGGG) 的重复序列在端粒酶的作用下，在端粒酶底物引物上延伸，形成了具有大量 MB 的多个 G-四链体。通过测量降低了的 MB 扩散电流，可以在 10～10000 HeLa 细胞范围内灵敏地评估端粒酶活性，检测极限为 3 个细胞。最近，G-quadruplex/MB 电化学系统已成功应用于利用 DNA 聚合/刻痕机进行信号放大的均质无标记分子逻辑门中，这为设计和开发智能生物计算和生物传感系统提供了一个通用平台。除了 MB 之外，氯化六胺钌 (Ⅲ)($[Ru(NH_3)_6]^{3+}$，RuHex) 也广泛用于构建基于均质 DNA 的电化学生物传感器，因为带正电荷的 RuHex 可以通过静电相互作用容易地与带负电荷的 DNA 结合。而且，当 RuHex 接近电极表面时，可以直接检测到 RuHex 的氧化还原信号。Li 等[58] 基于目标触发的 RuHex 释放和氧化还原循环，构建了一个无标记和无酶比率的均相电化学 miRNA 生物传感平台。如图 8.14(b) 所示，$[Ru(NH_3)_6]^{3+}$ 首先被捕获到带正电的介孔二氧化硅纳米粒子 (PMSN) 中，然后被与目标 miRNA 互补的 ssDNA 所覆盖。同时，$[Fe(CN)_6]^{3+}$ 被选择作为另一种电活性探针，以促进 Ru(Ⅲ) 的氧化还原循环。目标 miRNA 触发，使 Ru(Ⅲ) 的释放，Ru 被快速地 (电) 还原为 Ru(Ⅱ)。然后，现场生成的 Ru(Ⅱ) 被 Fe(Ⅲ) 氧化为 Ru(Ⅲ)，导致 I_{Ru}(Ⅲ)/I_{Fe}(Ⅲ) 值明显提高，从而在双信号比例模式下实现了均质的无标记 miRNA 的电化学生物传感。最近，基于双信号放大策略，将 TDT 酶促放大与 Ru(Ⅲ) 氧化还原循环相结合，实现了无标记和无固定化的电化学磁生物传感器，以对基因组 DNA 中的 5-羟甲基胞嘧啶 (5-hmC) 进行灵敏定量。TDT 催化 dNTP

在 DNA 的 3′-羟基末端重复添加以生成更长的 DNA 序列，从而为$[Ru(NH_3)_6]^{3+}$的静电结合提供了更多的磷酸盐骨架。$[Ru(NH_3)_6]^{3+}$的放大电催化电流是通过在电化学还原的 Ru(Ⅱ) 与过量的$[Fe(CN)_6]^{3-}$之间进行电催化循环而实现的，在 HeLa 细胞和 HEK 293T 细胞中，它已成功地用于 5-hmC(5-hydroxymethylcytosine，5-羟甲基胞嘧啶) 的准确定量测量。

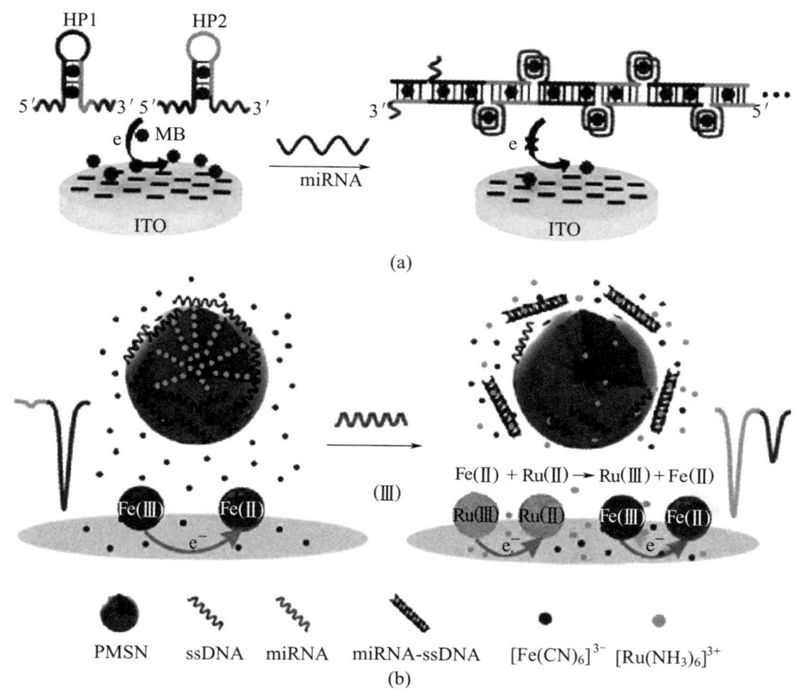

图 8.14　使用电活性指示剂作为信号分子的基于均质 DNA 的无标记电化学生物传感器

(a) 基于 MBR 作为信号分子和 ITO 作为工作电极的基于 miRNA 分析的 HCR 放大的无标记和无酶均质电化学方法；(b) 基于目标触发的 Ru(Ⅲ) 释放和氧化还原循环的比例均质无标记电化学 miRNA 生物传感器

(2) DNA 酶

DNA 酶的结合产物表现出对 H_2O_2 介导的氧化的催化行为，导致电化学信号的产生。Zhang 等[59] 首先开发了一种无标记的均质电化学适体传感器，该传感器使用含有抗可卡因适体和过氧化物酶模拟 DNA 酶序列的功能性 DNA 发夹来检测可卡因。如图 8.15(a) 所示，当可卡因与适体结合时，G-四链体被释放并与血红素执行活性催化，这催化了氢醌 (HQ) 与 H_2O_2 之间的反应，从而产生了电化学信号。这种巧妙的无标记均质电化学适体传感器显示出优异的性能，例如低成本、易于操作、快速检测和高重复性。随后，他们提出了一种报告触发的等温指数放大反应 (R-EXPAR) 策略，以创建 G-四链体序列，用于构建均质的无标记电化学生物传感器，从而实现核酸的超灵敏检测。此外，Tang 等[60] 基于目标诱导的 DNA 酶-受体偶联物形成，设计了一种无需样本标记、分离与冲洗的同质电化学的类 Ω 的 DNA 纳米结构来对三磷酸腺苷 (ATP) 进行检测 [图 8.15(b)]。在该测定中，ATP 触发 Ω-DNA 纳米结构打开，从而使带有血红素的 G-四链体结构形成，以借助 H_2O_2 催化邻苯二胺的氧化。产生的电化学信号与浓度 ATP 成正比。此外，将血红素作为电化学指示剂，它选择性地插入由邻近杂交触发的等温指数放大所产生的 G-四链体中，导致了电化学信号明显下降，实现了对 CEA 的灵敏检测，检出限为 3.4fg/mL。

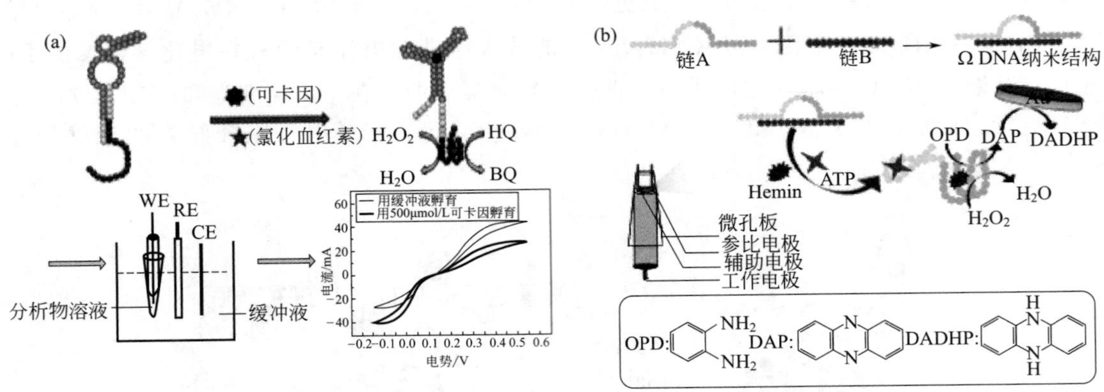

图 8.15　均质的无标记的电化学适体传感器，采用了（a）适体-DNA 酶发夹，催化 HQ 以检测可卡因[59]；（b）类 Ω 的 DNA 酶-适体共轭，催化 OPD 以检测 ATP[60]

表 8.3 对基于均质 DNA 的无标记电化学生物传感器进行了比较。通常，与异构生物传感器相比，均质的无标记的电化学生物传感的策略更简单、更具成本优势、响应速度更快且识别效率更高。然而，由于接近电极时电活性物质的扩散率降低，基于 DNA 的均质的无标签生物传感器通常受到灵敏度低的固有缺陷的约束。简而言之，无固定化、无标记的电化学 DNA 生物传感的发展仍然是未来研究的热点。

表 8.3　基于均质 DNA 的无标记电化学生物传感器的比较

策略	检测法	分析物	检测极限	重现性
通过 HCR 将 MB 选择性地插入 dsDNA 与多个 G-四链体组件	DPV	miRNA	1pmol/L	RSD=2.85%（200pmol/L）
金配位发夹 DNA（Ag-coordinated hairpin DNA）的等温循环信号放大策略	SWASV	丙型肝炎病毒	2.3pmol/L	RSD=9.31%（0.05nmol/L）
微流体电化学定量的环介导的等温放大	SWV	致病性 DNA	4fg/mL	
MB 作为 G-四链体结合探针	DPV	端粒酶活性	3 个细胞	RSD=0.15%（100 细胞）
G-四链体/MB 复合物	SWV	可卡因	5μmol/L	
使用 DNA 聚合/切口机进行信号放大的分子逻辑门	DPV	DNA	0.1pmol/L	
目标触发的 RuHex 释放和氧化还原回收	DPV	miRNA	33amol/L	
TDT 酶促放大和 RuHex 氧化还原循环	DPV	DNA 5-羟甲基胞嘧啶	9.06fmol/L	RSD=3.5%（100pmol/L）
将可卡因适体和过氧化物酶模拟 DNA 酶整合到一个单链 DNA 发夹中	CV	可卡因	1μmol/L	
报告者触发的等温 EXPAR 策略	CV	DNA	1pmol/L	RSD<11.1%
目标触发在类 Ω 的 DNA 纳米结构上形成的 DNA 酶-适体的缀合物	SWV	ATP	0.6pmol/L	
邻近杂交触发等温 EXPAR 诱导的 G-四链体形成	DPV	CEA	3.4fg/mL	RSD=3.7%

参考文献

[1] Lan M, Guo Y, Zhao Y, et al. Multi-residue detection of pesticides using a sensitive immunochip assay based on nanogold enhancement [J]. Anal Chim. Acta, 2016, 938: 146-155.

[2] Bala R, Mittal S, Sharma R K, et al. A supersensitive silver nanoprobe based aptasensor for low cost detection of malathion residues in water and food samples [J]. Spectrochim. Acta A Mol Biomol Spectrosc, 2018, 196: 268-273.

[3] Wang S, Su L, Wang L, et al. Colorimetric determination of carbendazim based on the specific recognition of aptamer and the poly-diallyldimethylammonium chloride aggregation of gold nanoparticles [J]. Spectrochim Acta A Mol Biomol Spectrosc, 2020, 228: 117809.

[4] Ye T, Yin W, Zhu N, et al. Colorimetric detection of pyrethroid metabolite by using surface molecularly imprinted polymer [J]. Sensor. Actuator B Chem, 2018, 254 : 417-423.

[5] Zhang C, Du P, Jiang Z, et al. A simple and sensitive competitive bio-barcode immunoassay for triazophos based on multi-modified gold nanoparticles and fluorescent signal amplification [J]. Anal Chim Acta, 2018, 999 : 123-131.

[6] Liao Y, Cui X, Chen G, et al. Simple and sensitive detection of triazophos pesticide by using quantum dots nanobeads based on immunoassay [J]. Food Agric Immunol, 2019, 30: 522-532.

[7] Zhang D, Liang P, Yu Z, et al. Self-assembled "bridge" substance for organochlorine pesticides detection in solution based on surface enhanced Raman scattering [J]. J Hazard Mater, 2020, 382: 121023.

[8] Sun Y, Li Z, Huang X, et al. A nitrile-mediated aptasensor for optical anti-interference detection of acetamiprid in apple juice by surface-enhanced Raman scattering [J]. Biosens Bioelectron, 2019, 145: 111672.

[9] Nie Y, Teng Y, Li P, et al. Label-free aptamer-based sensor for specific detection of malathion residues by surface-enhanced Raman scattering [J]. Spectrochim Acta A Mol Biomol Spectrosc, 2018, 191: 271-276.

[10] Li Y, Liu L, Kuang H, et al. Preparing monoclonal antibodies and developing immunochromatographic strips for paraquat determination in water [J]. Food Chem, 2020, 311: 125897.

[11] Zhang Q, Qu Q, Chen S, et al. A double-label time-resolved fluorescent strip for rapidly quantitative detection of carbofuran residues in agro-products [J]. Food Chem, 2017, 231: 295-300.

[12] Li X, Yang T, Song Y, et al. Surface-enhanced Raman spectroscopy (SERS) -based immunochromatographic assay (ICA) for the simultaneous detection of two pyrethroid pesticides [J]. Sensor Actuator B Chem, 2019, 283: 230-238.

[13] Cheng N, Shi Q, Zhu C, et al. Pt-Ni $(OH)_2$ nanosheets amplified two-way lateral flow immunoassays with smart-phone readout for quantification of pesticides [J]. Biosens Bioelectron, 2019, 142: 111498.

[14] Cheng N, Song Y, Fu Q, et al. Aptasensor based on fluorophore-quencher nano-pair and smartphone spectrum reader for on-site quantification of multi-pesticides [J]. Biosens Bioelectron, 2018, 117: 75-83.

[15] Erez-Fern'andez B P', Mercader J V, Abad-Fuentes A, et al. Direct competitive immunosensor for Imidacloprid pesticide detection on gold nanoparticle-modified electrodes [J]. Talanta, 2020, 209: 120465.

[16] Mehta J, Bhardwaj N, Bhardwaj S K, et al. Graphene quantum dot modified screen printed immunosensor for the determination of parathion [J]. Anal Biochem, 2017, 523: 1-9.

[17] Xu G, Huo D, Hou C, et al. A regenerative and selective electrochemical aptasensor based on copper oxide nano-flowers-single walled carbon nanotubes nanocomposite for chlorpyrifos detection [J]. Talanta, 2018, 178: 1046-1052.

[18] Madianos L, Skotadis E, Tsekenis G, et al. Impedimetric nanoparticle aptasensor for selective and label free pesticide detection [J]. Microelectron Eng, 2018, 189: 39-45.

[19] Feng S, Li Y, Zhang R, et al. A novel electrochemical sensor based on molecularly imprinted polymer modified hollow N, S-Mo_2C/C spheres for highly sensitive and selective carbendazim determination [J]. Biosens Bioelectron, 2019, 142: 111491.

[20] Zhang W, Liu C, Han K, et al. A signal on-off ratiometric electrochemical sensor coupled with a molecular imprinted polymer for selective and stable determination of imidacloprid [J]. Biosens Bioelectron, 2020, 154: 112091.

[21] Amatatongchai M, Sroysee W, Sodkrathok P, et al. Novel three-dimensional molecularly imprinted polymer-coated carbon nanotubes (3D-CNTs@ MIP) for selective detection of profenofos in food [J]. Anal Chim Acta, 2019, 1076: 64-72.

[22] Gooding J J, Darwish N. The rise of self-assembled monolayers for fabricating electrochemical biosensors--an interfacial perspective [J]. Chem Rec, 2012, 12: 92-105.

[23] Dharuman V, Hahn J H. Effect of short chain alkane diluents on the label free electrochemical DNA hybridization discrimination at the HS-ssDNA/diluent binary mixed monolayer in presence of cationic intercalators [J]. Sens Actuators, B, 2007, 127: 536-544.

[24] Dharuman V, Hahn J H. Label free electrochemical DNA hybridization discrimination effects at the binary and ternary mixed monolayers of single stranded DNA/diluent/s in presence of cationic intercalators [J]. Biosens Bioelectron, 2008, 23: 1250-1258.

[25] Que H, Zhang D, Guo B, et al. Label-free and ultrasensitive electrochemical biosensor for the detection of EBV-related DNA based on AgDNCs@DNA/AgNCs nanocomposites and lambda exonuclease-assisted target recycling [J]. Biosens Bioelectron, 2019, 143: 111610.

[26] Zangeneh M M, Norouzi H, Mahmoudi M, et al. Fabrication of a novel impedimetric biosensor for label free detection of DNA damage induced by doxorubicin [J]. Int J Mol Sci, 2019, 124: 963-971.

[27] Han S, Liu W, Zheng M, et al. Label-free and ultrasensitive electrochemical DNA biosensor based on urchinlike carbon nanotube-gold nanoparticle nanoclusters [J]. Anal Chem, 2020, 92: 4780-4787.

[28] Yagati A K, Behrent A, Beck S, et al. Laser-induced graphene interdigitated electrodes for label-free or nanolabel-enhanced highly sensitive capacitive aptamer-based biosensors [J]. Biosens Bioelectron, 2020, 164: 10.

[29] Chang J, Wang X, Wang J, et al. Nucleic acid-functionalized metal-organic framework-based homogeneous electrochemical biosensor for simultaneous detection of multiple tumor biomarkers [J]. Anal Chem, 2019, 91: 3604-3610.

[30] Feng Y, Cai S, Xiong G, et al. Sensitive detection of DNA lesions by bulge-enhanced highly specific coamplification at lower denaturation temperature polymerase chain reaction [J]. Anal Chem, 2017, 89: 8084-8091.

[31] Niu C, Xu Y, Zhang C, et al. Ultrasensitive single fluorescence-labeled probe-mediated single universal primer-multiplex-droplet digital polymerase chain reaction for high-throughput genetically modified organism screening [J]. Anal Chem, 2018, 90: 5586-5593.

[32] Wang F, Zhu L, Liu B, et al. Noninvasive and accurate detection of hereditary hearing loss mutations with buccal swab based on droplet digital PCR [J]. Anal Chem, 2018, 90: 8919-8926.

[33] Xu M, Ye J, Yang D, et al. Ultrasensitive detection of miRNA via one-step rolling circle-quantitative PCR (RC-qPCR) [J]. Anal Chim Acta, 2019, 1077: 208-215.

[34] Wu Y, Choi N, Chen H, et al. Performance evaluation of surface-enhanced Raman scattering-polymerase chain reaction sensors for future use in sensitive genetic assays [J]. Anal Chem, 2020, 92: 2628-2634.

[35] Vanni I, Coco S, Truini A, et al. Next-generation sequencing workflow for NSCLC critical samples using a targeted sequencing approach by Ion Torrent PGM platform [J]. Int J Mol Sci, 2015, 16: 28765-28782.

[36] Shahsiah R, DeKoning J, Samie S, et al. Validation of a next generation sequencing panel for detection of hotspot cancer mutations in a clinical laboratory [J]. Pathol, Res Pract, 2017, 213: 98-105.

[37] Luo L Q, Zhang Z, Ding Y P, et al. Label-free electrochemical impedance genosensor based on 1-aminopyrene/graphene hybrids [J]. Nanoscale, 2013, 5: 5833-5840.

[38] Gao Z, Deng H, Shen W, et al. A label-free biosensor for electrochemical detection of femtomolar microRNAs [J]. Anal Chem, 2013, 85: 1624-1630.

[39] Urbanová V, Jayaramulu K, Schneemann A, et al. Hierarchical porous fluorinated graphene oxide@metal-organic gel composite: Label-free electrochemical aptasensor for selective detection of thrombin [J]. ACS Appl Mater Interfaces, 2018, 10: 41089-41097.

[40] Wang H F, Ma R N, Sun F, et al. A versatile label-free electrochemical biosensor for circulating tumor DNA based on dual enzyme assisted multiple amplification strategy [J]. Biosens Bioelectron, 2018, 122: 224-230.

[41] Wang Q, Zheng H, Gao X, et al. A label-free ultrasensitive electrochemical aptameric recognition system for protein assay based on hyperbranched rolling circle amplification [J]. Chem Commun, 2013, 49: 11418-11420.

[42] Chen X, Hong C Y, Lin Y H, et al, Enzyme-free and label-free ultrasensitive electrochemical detection of human immunodeficiency virus DNA in biological samples based on long-range self-assembled DNA nanostructures [J]. Anal Chem, 2012, 84: 8277-8283.

[43] Xu J, Jiang J, Su J, et al. Background current reduction and biobarcode amplification for label-free, highly sensitive

electrochemical detection of pathogenic DNA [J]. Chem Commun, 2012, 48: 3309-3311.

[44] He H, Xia J, Peng X, et al. Facile electrochemical biosensor based on a new bifunctional probe for label-free detection of CGG trinucleotide repeat [J]. Biosens Bioelectron, 2013, 49: 282-289.

[45] Wu L, Ji H, Sun H, et al. Label-free ratiometric electrochemical detection of the mutated apolipoprotein E gene associated with alzheimer's disease [J]. Chem Commun, 2016, 52: 12080-12083.

[46] Cui L, Wang M, Sun B, et al. Substrate-free and label-free electrocatalysis-assisted biosensor for sensitive detection of microRNA in lung cancer cells [J]. Chem Commun, 2019, 55: 1172-1175.

[47] Yu Y, Chen Z, Shi L, et al. Ultrasensitive electrochemical detection of microRNA based on an arched probe mediated isothermal exponential amplification [J]. Anal Chem, 2014, 86: 8200-8205.

[48] Yuan Y, Chai Y, Yuan R, et al. An ultrasensitive electrochemical aptasensor with autonomous assembly of hemin-G-quadruplex DNAzyme nanowires for pseudo triple-enzyme cascade electrocatalytic amplification [J]. Chem Commun, 2013, 49: 7328-7330.

[49] Kou B B, Zhang L, Xie H, et al. DNA enzyme-decorated DNA nanoladders as enhancer for peptide cleavage-based electrochemical biosensor [J]. ACS Appl Mater Interfaces, 2016, 8: 22869-22874.

[50] Qian Y, Gao F, Du L, et al. A novel label-free and enzyme-free electrochemical aptasensor based on DNA in situ metallization [J]. Biosens Bioelectron, 2015, 74: 483-490.

[51] Liu L, Chang Y, Xia N, et al. Simple, sensitive and label-free electrochemical detection of microRNAs based on the in situ formation of silver nanoparticles aggregates for signal amplification [J]. Biosens Bioelectron, 2017, 94: 235-242.

[52] Yang C, Shi K, Dou B, et al. In situ DNA-templated synthesis of silver nanoclusters for ultrasensitive and label-free electrochemical detection of microRNA [J]. ACS Appl Mater Interfaces, 2015, 7: 1188-1193.

[53] Cao X, Cao X, Guo H, et al. Piezotronic effect enhanced label-free detection of DNA using a schottky-contacted ZnO nanowire biosensor [J]. ACS Nano, 2016, 10: 8038-8044.

[54] Wang Y, He X, Wang K, et al. A label-free electrochemical assay for methyltransferase activity detection based on the controllable assembly of single wall carbon nanotubes [J]. Biosens Bioelectron, 2013, 41: 238-243.

[55] Su S, Zou M, Zhao H, et al. Shape-controlled gold nanoparticles supported on MoS_2 nanosheets: Synergistic effect of thionine and MoS_2 and their application for electrochemical label-free immunosensing [J]. Nanoscale, 2015, 7: 19129-19135.

[56] Hsieh K, Patterson A S, Ferguson B S, et al. Rapid, sensitive, and quantitative detection of pathogenic DNA at the point of care through microfluidic electrochemical quantitative loop-mediated isothermal amplification [J]. Angew Chem, Int Ed, 2012, 51: 4896-4900.

[57] Yuan F, Ding L, Li Y, et al. Multicolor fluorescent graphene quantum dots colorimetrically responsive to all-pH and a wide temperature range [J]. Nanoscale, 2015, 7: 11727-11733.

[58] Gai P, Gu C, Li H, et al. Ultrasensitive ratiometric homogeneous electrochemical microRNA biosensing via target-triggered Ru (Ⅲ) release and redox recycling [J]. Anal Chem, 2017, 89: 12293-12298.

[59] Zhang D W, Nie J, Zhang F T, et al. Novel homogeneous label-free electrochemical aptasensor based on functional DNA hairpin for target detection [J]. Anal Chem, 2013, 85: 9378-9382.

[60] Liu B, Zhang B, Chen G, et al. An omega-like DNA nanostructure utilized for small molecule introduction to stimulate formation of DNAzyme-aptamer conjugates [J]. Chem Commun, 2014, 50: 1900-1902.

第9章 场效应晶体管生物传感器

场效应晶体管（field-effect transistor，FET），简称场效应管，是一种采用电场控制电流的晶体管，典型的FET有三个端子：源极、栅极和漏极，漏极和源极间的电流由栅极电压控制。经过近半个世纪，场效应晶体管的原理、技术与应用都得到了长足的发展，成为制造检测包括DNA、核酸及蛋白质等在内的生化分析物的重要元件。本章我们首先从电路的视角进一步讨论FET的检测原理，其次介绍并讨论用于生物素特异性检测的高灵敏度石墨烯场效应管传感器以及感测血清样品中唾液酸的场效应管传感器，最后介绍FET的应用。

9.1 生化FET传感器检测原理

场效应晶体管检测技术是一种电位检测技术，因其小型化、并行感测、响应速度快以及与电子制造技术的无缝集成的优势而备受关注。离子敏FET(ion-sensitive FET，ISFET)的概念源自金属氧化物半导体FET(metal-oxide-semiconductor FET，MOSFET)，人们认识到，可以通过去除栅极上的金属并将下面的栅极氧化物与参比电极一起插入水溶液中来检测离子。鉴于氢离子的重要性，大多数早期研究都集中在通过实验和建模发展对其进行检测，而最近的研究则在各种用于检测生物分子相互作用（反应）的栅极修饰技术。

有趣的是，类似于ISFET技术的涂层线电极是在1971年发明的，它旨在简化需要内部填充溶液与离子选择膜（ion-selective membrane，ISM）的离子选择电极（ion-selective electrode，ISE）。涂层线列排既可以由金属线又可以直接由涂有ISM的圆盘电极组成。与传统的ISE相比，是一个更为简单、更小、更便宜且坚固的传感器，并采用高阻抗电压表测量相对于参考电极的电位，系统中没有额外的电位降，在理想情况下，运行电流为零。而测得的电位是许多界面电位的总和，但只有样品和栅极材料之间的界面电位会根据目标分析物的活性而变化。该原理也适用于FET传感器。事实上，电压表的输入端只是一个场效应管，与传统的电位器相比，只有周围的电路和偏置不同。另外使用的电极不同，但原因大多是实用性的。

许多不同的FET传感器结构和感测材料，结合不同的目标分析物，产生了不同的传感器系统组合。这些系统共享相同的整体结构，如图9.1所示。从样品中获得的信息对应于目标分析物的浓度/活性或生物分子的存在/数量，它通过场效应转换为电信号。然后，信号可以被放大、处理和显示或发送到云端，这取决于具体的应用。

9.1.1 生化FET传感器及其结构

通用生物化学传感器的简化电位图如图9.2所示，它表达了理解基本检测原理所需的必要信息。观察到的响应源自留在感测表面的电荷σ_0。该电荷在其两侧为电容，电容分别表示为双层电容和传感器（即FET）电容，即为C_{DL}和C_{FET}的并联，其中后者包括栅极氧化物电容C_{OX}和耗尽层电容C_b。感测表面的电位变化可以近似为

$$\Psi_0=\frac{\Delta\sigma_0}{C_{DL}+C_{FET}} \tag{9.1}$$

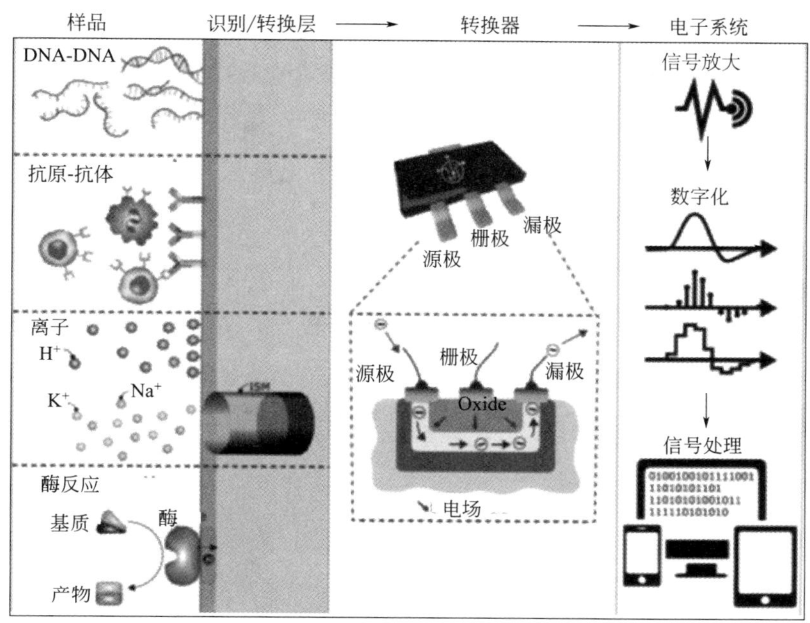

图 9.1　生化 FET 传感器示意图

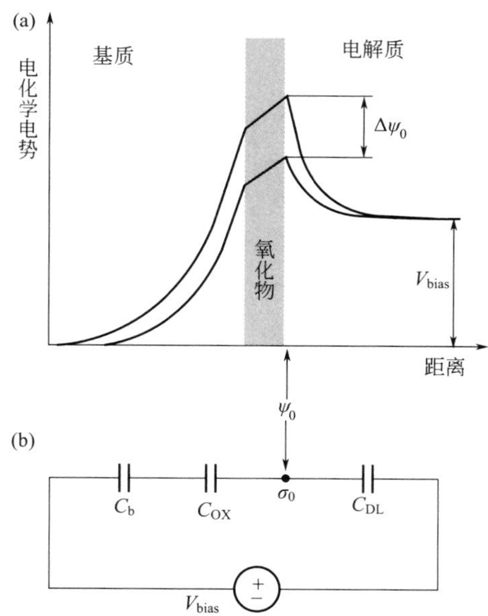

图 9.2　(a) 以氧化物为界面材料的电化学电池的简化模型的电位。在界面处的表面上的电荷产生了一个电位偏移，用 $\Delta\Psi_0$ 表示。在电解质溶液和半导体区域都观察到德拜筛选 (Debye screening) 效应。(b) 传感器的等效电路模型，其中C_{DL}、C_{OX}、C_b 分别是双层电容、栅极氧化电容和耗尽电容。界面电荷σ_0 由两侧的电容共享

根据晶体管偏置，这些电容中的任何一个都可以占主导地位。在弱反转中，C_b 显然会更小并决定整体传感器电容，与强反转相比，C_b 可以省略并且与 C_{OX} 是相关的[1]。在任一

情况下，这些电容通常明显小于双层电容，它可以从式(9.1）中省略。因此，我们可以得出结论，在这些情况下，晶体管电容对传感界面的灵敏度的影响可以忽略不计。

为了更深入地理解其感测机理，可将生化物传感器分解为若干个独立的部分。这是因为：感测表面的电荷会改变氧化物电场，从而改变电极外表面的电位；这种电位变化随后会改变半导体漏电流。后者仅仅是 FET 的跨导效应。

与更传统的 FET 传感器相比，纳米级优势在于：感测表面的电荷会改变氧化物电场，从而改变电极外表面的电位。以上两种特性是由电极-电解质界面特性决定的，其中反离子屏蔽是最突出的因素。以下，我们将讨论各种 FET 传感器结构。

(1）未修饰的 CMOS 中的 ISFET

ISFET 传感器发展的一个重要环节是应用未经修饰的 CMOS 工艺来创建 pH 感测阵列。现在 CMOS 工艺高度稳健且经过了优化，可显著实现可扩展性与低功耗，使其成为手持传感设备的理想技术。

未修饰的 ISFET 变体是将金属栅极扩展到芯片的顶层，而在该栅极的顶部的第二层沉积钝化层。这种方法允许对未修饰的 CMOS 进行处理，以将该层用于 pH 感测。这种结构如图 9.3(b) 所示。

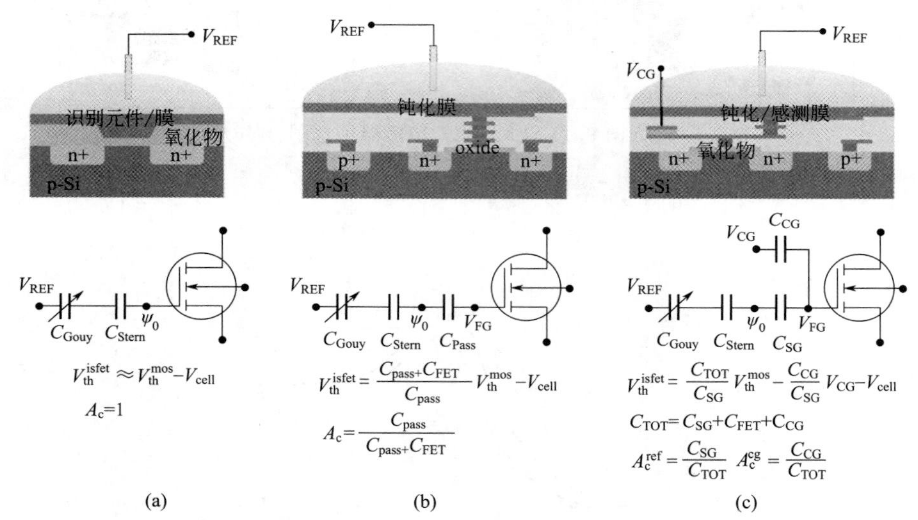

图 9.3　不同的 FET 传感器结构

(a) 去除栅极金属并在栅极顶部沉积可选识别元件/膜的常规结构；(b) 未修饰的 CMOS pH ISFET，其中玻璃钝化层用作感测层；(c) 控制栅极辅助 FET 调整操作点以及表面和流体部分的充电。由于电容分压，基于输入端附加串联电容器的结构会降低灵敏度。这些是作为衰减系数给出的，用A_c表示

CMOS 工艺中常用的玻璃钝化层是双层 SiO_2-Si_3N_4。与图 9.3(a) 中所示的原始设计相比，该层创建了一个额外的串联电容器，从而在输入处形成了限制灵敏度的电容部分。此外，该层在整个芯片上延伸时会产生定义不明的感应电容，而且该层通常比采用自由选择的设计厚得多。Sohbati 等[2-3] 经过对传感元件几何形状（例如尺寸和形状）以及技术对传感器性能的影响的分析，发现寄生电容耦合对传感器的性能将产生影响。此外，由于钝化层内俘获了电荷，用于感测的钝化层产生了阈值变化。尽管存在上述缺点，但使用未修饰的 CMOS 工艺大大提高了可靠性并可以大规模制造，而将其应用于潮湿环境之前也需要封装线和电子部件。由此产生的设备在 pH 测量应用中非常成功，例如扩增核酸的实时检测和下一代基因组测序。

（2）浮动栅 FET 传感器（floating-gate FET sensor）

Shen、Barbaro、Jayant 等多个研究团队[4-10] 对具有附加控制栅极的浮动栅结构的离子敏进行了研究。FGFET（floating-gate FET）具有两个栅极，其中一个栅极用作感测栅极，另一个用作控制栅极，如图 9.3(c) 所示。电气上，两个栅极都具有类似的操作，并且它们通过电容耦合到公共浮动栅极。这些栅极中任何一个的电位变化都会调制浮动栅极电位。在化学感测中，一个栅极保留用于控制，同时也可用于偏置，而另一个用作感测栅极，用于产生来自所需目标的响应。

Barbaro 等[5-6,11] 对采用控制栅极对检测 DNA 分子内在负电荷以进行 FET 调制进行了研究。Barbaro 等认为，带电的 DNA 分子会在不存在参比电极的情况下在浮动栅处引起阈值电压的变化。事实上，多项研究已经在不使用参比电极的情况下实现了成功检测。然而，这是在干燥条件下完成的；若在潮湿环境下将出现显著的不稳定性，这很可能是由于探针和电解质溶液都处于浮动电位。

最近的研究表明，可以使用控制栅极辅助调制浮动栅极处的电荷来对表面电荷进行编程，这种传感器装置可用于 pH 和 DNA 测定。后者是在三种不同的读出模式下实现的，其中一种没有参比电极。在所有模式中，所实现的表面电位变化在某种程度上比通常报道的要大。其原因尚不完全清楚，但据推测，改变感应氧化物电场的能力会导致反离子去屏蔽。通过模拟一般的绝缘体上硅器件也得出了类似的结论。此外，当分析物附近的电场为零时，发现检测最灵敏。一种可能的解决方案是将带电基团带到绝缘体表面附近以优化界面电荷。使用所讨论的结构的另一个可能更好的解决方案是使用电场调制。这种特性称为电流门控，并且被认为在理论上是可行的。

（3）扩展栅极 FET 传感器

为了构建一般的生物化学传感器，与传统 ISFET 和涂层导线相似的最直接的 FET 结构是扩展栅极 FET（extended-gate FET，EGFET）。与其他 FET 结构相比，这种优势来自干湿环境的分离。在该结构中，感测焊盘延伸至芯片外，且仅芯片外感测焊盘浸入溶液中。因此，设备制造起来更简单，方便后处理，因为其表面可以独立于换能器（传感器）。然而，虽然对于许多原位测量而言，可扩展性已足够，但电子设备和传感区域之间的走线不能像使用 CMOS 制造工艺那样用印刷电路板技术制造得那么紧凑。与涂线技术相比，EGFET 将信号从高阻抗环境转换为低阻抗环境，在物理上更靠近界面，无需电磁屏蔽。

最近，这种看似简单的结构已被用于不同的感测概念中，即用现成的组件来展示 pH 感测性能，并在牛身上进行了酶联免疫吸附测定（ELISA），以检测特定的 BHV-1 抗体。

扩展栅极结构也已用于通过微制造传感垫测量细胞外 K^+ 浓度。基于适体-探针的无标记扩展栅极传感器已用于监测替诺福韦药物浓度，目的是将其保持在治疗范围内。具有多用途扩展栅极平台的手持式集成设备也用于临床。此外，扩展栅极金垫已用于 DNA 检测，并作为胆固醇检测的酶传感器。

（4）双栅极 FET 传感器

双栅极 ISFET（double-gate ISFET，DG-ISFET）具有与前面描述的 FGFET 传感器类似的结构。它主要用于 pH 感测，旨在利用薄膜晶体管、SiNW FET 和 CMOS 技术。

DG-ISFET 结构（图 9.4）采用额外的背栅，从而增加了传感器响应的斜率。这是由通常薄的顶栅和厚底栅间的电容耦合引起的。事实上，一些研究表明，尽管阈值偏移（从背栅测量）有所增强，但传感器在液栅处提供了明显的亚能斯特斜率。这些测量是通过扫描背栅并记录由顶栅处的化学识别产生的阈值偏移来完成的。这只是意味着顶栅的电位偏移需要通过背栅的偏移来补偿，以便电流返回到化学反应之前的水平。因此，如果背栅弱耦合，则需要很大的电位给予补偿。

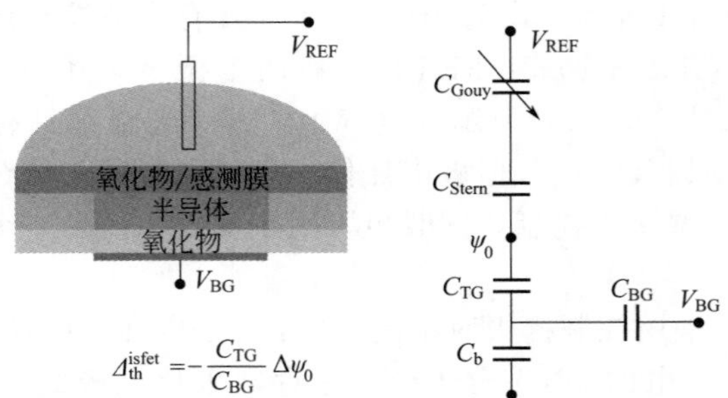

图 9.4　DG-ISFET 及其对应的等效电路。pH 斜率增加（作为背栅阈值偏移测量）是由于两个栅极之间电容耦合的差异

最近，超薄体的使用提高了正在研究的 DG-ISFET 的灵敏度，并且由于更少的泄漏分量而抑制了漂移。在 CMOS 中实现的 DG-ISFET 显示出 pH 灵敏度和信噪比（SNR）的提高，并降低了漂移和迟滞。然而，传感器需要后处理，通过打开晶体管的背面并沉积高介电常数的电介质来创建隔离的感测栅极。双栅的定量测量得到了如下改进：155 倍 SNR 的提高（根据功率谱密度估计），53 倍漂移率和 3.7 倍迟滞的降低，以及 7.5 倍灵敏度的提高。

9.1.2　固体电解质界面

(1) 界面的稳定性

ISFET 通常用氧化物作为感测层来制造。这些传感器具有单调漂移性，这归因于氧化层中的掩埋位点。当传感器暴露在溶液中时，这种漂移通常最强，之后电位响应开始稳定。由于氢离子扩散到氧化物中，掩埋位点缓慢质子化/去质子化，导致漂移。漂移补偿技术包括校正算法、直接硬件前端解决方案和参比电极的电位切换。

对 ISFET 的另一个影响是 1/f 噪声，它表现为长时间间隔内随机波动引起的漂移。通过未修饰的 CMOS 工艺制造的 ISFET，比相同芯片上的相应 MOSFET 呈现出明显更多的 1/f 噪声。相反，已发现 ISFET 中的 1/f 噪声由 FET 部件本身主导，并且噪声对漏极电流的依赖性类似于 MOSFET。

此外，还发现了参比电极的漏电流产生了显著漂移和 1/f 噪声。由于器件或测量设置的寄生路径，这些电流会影响运行。考虑到基本的电位设置，正常工作的参比电极和感测电极应该不会导致电流泄漏，但是，如果该电流存在且不流经栅极，则在浸入溶液中的传感器的参比电极与其他电极之间必须存在寄生电流路径。泄漏电流可能会导致严重的实验伪影甚至电解，这取决于应用于系统的电解质成分和电位。有趣的是，一项研究报告了参比电极的漏电流与漂移方向之间的相关性。通过测量这种泄漏，可以至少部分地预测和补偿漂移。

在大多数基于 FET 的传感应用中，一个被广泛忽视的问题是需要稳定的参比电极。参比电极应在运行期间提供恒定和稳定的电位，因为无法将它与可检测化学电位的变化相区分。迄今为止，参比电极仍然体积庞大且通常易碎。然而，最近使用覆盖有 KCl 盐和聚合物混合物的 Ag/AgCl 元件具有了良好的性能。该参比电极在 0.1mol/L KCl 中保持在 ±0.5mV 范围内超过两个月，并且对电解质浓度的变化具有很高的稳定性。

(2) 扩展性

扩展性非常重要，因为它们可以指导设计出结构正确的微型传感器。在生物传感器中，电极尺寸对整体响应的影响尚不清楚。通常认为微型电极在纳米尺度上具有更好的灵敏度，而电位装置的典型尺寸被认为是无法扩展的。许多分析物在实际样品中以极低的含量存在，在低容量中测量低浓度本身就是一个挑战，一些报道的极低检测限受到质疑。这是由于带电复合物不可能找到用于结合的传感表面，因为理论上预测的结合时间尺度可能是几天的数量级。

可用随机微分方法来分析扩展律，其中概率分布为时间的函数。与常规看法相反，感测电极的尺寸减小被认为会显著降低可实现的 SNR 和动态范围，并且过度减小尺寸而获得的整体益处也被质疑。

SiNW 传感器的实验表明，小直径的纳米线可提高灵敏度，而平行线数量的增加会降低灵敏度。然而，基于 CMOS 的建模研究发现增加每个点的像素数产生了明显优势，即检测限和分辨率得到提高，而不会显著影响 SNR 或灵敏度。结合这些结果，似乎表明，利用各种各样的生物传感器和研究它们的方法很难得出一般性的结论。

然而，对于 ISE，存在与尺寸和性能相关的理论和模型。在电化学传感器中，重要的是要了解被测化学目标，其性质不是电气性能，而是（例如离子）其基本特性。因此，在系统中的某个点上，应通过可逆氧化还原反应将离子信号转导为电信号。例如，与氯离子接触的 Ag/AgCl 电极中发生的常见氧化还原反应为[12]

$$Ag+Cl^- \rightleftharpoons AgCl+e^- \tag{9.2}$$

式中的电子 e^- 就是传感器的读出信号。

对于不同的材料，例如聚苯胺，离子到电子的转换类似于上述反应。电极是具有有限量的氧化还原敏感材料，这就产生有限的氧化还原电容 C，可以表示为

$$\frac{\Delta V}{\Delta t}=\frac{i}{C} \tag{9.3}$$

其中，i 是恒定电流；V 是随时间 t 变化的电极电位。电容 C 与一个小的串联电阻 R 互补，该电阻将电位保持在一个恒定值：

$$\Delta V=iR \tag{9.4}$$

这个简单的 RC 模型揭示了离子到电子转导的主要原理。在高阻抗电位器中，电流感应的电位差可以忽略不计，但电噪声感应的电流可能会导致测量电位的变化。此外，当电极小型化时，电阻 R 趋于增加，电容 C 趋于减小，导致电位稳定性降低[12]。小型化显然使阵列的构造更加合理，并且这种配置已显现出它克服了单个传感器的某些选择性限制。

生物传感中的常见做法是用惰性金属（例如 Pt 或 Au）代替笨重的参比电极。然而，这些材料的电极反应并没有很好地定义，因此将它们用于器件的栅极控制会导致显著的潜在不稳定性。此外，通常使用 Au 作为感测栅极，以对生化反应进行一些功能化，然而，这种电极在电位计应用中通常会出现漂移。

(3) 双层筛分

一个广泛争论的问题是生物分子的无标记检测。最初，人们认为携带固有电荷的生物分子使得可用场效应设备进行检测。尽管付出了巨大的努力，但由于双电层，结果并不令人满意。例如，在离子溶液中，带有与可检测大分子相反电荷的小离子通过大分子周围的相反电荷云来筛选观察到的净电荷。筛选取决于表面和观察点之间的距离。观察到的电荷量由德拜屏蔽长度描述。在一个德拜长度的距离处，电信号衰减到其原始值的 1/e。除非考虑非常稀的溶液，否则典型的筛选长度约为 1nm。这被认为是限制无标记生物传感器发展的主要原因。图 9.5 描述了双电层长度与几个生物分子大小的比较，分子越大，筛选效果越强。此外，将捕获分子连接到表面通常需要一些连接分子，以进一步增加与目标分子的距离。

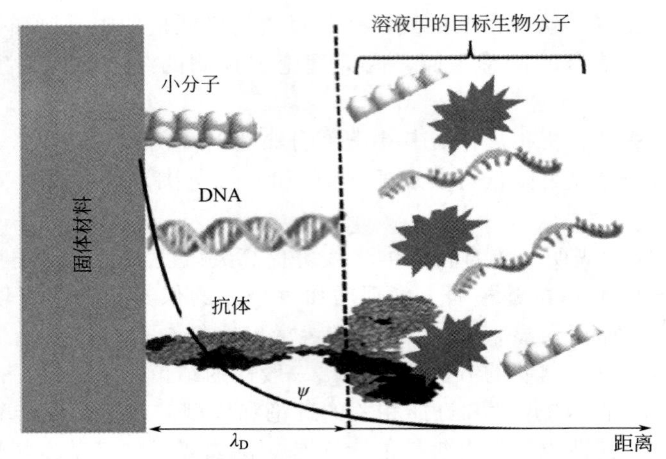

图 9.5 存在不同目标物时的双电层长度（尺寸未按比例缩放）

最近，已经使用有限元模拟研究了改进的纳米线生物传感器。研究结果是：通常用来解释灵敏度的提高是源于高的表面积与体积比，这是不正确的。灵敏度的提高是由于纳米级表面几何形状而不是微型 FET 本身。更具体地，反离子屏蔽在凸面附近比在凹面附近更强。尽管纳米线具有凸面形状，但当它位于绝缘基板上时，其角会形成凹面。直观的解释是电解液包围表面越多，筛选越强。还值得注意的是，灵敏度取决于导线半径，当半径接近德拜长度时灵敏度会提高。因此，由双层电容引起的筛选随电极几何形状而变化。这为与普遍看法相矛盾的纳米线 FET 的灵敏度提高提供了解释。其他研究提出了类似的筛选模拟结果和双层电容值。此外，筛选是一种界面特性，表明如果 FET 结构设计得当，它不会严重影响灵敏度。

与上述相关的研究也考虑了 SiNW 和 MOSFET 的组合。这种混合传感器使用纳米线作为识别元件，使用 MOSFET 作为换能器。SiNW 漏极连接到 MOSFET 栅极，并通过 SiNW 驱动恒定电流。然后，在 MOSFET 栅极看到 SiNW 的电导变化作为电位变化。该研究得出的结论是，与使用单个 SiNW 相比，pH 和带电聚合物检测的电流响应显著放大，并表明结合纳米级界面和现有晶体管的最佳特性的优势。

(4) 提高灵敏度

提高灵敏度的方法既包括使用不同的传感器架构又包括采用机电耦合，以及直接设计传感表面。这些方法侧重于克服筛选效应，包括基于电场的增强以及直接的界面修饰。

通过将基于 FET 的传感器与诱导银沉淀的碱性磷酸酶标记相结合，实现了直接的修饰，从而实现了无需德拜筛选的检测。这增加了系统的复杂性，因为它使用标记，但基于标记的检测易于建立并稳定。此外，检测限低于传统 ELISA。另一种增强免疫传感的方法涉及使用小受体抗原结合片段作为探针，其明显小于完整抗体。

场效应管传感器也可以用交流激励信号驱动。当频率足够高时，溶液中的离子在交流扰动后无法形成双电层。这将可以进一步对溶液进行检测，同时也降低了对双层内小吸收物的敏感性。这种类型的电化学阻抗谱最近已用于 CMOS 纳米电容器阵列以检测活细胞，由于检测原理是通用的，已被用于不同的分析物和常规电极中。纳米电容器阵列使用 CMOS 制造，其中两个晶体管以高频（图 9.6）对传感电极进行充电和放电。这导致可检测的平均电流依据电极上的电荷而变化。

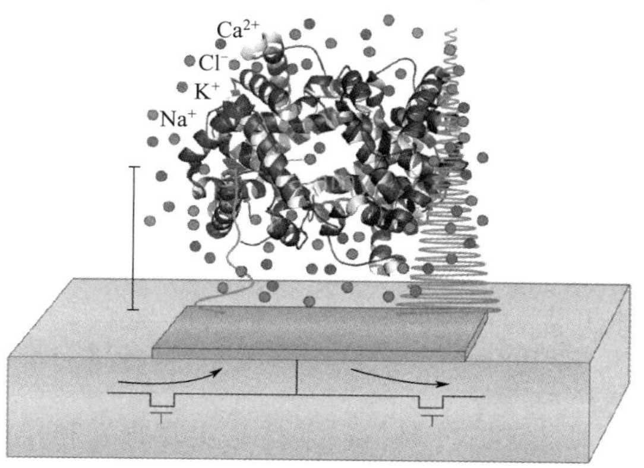

图 9.6　使用两个金属氧化物半导体晶体管以高频充电和放电的纳米电容器电极的图示，允许检测超出德拜极限。可检测的电荷位于纳米电容器的表面

其他基于双电层击穿的高频方法已成功用于检测单核苷酸多态性且无需标记细胞。这种类型的技术通常使用幅度为 10mV 的正弦分量馈入参比电极，扫描频率从 1kHz 到 1MHz，如图 9.7 所示。使用锁定放大器读取输出。高频检测的缺点是驱动设备和读取传感器输出都需要精密而复杂的电子设备。尽管如此，叠加的交流激励信号已经显示出金电极在 DNA 传感器稳定性方面的提高。更具体地说，交流信号减少了稳定传感器所需的时间。

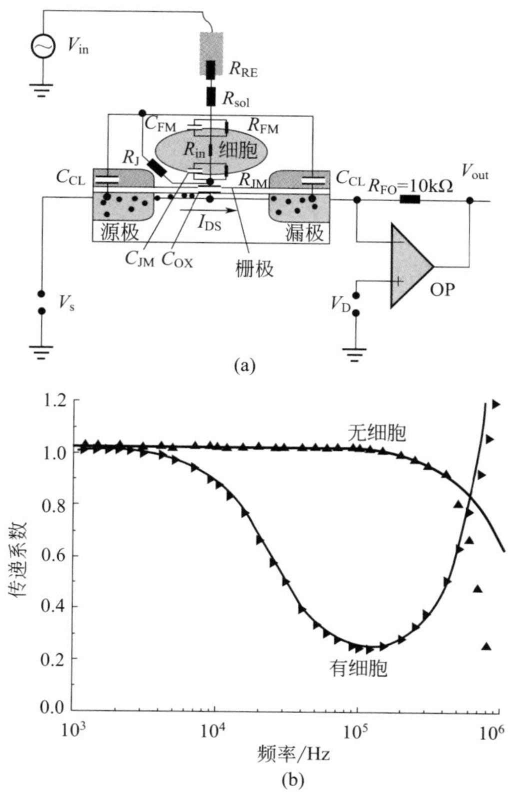

图 9.7　基于 FET 的传感器的等效电路，在参比电极处采用交流激励。读出是使用相位选择放大器实现的（a）和从 1kHz～1MHz 的频率获得的传递曲线示例（b）

使用多孔和生物分子可渗透聚合物层对纳米线 FET 栅极界面进行修饰，可以增加有效德拜筛选长度，从而提高无标记检测的灵敏度。这种策略是通用的，除了纳米线 FET 外，都该适用。

与具有亲水钝化的相同结构相比，通过在有源区域周围使用疏水钝化层，将使响应得到增强。这种修饰将使灵敏度提高 100 倍。结果表明，当流体更严格地限制在传感区域的顶部时，结合概率会增加。

9.1.3 FET 的检测机制

(1) 氧化物界面的 pH 敏感性

氧化物所形成的表面本质上对 pH 敏感，这也是实验研究和建模最多的表面之一。pH 响应最初是使用 Nernst 方程描述的，但实验通常表现出 sub-Nernstian 斜率。更先进的理论将描述电解质溶液双层为电容，并通过位点绑定模型解释表面电荷。用简单的电容器方程 $\Psi_0=\sigma_0/C_{DL}$ 实现，所得到的结果与实验观察到的结果接近。经过多年的研究和成熟理论的修改或扩展，Jayant 等[7] 将其总结如下：

$$\frac{\partial \Psi_0}{\partial pH_B}=-2.3\frac{kT}{q}\left(1+\frac{1}{\alpha}\right) \tag{9.5}$$

$$\alpha=\frac{2.3kTC_{DL}}{q^2\beta_{int}} \tag{9.6}$$

$$\beta_{int}=2.3H_S^+N_S\frac{K_BH_S^{+^2}+4K_AK_BH_S^++K_AK_B^2}{(K_AK_B+K_BH_S^++H_S^{+^2})^2} \tag{9.7}$$

$$C_{DL}=\frac{C_{diff}C_{Stern}}{C_{diff}+C_{Stern}} \tag{9.8}$$

灵敏度系数 α 的值可以从 0 到 1。从上式，我们观察到 Nernstian 斜率需要高缓冲电容 β_{int}。缓冲容量在很大程度上取决于可电离基团 N_S 的密度，并且在确定 pH 响应的斜率方面具有关键作用。高缓冲容量既可以通过高可电离基团密度实现，又可以通过表面解离常数之间的小间隔 $\Delta pK=pK_B-pK_A$ 实现。对于 pH 敏感的 ISFET，高缓冲容量还可以最大限度地减少电解质离子强度的影响。电容 C_{DL} 也影响 pH_B 灵敏度，但它只有适度的影响，具有高缓冲能力。对于 sub-Nernstian 表面，影响将更显著，然而，这种表面提供了对流体部分进行电场控制的能力。

该理论的最新补充将有限反离子大小视为影响 pH_B 灵敏度的参数。于是，pH_B 灵敏度方程可以修改为

$$\frac{\partial \Psi_0}{\partial pH_B}=-2.3\frac{kT}{q}\times\frac{1}{1+\alpha-\delta} \tag{9.9}$$

$$\delta=\frac{2a^2c_B\sinh\left(\frac{q\Psi_0}{kT}\right)}{1+4a^3c_B\sinh^2\left(\frac{q\Psi_0}{2kT}\right)} \tag{9.10}$$

其中，c_B 是反离子体积浓度；a 是离子大小。源自经典玻尔兹曼关系的能斯特极限（即 $59\text{mV}/pH_B$）是基于点电荷的假设而未考虑物理尺寸。离子在达到一定电位后在表面附近饱和，随后的反离子相互排斥，形成更宽的扩散层。这种拥挤效应导致表面的氢离子浓度更高，这解释了对大反离子（约 10Å，$1\text{Å}=10^{-10}\text{m}$）$pH_B$ 敏感性增加的原因。这可以从包

含大小相关灵敏度参数 δ 的修正 pH_B 灵敏度方程中看出。

测量 pH 值是一种常规做法，在许多化学过程中很重要。最近的一项工作将其用于临床及时诊断。该检测方案采用片上聚合酶链反应（polymerase chain reaction，PCR），并在核苷酸掺入生长的 DNA 链时检测所释放的氢离子。H^+ 浓度的局部变化导致 ISFET 表面电位的变化。PCR 的使用创建了大量的 DNA 模板，因此，同时也掺入了核苷酸。这随后会在氢离子浓度上产生足够的变化以供检测。随着 DNA 链的数量呈指数增长，扩增非常有效。该系统的特异性是从启动 PCR 所需的引物获得的，并且可以设计为绑定特定目标。这种使用 pH 值作为指标的检测方案也用于下一代测序仪中。

（2）用 ChemFET 进行离子检测

当 ISFET 被修饰为对 H^+ 以外的离子具有化学敏感性时，它们称为 ChemFET。决定目标对其他干扰离子选择性的关键组件是 ISM，它与溶液形成非极化界面。理想情况下，界面仅对特定离子渗透，但实际上，干扰离子会在膜上产生额外的电荷转移，从而限制选择性并增加检测限。电化学电池电位可用 Nikolsky-Eisenman 方程表示：

$$V_{\text{cell}}=V_{\text{cell}}^{0}+\frac{RT}{z_iF}\ln(a_i+K_{i,j}a_j^{z_i/z_j}+L) \tag{9.11}$$

其中，a 是活度（i 代表初级离子，j 代表干扰离子）；$K_{i,j}$ 是选择性系数；L 是检测限；z 是特定离子的化合价；R、T 和 F 是气体常数、温度和法拉第常数。当通过实验获得参数 $K_{i,j}$ 和 L 时，该 Nernst 方程的扩展将可以估计传感器选择性和检测限。忽略干扰离子和检测限，该表达式简化为 Nernst 方程。

ISE 已应用于许多领域，包括生物医学和环境监测。当前的研究趋势旨在通过使用 ISE 与血液样本直接接触来开发具有更高选择性和亲脂性的新型离子载体。此外，完全集成的传感器结构需要分析仪和固态小型化的参比电极。尽管 ChemFET 是一种合适的转导技术，但它们尚未商业化用于临床化学应用。常见的问题包括 FET 的封装和聚合物膜对栅极的附着力不足。最近出现的 ChemFET 包括了用于直接检测血清中的 pH 值、钾、钠和氯离子的小型化多传感器芯片，使用 ISM 实现了选择性。使用 ChemFET 阵列对细胞进行离子通道筛选以及通过 CMOS 芯片上的对钾敏感 FET 对大肠杆菌进行检测也取得了满意的结果。

（3）大分子的间接检测

采用氧化还原敏感表面和标记是一种直接的方法，可大大减少筛选影响。通常，酶标记可用于与感测表面反应。例如，在 DNA 检测中，与直接检测机制相比，二茂铁基-烷硫醇修饰的金电极表现出较大的动态范围并显著地改善了长期漂移。此外，抗原检测的常见做法是将酶标记与二抗结合，二抗特异性与检测到的抗原相结合。标记通过电子转移与表面反应。然而，这种做法有利于实现更好的感测，但通常需要更复杂的样品制备和测量设备。

酶也可以直接作为识别层。酶 FET 通常是通过将酶固定在 FET 的栅极上实现的。对于固定，有几种技术可用，例如物理和化学吸收、聚合物基质内的截留、共价结合、交联和混合物理化学方法。第一个基于酶的 ISFET 是通过在带有交联青霉素酶的栅极沉积上膜来创建的。当样品中存在青霉素时，酶会催化青霉素，水解为青霉酸。接下来，反应过程中释放的质子会改变栅极附近的 pH 值，同时可以检测到这种变化。

另一种方法是有机聚合物，可以实现基于 pH 的酶反应感测，该聚合物具有有效的电子转移特性，从而允许直接检测酶或氧化还原反应。在这种类型的检测中，电子转移不需要额外的介体。这可用于为独立设备创建简单的传感系统。

（4）直接进行寡核苷酸检测

寡核苷酸是比蛋白质小得多的大分子。因此，德拜筛选效应不会强烈影响其检测

（图 9.8）。基于寡核苷酸探针的 DNA-FET，如图 9.9 所示，可以通过将特定探针固定在栅极上来构建，并用互补目标探针与探针高度特异性地杂交。这样，带负电的 DNA 骨架在检测时会在感测栅极处产生电位偏移。DNA 碱基的长度约为 0.34nm，因此，至少有一部分来自杂交 DNA 复合物的电荷出现在栅极表面。

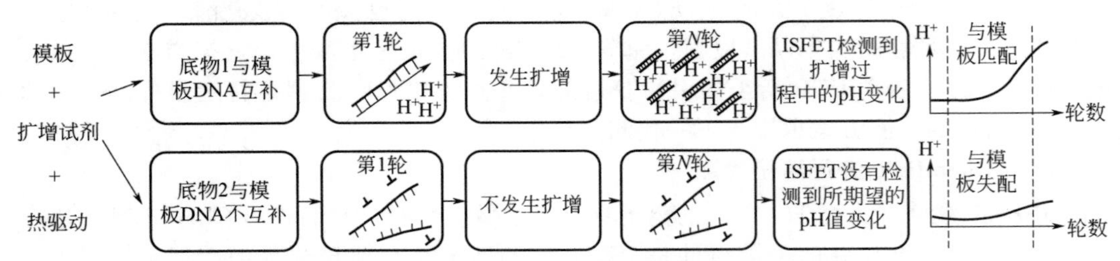

图 9.8 基于 pH 检测的无标记实时系统示意图。当核苷酸掺入生长的双链时，DNA 扩增过程会释放氢离子。用 ISFET 检测此化学反应

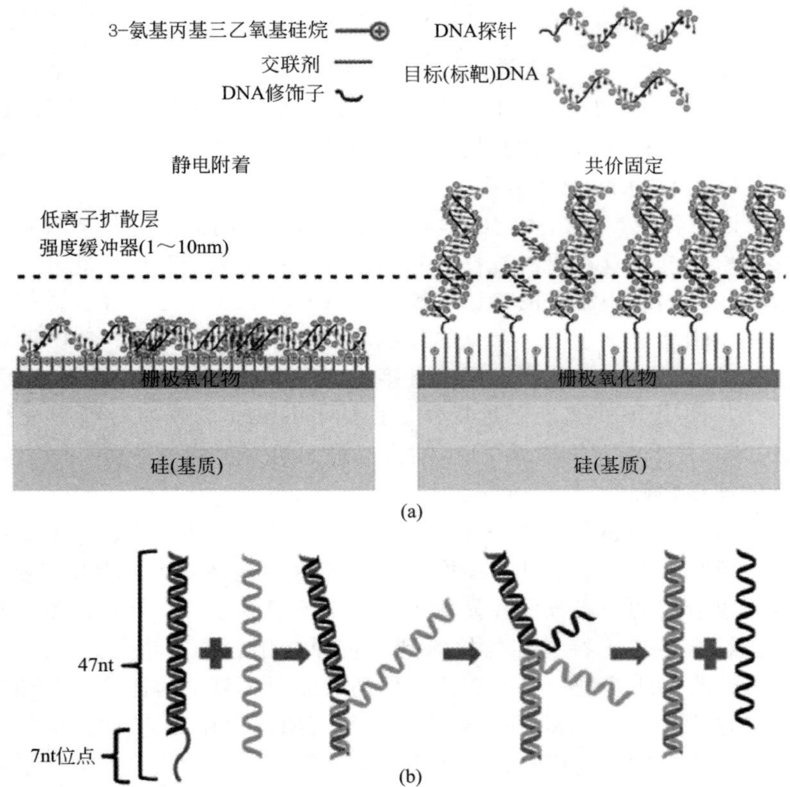

图 9.9 DNA 固定的基本方法包括：（a）静电固定，探针平放在表面上（左），探针一端共价连接（右）。（b）增强特异性的方法。双链探针包含一个连接到表面的探针和一个弱结合的互补链。当样品溶液中存在完美匹配的目标时，弱链被替换

一个样本可以包含若干个要检测的重要目标。基于晶体管的传感器特别适合在单个反应中进行多重检测来测定多个目标，因为传感元件可以构建成具有几乎独立操作的传感器。该操作是通过在具有不同 DNA 探针的单个阵列中联合多个晶体管来实现的。多项研究已经验证了使用小型晶体管系统可以进行基于 DNA 探针杂交的无标记检测以及使用基于 DNA 阵

列直接杂交的检测。

图 9.9(a) 说明了两种直接杂交方法。左图所示的方法是基于静电附着。该方法中，目标主要位于双电层内，通常在固定时观察到明显的电位变化。杂交通常被认为是次优的，因为目标需要缠绕在探针上。图 9.9(a) 右侧所示的方法是基于一端共价连接到表面探针的。在这种方法中，目标的小部分在双电层内，但杂化并没有像以前的方法那样受到严重阻碍。尽管如此，De 等[13] 研究发现，两种方法都具有足够的生物传感杂交亲和力。

一种提高信号质量的方法是使用肽核酸（peptide nucleic acid，PNA）探针。鉴于 PNA 的中性电荷骨架，随着探针和目标之间的静电排斥被消除，将使能力检测增强，并且可以在较低的盐浓度下实现杂交。理论上还发现使用这些探针对杂交信号转导具有明显的益处。最近，已经考虑了一种提高特异性的方法。图 9.9(b) 展示了单核苷酸多态性的检测方案，其中使用了双链探针。一条链附着在表面上，并有一条弱结合的互补链也附着在上面。从表面末端开始的 7 个碱基对的特定立足点区域作为单链被留下。当样品中存在完全匹配的链时，弱链被替换。在不完美匹配的情况下，例如具有单核苷酸多态性的链，替换要么不会发生，要么由于弱链已经存在而受到阻碍。

(5) 蛋白质检测

与核苷酸检测类似，人们对抗体-抗原相互作用的直接无标记检测有了极大的兴趣。蛋白质通常是带电分子，它们的净电荷为零。鉴于其固有电荷，最初认为这些分子可以通过表面电荷传感设备进行检测，这可能存在争议。检测不成功的原因被认为是双层筛选。然而，一些报告声称即使在复合物的大小（例如抗体-抗原复合物）比双电层距离远得多的情况下，也能成功进行无标记检测。对这些观察结果的一个常见解释是 Donnan 效应。根据这一理论，蛋白质被认为是电极表面的一层膜。此外，小离子可以在溶液和该蛋白质膜间移动。那么，当由于目标而存在固定电荷时，膜和溶液之间的界面上会出现离子浓度的差异。离子的这种重新分布在界面上产生了可检测的电势变化。此外，Donnan 电位的变化也会引起 pH 值的变化。因此，总响应是表面 pH 响应和 Donnan 电位的组合。该理论还指出，Nernstian 表面完全补偿了由蛋白质结合引起的变化，成功检测需要非 Nernstian 表面。

9.2 用于生物素特异性检测的高灵敏度石墨烯场效应管生物传感器

由于亲和素和生物素分子表现出很强的特异性与很强的非共价反应，因此亲和素-生物素技术被广泛用于 ELISA（酶联免疫吸附测定）试剂，用来检测与包括癌症和流感在内的不同疾病相关的不同生物大分子。

结合石墨烯的出色电导率与独特的抗生物素蛋白和生物素反应，本节将介绍一种用于定量检测生物大分子的新型石墨烯场效应管（GFET）生物传感器。GFET 由六对叉指式 Cr/Au 电极组成，这些电极被支撑在 Si/SiO_2 衬底上，抗生物素蛋白固定的单层石墨烯通道上并作为感测平台。通过监测在 GFET 上形成的硅酮池中添加牛血清白蛋白（BSA）中的生物素溶液后的实时电流变化，可检测到的超低浓度的生物素。GFET 的特异性可通过受控和实际样品测量来确认。由于生物素能够与蛋白质、核苷酸和其他生物大分子结合，而不会改变它们的特性，该 GFET 传感器具有超高的灵敏度和特异性，可以针对低浓度的不同类型的生物分子进行快速即时检测。

9.2.1 生物素的特异性与 GFET

(1) 生物素与 ELISA

在许多生物目标物检测中，生物素蛋白与生物素之间的强反应已被广泛利用。

生物素蛋白是一种四聚体生物素结合蛋白，在人和其他生物体内都参与广泛的代谢过程，主要与脂肪、碳水化合物和氨基酸的利用有关。由于生物素小，它不会改变蛋白质或核苷酸的原始特性，因而是许多蛋白质和核苷酸有用的标记。

用生物素标记蛋白质或核苷酸的过程称为生物素化。同样重要的是，生物素蛋白连接酶可以在体外或在活细胞中将生物素附着到特定的赖氨酸残基上。亲和素和生物素之间的反应被认为是蛋白质和配体间最显著的特异性和最强的非共价相互作用。亲和素对生物素的超强亲和力是由于生物素与亲和素结合的芳香族氨基酸间的疏水反应，以及生物素在尿素素环中的杂原子与抗生物素蛋白中的天冬酰胺、丝氨酸、酪氨酸和苏氨酸残基间的多个氢键结合而产生的。由于反应强烈，亲和素-生物素复合物对温度、pH、苛刻的有机溶剂和变性剂具有较强的稳定性。鉴于亲和素-生物素系统的独特特性，它经常用于 ELISA，用于临床应用，例如癌症诊断。此外，亲和素-生物素系统还用于其他应用中，例如有标记的免疫传感器，基于聚合物的检测。

迄今为止，ELISA 是检测与流感、癌症、艾滋病等各种疾病相关的各种类型生物标志物的最广泛使用的技术之一。实际上，通过 ELISA 对生物标志物的检测是基于荧光标记物的光学测量的，这需要综合使用先进的光谱设备。生物素化抗体和抗生蛋白链菌素结合的辣根过氧化物（抗生蛋白链菌素-HRP）通常与 ELISA 结合使用，以增强对各种目标的检测。可以使用 ELISA 诊断试剂盒进行多种临床筛选应用，包括那些针对诸如 SARS-CoV-2 等传染性疾病的应用。但是，从样本收集到结果输出，整个 ELISA 检测过程至少需要几个小时，并且需要特定的分析仪。此外，由于 ELISA 试剂盒的敏感性，它不能用于癌症等疾病的早期诊断，但是基于石墨烯的 FET 传感器几乎是用于即时、快速、灵敏、特异、低成本生物标志物检测和定量的即时医疗诊断的最有前途的技术，因此将是一种 ELISA 试剂盒的辅助诊断工具。

(2) 石墨烯与 GFET

石墨烯是单原子厚的、sp^2 杂化的二维碳材料。自发现以来，石墨烯的独特与性质引发了一些革命性的应用，例如电池和超级电容器。石墨烯还有望用于储能、纳米能量、催化、涂层和生物医学。

由于石墨烯具有极高的电导率（$200000cm^2 \cdot V^{-1} \cdot s^{-1}$）和双极性转移特性，因此石墨烯被认为是制造不同类型的超敏感场效应晶体管（GFET）传感器最有希望的材料，如化学和生物传感器。GFET 的极高灵敏度与费米能级有关，费米能级由任何涉及底物与分子间电荷转移的分子吸附引起，这将最终改变石墨烯电导率。即使费米能级没有任何可追溯的变化，被吸附的分子所诱导的任何局部轨道畸变也会改变石墨烯的电导率。因此，即使通过生物分子在表面上的非共价结合，也期望改变石墨烯的载流子密度，即通过非常低浓度的生物分子的非共价结合，期望改变石墨烯表面上的电导率。

对于 GFET 传感器，不仅外部栅极电压可以调节电流，而且由于分子吸附所引起的石墨烯电子态的任何变化也可以调节源漏电流。应注意的是，石墨烯充当 GFET 中源极和漏极之间的导电通道。因此，当分子在工作的 FET 中被吸附到石墨烯表面上时，石墨烯通道的电子状态改变，从而改变源极-漏极电流。因此，任何分子结合到 GFET 的石墨烯通道上时都会触发源极-漏极电流的实时变化。所以，标准电流与浓度的关系曲线是可以对目标分子进行定量分析的。迄今为止，已经报道了许多关于 GFET 在生物传感器中的应用的研究。也已经报道了使用各种类型的受体来设计 GFET 生物传感器检测生物大分子（包括癌症标志物和 RNA）的方法。Ohno 等[14] 已经报道了用于 pH 和蛋白质检测的电解质门控 GFET。适体修饰的 GFET 可用于免疫球蛋白（immunoglobulin，IgE）的无标记检测。最近，已展示了 GFET 可检测到 ppb 含量的乙醇。Deana 等报道了使用功能化的基于石墨烯的 FET 对外泌体进行无标记感测。

亲和素-生物素技术具有巨大潜力。最近，有学者在基于 FET 的 SiC 上采用外延石墨烯研究了 pH 对亲和素与亚氨基生物素间反应的影响，并强调了测量量与浓度有关。下面将介绍一种新型 GFET 生物传感器，该传感器由六对被单层石墨烯覆盖的叉指电极组成，用于以超高的灵敏度和特异性检测生物素分子，是通过监测生物素溶液进入亲和素固定了的石墨烯通道后的漏源电流变化来实现实时测量的。

9.2.2　制作材料与方法

（1）材料和仪器

■4in（1in=2.54cm）的 285nm SiO_2/Si 晶片；

■化学气相沉积石墨烯；

■聚甲基丙烯酸甲酯（polymethyl methacrylate，PMMA）；

■过二硫酸铵；

■PBASE；

■中性亲和素蛋白与磷酸盐缓冲盐水（PBS）；

■牛血清白蛋白（BSA）、乳铁蛋白、维生素 C、维生素 B3；

■生物素与超纯水；

◆3D 激光显微镜 OLS-4000；

◆405nm 激光源；

◆532nm 激光的拉曼光谱仪；

◆半导体参数分析仪。

（2）制造方法

用划片机将 4in 的 285nm SiO_2/Si 晶片切成 1cm×1cm 的典型尺寸形状，每片作为制造叉指电极的平台，在其上制造叉指电极。将叉指式荫罩小心地放置在 SiO_2/Si 表面。金属铬（Cr）/金（Au）被用作沉积材料，通过电子束真空蒸发沉积技术将所期望厚度的金属沉积在叉指式荫罩，所沉积的 Cr/Au 的厚度约 50nm。在转移过程中，使用旋涂机在铜箔上的石墨烯上涂一层 PMMA 薄层，然后在 90℃ 下加热 5min 以蒸发掉丙酮溶剂。将铜箔上的 PMMA/石墨烯切成 5mm×5mm 的小块，以适合叉指电极。随后使用过二硫酸铵水溶液蚀刻铜箔，使 PMMA/石墨烯膜漂浮在溶液中。完全蚀刻铜箔后，将 PMMA/石墨烯膜转移到超纯水上，放置 30min，然后小心地转移到叉指电极基板的表面上。在室温下将所转移的 PMMA/石墨烯薄膜于空气中干燥 30min，并在 60℃加热 30min。最后，用沸腾的丙酮与异丙醇（IPA）去除 PMMA 使得石墨烯附着在叉指电极上。所转移的石墨烯的整洁度通过光学图像确认。注意，通过光学显微镜可以清楚地看到所转移到 SiO_2 衬底上的单层和双层石墨烯。石墨烯上可能存在一些未检测到的 PMMA 小补丁，这不会影响采用亲和素-生物素的 GFET 生物传感器的性能。

(3) 石墨烯修饰

最初，用 PBASE 修饰叉指电极上转移的石墨烯，PBASE 是用作生物分子与石墨烯非共价结合的连接体的。用 PBASE 对表面进行修饰，这对于最大限度地提高设备性能非常重要。因此，为了找到最佳的修饰条件，将在不同叉指电极样品上的石墨烯分别在室温下在 50mmol/L PBASE 的干燥二甲基甲酰胺（DMF）溶液中孵育 1h、2h、4h、6h 和 8h，以优化 PBASE 表面修饰。将 PBASE 修饰的石墨烯用甲醇洗涤 3 次，然后用旋转泵干燥。将预先设计好的由硅树脂片制成的液体池固定在 PBASE 修饰的石墨烯顶部，以便将要测试的生物溶液注入该测试池中。

为了在 PBASE 修饰的石墨烯表面捕获亲和素分子，将 100μL（1mg/mL）的亲和素-PBS 溶液注入池中，并在室温下保持 1h。然后将装置用 100μL PBS 清洗 3 次。为防止残留在表面区域（未经 PBASE 修饰的区域）与其他分子进行非特异性结合（这可能会在器件的实际测试过程中影响信号），可将 100μL（0.01mg/mL）的 BSA-PBS 溶液倒入池中，并在室温下保持 1h，以封闭未修饰的石墨烯表面区域，然后用 100μL PBS 洗涤 3 次。

(4) 生物素的检测

将不同浓度的生物素缓冲溶液注入液体池中，同时测量实时电流以实现对 pH 为 7.4 的 PBS 溶液中生物素的定量检测。当栅极（Si/SiO_2）接地时，源极-漏极电压保持在 0.1V，用半导体参数分析仪测量实时电流。通过两组实验来研究石墨烯生物传感器的特异性，在第一组中，将相同量的 PBS、BSA、生物素和 BSA 溶液分别注入液池中，并监测电流。同样，分别注射等量的维生素 C、维生素 B3 和乳铁蛋白，并监测电流。

9.2.3 结果与测试

(1) 叉指电极的特征

图 9.10(a) 给出了在 SiO_2/Si 衬底上制造的叉指式电极的光学图像。在 1cm×1cm SiO_2/Si 基板上制作了六对叉指电极。电极宽度估计平均为 200μm，相邻电极之间的间隙平均为 200μm。根据 3D 高度轮廓，如图 9.10(b) 所示，Cr/Au 电极的厚度估计为 100nm。

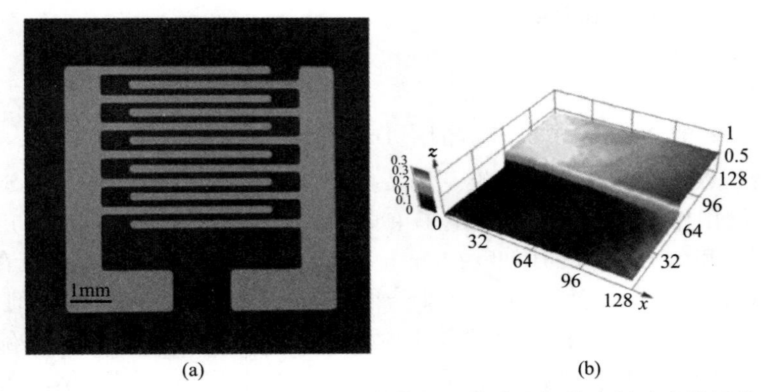

图 9.10 (a) 在 SiO_2/Si 基板上所制作的叉指式电极的全尺寸光学图像；(b) 叉指电极和基板高度的 3D 图像（单位为 μm）

(2) 石墨烯的转移与修饰

图 9.11(a) 给出了在叉指电极上所转移的石墨烯的俯视和侧视示意图。为了确保所转移的石墨烯质量，在整个区域中随机进行拉曼测量。所转移的石墨烯的典型拉曼光谱如

图 9.11(b) 所示。观察到了清洁的石墨烯两个主峰的 2D 和 G 特性。1300cm^{-1}（D 带）附近没有任何缺陷而诱发峰值，这表明所转移的石墨烯的整洁度。强度比[I(2D)/I(G)]为 2.7，与无缺陷单层石墨烯的强度比一致。此外，裸露的石墨烯的 2D 谱带只能拟合到一个 Lorentzian 峰（R^2 大于 0.99），半峰全宽（FWHM）为 30.8cm^{-1}，这也表明为单层石墨烯。

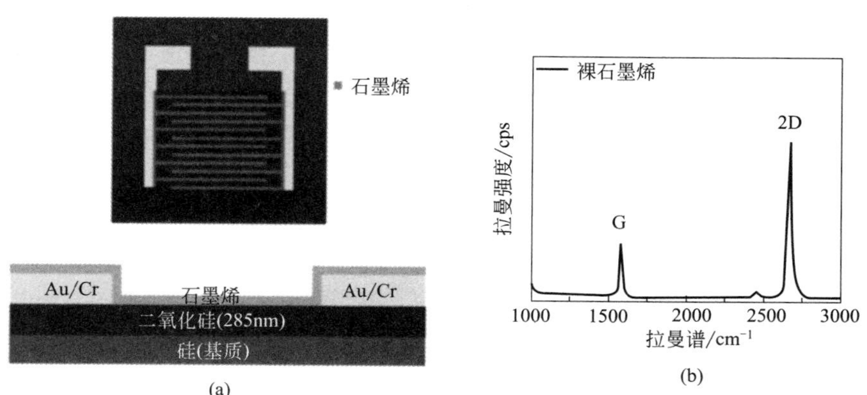

图 9.11　(a) 在 SiO_2/Si 衬底上制造的石墨烯生物传感器的示意图，石墨烯被小心地转移到六对叉指电极上以对其覆盖；(b) 转移到叉指电极上的石墨烯的典型拉曼谱

用连接体修饰石墨烯是设计功能性 GFET 生物传感器系统的重要部分，因为它实现了将受体生物分子（即亲和素）固定在石墨烯上，该受体生物分子可以特异的方式结合至目标配体分子（即生物素）。修饰步骤如图 9.12 所示。在石墨烯的情况下，使用常规的非共价连接分子，而基于碳纳米管的装置是 PBASE，通常用于处理含有赖氨酸残基的分子。PBASE 分子骨架与石墨烯间的范德华力确保它们的紧密结合，这种结合也称为 π 堆积。为了优化参

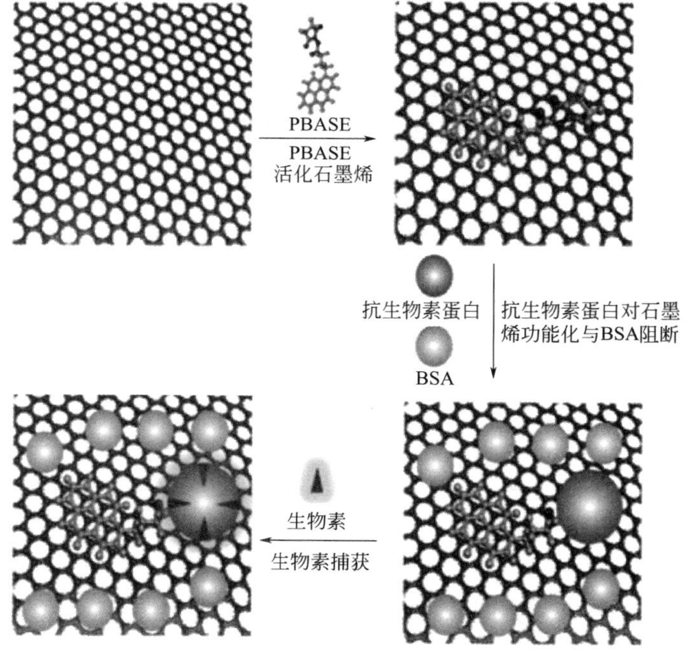

图 9.12　用亲和素分子逐步修饰石墨烯，然后与生物素分子结合的示意图

数以获得最佳覆盖范围，进行了与时间有关的测量。图 9.13(e) 给出了不同时间（1h，2h，4h，6h 和 8h）用 PBASE 修饰后的所转移的石墨烯的拉曼光谱。可以看到，出现了由缺陷引起的 D 带（$1350cm^{-1}$）和 D′带（$1620cm^{-1}$），并且两个带的强度都随修饰时间的增加而增加。D 带与 sp^2 杂化碳的蜂窝结构无序有关，并且由涉及最近邻位的双重共振引起。产生 D′段的机制与产生 D 段的机制相似。由于所期望的 PBASE 分子通过非共价反应固定在石墨烯上，因此石墨烯中的缺陷不太可能由石墨烯结构中的 sp^3 碳引起。D 和 D′频段出现的最可能原因是 PBASE 的局部振动模式与石墨烯的扩展声子模式相互作用。这些结果表明，sp^2 碳杂化系统的无序度随着修饰时间的增加而逐渐增加。因此，为避免任何未发现的区域和过多的缺陷，考虑到在干燥的二甲基甲酰胺（DMF）中使用 50mmol/L PBASE 溶液，4h 的修饰时间似乎是最佳的。

(3) 生物素的定量检测

通过将生物素溶液添加到测试池中进行生物素的定量检测，如图 9.13 所示。当栅极端子接地时，采用 2 端子测量系统。使用 20μL 的 PBS 溶液进行空白测试。然后，将每种不同浓度的生物素-PBS 溶液（180fg/mL、18pg/mL、1.8ng/mL、18ng/mL、36ng/mL）20μL 分别引入测试池。在分析过程中未观察到任何液体从池中泄漏。注意，由于随后添加溶液，测试池中生物素溶液的浓度低于原始浓度。因此，测试溶液的实际浓度估计为 90fg/mL、6.06pg/mL、0.45ng/mL、3.96ng/mL、9.33ng/mL。图 9.13(b) 显示了在实时测量中添加不同浓度的生物素溶液时的 I_{ds} 值。观察到随着生物素溶液浓度的增加，稳定电流值 I_{ds} 逐渐减小。添加标准溶液后，当前 I_{ds} 值会在 1min 内稳定下来。通过监测添加生物素-PBS

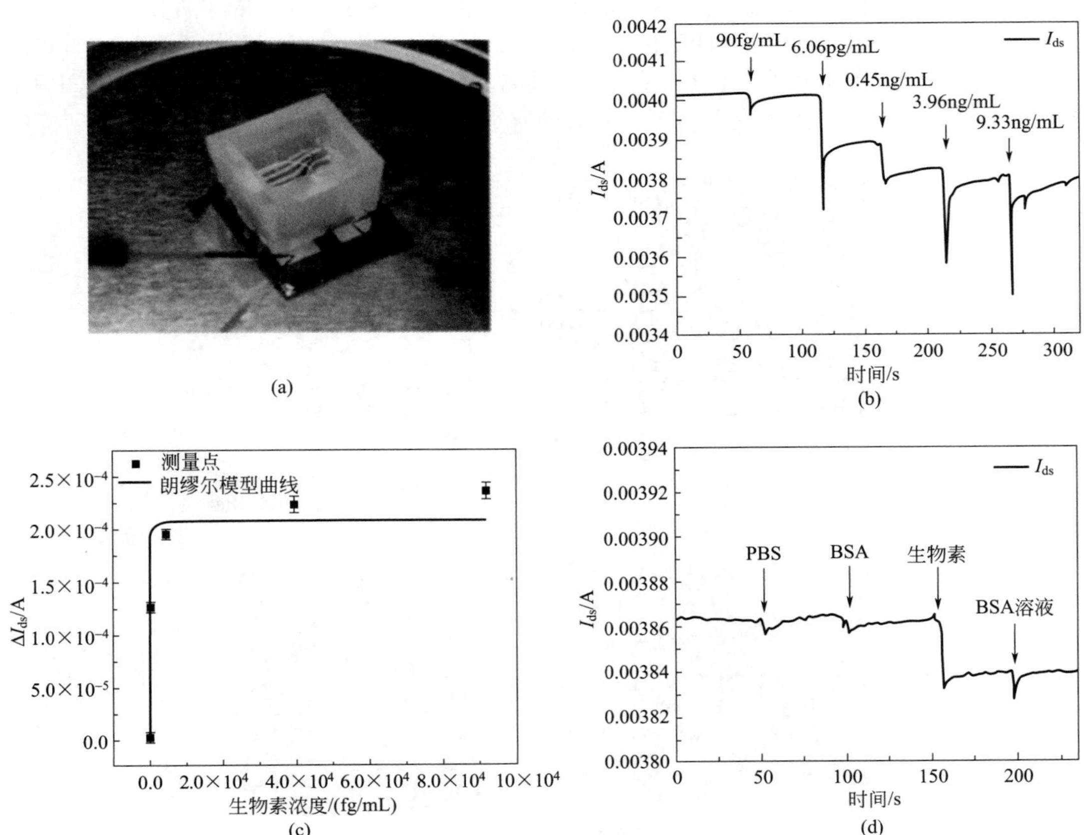

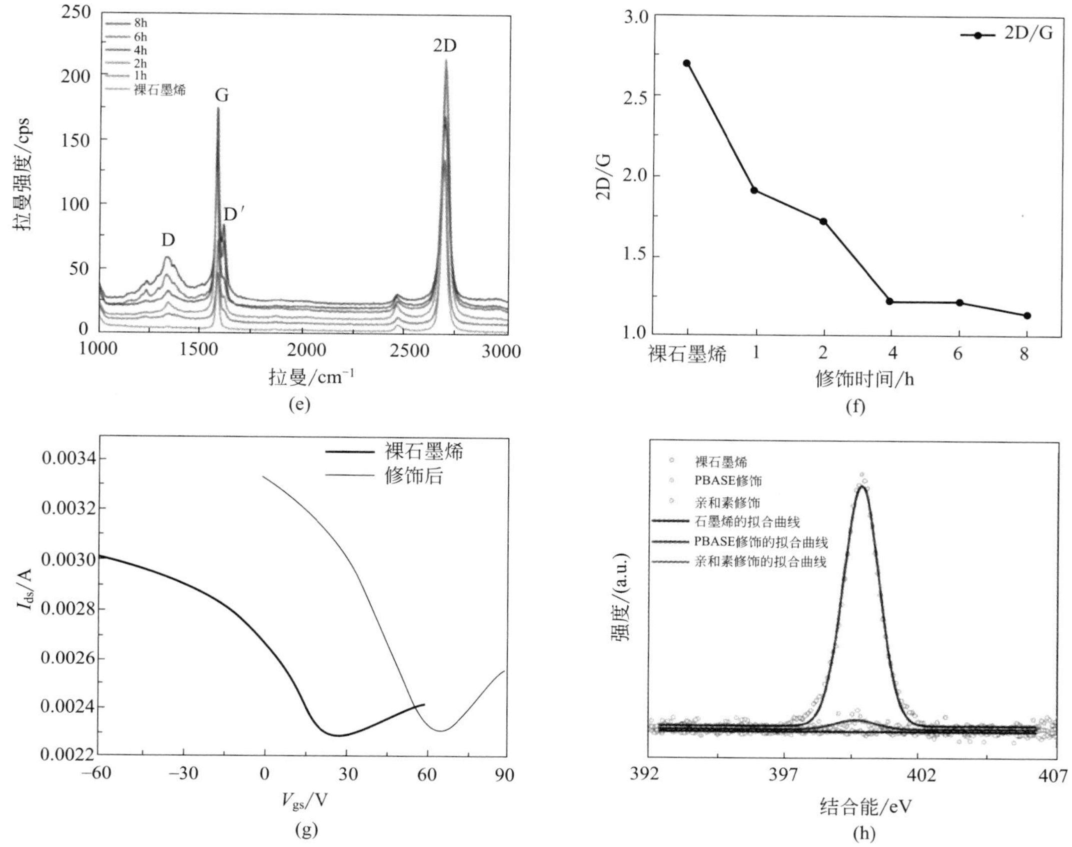

图 9.13　(a) 2 端子实时测试系统。将硅酮池转移到在 SiO_2/Si 基板上所制造的叉指电极上的石墨烯上；(b) 添加了不同浓度的生物素分子后的实时电流 (I_{ds})；(c) Langmuir 拟合的不同生物素浓度下 I_{ds} 的变化；(d) 在不同时间添加了 PBS、BSA、生物素和 BSA 溶液后的实时电流 (I_{ds})；(e) 在指定的不同时间 (1h，2h，4h，6h，8h) 进行 PBASE 修饰后，所转移的石墨烯的拉曼光谱；(f) 和 (e) 拉曼光谱的 2D/G 的变化；(g) 裸石墨烯以及用 PBASE 修饰 4h 后的 I-V 曲线；(h) PBASE 修饰的与亲和素修饰的石墨烯的高分辨率 N 1s XPS 清洁光谱

溶液后电流的急剧下降并随后恢复到稳定的 I_{ds}，可以检测到生物素的浓度低至 90fg/mL。由于石墨烯的电导率极高，因此可以超灵敏地检测生物素。当生物素的浓度接近 3.96ng/mL 时，I_{ds} 电流接近最小值。这些结果表明，所开发的 GFET 生物传感器可以检测到低至 90fg/mL 水平的生物素。当生物素的浓度高于 3.96ng/mL 时，石墨烯生物传感器的能力接近饱和吸附，即本研究的石墨烯生物传感器的检测范围在 90fg/mL～3.96ng/mL 之间。当生物素的浓度高于 3.96ng/mL 时，石墨烯生物传感器接近饱和吸附，即所开发的石墨烯生物传感器的检测范围在 90fg/mL～3.96ng/mL 间。

通过将石墨烯的极高电导率与亲和素和生物素分子之间的独特反应相结合，出现了一种新型的双端 GFET 生物传感器，用于以超高的灵敏度和特异性来检测生物素。GFET 由六对 Cr/Au 电极和支撑在 Si/SiO_2 衬底上的亲和素所固定的单层石墨烯通道组成。通过监视在 BSA 中添加生物素溶液后的源极-漏极电流变化，可以检测到低至 90fg/mL (0.37pmol/L) 水平的生物素，是生物分子检测到的最敏感的 GFET。GFET 生物传感器的检测范围估计在 90fg/mL～3.96ng/mL 之间。对照样品和实际样品均证实了 GFET 的高特异性。根据

Langmuir 吸附模型，ΔI_{max} 和 K_d 估计值为$-209\mu A$ 和 $1.6\times10^{-11}mol/L$。相关系数（R^2）约为 0.99。由于生物素分子通过生物素化的共轭能力范围广泛，因此所开发的 GFET 可用于检测各种生物标志物和生物大分子。此外，它还可用于快速定量检测外源性生物素。由于其实时快速检测、超低检测限和高特异性，所开发的 GFET 生物传感器有望在提供实时即时临床诊断的医疗设备中取得突破。

9.3 感测血清样品中唾液酸的场效应管生物传感器

与正常细胞相比，癌细胞通常表现出更多的唾液酸残基，并且细胞表面蛋白或脂质的唾液酸化与肿瘤的进展有关，这导致癌症患者血清唾液酸较高。本节将介绍一种简单、灵敏、方便地检测血清样品中的唾液酸水平的场效应管传感器。

9.3.1 唾液酸与基本构成

(1) 唾液酸

聚糖和糖蛋白参与许多生理过程，例如增殖、分化、生长和凋亡。唾液酸（sialic acid，SA）通常位于细胞表面糖蛋白和糖脂的非还原末端。当正常细胞发生病理变化时，细胞膜上的糖脂和糖蛋白大量合成并异常转化，这导致肿瘤患者血清样品中残留在细胞表面的 SA 过高。据报道，血清中的 SA 水平与肿瘤的发生、发展和转移密切相关。因此，SA 被认为是一种用于临床肿瘤诊断的生物标志物，并且已经建立了许多采用表面增强拉曼散射、比色法、石英晶体微量天平、局部表面等离子体共振、液相色谱-串联质谱和电化学技术来检测血清唾液酸水平的方法。酶联免疫吸附测定（ELISA）试剂盒也已因此进入了临床应用。尽管某些方法非常敏感，但它们仍具有一些缺点，例如复杂的血液样品预处理或多次稀释。因此，迫切需要灵敏且方便的生物传感方法来检测血清样品中的唾液酸水平。

(2) 基本构成

作为新一代感测平台的有机电化学管（OECT）在生物检测应用中显示出巨大潜力。OECT 是一个场效应管，通常分别由漏极、源极、栅极和一个连接漏极与源极的导电通道（可以用导电聚合物制备）组成。

掺杂有聚苯乙烯磺酸盐的聚 3,4-乙撑二氧噻吩［PEDOT∶PSS］由于其稳定性、生物相容性和高导电性而被广泛用于导电通道。通常，OECT 在相对较低的工作电压（小于 1V）下显示出高灵敏度。此外，OECT 设备价格低廉、易于制造、具有生物相容性和灵活性。因此，是开发便携式生物传感器潜在的平台。

一些研究人员已经使用 OECT 作为感测平台，开发出了若干种用于监视人类生物信号的设备。据报道，基于 OECT 的生物传感器可对电化学活性分子进行检测，这是由于在目标分子和栅电极之间发生电子转移时栅电压发生了变化，从而敏感地改变了漏源沟道电流。有趣的是，栅极与一些非活性分子、大分子或小颗粒之间的反应，也可以通过不同的机制改变栅极电压，以产生漏极-源极沟道电流信号。

OECT 的基本结构由铬/金薄层制成的漏极/源极/栅电极、覆盖在漏极/源极区域上以用作导电通道的 PEDOT∶PSS 膜构成。为了实现临床血清样品中唾液酸水平的特异性检测，对可以通过硼酸连接进行快速连接单糖的 1,2-或 1,3-二醇的 3-氨基苯基硼酸（APBA），在带有羧基化的多壁碳纳米管（MWCNT-COOH）的栅电极表面上进行偶联。当 SA 与固定在栅电极上的 APBA 发生特异性结合时，电子转移阻抗大大增加，这改变了电解质/沟道与栅/电解质界面之间的电压，从而引起了漏源沟道电流的变化，以此来检测 SA。

9.3.2 OECT 制造过程

(1) 材料和试剂

多壁碳纳米管（MWCNT）、APBA、SA、1-(3-二甲基氨基丙基)-3-乙基碳二亚胺盐酸盐、N-羟基琥珀酰亚胺（N-hydroxysuccinimide，NHS）、PEDOT：PSS（Clevios™，PH1000）、丙酮、异丙醇、二甲基亚砜（DMSO）、甘油、吐温 20、硝酸、硫酸、带有显影剂的光刻胶（AZ514）、金属蚀刻剂、用于 SA 检测的商用 ELISA 试剂盒。

(2) 仪器

半导体分析仪（美国）：测量漏-源通道电流；90 Plus DynaPro NanoStar：测量 Zeta 电位；电化学阻抗谱（EIS）；电子束蒸发系统：在玻璃基板上沉积 Cr/Au 层；光刻机：SUSS MA6-SCILL 掩膜对准器以及纳米压印；Harrick 等离子清洁器；KW-4A 旋涂机；扫描电子显微镜。

(3) OECT 的制作

OECT 用典型的图案方法制备，如图 9.14(a) 所示。通过电子束蒸发在玻璃基板上依次沉积 Cr 黏附层和 Au 层。总尺寸为 1.1cm×1.2cm，Cr 和 Au 层的厚度分别为 10nm 和 100nm。使用阳性光刻胶（AZ514）在所设计的光掩膜上通过光刻方式对三个电极进行构图。Au 栅电极分别设置为 1mm×1mm、2mm×2mm 和 3mm×3mm。在将图案化的器件用丙酮（acetone）洗涤并用氧等离子体处理之后，将含有 5%甘油（glycerin）和 5%DMSO（V/V）的 PEDOT：PSS 溶液以 3600r/min 的速度旋涂 35s 来形成薄膜，然后，在真空干燥箱中于 120℃进行 1h 的退火处理。在保护带的帮助下，用异丙醇溶解涂覆在其他区域的 PEDOT：PSS 膜上，以形成覆盖在漏极/源极区域上的导电通道。OECT 通道的宽度和长度分别为 0.2mm 和 6mm。

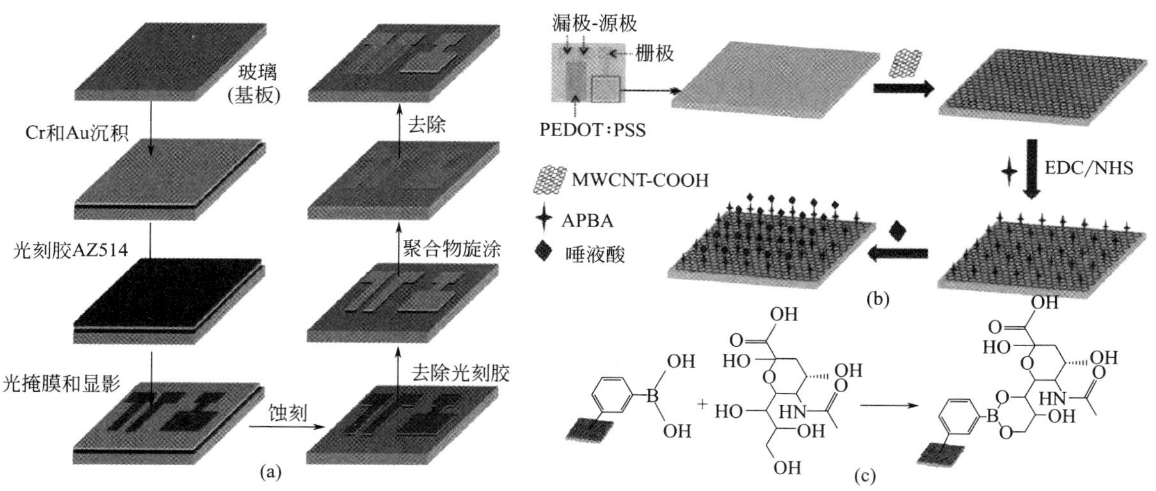

图 9.14 OECT 制造过程示意图

(a) OECT 制作；(b) 基于 OECT 的生物传感器制备和唾液酸感测；(c) 生物传感器表面上 APBA 与 SA 之间的识别反应

(4) 栅极修饰

首先通过在 140℃下，进行回流过夜，用 HNO_3/H_2SO_4[1：3（体积比）] 混合物预处理 MWCNT。将混合物以 13000r/min 离心 15min，并用 0.01%（体积分数）吐温 20 洗涤，直到最终洗涤溶液的 pH 为中性。将预期的羧化 MWCNT（MWCNT-COOH，CNT）重新分散为 1mg/mL 的分散液，以备将来使用。在室温下，将 9μL 的 CNT 分散液滴在栅电极（3mm×3mm）表面，形成坚固的薄膜［图 9.14(b)］。然后将含有 5mmol/L EDC 和 5mmol/L NHS 的 9μL 混合物滴在 CNT 所修饰的栅电极上，并在 4℃下孵育 4h 以活化羧基。最后，在 37℃下将 9μL 的含有 50mmol/L 的 APBA 溶液再次滴在栅电极上保持 2h，以将 APBA 共价固定在栅电极上。用 pH 为 7.4 磷酸盐缓冲溶液（phosphate buffered solution，PBS）冲洗所修饰的栅电极后，便获得了基于 OECT 的 SA 专用生物传感器。为了在单位面积上保持相同的负载能力，在面积分别为 $4mm^2$ 和 $1mm^2$ 的栅极上滴入 4μL 和 1μL 上述分散液或溶液以制备生物传感器。

(5) 唾液酸检测

含唾液酸的 10mmol/L（pH 为 7.4）PBS 用于测量漏源通道电流。孵育 10min 后，在 0.9V 的栅极电压下，漏极电压固定在 50mV，且在源极接地的条件下，记录漏极-源极通道电流，并将其作为时间函数。持续 300s 的稳定响应用于 SA 检测。

9.3.3 基于 OECT 的 SA 生物传感器的设计及其性能

(1) 设计

为了实现对唾液酸的特异性检测，首先将 APBA 固定在栅电极表面上，以制备基于 OECT 的生物传感器。加入唾液酸样品后，所固定的 APBA 可以通过硼酸与 SA 的 1,3-二醇的连接来快速识别目标分子［图 9.14(c)］。在有 EDC 和 NHS 的情况下，通过将 NH_2 基团与羧化的 MWCNT 膜的活化羧基共价连接来完成 APBA 的固定［图 9.14(b)］。当 SA 与栅极上的 APBA 特异结合时，电子转移阻抗大大增加，这导致电解质/通道与栅/电解质界面之间的电压发生变化，从而引起漏-源通道电流的变化。在这里，识别过程影响了栅极的电子转移阻抗，这表明所设计的基于 OECT 的生物传感器在非法拉第体制下进行了工作。

(2) 所修饰的栅极特征

首先检测 Zeta 电位以检查碳纳米管连续处理过程中的电荷变化，以进行羧基化，APBA 结合以及对唾液酸的识别［图 9.15(a)］。用 HNO_3/H_2SO_4 预处理 MWCNT，将在碳纳米管表面生成羧基，因此 Zeta 电位变得更负。在 APBA 与 MWCNT-COOH（CNT）连接后，带负电的硼基团导致了更大的负 Zeta 电位，由于 SA 的硼酸基连接，SA 被识别为固定化的 APBA 后，其负电性得以降低。

EIS 也被用于确认栅电极的修饰过程［图 9.15(b)］。将羧化的 MWCNT 涂覆在栅极上后，由于 $K_4[Fe(CN)_6]/K_3[Fe(CN)_6]$探针与带负电的电极表面存在排斥，使得电子转移阻力增加。将 APBA 连接至 CNT 修饰的栅极表面后，由于存在疏水性苯基和带负电的硼酸（pH 7.4），电子传递阻力变得更大，这阻止了电子传递，并进一步增加了 $K_4[Fe(CN)_6]/K_3[Fe(CN)_6]$与电极表面的排斥力。SA 被固定的 APBA 识别后，由于形成了相对较多的疏水性硼酸酯和位阻，电子传递阻力明显增加。

所修饰的栅极的形态由 SEM 图像示出。当 CNT 滴在栅极上时，CNT 膜的表面结构以小束或单管的形式充分分散［图 9.15(c)］。将 APBA 和 SA 结合到 CNT 修饰的栅极上后，表面形态变得略微粗糙［图 9.15(d)］。由于 APBA 和 SA 是相对较小的分子，因此 APBA 和 SA 在栅电极上的有效固定不会使碳纳米管的表面形态发生明显的改变，除非其管结构变得饱满。

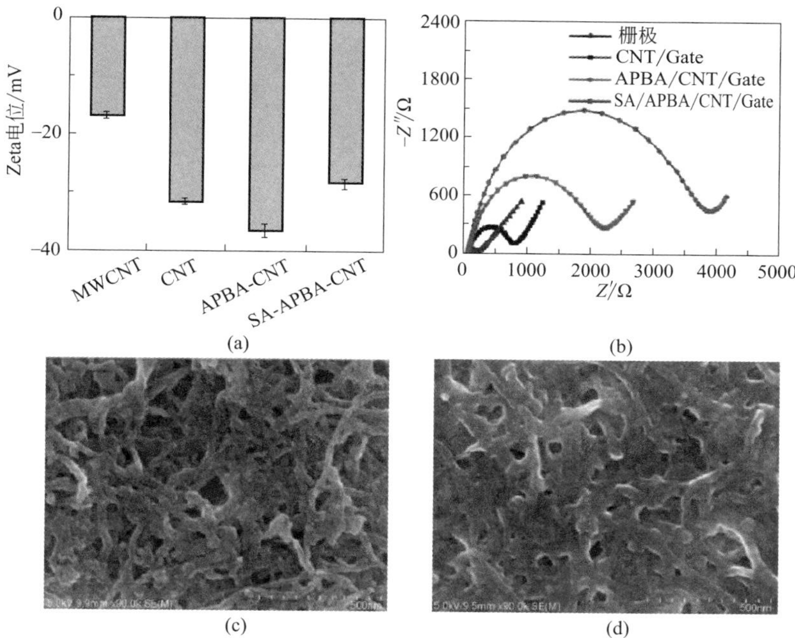

图 9.15 (a) MWCNT、CNT、APBA-CNT 和 SA-APBA-CNT 的 Zeta 电位；(b) 在含有 0.1mol/L KCl 和 5mmol/L $K_4[Fe(CN)_6]/K_3[Fe(CN)_6]$(1∶1) 的 10mmol/L pH 为 7.4 PBS 中的裸露的和不同的修饰栅电极的 EIS。频率范围：10Hz～100Hz；幅度：10mV；(c) CNT 和 (d) SA/APBA/CNT 修饰栅极的 SEM 图像

(3) 唾液酸检测

当栅极电压从 0 到 1.2V 变化时，具有 $9mm^2$ 栅极面积的 OECT 的传感器在 PBS 电解质中显示出典型的转移曲线，通道电流变化了 1 个数量级［图 9.16(a)］。可以从通道电流与栅极电压的差中提取的跨导，在 0.9V 时达到 0.9ms 的最大值。这表明该传感器在 0.9V 的栅极电压下可以表现出最佳性能。

为了进一步验证上述结果，在含有不同浓度 SA 的 PBS 中以 0.3V、0.6V 和 0.9V 的栅极电压对生物传感器进行测试。当在 PBS 中添加 2.5mmol/L、5mmol/L 和 8mmol/L SA 时，通道电流持续增加［图 9.16(b)］，所有最大相对通道电流变化（$\Delta I/I_0$，此处 I_0 是在添加 PBS 前测得的稳定通道电流）均发生在 0.9V［图 9.16(c)］，这可用于 SA 的更灵敏定量。考虑到高于 1V 的栅极电压可能会影响设备的使用寿命，同时基于 OECT 的生物传感器通常在低电压（<1V）下工作，因此设置所设计的生物传感器的栅极工作电压为 0.9V 是合理的。

在优化的栅极电压下，记录漏极-源极电流以检查不同栅电极下的 SA 响应。带有 APBA/CNT 修饰的栅极的器件对 PBS 没有明显响应，而在 PBS 中添加 3.0mmol/L 的 SA 则产生了很大的响应，这比在 CNT 修饰栅的电极中甚至添加 6.0mmol/L SA［图 9.16(d)］时要大得多，表明 APBA 对 SA 的特定识别。为了获得所设计的生物传感器的最佳性能，也要优化栅极上 CNT 和 APBA 的负载量，它们分别为 1.0mg/mL 和 50mmol/L［图 9.16(e) 和 (f)］。

在栅极电压为 0.9V 的情况下，在连续添加唾液酸的情况下，对漏源通道电流响应进行了测试［图 9.17(a)］。将 SA 加入 PBS 后，通道电流立即增加，表明 APBA 对 SA 的快速

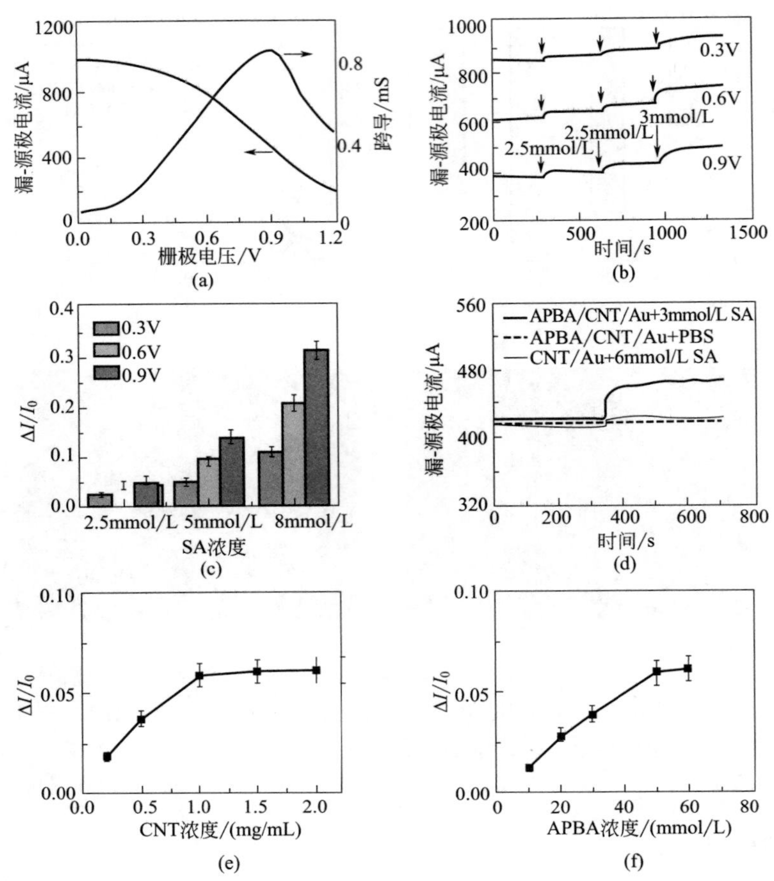

图 9.16 (a) 以 PBS 为电解质的基于 OECT 的传感器的传输和跨导曲线；(b) 在不同的栅极电压下，在 PBS 中添加 SA 后的漏源通道电流响应；(c) 在不同的栅极电压下，添加了 SA 后的通道电流相对变化 ($\Delta I/I_0$)；(d) CNT 或 APBA/CNT 修饰的栅极对 PBS 以及在 PBS 中添加 SA 后的响应；在栅极上修饰了 CNT(e) 的与 APBA(f) 不同浓度下的电流响应 ($\Delta I/I_0$)

识别过程。随着 SA 浓度的增加，电流持续增加，并且由于 SA 对表面硼酸的饱和结合而趋向于最大值。通常，OECT 的响应与通道的宽度与长度之比成正比，并且对栅极电压敏感。为了证明响应机制，准备了三个具有相同长宽比的 $9mm^2$、$4mm^2$ 和 $1mm^2$ 栅极面积的 OECT 用于 SA 感测［图 9.17(b)～(d)］。栅极面积为 $9mm^2$ 的传感器在不同的 SA 浓度下表现出相对最大的通道电流的变化，这应归因于 CNT 的更多负载与所固定的 APBA，将更多的 SA 结合在栅电极表面，当它在非法拉第状态下工作时，导致电子转移电阻较大增加，并且电解质/通道与栅极/电解质界面之间的栅极电压降低。有趣的是，当 SA 浓度高于 7mmol/L 时，所有这些传感器的响应都突然增加，然后在 SA 浓度高于 12mmol/L 时趋于最大值，这导致了类似的 S(sigmoid) 形曲线。栅极面积为 $9mm^2$ 的生物传感器在 0.1～7.0mmol/L ($R^2=0.999$) 的浓度范围内表现出线性响应［图 9.17(e)］。由于 SA 与栅极上的 APBA 的特异性结合，有效栅电压 (ΔV_g^{eff}) 的变化引起了漏-源通道电流的变化。ΔV_g^{eff} 可以根据电流变化和传递曲线来精确表示，ΔV_g^{eff} 对于 SA 的浓度表现出 S 形曲线，而在 0.1～7.0mmol/L 的相同浓度范围内 ΔV_g^{eff} 表现出线性响应，斜率为 11.37mV/(mmol/L)［图 9.17(f)］。

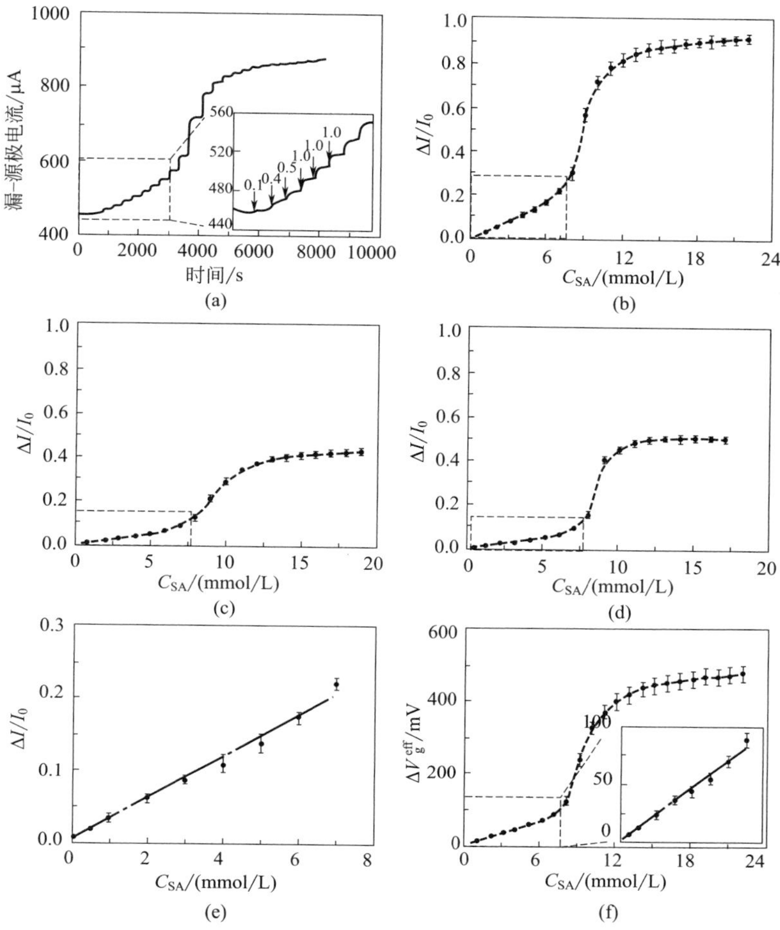

图 9.17　(a) 在栅极（面积为 9mm²，电压为 0.9V）上，在 10mmol/L pH 为 7.4 的 PBS 中连续添加 0.1mmol/L、0.4mmol/L、0.5mmol/L、1.0mmol/L、1.0mmol/L，…唾液酸时，漏源通道电流响应。插图：低 SA 浓度时的放大图；在 10mmol/L（pH 为 7.4）PBS 中，栅电极面积为 (b) 9mm²、(c) 1mm² 和 (d) 4mm² 的基于 OECT 的生物传感器的通道电流相对变化对 SA 浓度的图；(e) 通道电流相对变化与 SA 浓度的关系图，数据来自图 (a)；(f) 9mm² 生物传感器上的有效栅极电压与 SA 浓度的关系变化图。插图：SA 浓度范围为 0.1～7.0mmol/L

(4) 选择性

为确保生物传感器能够应用于实际，通过生物传感器对 SA 和不同干扰物的响应来研究 APBA 对 SA 的识别选择性。在分别向检测溶液中添加 5mmol/L 糖类后，基于 OECT 的生物传感器的响应可忽略不计，而添加 SA 则导致通道的电流明显增加［图 9.18(A)］，栅极表面的 pH 为 7.4 的情况下，证实了 APBA 和 SA 之间的特异性识别以及对 SA 的选择性。考虑到血清样品中还存在许多其他生理干扰物，如多巴胺（DA）、抗坏血酸（AA）和尿酸（UA），因此将天然浓度的 DA、AA、UA 和 SA 添加到 PBS 以模拟实际的血清环境。在优化的条件下，所设计的生物传感器对这些干扰物未显示任何响应［图 9.18(B)］。

基于场效应管的生物传感器由玻璃基板上的漏极/源极/栅极和聚合物膜组成，该聚合物膜用作源极和漏极之间的导电通道。用羧基化的多壁碳纳米管对栅电极进行修饰，使其与 3-氨基苯硼酸共价键合，专门识别唾液酸，从而改变晶体管的栅电压，进而产生漏-源沟道

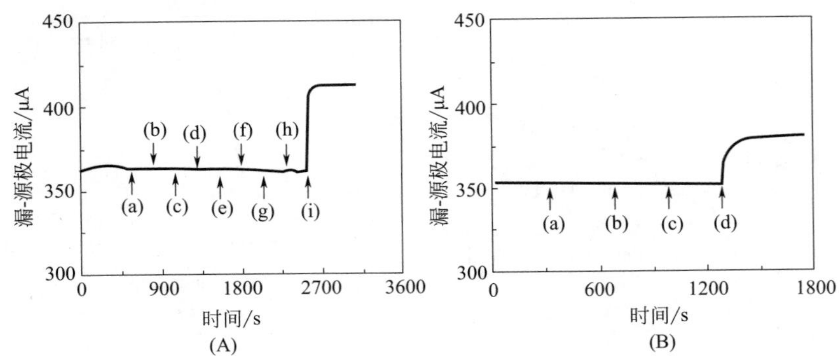

图 9.18 （A）在添加 5mmol/L（a）葡萄糖（glucose）、（b）甘露糖（mannose）、（c）乳糖（lactose）、（d）果糖（fructose）、（e）蔗糖（sucrose）、（f）麦芽糖（maltose）、（g）半乳糖（galactose）、（h）核糖（ribose）与（i）SA 后的响应；（B）在添加（a）5mmol/L DA，（b）50mmol/L AA，（c）300mmol/L UA 和（d）2mmol/L SA 后的响应

电流信号，以进行灵敏检测，唾液酸的检测范围为 0.1～7mmol/L，另外该生物传感器也具有出色的特异性，能够避免干扰素对其性能的影响。

9.4 快速测定流感的双通道场效应晶体管生物传感器

9.4.1 流感病毒及其 FET 测定

当流感病毒（influenza virus，IFV）大流行出现，并进行人对人的传播时，它们被认为不仅能够与禽类聚糖受体结合，而且能够与人上皮细胞上的人聚糖受体结合。这就意味着及时发现禽流感，阻止其向人类传播非常重要，同时也意味着，在暴发的早期阶段，聚糖可用于发现新的大流行 IFV。

快速检测禽类 IFV 中的突变可将大流行性流感造成的损害降至最低。由于必须在流感暴发的源头上检测大流行的 IFV，因此需要开发一种简单而灵敏的检测方法以便更精确地分析病毒类型。

传统的检测方法，例如聚合酶链反应（PCR）或免疫色谱法，都存在某些缺点。尽管 PCR 方法具有极高的灵敏度，但由于需要试剂和昂贵的仪器，因此很难在标准实验室环境之外使用。免疫层析法很方便，但是在病毒突变的早期阶段它的检测能力不足，因为它需要通过分析大流行的 IFV 来获得特异性抗体，并且其亚型的评估需要进行主观的目视观察。

作为这些常规分析方法的另一种方法，场效应晶体管（FET）生物传感器可以以简单的方式进行高灵敏度的测定，因为它可以直接检测其目标上的固有电荷及其变化，这意味着该传感器不仅可以轻松检测蛋白质及监测细胞活性，而且还可以对医疗和保健领域的基因组进行测序。此外，固定有聚糖的 FET 生物传感器，可以在极低的浓度下检测和区分人与禽 IFV HA。

根据 IFV 感染机制，病毒通过其表面糖蛋白开始感染，此表面糖蛋白识别存在于人上皮细胞上的唾液酸封端的聚糖。三糖终止于唾液酸-α2,6-半乳糖（6′-唾液乳糖，以下称为 Siaα2,6′Lac）和唾液酸-α2,3-半乳糖（3′-唾液乳糖，以下称为 Siaα2,3′Lac），这是主要用来区分人和禽 IFV HA 的机理。迄今为止，所提出的宿主细胞表面模拟聚糖固定平台已被用于电位或阻抗生物传感器来检测 IFV。此外，通过用 Siaα2,6′Lac 和 Siaα2,3′Lac 修饰分离的表面，同时也将双聚糖固定在表面，这样的方法将有望获得发现新的大流行 IFV 的能力。这就意味着，突变的大流行 IFV 吸附在固定有双聚糖的两个表面上，而野生禽 IFV 仅优先吸附在固定有 Siaα2,3′Lac 的表面上（图 9.19）。

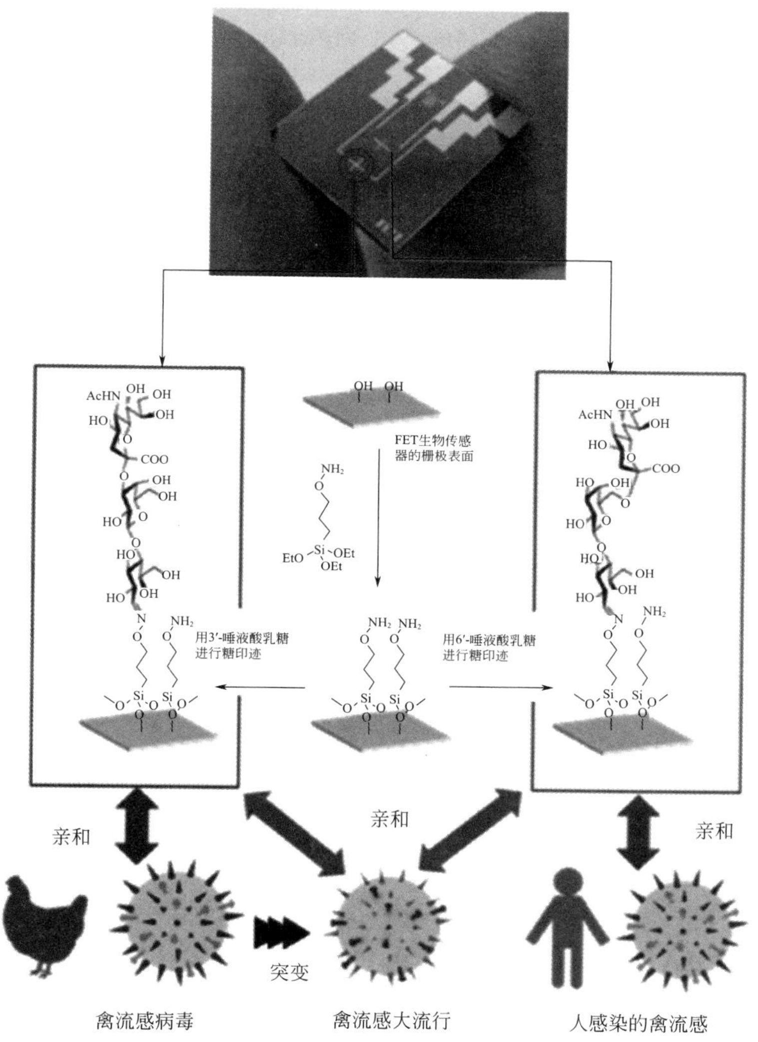

图 9.19　采用固定了聚糖的双通道场效应晶体管生物传感器识别大流行性流感病毒颗粒的示意图

9.4.2　制造过程

(1) 材料

人和禽流感病毒：H1N1 和 H5N；新城疫病毒：NDV/duck；制备含有 β-丙内酯的 PBS 和 PBS：分别用 β-丙内酯和福尔马林处理使 IFV 和 NDV 样品失活；流感血凝素：H1N1，重组，全长且保持蛋白质的寡聚结构；聚糖 Siaα2,6′Lac 和 Siaα2,3′Lac；抗体抗 H1；自组装单层（SAM）试剂 3-氨氧基丙基三乙氧基硅烷 AOPTES；乙酸；表面活性剂吐温 20；L-半胱氨酸乙酯（L-cysteine ethyl ester，LCEE）盐酸盐；N 型 FET：每个 FET 芯片由两个通道组成，其栅极尺寸为 10μm（长度）×1000μm（宽度）。

所有蛋白质无需进一步纯化，使用 137mmol/L NaCl、8.1mmol/L $Na_2HPO_4 \cdot 12H_2O$、2.7mmol/L KCl 和 1.5mmol/L KH_2PO_4 在室内配制 pH 为 7.4 的磷酸盐缓冲盐水（PBS）。通过用超纯水稀释 PBS 制备稀释的 PBS（0.01×PBS，pH 为 7.4）。所有处理 IFV 和 HA 蛋白的实验都应在生物安全等级 2（BSL-2）的实验室中进行。

（2）在 FET 上固定聚糖

通过 AOPTES 的 SAM 将聚糖固定在 FET 栅极表面上。即将二氧化硅表面（作为 FET 中的栅极绝缘膜）暴露于 O_2 等离子体中进行灰化（200W 持续 1min），以把羟基引入表面。随后，通过在氩气环境下（60℃持续 15min），在甲苯中，将 SAM 浸入的 0.1%（体积分数）AOPTES 中，从而在二氧化硅表面上形成 SAM。随后，制备含聚糖的溶液（100μmol/L）[将 Siaα2,6′Lac 或 Siaα2,3′Lac 溶解在乙酸溶液（pH 等于 5.3）]，使其与氨基氧基丙基硅烷（aminooxypropylsilane，AOPS）的氨基氧基部分所修饰的表面进行反应（60℃持续 90min），从而制备成了固定有聚糖的 FET 生物传感器。请注意，双通道 FET 生物传感器由两个晶体管组成，分别用不同类型的聚糖修饰。

（3）电气测量

测量固定有聚糖的 FET 的栅极电压（V_g）-漏极电流（I_d）的关系，并将其用作参考。使用电压扫描仪，在室温下，在 PBS(pH 为 7.4）中进行暗测量，从−3.0～0.5V 扫描 V_g，并将恒定电压 V_d 设置为 0.1V，参考电极为 Ag/AgCl，使 IFV 样品与固定有聚糖的 FET 反应 10min。通过将 IFV 溶液与通过擦拭五个健康人的鼻子收集的鼻黏液混合，获得掺入鼻黏液的 IFV 样品。每个样品也用 LCEE 溶液处理以降低黏液黏度。温育后，将残余物用 PBS 洗涤。在与 IFV 样品孵育后，测量 FET 生物传感器的 V_g-I_d 特性，并通过与参考特性进行比较来计算阈值电压偏移（ΔV_g）。

（4）用显微镜进行表面分析

使用动态模式原子力显微镜来观察 FET 栅极表面的形态图像，以获得粗糙度参数。

参考文献

[1] Streetman B G，Banerjee S. K. Solid state electronic devices [M]. Pearson Prentice Hall，New Jersey，USA，2006.

[2] Sohbati M，Toumazou C. Dimension and shape effects on the isfet performance [J]. IEEE Sens J，2015，15：1670-1679.

[3] Miscourides N，Georgiou P. Impact of technology scaling on isfet performance for genetic sequencing [J]. IEEE Sens J，2015，15：2219-2226.

[4] Shen N Y M，Liu Z，Lee C，et al. Charge-based chemical sensors：a neuromorphic approach with chemoreceptive neuron mos (CvMOS) transistors [J]. IEEE Trans. Electron Devices，2003，50：2171-2178.

[5] Barbaro M，Bonfiglio A，Raffo L. A charge-modulated fet for detection of biomolecular processes：conception，modeling，and simulation [J]. IEEE Trans. Electron Devices，2006，53：158-166.

[6] Barbaro M，Bonfiglio A，Raffo L，et al. Fully electronic DNA hybridization detection by a standard cmos biochip [J]. Sensors Actuators B：Chem，2006，118：41-46.

[7] Jayant K，Auluck K，Funke M，et al. Programmable ion-sensitive transistor interfaces. Ⅰ. electrochemical gating [J]. Phys Rev E，2013，88：012801.

[8] Jayant K，Auluck K，Funke M，et al. Programmable ion-sensitive transistor interfaces. Ⅱ. biomolecular sensing and manipulation [J]. Phys Rev E，2013，88：012802.

[9] Jayant K，Singhai A，Cao Y，et al. Non-faradaic electrochemical detection of exocytosis from mast and chromaffin cells using floating-gate mos transistors [J]. Sci Rep，2015，5.

[10] Zhang Q，Majumdar H S，Kaisti M，et al. Surface functionalization of ion-sensitive floating-gate field-effect transistors with organic electronics [J]. IEEE Trans. Electron Devices，2015，62：1291-1298.

[11] Barbaro M，Caboni A，Loi D，et al. Label-free，direct DNA detection by means of a standard cmos electronic chip [J]. Sens Actuators B：Chem，2012，171 (172)：148-154.

[12] Bobacka J，Ivaska A，Lewenstam A. Potentiometric ion sensors [J]. Chem Rev，2008，108：329-351.

[13] De A，et al. Peptide nucleic acid (pna)-DNA duplexes：comparison of hybridization affinity between vertically and horizontally tethered pna probes [J]. ACS Appl Mater Interfaces，2013，5：4607-4612.

[14] Ohno Y，Maehashi K，Yamashiro Y，et al. Electrolyte-gated graphene field-effect transistors for detecting pH and protein adsorption [J]. Nano Lett，2009，9：3318-3322.

第10章 可穿戴传感器

近年来，围绕着可穿戴传感器发展起来的智能可穿戴设备已经从腕戴式健身检测装置变革为能够实时监测心率、心律、血氧水平、呼吸、温度和睡眠模式等生理信号的多功能传感器。

本章将对可穿戴传感器进行较为全面的介绍，主要从应用的角度介绍并讨论类皮肤（表皮）可穿戴传感器、智能假肢和辅助技术；另外介绍高可拉伸的超灵敏的可穿戴传感器与潜在应用非常广泛的可穿戴式非侵入性表皮葡萄糖传感器。

10.1 可穿戴传感器概述

现有的可穿戴传感器，根据配置可分为三大类，包括可安装的传感器、基于纺织品的传感器（也称为电子纺织品或智能纺织品）和类皮肤（表皮）传感器（也称为电子皮肤或电子文身）。无论其配置如何，可穿戴传感器已应用于健康监测、智能假肢、辅助装置等。

可穿戴医疗设备市场正在经历前所未有的增长，市场的快速增长以及微制造、微电子、柔性电子、纳米材料、无线通信和数据分析的进步促进了可穿戴技术的发展。值得注意的是，纳米材料的加入使高灵敏度、高选择性、宽范围和快速可穿戴传感器的开发成为可能。这些进步促进了紧凑、轻便、廉价和可定制的多功能传感器的研发，这些传感器可以安装在织物或身体的所需位置以测量目标身体信号（图 10.1）。具有触摸、压力、温度和湿度感觉的可穿戴传感器使用户能够与周围环境进行交互和通信。

可穿戴传感器利用多种感测机制来测量目标信号（表 10.1）。感测机制的选择取决于传感器的设计和材料以及目标信号。例如，电阻式、电容式、压电式和压阻式传感器广泛用于测量由身体运动或动脉压力引起的机械应变，而表皮电位传感器则用于测量汗液中的目标代谢物和电解质。

表 10.1 可穿戴传感器中的各种传感机制

感测机制	感测原理
电阻	由于响应机械应变的几何变化而引起的电阻变化（主要在金属中）
电容	响应机械应变使电容变化
压电	响应机械应变产生电流
压阻	由于响应机械应变而改变原子间距引起的电阻变化（主要在半导体中）
压热	响应机械应变使热导率变化
摩擦电	某些材料接触然后分离时产生电荷
生物电抗	将离子电流引起的生物电信号转换为电流
电化学	响应于分析物的存在，样品的电位差（电位）、电流或电导率（电导）的变化
光学	响应物理或化学激励的吸光度、反射率、发光、衍射、荧光或表面等离子体共振等光学特性的变化

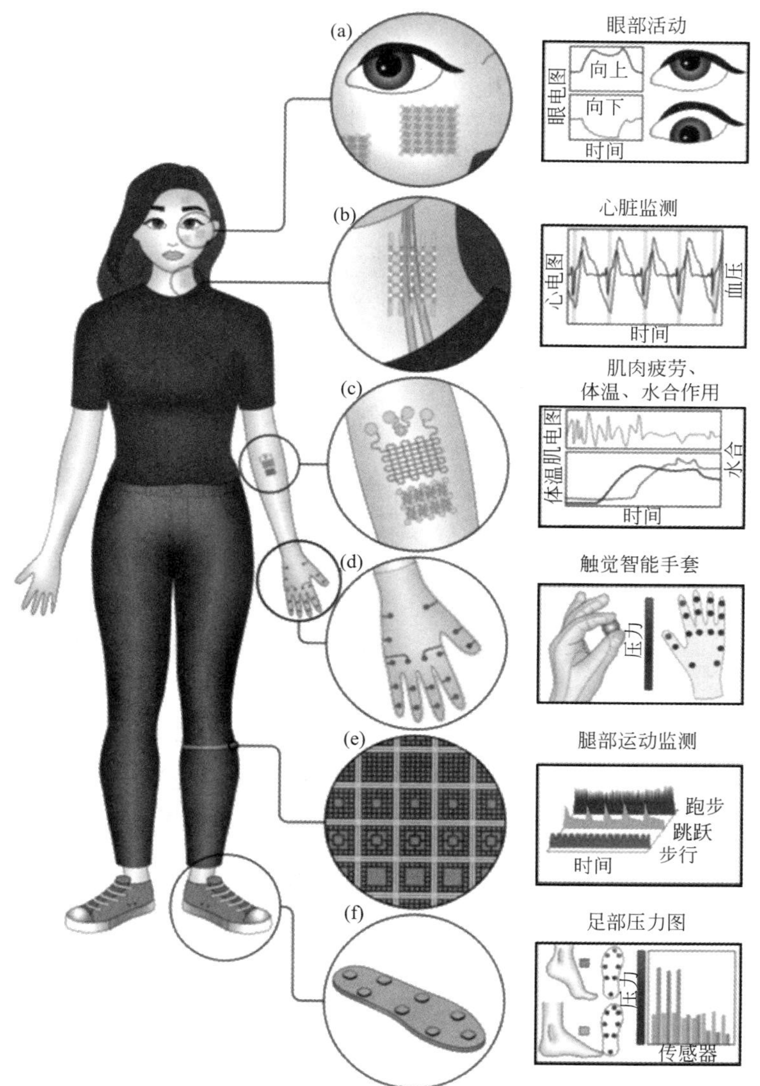

图 10.1　定制化的基于纺织品的可穿戴传感器和表皮传感器，用于：
(a) 检测眼球运动以控制电动轮椅；(b) 监测心血管健康；(c) 监测肌肉疲劳、皮肤温度和水合作用；
(d) 使用触觉智能手套的触觉；(e) 捕捉膝盖运动；(f) 描绘鞋子上的足部压力[1]

10.1.1　健康监测传感器

基于纺织品的传感器广泛用于医疗保健监测。这些传感器可以通过编织、针织等方法将铜、银或不锈钢等金属纤维/纱线嵌入织物中来制造。基于纺织品的传感器也可以使用导电聚合物纤维/纱线生产，如聚苯胺或聚吡咯，以及将导电填料如炭黑、碳纳米管、石墨烯或导电聚合物与聚合物纤维混合来制造，与金属纤维相比，它们更轻、更柔软。

一个典型的例子是基于纺织品的传感器，通过将聚酯纤维缠绕在不锈钢芯纤维周围，可以监测所产生的心血管信号［图 10.2(a)］。身体运动引起纤维的反复接触和分离，由于摩擦电效应而在导电纤维中感应出电荷，从而产生电信号，这种反映身体运动的电信号通过低通滤波器、放大器和模数转换器，然后无线传输到附近的智能手机。智能手机上的特定应用程序可处理并监测这些信号。实验表明传感器能够捕捉频率高达 20Hz 的动态运动。传感器的响应时间测得为 20ms，表明其适用于实时监测生理信号。该传感器在 100000 次接触分离与 40 次洗涤后仍表现出了卓越的稳定性和耐用性。通过监测颈部、手腕、指尖和脚踝的脉压，也验证了这类传感器的多功能性［图 10.2(b) 和 (c)］。所获得的信息可提取脉搏的幅度和速率，并能反映与动脉僵硬相关的指标。

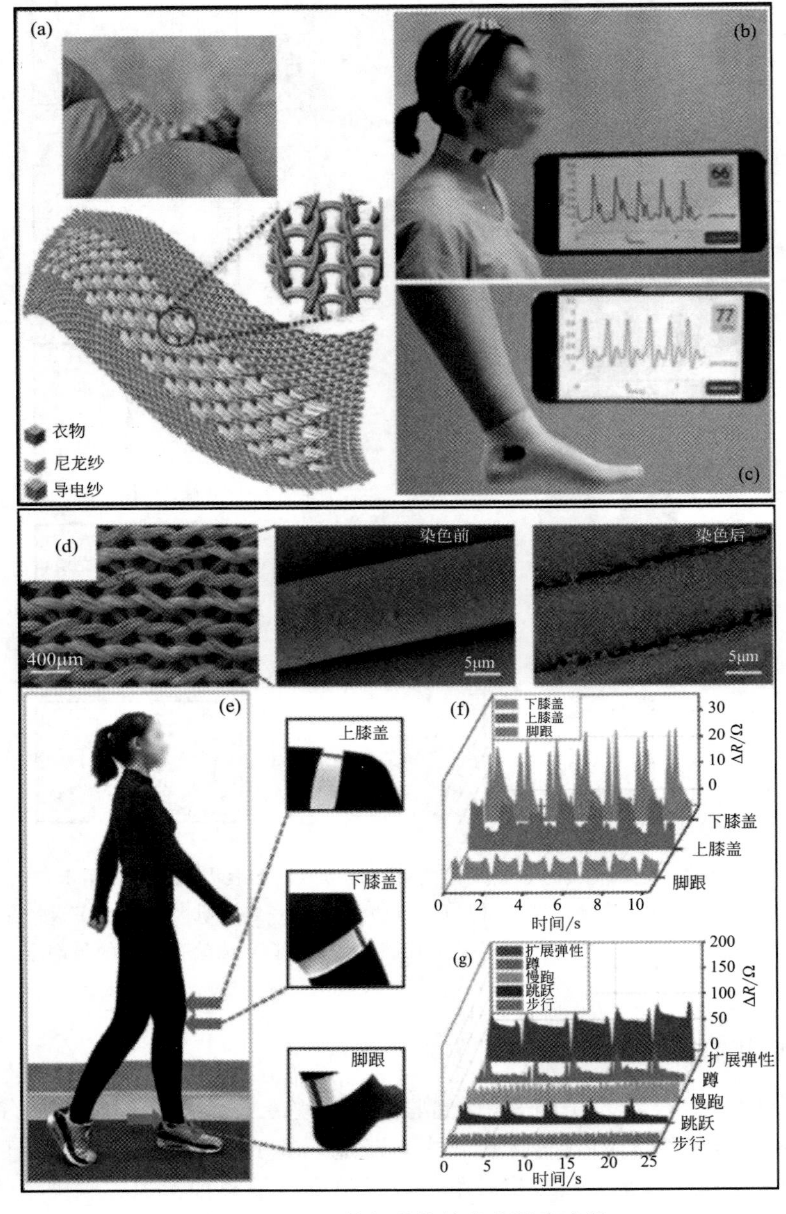

图 10.2　基于纺织品的健康监测传感器

(a) 包含不锈钢纤维和尼龙纱线的机器编织传感器，用于使用摩擦带电测量压力脉冲；(b) 和 (c) 监测颈部和脚踝的 ECG 信号；(d) 用于测量身体运动的镀银应变传感器；(e) 和 (f) 监测上膝、下膝和足跟的运动；(g) 在各种活动模式下监测上膝的运动

还有，可以通过使用各种沉积（染色）工艺在织物上涂覆一层导电材料（如金属）来生产导电纺织品。其他导电材料，如导电聚合物、炭黑、碳纳米管也被用于纺织品涂层。

例如，用于监测身体运动的基于纺织品的传感器，是通过在聚苯乙烯纤维上形成一层薄薄的银纳米晶体来实现的［图 10.2(d)］。电子纺织品的拉伸增加了互锁纤维之间的接触且拉长了纤维，两者的结合导致电子纺织品的电阻降低。电子纺织品传感器有助于将运动转换为电信号，该信号可以传输到多通道记录器。实验表明，通过在脚后跟、上膝盖和下膝盖处放置三个传感器，可以捕捉步行动态的细节［图 10.2(e) 和 (f)］。相同的策略已被用于比较各种运动中上膝的动态，包括放松、步行、慢跑、下蹲、弯曲和跳跃［图 10.2(g)］。

在各种涂层方法中，丝印图案化提供了快速、相对简单与大规模的纺织品传感器生产的路径，包括力学性能坚固的 EMG 传感器。然而，织物结构的粗糙度和孔隙率显著降低了图案油墨的机械和电气强度，这可以通过优化油墨的成分、在织物上预涂疏水层以及增强导电油墨对织物的渗透来解决。

喷墨印刷是另一种将导电油墨图案化到纺织品上的新兴技术，通过定制印刷工艺可以实现特定的结构/功能。例如，通过 3D 打印将碳纳米管和丝素蛋白墨水同轴注入，将功能性超级电容器纤维图案化到织物上，从而验证了能量收集/存储的电子纺织品的性能。所报道的包含离子导电墨水和镓基液态金属合金的液基传感器，进一步提高了拉伸性以及用于监测动态负载的传感器的多功能性。

结合加速度和温度传感器的基于纺织品的贴合感测贴片也得以发展。这些贴片可以以任何定制的方式附着或编织到布上，以测量 ECG 信号、呼吸和体温。

类皮肤（表皮）传感器是可穿戴技术的前沿技术，越来越多地用于医疗保健监测。这些传感器通常使用传统的微电子制造技术制造，包括对金属薄膜的真空沉积、旋涂、光刻、湿法和干法蚀刻以及转移印刷工艺。这些成熟的技术促进了超薄、多层、多功能表皮传感器的开发。

一个经典的例子是多功能表皮传感器，它包括了用于肌肉刺激以及监测 EMG 信号、机械应变和温度的电极［图 10.3(a)］。金属迹线在两个单独的层中形成图案，这两个层被电介质聚酰亚胺薄膜分开并封装。传感器安装在水溶性胶带上，在安装到皮肤上之前可以将其取下。传感器可以贴合并黏附到皮肤上。传感器的灵活性使其能够承受压缩和拉伸，并且很容易剥离［图 10.3(a)］。安装在背部的传感器可以在提升负载的同时监测 EMG 信号和应变［图 10.3(b)］。传感器在弯曲/站立姿势［图 10.3(c) 和(d)］以及蹲/站立姿势期间捕获不同的 EMG 和应变响应，所提供的这些信息可以防止因举重技术不当而导致肌肉过度劳累。激励电极可以触发电触觉信号以避免过度用力/伸展，它们还可用于诱导肌肉收缩，使瘫痪的四肢恢复活力，可有效加速中风患者的康复。

喷墨打印和激光直接书写促进了表皮传感器的快速原型设计，其制造成本低且工艺简单。例如，表皮运动传感器可简单地在纸上用石墨铅笔绘制来实现，这会使单层或多层石墨薄片沉积在纸上。纸的变形会改变石墨薄片的排列并改变迹线的电阻。更复杂的多功能表皮传感器可以采用独特的“剪切”和“粘贴”方法制造，该方法利用商用的金属涂层聚合物薄膜、热释放胶带和可编程切割机来制作。用这种方法可制造能够测量 EEG、ECG、EMG 信号，温度和水合作用的多功能表皮传感器。

离子凝胶具有高度可变形性、机械顺应动态和弯曲轮廓，并且具有自我修复能力，从而为开发简单、廉价的传感器提供了独特的优势。

大多数表皮传感器由透气性有限的材料制成。因此，佩戴表皮传感器可能会限制皮肤蒸发汗液的能力，导致不适，并且在某些情况下连续使用几个小时会导致皮肤发炎、瘙痒或皮

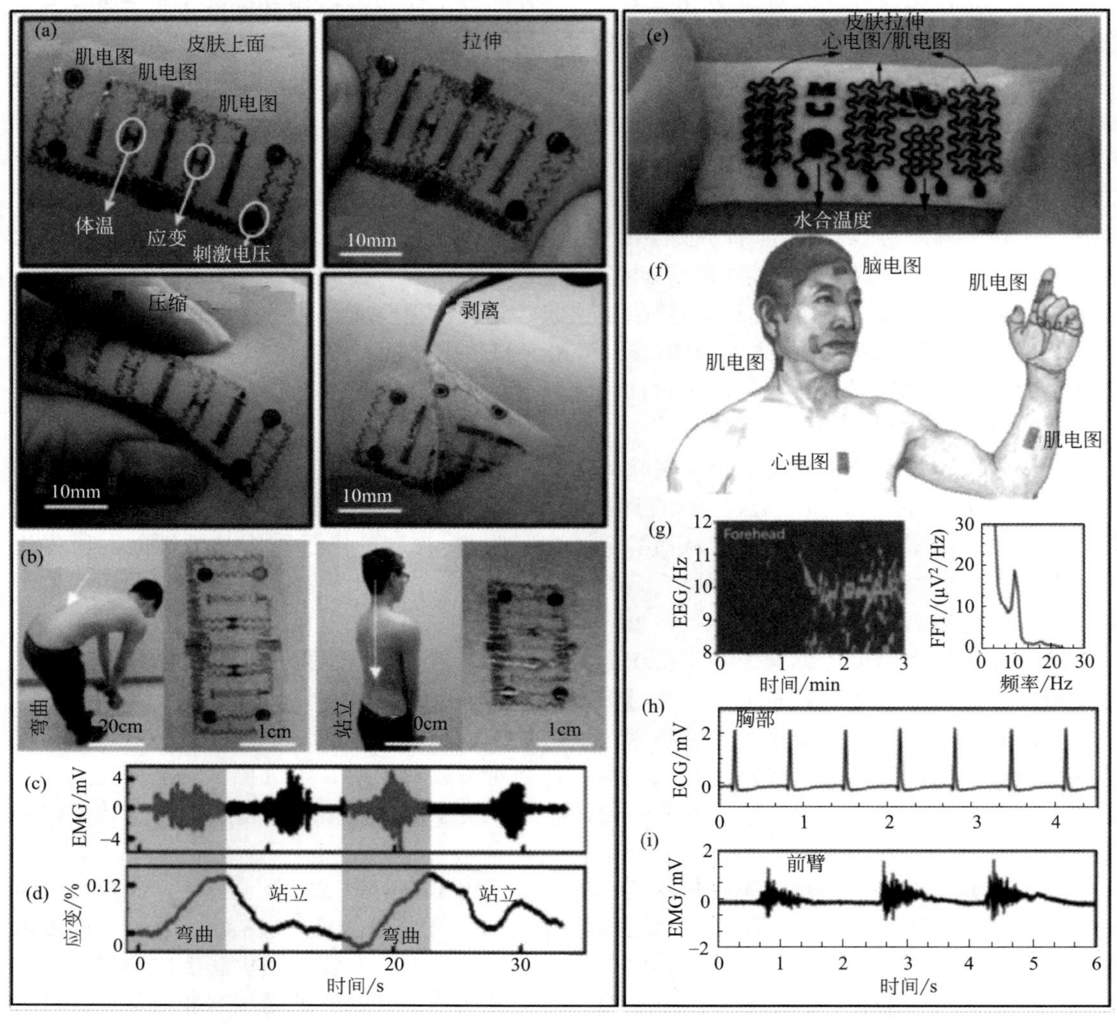

图 10.3 多功能表皮健康监测传感器

(a) 多层传感和激励平台，可以很容易地安装、拉伸、压缩和剥离；(b)～(d) 安装在志愿者下背部的传感器，用于监测 EMG 信号和抬起负载时的应变；(e) 通过在多孔弹性体上对石墨烯进行激光图案化实现了透气柔性的传感器；(f) 该传感器可以安装在前额、胸部、前臂、面部、颈部或指尖，以监测心电图、肌电图、水合作用或温度；(g) 在前额测量的 EEG 信号；(h) 在胸部测量的 ECG 信号；(i) 在前臂测量的 EMG 信号

疹。通过使用导电纳米线作为网状结构来开发高度多孔、透气的表皮传感器，可解决透气性问题。

多孔表皮传感器也可以通过直接激光写入法在聚酰亚胺薄膜上创建多孔石墨烯图案来制造。即将石墨烯传感器转移到薄膜（薄膜由部分固化的有机硅弹性体和糖粉的复合材料制成）上，当弹性体固化后，糖粉溶解在水中。从而生成了多孔弹性体薄膜，并且其表面容纳了激光图案化石墨烯传感器［图 10.3(e)］。该传感器包含生理（EEG、ECG 和 EMG）、水合作用和温度传感器，可以安装在身体的所需位置［图 10.3(f)］。EEG 传感器有助于人们睁眼和闭眼 90s 后捕获神经 alpha 波［图 10.3(g)］。另外，高质量的心电图信号有助于追踪与心房去极化（P 波）、心室去极化（QRS 波群）和心室复极（T 波）相对应的心动周期动态［图 10.3(h)］。该传感器可以安装在皮肤上长达 24h，由于凝胶干燥，这对于传统的 Ag/AgCl 凝胶电极是不实用的。多功能传感器还有助于从前臂［图 10.3(i)］、面部、后颈部和食指捕获高质量的 EMG 信号。通过测量皮肤阻抗来监测皮肤水合作用，而通过测量电阻相对于皮肤温度的变化来监测皮肤温度。温度传感器还可用作焦耳加热元件，产生用于伤口愈合的温度循环。

人体汗液是一种含有丰富生化标志物的体液，可用于疾病诊断、营养管理、运动表现监测以及非法药物检测。由于其重要性，已经开发了各种可安装的、基于纺织品的传感器和表皮传感器用于汗液分析。通过丝网印刷实现的基于纺织品的传感器已用于离子的电化学分析和汗液中 pH 值的比色测量。表皮电化学传感器也已用于监测各种分析物，例如葡萄糖、铵、钠、酒精、锌、维生素 C 和汗液中的 pH 值。也开发了能够监测多种代谢物（葡萄糖和乳酸）、电解质（钠和钾离子）和 pH 水平的多路传感设备。

将微流体集成到表皮传感器中，可以对汗液进行持续和长时间的监测，同时最大限度地降低与汗液积累、污染和稀释相关的风险。汗腺的自然分泌压力、毛细管效应和汗液在出口处的蒸发促进了微流体结构内的汗液流动。微流体系统可以配备多个入口，以促进汗液从多个汗腺进入。基于微流体的传感器能够对汗液电解质和代谢物进行多重分析，并可测量出汗率。

可穿戴传感器也可用于监测其他体液中的离子和生物标志物，例如唾液、眼泪、间质液和其他分泌物。此外，可穿戴传感器可用于监测人呼吸中的温度、湿度和气流。这些传感器可以嵌入呼吸面罩中或安装在鼻腔附近。一个典型的例子是通过使用直接激光写入，在聚酰亚胺表面上图案化石墨烯电极以制作湿度传感器。而传感器涂上氧化石墨烯后将提高其灵敏度。

表皮传感器也可以经过特殊设计以集成到体腔中。这些传感器应该是高度生物相容的、超软的、舒适的，特殊设计将最大限度地减少器官上的机械和热应力，最好是自供电。此类传感器的示例包括：可安装在上颚/鼻孔上的用于湿度/呼吸监测的基于角蛋白的微电极阵列；高度集成的离子选择性钠传感器，用于实时测量口腔内的钠摄入量，可安装在口腔中；用气味受体蛋白功能化的电化学嗅觉生物传感器，用于检测可安装在鼻器官上的各种气味和化学物质；利用自我识别的听觉传感器，可安装在内耳，是一种可调谐频率、选择性的动力纤维膜。

光学传感器由于其多功能性、制造简单和生物相容性而越来越多地用于可穿戴设备。光学传感器可以使用环境光或有机/无机发光二极管（LED）作为光源并使用光电二极管作为光检测器来测量动脉光吸收的变化。这些传感器已用于监测心动周期中的心血管信号，例如心率、脉压和氧饱和度水平。

基于 PDMS 的光纤可用于监测温度和机械应变。PDMS 的折射率可以通过改变 PDMS 基料与固化剂的混合比例来改变。其原理是通过与在纤芯/包层界面上产生的折射率对比，以确保光被限制在纤芯中。在光纤中加入特定的纳米材料可以改变光强度以响应各种激励。例如，含有上转换纳米颗粒的光纤在 525nm 和 545nm 处显示出温度敏感的双波长性，这可用于皮肤、口腔或呼吸的比例温度测量。同样，掺入金纳米颗粒的光纤在 532nm 和 690nm 处表现出局部表面等离子体共振效应。这些波长的差分损耗响应机械应变而线性增加。将其佩戴在手腕上，可用于监测压力脉冲，也可在吞咽唾液或发声期间检测颈部肌肉的运动。纳米结构材料和组件的结合将可以设计新颖的、多重、小型化和低成本的光学传感器，这可以极大地促进可穿戴传感器的进一步发展。

此外，基于生物相容性、可生物降解材料（如丝素蛋白）具有激光性能的光学系统可以集成到可穿戴/可植入设备中。丝溶液薄膜可以旋涂到图案结构上以制造各种光学平台。由于它们的选择性、高波长和功率密度，此类设备有助于准确检测生理信号。值得注意的是，丝绸的生物降解性能够建立瞬态电子和光电设备。

10.1.2 智能假肢

可穿戴传感器提供了与外部对象交互和通信的性能。可穿戴传感器已被用于开发智能触觉感测手套，以促进对接触体的识别、感觉和表征，为设计智能机器人和假肢提供了独特的技术方案。如通过在预涂有金属二硫化钼纳米片的双绞纤维上生成纳米金结构制作触觉手套。复合纤维结构表现出压阻特性，表明其电阻随压力、应变和弯曲引起的机械变形而变化。该原理用来制作用于抓取或释放触觉感知的智能手套。同样，电容式触觉手套也可以通过在导电织物薄膜之间放置多孔硅树脂介电薄膜制成。由外部压力引起多孔介电膜压缩，增加了传感器的电容，这可被用于测量物体的重量。另外，也可利用 PDMS 来制成环形腔结构的磁性触觉传感器。磁粉被添加到环的上层，并与铜线绞合，钴基线则被放置在空腔内。当有外力时，则引起腔体变形，从而改变磁场，进而由于巨磁阻抗效应而改变钴基导线的电感，从而实现手指触感。

智能手套还可以设计为从整只手获取触觉信息。一个代表性的例子是触觉手套，其中 548 个传感器阵列覆盖了针织手套整个表面，传感器阵列包含了由电极矩阵寻址的商用压阻膜。由于薄膜在与外部物体接触时，其触点的电阻将发生变化，测量施加在每个传感器上的法向力，从而能够获得独特的触觉地图。使用 26 种不同的物体（例如杯子、球、钢笔和电池）生成 135187 个触觉地图，将这些信息进行深度卷积神经网络训练，则可以识别各种对象。

还可以使用镓基液态金属合金制造柔软、可拉伸、可定制的触觉感应手套。它由四个相互连接的微流体室组成，从而形成一个软惠斯通电桥电路［图 10.4(a)］。在外部压力下腔室的压缩会改变，以用来测量压力电路的电阻。总共有 17 个压力传感器被嵌入 PDMS 手套，以增强抓握、挤压、摇晃或触摸物体时的触觉感知［图 10.4(b) 和 (c)］。

可穿戴手套不仅仅限于触觉，已被验证这种技术也是感知各种食品和饮料中甜味、酸味和辣味等关键味道的有效手段。触感手套利用印在丁腈手套上的柔性电化学传感器来检测样品中的关键味觉标记分子，如葡萄糖、抗坏血酸和辣椒素成分，它们分别对应于甜味、酸味和辣味。实验表明，这些分子具有独特的电化学特征，可以很容易地被传感器区分。该信息以无线方式传输到附近的智能手机。

能够同时检测周围环境激励的多功能传感器也已被开发。该传感器由 100 个圆形节点组成，这些节点通过电线相互连接。在节点上沉积各种涂层使传感器能够执行各种功能。这包括用于感测应变的康铜、用于感测温度的铂、用于感测紫外线的铝/锌氧化物以及用于感测磁场的钴/铜。此外，利用双模式电容传感器可以测量压力（接触）和接近度（非接触）。可拉伸的适形传感器可以轻松安装到手臂、手、手指和身体的其他所需位置。

表皮传感器已被用于开发智能假肢。假肢手套就是一个典型的例子，该手套配备了一系列应变、机械压力、温度和湿度传感器，并覆盖假手的整个表面［图 10.4(d)～(g)］[2]。这些传感器所收集的信息通过缠绕在肌肉周围的可拉伸多电极阵列刺激肌肉组织中的周围神经［图 10.4(h)］。另外，表皮传感器收集的信息可以无线传输到表皮虚拟现实（VR）执行器，以促进触觉感知。VR 执行器包含一系列安装在截肢者上臂的小型振动盘。截肢者佩戴带有机械手的假肢，该机械手配备有表皮传感器来为 VR 执行器供电。该系统使截肢者能够虚拟地感觉到他们的机械手抓住了物品。

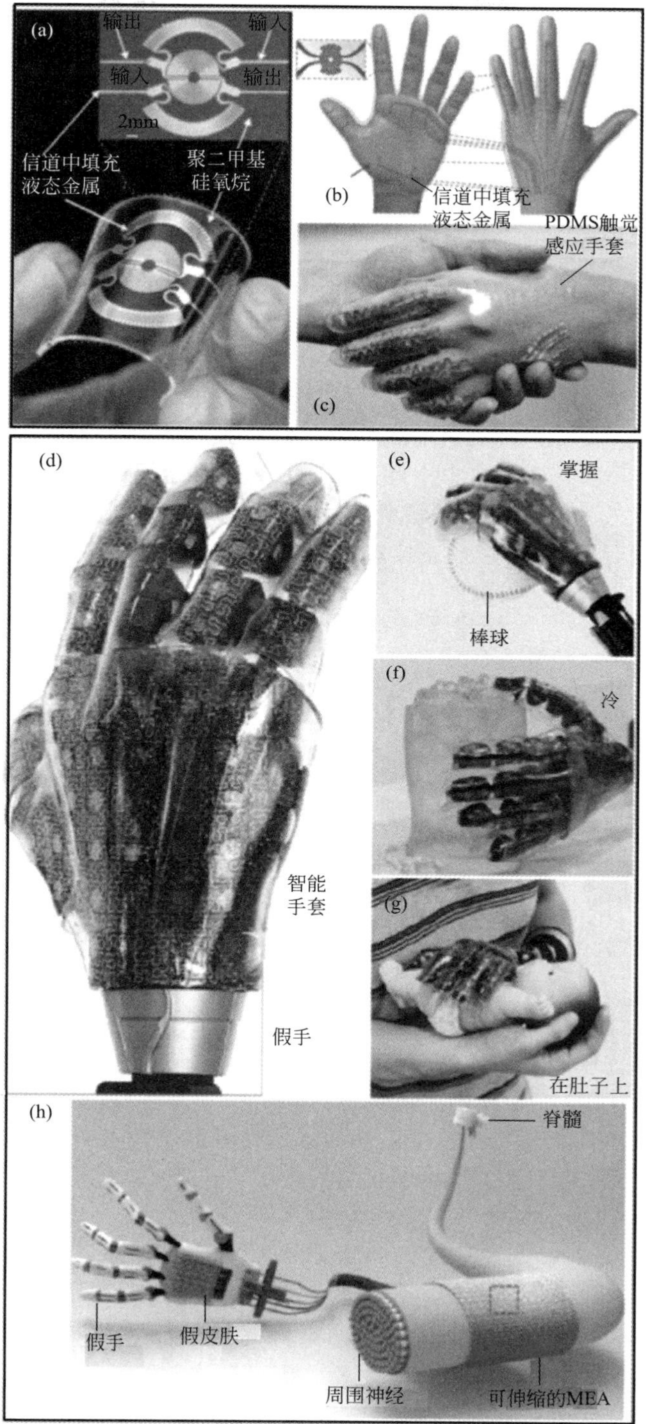

图 10.4　智能假肢

(a) 触觉传感手套，利用类似于软惠斯通电桥电路的液态金属填充微流体室来测量外部压力；(b) 和 (c) 手套中嵌入了一系列压力传感器，以在接触物体时实现触觉感知；(d) 包含硅纳米带机械应变、压力、温度和湿度传感器的智能假肢手套；(e)～(g) 抓球、触摸冰杯或抱着娃娃时的压力、温度和湿度感；(h) 使用可拉伸的多电极阵列将假肢手套与周围神经纤维连接起来

可穿戴传感器还有助于机器人假肢交互控制。大面积、多通道的表皮 EMG 传感器就是一个典型的例子，它可以层压在残肢上，提供对浅表肌肉的全面覆盖。由肘部的伸展/弯曲、手腕的旋后、手的打开/关闭引起的手部运动会触发肌肉的各种 EMG 信号模式，这些信号由多通道传感器记录，并使用模式识别算法进行分类，使截肢者能够高精度地控制假肢的运动。

表皮应变传感器也被用于监测由移动手指、手、肩膀或肘部引起的局部皮肤变形，这些变形可以无线传输到控制器单元以操作机器人假臂或辅助步行机器人，或开发人体运动模仿机器人，以在被认为对人类不安全的危险区域中运行。

柔性光电肌肉收缩传感器根据肌肉组织中的光吸收来检测肌肉收缩，并且能够区分肌肉收缩。

为了更好地捕捉触觉和疼痛，研究人员试图模拟人体皮肤真皮层中发现的机械感受器的反应，它们是对压力、拉伸和振动激励的反应。原则上，触觉是由默克尔和鲁菲尼受体中存在的缓慢适应神经介导的，它们在整个触摸刺激过程中发出尖峰信号。一个典型的例子是具有独特能力的神经形态手，可以提供触觉和疼痛感测元件，以在抓握物体时捕获触觉信息[图 10.5(a)]。触觉信息通过神经形态接口转换为尖峰信号，也称为神经形态信号，以模拟缓慢和快速适应神经的激活。这些神经形态信号用于刺激植入截肢者残肢正中和尺神经部位的经皮电极［图 10.5(b)]。当触摸柔软或尖锐的物体时，这会激活大脑中与无痛（无害）和疼痛（有害）触觉相对应的感觉区域。

类似的技术被用来开发神经假肢。该系统利用传感鞋垫来捕捉足底七个位置的压力，并用一个膝盖编码器来捕捉膝盖角度［图 10.5(c)]。该信息被转化为一系列神经形态信号[图 10.5(d)]，用于刺激植入残肢坐骨神经的四个电极［图 10.5(e)]。大量试验表明，使用神经假肢的参与者的步行速度和信心增加，而身体疲劳和疼痛减少。

10.1.3 辅助机器人

可穿戴传感器已被用作辅助技术来帮助残疾人士的日常活动。为此，可穿戴传感器有助于记录来自残疾人活动器官的生理信号。这些信号将被处理并转换为一组预定义的命令，以控制和操作周围的智能设备。常见的生理信号包括与大脑活动相对应的 EEG 信号，位于手部、肩部和面部的肌肉收缩和放松的 EMG 信号，以及对应于眼球运动的 EOG 信号。

与传统的 Ag/AgCl 电极相比，表皮传感器与皮肤保形接触，而不会引起刺激或过敏反应。表皮传感器的紧凑性、轻便性、灵活性和渗透性有助于在家中长期监测生理信号，使其非常适合作为辅助技术。

例如，在眼睛周围加入共形表皮电极，以实现电动轮椅的免提驾驶。电极由蛇形迹线互联的圆盘阵列构成，以提高拉伸性和表面覆盖率，同时降低 EOG 信噪比。两组电极安装在眼睛周围，以检测“上、下、左、右”眼球运动并将其转换为电信号。这些信号以无线方式传输到配备微控制器和数模转换器的轮椅控制接口，降噪后将信号传输到轮椅的直流电动机进行控制。在这个过程中，“上、下、左、右”的眼球运动分别转化为“前进、停止、逆时针转动、顺时针转动”的轮椅运动。该系统可以通过任意模式实现电动轮椅的免提导航。

舌头的运动也被证明是帮助严重身体残疾的人的有效手段。舌头驱动系统利用了附着在舌头上的小型磁性示踪器。示踪器可以粘在舌头上短期使用，也可以通过穿孔嵌入舌头长期使用。一组磁性传感器用于检测由舌头运动引起的磁场变化，这些传感器可以安装在口腔内的牙齿固定器上，也可以安装在口腔外的耳机中。控制单元将磁场的变化转化为特定的命

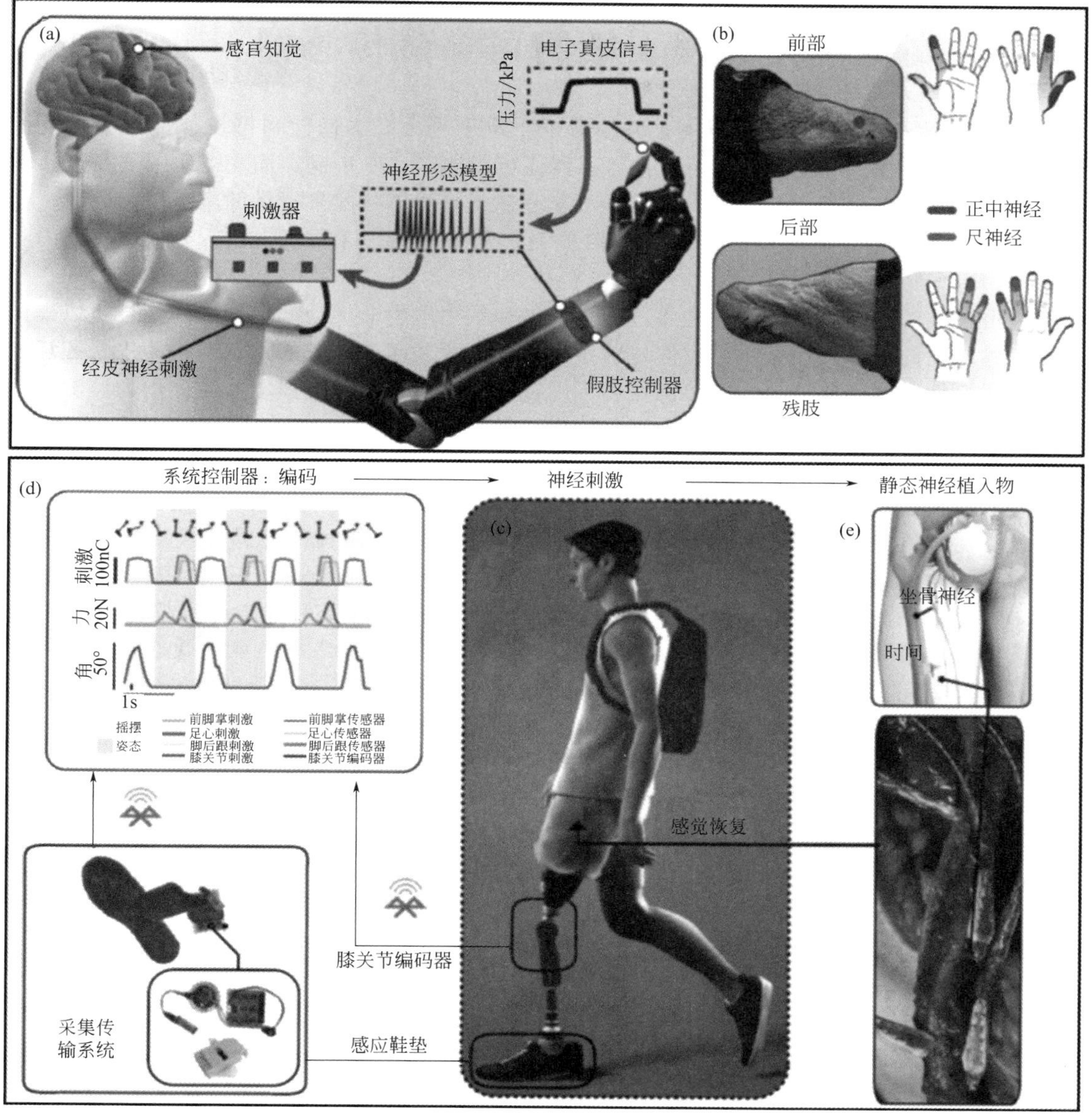

图 10.5　神经形态假肢

（a）感应手指捕获的触觉信息被转化为神经形态信号，用于刺激截肢者的周围神经，以促进对触觉和疼痛的感知；（b）截肢者残肢上的神经部位和通过广泛经皮神经电刺激获得的手部相关激活区域；（c）～（e）由传感鞋垫和嵌入假肢膝盖中的编码器捕获的信息被转换为神经形态信号，用于刺激植入截肢者坐骨神经的横向束内多通道电极[3]

令，并将它们无线传输到附近的智能手机，从而使用户能够操作各种电器。该系统的实用性已被证明可用于驾驶电动轮椅、拨打电话和控制屏幕上的光标。

其他几种可穿戴系统也已用于辅助目的。例如，已经开发出一种带有一系列导电弹性体图案的智能服装，具有压阻特性，可以捕捉肩部和肘部的运动。另外，摩擦电传感器已被用于监测负责眨眼的肌肉的运动。该传感器可以区分有意和无意的眨眼，并以免提方式控制计算机光标。

10.2 高可拉伸的超灵敏的可穿戴传感器

21 世纪以来，可拉伸传感器由于其模量低、重量轻、高柔韧性和可拉伸性等独特性而受到了广泛的关注。除此之外，可拉伸传感器还可以测定某些疾病，而无需医务人员连接到智能设备，不仅简化了诊断程序，而且还可以通过监测身体状况来提供健康信息。同时，无线技术、低功耗电子设备和数字医疗领域的发展推动着可穿戴式可拉伸传感器的应用与创新。

高可拉伸的超灵敏传感器的主要目标是测量和量化由生命活动产生的生理信号，以提供有关身体状况的信息。通常将可拉伸传感器固定在皮肤表面上。考虑到它们作为皮肤和环境之间的接口性质，一些可拉伸的传感器还可以在生物表面周围进行环境监测，例如监测伤口周围的湿度。传感器与皮肤之间生物黏附的质量是获得信号采集信息是否准确的关键因素，因此，鉴于人类表皮结构复杂，不平坦且不断移动，这已成为一个关键问题。通常，采用电极，并利用机械夹具、胶带、凝胶、绑带或穿刺针附着在皮肤上来克服该问题。这些方法在舒适性、易用性、长期佩戴和健康监测的准确性方面都有局限性。传感器只有具有高拉伸性、柔韧性、灵敏性、耐用性和快速响应/恢复速度的特征，才能适用于可穿戴的人体运动检测，尤其是检测大范围的运动，例如关节运动所涉及的运动（通常会导致超过 50%的可拉伸变形这种情况）。但是，传统的金属和半导体传感器在断裂之前只能承受非常有限的拉伸性。因此，它们不适用于可拉伸的应用。各种柔性和可拉伸基材、新型机械耐用材料、可变形电极和新型加工技术持续快速发展，在不久的将来有望开发出新型可拉伸传感器，以克服上述困境。

近年来，新材料和新结构快速发展，在用于可穿戴的高度可拉伸的超灵敏传感器的实现上取得了重大进展。事实证明，可拉伸传感器是在智慧医疗保健领域取得重大突破的重要环节。高可拉伸的超灵敏传感器已广泛用于许多可穿戴生物医学应用中，例如人体运动检测、人体体征监测和生物表面周围的环境监测。进而，可拉伸传感器以实时、舒适的方式保护人体健康。

10.2.1 可拉伸传感器的分类与应用

为了满足每个人的需求，可拉伸传感器的功能已逐渐趋向多样化，包括体温检测、心率监测和肌肉运动监测。这些功能可帮助人们全面了解自己的身体状况，并及时识别疾病的初始症状，从而避免错过最佳治疗窗口。在此，可将可拉伸传感器的功能分为三类：人体运动检测、生命体征监测和生物表面周围的环境监测（图 10.6）。表 10.2 列出了几个附着或层压在人体各个位置的可拉伸传感器，以及它们相应的受控的电生理活动和急性生理反应，以增进对身体状况的了解。

表 10.2 可穿戴式可拉伸传感器在个人医疗保健中的应用

目的	身体中的位置	传感器类型	材料	局限(缺点)
身体运动	关节，手腕，脊椎，脸，胸，颈	电阻	单壁碳纳米管	大尺度拉伸，快速响应/恢复，灵敏度
		震颤	硅纳米膜	
		加速度	—	

续表

目的	身体中的位置	传感器类型	材料	局限(缺点)
温度	全身	热电温度	PDMS-CNT/P(VDFTrFE)/石墨烯	
		电阻温度	Cr/Au	
		热敏电阻	石墨烯/银纳米线/PDMS	
心率	手腕,颈,胸部	压阻	聚合物晶体管	黏着性,信号传输稳定性
呼吸频率	鼻,嘴,胸部	湿度传感器	WS_2	灵敏度
		隧穿压阻	CNT/PDMS	
		音量传感器	PPy/PU	
血压	手腕,脖子	电容	石墨烯	灵敏度
		压电	PZT/MOSFET	
		压阻式	PEDOT：PSS/PUD/PDMS	
脉搏	手指,耳垂,额头、手腕	光学检测	OLEDs/OPD	近红外 OLED 的稳定性,整体效率
血糖	皮肤,眼睛	无创葡萄糖传感器	Ag/AgCl/普鲁士蓝	酶稳定性
		有创葡萄糖传感器	Ti/Pd/Pt	
气体	嘴	电导率	氧化石墨烯	响应时间
		化学气体传感器	PANI/AgNWs/PET	
湿度	伤口	湿敏电阻	WS_2	响应度,响应时间,松弛时间和稳定性
		湿敏电容器	氧化石墨烯	

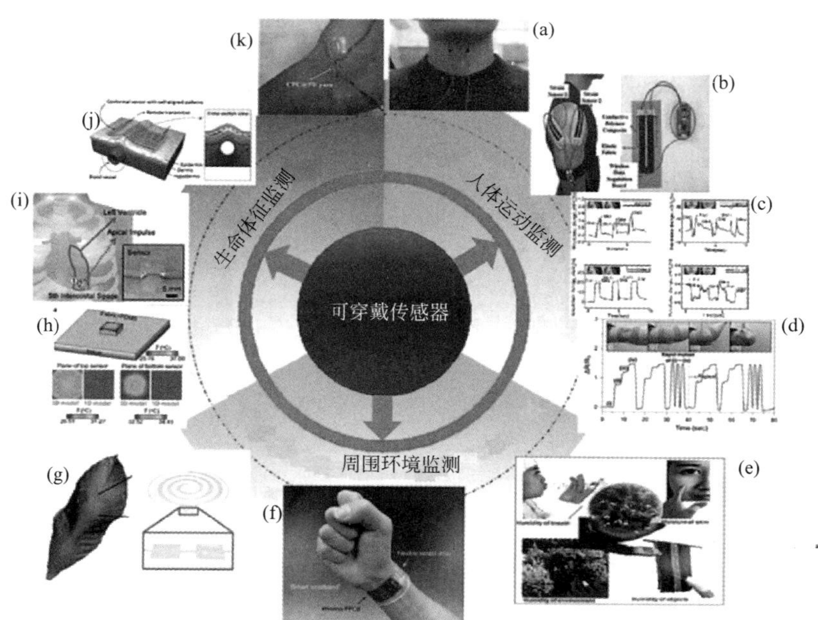

图 10.6　近期开发的可穿戴的可拉伸传感器的功能特性

用于人体运动检测的可拉伸传感器：(a) 语音监测；(b) 肩膀运动监视；(c) 人的情感监测；(d) 关节运动监测；
用于环境监测的可拉伸传感器：(e) 湿度监测；(f) 汗液监测；(g) 气体监测；
用于个人医疗保健的可拉伸传感器：(h) 体温监测；(i) 心脏脉搏监测；(j) 血管监测；(k) 脉冲监测

10.2.2 运动监测

运动是人们日常生活的重要组成部分。可拉伸传感器的运动监测机制基于拉伸时电压/电流/电阻的变化。在人们的日常生活中，运动分为两类：大尺度运动，包括关节、腰部和脊柱的弯曲运动；小尺度运动，包括面部、胸部和腹部的微小运动，以及情绪表达、吞咽和说话时脖子的运动。

为了监视不同尺度的运动，可拉伸传感器的要求随着检测到不同尺度的应变而变化。与尺度运动监控传感器相比，小尺度运动监控传感器不仅应具有足够高的灵敏度以检测较小的甚至微小的应变变化，而且应具有可拉伸性和与皮肤进行适形接触的高质量信号。

一种基于石墨烯/银纳米粒子协同传感器，具有极高的灵敏度和 0.5%的检出限，可以进行小应变检测。为了解决由于在基质中添加刚性填料所产生的刚度增加问题，该传感器采用了一种夹心结构，该结构在顶部和底部以及在石墨烯/银条中均包含两个导电层纳米颗粒/热塑性聚氨酯，以作为中间的绝缘层，这样便可确保初始导电性和可拉伸性。该传感器准确地捕获了语音过程中肌肉运动产生的极小应变，并且相对电阻也随其变化。

对于大尺度运动监控传感器，期望其具有较大的可拉伸性和快速的响应/恢复。通过探索新材料和新技术，已开发出了一些具有大规模可拉伸性的性能优越的传感器。Gao 等[4] 制造了一种大尺度应变传感器，该传感器通过响应曲线截然不同的模式轻松地记录和区分与膝盖相关的各种运动，包括膝盖的弯曲/拉伸、步行、慢跑、跳跃和蹲跳。然而，获得对微小变形的高灵敏度与广范围的感测是一个很大的难题。可拉伸传感器通过技术进步克服了这一问题。Yamada 等[5] 介绍了一种新型的可拉伸电纳米材料，该材料由排列的单壁碳纳米管薄膜组成，该薄膜在拉伸时会变形，其变形方式类似于去皮时干酪的结构变形。这种可拉伸的传感器不仅用于精确监测人的大尺度与快速运动，而且还用于检测打字和发声。这种进步促进了可拉伸传感器的制造，该传感器实现了对人体活动的全方位检测，从单一功能到涉及拉伸、弯曲和扭曲的复杂人体运动。同时，用于人体运动检测的可拉伸传感器正在不断改进。可拉伸传感器在诊断受损的声带、监测帕金森病、确定脊柱姿势变化的程度、分析面部表情变化以及检测姿势和运动方面起着重要作用。

同时，一些用于跟踪帕金森病、癫痫病以及发现突然跌倒的可穿戴生物医学传感器已经取得巨大的进步。Son 等[6] 为帕金森病开发了一种可穿戴式多功能传感器设备，当帕金森病患者佩戴此设备时，该设备上的硅纳米膜应变传感器可测量震颤。然后，对震颤数据进行分析并将其分类，以确定疾病模式，并做出相应的反馈以进行治疗，通过中孔二氧化硅纳米颗粒来输送药物，以热刺激（加热器）的形式进行最佳速率的经皮给药。同时，设备中的温度传感器实时监测皮肤温度，以免在给药的过程中灼伤皮肤。

Burns 等[7] 基于三轴加速度计设计了一种跌倒传感器，它可以准确地感测患者手脚的运动。该传感器所研制的定量评估算法可实时分析诸如震颤和运动迟缓等症状的严重程度。帕金森病的最大特征是出现步态和运动障碍，会感到头晕，无法正常行走以及语音变化，这些特征可以通过陀螺仪之类的传感器来感测。

Jung 等[8] 介绍了集成传感器和能量收集装置的可穿戴式跌倒检测器，该设备根据集成系统的要求改进了可拉伸的能量收集和存储单元。集成系统成功地检测到日常运动引起的跌倒，并以无线方式立即发送警报。Xie 等[9] 给出了一种无线 ECoG 记录系统，该系统带有 32 个微电极阵列的灵活且生物相容的电极设备。基于一些癫痫治疗实验，ECoG 系统可以记录大脑活动并以无线方式执行电刺激以缓解癫痫症状。

10.2.3 生命体征监测

生命体征是评估人体健康的关键参数。因此，应建立有效的生命体征监测系统，以便及时向医生提供信息并避免突发事件。众所周知，各种疾病的最佳治愈时间是不同的，这给传统医学的实践带来了巨大挑战。例如，心脏病患者的最佳抢救时间为 4～6min，如果患者在 1h 内未接受治疗，他们将面临严重的危险。而用于生命体征监测的可拉伸传感器很容易被患者佩戴，可进行长期监测，同时也保持舒适性及实时精度。

可拉伸传感器的主要监视对象是体温、心率、呼吸频率、血压、脉搏氧合度和血糖，这些参数已广泛用于医学诊断。

(1) 体度

体度是第一个生命体征，可提供有关人类健康的重要信息。柔性和可拉伸的温度监测传感器在生物医学应用中受到越来越多的关注，它们以舒适的方式对皱纹和可拉伸的皮肤提供实时监控。

通常，体温通过热电温度检测器、电阻温度检测器和热敏电阻温度检测器进行测量。热电温度检测器的测量机制如下：将导体的两个不同组件插入电路两端的电路中，当它们在接合点处的温度不同时，回路中会产生电动势。将该电动势（称为热电势）与生成的热电势一起用于测量温度。利用这种测量机制，近几十年来已经开发出具有基于聚偏二氟乙烯［poly (vinylidene fluoride)，PVDF］或聚偏二氟乙烯-共-三氟乙烯［P(VDF-TrFE)］的金属/绝缘体/金属（metal/insulator/metal，MIM）结构的热释电器件。但是，这些装置是在刚性基板上制造的，因此不能满足高度舒适性的要求。为此，可将 PDMS-CNT 作为底部电极，P(VDF-TrFE) 作为压电和热电材料，石墨烯作为顶部电极来增加热电温度检测器的柔性、可拉伸性、稳定性和耐用性。这样的热电温度传感器可以避免金属电极材料和结构所具有非常低的可拉伸性与柔韧性。

RTD 的感测原理是温度的变化会引起导电金属电阻的变化。在 RTD 的制造中采用了几种常见的纯金属材料，包括铜、铂和镍。Webb 等[10] 介绍了一种精密的 RTD，是具有超薄性、顺应性、类皮肤性的阵列，该阵列可柔韧性地层压在表皮上，以提供连续、准确的热电测量。该设备直接安装在皮肤上，并跟随皮肤变形而变形。高柔韧性和可拉伸性是该设备的基本特征。为了实现这些功能，选择了厚度分别为 5nm 和 50nm 的 Cr 和 Au 作为无创 RTD 传感器的电阻材料。电阻材料设计为丝状蛇形网状结构，以提高柔韧性和可拉伸性。具有高精度和测图功能的 RTD 传感器阵列可监测心血管健康、认知状态、恶性肿瘤等生理参数。

热敏电阻温度检测器类似于 RTD：热敏电阻的感测机制也基于感测材料的电阻随温度变化。然而，热敏电阻是一种半导体材料，通常具有负温度系数，也就是说，电阻随着温度的升高而降低。可采用光刻过滤法来制造可拉伸的石墨烯热敏电阻温度传感器，将三维 (3D) 皱纹石墨烯用于热检测通道，将高导电性的银纳米线用作电极。为了获得可拉伸性，所有带有蛇纹石的电极和检测通道都完全嵌入了聚二甲基硅氧烷（PDMS）基质中，并且当可拉伸应变达到 50%时，该设备保持了热感测特性。另外，可拉伸的传感器表现出机械坚固性和应变与电阻的相关性，氧化镍和镍微粒被证明可以用作热敏电阻材料。

体温传感器通常放置于手臂和胸部。由于体表温度随环境温度而变化，因此记录的温度与体内温度之间存在差异。例如，在正常条件下，体内温度约为 37℃，而在温度为 25℃ 的房间中，体表温度仅为 32℃。因此，应优先进行体内温度的测量和监测，为此可通过温度传感器与皮肤的有效距离不同，并通过温度传感器的多次差分测量得出体内温度。

(2) 心率

心率（heart rate，HR）或脉搏定义为心动周期的频率，以每分钟的心跳数（b. p. m.）表示。HR 是身体检查中必不可少的一项，因为 HR 异常表示人体有问题，例如心脏病或心肌梗死。因此，迫切需要制造可准确且及时地监测心率的可穿戴式心脏监测传感器。

可拉伸传感器的测量部分通常固定在腕部或颈部或胸部的动脉上。心电图是测量 HR 的常规方法，已得到广泛应用。作为重要的生物信号，ECG 需要通过与生物电极的连接进行持续监测，该生物电极由耐用的皮肤黏合剂和可拉伸的电路组成。通常，连接到 ECG 设备以监测 HR 的生物电极是凝胶型银/氯化银（Ag/AgCl）电极。尽管 Ag/AgCl 电极已被广泛使用，但其使用会对皮肤产生刺激（例如瘙痒或红斑）。而且，只有在生物电极变形小于 30%的情况下，才能适应日常生活中的人体运动。因此，Ag/AgCl 电极不能满足长期穿戴的要求。Ag/AgCl 电极也会随着时间变干，从而导致信号质量急剧下降。为了克服这个问题，制造了单一的可拉伸导电干胶来代替 Ag/AgCl 电极，该电极采用了分层结构和弹性碳纳米复合材料。导电干胶垫由微柱和纳米柱组成，并引入了 1D-2D 碳杂化填料以增强电渗滤，它可反复黏附于人的皮肤粗糙表面并能从皮肤的粗糙表面去掉。由于碳纳米填料和 PDMS 组成了导电弹性体，导电干胶垫具有很高的可拉伸性和可弯曲性。与传统的 ECG 电极不同，该电极具有自我清洁功能，只需清洗掉其表面上的灰尘即可，从而可以永久性地重复使用。

Jung 等[11] 制造了一种基于碳纳米管（CNT）/聚二甲基硅氧烷（PDMS）复合材料的干式 ECG 电极，该电极很容易与常规 ECG 装置连接，并证明了其长期可穿戴监测能力。Jung 等也研究了 CNT 和 PDMS 的混合比例、直径和厚度的影响，以得到具有优异性能的 CNT/PDMS 预聚物分散体。他们证明，较大的电极测得的 ECG 信号要好于较小的电极。

除了基于 CNT/PDMS 复合材料的干式 ECG 电极外，其他类似的可穿戴式 ECG 构造也已与柔性电容电极、金属墨水电极和绣花织物电极一起使用，以解决凝胶 Ag/AgCl 电极在干燥后对皮肤有刺激性和不准确性的问题。在上述 ECG 监测系统中，传感器仅在电极部分中是柔性的和可拉伸的，但不能实现整个系统的柔性和可拉伸性。由于柔性与可拉伸材料和技术的巨大进步，具有柔性和可拉伸性的 ECG 监测系统已成功开发。Xu 等[12] 制造了一种由电极、电路和无线通信模块（用于在软微流体组件中进行无线通信）组成的柔性与可拉伸的 ECG 系统。

体积描记法是另一种有效地监测 HR 的方法，具有简单、可靠和成本低廉的优点。体积描记法包括光电体积描记法（PPG）和压电效应。PPG 的原理是通过来自组织的反射或通过组织的透射等光学方式检测组织微血管中血流量的变化。用于 PPG 的技术需要坚硬的光电模块，该光电模块以指定的穿透深度紧密地附着在皮肤上。由于上述原因及用户体验的不便，特别是在夜间，此 HR 监视系统不适合长期日常使用。

体积描记法的原理同样适用于可拉伸的压力传感器。压力传感器监视 HR 的基本原理是，当压力传感器附着在动脉上时，压力传感器会记录血压的波形，并根据信号周期数来计算 HR。与 PPG 不同，硬光电模块对于压力传感器不是必需的。压力传感器以可拉伸的方式紧密地附着在皮肤上，以进行 HR 监测。用压敏聚合物晶体管作为可拉伸压力传感器可连续监测动脉脉搏波。HR 由计算出的脉冲波形确定。同样，Nie 等[13] 提出了一种新型的基于液滴的压力传感器，该传感器使用弹性和电容性的电极-电解质界面，在轻微的接触力作用下记录颈动脉的血压波。除了记录血压波形外，压力传感器还安装在胸部以记录心跳的压力波形。一种具有“压缩弹簧”架构的基于石墨烯的复合纤维，可捕获心跳信号。

(3) 呼吸频率

呼吸被定义为身体与外部环境间进行气体交换的过程。在呼吸过程中，氧气被吸入并释放出二氧化碳。在放松过程中，成年人的最佳呼吸周期变长。与放松期间的呼吸速率相比，运动期间的呼吸速率被不同程度地加速，并且呼吸强度增加。呼吸频率异常可能是人因呼吸系统疾病、冠心病、心肌炎或心包炎感到不适所致。

将传感器放置在靠近鼻或嘴处，可检测呼吸气流信号。然后，根据呼吸过程中空气温度、湿度、气压或二氧化碳浓度的变化确定呼吸频率。

一种基于通过金属硫化合成的大面积多晶层的 WS_2 薄膜的可拉伸的湿度传感器，可实时监测人类的呼吸。该传感器能有效地跟随相对较快的呼吸（周期约为 1s）或缓慢的呼吸（周期约为 5s)，这表明其可用于无面具的呼吸频率监测。Park 等设计了基于复合弹性体薄膜的柔性电子皮肤，这些弹性体薄膜包含互锁的微球阵列，并显示出非常大的隧穿压阻。这种对压力具有高度敏感性的电子设备可以灵敏地监测呼吸过程中的气流压力。尽管这些传感器放置在鼻子和嘴巴附近时可以准确地测量呼吸频率，但是它们由于过于明显和不舒适而受到限制。通常，很少有人愿意长时间使用这些传感器来监视呼吸速率。

为了解决舒适性问题，可将传感器放置在躯干上而不是面部。呼吸的一个重要特征是胸部和腹部的膨胀和收缩，这为将体积变化转换为电信号提供了一种手段。基于呼吸生理运动过程中胸壁的周期性变形，提出了一种具有可调应变敏感性的皱纹铂应变传感器，通过测量胸壁位移并将其与肺容量相关联，实时监测呼吸。

一种新型的自供电的膜基摩擦电传感器（membrane-based triboelectric sensor，M-TES）基于响应气压变化（由表面摩擦产生电荷）而产生电压，以此来监测呼吸。该系统包括无线安全系统、安全气囊和处理电路。安全气囊是放在腹部的，检测跟随腹部膨胀和收缩所导致的气压变化，并实时获取呼吸频率信号。

一种新型皮带也可以用来监测呼吸，其中嵌入了可拉伸的导电聚吡咯/聚氨酯（polypyrrole/polyurethane，PPy/PU）弹性体。拉伸该弹性体时，其电导率将发生变化，而呼吸活动期间腹部的扩张和收缩导致 PPy/PU 弹性体伸长。因此，根据电阻变化波形来确定呼吸频率。

除了胸部或腹部的体积变化外，呼吸过程中的气管变化也引起了人们的注意。Lee 等[14] 开发了一种基于 AgNW/PEDOT：PSS/PU 纳米复合材料的新型透明、可拉伸和超灵敏应变传感器。该传感器放置在脖子上以检测气管的变化。

基于呼吸过程中胸部和腹部的体积变化，许多呼吸速率传感器都利用了导电纺织品技术，将传感元件直接内置到纺织品中。这种纺织品传感器在监测呼吸速率方面具有出色的性能，但是，仍然存在一些问题，例如清洁方法和针对不同人群的制造。

(4) 血压

血压是人体最重要的健康指标之一。收缩压（高压）的正常范围在 90～140mmHg 之间，舒张压（低压）的正常范围在 60～90mmHg 之间。血压具有内在的可变性，动态测量血压是预测临床结果的最佳方法，尤其是在夜间。由于血压计不能随身携带，因此，其不满足动态测量要求。而将压力传感器放置在动脉上来测量血压，并且将测量结果显示为波形，其峰和谷分别对应于收缩压和舒张压。血压完整的脉搏压力波形的另一个功能是，它为诸如动脉硬化、高血压和左心室收缩功能障碍等心血管疾病的诊断和治疗提供了有价值的信息。

具有高拉伸性的传感器对于测量血压是必需的，因为它会随皮肤变形和起皱。易于监测血压的高度可拉伸传感器已经取得了突破性发展，并且随着新材料的出现又发展到了新阶段。高灵敏度电容、压电和压阻传感器所取得的进步对于血压测量技术的进步至关重要。

可压缩的电容式应变传感器是通过将坚固的介电材料夹在两个柔性电极之间构成的。当电介质被外部施加的压力压缩时，器件的电容会相应变化。一种轻薄的、可拉伸的、皮肤保形的电容式压力传感器阵列已用于血压测量，它嵌入了微形貌导引的基于石墨烯的导电图案，无须任何复杂的工艺便可制造。该传感器能够通过结构辅助算法在粗糙的皮肤和电极间建立函数关系。

当压力施加到压电材料上时，电压信号发生变化。基于压电机制，开发了一种用于测量动脉血压细微变化的无创传感器。该传感器由 PZT 和 MOSFET 组成。PZT 的压电电压响应通过电容耦合转换为电流输出。为了提高压力灵敏度，Choong 等[15] 开发了一种新颖的可拉伸电阻式压力传感器，该传感器采用了具有可压缩的微型金字塔结构的 PDMS 阵列，具有高达 10.3kPa^{-1} 的灵敏度。

(5) 脉搏氧合度

氧饱和度是血液中氧所结合的氧合血红蛋白相对于血红蛋白总量的百分比。换句话说，血氧饱和度是血液中血氧的浓度，这是呼吸循环的重要生理参数。健康的成年人，动脉氧合度应保持在 98%，静脉氧合度应保持在 75%。氧饱和度异常是阻碍器官正常功能的重要因素之一。因此，监测氧饱和度对于保护人类健康很重要。

可采用两种不同波长的 LED 灯作为入射光源，测量通过组织中的光强度来计算氧饱和度，以此原理可以制作相应的传感器。通常，传感器安装在手指、耳垂、前额或手腕上。常规脉搏血氧仪受其体积、刚性、面积和复杂度的限制。为此，开发了一种柔性脉搏血氧仪传感器，该传感器由有机 LED（OLED）和柔性有机聚合物光电二极管（OPD）组成（图 10.7）。与其他商用的无机血氧饱和度传感器不同，该设备使用红色（532nm）和绿色（626nm）有机发光二极管。主要原因是氧合血红蛋白和脱氧血红蛋白在红色和绿色波长下具有不同的吸收率［图 10.7(c)］。此外，绿色 OLED 克服了近红外 OLED 的不稳定性和较低的整体效率的缺点。这些结果证明了有机传感器可用来高精度测量脉搏率和氧合度。

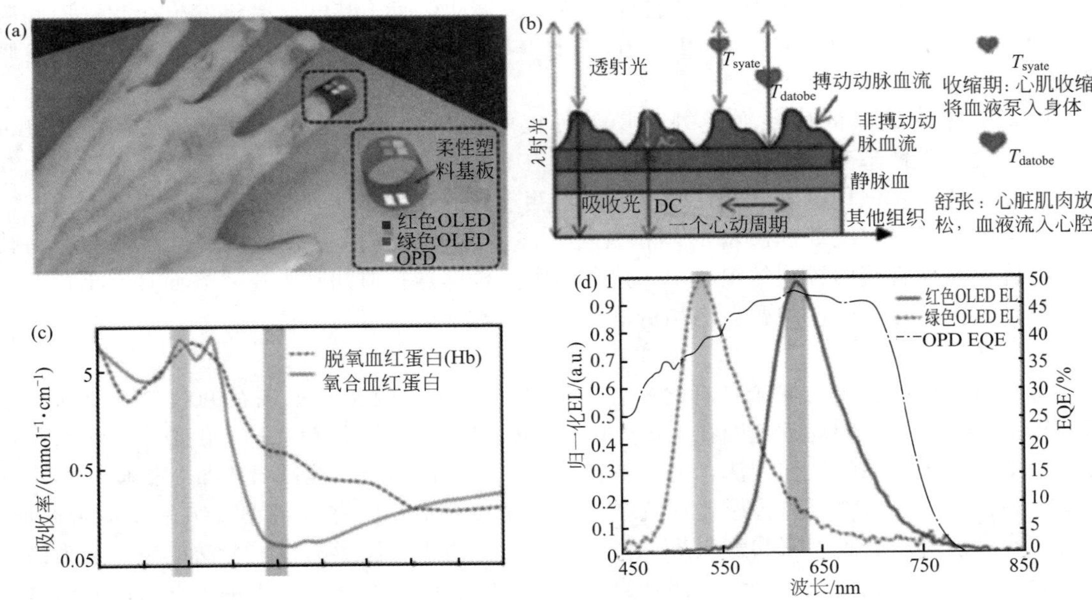

图 10.7 用于监测脉搏氧合度的可拉伸传感器

(a) 由两个 OPD 和两个 OLED 阵列组成的脉搏血氧饱和度传感器；(b) 脉搏血氧仪监测脉动的动脉血，非脉动的动脉血，静脉血和其他组织的几个心动周期的光传输路径模型的示意图；(c) 实线和虚线表示动脉血中氧合和脱氧血红蛋白的吸收率，它们是波长的函数。突出显示了与峰值 OLED 电致发光（electroluminescence，EL）光谱相对应的波长，以表明在感兴趣的波长处，脱氧和氧合血红蛋白吸收率存在差异；(d) 点画线表示短路时的 OPD EQE，实线和虚线分别表示红色和绿色 OLED 的 EL 光谱

（6）血糖

血糖由血液中的葡萄糖水平决定。传统的血糖测量方法是通过刺破指尖采集血液来完成的，这给患者或检查者均带来了不便或痛苦。此外，血糖本质是可变的，并且空腹和餐后的血糖水平间存在较大的差异。因此，迫切需要制造一种能够实时监测血糖变化的非侵入性可拉伸传感器。

目前非侵入性葡萄糖传感器主要依靠光学、光谱、超声、热、电或电化学原理和技术进行开发。其中，电化学技术已显示具有监测血糖的巨大潜力。一种用于无创血糖监测的全打印的临时性的文身葡萄糖传感器颇具特色，该传感器由文身纸、Ag/AgCl 电极、普鲁士蓝电极、透明绝缘层和水凝胶组成［图 10.8(a)］。该传感器的可拉伸性和柔韧性与文身相同［图 10.8(b)］。为了测量葡萄糖水平，需要执行反向离子电渗疗法，这涉及向表皮施加适度的电流，从而使离子将组织间质葡萄糖从皮肤传输到电极。然后，通过酶电化学葡萄糖传感器检测 ISF 葡萄糖［图 10.8(c)］。基于此方法，获得了餐后和餐前血糖测量值，如图 10.8(d) 所示。

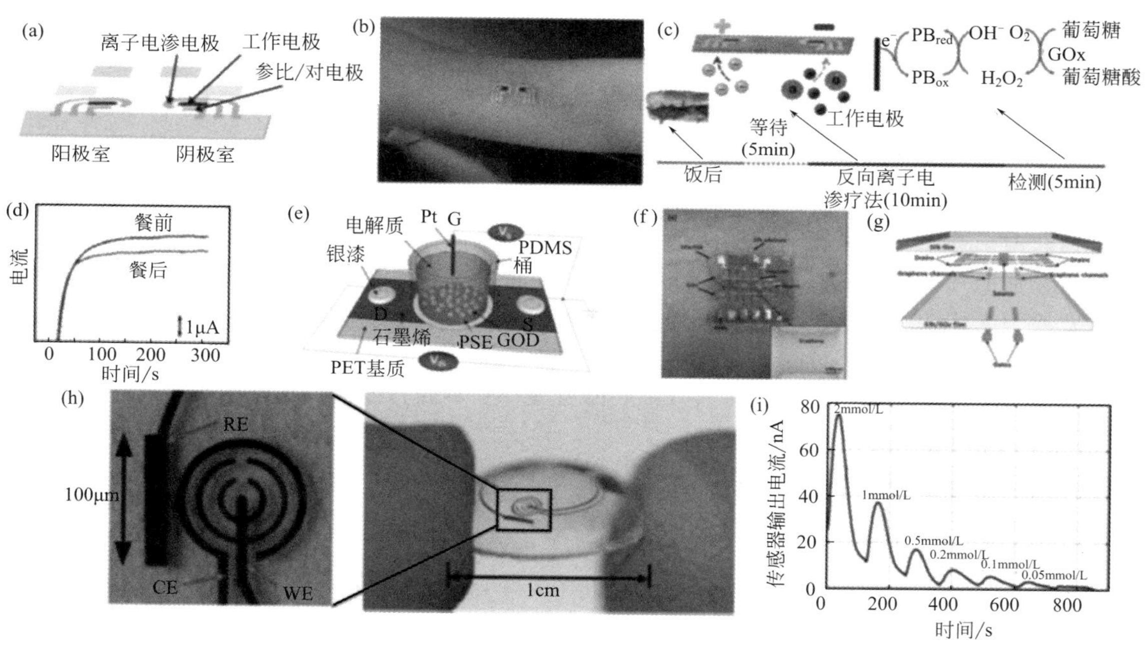

图 10.8 用于监测血糖的柔性传感器

(a) 可打印的离子电渗传感系统的示意图，包括 Ag/AgCl 电极（银），文身纸（紫色），普鲁士蓝电极（黑色），透明绝缘层（绿色）和水凝胶层（蓝色）；(b) 放置在皮肤表面的葡萄糖离子电渗文身设备照片；(c) 典型人体研究的时间框架示意图以及每个阶段涉及的不同过程；(d) 通过可打印的离子电渗传感系统对餐后和餐前进行血糖测量；(e) 溶液门控 CVD 石墨烯传感器的示意图；(f) 手腕上使用的基于丝绸的石墨烯 FET 生物传感器的图像；(g) 从顶部到底部的基于丝绸的石墨烯 FET 生物传感器放大示意图：丝绸薄膜，漏极，石墨烯通道，丝绸/GO 薄膜和栅极；(h) 具有同心环的葡萄糖传感器的工作电极和对电极的照片；(i) 测量传感器对连续葡萄糖流量的响应

另外，Kwak 等[16] 采用 CVD 生长的基于石墨烯的场效应晶体管（FET）制造了一种柔性葡萄糖传感器。CVD 生长的石墨烯的功能是固定诱导葡萄糖催化反应的酶的。通过反应实现葡萄糖感测，该反应产生葡萄糖酸和 H_2O_2。接着，H_2O_2 与 FET 的石墨烯通道发生反应，改变其电导率［图 10.8(e)］，从而导致石墨烯的狄拉克点移动。尽管是基于酶的

电化学传感器，葡萄糖氧化酶已经取得了重大成就，但酶的长期稳定性一直是一个挑战。为了解决这个问题，You 等[17] 提出了一种 CVD 石墨烯 FET 酶葡萄糖生物传感器，该传感器将丝蛋白作为器件底物和酶固定物［图 10.8(f) 和(g)］。通过在石墨烯通道的两个相对端沉积 Au/Ti（500nm/100nm）来构建 CVD 石墨烯 FET 结构，以制造源极（S）和漏极（D）。葡萄糖氧化酶（GOx）附着在丝质基质的石墨烯通道上。后面的反应与以上描述的反应相同。也有某些方法可以维持酶的稳定性，这些包括共价连接到传感表面和在多孔材料基质中的物理包裹法。尽管这些方法在一定程度上改善了酶的稳定性，但是要完全解决这个问题还有很长的路要走。除了附着在皮肤上的传感器外，Liao 等[18] 也制造了一种酶传感器，该酶传感器直接测量泪液以监测葡萄糖水平。使用主动式隐形眼镜可实现无线健康监控。该系统包括一个葡萄糖传感器、一个天线、一个通信接口和一个聚合物透镜基板上的读出电路。葡萄糖传感器由工作电极、对电极和参比电极组成。工作电极和对电极制成同心环［图 10.8(h)］，Ti/Pd/Pt 参比电极通过蒸发技术制成。裸露的 Ti/Pd/Pt 传感器表面用于固定 GOD，并通过 GOD/二氧化钛溶胶-凝胶膜处理。为了防止抗坏血酸、乳酸和尿素的干扰，纳非薄膜可用于促进随机蛋白质的吸收。基于工作电极和参比电极施加电压时在葡萄糖溶液中产生的电流来测量葡萄糖水平，测量结果如图 10.8(i) 所示。我们将在 10.3 节中进行更为详细的介绍与讨论。

10.2.4 周围环境监测

作为环境与人之间的接口，可拉伸传感器分析表面环境并提供指导性建议，以保护人们的健康状况。其中，可拉伸的气体传感器和可拉伸的湿度传感器就是其中的两个例子。

可拉伸的气体传感器具有两个功能：监视环境中的有害气体，避免有害气体对人体造成伤害；检测人体的气体含量，有助于人们充分了解自己的健康状况。

气体传感器吸收气体分子，从而使其电导率发生变化，这归因于由表面吸附物引起的局部载流子浓度的变化。不同的材料具有不同的电导率和表面官能团，它们被气体感测机制利用，用于气体检测。

在纳米技术发展之前，气体传感器一直存在长期稳定性和测量受限的问题。随着纳米技术的发展，特别是石墨烯的出现，气体传感器取得了许多关键性的突破，例如，通过采用新型纳米结构作为感测元件，实现了在极低浓度下的超高灵敏度、高特异性、快速响应和回收、低功耗、室温运行以及良好的可逆性。其中，可弯曲、可清洗的电子纺织气体传感器，具有较高的机械强度、柔韧性和快速响应性，该传感器由还原氧化石墨烯组成，这些氧化石墨烯使用商用的纱线，并通过静电自组装的分子胶制成。还有一种具有高灵敏度的透明化学气体传感器，它由多层纳米结构聚苯胺（PANI）网络的透明导电膜组装而成，该膜通过在柔性 PET 基板上涂覆银纳米线（AgNWs），使其在 AgNWs 模板附近原位处聚合，最后在柔性 PET 基板上制成。该传感器可采用呼出的呼吸样本对疾病进行检测。目前，从呼吸道样本中检测到的疾病包括癌症、多发性硬化症、帕金森病、结核病和糖尿病。但因其尺寸过大、操作复杂且成本高，并未得到广泛使用。

目前，舒适且易于使用的可拉伸气体传感器已经逐渐出现。而使用气体传感器检测呼气涉及复杂的多个步骤，包括样本收集、测量和数据分析。为此出现了一种基于 SnO_2 纤维和 PtNP 修饰的气体传感器，该传感器具有出色的检测能力和优良的响应。由于致密且多孔的 SnO_2 纤维的形态特征，该传感器显著提高了所有传感层对呼出气体的可及性，此外，催化 PtNP 修饰可增强传感器在呼出气中感知丙酮和甲苯的能力。

可拉伸的湿度传感器通常用于确定气体或气体混合物中存在的水蒸气量。这种传感器已经越来越多地应用于环境控制和医学领域。例如，用于监测伤口上的水分含量的湿度传感器也将提供有关伤口愈合的信息。

湿敏电阻器包含通过改变水蒸气的电阻率来响应水蒸气变化的聚电解质，而湿敏电容器则感应聚合物电介质的介电常数变化，从而改变电容。为了改善可拉伸湿度传感器的性能，许多材料已被用于有源元件，如碳基材料、聚合物和复合材料。其中一个典型例子是电子皮肤电阻器湿度传感器，它基于大面积多晶层的 WS_2 膜，该膜是通过金属硫化合成的，吸附在 WS_2 上的水分子会引起凹度的变化，这样使得电阻发生改变，与此同时，将图案化的石墨烯用于电极，并且将较薄的 PDMS 膜用作基板，这样便制成了可拉伸传感器。该传感器不仅响应快速，而且灵敏度高。另一个例子是微型电容式湿度传感器，该传感器使用氧化石墨烯（GO）膜作为湿度传感材料，水分子通过双氢键连接到 GO 膜的表面，形成水的物理吸附层。由于双氢键的强度，质子在水的物理吸附层中相邻羟基之间的跳跃转移需要大量能量。在这种情况下，GO 膜显示出很强的电阻变化。

10.2.5　可拉伸传感器设计中常用的材料与策略

可拉伸的传感器主要放置在非平坦的皮肤或衣服上。由于不平坦，可拉伸传感器必须满足许多要求，例如超薄、低模量、高透明性、高耐用性、重量轻、高柔韧性和高拉伸性。在这些要求中，可拉伸性是监测人体运动（尤其是大尺度人体运动）、环境和生命体征的关键因素。本节将讨论一些经常用来满足这些要求的材料和策略。

(1) 材料

为了实现高灵敏度、高可拉伸的可穿戴传感器，材料的选择至关重要。可拉伸传感器的技术进步主要是通过开发用于制造可拉伸设备的新材料而取得的。通常，根据可拉伸传感器的功能，用于制造可拉伸传感器的材料可分为三类：基底材料、纳米复合材料和液态金属材料。

① 柔性基板材料。基板在可拉伸传感器中起着重要作用，因为绝大多数传感器的可拉伸性是通过嵌入、沉积、印刷导电材料和基板来实现的。对于可拉伸材料，黏附力和曲率半径被认为是最重要的因素。

聚二甲基硅氧烷（PDMS）已被广泛用于可拉伸传感器的制造，因为通常认为它是透明的、化学惰性的、不可燃且无毒的。此外，它具有可变的力学性能，成本低廉，并且与硅晶片具有出色的黏合性，这对于将电子材料黏合到其表面很重要。但是，PDMS 具有较大的热胀系数和较低的杨氏模量，因此导致较差的热稳定性和较差的机械稳定性。当在 PDMS 表面溅射或热蒸发金属膜时，金属膜会受到热应力，从而产生褶皱或裂纹。为了解决这个问题，可将一些 NP 掺杂到 PDMS 中。

聚氨酯（PU）是另一种常用的基材，已在许多应用中使用，例如可拉伸印刷电路板。PU 具有许多优势，包括高机械强度、出色的耐磨性和寿命长。此外，还存在某些柔性和可拉伸的基材，例如聚对苯二甲酸乙二酯（PET），聚酰亚胺（PI）和 Ecoflex。这些基材由于其出色的机械性能，良好的柔韧性和高拉伸性而逐渐获得认可。

② 石墨烯基活性材料。石墨烯是一种具有蜂窝结构的薄膜，该薄膜由 sp^2 杂化碳原子的原子薄层组成，sp^2 杂化碳原子是一种准 2D 材料，厚度仅为一个原子层。石墨烯因其机械强度高、电导率高、表面积比高、约翰逊噪声低等而被认为是制造可拉伸传感器的优秀活性材料。尽管石墨烯具有许多优点，但它可能不适合可拉伸传感器。例如，由于石墨烯片的脆性，基于石墨烯的应变传感器的拉伸性小于 5%。

通过在柔性基板上使用石墨烯片可实现可拉伸性，并可制造出一些高度灵敏的可拉伸传感器。为了改善石墨烯的拉伸性能，可采用多种方法，包括使用大尺寸的石墨烯片，优化纺丝工艺以及引入二价离子交联。然而，当使用上述方法增加拉伸性时，会出现新的问题。例如，螺旋式石墨烯纤维在某种程度上实现了可拉伸性，但是由于其结构缺陷以及组成的CRG片中有含氧基团而受到低电导率（4.1×10^4S/m）的限制。

③ 碳纳米管的活性材料。一维纳米材料CNT具有独特的特性，可直接沉积在柔性或可拉伸基材上，以通过真空过滤、旋涂、喷涂或喷墨印刷获得可拉伸性，为CNT选择合适的结构，例如纱线或片材，是获得可拉伸性的另一种有效方法。

④ 纳米线（NW）的材料。在金属纳米结构中，金属NW是可伸缩传感器非常有前途的候选材料。NW被定义为一维结构材料，其在横向方向上的宽度为100nm，在纵向方向上的宽度为无限。NW材料的类型很多，其中一些非常适合用作可拉伸传感器的活性材料，例如Si、氧化锌（ZnO）、砷化镓（GaAs）和硒化物（CdSe）。作为最重要的导电材料之一，银纳米线（AgNW）作为透明和柔性电极的潜在应用已经引起了广泛的关注。具有AgNW的可拉伸传感器通过电极光刻沉积技术制成。然而，AgNW的负特性严重影响了可拉伸传感器，包括AgNW在柔性聚合物基底上的附着力弱以及基底上AgNW薄膜的表面弯曲/起皱，这导致相邻AgNW之间永久性的接触损失。为了解决这些问题，AgNW可拉伸传感器采用了一种新的结构和新技术。

⑤ NP的材料。可拉伸传感器的应用依赖于直径范围从10nm到100nm的NP，并且形状多样，包括球形、矩形、六边形、立方体、三角形、星形和分支状。合成几乎任何类型的NP都是可行的。NP类型包括纯金属、金属合金、金属氧化物和半导体材料（例如Si，Ge）。就材料选择而言，这对于可拉伸传感器非常有帮助。另一种可能性是用多种分子配体覆盖NP，以及制备具有可控多孔性能的NP膜，这将提高可拉伸传感器的灵敏度。与需要复杂和多步骤工艺的其他可拉伸传感器相比，可拉伸NP传感器可简化制造工艺并降低制造成本。NP方法和柔性衬底的各种组合是可能的。例如，NPs可以沉积在柔性基板上，并集成到柔性材料的复合材料中。NP是一种极好的材料，可以解决将一维材料掺入聚合物基板中时出现的问题，该问题会增加刚度并降低所得复合材料的可拉伸性。这些优点引起了人们的广泛关注，但是，NP仍然受其小规格因子的制约，这使其不适用于检测小应变。因此，可拉伸的NP传感器目前不能用于工业。

⑥ 液态金属材料。近年来，人们投入了大量精力来提高复合材料的强度。然而，在可拉伸传感器中经常观察到刚性电子部件中的材料分层和/或局部断裂。耐久性差的主要原因是刚性导体和软支撑材料之间的弹性模量存在本质差异。为了解决弹性模量不匹配的问题，已对许多材料进行了研究。液体导体由于具有弹性模量低和耐久性高的优点而备受关注，即使在很大的应变下也能保持其特性。而使用较软的液体材料制造可拉伸导体是制造高性能可拉伸传感器的一种有前途的方法。已采用离子液体制造了可靠且可长期拉伸的传感器，从而克服了机械失配问题。同时，将液态金属注入到柔性基板中的方法是有缺点的，如会出现明显的磁滞现象。产生这种滞后现象的主要原因是黏弹性特性和松弛状态下填充剂-填充剂键之间的重新聚集受阻。因此，大规模的磁滞是不可避免的，与普通的基于离子液体的平面应变传感器相比，基于离子液体的波浪传感器具有改善磁滞性能的能力，即可将乙二醇和氯化钠组成的离子液体封装在对称的波浪通道中制成波浪传感器。另外，掩膜沉积、直接喷嘴书写和真空诱导的图案化，能产生性能出色的可拉伸传感器。

（2）实现可拉伸性的策略

可伸缩传感器的一个重要特征是其能够随身体运动而伸展且不会造成损坏，尤其是在监视大尺度运动时，也就是说，必须制造出具有高拉伸性（约50%应变）和高灵敏度（应变系数大于 100）的应变传感器。可通过对形状的精心设计来解决传感器可拉伸性的问题。

① 几何结构。平面形状设计是实现可拉伸传感器的可拉伸性的重要途径。为了提高大尺度的可拉伸性，使传感器更贴合皮肤，研究人员设计了许多类型的图案。这些图案化的电极黏附到柔顺的基板上，可以促进连续的塑性变形。

除了可伸缩性外，另一个因素是电导率。其最终效果在很大程度上取决于图案的几何形状和材料属性。蛇形、马蹄铁传感器在破裂之前其伸展可高达 50%。另外，具有宏观网格和微观网络结构的 CNT 网格也可实现大规模的可拉伸性。这已经表明对传感器几何结构的精心设计，可实现可拉伸性。

② 3D 结构。屈曲是一种出色的 3D 方法，它吸收了由于基板的压缩松弛而产生的大部分拉伸应变。屈曲提供了一种解决断裂问题的方案。在某些情况下，为了获得显著的可拉伸性，可拉伸基板会被预拉伸至 50%的应变，并且在制造可拉伸传感器的过程中，将已拉伸的基板涂上导电活性材料。当基板处于松弛状态时，该弯曲将出现在基板上，这称为预拉伸工艺。另一种简单的制造方法称为自组装纹理化工艺，该工艺可生成周期性起皱的结构，该结构由微结构化的弹性体基材支撑并提供出色的拉伸性。

③ 可伸缩传感器的生产工艺。制造可拉伸传感器的主要步骤是有效地将基板和电板材料结合在一起。图案化电极的应用是实现可拉伸性的一种策略。制造图案化电极涉及许多方法，如平面印刷。各种印刷方法已用于制造各种可拉伸电路，包括丝网印刷、直接喷嘴书写、掩膜辅助喷涂和喷墨印刷。尽管这些方法在创建可拉伸传感器方面很有效，但诸如对墨水配方的严格要求等问题阻碍了它们的广泛应用。

3D 打印是一种制造具有任意几何形状和异质材料特性结构的技术。3D 打印的制造工艺多种多样，包括片材层压、粉末床熔合、定向能量沉积、材料挤压、材料喷射和黏合剂喷射。每个工艺都逐层创建零件，并在成本、特征详细程度和材料方面提供多种选择。3D 打印在可拉伸传感器的制造中扮演着重要角色，其应用极为多样化。

10.3 非侵入性的可穿戴的葡萄糖传感器

糖尿病是影响数亿人健康的现代疾病之一，经常监测血糖水平并将其维持在合理的范围内，对于了解糖尿病的发展并进行控制至关重要。20 世纪 80 年代，首次出现自测血糖仪，主要依靠不同的酶电极条测量血糖水平，但需要通过刺破指尖采样，这不但导致了测试者的不便和痛苦，而且也无法提供较高精度的读数。

连续血糖监测（CGM）可提供间歇性血液采样无法获得的详细信息，包括实时血糖水平、血糖水平变化率，并可预警当前或即将发生的低血糖和高血糖。此类连续监测可提供全天血糖水平变化信息，从而改善糖尿病患者的治疗质量。商用的 CGM 系统已实现皮下化，即在皮下植入生物传感器，该传感器可动态测量皮肤组织液（ISF）中的葡萄糖水平，并可对危险的葡萄糖水平提供警报。这样的微创感测方法是基于 ISF 与血液中葡萄糖水平间的相关关系的。尽管 CGM 具有控制血糖的益处，但每周要更换设备，有产生感染的风险。

开发完全无创的葡萄糖感测系统是解决上述问题的技术方向。经过二十多年的努力，已开发了完全无创的光学和电化学葡萄糖监测系统，实现了血糖控制。尽管这种非侵入性葡萄糖传感器具有巨大的吸引力，但迄今为止，研发可靠且稳定的非侵入性传感设备仍然是一个发展目标。

近年来可穿戴传感器得到快速发展，并得到了人们极大的关注。由符合人体皮肤几何形状的柔性材料组成，可实现便捷、无痛的无创监测。可穿戴传感器通过将本来可拉伸的耐压材料与可拉伸的结构结合在一起，可以符合人体的灵活性和顺应性。由于可穿戴传感器主要用于监视生命体征，自然也可用于监测血糖。因此非侵入式葡萄糖监测技术受到关注，可通过对皮肤ISF和汗液这样的生物流体的监测获得血糖水平，如图10.9所示。这些生物流体中的葡萄糖是通过血管内皮或汗腺从血管中扩散出来的，反映了血糖浓度。这种表皮非侵入性（汗液，ISF）葡萄糖感测系统可以通过可穿戴的装置（例如贴片、腕带或临时文身）与无线电子设备的集成来实现实时监测应用。

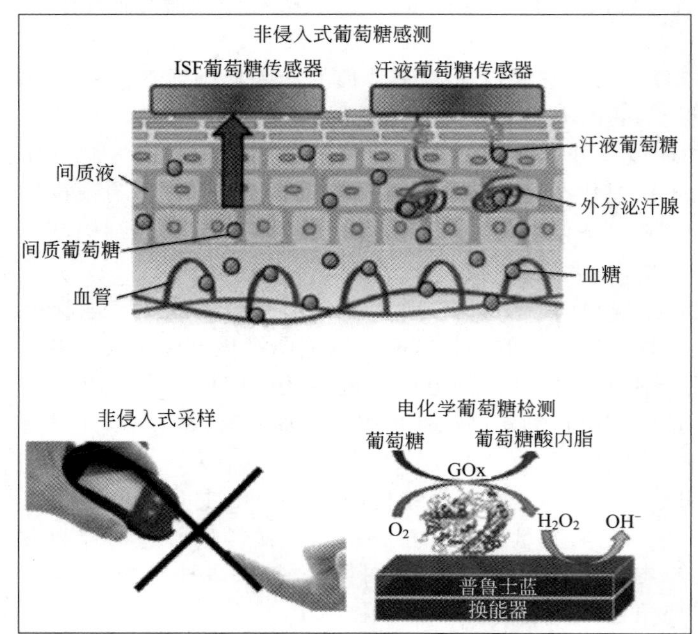

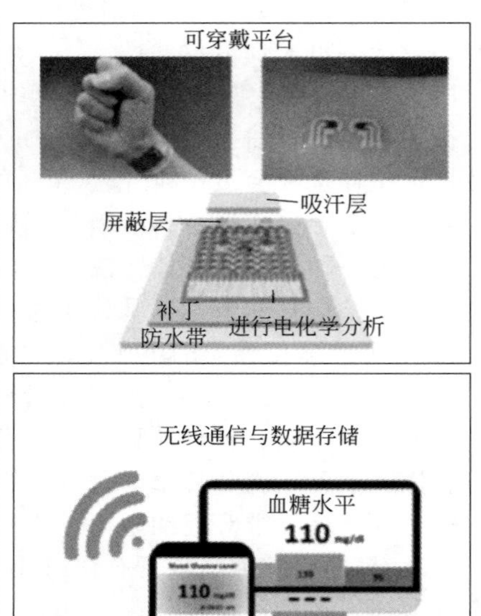

图10.9 可穿戴式表皮葡萄糖传感器的示意图

10.3.1 组织液中的葡萄糖水平监测

第一个获得美国食品药品监督管理局（FDA）批准的无创血糖监测仪是GlucoWatch［图10.10(a)～(c)］，是一个腕戴系统，通过电化学方法测量采用反向离子电渗法（RI）提取的皮肤ISF中的葡萄糖浓度。皮肤ISF围绕着细胞，并通过毛细血管内皮的扩散向皮肤提供营养，这意味着血液与ISF葡萄糖水平之间存在可靠的相关性。

反向离子电渗是通过在两个蒙皮电极上施加适当的电流以诱导离子在皮肤上迁移来进行的［图10.10(c)］。由于皮肤带负电荷，带正电荷的钠离子流量会引起向阴极流动的电渗流，这也将导致中性葡萄糖向同一阴极移动。

GlucoWatch通过在由葡萄糖氧化酶（GOx）修饰的感测电极上发生的酶葡萄糖氧化反应来检测所提取的ISF中的葡萄糖水平。整个电极、电子元件和显示器都包含在腕戴式手表装置中［图10.10(a)、(b)］。所提取的ISF中的葡萄糖稀释度相对于血糖要高1000倍。因此，需要高灵敏度的葡萄糖感测系统来进行精确的血糖监测。GlucoWatch的一个测量周期包括施加RI 3min，然后是7min的检测时间，从而可以在12h内进行多次（6次/时）测量。GlucoWatch用户界面友好，包括葡萄糖变化超过35%的警报，活动标记（用于进餐、运动和注射胰岛素），随附的数据分析软件和内部存储器。GlucoWatch的临床试验表明，家用血糖监测具有足够的精度。

图 10.10(d) 给出一种可穿戴的非侵入性葡萄糖监测文身[19] 示意图，该文身将 RI 与葡萄糖检测安培计相结合集成到了柔性基板上。离子电渗和葡萄糖感测电极是使用丝网印刷的文身，从而形成了一次性使用的葡萄糖测量的、与身体相容且易于佩戴的柔性适形设备[图 10.10(e)]。该传感系统减少了提取 ISF 所施加的离子电渗电流，并通过 GOx 反应过程中产生过氧化氢所导致的低压对阴极进行检测，从而消除了 GlucoWatch 的由于高电压和高电流产生的不适感 [图 10.10(f)]。通过比较餐前和餐后所记录的葡萄糖信号，验证了所测血糖水平是准确的 [图 10.10(g)]。尽管文身感测系统是一次性的，但这种传感器却提供了一种符合人体的、灵活且性价比高的感测平台，可用于连续的非侵入式 ISF 葡萄糖监测。另外，该文身在使用前需要侵入性校准，以可靠地将测得的 ISF 血糖读数与血液中的当前血糖浓度相关联。

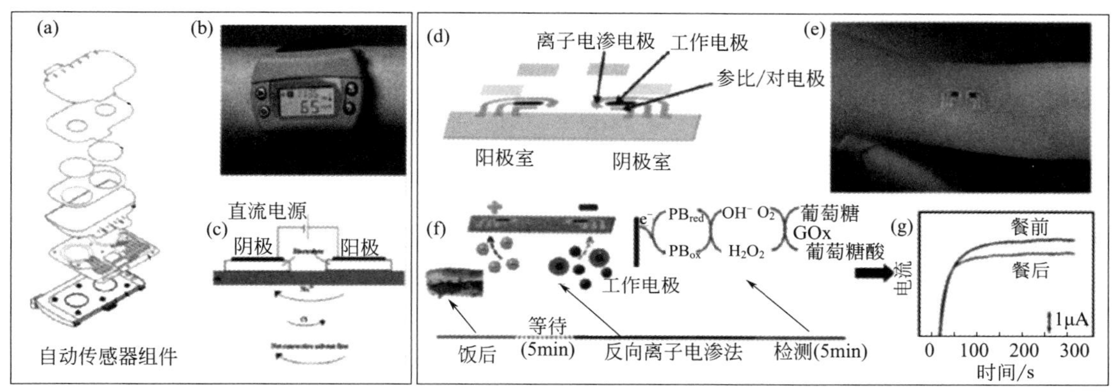

图 10.10　通过反向离子电渗法在皮肤 ISF 中进行表皮葡萄糖感测的示意图

(a) GlucoWatch 系统分解图；(b) GlucoWatch 显示器图；(c) 反向离子电渗法的葡萄糖提取过程；(d) 可打印的离子电渗感测纹身系统配置；(e) 用于受试者的可打印的离子电渗感测系统文身的照片；(f) 可打印的葡萄糖感测文身系统操作的示意图；(g) 文身葡萄糖传感系统在饭前和饭后的测量输出[19]

有人建议用内标和 RI 来实现完全无创的血糖监测，即在利用 RI 与葡萄糖关系的同时也利用所提取的钠。患者的 ISF 中的钠浓度是变化的，因此，测得的钠水平将会随 RI 而变化，这将可以校准葡萄糖测量精度。ISF 与血液中葡萄糖与钠的比例和所确定的相关常数成正比（通过大量的人群测试确定相关常数)，该概念将可以用于预测 ISF 与血糖浓度比，而无须进行指尖校准。

可穿戴的 ISF 葡萄糖传感器在出汗过多时仍需要进行严格的评估。在整个运动过程中，糖尿病患者必须特别注意血糖水平，因为血糖调节会降低低血糖的可能性。因此，可穿戴传感器必须能够将汗液中的葡萄糖信号与 ISF 中的葡萄糖信号区分开，以避免错误的读数。此外，RI 不应受到汗液影响。

10.3.2　汗液中葡萄糖的监测

汗液是具有重要意义的生理电解质和代谢物成分，因此对非侵入性、连续监测应用而言是非常有用的生物流体。汗液易于在皮肤表面采样，汗液中包含了诸如少量的葡萄糖等成分，因此可以采用适当的采集方法定期（几分钟）采集新鲜样品，从而为连续监测提供有用的信息。然而，由于诸如温度和 pH 值等环境参数的波动、皮肤或周围环境的污染、旧新样品的混合等因素的制约，使得对汗液中的葡萄糖进行精确测量仍然面临着重大挑战。

就葡萄糖而言，尽管尚未明确验证从血液到汗液的分布途径，但汗液浓度已被证明与正确采集的血糖浓度具有明确的关系。尽管具有良好的相关性，但由于汗液中的葡萄糖浓度低（稀释了约 100 倍），因此监测汗液中的葡萄糖需要非常敏感的系统，特别是在血糖过低或皮肤葡萄糖残留污染的情况下。糖尿病患者的汗液和血糖浓度间具有很强的相关性。

可以在贴片型可穿戴设备平台上制造汗液葡萄糖监测系统。可将基于柔性材料的可拉伸设备与精确测量葡萄糖信号的设备相结合，以制造表皮葡萄糖感测系统。Lee 等[20] 将金掺杂石墨烯引入了汗液葡萄糖监测与治疗给药系统中［图 10.11(a)］。通过化学气相沉积所制备的金掺杂石墨烯纳米材料，即使在低浓度下也能改善电化学活性，从而提高了葡萄糖监测的灵敏度。将该材料与蛇形双层中的金网耦合，从而构成了可拉伸的可穿戴的设备，该设备能够精确测量汗液葡萄糖，为了连续校准，可附带地同时监测 pH 和湿度［图 10.11(a)］。采用 GOx 与普鲁士蓝的反应机制实现了可选择性的葡萄糖监测。通过在两名健康志愿者体内测试，并对运动产生的汗液测试，证实了该设备的有效体外操作性，该数据还可用手持设备无线传输［图 10.11(b)］。在试验过程中，同时进行湿度感测，以确保对汗液 pH 和葡萄糖浓度进行准确的电化学测量。由于乳酸浓度变化，在整个运动过程中观察到了汗液的 pH 值会发生变化，这将会影响 GOx 的活性。同时对 pH 进行监测以用于对测得的体内汗液葡萄糖浓度的校准。该系统进一步与微针的给药技术相结合，用来及时调节血糖水平［图 10.11(c)］。

通过制造超薄且可拉伸的贴片保形装置，可与皮肤进行有效的接触，从而改善了汗液吸收并在机械变形下具有高性能［图 10.11(d)和 (e)］。该系统引入了多个多孔的汗液吸收层和防水层，以在低至 1μL 样品体积内实现可靠的感测。该装置的葡萄糖电化学信号是通过 GOx 和葡萄糖以及多孔金上的普鲁士蓝换能器间的酶反应产生的。通过多模式葡萄糖感测（一式三份），并与通过温度、湿度和多模式 pH（四重）感测到的实时信号相结合进行校正，可以最大限度地提高此类葡萄糖监测的准确性［图 10.11(f)］。

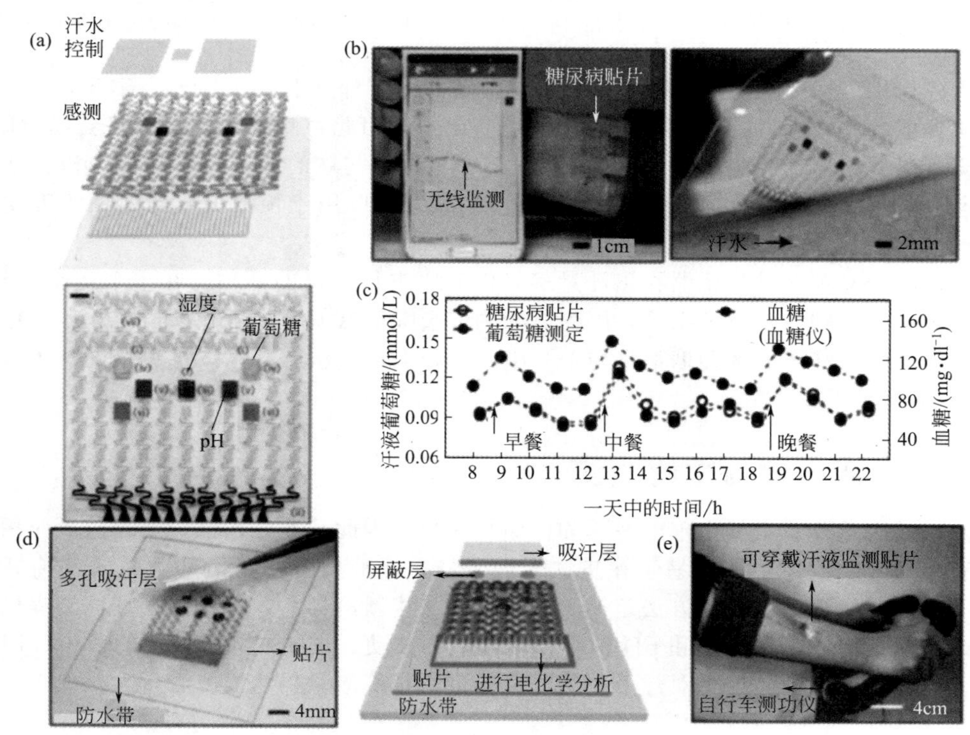

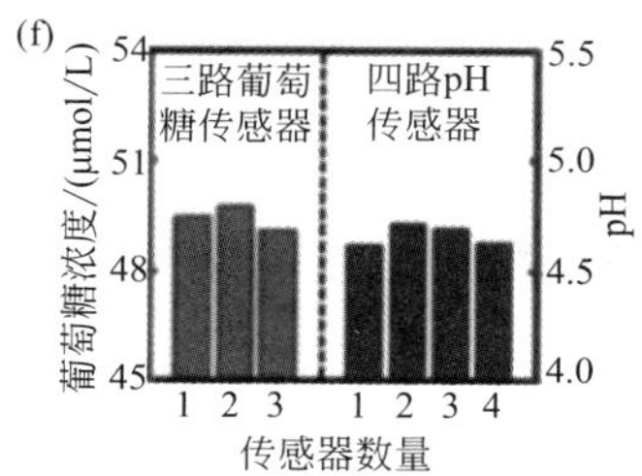

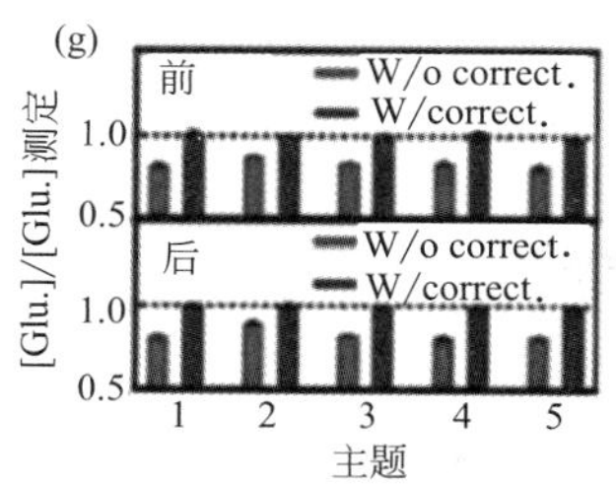

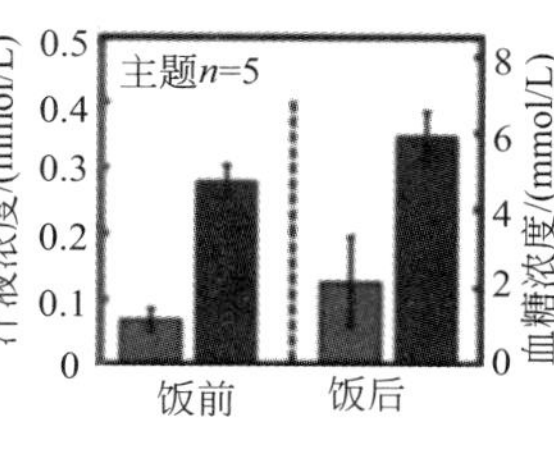

图 10.11 带有柔性贴片的表皮葡萄糖监测

(a) 由汗控、复合传感和治疗成分组成的柔性糖尿病贴剂的示意图和照片[20]；(b) 用于受试者的综合糖尿病监测和治疗系统的照片；(c) 对照离体血糖分析，对受试者（三餐）的体内葡萄糖进行监测；(d) 可穿戴式汗液分析物监测贴片照片与示意图；(e) 在自行车测功仪上，受试者手臂上佩戴可穿戴贴片，检测所产生的汗液；(f) 多模式葡萄糖和 pH 感测，以提高检测精度；(g) 使用体内汗液葡萄糖监测贴片所测得的汗液葡萄糖浓度与进餐前后的血糖浓度的比较

除了通过运动采集汗水外，还可使用离子电渗给药系统按需刺激出汗。不仅采样时间短，而且能够在静止状态下进行测量，因此这种刺激汗液分泌的分析对于非侵入式监测应用更具吸引力。后者可以消除运动引起糖尿病患者低血糖的风险。

使用安培型葡萄糖传感器，通过 GOx 和普鲁士蓝反应对所诱发的汗液中的葡萄糖浓度进行测量。该设备最初是为测量囊性纤维化诊断的 Na^+ 和 Cl^- 浓度而开发的，但现在很容易扩展到葡萄糖监测。通过对从健康受试者收集的汗液进行离体测量来评估葡萄糖感测性能，方法是比较摄入葡萄糖前后的血糖浓度且同时使用商用血糖仪测量血糖［图 10.11(g)］。

针对表皮贴片型传感器的另一个设计也被提出，以用于可穿戴的感测应用。Sempionatto 等[21] 提出了一种用于乳酸、葡萄糖和电解质监测的完全集成的、多路复用的汗液化学传感眼镜平台。事实证明，该可穿戴系统能够同时进行连续监测。表 10.3 为对可穿戴的表皮葡萄糖传感器的总结。

表 10.3 表皮可穿戴式葡萄糖传感器的总结

传感器	生物液体	取样方法	优势	下一步改进工作
GlucoWatch ®	ISF	反向离子电渗法	FDA 批准	减少皮肤刺激
			第一个此类商业化产品	预热时间更短
			持续监测	汗液产生的干扰
			将测量数据存储与电子设备相结合	与血糖相比滞后
临时文身	ISF	反向离子电渗法	性价比好	一次性使用
			易穿	连续、稳定、重复性
			对皮肤无刺激	
多路可穿戴、柔性阵列贴片	汗	运动	同时多路汗水感测	建立与血糖相关性
			集成了定制无线电子产品	大规模验证
			汗液的多个特性	
传感器阵列贴片与感应出汗相结合	汗	离子电渗（刺激）	离子电渗出的汗与葡萄糖感测进行整合	扩展到在体监测
			集成定制无线设备	

续表

传感器	生物液体	取样方法	优势	下一步改进工作
基于石墨烯的可拉伸贴剂	汗	运动	结合 pH、温度和湿度进行精确监测	增加采样频率
			基于纳米材料的敏感葡萄糖传感器	用保形接口代替商用分析仪
			用于可伸缩/柔性设备的柔软材料	大规模验证
穿戴式贴片，多模式葡萄糖传感器	汗	运动	控制汗液吸收	持续监测
			提高了葡萄糖感测（多模式感测阵列）的准确性，并用汗 pH 进行校正	用保形接口代替商用分析仪
眼镜传感器	汗	运动	实时连续监测汗液中的葡萄糖	详细的研究和验证
			与定制的无线电子设备集成	温度/pH 补偿

参考文献

[1] Khoshmanesh F, Thurgood P, Pirogova E, et al. Wearable sensors: At the frontier of personalised health monitoring, smart prosthetics and assistive technologies [J]. Biosensors and Bioelectronics, 221, 176: 112946 (https://doi.org/10.1016/j.bios.2020.112946) .

[2] Kim J, Lee M, Shim H J, et al. Stretchable silicon nanoribbon electronics for skin prosthesis [J]. Nat Commun, 2014, 5 (1): 5747.

[3] Petrini F M, Valle G, Bumbasirevic M, et al. Enhancing functional abilities and cognitive integration of the lower limb prosthesis [J]. Sci Transl Med, 2019, 11 (512): 8939.

[4] Gao W, Emaminejad S, Nyein H Y Y, et al. (2016) Fully integrated wearable sensor arrays for multiplexed in situ perspiration analysis [J]. Nature, 2016, 529 (7587): 509-514.

[5] Yamada T, Hayamizu Y, Yamamoto Y, et al. A stretchable carbon nanotube strain sensor for human-motion detection [J]. Nat Nanotechnol, 2011, 6 (5): 296-301.

[6] Son D, Lee J, Qiao S, et al. Multifunctional wearable devices for diagnosis and therapy of movement disorders [J]. Nat Nanotechnol, 2014, 9 (5): 397-404.

[7] Burns A, Greene B R, McGrath M J, et al. Shimmertm— a wireless sensor platform for noninvasive biomedical research [J]. IEEE Sens J, 2010, 10 (9): 1527-1534.

[8] Jung S, Hong S, Kim J, et al. Wearable fall detector using integrated sensors and energy devices [J]. Sci Rep, 2015, 5: 17081.

[9] Xie K, Zhang S, Dong S, et al. Portable wireless electrocorticography system with a flexible microelectrodes array for epilepsy treatment [J]. Sci Rep, 2017, 7 (1): 7808.

[10] Webb R C, Bonifas A P, Behnaz A, et al. Ultrathin conformal devices for precise and continuous thermal characterization of human skin [J]. Nat Mater, 2013, 12 (10): 938-944.

[11] Jung H C, Moon J H, Baek D H, et al. CNT/PDMS composite flexible dry electrodes for long-term ECG monitoring [J]. IEEE Trans Biomed Eng, 2012, 59 (5): 1472-1479.

[12] Xu S, Zhang Y, Jia L, et al. Soft microfluidic assemblies of sensors, circuits, and radios for the skin [J]. Science, 2014, 344 (6179): 70-74.

[13] Nie B, Xing S, Brandt J D, Pan T. Droplet-based interfacial capacitive sensing [J]. Lab Chip, 2012, 12 (6): 1110-1118.

[14] Hwang B U, Lee J H, Trung TQ, et al. Transparent stretchable self-powered patchable sensor platform with ultrasensitive recognition of human activities [J]. ACS Nano, 2015, 9 (9): 8801-8810.

[15] Choong C L, Shim MB, Lee BS, et al. Highly stretchable resistive pressure sensors using a conductive elastomeric composite on a micropyramid array [J]. Adv Mater, 2014, 26 (21): 3451-3458.

[16] Kwak Y H, Dong S C, Ye N K, et al. Flexible glucose sensor using CVD-grown graphene-based field effect transistor [J]. Biosens Bioelectron, 2012, 37 (1): 82-87.

[17] You X, Pak J J. Graphene-based field effect transistor enzymatic glucose biosensor using silk protein for enzyme immobilization and device substrate [J]. Sens Actuators B Chem, 2014, 202 (4): 1357-1365.
[18] Liao Y T, Yao H, Lingley A, et al. A 3μW CMOS glucose sensor for wireless contact-lens tear glucose monitoring [J]. IEEE J Solid-State Circuits, 2012, 47 (1): 335-344.
[19] Bandodkar A J, Jia W Z, Yardimci C, et al. Tattoo-based noninvasive glucose monitoring: a proof-of-concept study [J]. Anal Chem, 2015, 87 (1): 394-398.
[20] Lee H, Choi T K, Lee Y B, et al. A graphene-based electrochemical device with thermoresponsive microneedles for diabetes monitoring and therapy [J]. Nat. Nanotechnol., 2016, 11 (6): 566-572.
[21] Sempionatto J R, Nakagawa T, Pavinatto A, et al. Eyeglasses based wireless electrolyte and metabolite sensor platform [J]. Lab Chip, 2017, 17 (10): 1834-1842.

第三篇 生化传感系统的广义应用

第11章 智慧医疗

随着信息技术的发展，以生物技术为核心的传统医学逐渐向数字化、信息化、综合化、智能化方向演进，融合新一代信息技术的智慧医疗应运而生。智慧医疗不仅仅是简单的技术进步，更是全方位、多层次的变革。智慧医疗的前景非常广阔。

11.1 智慧医疗：让医疗更智能

智慧医疗是近年来发展起来的物联网技术的一个非常重要的应用领域。智慧医疗是利用与医疗保健相关的感知设备、短距离通信、互联网、移动互联网等技术，动态获取信息，与医疗相关的人、物、机构互联，进而以智能方式主动管理和响应医疗生态系统需求的健康服务体系。智慧医疗可以促进医疗领域各方的互动，确保参与者得到所需的服务，帮助各方做出明智的决策，促进资源的合理配置。

11.1.1 智慧医疗的理念

智慧医疗是一个涉及疾病预防与监测、诊疗、医院管理、健康决策、医学研究等多个维度的有机整体。物联网、移动互联网、云计算、大数据、5G、微电子、人工智能等信息技术与现代生物技术共同构成智慧医疗的基石。这些技术广泛应用于智慧医疗的方方面面。

从患者的角度来看，他们可以使用可穿戴设备随时监测自己的健康状况，通过虚拟助手寻求医疗帮助，使用远程家庭实现远程服务，移动医疗平台的应用可以提升患者的体验。

从医生的角度来看，各种智能临床决策支持系统被用于辅助和改进诊断。医生可以通过包括实验室信息管理系统、图片存档和通信系统、电子病历等在内的综合信息平台管理医疗信息。通过手术机器人和混合现实技术可以实现更精准的手术。

从医院的角度来看，物联网技术可用于管理人员、物资和供应链，利用综合管理平台收集信息并辅助决策。

从科研机构的角度来看，可以用机器学习等技术代替人工筛选药物，利用大数据找到合适的受试者。通过使用这些技术，智慧医疗可以有效降低医疗过程的成本和风险，提高医疗资源的利用效率，促进不同地区的交流与合作，推动远程医疗和自助医疗的发展，最终让个性化医疗服务无处不在。

11.1.2 智慧医疗的典型应用

智慧医疗的服务对象大致可以分为三类：临床/科研机构（如医院）、区域卫生决策机构、个人或家庭用户。智慧医疗的应用，根据不同的需求，可以分为以下几类。

（1）辅助诊断和治疗

人工智能、手术机器人、混合现实等技术的应用，使疾病的诊治变得更加智能化。利用人工智能构建临床决策支持系统，在肝炎、肺癌、皮肤癌的诊断等方面取得了一定的成果。人工智能诊断结果准确率甚至超过医生。基于机器学习的系统通常比有经验的医生更准确，尤其是在病理学和成像方面。临床决策支持系统最为出色，该智能认知系统对所有临床数据和文献数据深入分析，以提供最优解决方案。通过使用临床决策支持系统，医生可以根据算法给出建议，提高诊断的准确性，减少漏诊和误诊的发生率，让患者得到及时、恰当的医疗救治。

智能诊断更准确地描述患者的病情和疾病状态，有助于制定个性化的治疗方案，治疗过程本身将变得更加精确。例如，在肿瘤放疗中，借助智能放射组学，可以在整个过程中动态监测患者的放疗过程。医生可以优化放疗方案，观察疾病进展，避免了人工操作的不确定性。就手术而言，手术机器人的诞生将手术推向了一个新的高度。比较著名的机器人系统包括达芬奇系统、Sensei X 机器人导管系统和 Flex® 机器人系统。与传统的内窥镜手术相比，患者将获得更好的结果和更快的恢复，外科医生将享受设备为他们提供的更大的灵活性和兼容性。远程手术的实施也将更加方便，混合现实技术的应用使得手术计划的制定和实施变得更加容易。

（2）健康管理

目前慢性病逐渐占据了人类疾病的首位，成为一种新的流行病。慢性病病程长，无法治愈且费用高昂，因此，疾病的健康管理尤为重要。然而，传统的以医院和医生为中心的健康管理模式似乎无法充分应对越来越多的患者和疾病。

智慧医疗下的健康管理新模式更加注重患者的自我管理，强调患者实时自我监测、健康数据即时反馈、医疗行为及时干预。

新一代可穿戴/可植入设备将结合先进的传感器、微处理器和无线模块，以智能方式持续感知和监测患者的各种生理指标，同时降低功耗，提高舒适度，从而让数据与健康信息相结合。这种方法涉及从情景监测到持续感知和综合护理的飞跃。它进一步降低了疾病引起的相关风险，同时使医疗机构更容易监测疾病的预后。智能手机、智能手表等的出现，为这种监控提供了新的载体。已经尝试将生物传感器集成到智能手机中，在进一步提高便携性的同时，用户可以使用高性能智能手机更轻松地监控环境和身体。

智能家居为老年人和残疾人提供了家庭帮助。智能家居将传感器和执行器集成到住宅基础设施中，用于监控居民的身体特征和环境。智能家居在医疗保健中的作用主要分为家庭自动化和健康监测两个方面。这些技术可以在收集健康数据的同时提供一些简单的服务，帮助需要护理的人减少对医疗保健提供者的依赖，提高他们在家中的生活质量。

患者可以通过应用程序和健康信息平台管理自己的病情，还可以将来自多个便携式设备的健康数据整合到一个临床决策支持系统中，以创建一个分层的健康决策支持系统，可以充分利用收集到的数据进行有效的疾病诊断。在辅助临床决策的同时，可以通过云计算和大数据提前预测患者可能面临的风险并给出建议。

开放的移动医疗平台允许医生、患者、研究人员和其他人通过降低信息技术壁垒来吸引其他医生、患者、研究人员和其他人，允许患者轻松地访问远程医疗建议和服务，同时医生可以动态监控患者状态，临床医生也可以得到同行专家和研究人员的协助。移动医疗平台可以减少医疗差错，降低就医难度，提高医疗服务的及时性，降低了健康服务成本。

(3) 疾病预防和风险监测

传统的疾病风险预测是基于卫生部门主动收集患者信息的，将这些信息与权威机构的指南进行比较，最后发布预测结果。这种方法在时间上有一定的滞后性，不能给个人提供准确的建议。智慧医疗下的疾病风险预测是动态的、个性化的，使得患者和医生参与进来，主动监测自身疾病风险，并根据自身监测结果进行针对性预防。新的疾病风险预测模型通过可穿戴设备和智能应用程序收集数据，通过网络上传到云端，并基于大数据的算法分析结果，通过短信服务将预测结果实时反馈给用户。他们帮助医生和患者随时调整自己的健康行为和生活方式，也帮助决策者制定区域健康战略，以实现降低疾病风险的目标。

(4) 虚拟助手

虚拟助手不是实体，而是算法。虚拟助手通过语音识别等技术与用户进行交流，依靠大数据获取信息源，计算后根据用户的喜好或需求做出响应。Microsoft Cortana、Google Assistant 和 Apple Siri 都是虚拟助手。虚拟助手采用会话体验和语言理解技术来帮助用户完成各种任务，从创建提醒到家庭自动化。

在智慧医疗中，虚拟助手主要起医生、患者、医疗机构沟通桥梁的作用，它们使医疗服务更加方便。对于患者而言，虚拟助手可以通过智能设备轻松将日常语言转换为使用医学术语的语言，从而更准确地寻求相应的医疗服务。对于医生来说，虚拟助手可以根据患者的基本信息自动响应相关信息，帮助医生更方便地管理患者和协调医疗程序，为医生节省更多时间。对于医疗机构而言，虚拟助手的应用可以大大节省人力物力，更高效地响应各方需求。Nuance 技术还可用于实现不同虚拟助手之间的对话，尤其是普通助手和高度专业化助手之间的对话，从而大大提高医疗服务参与者的体验。虚拟助手还可用于辅助疾病的治疗，如采用虚拟助手改善人类心理健康，可以改善人类心理治疗师供不应求的状况，为更多患者带来心理健康。

(5) 智能医院

智能医院由三个重要部分组成：社区、医院和家庭。智能医院依赖信息和通信技术的环境，尤其是基于物联网优化和自动化流程的环境，以改进现有的患者护理程序并引入新功能。

智能医院的服务对象主要分为三大类：医护人员、患者、管理者。在医院管理决策中必须考虑这些服务应用者的需求。在医院管理中，基于物联网集成多个数字系统的信息平台可用于医院患者的识别和监测、医务人员的日常管理以及仪器和生物标本的跟踪，还用于医药行业的药品生产流通、库存管理、防伪等流程，以实现医院物资安全、可靠、稳定、高效的流通。在决策方面，所建立的综合管理平台可以实现资源配置、质量分析、绩效分析等功能，降低医疗成本，最大限度地利用资源，帮助医院做出发展决策。在患者体验方面，患者可以使用多种功能，例如体检系统、在线预约以及医患互动。这些自动化系统使患者的医疗过程更加简洁，患者等待时间更短，获得更人性化的服务。总之，集成化、精细化、自动化是智能医院未来的发展方向。

(6) 协助药物研究

随着大数据和人工智能在科研中的应用，药物研发将变得更加精准和便捷。一个完整的药物开发过程包括靶点筛选、药物发现、临床试验等。传统的药物靶点筛选是通过人工将已知药物与人体内各种潜在的靶分子进行交叉，以寻找有效的作用点，这种方法不仅速度慢，而且粗糙。通过人工智能自动筛选药物和作用靶点，大大提高了筛选速度。例如，肌萎缩侧索硬化中核糖核酸结合蛋白的鉴定和肿瘤的基因组学研究[1] 就是利用 Watson 系统进行的。此外，人工智能系统还可以实时收集外界的最新信息，并可以随时优化或修正筛选过程。

药物挖掘主要依靠高通量筛选，大量的化合物以自动化方式合成并一一试用。然而，随着化合物种类的增加，成本和风险也在增加。利用人工智能进行虚拟药物筛选可以有效解决这一问题。通过计算机预筛选，可以减少实际筛选的药物分子数量。它还可以提高先导化合物的发现效率，预测药物分子的可能活性，找到潜在的化合物，最终构建具有合理特性的化合物集合。

药物临床试验涉及物联网、大数据和人工智能的结合。首先，利用人工智能对大量病例进行分析匹配，可以方便筛选排除标准，确定最合适的目标受试者，节省招募受试者的时间，提高目标人群的针对性。其次，使用智能可穿戴设备对患者进行实时监测，以获得更具时效性和准确度的信息。在试验方案的设计中，区块链等技术可以增强对患者的保护和检测的可信度。所有数据都被收集并汇总到适当的平台上，以供研究人员分析。

11.2 医疗物联网（IoMT）

在 COVID-19 大流行期间，在感染前和感染后持续监测大量患者的健康状况是非常重要的。IoMT 支持通过远程医疗对患者进行远程监控、筛查和治疗，它已成功地应用于医护人员与患者中。基于 IoMT 的智能设备正在快速地、无处不在地产生影响，尤其是在全球大流行状态下。

本节将分别介绍 IoMT 中不同层、角色、作用和工作流程，介绍 IoMT 集成以促进现代医疗保健服务的不同技术，最后介绍 IoMT 在医疗保健中的应用。

11.2.1 IoMT 构成

与 IoT（物联网）的三层架构相似，大多数 IoMT 分为感知层、接入层、管理服务层/应用支持层和应用层/服务层[2]，其结构如图 11.1 所示。

（1）感知层

IoMT 的最底层为感知层，是用于数据收集的传感系统，包括智能对象、健康监测设备、与传感器集成的移动应用等数据源，如红外传感器、医疗传感器、智能设备传感器、射频识别（RFID）、摄像头和全球定位系统。传感系统感知环境中的变化并识别对象、位置、人口统计等数据，将信息转换为数字信号。这些数据还将存储起来以备将来进一步应用。

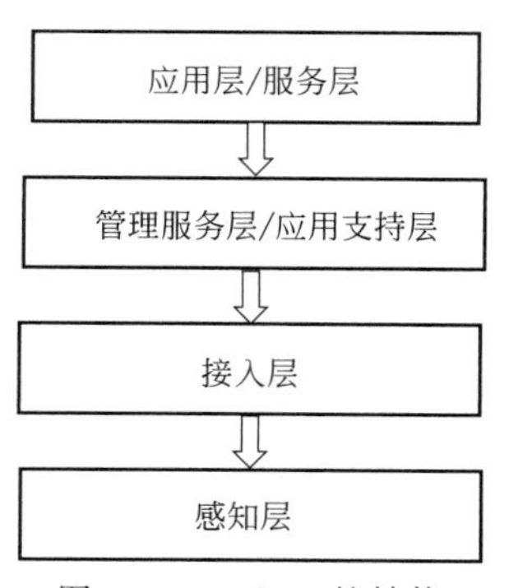

图 11.1 IoMT 的结构

（2）接入层

如上所述，传感器需要通过接入层接到网络，并在本地或信息中心存储这些信息。

网络可以是个域网（personal area network，PAN），如 ZigBee、蓝牙和超宽带（ultra wideband，UWB），也可以是局域网（LAN）、以太网和 Wi-Fi、广域网（wide area network，WAN）、全球移动通信系统（2G/3G/4G/5G）、无线传感器网络，还可以是要求低功耗和低数据速率通信的传感器节点。多种通信技术的应用促进了 IoMT 应用的增长，并成为其主要驱动因素。

(3) 管理服务层/应用支持层

管理服务层/应用支持层用于数据存储，以处理大量原始数据并提取相关信息，这需要来自管理服务层或应用支持层的工具，这些工具可以应用于分析、安全控制、过程建模和设备管理。管理服务层/应用支持层提供用户管理、数据管理和数据分析功能。

内存分析有助于以随机存取存储器（RAM）方式缓存大量数据，以减少数据查询时间并加快决策过程。流分析包括实时数据分析或动态数据分析，以促进快速决策。Web 服务器及其网关，如 Apache2、Flask(Python Web 服务器网关接口）提供了可扩展性和灵活性。MongoDB(NoSQL 数据库）等数据库在存储数据的种类和类型方面提供了灵活性。采用安全套接字层应用程序编程接口（SSL API）是为了保障安全通信。

所传输的数据可以存储在本地/分散（雾或边缘）或集中在云服务器中。集中式的基于云的计算是有范围的、灵活的和可扩展的。它支持从患者门户、IoMT 设备和智能手机应用程序获取电子病历（EMR）等数据，并将其传输到云端，以支持治疗策略的决策制定。然而，由于设备和数据中心之间的距离，健康数据的过度积累、安全性、可靠性、透明度和延迟等问题可能会在未来随着集中式云存储而激增。

为了克服这个问题，正在研究分散式的“边缘云”。这允许 IoMT 传感器和网络网关自己（即在边缘）分析和处理数据，从而提高了 IoMT 设备的可扩展性并减少了集中数据的负载。另一种分散的方法“区块链存储”，创建了称为块的单独信息集，这些信息集依赖于特定的链接。边缘云和区块链在医疗保健领域的使用仍处于起步阶段，但正在成为未来研究的新兴领域。

(4) 应用层/服务层

应用层的主要功能是数据解释与交付特定服务应用。应用层采用人工智能（AI）和深度机器学习来理解 EMR 数据，并通过不同的日/周图来监控所收集数据的趋势和变化（数据的情景），以生成有关诊断及治疗决策。

开发多种 IoMT 和医疗保健解决方案等将会使医疗保健系统受益。COVID-19 的突然入侵促进了技术、创新和数字化转型，具体表现为：通过智能可穿戴设备使用数字技术进行远程监控、远程医疗和自我健康评估。

在医疗保健领域，IoMT 出现了多个应用，其中各种重要功能的远程/自我健康监测，如心率、皮肤温度、运动监测和一般健康状况监测、营养状况和老年人或感染者的康复，促进预期寿命增加，发病率和死亡率降低。

在所开发的智能医院信息系统中，可以将 MRI/CT 等各种设备与实验室数据联系起来，以改进医疗紧急情况的识别，从而方便医务人员进行监测并做出恰当的治疗决策。值得注意的是，通过为医院装备智能设备，可以降低设备成本，及早发现异常，从而降低维护成本。

11.2.2 IoMT 使能技术

(1) 虚拟现实、混合现实和增强现实

虚拟现实（virtual reality，VR）、混合现实（mixed reality，MR）和增强现实（augmented reality，AR）为临床/治疗提供了潜在应用。

虚拟现实技术可提供一个三维的多感官环境，创造一种“存在感”体验。VR 已应用于心理健康和焦虑症、中风和疼痛管理、肥胖管理和预防。VR 通过影响心理和生理功能，成为癌症患者治疗监测的辅助工具。它们可以减少与癌症相关的心理症状，从而促进患者的情绪健康，沉浸式 VR 所诱导的远程回忆，将减少轻度认知障碍患者的焦虑。

在增强现实中，所叠加的计算机图像会操纵用户对现实世界的看法。除了作为一种培训工具之外，AR 还可以使虚拟世界中的不可见概念和注释可视化。

XR-Health 开发了远程健康 VR 系统，以减轻被隔离患者的压力和焦虑，同时让他们进行身体和认知锻炼。Engage 平台由沉浸式虚拟现实教育公司开发，用于虚拟现实培训和协作。EON Reality 为工业、学校和政府提供了一个 VR/AR 平台，用于隔离场景。Fundamental VR 为外科医生提供类似模拟器的培训，可以进行排练和练习，以在受控环境中改进手术技术。XVision Augmedics 增加了 3D 表示，以促进 X 射线的视觉效果。

（2）并行计算

并行计算技术构成了分布式计算技术的基础，涉及网格计算、云计算、雾和边缘计算等范式。IoMT 及其涉及的实时交互的应用源于大数据，因此辨别要在本地维护的数据与云服务器共享的数据变得至关重要。

IoMT 系统的数据处理架构已经从集中式云计算转向分布式雾计算技术。

雾计算在硬件组件和云服务器（核心级别）间创建了层次结构。它减少了存储在云服务器上的数据量，从而减少了云计算中的网络带宽和响应时间，最大限度地减少了网络延迟。雾计算还增强了数据安全性，因为数据保留在本地边缘而不是云空间中。

边缘计算不是将数据放置在云中，而是在设备本身的网络边缘附近或由生成数据的本地化服务器维护数据。边缘计算（边缘级）通过在处理实时 IoMT 数据的同时加速数据流，最大限度地减少延迟，并为智能设备提供即时响应。考虑到云中数据完整性和安全性，雾计算和边缘计算已成为安全范例。Ahanger 等[3] 开发了基于 IoMT-雾-云的医疗保健系统，用于监控和预测 COVID-19 的传播，其中包括四级架构：数据收集、信息分类、挖掘和提取，以及预测和决策建模。他们观察到基于雾的范式结果在分类效率、预测可行性和可靠性方面得到了显著改善。

基于云的智能家居环境（CoSHE），用于在家中进行高效监控和健康评估，包括家庭设置、私有云基础设施、可穿戴设备和家庭服务机器人，并通过智能家居网关提供与传感器数据一起处理的环境信息，进一步处理到私有云，为护理人员提供记录数据的访问权限。Cui 等[4] 开发了一种健康监测框架，采用云计算、IoMT 设备、连接的传感器来监测心率、血氧饱和度百分比、体温和患者的眼球运动。

（3）5G

从技术上来看，5G 不是一个孤立的实体，而是物联网、大数据、云计算和人工智能的融合。

5G-IoMT 架构是端到端协调的系统，并且在每个阶段都具有敏锐、自动化和智能的操作。赋能化的 5G 为 IoMT 应用提供了按需的、实时在线的、可复用的信息。

5G 的强大功能足以同时支持数千种医疗设备，从传感器到手机、医疗设备、摄像机和 VR/AR。成熟的 5G 技术体现在远程会诊、远程医疗、智慧医疗甚至远程手术等方面。

Guo 等[5] 开发了一种支持 5G 的荧光传感器，用于定量地检测 COVID-19 病毒的刺突蛋白和核衣壳蛋白。Wong 等[6] 提出了一种基于 5G 的无线传感器网络，该网络集成生物识别、密码和智能卡，具有快速的 3 层高安全认证方案，确保多服务器电子健康系统的时间限制和用户匿名性，减轻了网络负载，从而显著节省了数据库成本。

（4）大数据的可视化与分析（big data visualization and analytic，BDVA）

需要对 IoMT 设备积累的大量数据进行适当分析，以确保决策的准确性。一种有效的解决方案是利用大数据可视化和分析来刻画其量级、多样性、速度、真实性、有效性、波动性等。

在医疗保健领域，大数据分析有助于预测疾病结果、治疗流行病、提高生活质量。数据以结构化、非结构化和半结构化数据的形式在云计算中集成和可视化，通过提取、清理和统计分析来处理数据，并将处理好的数据转发给医生或远程用户。

(5) 人工智能 (artificial intelligence，AI)

在医疗保健领域，人工智能技术利用临床、实验室和人口统计数据来筛查、诊断和预测各种疾病。在COVID-19大流行期间，考虑到需要快速识别/早期筛查，使用了AI方法对其进行了多项研究。AI将促进检测、大规模筛查、监测、资源分配和预测与新疗法。

关于医疗保健中人工智能的文献越来越丰富。人工智能应用的主要疾病类型，按频率降序排列为癌症、神经系统疾病、心血管疾病、泌尿生殖系统疾病、妊娠期疾病、消化系统疾病、呼吸系统疾病、皮肤疾病、内分泌和营养失衡。所开发的基于人工智能的算法，能够在病理实验室中检测、分级和评估前列腺核心针活检的数字化载玻片。而IBM Watson，用于通过双盲验证研究辅助癌症诊断。应用人工智能，通过临床图像分析可识别出皮肤癌的亚型。为四肢瘫痪患者开发的人工智能系统，有助于恢复运动控制。人工智能还用于病例报告中的表型特征，以此来提高先天性异常诊断的准确性。通过心脏图像诊断心脏病也已使用AI系统完成。类似地，在人工智能的帮助下，长链非编码RNA的异常基因表达被用于诊断胃癌。Shin等[7] 还开发了一种使用AI定位神经损伤的电诊断支持系统。

(6) 区块链

众所周知，在智慧医疗系统中，大量数据在医疗设备和医疗机构间共享是必不可少的。这通常会导致数据碎片化，可能在传输的信息中造成空白，导致信息不足，从而阻碍治疗过程。为了克服这个问题，区块链技术得到了应用，它为在网络中存储数据的数据库建立了连接。区块链是一个不断增长的记录（块）列表，其中记录使用称为散列的加密方法相互连接。每条记录都包含前一条记录的加密散列，以将记录链接在一起并使其能够抵抗篡改。

传输安全的区块链同时在多个设备上运行，它们是不可更改的“分类账”，人们可以访问它并由其控制，一旦记录被存储，就无法修改。区块链遵循智能合约机制，管理识别身份并相应地设置权限以访问存储在区块链中的数据。基于区块链的信息管理系统MedBlock具有高度安全的访问控制和加密技术，可实现高效的EMR访问和检索。

Yue等[8] 开发了基于区块链技术的“医疗数据网关”，授权患者在不违反隐私政策的情况下分享他们的信息。Vangipuram等[9] 开发了CoviChain，以支持使用区块链和边缘基础设施将COVID-19感染者的数据安全传输到医院系统。为了对抗COVID-19，Alsamhi等[10] 为多机器人和分散式多无人机开发了区块链配置。

11.2.3 IoMT在医疗保健中的应用

医疗保健系统正向智能化与个性化方向演进，这归功于以IoMT技术为中心的新型设备的出现。IoMT的一些应用描述如下。

(1) 疾病传播检测和追踪

检测和追踪一直是全球疾病传播控制的关键问题，特别是为了阻止传播。几种基于IoMT的设备已被用于检测和追踪感染者并确定患者的位置，从而使追踪疾病的传播成为可能。基于IoMT的即时检测（point-of-care testing，POCT）设备可帮助健康专家应对疟疾、登革热、甲型流感（H1N1）、人乳头瘤病毒（HPV）、埃博拉病毒病（EVD）、寨卡病毒（ZIKV）。

Bibi等[11] 开发了一个基于IoMT的框架，包括密集卷积神经网络（DenseNet-121）和残差卷积神经网络（ResNet-34），在云计算环境下，用于快速安全地实时检测、诊断和治疗白血病。

为了预测 COVID-19 的感染，开发了机器学习模型，该模型应用患者的人口统计学特征（年龄、性别、种族）和常规实验室测试，预测出了 66%的初始 COVID-19 RT-PCR 阳性患者，这些患者的 RT-PCR 结果将在两天内从阴性变为阳性。同样，包括将卷积神经网络（CNN）在内的机器学习和深度学习方法用于胸部 X 射线、CT 和超声图像数据，检测早期 COVID-19 感染的准确率达到了 94.03%。Iskanderani 等[12] 将四种迁移学习模型 ResNet152V2、DenseNet201、VGG16 和 Inception ResNetV2 与早期诊断 COVID-19 感染的单个模型进行了比较，预训练模型的集合比单个模型更有效。

(2) 医疗保健设备

在 COVID-19 大流行期间，为减少接触感染，远程健康监测设备，如智能吸入器、血氧饱和度检测器、血糖监测器（包括智能笔）、智能可穿戴设备（如智能手表、智能植入物）、智能牙刷、睡眠追踪器、孤独感探测器得到了更多的应用。

Merchant 等[13] 开发一种支持蓝牙的智能呼吸器系统来帮助患者及其医疗团队应对哮喘等呼吸系统疾病。研究表明，这些 IoMT 设备通过改进症状识别和自我管理，减少了呼吸器的使用率。

Fu 等[14] 开发了一种无创血氧仪，使用 ZigBee 或 Wi-Fi 来阐述测量到的血氧饱和度水平、心率和脉搏参数，以判断医疗干预效果。在另一项研究中，开发了一种与脉搏血氧仪和 WLAN 路由器集成的警报系统，可在检测到氧饱和度下降到临界水平以下时向患者发出警报。

由于可穿戴设备支持跟踪与追踪接触者，智能手表、智能手环和指环等智能可穿戴设备的需求也因 COVID-19 而得到发展，该设备通过实时跟踪个人的认知和情绪，传播有关健康的知识，确保社交距离并提供心理保健，实现个性化干预。

血糖监测是 IoMT 的另一个应用，它采用生物传感技术和先进的信号处理，其特点是使用多个相互连接的小型可穿戴设备。Bhatia 等[15] 展示了一种使用循环神经网络（RNN）的基于 IoMT 的、以家庭为中心的、基于尿液的糖尿病监测系统。

糖尿病助手（diabetes Assistant，DiAs）将基于 Android 的智能手机作为功能输入设备，其显示器用作远程医疗服务的网关和网络集线器。这两个组件通过蓝牙进行通信。控制糖尿病最新的发展是 AP(artificial pancreas，人工胰腺）技术，这是一种基于实时血糖传感器测量的微创自动设备，用于调节胰岛素输注。

同样，智能植入物也是一类重要的 IoMT 智能设备，如人工耳蜗、心脏植入物、关节植入物和智能牙科植入物。在这些不同的微芯片/无线传感器中，它们被放置在表面上，或嵌入在相关区域内。根据要监测的功能，收集患者数据，例如，智能牙科植入物收集与磨牙症、食物摄入量、活动水平和刷牙习惯相关的数据，进行唾液、盐、葡萄糖和酒精摄入量的 pH 值监测。收集到的数据可以传输到服务器，以传输到移动应用程序/设备，提示立即进行必要的治疗。通过监测唾液酸碱度数据，可以识别出蛀牙风险较高的患者，并推荐合适的预防措施。然而，主要挑战在于开发小型智能植入物以最大限度地减少植入期间和植入后的不适。

(3) 智能医院

智能医院专注于优化自动化流程，采用基于 IoMT 的互联环境在患者、医疗机构和机器之间建立有效连接，以改善患者护理。在开发智能医院时，需要考虑四个关键领域——患者服务和接口、护理流程与协调、后勤和支持服务、组织和能力设计。考虑到当前的大流行，智能医院可以为偏远地区或家中的患者提供多种服务，减少就诊次数。远程医疗、患者实时监测、机器人和大数据在线处理等设施有助于提高医疗质量。机器人可用于执行诸如药品和报告的交付和运输等任务，提供信息以帮助人们在医院内导航、检测异常行为以及收集患者数据等，从而减少密切接触。人工智能的使用还可以促进更好的资源管理，并以更低的成本提高护理质量。

(4) 智能手术室

智能手术室（SCOT）具有 IoMT 功能且拥有用于连接医疗设备的网络开放资源接口（ORiN）。具有机器人系统的智能手术室可以通过触觉支持增强的感觉能力、组织识别和实时诊断，通过增加自由度来重现外科医生的手部运动。由于手部颤抖的减少和高清 3D 视频图像提供的增强的可视化，手术的精度也得到了提高。

远程手术的概念越来越受关注，即使在外科医生和患者相距极远的情况下，也可以通过使用机械臂将外科医生的实际手部运动复制到手术器械上来进行手术。

混合手术室允许外科医生在相同的手术环境中执行组合的开放式、微创、图像引导和/或基于导管的手术。AR 系统还可用于在手术期间，将患者器官信息可视化。同样，实体器官的内部病理也可以使用重叠的虚拟图像在没有切口的情况下进行可视化。为了更有效地切除肿瘤，外科大夫可使用高清、3D、实时图像引导实施手术。

(5) 智能用药

嵌入了 IoMT 传感器的数字（智能）药物，可用于监测生物标志物、体液中抗生素的水平、抗生素依从性、剂量，以便在个性化水平上提供更准确的治疗效果信息。

可摄入传感器（由微量铜、镁和硅制成的微型传感器）通过移动应用程序或门户网站与外部身体传感器（例如可穿戴传感器贴片）进行通信。所获取的信息存储在云端，用于测量药物依从性、吸收、活动和心率。该移动应用程序还可用于提示用户按计划服用处方药，并与家人或护理人员共享信息。

(6) 数字生物标志物

所开发的自供电的 IoMT 诊断设备，可对人体（或动物）体液（例如汗液、尿液、血液等）中和表面的生物标志物进行实时监测。在明显观察到身体症状前数小时，该设备可以促进区分病毒感染和细菌感染，其个性化预测算法可用于识别感染、无菌炎症或复发的可能性。此外，可以更密切地监测患者对治疗的反应，表明患者是否确实对治疗有反应，并表明可能存在耐药性，使临床医生能够及时调整他们的“一线”治疗方案。

Wessels 等[16] 在使用卷积神经网络（由来自 218 名患者的苏木精和伊红染色的原发肿瘤载玻片训练）进行原发肿瘤组织分析的基础上，开发了一种基于预测淋巴结转移的新型数字生物标志物模型。

基于 IoMT 的生物传感器 RapidPlex，用于评估和量化 COVID-19 生物标志物，如样本中的核衣壳蛋白、炎症性 C 反应蛋白（CRP）、IgM 和 IgG 抗体。其中，激光雕刻的石墨烯电极用抗原特异性抗体对其进行功能化，以检测目标分子，并将它们的杂交反应描述为电流强度。

(7) 机器人

IoMT 辅助机器人系统包括多个相互连接的集成系统，如人、机器人和 IoMT 系统。该系统主要使用云机器人系统，可以访问大数据并利用传感、计算和内存处理信息并执行特定的任务。

机器人技术的发展旨在实现人的自动化，从而减少人为干预。该系统采用机器学习算法对机器人/机器进行编程和训练，使其根据通过医疗网络接收到的患者健康信息数据或使用智能计算在医疗环境中执行。

在医院中，自主机器人也被用于生物医学废物管理和消毒。此外，它们还可以为患者提供药品、食品或医疗用品。已经开发出了一种轮式远程呈现机器人，可以执行虚拟面对面的患者评估，还可以在收集患者的拭子样本后进行诊断测试。

（8）3D 扫描和打印

基于 IoMT 的 3D 扫描仪对口腔内印模进行数字记录，可在相对较短的时间内准确复制口腔内的硬组织和软组织结构，从而避免传统印模材料相关的不便。

使用 3D 打印技术进行康复，带来的好处包括减少总处理时间、减少劳动力、提高效率、改进工作流程、减少错误和成本效益，这归因于与实验室技术人员共享虚拟数字印模以及构建即时修复体和修复体的能力。

（9）虚拟规划、模拟和引导手术

图像引导手术包括个性化模拟、术前计划和在患者的特定解剖环境内对计划的手术干预进行练习，以提供更具体和有针对性的手术治疗。模拟良好的环境可制订真实的手术室工作流程，根据患者模拟、测试和定制修改程序，并使外科大夫适应实际任务。该模拟还通过在引入概念和系统之前测试概念和系统来教授和培训辅助人员，以能够适应技术细节，从而提高性能和结果。

术前使用计算机断层扫描和/或磁共振成像绘制肿瘤边缘，然后虚拟规划手术切除有助于在实际切除晚期肿瘤期间进行术中导航。

（10）环境辅助生活

环境辅助生活（ambient assisted living，AAL）是人工智能支持的生活，老年人可以独立生活，在家中既方便又安全。AAL 的主要目的是实时监控，以便在发生医疗紧急情况时，可以提供类似人类服务的援助。

它利用人工智能、大数据分析、机器学习等多种系统的先进集成来进行活动和环境识别，并监测血压、心率、呼吸频率等生命体征。

（11）药品不良反应检测

基于 IoMT 的药物不良反应（adverse drug reaction，ADR）系统是基于患者服用的药物上的唯一标识符/条形码的。可以使用药物智能信息（pharmaceutical intelligent information，PII）系统验证有关药物与患者身体相容性的信息，它使用电子健康记录存储患者的过敏情况，彻底分析过敏状况和其他重要的健康信息指南，可以确保药物对患者的适用性。

由于 ADR 可能在单次给药后、长期治疗后或同时服用两种不同药物后发生，并且 ADR 的强度取决于药物摄入时间并因人而异，因此使用基于 IoMT 的 PII 系统来验证 ADR 可能性变得至关重要。另一种基于 IoMT 的 ADR 系统，称为处方药不良事件，它可以通过减少 ADR 来提高患者用药的安全性。

11.3　实例：基于可穿戴设备和云计算的智能孕产妇保健服务系统

11.3.1　系统的作用与意义

作为公共卫生的内容之一，妇幼保健越来越受到政府的重视，尤其是母婴健康问题。我国是出生缺陷发生率高的国家之一，大量的医学和产科资源致力于诊断和治疗围产期出生缺陷和先天性心脏病。胎儿监护是妇产科医生了解孕妇生命和胎儿健康的重要任务。尽管简便易行、安全可靠的胎儿监护技术在我国各级妇幼保健机构中得到了广泛应用，但我国大多数医院所使用的胎儿监护设备仍然存在不足与缺陷。

随着互联网、通信技术、物联网、大数据、云计算技术和可穿戴设备的广泛应用，IoMT 逐渐进入社区、家庭和基层。它为个人提供有针对性的个性化服务，使远程医疗从疾病治疗发展到疾病预防，为解决妇女和儿童健康中的重大公共卫生问题提供了新思路和新方法。

可穿戴式医疗传感器提供了患者生命体征和医疗信息的实时反馈，并为他们提供“随时随地”的健康服务。

本节将介绍一种基于可穿戴设备和云计算的智能孕产妇保健服务系统，它能够对围产期的孕妇，尤其是高危孕妇提供全天候、全方位的监测和预警。通过筛查、监测和紧急反应等临床实践以及相关的临床标准，该系统将减少因忽视、遗漏或延误而引起的高风险状况和不良后果，弥补围产期保健，尤其是高危妊娠管理方面的不足。

11.3.2 孕妇可穿戴设备

随着智能移动终端设备的普及以及互联网、云计算和物联网的飞速发展，可穿戴移动医疗设备在孕产妇和儿童保健中的应用越来越广泛。同时，这些设备加速了智能母婴保健时代的到来。

与传统的产妇监测设备相比，可穿戴设备突破了传统的生理参数采集和医学监测模式，可以实时动态管理孕妇生命体征数据。孕妇可以自己使用可穿戴设备来检测胎儿心率、血糖、血压、体重、脉搏、血氧、血脂、心电图、尿液和其他样品。

专为孕妇设计的可穿戴医疗设备是具有临床健康监测功能的便携式配件。作为附件的这种新型医疗设备与尖端技术集成在一起，包括先进的材料、传感、电路设计、信息传输和信息处理。它们可以执行监视功能，同时提供舒适便捷的体验。可穿戴技术的出现以及在家庭和医院中的应用和管理，弥补了传统的孕妇监测设备长期无法连续动态检测孕妇的缺点。

2010 年之后，用于孕妇的可穿戴设备逐渐离开医院进入家庭，并对更具针对性和个性化的服务进行了改进，与大数据和云计算相结合，使母婴保健从治疗过渡到预防。而移动式胎儿监护仪不但改善了围产期护理的质量，而且还可以同时远程监测多名孕妇。

图 11.2 基于 IoMT 的家用移动应用界面

妇产科医生可以建议孕妇在妊娠 28 周后使用可穿戴式胎儿语音计在家自我监测，然后在线上传胎儿心脏监测信息。如图 11.2 所示，医生可以随时在移动智能终端 APP 上查看胎儿监测数据，并进行解释和提供有针对性的指导。此外，对于高龄、焦虑或已接受人工辅助生殖技术的孕妇，在家中使用可穿戴式远程胎儿心率监测仪并将胎儿心脏图上传，让医务人员知道胎儿的当前状况。

11.3.3 IoMT 平台

IoMT 平台包含了采集、传输、存储和处置信息等多个环节。此外，该平台以孕前、孕中和孕后的医疗闭环服务为核心，利用物联网技术实现家庭和医院的整合和互连。它集成了在线和离线的母婴保健服务，以便实现胎儿监测网络、妊娠高血压监测系统、妊娠血糖管理系统、高危产妇管理系统、门诊自我获取系统、远程咨询系统、医疗系统等。系统收集数据，然后将数据上传到医院的数据平台中，这不仅可以满足医生的需求，还可以满足孕妇的个性化需求。此外，为了加强对高危孕妇的管理，孕妇可以自我监测胎儿的心率、心电图、血糖、血压与体重等。

远程胎儿监测系统的数据传输是基于物联网的。监测管理系统连接可穿戴式智能胎儿心脏监测设备，使用移动互联网并集成了物联网技术，使医院、医生和孕妇之间的实时无缝连接成为现实。因此，该平台可以为家庭提供胎儿监测服务，从而可以显著提高围产期的健康管理水平，降低孕产妇死亡率。

远程监控管理系统可以监控三个参数，即胎儿心脏信号、子宫收缩信号和胎儿运动信号。孕妇无须去医院就可以通过智能手机 APP 和信息管理平台与医生进行互动。通过数据挖掘和分析，专业医生的解释和指导，孕妇完全可以进行自我保健管理。更重要的是，孕妇可穿戴设备应及时帮助揭示孕妇的健康问题和高危因素，以便医院可以及时进行干预。

通过网络信息技术，收集诸如孕妇胎儿心率信号和子宫收缩等重要指标数据，并将其传输到监测中心进行分析，以帮助医院判断子宫内胎儿的生存状况。这有助于了解整个妊娠期间胎儿的生长和发育，并为孕妇提供及时的健康建议。医生可以及时预测、预防和处理影响胎儿的各种因素，例如缺氧、宫内窘迫等。在妇产科采用基于可穿戴设备的健康监测管理，可以实现孕妇生命体征数据的动态实时管理，加强围产期监测，优化妊娠质量，减轻门诊和住院的产前护理压力，减轻产科医生的工作强度。通过可穿戴式物联网与医院的结合，我们可以创建全新的智能母婴管理模式。

(1) 系统架构

系统主要由感知层、网络层和应用层组成。其结构如图 11.3 所示。

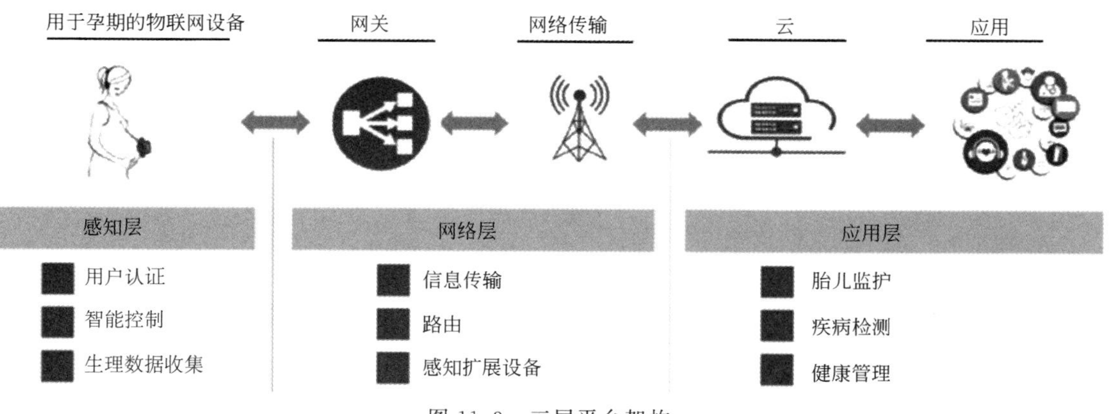

图 11.3　三层平台架构

感知层主要用于实现各种生理信息的采集、自动识别和智能控制。所采集的信息包括：胎心率、孕产妇血压、孕产妇血糖、孕产妇体重与尿液分析等指标。

网络层主要支持终端和传感扩展设备的信息传输、路由与控制，为孕妇与家庭监控设备、设备和终端之间的通信提供支持。

应用层基本上是指移动医疗的详细应用，不仅包括公共服务，还包括专业服务。

通过下载移动 APP，来医院就诊并做好产前检查的孕妇就可以了解医院的信息、医疗信息、产科时间表等。此外，她们可以在线观看孕妇的学校视频而无须出门，还可以预约并离线登录孕妇的学校课程，从而提高了健康教育的覆盖面并加强了医患沟通。孕妇可以使用可穿戴智能蓝牙医疗设备和移动 APP 实时记录、检测自身的健康状况，并进一步建立自己的个人数字检查文件。当健康数据超出正常范围时，医院工作站系统将自动报警并提醒孕妇到医院就诊。同时，医生可以提供个性化的医疗保险计划，旨在更好地监测孕妇和胎儿的健康状况。

系统的主要功能如下。

① 健康记录的自助设置：孕妇可以使用智能手机建立母婴保健手册，并填写信息，以便完成健康记录设置，孕妇可以跳过医院，从而节省大量时间。通过数据接口，医院 HIS 系统可以直接调用数据并打印，大大减少了诊断之前的等待时间，有效减少了数据录入错误。

② 医院候诊室数据的自助收集和健康教育：将医院的体重秤、血压计、体温计和其他常规检测设备连接到智能产妇围产期健康管理系统平台时，将检测数据直接记录在孕妇的个人健康档案中。HIS 系统可以直接从文件中调出数据，因此它不再需要医务人员手动记录数据。

③ 院内和院外综合胎儿心脏监测：胎儿心脏监护需要很长时间，通常是 25～30min，如果存在异常，则需要更长的时间。因此，采用了基于院内和院外的胎儿心脏综合监测技术。孕妇既可以去胎心监护室进行检测，也可以购买或租用设备，还可以用智能终端 APP 通知医护人员进行远程监护，提供相应的指导。

④ 云计算的应用：云计算的应用使护士和医生可以使用便携式平板电脑查看病历，因此他们不再需要带纸质病历来巡视病房。同时，医生可以实现语音书写病历和医疗建议，语音和视频咨询，并可以使用手机查看患者的报告和体温表，从而更方便医生操作。护士记录的温度清单等文件也可以通过可穿戴设备收集并通过语音记录。

(2) 系统组件

系统包括母婴数据集成系统、围产期健康管理系统、母婴智能跟进系统和智能母婴管控系统。逻辑架构和系统部署如图 11.4 和图 11.5 所示。

① 母婴数据集成系统。母婴数据集成平台实现了统一数据的交换和传输标准。它提供了全面的标准化接口，不仅可以满足系统中子系统之间垂直连接的需求，而且还可以满足与上级部门、其他系统和医院信息系统之间水平连接的需求。这样，可以消除信息孤岛和数据缺口的现象。

母婴数据集成系统包括单点登录、统一身份验证、数据标准、患者主要索引、数据集成、企业服务总线和全景健康档案等模块。

② 围产期健康管理系统。围产期健康管理系统为医院、医生和孕妇提供信息平台服务。首先，医生和医院能够通过数据库来系统地管理孕妇的信息，并在整个过程中进行实时监控，这对于高风险孕妇而言尤其重要。其次，通过移动技术，孕妇可以随时与医生联系，实现对高风险因素的早期发现和早期干预，并减少怀孕期间疾病的发生。最后，以大数据为核心的健康管理平台将给妇产科领域的医学观念和医学习惯带来一场革命。

智能跟进系统可以提供完善的健康教育和跟进服务。它具有随访监测功能，极大地满足了医院的需求。母婴智能跟进系统的业务流程如图 11.6 所示。它由孕妇、跟进中心、宣教中心、管理中心、服务中心、孕妇和医疗终端应用的全息图组成。

③ 智能的母婴管控系统。智能的母婴管控系统整合了母婴健康信息资源。它使母婴保健工作合理化和标准化，并为母婴保健工作提供全面而准确的信息。它包括孕妇决策支持系统和高危产妇控制系统。母婴管控系统主要跟踪某些地区的孕妇人数、高危孕妇人数（老年孕妇人数、糖尿病孕妇人数、高血压孕妇人数），通过数据统计和分析今天注册的妇女、今天的检查次数、今天的分娩次数、弱势婴儿的数量和其他动态信息。结合地理信息系统（GIS），可以动态显示每条街道上孕妇的数量和分布以及高危孕妇的数量。此外，它还可以通过逐步培训来跟踪每个孕妇住所及当前状态。

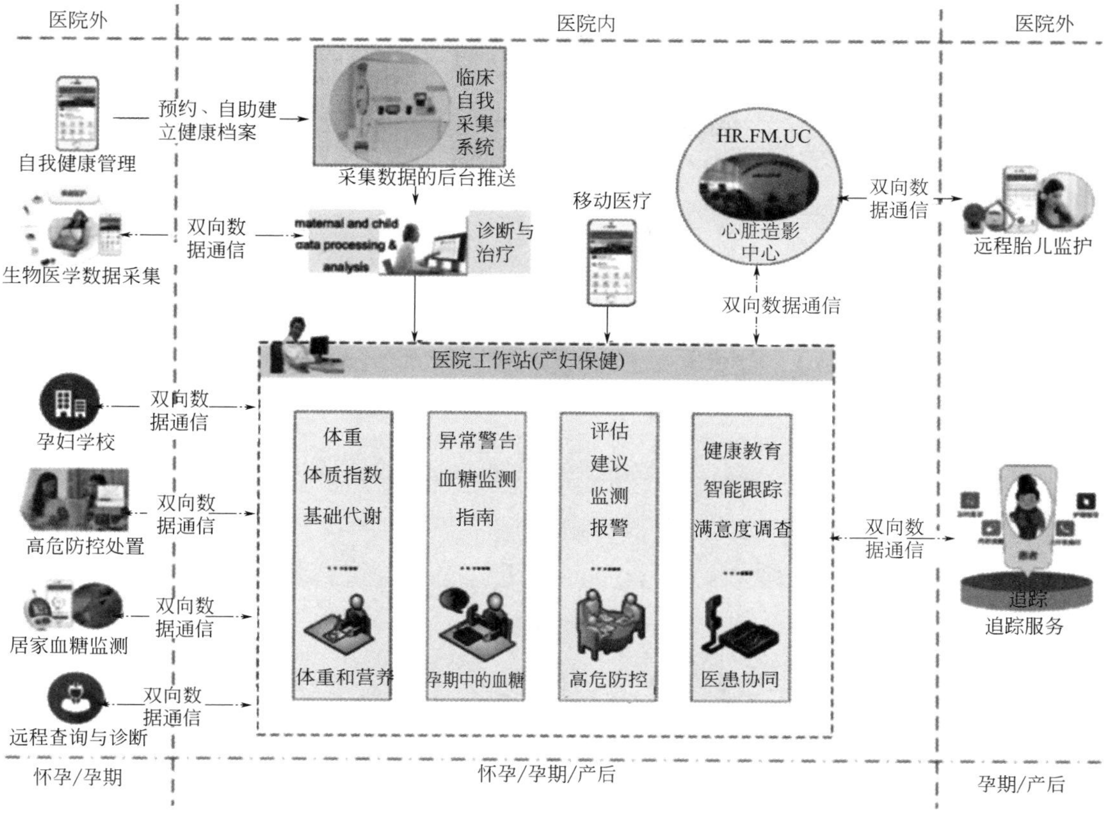

医院外
医院内
医院外
自我健康管理
预约、自助建立健康档案
临床自我采集系统
采集数据的后台推送
生物医学数据采集
双向数据通信
maternal and child data processing & analysis
诊断与治疗
移动医疗
HR.FM.UC
心脏造影中心
双向数据通信
远程胎儿监护
双向数据通信
医院工作站(产妇保健)
孕妇学校
双向数据通信
高危防控处置
双向数据通信
居家血糖监测
双向数据通信
远程查询与诊断
双向数据通信
体重
体质指数
基础代谢
……
体重和营养
异常警告
血糖监测
指南
……
孕期中的血糖
评估
建议
监测
报警
……
高危防控
健康教育
智能跟踪
满意度调查
……
医患协同
双向数据通信
追踪
追踪服务
怀孕/孕期
怀孕/孕期/产后
孕期/产后

图 11.4　孕育、妊娠和产后工作流程

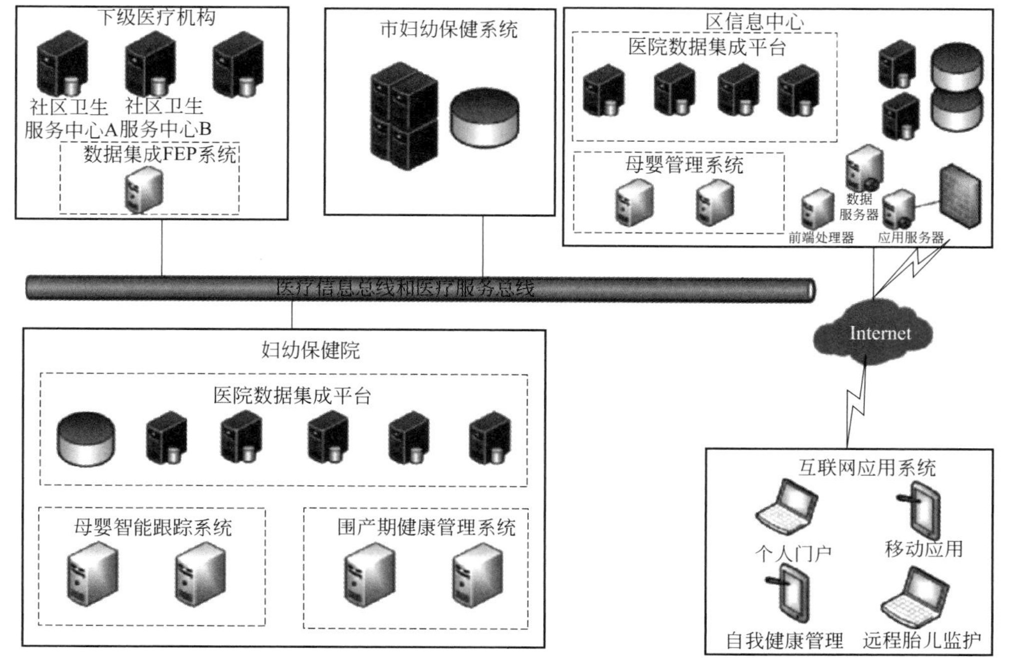

图 11.5　不同系统的应用部署

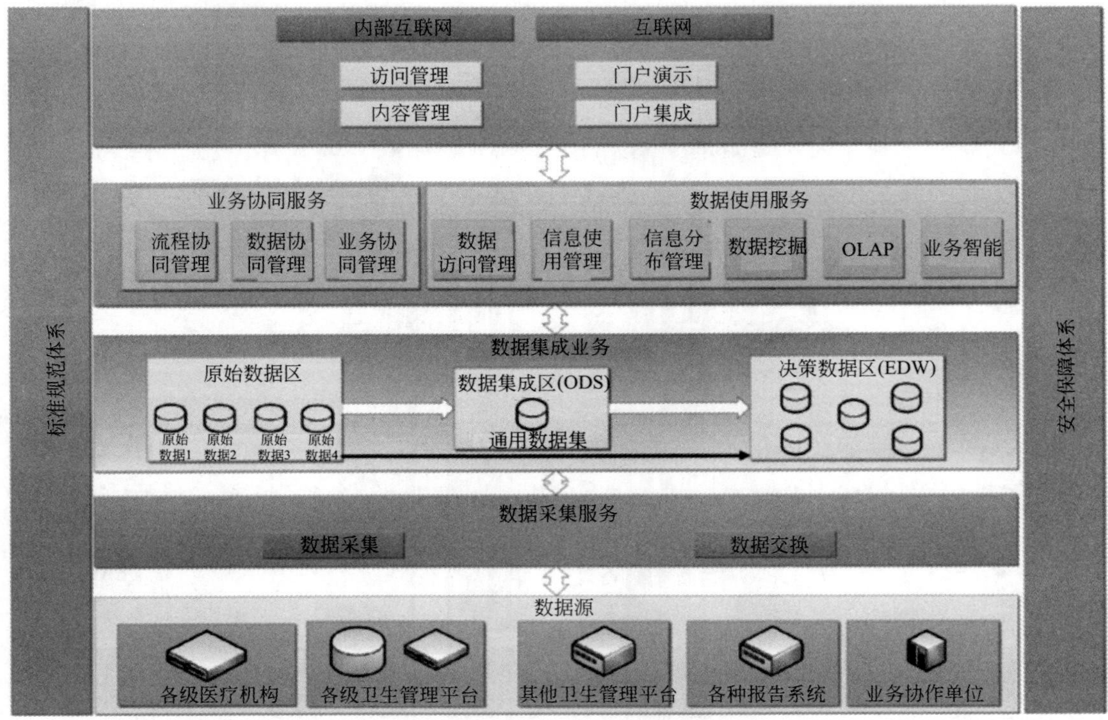

图 11.6　系统架构

参考文献

[1] No authors listed. Oncologists partner with Watson on genomics [J]. Cancer Discov，2015，5 (8)：788.

[2] Dwivedi R，Mehrotra D，Chandra S. Potential of internet of medical things (IoMT) applications in building a smart healthcare system：A systematic review [J]. Journal of Oral Biology and Craniofacial Research，2022 (doi：https：//doi. org/10. 1016/j. jobcr. 2021. 11. 010) .

[3] Ahanger T A，Tariq U，Nusir M，et al. A novel IoMT-fog-cloud-based healthcare system for monitoring and predicting COVID-19 outspread [J]. J Supercomput，2021 (Jun)，21：1-24.

[4] Cui M，Baek S S，Crespo R G，et al. Internet of things-based cloud computing platform for analyzing the physical health condition [J]. Technol Health Care，2021.

[5] Guo J，Chen S，Tian S，et al. 5G-enabled ultra-sensitive fluorescence sensor for proactive prognosis of COVID-19 [J]. Biosens Bioelectron，2021，181：113160.

[6] Wong A M，Hsu C L，Le T V，et al. Three-factor fast authentication scheme with time bound and user anonymity for multi-server E-health systems in 5G-based wireless sensor networks [J]. Sensors (Basel)，2020，20 (9)：2511.

[7] Shin H，Kim K H，Song C，et al. Electrodiagnosis support system for localizing neural injury in an upper limb [J]. J Am Med Inform Assoc，2010，17：345-347.

[8] Yue X，Wang H，Jin D，et al. Healthcare data gateways：Found healthcare intelligence on blockchain with novel privacy risk control [J]. J Med Syst，2016，40 (10)：218.

[9] Vangipuram S L T，Mohanty S P，Kougianos E. CoviChain：A block-chain based framework for nonrepudiable contact tracing in healthcare cyber-physical systems during pandemic outbreaks [J]. SN Comput Sci.，2021，2 (5)：346.

[10] Alsamhi S，Lee B. Blockchain for multi-robot collaboration to combat COVID-19 and future pandemics. http：//arxiv. org/abs/2010. 02137.

[11] Bibi N，Sikandar M，Ud Din I，et al. IoMT-based automated detection and classification of leukemia using deep learning [J]. J Healthc Eng，2020，6648574.

[12] Iskanderani A I, Mehedi I M, Aljohani A J, et al. Artificial intelligence and medical internet of things framework for diagnosis of coronavirus suspected cases [J]. Journal of Healthcare Engineering, 2021, 3277988.

[13] Merchant R, Szefler S J, Bender B G, et al. Impact of a digital health intervention on asthma resource utilization [J]. World Allergy Organ J., 2018, 11 (1): 28. doi: 10.1186/s40413-018-0209-0.

[14] Fu Y, Liu J. System design for wearable blood oxygen saturation and pulse measurement device [J]. Procedia Manufacturing, 2015, 3: 1187-1194.

[15] Bhatia M, et al. Internet of things-inspired healthcare system for urine-based diabetes prediction [J]. Artif Intell Med, 2020, 107: 101913.

[16] Wessels F, et al. Deep learning approach to predict lymph node metastasis directly from primary tumour histology in prostate cancer [J]. BJU Int, 2021.